作物表型研究方法

张文英　李承道 等　编著

科 学 出 版 社

北　京

内 容 简 介

本书系统介绍了定量化采集各类作物表型性状的原理、方法、手段、指标、国内外主流仪器设备与设施。全书共 13 章，主要包括科学研究方法概述、试验设计与群体构建、盆栽试验、试验材料采集保存和测定、根系及根际研究、生长分析、群体结构研究、品质检测、矿质营养元素检测、种子相关性状检测、非生物逆境抗性鉴定、病虫害抗性鉴定等方面的研究方法及作物表型研究中的影像技术等。

本书可作为作物科学研究人员的参考书，也可作为作物学专业研究生作物科学研究法课程的教材或参考读物。

图书在版编目（CIP）数据

作物表型研究方法/张文英等编著. —北京：科学出版社，2017.2
ISBN 978-7-03-051245-1

Ⅰ. ①作…　Ⅱ. ①张…　Ⅲ. ①作物–遗传–研究方法　Ⅳ. ①S33-3

中国版本图书馆 CIP 数据核字(2016)第 299968 号

责任编辑：王　静　李　迪 / 责任校对：杜子昂　高明虎
责任印制：吴兆东 / 封面设计：刘新新

科 学 出 版 社 出版
北京东黄城根北街 16 号
邮政编码：100717
http://www.sciencep.com
北京厚诚则铭印刷科技有限公司印刷
科学出版社发行　各地新华书店经销
*
2017 年 2 月第　一　版　开本：787×1092 1/16
2025 年 1 月第四次印刷　印张：28 3/4
字数：680 000
定价：168.00 元
(如有印装质量问题，我社负责调换)

《作物表型研究方法》编辑委员会

前　言

表现型指具有特定基因型的个体在一定环境条件下表现出来的性状特征的总和，如生物量、生育期、叶部性状、根系性状、种子性状、光合作用、产量性状、品质性状、营养性状、病虫害抗性、非生物逆境抗性等。表型性状采集是作物科学研究必不可少的工作内容。现已明确，大部分农艺性状、经济学性状是由多基因控制的复杂性状，易受环境影响。近年来，自动化、高通量测序、芯片、分子标记技术的飞速发展，使得基因型数据的获取成本降低、周期变短、商业化程度提高。相比之下，表型性状采集的准确性、自动化、非损伤和高通量已成为制约作物机理研究、分子育种发展的瓶颈。遗憾的是，与表型性状采集有关的研究方法要么散布在诸多的专著、论文中，要么以检测项目形式呈现于实验指导书中，偏重于操作过程和技能知识的介绍，而忽略了对研究思路的阐释和对研究体系整体性和完整性的把握。

科学研究离不开科学研究方法。科学研究方法有哲学方法、一般研究方法和特殊研究方法三个层面。本书对一般研究方法仅简单述及，着重从特殊研究方法层面介绍作物表型研究中涉及的研究方法。在内容组织上，力求全面性和系统性，重点介绍定量化采集表型性状的原理、方法、手段、指标，界定方法适用范围及性状检测中用到的国内外主流仪器设备与设施，尽可能提供图表资料和重要参考文献。行文中，除了一些最新的或者特别重要的内容外，一般不采用实验指导书的范式陈述具体操作过程。

全书共 13 章。第一章简要介绍科学研究的类型、特点、程序和一般方法，由张文英、李承道执笔；第二章阐述了作物试验的设计原则与要求、常用试验设计方法、遗传交配设计及定位作图群体，由张文英执笔；第三章系统介绍了作物土壤培养、溶液培养、砂砾培养的研究方法，由田应兵执笔；第四章论述了作物试验材料取样、处理、保存方法及测定的基本原则，由徐乐、武美燕执笔；第五章探讨了根系构型和伸长速率研究方法、根形态学和解剖学参数、根际和根分泌物研究方法，以及根中与根际分泌活动相关的酶实验方法，由吴楚执笔；第六章论述了个体、群体生长分析，物质生产的数量分析，生物产量与经济产量，生产力估算，作物物候学调查的研究方法，由张祖建执笔；第七章从群体结构角度阐述了开展作物形态与生理、光合作用、生长模型构建等方面的研究方法，由顾骏飞执笔；第八章介绍了作物品质的目测、品尝、化学分析及物理检测分析的基本研究方法和标准，由许如根、徐延浩执笔；第九章阐述了作物矿质营养元素的常规检测方法，以微电极离子流检测技术为主介绍了近年日益受到关注的作物细胞跨膜离子运动的非损伤检测方法，由武美燕、曾凡荣执笔；第十章介绍了包括种子形态和重量、种子发芽、种子活力、种子净度和种子水分等种子相关性状的测定方法，由胡晋执笔；第十一章介绍了干旱、湿害、高温、低温、盐碱、重金属、酸铝等非生物逆境抗性鉴定方法，由张国平、周美学、戴飞、徐乐、贺小彦、朱敏、吴洪洪、周高峰、曹方彬、王歆珂执笔；第十二章陈述了作物病虫害抗性鉴定方法，由马东方、张建民执笔；第十三章介绍了作物表型研究中常用的数字图像技术、数字图像预处理方法、常用的数字图像分析方法、常用图形软件，以及近年研制出的高通量植物表型平台，由熊勤学、张文英执笔。全书由张文英、李承道统稿，由田小海审稿。

本书编著过程中，上海泽泉科技股份有限公司提供了部分图片资料，长江大学作物学湖北省省级重点学科、绿色农业湖北省优势特色学科群提供了经费资助，李胜杰参加了校对工作，科学出版社给予大力支持。在此，向所有对本书编著、出版给予支持和帮助的个人和机构表示衷心感谢！

编著者

2016 年 9 月

目　　录

第一章　科学研究方法概述

科学研究有其固有的特点、规律，科技创新离不开科学研究方法的指导。明确科学研究的概念、特点，掌握科学研究的基本程序，熟悉获取科学事实的基本方法，对于有效开展科学研究意义重大。

第一节　科学研究概述

一、科学与研究的关系

（一）科学的概念与分类

人类在认识自然、改造自然、研究自然规律及社会规律的过程中，一直在探求科学的本质，因此，科学（science）的含义随着历史的发展而发展和变化。目前，我们对科学这一概念可从广义和狭义两个方面进行理解。广义的科学包括自然科学、人文社会科学和思维科学，可以定义为人类对客观世界包括自然、社会、思维等现象的正确认识，是反映客观事实和规律的系统化和理论化的知识体系。狭义的科学仅指自然科学。

根据不同的标准可以把科学分成不同的类别，主要可做如下划分。

1）根据研究对象的不同，可分为自然科学、人文科学和社会科学。

2）根据学科群，可分为物理科学群、生理科学群、心理科学群、数理科学群和事理科学群等五大科学群。

3）根据各门科学在整个科学体系中的职能、地位的不同，可分为基础科学、技术科学和生产科学。其中基础科学的研究成果是整个科学技术的理论基础；技术科学亦称应用科学，以基础科学为指导；生产科学亦称工程科学，以技术科学为直接理论基础。

（二）研究的含义及特征

“研究”一词在英语中有两个层面的表达，一是“research”，源自中古法语，意思是彻底检查，以高层次、原创性研究为主；二是“study”，属模仿性、学习性探究。前者侧重对未知领域和知识的创新性，后者更多体现对前人知识的继承性。古往今来，不同的学者对研究给出了不同的定义，概括而言，研究是以系统的、规范的、实证的方法获取新的、可靠的科学知识的一种活动。

研究作为人类的一种高级活动，具有以下基本特征：①研究需要借助科学的方法加以实施，科学的研究方法是开展研究活动的前提和基础；②研究要立足于事实和实践，以事实为依据，引入实证的精神，坚持“从实践中来，到实践中去”；③研究需要创立理论、验证理论、运用理论；④研究是一个系统的、有规则的、规范化的过程；⑤研究是一项持久性的长期工作；⑥研究需要创新，创新是研究的生命和灵魂。

（三）科学与研究的关系

科学与研究紧密相关，因此人们习惯将这两者统称为“科学研究”。细分开，前者是研究的结果，后者是科学产生的过程，它们体现的是同一事物的两个方面，即行为与结果的关系，在动态发展过程中，两者的密切联系主要体现在以下三个方面。

1）科学为研究提供可靠的知识工具。前人研究获得的科学知识是后来人从事研究的重要参考和依据。

2）研究为科学积累可靠的知识，推动科学发展。后续的研究不断充实和完善知识体系，甚至是填补前人研究的空白，从而推动科学向前发展。

3）研究可检验现有科学的有效性和可靠性。研究活动具有特定的时代背景，需要后人运用最新的条件和材料对前人的理论进行有效性和可靠性检验。

二、科学研究的类型

科学研究简称科研，国际上也习惯用“研究与开发”（research and development，R&D）来表示。美国资源委员会将科学研究定义为“科学领域中的探索，包括对已经产生知识的整理、统计，图表及其数据的收集、编辑和分析工作”。我国教育部对科学研究的定义是：为了增进知识，包括关于人类文化和社会的知识，以及利用这些知识去发明新的技术而进行的系统的创造性工作。如前所述，科学研究活动有两种类型，其一是整理知识，即对已有知识进行分析整理，使其规范化、系统化，是知识继承的实践活动；其二是创造知识，即创新、发现和发明，是探索未知事实及其规律的实践活动，两者相辅相成，不可分割。

根据研究的用途、研究性质、研究方法等方面不同，可将科学研究分为不同的类别，主要有以下几类。

（一）按照研究的用途分类

按照研究的用途，可将科学研究分为基础研究、应用研究和开发研究三类。

1. 基础研究

基础研究（basic research）是基于自然或者社会中的事实本身来研究一个专业领域的基础事实之间的关系，即创立理论，属于理论或者学科性研究。一般地，基础研究又可分为纯基础研究和应用基础研究。纯基础研究侧重于探索自然和社会规律，追求新发现、新发明，创立新学说，积累科学知识，为人类认识世界、改造世界提供基础理论和方法。应用基础研究侧重于针对某一特定的实际目的，主要为获得应用原理性新知识而开展的创造性研究。2000 年召开的全国基础研究工作会议上指出，我国基础研究工作包括三个方面：以认识自然现象、揭示客观规律为主要目的的探索性研究工作；以解决国民经济和社会发展及科学自身发展提出的重大科学问题为目的的定向性研究工作；对基本科学数据、资料和相关信息系统地考察、采集、鉴定，并进行评价和综合分析，以探索基本规律的基础性工作。

2. 应用研究

应用研究（applied research）是运用基础研究成果和有关知识，来创造新产品、新方法、新技术、新材料的技术基础、技术应用，以及解决社会实践中存在的具体问题的研究。

3. 开发研究

开发研究（research on development）是以实现或者推广某些在应用研究的试验、试制、设计、规划阶段所产生的成果转变为产品和社会现实为目标，进一步进行中间（扩大）试验，如类型设计、小批量试生产、决策咨询等类别的研究，是介于科研与生产之间的过渡阶段和中间环节。

基础研究、应用研究和开发研究相互关联、相互补充、相互促进，基础研究为应用研究提供理论依据和指导，应用研究不断为基础研究提出新的课题和提供大量材料与实践基础，开发研究在应用研究基础上实现新产品、新工艺等，使之商品化、实用化。三者之间的区别与联系详见表 1-1。

表 1-1　基础研究、应用研究和开发研究的比较

内容	基础研究	应用研究	开发研究
研究目的	扩大科学知识范围，建立理论体系	以技术为目标，探讨知识应用的可能性	把研究成果应用到生产实践中
研究性质	探索新事物，发现新规律	发明新产品、新工艺、新材料、新设计、新技术、新方法	完成新产品、新工艺、新材料的实用化研制
研究特点	追求事物的内在联系，预言规律产生的作用	追求最佳条件系统，实现技术创新和人工产品	产品设计、试制和工艺改进等
相互关系	为应用研究提供理论依据和指导	运用基础研究成果和有关知识	利用基础研究、应用研究成果和现有知识
人员要求	科学家。具有深厚的理论基础与创新能力	科学家、工程师。具有创新及分析问题、解决问题的能力	工程师、技术人员。具有相当的专业知识和丰富的实践经验
管理原则、方法	1.没有实际要求 2.没有时间限制 3.不急于评价 4.带头人水平是关键 5.多数情况下对费用没有固定要求 6.一般没有保密性	1.有目标、计划 2.有时间限制，但有弹性 3.适当时候作出评价 4.选题和组织工作起重要作用 5.费用较多，控制较松 6.有一定保密性	1.有具体明确目标，计划性强 2.有严格时间控制 3.完成后立即评价 4.须各方面协调配合，更须注重组织和团队的作用 5.费用投入一般较大，控制较严 6.有很强保密性
成果形式	学术论文、学术专著	学术论文、专利、原理模型	专利设计、图纸、论证报告、技术专利、初试产品等
成功率	无风险，成功率低，实现商业化、企业化的可能性较小	风险很大，成功率较高，实现商业化、企业化的可能性较大	风险较小，成功率最高，实现商品化、企业化的可能性最大
典型事例	1.法拉第发现电磁感应原理 2.麦克斯韦提出电磁波理论 3.果汁变质的机理 4.胰岛素化学结构的测定	1.西门子制成励磁电机，可以发电，尚不能应用 2.赫兹发现电磁波，制成电磁波发生装置，使无线电通信成为可能 3.为获得保存果汁方法所需要的知识 4.胰岛素人工合成技术研究	1.爱迪生制成电机，建成电厂，建立电力技术体系 2.波波夫与马可尼进行无线电通信获得成功，实现跨越大洋的无线电通信 3.研制一种射线保存果汁的方法 4.研发出一种胰岛素新剂型

注：据刘正钦（1996）修改

（二）按照研究的方法分类

按照研究的方法，可将科学研究分为实验研究、调查研究和观察研究三类。

1. 实验研究

一直以来是自然科学的主要研究方法，是研究者预先计划、控制条件，使用某种条件主动引起、复制或者改变事物的自然过程，并对出现的现象进行观察、记录，继而分析、综合，做出结论的科学研究过程。实验研究又可分为绝对性实验和相对性实验。

（1）绝对性实验

绝对性实验是用实验方法测量研究对象的某项（些）指标的绝对值，如植株的高度、千粒重、叶绿素含量等。此类实验强调使用统计学的误差理论，以便在存在众多测验误差的情况下获得所测指标的可靠性信息，同时对有关总体的指标做出最佳估计。

（2）相对性实验

相对性实验又称比较性实验，是对两组或两组以上的研究对象给予两种或者多种处理，再观测比较不同处理的效应。此类实验研究强调使用统计学的设计理论，以便减少误差，保证各实验组之间的可比性。

一般在正式实验实施前要进行小规模实验，称为预（备）实验，其主要目的在于检查各项准备工作是否完善，确定实验操作方法是否正确可行，获得某些基础数据，确定合适的样本数和必要的统计学数据，摸索最佳实验条件，初步检验假说等，从而判定是否需要或者是否值得在更大范围进行实验（正式实验）。预实验又包括导向性实验、安全性实验、观测性实验和筛选实验 4 种。导向性实验是指在少数研究对象中进行小规模实验，根据结果判定是否值得进行大范围实验。安全性实验是指在正式应用新农药、新试剂前进行小规模的实验，以观察这些试剂的安全性及毒性作用等。观测性实验以获得算数平均数、样本标准差或/和相对标准差等为目的，在少数研究对象中进行的实验，其主要目的是了解实验组与对照组之间的差异程度。筛选实验主要采用比较简单的实验方法，从众多研究对象中筛选出值得进一步研究的对象。

2. 调查研究

用现场调查的方法作为收集资料主要手段的研究，称为调查研究。是一种对研究对象不加以任何干涉，对客观事物自发过程进行调查和记录的科学研究。按照研究的特定时间可分为横向调查与纵向调查。横向调查指在某一特定的时间内对研究对象某种事件或者现象出现频率进行的调查，纵向调查指在一段较长时间内对研究对象中某个事件出现的特征进行连贯性比较调查。按照调查时事件是否发生，可分为回顾性调查和前瞻性调查。回顾性调查是指在事件发生后进行调查，从调查结果中分析事件的发生原因、影响因素，前瞻性调查是指在事件发生之前，事先精心设计，经过一段时间以后进行观察，并取得资料的调查方法。

3. 观察研究

以观察的方法取得资料的科学研究，称为观察研究。如用肉眼辨识植物花的颜色，用显微镜观察植物花粉形态，等等。

（三）按照研究的性质分类

按照研究的性质，可将科学研究分为验证性研究、探索性研究两类。

验证性研究又称决断性研究，是指从检验某种理论或者假设出发的研究；探索性研究是对新问题、新现象或新领域的研究。

三、科学研究的特点

作为在特定范围内反映客观事物的关系和规律的一种知识体系，科学研究应具备以下特点。

（一）客观性

科学研究的对象是客观存在。客观世界的发展变化遵循一定的规律。科学研究应尽可能排除研究者主观因素的影响，客观地探求复杂现象间的相互关系及其本质规律。

（二）继承性

人类对客观世界的认识是一个由不知到知，由知之甚少到知之甚多的过程。如果没有对前期研究的梳理和继承，就不会有创新。科学研究活动需要收集和积累大量的相关信息，并对已有的研究思路、方法、结果等进行系统的分析、评价、整理，进而在前人已有工作的基础上提出新的目标、方案。继承性有两层含义，一是利用前人或他人所取得的方法、成果作为继续研究的工具，二是在前人或他人探索过但没有完成或者完全没有涉足的领域探索下去。科学研究的继承性通常以“接力”的方式表现出来。继承古往今来前辈科学家的优秀成果，为纵接力；从当代国内外同行那里吸取经验教训，为横接力；移植其他科学领域的理论和方法来解决本学科领域的问题，为旁接力。

（三）创新性

科学研究是一种探索未知、积累知识、传播文明、发展人类思维能力和创造能力的活动。正是对自然与社会中研究现象的叩问和对科学的诉求，才使人类的物质生活和精神生活水平得到提高，科学的内涵得到不断深化。科学研究的价值在于创新，在于透过现象揭示本质，在变化中寻找规律，不断提出新问题，发现新事物，研制新产品，获得新知识，形成新理论，开创新领域。科学研究的创新性越大，其价值就越大。

（四）探索性

科学研究的共同特点是探索未知。这就意味着研究过程充满了不确定因素。在科学研究中，探索意味着变动、偶现和失败。科学研究的过程是一个有目的地改变研究方案、研究方法、设计构思、分析方法的过程，不变动就无法探索。在研究过程中，有时会出现与预定目标、结果有差异并具有科学价值的事件，即所谓的偶现。偶现是探索中的机遇，需要认真分析和慎重对待。科学史上有不少重大发现和发明，是偶现的产物。探索还意味着失败，是遭遇失败、总结失败、再探索，最终找出解决方法的反复过程。

（五）系统性

科学研究是一项复杂的活动，在研究过程中，要以科学的理论基础为依据，以研究目的为方向，综合考虑研究的内容、方法、条件等各种因素，有机地形成一个整体性的研究过程。科学研究的系统性表现在三个方面：即研究对象是一个有组织的系统，研究方法是一个由哲学方法论、一般方法论和具体研究方法组成的系统，科学研究的组织管理也是一个系统。

（六）公开性

科学研究是一项以造福全人类，提升人物质、精神生活水平为宗旨的活动。其成果是全人类的公共财产，其方法、过程和结果要得以传播，与同行分享，从而促进科学的发展。期刊、学术著作、学术会议、网络媒体等是科研成果公开的主要形式。

第二节　科学研究的程序

科学研究的本质是人类的一种认识和实践活动。从总体上说，人类的认识都遵循“实践→认识→再实践→再认识……”的基本规律，科学研究亦是如此，它以科学实践为基础、出发点和检验标准，其基本过程可抽象描述为“科学实践→科学认识→科学实践→科学认识……”这样一个循环往复的过程。

一、科学研究的基本程序

如前所述，科学研究具有系统性，需按照一定程序和步骤实施。科学研究的程序化是使科学研究具有客观性、克服片面性的重要保证。根据日本理论物理学家武谷三男对人类认识自然世界的过程的理解，科学研究程序是按照现象→实体→本质这三个基本过程周而复始循环的。科学研究的程序由此可分为 4 个不同的阶段。

（一）准备阶段

即研究的规划、设计阶段，包括搜集、选择和确定课题，建立假设，选择研究对象，确定试验方案等。其中发现科学问题和科研选题至关重要。在选题时应坚持以下基本原则：①科学性原则，要求所选命题是客观存在的，摒弃非科学或者伪科学，所选命题基于已有的科学理论和技术方法，但不被其限制；②需要性原则，要求所选命题从社会发展、人民生活和科学技术等需要出发，既要考虑关系国计民生亟待解决的自然科学理论和技术研究课题，又要考虑自然科学技术本身发展所提出的迫切需要解决的理论和技术问题；③创新性原则，要求所选研究课题具有创造性，应是前人或者他人未做过的或者未做完且预期能产出新成果的科学问题或技术问题；④可行性原则，要求在选择和确定研究课题时，要充分考虑到完成课题的可能性，包括研究基础的必要性、科研团队构成的合理性、科研经费的保障性、研究平台的充分性等。

（二）现象阶段

针对所要验证的假设，用科学的方法收集有关现象的资料，但这些资料只能反映现象的表面，只是描述现象，不能更深刻地说明现象。收集资料的主要方法有科学观察、科学调查、科学试验和测量等。

（三）实体阶段

就是整理分析、加工所收集到的科学事实。单纯收集资料不能算是科学研究，杂乱无章的资料无法判定和验证假设，必须用适当的方法对资料进行简约化、分类化、系统化，并分析确定各种因素之间的关系，以求获得规律性的知识，从而达到验证假设的目的。

通常进行资料分析的方法包括逻辑推理、统计描述、统计推论及利用系统科学分析等。多元统计学、统计基因组学、生物信息学是作物学学科研究生需要学习的几门工具性课程，要求研究生掌握数据统计分析的基本原理、相关软件的使用，以及一些图表制作方法。

（四）本质阶段

根据所获得的规律性的认识，进一步推广其适用范围，获得一个概括性的陈述，提出某些定理、定律、原则，建立科学的理论体系，并写出研究报告。该阶段最能反映出科研工作创造性的程度。

以上程序可用图 1-1 和图 1-2 表示，图 1-1 示意了科学研究方法的 4 个基本阶段，图 1-2 示意了科学研究的具体流程，图 1-3 示意了基础研究的一般流程，图 1-4 示意了技术与开发研究的一般流程。

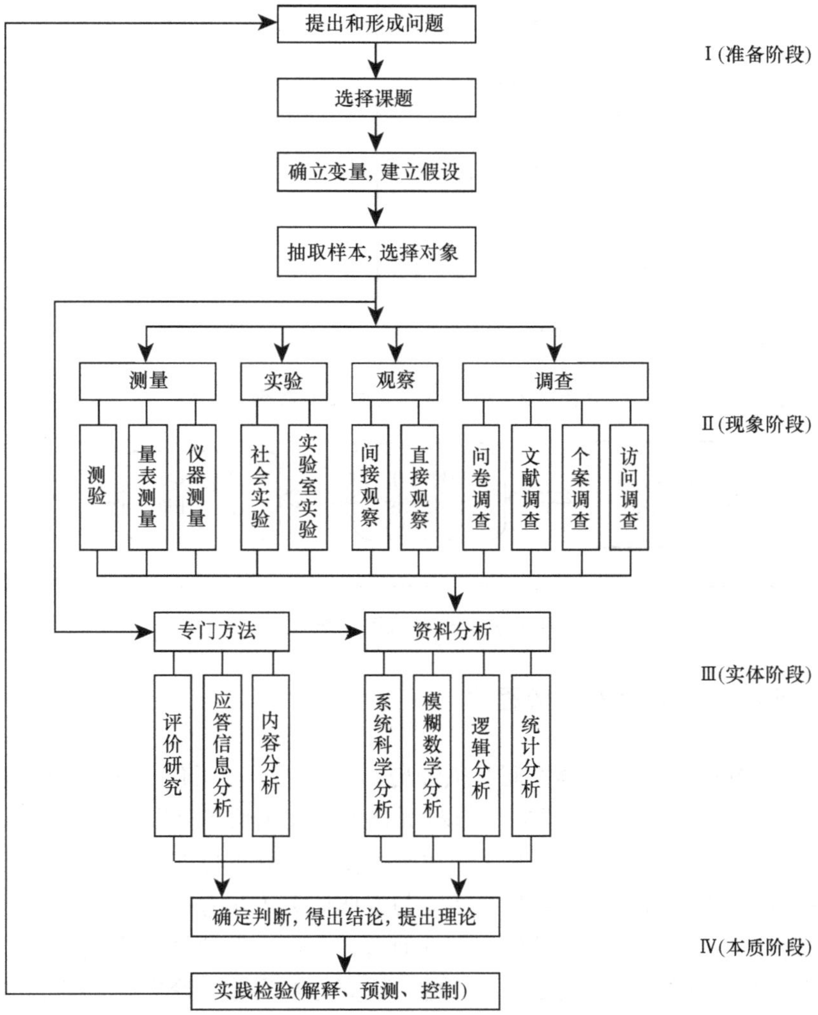

图 1-1　科学研究的基本阶段

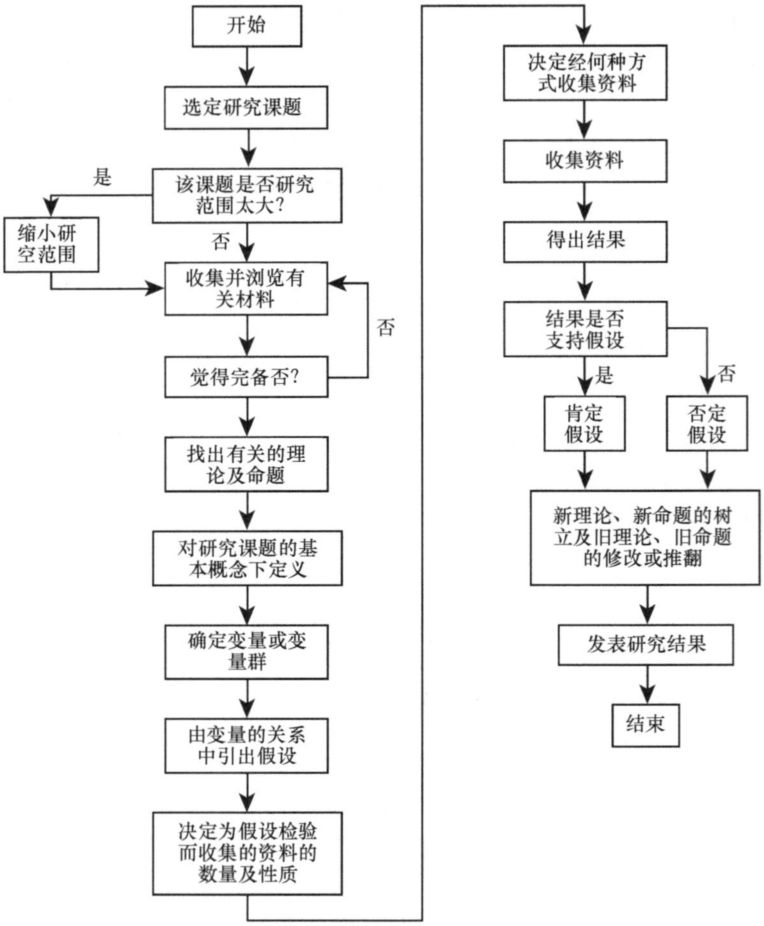

图 1-2　科学研究的流程示意图

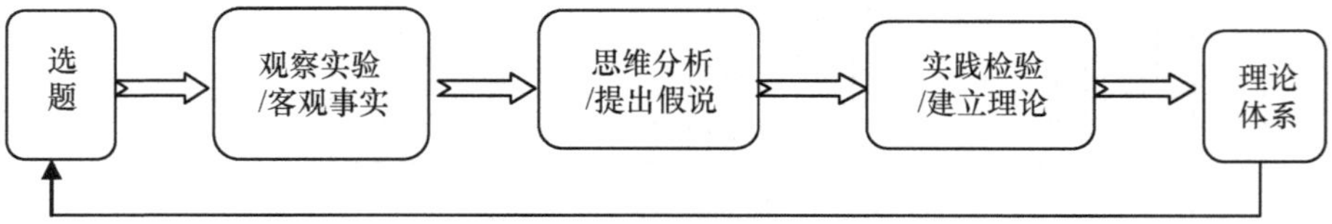

图 1-3　基础研究的一般流程（李克东，2003）

二、研究生开展科学研究的一般程序

从事科学研究是研究生求学期间必须经历和完成的一项工作，也是大多数科学工作者涉足科学研究的起点。这一阶段的工作对研究生个人成长具有极为重要的作用。同时，受学生身份、学业年限的限制，研究活动和产出多以培养单位的学位授予对科研成果的要求为目标导向，使得研究生开展科研活动与专职研究人员存在一定的差别。研究生完成一个以硕士论文、博士论文课题为周期的研究过程，一般要经历研究课题的选择、文献资料查阅与整理、研究方案的制定、开题、研究方案实施、论文撰写及学位论文答辩等基本环节。

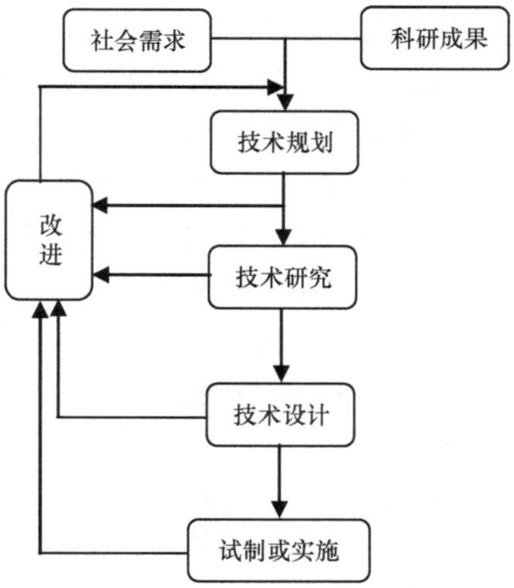

图 1-4　技术与开发研究的一般流程

（一）研究课题的选择

研究课题的选择，简称选题，是研究生科研工作的重要环节，是研究生进行科学研究的起点，一般在研究生入学后第一个学期完成。正确而又合适的选题，对撰写学位论文具有重要意义。研究生科研选题主要形式有导师承担的课题、导师推荐的课题、自主选题等几种形式。由于受学业年限、学位授予答辩限制，回避周期长、风险大、创新性强的课题类型，研究生选题多具有选题范围广、前沿性强、趋于短平快、尽可能规避大风险等特点。

对于研究生而言，选题遵循的基本轨迹是：专业→研究方向→研究现象→研究题目，主要包括三个步骤：第一步，根据专业方向确定研究范围。在研究范围内结合个人兴趣、导师的研究基础，广泛收集相关资料，发现理论难点和研究热点，初步确定准备研究的问题。第二步，了解所选问题的研究现状。总结前人或别人对所选问题的研究视角、研究方法和研究进展情况。第三步，论证开展研究的可行性。针对选题的研究任务，对研究所应具备的基本条件进行可行性论证，如经费有无保障、仪器设备和其他试验条件能否具备、资料是否充分、能否在规定的时间内完成研究任务并发表符合要求的科研论文等。

（二）文献资料查阅与整理

研究生在初步确定课题研究主题后，就要大量查阅相关文献，并且使其成为一种常态性工作。对于研究生新生，文献资料查阅推荐采用“四先四后”原则，即先近后远，先内后外，先窄后宽，先综述后单篇。先近后远，即查阅文献时要先查阅最近的文献资料，然后追溯到既往的文献资料。这样一方面可以尽快了解当代的水平和最先进的理论观点及方法手段，另一方面根据近代文献资料的参考文献目录，扩大文献线索。先内后外，即先查阅国内的文献资料，然后再查阅国外的文献资料。国内的文献一是易懂易找，查阅速度快；二是国内文献也会引证大量的国外文献，为进一步查阅文献提供线索，这一点对于硕士研究生是行之有效的，对于博士研究生，可从外文文献直接着手。先窄后宽，即先查阅与本研究方向密切相关的资料，后扩大范围查阅相关文献。先综述后单篇，即先查阅与选题有关的综述性文献，再查阅研究性文献。综述性的文献对选题相关领域的历史现状及存在的争议和展望有较全面的综合性论述，有助于迅速地对所研究的问题获得比较全面而深刻的认识。此外，综述文后所列文献目录，是扩大文献资料来源的捷径。收集文献资料的途径主要有查阅图书、期刊、学位论文、会议文献、全文数据库、专利数据库、网络、参加学术会议、与他人交流等。

传统上，对获得的文献资料所做的整理加工工作多依靠手工完成。一般先进行初步整理，然后进一步整理加工。文献资料的初步整理包括目录登记、分类保存和重点查阅。文献资料的进一步整理加工包括写评语、做记号、做简要记录、编写摘要和写综合评论。

近些年来，对于以数据库为主体的电子文献资料，借助文献管理软件，可实现高效、便捷，搜集、整理、阅读与写作利用一体化的效果。文献管理软件是用于记录、组织、调阅引用文献的计算机程序，一般具备以下基本功能：①建立属于自己的参考文献数据库。多种导入方式参考文献数据库（包括互联网上数以千计的国内外电子图书馆、国内外各大主流数据库在线导入、Google 学术搜索在线导入、本地文件导入、手动输入等），可以分门别类（按总目录—分目录—子目录）管理文献（包括电子书），并能加以整合，剔除重复信息。数据库容易携带，备份。②方便阅读和编辑参考文献信息。参考文献可与本地电脑中的 PDF 原文建立关联，对其进行管理。方便检索数据库中的文献，进行一定的统计分析。③在 Word 中插入所引用的文献，软件自动根据文献出现的先后顺序编号，并根据指定的格式（有国外多种期刊文献著录模板，也可自定义）将引用的文献附在论文后面。如果在文章中间插入了引用的新文献，软件将自动更新编号，并将引用的文献插入到文章最后参考文献中的适当的位置。

常见英文文献管理软件有 EndNote、ReferenceManager、ProCite，以及基于网络的 Refworks、Mendeley 等。其中，EndNote 是最受欢迎的软件，ReferenceManager 提供网络功能并可同时读写数据库，ProCite 提供弹性的群组参考及可建立主题书目，WriteNote 是基于 Web 的 EndNote。中文文献管理软件有 NoteExpress、文献之星、医学文献王、PowerRef、NoteFirst 等。其中，NoteExpress 是目前应用较为广泛的中文文献管理软件。下面以英文文献管理软件 EndNote 和中文文献管理软件 NoteExpress 为例做简要介绍。

1. EndNote

EndNote 是汤姆森公司（Thomson）推出的一款付费文献管理软件。其优点有：①为 SCI 的官方软件，支持国际期刊的参考文献格式达 3700 多种，写作模板几百种，涵盖各个领域的杂志，为 SCI 论文撰写提供便利；②能直接连接上千个数据库，并提供通用的检索方式，可提高科技文献的检索效率；③容量大，至少能管理数十万条参考文献；④占用电脑系统资源小；⑤具有很强的功能扩展性。

缺点有：①无法在一种 Outstyle 下同时显示中文和英文两种参考文献的格式；②缺乏中文数据库（维普、CNKI、万方等）的在线检索和在线导入功能，需要专门的滤镜支持；③笔记不支持图形绘制功能，只能以关联方式链接图片、表格等信息；④不支持从剪贴板中导入题录；⑤不能同时对多个数据库进行检索；⑥不支持交叉引用（即不同文章的相互引用关系）；⑦对于一篇中文文献，其中文和英文题录间不能建立对应关系，即同一篇文章的中文、英文题录在数据库中将被视为不同的文献。

2. NoteExpress

是北京爱琴海软件公司开发的一款付费文献检索与管理系统。为方便起见，在此与EndNote功能比较介绍。

在文献的发现、组织、管理功能方面，NoteExpress和EndNote功能比较相近，都可通过三种途径（手动导入、联机检索导入、检索结果生成文件导入）来导入参考文献，均能对本地文献库进行检索、查重、编辑，相对而言，NoteExpress有如下优点：①NoteExpress为全中文界面，用户较容易学习入门，EndNote为英文界面；②NoteExpress支持在同一个参考文献数据库中建立目录，按照目录管理参考文献，EndNote不支持此项功能；③NoteExpress支持笔记功能，可以随时对感兴趣的参考文献做笔记，并可进行分类管理，EndNote不支持此功能；④将NoteExpress快捷方式加入鼠标右键快捷菜单中，可以随时将正在浏览的网页内容下载到本地，并放进“笔记”分类目录中进行管理，EndNote不支持此功能；⑤NoteExpress提供相关检索历史保存功能，EndNote不支持此功能；⑥NoteExpress支持输入、输出Bibtex格式的参考文献数据，EndNote仅支持将参考文献输出为Bibtex格式；⑦能够导入EndNote的数据库期刊的参考文献格式，都能导入NoteExpress中；⑧NoteExpress导入中文文献数据库如维普、万方、CNKI的参考文献比较方便，软件自带相应的过滤器，EndNote没有自带这些过滤器；⑨NoteExpress支持在线联机检索中文维普、国图中文图书（万方、CNKI科学院没有开通此数据库，不能联机检索）批量导入中文文献数据，EndNote不支持中文数据库。

在文献的发现、组织、管理功能方面，NoteExpress的不足之处有：①个人制作数据库过滤器时稍复杂，不如EndNote容易上手；②从数据库检索结果生成的数据格式是由EndNote软件开发者制定的，没有自己独立的数据格式，NoteEpress软件在导入外文数据库检索结果时需要选择EndNote格式。

在论文写作时的参考文献管理功能方面，NoteExpress和EndNote的功能比较相近，都支持在Word中插入工具条方便论文写作，都可以设置输出参考文献的具体格式。在此功能上，NoteExpress的优点有：①支持将Word格式的论文中的参考文献导入到NoteExpress文献库中，EndNote不支持这一功能；②支持较多中文期刊参考文献格式，EndNote需要用户自己设置。在此功能上，NoteExpress的不足之处有：没有提供期刊投稿写作模版功能，EndNote有相应功能。

（三）研究方案的制定

在选定研究主题，收集好相关资料后，研究生就可在导师指导下设计自己的课题。在做出初步的研究方案后，向导师汇报并征询其意见，还可以与他人交流，修改、补充、完善研究方案，最后与导师讨论并形成研究方案。这一过程一般要经历6～12个月，也就是研究生入学后的一两个学期。研究生课题的研究方案一般包括以下主要内容。

1）课题名称；

2）研究背景、意义（含研究现状、发展趋势、研究目的和意义等）；

3）研究目标；

4）研究的主要内容；

5）研究方法与技术路线；

6）研究预期成果和创新点；

7）研究进度安排。

研究方案尽可能详尽，尤其是研究方法及技术路线部分，需要具体明确将用到的试验材料、研究方法、技术路线、关键技术等。

（四）开题

在研究生准备好研究方案，并进入课题组开展一段时间的预试验后，也就是研究生一年级下学期或者研究生二年级上学期，就要按照各个培养单位的要求，进行开题。开题，需要提交文字的开题报告，并且以答辩会形式做演示文稿（PPT）汇报、答疑。开题报告是研究方案规范性文本材料，各个培养单位均有具体要求。开题答辩会由答辩委员会审议研究生所选课题的可行性，并提出一些建议和意见，保证研究生课题尽可能顺利开展。研究生培养环节中一般还有中期检查，也就是课题进行中间阶段，对课题的已完成部分和即将开展的研究内容进行质询和论证。中期检查起到承上启下的作用，一方面对研究生前半部分的研究工作进行阶段性评定，进一步完善开题报告，另一方面为后续研究工作把好关。

（五）研究方案实施

研究方案实施，就是依据制定好的试验方案，围绕课题研究假设具体开展各项试验、观测和调查，包括对试验对象的各种处理、数据记载及现象描述等技术性处理。在试验过程中，如实、详尽、准确、规范地做好数据采集和记录是一项严肃、重要的工作。

在实施过程中，原则上要遵守业已拟定并经过论证的研究方案。但是，由于科学研究具有探索性，实施过程中不可避免会遇到一些与最初设想和计划不一致的情况。这就需要及时加以修正和调整，而不能教条式地执行研究方案。

（六）论文撰写与答辩

科学研究所取得的成果需要用发表论文的形式对外交流与展示，硕士学位、博士学位的获得也需要提交学位论文。研究生期间科技论文的撰写主要涉及期刊论文和学位论文两种形式。对于博士生和部分培养单位的硕士生，发表一定数量、层次的期刊论文是获得学位的必要条件。一般而言，研究生在读期间发表的期刊论文是其学位论文的核心组成部分。期刊论文写作体例依投稿杂志的须知要求而定，学位论文参照各培养单位的写作规范执行。

从总体上看，科研论文是研究成果的真实记录和反映，是整个研究工作的总结与升华。自然科学科研论文主要包括题目、中英文摘要、关键词、前言、材料与方法、结果与分析、讨论、附录、致谢等部分。

科技论文写作对于研究生的培养是一个重要的训练过程，特别是第一篇期刊论文的撰写、发表。在写作过程中要注意布局谋篇、段落结构安排的条理性，尽量做到遣词造句的科学性、规范性、逻辑性，力求分析合理、深入浅出，同时注重细节，遵守写作规范。研究生科技论文写作水平的提高，其一需要认真学习科技论文写作的相关课程，知晓科技论文写作的通用标准、要求和方法；其二在于大量阅读文献资料，特别是高水平的最新文献资料，细心揣摩和领悟优秀论文的写作风格、行文特点、表达方式；其三在于勤写、多练、多积累，从平时的阶段性试验小结、课程论文到综述性论文、课题总结报告撰写，到期刊论文撰写，由小及大，利用一切机会提高科技论文写作的实践能力；其四要认真对待导师、审稿专家等给出的修改和评阅意见。

三、研究生科研创新能力的培养

（一）研究生科研创新能力的内涵与要素

1. 研究生科研能力的结构要素

研究生科研能力即研究生从事科学研究活动所需具备的基本能力。研究生最基本的科研能力结构要素包括科研创新能力、逻辑思维能力、资料搜集与处理能力、问题发现和解决能力、表达能力及动手操作能力，其中，科研创新能力最为重要。

科研创新能力是科学研究领域对未知世界的探究能力和发明新事物的能力，是研究者在科学研究中创造出新思路、新观点、新理论、新材料、新技术的能力的总称。主要体现在：用不同方法和观点解决和探索问题的能力、把常规方法转用在新情况的能力、丰富的想象力、新颖的思路及发明才能等。

逻辑思维能力。逻辑思维能力是人们根据一定的已知条件，通过自己拥有的知识、思维进行推断、判定，对事物得出自己的结论的能力。主要包括归纳推理能力、演绎推理能力、类比推理能力、寻求因果联系的推理能力和回溯推理能力。

资料搜集和处理能力。科学研究是继承和创新的结合，是系统地搜集和评价信息的探索过程，因而离不开资料的搜集和处理。资料搜集和处理能力的高低影响着所要研究的假设或问题的正确形成，也就是说，科学研究的结果必须建立在搜集资料并对之进行有效处理的基础上，只有经过对资料的处理过程，才能保证资料的准确性。因此，资料搜集和处理能力是研究生必备的一项基本科研能力要素。

问题发现和解决能力。科学发现往往从问题开始，问题解决则贯穿于科学研究的全过程，同时也是科学研究的落脚点，因而发现和解决问题的能力理所当然是研究生必备的一项基本的科研能力。

表达能力。系统的思想和理论成果必须借助语言去准确地表述，广泛的学术交流也是通过语言表达来实现的。因此，语言表达能力也是研究生科研能力的基本要素。根据表达方式的不同，可以将其分为口头表达能力和书面表达能力。

动手操作能力。动手操作能力是运用已有的知识经验去解决实际问题的能力。其基本特征是：①它是在实践活动中通过一定的操作实现的，所以又称为实践操作能力；②它通常与动手相结合或表现在动手上，所以又称为动手能力；③要保证动手操作能力有效地进行，必须善于把动手与动脑、实际操作和智力操作有机结合起来。

2. 研究生创新能力的内涵

（1）科技创新的基本类型

在科学研究领域，常把通过科学知识积累和科学研究的发现来不断推动技术进步以实现创新目标称为科技创新。根据不同的分类标准，科技创新可被划分为不同的类型，主要有以下几种。

1）按照创新对象，可分为理论创新、方法创新、技术创新。理论创新是对科学现象和科学问题，通过系统研究，做出新的理性分析和解答，对认识对象或实践对象的本质、规律和发展变化的趋势作新的揭示和预见，它是对原有理论体系或框架的新突破，对原有理论和方法的修正和发展。方法创新是以方法为对象的创新，根据对象的自身特性，采取多种手段进行方法创新，包括方法发明、方法移植、方法借鉴和方法组合几种形式。方法发明是人针对实践中的矛盾与问题，依据现有条件，运用思维的智慧，寻找出的解决矛盾与问题的手段，重大的方法发明是方法创新水平的标志，决定着方法创新的性质与层次。方法移植是方法应用领域的转移。方法借鉴就是在不能完全移植的情况下，学习和借鉴其他领域的方法中某些有用而能用的成分。方法组合是对现有的不同方法进行交叉、融合，组成新的方法。技术创新是指通过技术上的突破与新发明，并通过实用性转换来实现创新目标。

2）按照创新成果的来源，可分为自主性创新和引进性创新（模仿性创新）。自主性创新是指通过本国、本单位、本课题组的科技人员的合力攻关取得的科技创新成果；引进性（模仿性）创新指通过引进和模仿外国、外单位、其他课题组的科技创新成果，在运用过程中对既有创新成果的思路、方式和特点，通过破解、获取其核心内容而进行继续发展的创新。

3）按照创新方式和方法，分为原始创新、集成创新、引进消化吸收再创新。原始创新是指创新者独立完成的前所未有的发现和技术发明，主要集中在基础科学和前沿技术领域，通过发现新规律、创造新知识，为未来创新奠定坚实的基础，是其他类型创新的源头，以基础研究为主形成的国家核心竞争力是现代科学技术发展的时代特征。集成创新是指兼收并蓄各种科技创新成果优势于一体，基于全新的目标和功能研发出新的产品，创新主体是企业，是对原始创新的延续、综合和发展，与生产实践结合得更为紧密，它是现代企业竞争力的来源。引进消化吸收再创新是引进与消化、模仿与创新相结合的“二次创新”，具有投资少、见效快的特点。

（2）研究生创新教育的内涵

创新对于研究生的培养和发展，对于科学技术进步极为重要，创新能力是科学研究水平的重要衡量标准，科学的本质在于不断创新。

创新能力即人们在从事理论研究、技术开发和社会实践的过程中，在理论、方法和应用上有所突破，以便更好地解决实际问题的综合能力。研究生创新教育主要着眼于创新意识、创新精神、创新思维和创新能力 4 个方面素质的培养。其中，创新意识、创新精神、创新思维最为重要，是创新能力拓展的前提和基础。

创新意识是指人们根据社会和个体生活发展的需要，引起创造前所未有的事物或观念的动机，并在创造活动中表现出的意向、愿望和设想。它是人类意识活动中的一种积极的、富有成果性的表现形式，是人们进行创造活动的出发点和内在动力，是创造性思维和创造力的前提。创新意识是由创造信念、创造兴趣、创造情感和创造意志 4 部分构成的。创造信念是创新意识的原始动力。创造兴趣能促使人们不断去探索新奇的事物，保持一颗积极乐观的心去全力研究。创造情感是创造过程中的非智力因素，但对整个创造活动起着至关重要的作用，它是一种必不可少的心理驱动力。创造意志是在创造过程中克服困难，冲破阻碍的心理因素，是维持创造活动持续进行的“定心丸”。创新意识具有新奇性、历史性、差异性等特点，决定人们有无创新行动及创新成果的多寡和社会资源的合理分配。

创新精神是指要具有能够综合运用已有的知识、信息、技能和方法，提出新方法、新观点的思维能力和进行发明创造、改革、革新的意志、信心、勇气和智慧。创新精神主要包括有好奇心、探究兴趣、求知欲，对新异事物的敏感，对真知的执著追求，在发现、发明、革新、开拓、进取的过程中的百折不挠的精神，它是创新的灵魂与动力。

创新思维是指人类以创新为目的，在对传统思维方式进行反思的基础上提出的用以解决科学问题的一种思维活动方式。创新思维是人的思维模式的一种表现，具有批判性、开放性、发散性、逆向性、求异性和跳跃性等特点。创新思维既包含思维方式的创新，也包含思维结果的创新。

研究生的创新能力是指在综合运用所学知识的基础上，进行独立思考和系统研究，从而不断取得创新成果的能力。知识经验、创新思维、创新个性、创新实践是研究生创新能力形成的重要组成要素，要培养研究生的创新能力就要从创新能力组成要素着手，以各要素的发展促成创新能力的提高。

研究生创新教育需要处理好以下几方面的关系：①重在知识经验的积累，要注重构建科学的知识结构，创新意识、创新思维离不开知识结构的构建；②创新思维是研究生创新能力培养的必要条件；③创新个性的培养极为重要，创新个性包含创新意识和创新精神，是思维和行为的综合；④创新实践是研究生创新能力培养的平台。研究生创新能力都是通过实践活动进行检验和体现的，特别是创造性的实践活动是培养研究生创造性思维、创造技能和创造能力的重要环节。

（二）研究生科研创新能力的培养与提高

科学研究是一种创新活动，是研究生进入学科前沿的主要手段，是培养研究生组织能力、协作精神的主要方式，并体现高等学校、科研机构的科技创新水平。

1. 影响培养研究生创新能力的因素

研究生创新能力的培养和提高是一个系统工程，主要涉及培养单位的科研环境、导师和研究生个体三个方面。

（1）培养单位的科研环境

研究生科研环境很大程度上影响着研究生创新能力的培养。培养单位的科研环境包括硬环境和软环境两个方面。其中，科研硬环境一般指工作条件、设备、资金等客观的因素，主要包括师资队伍状况、实验室和图书馆建设、科研经费等。软环境以人为因素为主，主要包括研究生选拔机制、奖惩激励机制、课程与教学建设、导师遴选机制、学术交流情况等。

（2）研究生导师

研究生导师是研究生从事科学研究工作的引路人和直接指导者，对研究生的科研创新能力培养起着关键性的作用。导师自身学术造诣水平和科研创新能力、指导研究生的时间精力投入、科研团队的构成等都极大影响着研究生创新能力的培养和提高。

（3）研究生个体

研究生自身知识建构、动手能力、科研方法的训练、创新意识培养、科研道德规范的塑造等也影响着其创新能力的高低。

2. 研究生科研创新能力培养和提高途径

研究生科研创新能力的培养和提高，可从三个层面进行：一是营造适于开展创新工作的科研环境；二是充分发挥导师在研究生教育中的主导作用，利用导师在科研方法和创新思路等方面的引导作用对研究生的创新能力进行培养；三是发挥研究生的主体作用，从自身入手对科研创新能力进行自我培养和提高。其中前两者涉及高等学校及科研机构的建设与发展，以及导师责任感、能力提高、制度约束等方面，在此不做赘述。作为创新能力培养主体，研究生自身可从以下一些方面多做尝试。

1）有意识、有计划地不断积累新知识，重视归纳总结；

2）养成独立思考的习惯，有意识地思考一些科学问题，并注意开展研究；

3）注重交流和团队协作，与他人广泛交换看法，从别处获得灵感和启发；

4）将感悟到的新思路、新想法记录下来，进行逻辑分析；

5）培养用不同的方式和不同的视角观察问题；

6）对已有研究成果和假设提问或者质疑，批判性阅读文献资料；

7）保留好奇心和强烈求知欲，多问“为什么”、“怎么做”；

8）对一时不能解决的问题，留下足够的时间思考；

9）注意研究方法的学习和运用，不断积累和提高研究技能；

10）跟踪专业领域的研究前沿；

11）积极参与各种形式的科研活动，提高执行力和工作效率。

第三节　获取科学事实的基本方法

科学事实是科学研究的基础和原始素材。获取科学事实的方法就是认识论中的经验方法和感性方法，是科研工作者在科学实践中，直接或间接凭借感官接触研究对象所采用的手段或行为方式，包括调查、观察、实验等方法。

一、调查

（一）调查的含义、分类和特点

1. 调查的含义

调查又称科学调查，是在自然状态下运用观察、询问、设计调查表、调查问卷等方法，直接或间接地与被研究对象接触，了解研究对象的情况，直接搜集事实材料和数据，从而进行科学研究的一种方法。

广义地讲，科学研究中一切熟悉情况、搜集材料的活动都可以称为调查，它贯穿于科研活动的始终。狭义地讲，调查仅指在科研课题选定之后，针对某一确定问题所进行的考察、收集和整理资料的活动。从大的范围来说，调查普遍适用于自然科学和社会科学，但在不同专业领域表现特点和形式则不一样。

2. 调查的分类

1）按调查的目的，调查可分为：①描述性调查。回答研究对象“是什么”的问题，它能对调查现象的状况、特点和发展过程做出客观、准确的描述，并发现新现象、新问题。比如，在农业上要解决某种新型病害，调查的第一步就是要对病害的发生有一个整体的、客观的把握，而这个把握是在调查的基础上用描述手段表现出来的，如发病率、发病区域等。通过描述性调查，可以了解对象的基本情况。②解释性调查。解答“为什么”的问题，它能说明现象发生的原因，探索事物之间的因果联系。解释性调查的开端常常是描述性调查的结果。

2）按调查时事件是否已发生，调查可分为：①前瞻性调查。一般指在事件发生之前的调查。例如，事先做好计划，按预计可能发生的因素设立比较组，比较各组在一定时间内该事件发生的频率，就可以得出相应的结论。由于可在事件发生前周密计划、观察，因此前瞻性调查误差较小，结果可靠性较高。特别是因为它事先可在设计中保证对照观察组之间的可比性，所以得出的结论就比较可靠。前瞻性调查的缺点是观察时间长，花费的人力物力较多。因此，一般应先做回顾性调查，找出初步规律后再做前瞻性调查，而后者只被用来验证前者的结论。②回顾性调查。在事件发生之后所做的调查。回顾性调查的优点是调查时间短，所费人力物力也少；缺点是历史条件不易控制，结果、结论精确度较低。

3）按调查时间特点，调查可分为：①横向调查。即在一个规定的时间、地点中，对某事件的特征进行的研究。②纵向调查。即在一个较长时间内，对某事件的特征进行连贯的比较研究。大多数回顾性或前瞻性调查均属后一类。

4）按调查内容特点，调查可分为：①总体特征调查。为了估计研究对象总体的某些属性特征的参数而进行的调查。这种调查强调使用统计学抽样理论以控制误差，保证样本代表性，以期获得对总体特征参数的比较可靠的估计。②相互关系调查。为了探讨研究某些变量的相互关系而进行的调查。它强调使用统计学变量之间的相互关系理论（如相关、回归、相对危险性等），以期获得对变量间相互关系的比较可靠的判断。

（二）调查的应用

1. 调查在科学研究中的作用

1）提供线索，打开思路。运用调查常常能从前人的研究中获得解决问题的线索，打开研究的思路。

2）提供旁证，坚定信念。科研中，通过调查可以发现新的科学事实，并得出一时难以确信的新结论。通过调查，有时还可以得到旁证，促进问题的解决。

3）发现、积累科学事实，推进认识。事实是科学认识的基础。人们对某些事物的认识有时需要较长时间，考察、积累资料才能完成。调查则是发现和积累科学事实，推进认识的有效手段。

2. 调查应遵循的基本原则

为了准确反映事物的本质和规律，调查应遵循以下基本原则。

1）客观性原则。客观性是调查研究最基本的要求，是确保调查成功的主要保证。调查的客观性，关键是要求坚持实事求是的原则，摒弃弄虚作假。绝不能不顾事实，将主观见解强加给客观事实。

2）全面性原则。调查应树立全面的观点，不能满足于一时一地的调查结果，更不能抓住一点，不顾其余，以偏概全。

3）科学性原则。调查中的科学性原则，是调查成败的关键。科学性原则要求处理好随机取样与筛选典型的关系。在发现问题阶段，可采用选典型的方法；在解决问题阶段就忌讳只选典型，而必须采取随机取样的原则。

4）多样性原则。对调查的材料进行思维加工时，应当采取多种方法，尽量完整、准确地反映整个事物的本质和内部规律，为决策提供客观依据。

二、观察

（一）观察及其特点

观察，也称为科学观察，是为了认识事物的本质和规律，在事物自然发生条件下，通过感觉器官（如视觉、触觉、嗅觉、味觉等）或借助于科学仪器，有目的、有计划地对科学对象进行观看和考察，从而获得关于科学对象的感觉经验的方法。

观察主要有两个特点：①观察是在一定科学理论指导下，有目的、有意识的主动观察。②观察是在自然发生的条件下进行的。所谓“自然发生的条件”，是指非人为干预、改变和控制自然现象，使自然现象的运动和变化保持自然状态，这是观察方法和实验方法的显著区别。

（二）观察的基本类型

1. 探索性观察和验证性观察

探索性观察是指观察者在不知道任何观察成果的前提下，以发现某种科学认识为目的而进行的观察。例如，气象观察就是探索性观察。各气象站要对气温、气压、风、云等各种天气现象进行系统的观测，以指导人们的工作和日常生活。验证性观察是指观察者为了验证已提出的某一科学假说或理论，为它们提供证明或反驳证据而进行的观察。例如，魏格纳为了验证他提出的大陆漂移学说，亲自到各地进行考察，为学说提供了古生物学、地质学和古气候学方面的证据。

2. 直接观察与间接观察

直接观察是指观察者与观察对象之间不存在任何中介物，仅凭借感觉器官进行感知的观察。在直接观察中，由于观察者和观察对象之间彼此保持直接的、亲密的联系，不仅简单易行，而且避免了因观察仪器造成的观察者在仪器上所产生的偏差。同时，由于感觉器官的局限性，人们的观察范围、精度和速度受到了限制。

为了克服人的感官的局限性，利用各种仪器设备，使观察形式从直接观察发展成为间接观察。间接观察是指人们利用科学仪器或其他技术手段间接地对自然事物或过程进行考察和描述的观察方法。间接观察在观察者和观察对象之间引进了仪器这一中介物，在很大程度上排除了感官的错觉，扩大了观察范围和精度，使人们对客观事物的认识更客观、更迅速，从而使人类的观察能力发展到一个新水平。

3. 定性观察和定量观察

定性观察是为获得观察对象的性质、特征及其同其他事物的定性关系而采用的观察方法。定性观察可以告诉人们，观察对象是由什么构成的，有哪些性质，具有怎样的形态，回答"是不是"、"是什么"等问题。定量观察是在了解观察对象基本特征、性质的基础上，为了进一步探知观察对象在数量上的精确性，确定被观察对象的各种数量关系而采用的观察方法。定量观察必须借助于观察工具才能进行，常称作观测或测量。这种方法在农业科学中应用较多。从人们的一般认识过程来看，定性观察先于定量观察，定量观察以定性观察为基础；定性观察使人们初步把被观察对象与其他事物区分开，定量观察则使人们能深刻地认识事物，检验并修正定性观察结论。

（三）观察在科学认识中的作用

观察作为获取经验材料的不可或缺的方法之一，在科学认识和研究中有着重要的作用。首先，观察是获得科学事实的基本方法。其次，观察是获得科学发现的重要途径。再次，观察是验证科学假说和发展科学理论的基本手段。

（四）观察应遵循的基本原则

1. 客观性原则

在科研中，坚持观察的客观性原则，就是要通过观察获得真实准确地反映客观事物或现象的科学事实，保证科学结论的正确可靠。要做到这一点，就要注意尽量避免主观的偏见、错误的联想和错觉对观察的影响，按客观事物的本来面目反映事物，这是进行科学观察的必要前提。

2. 全面性原则

观察的全面性原则，就是要全面地、系统地、动态地观察事物。在观察中，坚持全面性原则，就要尽可能地多方面、多角度、多层次地进行观察，把握客观对象的各种特征，为系统地、完整地从本质上认识客观事物提供更多的观察事实。

3. 典型性原则

观察的典型性原则，是指观察中要选择具有代表性的观察对象、观察条件和观察过程，其目的在于简化观察过程，保证观察结果具有典型意义。由于任何一个客观对象不仅自身是极为复杂的，而且其发展变化过程也并非那么纯粹和单一。为使观察进程简明、快捷，就必须暂时地、有条件地撇开与当前无关的内容，撇开次要过程和干扰因素，使其主要方面、主要过程得以充分暴露出来。

4. 灵活性原则

观察的灵活性原则，就是要灵活把握观察的时间和地点，以及观察中出现的新现象。因为观察总是在一定的时间和环境中进行的。时间、地点与机会把握得合适，不仅可以使观察得以顺利进行，而且可以提高观察结果的可靠性，使观察收到事半功倍的效果。尤其要注意异常的、意料之外的事件或现象，不能放过任何值得追踪的线索，以便及时捕捉到更有意义的发现。

三、实验

（一）实验的含义、要求和特点

1. 实验的含义

实验是根据研究任务和目的，利用一定的仪器设备及其他物资手段，在典型的环境中或特定的条件下，主动控制或干涉研究对象，舍弃或排除次要因素和无关因素的影响，选取或突出主要因素，探索事物或现象的性质和规律的一种特殊的研究方法。实验是重要的现代科学技术研究方法。

2. 实验的要求与特点

大量精确、系统的科研资料常来自实验，实验是获取第一手科研资料的重要来源，也是推动自然科学技术发展不可缺少的手段。实验要求和特点如下。

（1）可操作性

在设计实验时，首先要考虑的因素是可操作性。只有具备可操作性，人的干预才能实现，才能通过实验获得科学事实。针对所要达到的实验目的，根据已有的实验设备和能达到的实验条件，设计科学可行的实验方案是非常重要的，也是很有必要的。

（2）可控制性

实验的可控制性使研究者能够根据研究目的控制影响实验的相关因素，采取简化、纯化、强化某因素的实验方法，从而能更有效地确定某因素的影响及规律，这是科学实验的基本要求。

（3）可重复性和可验证性

可重复性和可验证性是对所有科学实验的基本要求，是实验有别于自然过程的特点之一。

（4）灵活性

科学实验可以创造自然条件下不能遇到或难以遇到的情况，选取典型材料开展实验和研究，从而扩大研究的范围，提高实验和研究的效果。

由于实验因素的控制性，意味着需要投入一定的人力、物力和经费，有时还会受到实验设计及其他实验条件的限制；同时，对参加实验的研究人员素质要求较高，需要研究者熟练地掌握实验的相关技术。

（二）实验的类型与程序

1. 实验的类型

按实验中质和量的关系，可将实验分为定性实验、定量实验、结构及成分分析实验等。定性实验是指对某种因素是否存在、某种联系是否存在等，只进行性质上的判断。定量实验是指对实验物的数值、各因素间数量关系进行计算的实验。结构及成分分析实验是测定物质的化学组分或化合物的原子或原子团的空间结构的一种实验。

按实验在认识过程中的作用，可将实验分为析因实验、比较实验等。析因实验是指已知结果而寻找原因的实验。比较实验，是指找出两种或多种事物间异同、优劣之处的实验。比较实验中的对照比较实验较为常见。对照比较实验有两个或两个以上的相似组群，一个是对照组，即标准组；另一个为实验组，通过一定的实验，对照比较出一定的结论。

按照实验的直接目的和在整个认识中的作用，可将实验分为探索性实验和验证性实验。探索性实验是指探索自然规律与创造发明或发现新东西的实验，这类实验往往是针对前人或他人从未做过，或还未完成的研究工作所进行的实验。验证性实验是指为学习和掌握已有的自然科学技术知识，验证已有的自然知识和技术，以加深理解和掌握的实验。

2. 实验的一般程序

（1）实验准备

在选定实验研究的课题并形成研究假设，确定研究目标后，应着手制定实验计划，积极准备实验。在实验准备中要围绕以下方面开展工作：搜集有关实验的材料、文献；确定实验内容；选择实验方法；安排实验时间；落实实验仪器设备；确定实验材料或实验对象；对实验结果做出预期等。

（2）实验实施

制订好实验计划并经过充分的准备后，可以进入实验的具体实施阶段。在实施阶段要注意严格按计划控制实验条件，及时收集实验资料，包括对现象的描述记录、对性状、指标的测定等，并保存好原始记录。

（3）实验资料整理

对实验过程中得到的原始资料加以整理，形成形象直观、有条理的资料，以利于进一步的分析研究。能电子化的资料尽可能输入电脑进行存储和整理。

（4）实验结果分析

根据实验过程中观察到的现象和测得、整理的资料，结合统计分析，进一步分析实验结果并从中推断必要的结论。

（5）实验报告撰写

在实验结束后，无论结果是否达到预期目的，都要撰写实验报告。实验报告不强求圆满的实验结果，也不限于描述创新的内容，可以不要求具有明确的结论，但一定要如实记载实验过程与结果。实验报告有下面几个组成部分：题目、立论依据、研究材料与方法、结果与分析、讨论、结论。

主要参考文献

戴起勋, 袁志钟. 2014. 科技创新与论文写作. 3 版. 北京: 机械工业出版社.
郭厚良. 2009. 论科学研究创新. 中国科学基金, 23: 221-226.
雷兵, 魏立安, 黄宗升, 等. 2009. 研究生科研创新能力自我培养和提高的途径探讨. 高等教育研究学报, 32(3): 85-86.
李长海. 2012. 科学研究方法学习与指导. 天津: 天津大学出版社.
李克东. 2003. 教育技术学研究方法. 北京: 北京师范大学出版社.
李孟楼. 2011. 科研基本方法. 咸阳: 西北农林科技大学出版社.
刘正钦. 1996. 试论基础、应用和开发研究的关系. 软科学, 4: 15-18.
庞小宁. 2008. 科学技术哲学概论. 西安: 西北工业大学出版社.
王定详. 2013. 研究方法与论文设计. 北京: 高等教育出版社.
杨杰, 毛丙波. 2014. 大学生职业发展与就业创业指导. 北京: 中国社会科学出版社.
杨启国. 2014. 创新发展论. 北京: 人民出版社.

第二章　试验设计与群体构建

现代作物学研究离不开系统试验。无论是在室内控制条件下还是室外开放、半开放条件下，都需要进行科学、合理的试验设计，尽量降低和控制试验误差，提高试验的准确性和精确性。表型数据的采集，根据研究目的的需要，所用供试材料可能是不同品种、基因型，也可能是人为构建的各种群体。在作物表型研究中试验设计与群体构建极为重要。

第一节　作物试验的设计原则与要求

一、作物试验的类型

按照作物科学试验实施的场所和设置，可将其分为培养试验和田间试验。培养试验容易控制试验条件、误差小、周期短；田间试验难以控制条件、误差大、周期长。

培养试验是将生长介质置于特制容器中，在温室、网室或人工气候箱等设施中，在人工模拟、人为控制条件下进行的植物栽培试验。由于培养试验能严格控制水分、养分，甚至温度、光照等条件，因而有利于精密测定试验因素的效应。培养试验种类很多，有盆栽试验、框栽试验、幼苗试验和耗竭试验等。某些有特殊要求的还可采用分根培养试验、流动培养试验、无菌培养试验、渗滤水研究法等技术。培养试验中最常用的盆栽试验是利用各种特制的盆钵进行的植物栽培试验，根据盆钵的生长介质又可分为土培、砂培和水培等多种方法，作物盆栽试验研究方法将在第三章中做详细介绍，作物根系研究中的根箱方法见第五章。

培养试验实质上是一种模拟试验，便于阐明作物生长发育规律，便于观察记录，揭示作物科学的一些理论问题。由于作物生长环境与田间有很大差别，因此所获得结果不能直接应用于大田，而多用于机理性研究及探索性研究。

田间试验是最接近生产实际的试验形式，是作物科学试验的主要形式。培养试验所提出的理论、假说最终须在田间试验中验证。

二、田间试验设计的基本原则

一个良好的试验设计，不仅要能有效地降低试验误差，而且能够通过统计分析，正确地估计试验误差，从而得出较为准确又可靠的结论。由于土壤差异是构成试验误差的最主要因素，因此，在试验设计时，就应特别注意控制土壤差异。为了有效地降低土壤差异和合理估计试验误差，必须增设重复，并根据试验地的肥力、地形、前作等条件进行合理区划，实行地段的局部控制，使同一重复内的土壤条件尽可能一致。同时，在一个重复内，小区采用随机排列，使估算出的误差比较真实，以提高结果分析的准确性。

因此设置重复、局部控制、随机排列被称为田间试验设计的三个基本原则。

1. 重复

重复（replication）是指每个试验处理在同一试验中所种植的小区数。每个处理在同一试验中具有两个试验小区的，称为两次重复，其余类推。

设置重复是提高试验准确性的有力措施。假如每个试验处理仅设一个小区，则受土壤肥力差异等偶然因素的影响就很大。增加了重复次数后，可以使每一试验处理的若干小区分布在试验地的不同地段上，使各处理在较一致的条件下进行对比，以减少试验误差。同时，试验误差必须由同一处理的试验小区间的差异来估算，如果各处理仅设一个试验小区，显然是无法估计试验误差的。增加了重复数，不仅可以估计出标准误差，而且可以降低标准误差，从而提高了试验的精确度。

2. 局部控制

局部控制（local control）就是按试验地土壤肥力等因素的变异情况，将试验地划分为与重复数相等的区组（block），每一区组内的变异情况趋于同质，这是降低试验误差的重要手段之一。

在田间试验中，由于增加了重复次数，势必增大了试验地的面积，因此也必然增大了土壤肥力的变异程度。为了控制土壤肥力变异程度，可将试验地按其肥力的变异情况，划分为具有较一致肥力的若干区组，每个区组安排一个重复。再把每个区组（重复）划分为与处理数目相等的小区，每个小区安排一个试验处理。由于每一重复内的各试验处理设置在较小的面积上，且各处理相邻，因此，处理间受土壤肥力差异的影响少，且与增加重复数后所增大的土壤肥力差异无关。

3. 随机排列

随机排列（random assortment）是指同一重复内的各个试验处理安排于每一个小区内，不是依照试验者的主观安排，而是采用随机的方法，即每一小区安排任何处理的机会相等。只有这样，才不会使试验误差的估计值偏高或偏低，达到无偏估计试验误差的目的。随机排列的方法可利用随机数字表、抽签法或者计算机产生随机数法。

三、试验设计的基本要求

（一）目的性

一般来说，应当选择对因素效应最敏感或较敏感的参数作为试验指标。为充分有效地利用试验所得到的数据和信息，多选择综合评价参数作为试验指标。

（二）全面性

在确定欲考查因素时，不能遗漏有显著影响的因素，特别是主要影响因素。非显著性影响因素本身可不放在欲考查之列，但当它们与其他因素的交互效应显著时，也必须加以考虑，这样才能全面了解各因素的影响。

（三）可比性

在试验中，除欲考查因素外，其他条件应基本上保持一致，即所谓唯一差异原则。这样得到的试验结果才可以直接看作被考查因素的效应，不同因素之间才有可比性。反之，如果除欲考查的因素之外，其他条件也同时发生变化，这时就不能肯定地说，试验指标的变化一定是由欲考查因素的效应引起的，也就意味着欲考查因素效应同其他因素效应“混杂”了。由于这种效应混杂会干扰试验结果的分析，因此在安排试验时应设法避免。

（四）可重演性

在相同或者类似的条件下，再次进行试验，应能获得与原试验相同或者类似的结果。

四、试验处理的设置

试验处理（treatment）是指参与试验对比的具体项目，一个试验包括若干个处理。如品种比较试验，品种是试验因素，而每一个品种就是一个试验处理；又如种植密度试验，密度是试验因素，每一种密度就是这个因素的一个水平，亦即一个试验处理。在复因素的试验中，各因素的任一水平所组成的组合形式称为一个处理组合（treatment combination）。

在每一个试验中，应设计多少处理和设计哪几种处理，都不能凭空设想，而必须深入地了解生产中或科学研究中存在的问题，查阅必要的资料和了解前人的研究成果，在此基础上进行试验处理的设计。在设计试验处理时应注意以下问题。

1. 处理数必须适当

同一试验因素的不同水平间的标准要明显。处理数不宜过多和过于繁杂，否则会增加工作量，也难以从试验中得出明确的答案。同一因素不同水平间的标准要明显，才不容易被试验误差掩盖了处理效应，导致处理间的真实效应表现不出来。

2. 试验因素不宜过多

试验因素过多，不仅会使试验方案过于繁杂，增加试验的工作量，而且会影响试验的准确性。为此，必须抓住主要矛盾，选择一两个关键性因素先进行试验，待明确其效果后，再以此为基础继续进行其他因素的深入试验。为稳妥起见，一般先做单因素的预备试验，再做正规试验。预备试验常采用较多的处理数，较少或不设重复。正规试验则在预备试验基础上精选因素和水平，设置较多的重复。

五、试验地的选择

试验地是田间试验的最基本条件。田间试验的误差有两种，即系统误差和偶然误差（亦称随机误差）。其中偶然误差是田间试验中最经常而又较难克服的误差，主要是由土壤肥力差异造成的。因此，正确地选择与利用试验地是降低试验误差的重要一环。

选择试验地时，可从以下几个方面予以考虑。

1）试验地要力求平坦开阔、排灌方便。在条件不允许的情况下，也可采用朝着同一方向倾斜的缓坡地，以求得土壤、阳光、温度、湿度等条件的基本一致。

2）试验地的土壤类型、肥力水平、地下水位的高低等，应在本地区有代表性。这样，其试验结果才可能在本地区推广。

3）试验地的土质、肥力、土层深浅等，应力求均匀一致，不能在填平不久的道路、池塘、渠道、积肥坑，新平整的土地，以及施肥、轮作、耕作等有显著差异的田块上进行。

4）试验地的位置要适当，不宜靠近树林、房屋、山冈、河流、池塘及大道。同时，试验地的周围应尽可能种相同的作物（有隔离要求的试验除外），以防试验作物遭受鸟兽危害。

5）在前作进行过施肥、耕作等严重影响土壤肥力均匀的试验田块，不能再作试验用。

六、小区技术

试验小区（plot）是田间试验的基本单位，即试验地中每一个处理在田间所占的地段。在同一个试验中，各小区的面积和形状必须相同。

（一）小区面积的确定

采用合适的小区面积，可以减小土壤肥力差异，提高试验的精确度。在确定合适的小区面积时，应考虑以下几点。

1. 试验的性质

不同种类的试验，对小区面积的大小有不同的要求。一般地说，栽培措施试验的小区面积应比品种试验的大一些。在栽培试验中，耕作、排灌、施肥等试验的小区宜大，而播种期、播种量、密植等试验的小区可以小些。在育种过程中，初期世代的材料数量多、种子量少，又不需要计算产量，故小区面积可以小些；而进行品系鉴定或品种对比试验时，面积就要大些；到了生产试验阶段，则需要种植更大的面积，才能反映出该品种在大田生产中的推广价值。

2. 作物的种类

试验小区需因作物的种类不同而不同，一般是小株作物（如水稻、小麦等）的试验小区面积可以小些，而大株作物（如棉花、玉米等）的试验小区面积应该大些。

3. 土壤肥力差异的程度

土壤肥力差异较大的试验地，小区面积应适当大些；土壤肥力差异较小的试验地，小区面积可适当小些。

4. 试验的具体条件

如试验的处理数较少，而人力物力条件又较充裕时，试验小区可以大些，反之则宜小些。

5. 试验过程中取样需要

在试验过程中需要进行取样的，可根据取样需求相应增大小区面积。

（二）小区的形状

小区的形状指小区长度与宽度的比例，长度大于宽度为长方形小区，长度与宽度相等为方形小区。适当形状的小区可减少土壤肥力差异，有利于提高试验的精确性。在通常情况下，长方形小区更有利于缓和土壤肥力差异，因此，尤其是狭长方形小区的试验误差会小于方形小区。这是因为长方形小区能较全面地包括不同肥力差异，使小区间的土壤肥力差异相应减少。

此外，长方形小区便于各项田间管理的操作和记载，也有利于使用机械操作。

但是小区的形状也不能过于狭长，以免加大小区的四周边界，增加边际的影响。一般采用的长宽比例以 3～10∶1 较为适宜。在南方的旱作试验，小区的宽度应结合排水、灌水的方便来考虑，过宽的小区，不利于排水，灌水也不方便。在这种情况下，长宽的比例可适当加大。此外，还要考虑试验地的形状、小区的面积和小区的多少等。

对于一些边际效应较大的试验，如肥料试验、灌溉试验等，应尽量采用方形或近方形的试验小区，可以减少小区间的相互影响。

（三）小区的排列方向

小区的排列方向通常是指试验小区长边所沿的方向。在已知试验地的土壤肥力或地形、地势的变化情况时，小区的长边应沿着土壤肥力或地形、地势变化的方向，这样，每个小区内包含的土壤差异会更全面，小区间的土壤差异会相对减少，试验的精确性可相应提高，这也是试验小区排列方向的重要原则。

七、重复的次数及排列

试验要设置多少次重复为好，很难硬性规定，不过，重复次数越多，试验误差会越小。但是，重复次数大于一定值后，误差下降变缓，而人力物力的花费会大大增加。对于一定面积的试验地，要权衡小区面积与重复次数的得失，因为增大了小区面积，重复次数就会减小，试验精确度虽可因增大小区面积而提高，但也会因减少重复次数而降低。所以总的来说，在保证合适的最小小区面积下，增加重复次数更为有利。重复次数可根据试验所要求的精确度、土壤肥力差异情况、小区面积、试验地面积、处理数、供试材料数量及人力物力等条件妥善安排，一般以 3～5 次重复为宜。进行较大面积的对比试验时，设 2～3 次重复亦可。

重复在田间的排列，要依试验地的形状及每个重复所需的面积而定。各个重复可以排成一排、两排或多排。然后再在每一重复内划成与处理数相等的同样面积的小区，每个小区安排一个处理。这样，每个重复内都包含了同一试验的所有处理，因此亦称为一个完全区组。

排列重复时，首先要根据土壤肥力和地形特点进行安排，必须使同一重复处在比较一致的土壤或地形条件下，而不同重复可以分设在肥力水平有某些差异的地段上，这也是根据局部控制原理来进行安排。重复排列的基本方式见图 2-1。

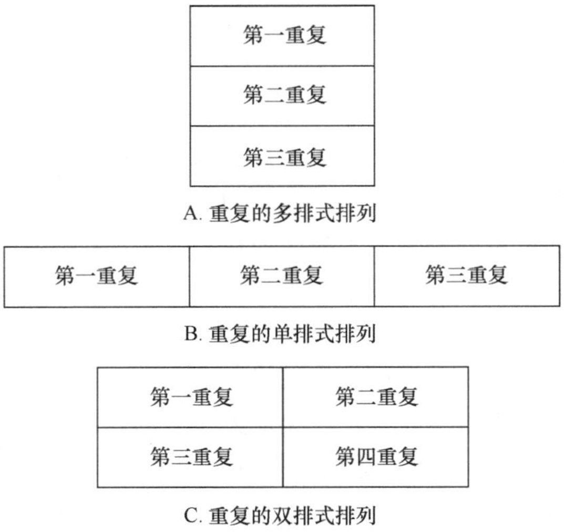

图 2-1 重复排列的三种基本方式

八、保护行的设置

为了使各个供试处理得到相同的通风、透光和栽培管理条件，少受或不受边际效应的影响，以及避免外来因素及人、畜、鸟、兽的危害，必须在试验地四周设置保护行（guarding row）。保护行的数目视作物种类而定，最好采用早熟、抗倒和外形易于识别的品种，这样可以适当提早一两天收获，防止与试验区混淆。

在实际操作中，每个试验小区两边的 2～3 行、两端的 3～5 株也可不作为记载、取样和计产的面积，这些边行实际上也起了保护行的作用。

第二节 常用试验设计

一、成组比较

这种设计可以在只有两个处理时采用。处理可以是类别因素，如两种不同的药物；也可以是数量因素，如同一种药物的不同剂量。方法是把供试材料随机分成两组，各接受一种处理。

这种试验设计方法看似非常简单，但也有一些需要注意的问题，否则也不能取得好的效果。这些问题如下。

1）供试材料的性质必须是均一的。在这种设计中试验材料的差异都被作为随机误差处理，而随机误差过大常常会掩盖处理引起的差异，使它检验不出来。因此如果材料均一性很差时，一般不能采用这种试验设计方法。

2）保证材料分成两组的过程是随机的。

二、成对比较

这种设计也用于只有两个处理的试验，主要是为了尽可能减小供试材料本身差异对试验结果带来的影响。一般来说，若试验材料需要量很大或可选择的范围较小，则保持材料的均一性会很困难。此时可采用配对的方法，即选用一对尽可能一致的试验材料分别作为两种不同的处理，然后用它们的差值来进行统计检验。这样就基本上消除了材料差异的影响。例如，在条件最为近似的两个小区或盆钵中进行两种不同处理，在同一植株（或某器官）的对称部位上进行两种不同处理，或在同一供试单位上进行处理前和处理后的对比等属成对比较。

成对数据，由于同一配对内两个供试单位的试验条件很接近，而不同配对间的条件差异又可通过同一配对的差数予以消除，因而可以控制试验误差，具有较高的精确度。成对数据的平均数比较采用 t 检验。

三、完全随机设计

完全随机设计（completely random design）指将各处理随机分配到各个试验单元（或小区）中，每一处理的重复数可以相等或不相等，这种设计对试验单元的安排灵活机动，单因素或多因素试验皆可应用。这种方法适用于试验材料、试验条件均一性很好的情况。试验设计很简单，主要原则就是保证样本的随机性。方法是：选取尽量一致的试验材料，然后把它们随机分配到各处理中去。这种设计的优点是设计灵活、分析简便，缺点是当试验单元（experimental unit）不均匀一致时会因为没有进行局部化控制而降低精确度，同时不适合处理数较多的情形。该设计一般用于条件控制性较好的实验室培养试验及网、温室的盆钵试验。

四、随机区组设计

前述的完全随机设计有一个重要前提，就是要求非试验因素的试验环境条件具有严格的均一性。否则，所存在的环境条件差异会增加试验误差，甚至会掩盖所要检验的处理间的差异。在田间试验中要做到这一点是不可能的。这就限制了完全随机设计方法的应用。为了解决这一问题，根据“局部控制”的原则，将试验地按肥力程度划分为等于重复次数的区组，一区组亦即一重复，区组内各处理都独立地随机排列。随机区组设计（randomized block design），亦称为完全随机区组设计（random complete block design）是田间试验中最常用、最基本的一种设计方法。对试验条件均一性没有把握的盆栽试验或者室内试验，可以先采用随机区组设计，如果方差分析结果显示区组间差异不显著，则可采用完全随机设计，以减少试验设计及数据分析的复杂性。随机区组设计既适用于单因素试验，也适用于多因素试验。

随机区组设计遵循了田间试验设计的三个基本原则——随机、重复、局部化控制，具有以下优点：①设计简单，容易掌握；②富于弹性，单因素、多因素及综合性的试验都可应用；③能提供无偏的误差估计，并有效地减少单向的肥力差异，降低误差；④对试验地的地形要求不严，必要时，不同区组亦可分散设置在不同地段上。缺点：①容纳的处理数不能太多，一般不超过 20 个。因为处理多，区组必然增大，局部控制的效率降低；②只能控制一个方向的土壤差异。

五、拉丁方设计

如果试验地肥力分布不是有规律朝着一个方向递增或者递减，若采用随机区组设计，不管区组内的处理如何排列，都无法保证它们的肥力条件相同。拉丁方设计（Latin square design）将处理从纵横两个方向排列为区组（或重复），使每个处理在每一列和每一行中出现的次数相等（通常一次），所以它是比随机区组多一个方向局部控制的随机排列的设计。拉丁方设计的每一直行及每一横行都成为一区组或重复，而每一处理在每一直行或横行都只出现一次。因此，该设计的处理数、重复数、直行数、横行数均相同。由于两个方向划分成区组，拉丁方排列具有双向控制土壤差异的作用，即可以从直行和横行两个方向消除土壤差异，因而有较高的精确度。这是该设计的突出优点。但设计的基本要求也决定了它的缺点，即行和列包含的小区数都要等于处理数 n，总共需要 n^2 个小区。当处理数 n 很大时，所需试验田面积、试验工作量很大，所以拉丁方阶数一般不超过 9。

六、裂区设计

若在随机区组设计的区组内由于某种原因造成全部处理不能完全随机排列，而要受到一些条件限制时，可以采用裂区设计。

裂区设计（split-plot design）是多因素试验的一种设计形式，它与多因素试验的随机区组设计在小区排列上有明显的差别。在随机区组中，两个或更多因素的各个处理组合的小区皆均等地随机排列在一区组内。而在裂区设计时则先按第一个因素设置各个处理（主处理）的小区；然后在这主处理的小区内引进第二个因素的各个处理（副处理）的小区；按主处理所划分的小区称为主区（main plot），亦称整区，主区内按各副处理所划分的小区称为副区，亦称裂区（split plot）。从第二个因素来讲，一个主区就是一个区组，但是从整个试验所有处理组合讲，一个主区仅是一个不完全区组。由于这种设计将主区分裂为副区，故称为裂区设计。这种设计的特点是主处理分设在主区，副处理则分设于一主区内的副区，副区之间比主区之间更为接近，因而副处理间的比较比主处理间的比较更为精确。

通常在下列几种情况下，应用裂区设计。

1）在一个因素的各种处理比另一因素的处理可能需要更大的面积时，为了实施和管理上的方便而应用裂区设计。例如，耕地、肥料、灌溉等试验，耕、肥、灌等处理宜作为主区；而另一因素（如品种等），则可设置于副区。

2）试验中某一因素的主效比另一因素的主效更为重要，而要求更精确的比较，或两个因素间的交互作用比其主效是更为重要的研究对象时，亦宜采用裂区设计，将要求更高精确度的因素作为副处理，另一因素作为主处理。

3）根据以往研究，得知某些因素的效应比另一些因素的效应更大时，亦适于采用裂区设计，将可能表现较大差异的因素作为主处理。

下面以品种与施肥量两个因素的试验说明裂区设计。如有 6 个品种，以 1、2、3、4、5、6 表示，有三种施肥量，以高、中、低表示，重复三次，则裂区设计的排列可如图 2-2 所示。图中先对主处理（施肥量）随机，后对副处理（品种）随机，每一重复的主、副处理随机皆独立进行。

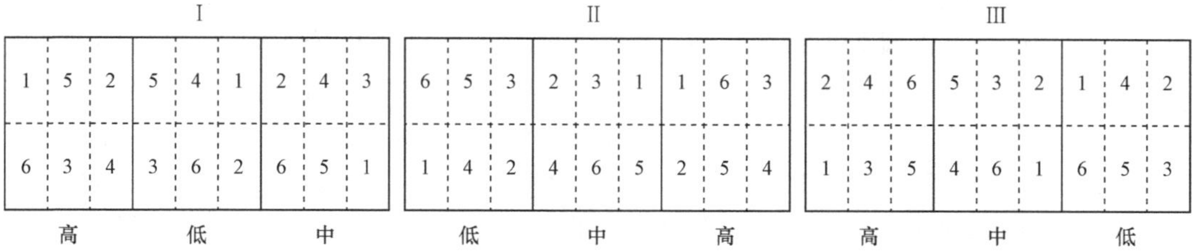

图 2-2 施肥量与品种二因素试验的裂区设计

施肥量为主区，品种为副区；Ⅰ、Ⅱ、Ⅲ代表重复

裂区设计在小区排列方式上可有变化，主处理与副处理亦均可排成拉丁方，这样可以提高试验的精确度。尤其是主区，由于其误差较大，能用拉丁方排列更为有利。主、副区最适于拉丁方排列的多因素组合有 5×2、5×3、5×4、6×2、6×3、7×2、7×3 等。

七、正交设计

前面所述的试验设计方法，大多只适用于一两个因素，那些方法均可称为全面试验的方法。即若 A 因素有三个水平，B 因素有 4 个水平，至少要做 3×4=12 次试验。如果再有重复，所需试验单元数还要增加几倍。因此若试验因素有三个或更多，水平数也大于 2 的话，所需的试验单元数常常是令人难以接受的。但实际问题常常要求同时考查多个因素，有时还要求判断这些因素中哪个主要，哪个次要；有时则要求在多个因素同时起作用的条件下，找出最优的各因素水平组合；等等。在这种情况下进行全面试验，所需工作量是令人无法承受的。解决这种问题的一个较好方法就是采用正交试验设计，它可以用数量较少的试验，获取尽可能多的信息。

正交试验设计（orthogonal experimental design）是研究多因素多水平的又一种设计方法，它是根据正交性从全面试验中挑选出部分有代表性的点进行试验，这些有代表性的点具备了“均匀分散，齐整可比”的特点，正交试验设计是分式析因设计的主要方法，是一种高效率、快速、经济的试验设计方法。日本著名的统计学家田口玄一将正交试验选择的水平组合列成表格，称为正交表。例如，做一个三因素三水平的试验，按全面试验要求，须进行 3^3=27 种组合的试验，且尚未考虑每一组合的重复数。若按 L_9（3^3）正交表安排实验，只需做 9 次，按 L_{18}（3^7）正交表进行 18 次试验，显然大大减少了工作量。因而正交设计在很多领域的研究中已经得到广泛应用。

每个正交表都有一个符号，一般表示为 L_N（m^k）的形式。其中 L 表示正交表；N 表示所需做的试验次数；k 为所能容纳的最多因素数；m 为每个因素的水平数。另有一些表示为 $L_N(m_1^{k1} \times m_2^{k2})$ 的形式，含义与上述相同，表示可安排 k_1 个具有 m_1 个水平的因素

和 k_2 个具有 m_2 个水平的因素。N 仍为所需试验次数。使用正交表可以考虑因素间有交互作用，此时应查专门的交互作用表。若要查 i 列与 j 列的交互作用，只要找到此表中 i 行和 j 列的交点，该处的数字就是该交互作用所在的列号。这样的正交表有许多，可查阅有关统计书籍。

正交表具有两个基本性质：①每一列中，不同的数字出现的次数相等。例如，在两水平正交表中，任何一列都有数码“1”与“2”，且任何一列中它们出现的次数是相等的；在三水平正交表中，任何一列都有“1”、“2”、“3”，且在任一列的出现数均相等。②任意两列中数字的排列方式齐全而且均衡。例如，在两水平正交表中，任何两列（同一横行内）有序对共有 4 种：(1，1)、(1，2)、(2，1)、(2，2)。每种对数出现次数相等。在三水平情况下，任何两列（同一横行内）有序对共有 9 种，(1，1)、(1，2)、(1，3)、(2，1)、(2，2)、(2，3)、(3，1)、(3，2)、(3，3)，且每对出现数也均相等。以上两点充分地体现了正交表的两大优越性，即“均匀分散性，整齐可比”。通俗地说，每个因素的每个水平与另一个因素各水平各碰一次，这就是正交性。

下面通过举例说明正交表的使用方法。

假设我们准备做一个 3 因素 2 水平的试验。若已知不需考虑任何交互作用，也可用 L_4（2^3）表。但在这种情况下，误差项 SS_e 分离不出来，无法进行统计检验，只能直观比较哪个水平较好，这时只需做 4 次试验。若存在交互作用，它会叠加在其他列上，从而得到错误的结果。因此若不能排除存在交互作用的可能，则应利用 L_8（2^7）表（表 2-1）。首先将因素 A、B 放在第 1、2 列上，查交互作用表（表 2-2），它们的交互作用在第 3 列，因此 C 因素不能再放在第 3 列，而应放在第 4 列上。

表 2-1 正交表 L_8（2^7）

行号	列号						
	1	2	3	4	5	6	7
1	1	1	1	1	1	1	1
2	1	1	1	2	2	2	2
3	1	2	2	1	1	2	2
4	1	2	2	2	2	1	1
5	2	1	2	1	2	1	2
6	2	1	2	2	1	2	1
7	2	2	1	1	2	2	1
8	2	2	1	2	1	1	2

表 2-2 L_8（2^7）的两列间交互作用表

列号	1	2	3	4	5	6	7
1		3	2	5	4	7	6
2			1	6	7	4	5
3				7	6	5	4
4					1	2	3
5						3	2
6							1

此时可查出，AC 在第 5 列，BC 在第 6 列，ABC 在第 7 列。若 ABC 不存在，则第 7 列可作为误差 e。这样就得到表头设计如下：

因素	A	B	AB	C	AC	BC	e
列号	1	2	3	4	5	6	7

如果已知有更多的交互作用不存在，则可把这些列均当做误差列。一般来说，用更多的列计算误差会提高误差估计精度，从而也就提高了检验精度。在真正安排试验时用不着考虑交互作用列，因此先忽略 L_8（2^7）中的第 3、5、6、7 列，只取各因素所在的第 1、2、4 列组成试验设计表（表 2-3），然后就可按该表进行试验。即第 1 号试验采用各因素的第 1 水平；第 2 号试验采用 A、B 因素的第 1 水平，C 因素的第 2 水平；第 3 号试验采用 A、C 因素的第 1 水平，B 因素的第 2 水平……直到第 8 号试验采用各因素的第 2 水平。

表 2-3　三因素二水平试验设计表

试验号	因素		
	A	B	C
1	1	1	1
2	1	1	2
3	1	2	1
4	1	2	2
5	2	1	1
6	2	1	2
7	2	2	1
8	2	2	2

如果再加一个因素 D，可以把它放在第 7 列。但此时可查出，AB、CD 均在第 3 列，AC、BD 均在第 5 列，AD、BC 均在第 6 列，因此无法对这些交互作用进行分析，这种现象称为混杂。它产生的原因是我们只做了 8 次试验，而 4 因素 2 水平本应做 $2^4=16$ 次试验。由于试验次数减少，信息不够，不能将所有的交互作用分开。但如果已知某些交互作用不存在，上述混杂现象可以避免，则它是很好的试验设计，因为试验次数减少了，节约了人力物力。

正交试验设计可用较少的试验获取较多的信息，包括各因素及交互效应的检验，各因素影响大小的排序，最优水平组合的选择等。但若要求检验的交互作用很多，则必须用较大的正交表，此时正交设计所需试验次数少的优点就不明显了。实际上，若需考虑全部交互作用的话，正交设计就变成了全面试验设计。因此一般来说正交试验设计适用于所需考虑因素数较多，但没有或只有少数交互作用的场合。此时采用正交设计可大大减少工作量。

第三节　遗传群体构建

一、遗传交配设计

前面所述试验设计的主要目的在于尽可能控制环境的干扰，估计试验误差，提高试验的精确度，一般称为环境设计（environmental design）。数量遗传学研究的一个重要内容在于对群体遗传参数（遗传方差、协方差、遗传率、遗传相关系数等）的估计，以揭示群体的遗传特征。估计遗传参数需采用一定的遗传交配设计。所谓遗传交配设计（genetic mating design）就是从所要研究的基础群体（basic population）内随机抽取样本，通过适当的交配方式（自交、回交、随机交配、同型交配等）产生一定的亲属关系，构成试验群体，通过试验群体与基础群体（或称参照群体，reference population）遗传组分的线性关系，由试验群体的实测方差和协方差估算基础群体的遗传方差和协方差组分，进而估算遗传率、遗传相关系数等遗传参数。下面介绍几种常用的遗传交配设计。

（一）单因子设计

简单的单因子设计（one-factor design）是在一个环境下种植某种类型的家系（*n* 个基因型或者品种）；如果家系和环境之间的互作也很重要，也可以在两个或更多的环境下种植这些家系。一般以 *r* 次重复的随机区组设计实施试验。

（二）北卡罗林纳设计

美国北卡罗林纳农业试验站的 Comstock 和 Robinson（1948，1952）提出三种遗传交配设计，分别称为 NC I 设计、NC II 设计、NC III 设计，称为北卡罗林纳设计（North Carolina design，NCD）。

1. NC Ⅰ 设计

NC Ⅰ 设计（North Carolina design Ⅰ）又称双因素巢式设计（nested design），由 Comstock 和 Robinson（1948）提出。具体做法是，从一个参照群体中随机抽取若干个个体作为父本，对每一父本，再随机抽取若干个体作为母本与之杂交，因此有多少父本就有多少组母本，但每一母本只交配一次。如有 *m* 个父本，每一父本与 *f* 个不同的母本杂交，计有 *m*+*mf* 个个体作亲本，交配得到 *mf* 个全同胞家系。表 2-4 示意了 3 个父本（代号 1～3）、9 个母本（代号 A～I）的 NC Ⅰ 设计。

表 2-4　NC Ⅰ 设计范例

母本	父本		
	1	2	3
A	×		
B	×		
C	×		
D		×	
E		×	
F		×	
G			×
H			×
I			×

2. NC Ⅱ设计

NC Ⅱ设计（North Carolina design Ⅱ）属于因子设计（factorial mating），又称为双因素交叉设计、*pq* 设计等，是一种应用十分广泛的遗传交配设计，也是由 Comstock 和 Robinson（1948）提出。它的具体做法是，从参照群体内随机抽取 *m*+*f* 株（或系），随机以其中 *m* 株（或系）作父本，另外 *f* 株（或系）为母本，每一个父本和每一个母本交配，则共产生 $m \times f$ 个杂交组合（全同胞家系），*m* 与 *f* 一般不等。图 2-3 示意了 5 个父本与 *n* 个母本产生的 NC Ⅱ设计。

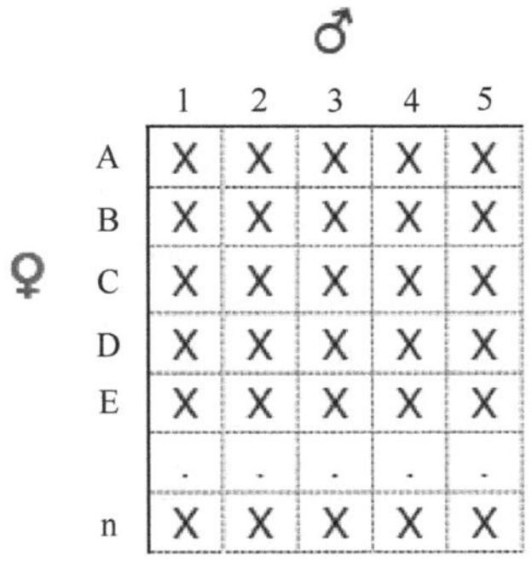

图 2-3　NC Ⅱ设计示意图（5 个父本，*n* 个母本）

3. NC Ⅲ设计

NC Ⅲ（North Carolina Design Ⅲ）设计属于回交系统类型设计，由 Comstock 和 Robinson（1952）提出。通常用于研究 F_2 群体的遗传方差组成和显性情况。具体做法是，从 P_1 和 P_2 两个亲本杂交和自交获得的 F_2 群体中随机选择 *m* 个 F_2 单株回交于双亲，产生 *m* 个半同胞家系，2*m* 个全同胞家系（即 2*m* 个回交一代）（图 2-4）。

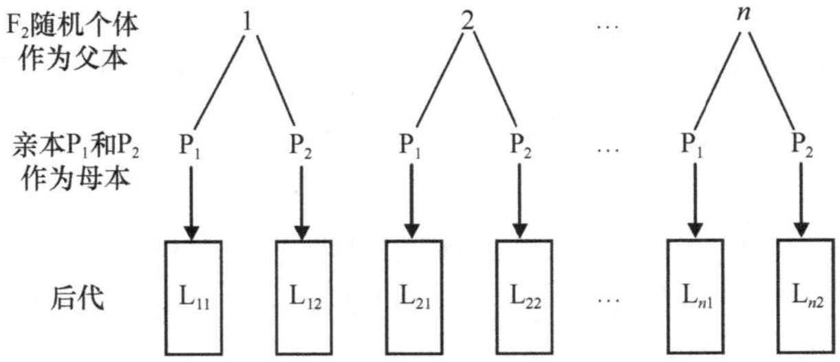

图 2-4　NC Ⅲ设计示意图

（三）双列杂交设计

双列杂交设计（diallel cross design）是指对所选用的一组 *p* 个亲本（从参照群体中抽取的一组自交系、纯系或者品种）进行各种可能的单交交配（single cross）。它是植物数量遗传研究中应用最广泛的遗传交配设计。双列杂交设计包括完全双列杂交设计和部分双列杂交设计。

1. 完全双列杂交设计

完全双列杂交设计（full diallel cross）由 Griffing（1956）提出，共 4 种情形。假设

有 p 个亲本（图 2-5）。

设计 1：所有可能的组合，共计 p^2 个，其中包括 $\frac{1}{2}p$（p–1）个正交组合，$\frac{1}{2}p$（p–1）个反交组合和 p 个自交组合。

设计 2：正交（或反交）加自交组合，共有 $\frac{1}{2}p$（p–1）+p=$\frac{1}{2}p$（p+1）个组合。

设计 3：正交加反交组合，组合数为 p（p–1）。

设计 4：正交（或反交）组合，组合数为 $\frac{1}{2}p$（p–1）。

亲本 p个

P	1	2	3	4	5	6	7	8	…	N
1	1×1	1×2	1×3	1×4	1×5	1×6	1×7	1×8	…	1×N
2	2×1	2×2	2×3	2×4	2×5	2×6	2×7	2×8	…	2×N
3	3×3	3×2	3×3	3×4	3×5	3×6	3×7	3×8	…	3×N
4	4×4	4×2	4×3	4×4	4×5	4×6	4×7	4×8	…	4×N
5	5×5	5×2	5×3	5×4	5×5	5×6	5×7	5×8	…	5×N
6	6×6	6×2	6×3	6×4	6×5	6×6	6×7	6×8	…	6×N
7	7×7	7×2	7×3	7×4	7×5	7×6	7×7	7×8	…	7×N
8	8×8	8×2	8×3	8×4	8×5	8×6	8×7	8×8	…	8×N
⋮	⋮	⋮	⋮	⋮	⋮	⋮	⋮	⋮		⋮
N	N×N	N×2	N×3	N×4	N×5	N×6	N×7	N×8	…	N×N

正交 $\frac{1}{2}p(p-1)$个

反交 $\frac{1}{2}p(p-1)$个

图 2-5　完全双列杂交设计示意图

2. 部分双列杂交设计

部分双列杂交设计（partial diallel cross design）是指选取完全双列杂交的一部分实施的双列杂交设计。其中包括多种情形，下面介绍其中两种。

（1）部分双列杂交设计情形 1

具体做法是，将待测亲本（从参照群体中抽取的一组自交系、纯系或者品种）分成若干组群，在每个组群中，亲本之间作半双列交配（完全双列杂交设计 2）的交配设计方式（图 2-6）。该设计也称为分组不连续半双列交配设计（disconnected half diallel）。

♀ \ ♂	1	2	3	4	5		…	n
1	X	X	X	X				
2		X	X	X				
3			X	X				
4				X				
5					X	X	X	X
						X	X	X
⋮							X	X
n								X

图 2-6　分组不连续半双列交配设计示意图

（2）部分双列杂交设计情形 2

基本要求为：①n 个亲本中的每一个都将出现在 s 个杂交组合中，$s < n-1$。总杂交组合数为 $ns/2$ 个；②ns 应该是个偶数，亦即 n 与 s 中至少有一个是偶数（图 2-7）。该设计可以最大限度减少参试的杂交组合数。

♀ \ ♂	1	2	3	4	5	…	*n*
1		X	X	X			
2			X	X	X		
3				X	X	X	
4					X	X	X
5	X					X	X
⋮	X	X					X
n	X	X	X				

图 2-7　部分双列杂交设计情形 2 示意图

（四）三重测交法

三重测交法（triple test cross，TTC）设计由 Kearsey 和 Jinks（1968）对 NC III 设计加以改进提出的，是一种用于检验上位性是否存在的遗传交配设计方法。该设计采用 P_1、P_2 和 F_1 作为测交系，分别与随机抽取的 F_2 个体杂交，得到三套杂交材料，故称为三重测交法（图 2-8）。

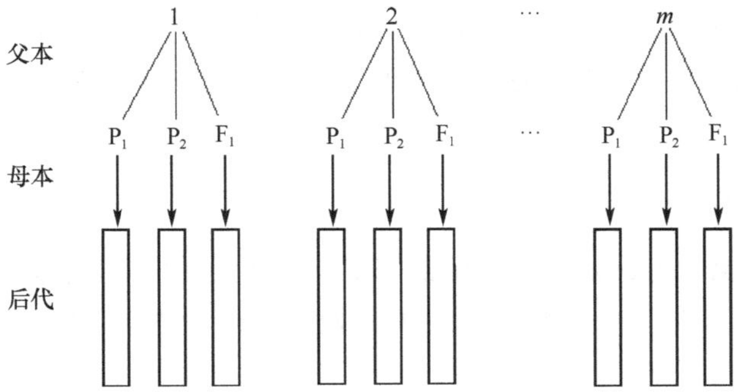

图 2-8　三重测交法设计示意图

二、作图群体构建

剖析控制表型性状的基因在基因组上的位置和遗传效应是现代遗传学的重要命题，这一研究过程称为基因定位（gene mapping）。基因定位分为遗传定位（genetic mapping）和物理定位（physical mapping）两个层次，前者主要确定基因在遗传连锁群（连锁图谱）上的相对位置，其中遗传连锁图谱（genetic linkage map）的构建至关重要。分离群体（segregating population）即具有遗传多态性（genetic polymorphism）的群体，是构建遗传连锁图谱的基础。用于定位分析的分离群体称为作图群体（mapping population）。分离群体一方面用于采集表型数据，另一方面用于采集分子标记数据。

作图群体根据群体构成结构、来源可分为自然群体（natural population）和试验群体（experimental population）两类。其中自然群体主要用于关联分析（assoicate analysis），试验群体主要用于连锁遗传作图（linkage mapping）。试验群体是目前基因定位研究的主要试验群体材料。

根据试验群体遗传稳定性可将其分为两大类：一类称为暂时性分离群体，如 F_2、回交群体等，这类群体中分离单位是个体，一经自交或近交其遗传组成就会发生变化，无法永久使用。另一类称为永久性分离群体，如重组自交系、近等基因系群体等，这类群体中分离单位是株系，不同株系之间存在基因型的差异，而株系内个体间的基因型是相同且纯合的，是自交不分离的。这类群体可通过自交或近交繁殖后代，不会改变群体的遗传组成，可以永久使用。

构建遗传连锁图谱和开展基因定位可以选用不同类型的分离群体，它们各具优缺点，应结合具体情况选用。

（一）F_2 群体

F_2 群体是常用的作图群体，不论是自花授粉植物，还是异花授粉植物，建立 F_2 群体都是容易的，这是使用 F_2 群体进行遗传作图的最大优点。但 F_2 群体的一个不足之处是存在杂合基因型。对于显性标记，将无法识别显性纯合基因型和杂合基因型。由于这种基因型信息简并现象的存在，会降低作图的精度。

F_2 群体的另一个缺点是不易长期保存，有性繁殖一代后，群体的遗传结构就会发生变化。为了延长 F_2 群体的使用时间，一种方法是对其进行无性繁殖，如进行组织培养扩繁。但这种方法不是所有的植物都适用，且耗资费工。另一种方法是使用 F_2 单株的衍生系（F_3 株系或 F_4 家系）。为了保证这种代表性的真实可靠，衍生系中选取的单株必须是随机的，且数量要足够多。这种方法对于那些繁殖系数较大的自花授粉植物（如水稻、小麦等）尤为适用。

（二）BC_1 群体

回交一代（first backcross generation，BC_1）也是一种常用的作图群体。BC_1 群体中每一分离的基因座只有两种基因型，它直接反映了 F_1 代配子的分离比例，这是它优于 F_2 群体的地方。

虽然 BC_1 群体是一种很好的作图群体，但它也与 F_2 群体一样，存在不能长期保存的问题。可以用 F_2 中使用的类似方法来延长 BC_1 群体的使用时间。另外，对于一些人工杂交比较困难的植物，BC_1 群体也不太合适。

（三）DH 群体

高等植物的单倍体（haploid）是含有配子染色体数的个体。单倍体经过染色体加倍形成的二倍体称为加倍单倍体或双单倍体（doubled haploid，DH）。DH 群体产生的途径很多，亦因物种不同而异，最常见的方法是通过花药培养，即取 F_1 植株的花药进行离体培养，诱导产生单倍体植株，然后对染色体进行加倍产生 DH 植株。DH 植株是纯合的，自交后即产生纯系，因此 DH 群体可以稳定繁殖，长期使用，是一种永久性作图群体。DH 群体的遗传结构直接反映了 F_1 配子中基因的分离和重组。

DH 群体直接从 F_1 花粉经培养产生，因而建立 DH 群体所需时间不多。但是，产生 DH 植株有赖于花培技术。有些植物的花药培养非常困难，就无法通过花培来建立 DH

群体。另外，植物的花培能力跟基因型关系较大，因而花培过程会对不同基因型的花粉产生选择效应，从而破坏 DH 群体的遗传结构，造成较严重的偏分离现象，这会影响遗传作图的准确性。

（四）重组自交系群体

重组自交系（recombinant inbred line，RIL）群体是杂种后代经过多代自交而产生的一种作图群体，通常从 F_2 代开始，采用单粒传的方法来建立。由于自交的作用是使基因型纯合化，因此，RIL 群体中每个株系都是纯合的，因而 RIL 群体是一种可以长期使用的永久性分离群体。理论上，建立一个无限大的 RIL 群体，必须自交无穷多代才能达到完全纯合；建立一个有限大小的 RIL 群体则只需自交有限代。然而，即使是建立一个通常使用的包含 100～200 个株系的 RIL 群体，要达到完全纯合，所需的自交代数也是相当多的。在实际研究中，人们往往使用自交 6～7 代的“准 RIL 群体”。

在 RIL 群体中，每一分离座位上只存在两种基因型，且比例为 1∶1。从这点看，RIL 群体的遗传结构与 BC_1 相似，也反映了 F_1 配子的分离比例。但值得注意的是，当分析 RIL 群体中两个标记座位之间的连锁关系时，算得的重组率比例并不等于 F_1 配子中的重组率，这是因为在建立 RIL 群体的过程中，两标记座位间每一代都会发生重组，所以 RIL 群体中得到的重组率比例是多代重组频率的积累。不过，从理论上可以推算出，RIL 群体中的重组比例（R）与 F_1 配子中的重组率（r）之间的关系为 $R=2r/(1+2r)$。因此，用 RIL 群体仍然可以估计重组率，亦即 RIL 群体仍然可以用于遗传作图。

RIL 群体的优点是可以长期使用，可以进行重复试验。因此它除了可用于构建分子标记连锁图外，特别适合于数量性状基因座（QTL）的定位研究。值得注意的是，异花授粉植物由于存在自交衰退和不结实现象，建立 RIL 群体是比较困难的。

（五）近等基因系群体

近等基因系（near isogenic lines，NIL）是指除了一两个基因外，其他遗传背景都相同的两份遗传材料。构建 NIL 群体主要采用多代回交策略，同时也可采用以下其他几种途径。

1）多代回交。以带有目标性状的亲本（供体亲本）与拟导入这一目标性状的亲本（受体亲本，又称轮回亲本）进行杂交，再用轮回亲本继续多次回交，回交至一定世代后自交分离，即可获得遗传背景与轮回亲本相近却带有目标性状的品系，这一品系与轮回亲本即构成一对近等基因系。从回交分离世代起，由于后代单株间在目标性状上发生分离，需选择带有目标性状的单株进行回交。这是构建 NIL 群体最常用的方法。

2）来源于自交。通过持续的自交保持目标性状位点的杂合可以建立成对的近等基因系。一旦其他遗传位点几乎已经稳定，自交将产生在目标位点有差异的成对近等基因系。来源于自交的近等基因系可以是亲本基因型的任意组合，每组近等基因系除目标性状外有几乎相同的遗传组成，而来自回交的近等基因系有和轮回亲本一样的遗传组成。

3）永久群体的全基因组选择。随着永久群体的积累，如 RIL 和 DH 群体，可能根据全基因组分子标记信息发现两个其他位点完全相同，但一个或少数几个位点不同的系。

4）突变。产生供体亲本单位点突变，是获得近等基因系的快速方法。对大多数突变体，突变仅仅发生在一个或少数几个遗传位点。这些突变体可以看作其野生型的近等基因系，也称为近等突变（isomutagenic line，IML）。IML 已经广泛用于功能基因组和基因克隆研究，但是难以直接用来定位，因为筛选多态性标记太困难。

5）染色体替换。用染色体基因工程或分子标记辅助育种的方法，可以建立整个或部分染色体的替换系，因此每个系可能有一条染色体或部分染色体发生了替换。

NIL 群体也是一种永久性作图群体。

（六）代换系

代换系（substitution line）包括导入系、单片段代换系和染色体片段代换系等几种，属于次级、高级作图群体，可用于基因的精细定位和克隆。

1. 导入系

导入系（introgression line，IL）是通过连续的回交和自交并结合标记辅助选择获得的与轮回亲本只有一个或极少数供体亲本等位基因差异的导入片段群体。

2. 单片段代换系

单片段代换系（single segment substitution line，SSSL）类似于近等基因系，也是通过多代回交获得。一个理想的单片段代换系应该是，除了目标数量性状位点（quantitative trait locus，QTL）所在的染色体片段完整地来自供体亲本以外，基因组的其他部分与受体亲本完全相同，因此，单片段代换系可用于单个 QTL 的精细定位。

3. 染色体片段代换系

染色体片段代换系（chromosome segment substitute line，CSSL）与单片段代换系不同，染色体片段代换系是采用多个供体亲本对受体亲本进行连续回交，建立一套覆盖全基因组的、相互重叠的染色体片段代换系，又称代换系重叠群。

几种常用试验作图群体比较列于表 2-5。

表 2-5　几种常用试验作图群体的特点

特点	初级群体				次级群体			高级群体
	F_2	BC_1	DH	RIL	IL	NIL	CSSL	SSSL
群体的形成	F_1 自交后代	F_1 回交后代	F_1 花培	F_1 自交多代	F_1 回交多代	F_1 回交多代	F_1 回交多代	F_1 回交多代
定位准确度	低	低	中	中	高	高	高	最高
所需群体大小	大	大	小	小	小	小	小	小
是否永久群体	否	否	是	是	是	是	是	是
构建费用	低	低	中	中	高	高	高	高
构建时间	短	短	短	长	长	长	长	长
分离比率	1∶2∶1	1∶1	1∶1	1∶2∶1	1∶1	1∶1	1∶1	1∶1
遗传背景干扰	多	多	多	多	少	少	少	无

注：BC，backcross，回交；DH，double haploid，加倍单倍体；RIL，recombinant inbreed line，重组自交系；IL，introgression line，导入系；NIL，near-isogenic line，近等基因系；CSSL，chromosome segment substitution line，染色体片段代换系；SSSL，single segment substitution line，单片段代换系

主要参考文献

方宣钧, 吴为人, 唐纪良. 2001. 作物DNA标记辅助育种. 北京: 科学出版社.
盖钧镒. 2013. 试验统计方法. 4版. 北京: 中国农业出版社.
孔繁玲. 2006. 植物数量遗传学. 北京: 中国农业大学出版社.
刘德金, 肖承和. 2005. 农业试验设计与分析. 北京: 中国农业科学技术出版社.
翟虎渠, 王建康. 2007. 应用数量遗传. 北京: 中国农业科学技术出版社.
Clewer A G, Scarisbrick D H. 2001. Practical statistics and experimental design for plant and crop science. Chichester: John Wiley & Sons, Ltd.
Comstock R E, Robinson H F. 1948. The components of genetic variance in population. Biometric, 4: 254-266.
Comstock R E, Robinson H F. 1952. Estimation of average dominance of genes//Gowen J W eds. Heterosis. Ames: Iowa State College Press: 494-516.
Griffing B. 1956. Concept of general and specific combining ability in relation to diallel crossing systems. Australian Journal of Biological Sciences, 9: 463-493.
Kearsey M J, Jinks J L.1968. A general method of detecting additive, dominance and epistatic variation for metrical traits. I. Theory. Heredity, 23: 403-409.
Xu Y B. 2010. Molecular Plant Breeding. Wallingford: CAB International.

第三章　作物盆栽试验研究方法

盆栽试验是作物科学试验的一种重要方法。根据试验目的和要求可选用土壤培养、溶液培养、砂砾培养等方法。各种研究方法对器具、水分、营养成分、培养基质等配制、实施与管理均有严格、具体要求。

第一节　盆栽试验研究方法的特点与种类

一、盆栽试验的特点

盆栽（钵）试验是在人为控制的条件下，用特制的容器（如盆钵、玻璃缸、塑料桶、水泥池等）栽培农作物，并进行各种科学试验的方法，又称为培养试验。盆栽试验可以严格地控制各种环境条件，如土壤、肥料、光照、水分、温度等，有利于开展各种析因试验，进而弄清植物营养与施肥中各个因子的作用。如果说田间试验是在大田条件下估计作物对肥料的反应，那么盆栽试验即进一步揭示作物对肥料反应的实质和阐明各个因子的意义。盆栽试验是在特别修建的培养室或人工气候室中进行，这样可以根据试验的目的与农作物的要求，创造对农作物生长最适宜的环境条件，来研究各种因素对农作物生长发育的影响。

盆栽试验实质上是一个模拟试验，与肥料的田间试验方法有较大的区别，这种区别主要表现在以下几个方面。

1）局限性。盆栽试验的土壤一般只取自耕作层，农作物只能从耕层土壤中吸收养分。而田间试验农作物可以从土壤的全层，即表层、中层甚至底层及根系能生长到的其他地方吸收养分，二者有着明显的区别。

2）可溶性。盆栽试验通过不同营养液来控制营养元素的有与无及数量多少，进而进行不同营养元素机理的研究。这在田间试验中难以实现。

3）模拟性。盆栽试验可以采用营养液分根隔离技术，模拟养分在植物体内的移动，进而进行更深入的机理研究。

4）最大性。盆栽试验的施肥量最大，特别是土培试验都大于田间施肥量的一倍至数倍，如以每千克土壤施 N 0.15～0.3g 计算，每 $0.07hm^2$（约 1 亩）需施硫酸铵 112.5～225kg。

5）复现性。盆栽试验装盆前要调整空盆的重量一致，再装入等量的土壤或营养液，每天称重补充失去的水分，保持试验结果的复现性。

6）差异性。盆栽试验几乎没有氮肥中 N 的淋失，因此对氮肥的形态、肥料利用率与测试研究，显然与田间试验的评价是有差异的。

基于上述特点，盆栽试验也有一定的局限性。它必须与田间试验相互配合，才能得出正确的结论。

二、盆栽试验的种类

盆栽试验的种类，依盆钵、环境、材料和研究目的不同而有所不同，一般可以分成三类。

（一）盆钵培养方法

它是利用各种特制的盆钵进行农作物的栽培试验，由于农作物在盆钵中生长的介质不同，又可分成土培试验、砂培试验、溶液培养试验和从以上三种培养试验演变而成的隔离培养试验、流动培养试验、更换培养试验、灭菌培养试验等。

（二）植物短期培养方法

植物短期培养试验又称幼苗试验。它根据农作物生长发育初期（通常只生长几片叶）对土壤中养分形态的反应和利用情况做出评价。由于指示作物的不同，幼苗试验又可分成黑麦幼苗试验、番茄幼苗试验和油菜幼苗试验等几种。幼苗试验是介于实验室与盆栽试验之间的研究方法。

（三）控制培养条件的其他方法

以特制的木框、水泥池、塑料板框为容器控制植物生长的土壤、水分、养分等进行农作物栽培试验，称框栽试验。一般框的面积均小于 $1m^2$。框栽试验可以固定在培养室的网室中进行，20 世纪 30 年代发展起来的渗滤水研究，所采用的土壤溶液渗滤研究系统（lysimeter）也是框栽试验的一种。框栽试验是介于盆栽试验与大田试验之间的研究方法。

第二节　土壤培养研究方法

一、土培试验的任务

土培试验以土壤为栽培植物的介质，它是盆栽试验中应用较广泛的一种方法。土培试验是一种更接近于自然条件的生物试验方法。一般在溶液培养或砂培研究中取得的初步结果，在转向田间研究之前，常常先用土培方法设置预备试验或检验。土培试验也不能代替溶液培养或砂培试验，因为在土培条件下很难单独研究某个对植物生长发育起作用的因子。例如，我国南方的红壤，降低土壤的 pH，会减小其中磷的有效性，土培试验中则很难控制好这些条件。在植物营养研究中，土培试验的主要任务是研究农作物对土壤中有效养分的吸收利用问题、不同的土壤中化肥效果的初步评价、环境条件（特别是土壤水分）对农作物根系吸收养分的影响、农作物对肥料（包括化肥与有机肥料）的利用率等。以上这些研究课题若在田间则无法排除外界环境条件的差异和干扰，导致研究结果的复杂化。对于各种新型化肥，往往先在土培试验中进行探索性的研究，以取得初步结果，再扩大到田间研究，可以少走弯路。总之，土培试验的应用范围是很广泛的，但若环境条件控制不严，试验的精度就很低，也难以得到理想的结果。

二、土培试验方法

（一）土壤的准备

1. 土壤的采集和整理

土壤的选择是土培试验成败的关键之一。通常根据试验要求，选择有代表性的土壤，如对于钾肥肥效比较试验，必须选择缺钾土壤，否则就不能得到预期的结果。在取土之前，必须开展土壤调查和农化分析，并确定土类的名称、性质、耕作历史等。为了使所采土壤符合科学研究的需要，也可以在专门取土的地段上，采取消耗某种土壤养分的措施，例如：欲消耗土壤中的磷，可以在施用氮钾肥的基础上，播种喜磷作物（豆科作物）等，连续种植几年；欲消耗土壤中的氮，可以在施用磷钾肥的基础上，播种谷类作物；欲消耗土壤中的钾，可以在施用氮磷肥的基础上，播种薯类作物或甜菜。经过农作物的吸收消耗，以达到耗竭土壤中某种养分的目的。当确定取土地点后，一般只采耕作层土壤，如有特殊要求可以例外。取土、装土、运土的工具要干净，防止肥料和其他养分污染而影响试验结果的准确性；取土的数量应比实际需求数量多 50%。若远距离采土，应在当地过筛后再装箱运输，取土量应比需要量多 10%～20%。取回的土壤通常用 3mm 孔径的筛子过筛，并挑出石子、根茬残体及各种杂物。过筛剩下的大土块，必须捣碎后全部过筛，不能扔掉。

2. 土壤的贮存

过筛的土壤应充分混匀，贮存备用。一般植物营养培养室应建立专门的土壤贮存库，存放从各地采集供试用的土壤，并标明土壤名称、采集地点、采集时间、采集人姓名、含水量（即吸湿水）及主要农业化学性状，如 pH、有机质、$CaCO_3$、阳离子交换能力、主要养分含量等。一次贮存的土壤数量应保证供应全部培养室研究工作一年至数年的需用量，不能随取随用，以致前后有土壤差异而影响试验的复现性。

（二）盆钵的选择和准备

1. 盆钵的种类

（1）按盆钵的原料分类

玻璃盆：其规格一般是 20cm×20cm（前者为盆内径，后者为盆高，下同），用 4～5mm 厚质玻璃制成，可用于土培及砂培试验。玻璃盆的优点是容易洗净，试验过程中容易观察根际生长状况和土壤湿度状况；一般玻璃不易受腐蚀，也不会影响营养液的成分及改变 pH。但由于玻璃组成复杂，玻璃盆不能用于微量元素试验。玻璃盆的缺点是价格昂贵，容易损坏；试验过程中必须加套，防止阳光对作物根系产生不良影响，从而给试验工作增添麻烦，目前已不常使用。

搪瓷铁盆：用厚铁皮（或白铁皮）制成，盆里盆外均烧上一层搪瓷釉，以保护盆壁不被土壤溶液侵蚀。此盆的优点是经久耐用，重量较轻，使用方便，容易洗净，目前为国外某些大型自动化培养室广泛采用，如能大批工业生产，价格并不昂贵。此盆一般只用于土培试验，在国内可以推广应用。

陶瓷盆：用白陶土或瓷土烧制而成，盆里盆外均涂釉子，此盆坚固耐用。目前国内土培均用此盆，但价格昂贵，笨重，不易称重灌溉，在国际上已有淘汰趋势。

陶土盆：用陶土制成，盆里盆外涂上一层釉子。此盆价格低廉，适用于各种微量元素研究。

塑料盆：国外主要用于沙培和溶液培养，土培试验使用不多。由于塑料盆结构简单，不适用于水分调控，一般只在水稻的土培试验中才使用。

（2）按盆钵的构造分类

瓦氏盆：又称瓦格涅尔盆，1880 年由德国农业化学家瓦格涅尔设计。盆钵的规格是 25cm×30cm，小型瓦氏盆的规格是 20cm×20cm，其构造如图 3-1 所示。

瓦氏盆模拟大田土壤水分的自然运动方向，使盆栽实验的土壤水分条件更加符合自然状况。瓦氏盆的一侧外壁有浇水管，管的底部有一洞孔通入盆内，与此进水孔对称的另一侧有一排水孔。使用前将锯齿状排水片放入盆底，使两端对准进水孔和排水孔，其四周铺放洗净的小砂石、河沙或石英砂，再装土，并塞住排水孔。使用时灌溉水由浇水管、进水孔流入盆内，透过砂砾进入盆底土中，然后沿毛管上升。当水分过多时，可打开排水孔。用瓦氏盆必须称重浇水，此种盆在国外已少使用，国内仍然很普遍。

米氏盆：又称米切里希盆，1909 年由德国土壤学家米切里希（E. A. Mitscherlich）设计，1930 年正式用于土壤有效性养分与农作物生长的相关性研究工作中，米切里希还提出一整套技术规范，称为米氏盆栽技术。此盆在西欧、东欧均广泛应用于植物营养的土培研究中。米氏盆的构造如图 3-2 所示。米氏盆的下部有一底座，可以平稳地放置在盆架或盆车（一种特制的能活动的小车）上，盆底呈锥形，底座中央有一圆孔，以使盆内土壤的非毛管水渗入底盆中。每次灌水时，用灌溉水冲洗底盆，使渗入其中的营养物质回到米氏盆内，防止由于灌溉渗滤而产生土壤中养分的流失。米氏盆的优点是，每次浇水可以不称重量，浇到盆底刚渗出水即可，这时已达到土壤的最大持水量。米氏盆可以保持各盆之间土壤水分的一致性。我国在 20 世纪 50 年代后才开始使用米氏盆。常用的有两种规格，一是 20cm×20cm，二是 25cm×30cm，以前者居多。

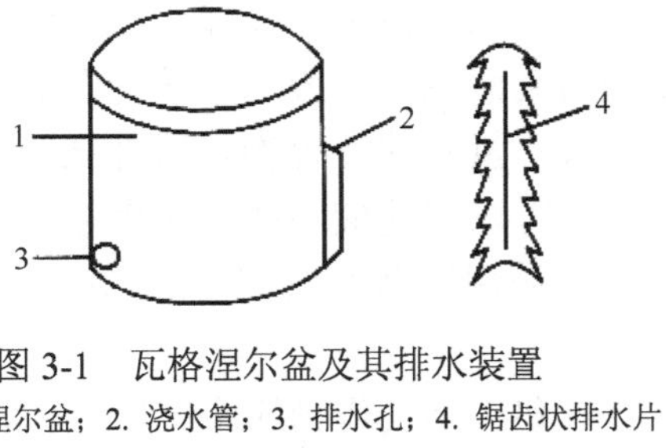

图 3-1　瓦格涅尔盆及其排水装置

1. 瓦格涅尔盆；2. 浇水管；3. 排水孔；4. 锯齿状排水片

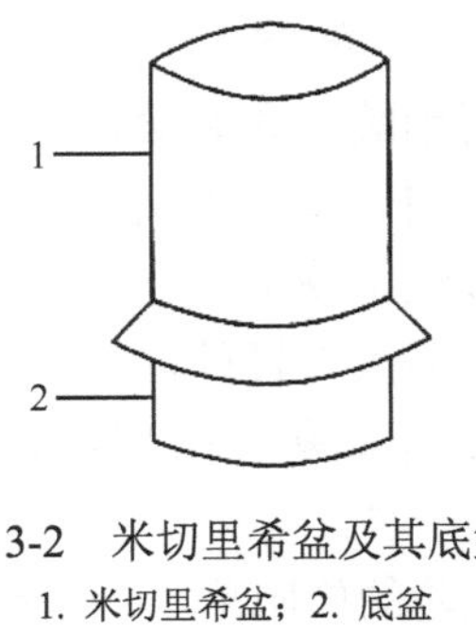

图 3-2　米切里希盆及其底盆

1. 米切里希盆；2. 底盆

阿尔（Ahr）盆：阿尔盆是用铁皮制成的方形盆。盆内涂锌，盆外涂油漆。此盆长 25cm，宽 20cm，高 20cm。盆两侧有两个支架，可以固定在盆车上，便于手工称重浇水，可提高功效。阿尔盆每盆装土 10～21kg，盆的两侧插入两根塑料管，灌水时可把水分引入盆底，使土壤水从盆下部向上部运动。20 世纪 40 年代以来，西欧已广泛使用。

普通盆：原是我国古代栽培花卉的盆钵，其规格不一，盆底设排水孔或不设排水孔，一般盆内外均涂上彩色釉子。土培试验装盆时，常在盆底一侧放入小砾石、玻璃碎片等作为排水物（图 3-3）。排水物应盖住盆底 2/3，呈 30°角。在小砾石中再插入一支供浇水用的玻璃管或塑料管，浇水管直径 1.2～1.7cm，管高出盆沿 2～4cm，浇水管下端呈斜面，上端呈平面。在排水物上盖一块尼龙纱布或盖一层石英砂，防止土壤混入小砂石中堵塞浇水管。也可用搪瓷烧成圆锥体，作为固定排水物。

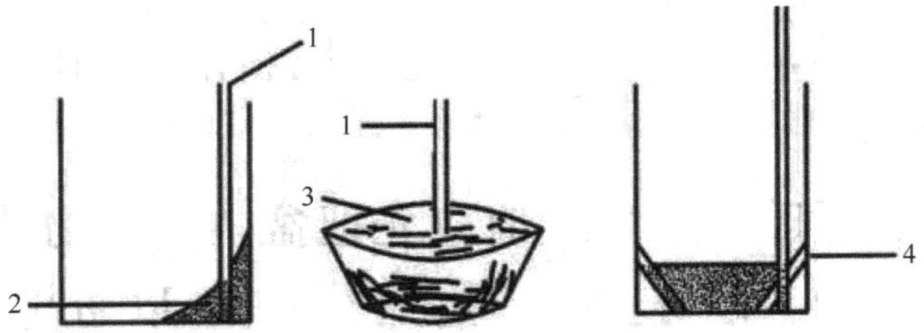

图 3-3　碎玻璃及圆锥体的排水装置

1. 浇水管；2. 碎玻璃；3. 圆锥体排水器；4. 圆锥体排水装置

2. 盆钵的准备

选择盆钵首先应考虑供试作物的种类、试验期限的长短。一般而言，禾谷类与豆科作物可以采用 20cm×20cm 盆，玉米或棉花可以选用 25cm×30cm 或 30cm×30cm 盆，马铃薯可以选用 25cm×30cm 或 30cm×35cm 盆。短期试验可以选择小型盆钵，全生育期试验可以选择大型盆钵。选择的盆钵大小要一致，其间的高度与直径相差不应大于 0.5cm，每个盆的重量相差不应超过 100g。装盆前把浇水管、小砾石、尼龙纱布等全部放入盆内，以确定“皮重”。若各盆重量不相等，可用小砾石调整“皮重”，使各盆重量相等，这样可以保证各盆的毛重完全一致，便于生长过程中称重计算水重。

（三）肥料的准备

在土培试验中，为了保证植物的正常生长，除了所研究的肥料外，还应配合其他肥料的施用，如研究氮肥时必须要配合施用磷钾肥，并保证磷钾肥料的充足供应。氮肥可以施用尿素、硝酸铵，在酸性土壤上最好施用 2/3 硝酸铵与 1/3 硝酸钙的混合物。氮钾肥可以选用硝酸铵和硝酸钾的混合物。硝酸钾的用量按钾素计算，不足的氮素再用硝酸铵补充。在石灰性土壤上，氮磷肥可以施用硝酸铵、磷酸二氢铵和磷酸氢二铵的混合物。在酸性土壤上，最好施用硝酸钙和磷酸二氢铵的混合物。磷钾肥可以施用磷酸二氢钾和磷酸氢二钾的混合物。如钾量不足，可以用硫酸钾或氯化钾补充。如磷量不足，可以补加磷酸一钙或磷酸二钙。磷肥可以施用磷酸一钙和磷酸二钙的混合物，或者选用其中一种。

土培试验的施肥量，一般都高于大田 2～3 倍。不同作物的施肥量可以参照表 3-1。可将盆栽的肥料以粉状、粒状或溶液施入土壤中。目前国外土壤都采用机械搅拌，肥料都配成溶液施用。固体化肥应事先称好并用不同颜色纸包好，标明化肥种类。

（四）装盆、播种、定植

正式装盆前应该试装 1～2 盆，以确定装土的数量，同时根据试验计划表，把肥料

表 3-1　几种主要作物土培试验三要素一般施用量（g/kg）

作物种类	N	P_2O_5	K_2O
禾谷类作物	0.15	0.10	0.15～0.30
豆科类作物	0.02～0.04	0.15～0.19	0.10～0.15
棉花	0.15～0.20	0.15～0.20	0.15～0.20

包对号放入盆中，经核对无误再开始称土混肥，一般称好后的土壤放入大塑料盆（或大瓷盆）中，再加入肥料，充分混匀。若施用肥料溶液，需在对照盆中补加等量的水，保持各处理间土壤湿度完全相同。

瓦氏盆在装盆前应先把盆中排水物装好，米氏盆用瓷碟把盆底的孔盖好，上面加盖细砾石和粗砂。砂砾上覆一层尼龙纱布，以防止土粒塞满砂砾空隙，然后装土。装土时要注意分层压紧，并使各盆的紧实度保持一致。土壤紧实度不能太大也不能太小，土面距盆口应留 2～4cm，以便铺沙和浇水。装盆至出苗前，要保持盆内有足够的水分。水稻土培试验应把盆底的孔都封上，装好土壤后，一次灌足水分，让其沉实再转移。

土培试验播种前应对供试种子进行精选，提前催芽，当种子刚萌动时即可播种。不催芽直接播种，由于种子发芽势、出苗率都可能不一致，容易造成每盆苗数不一致，因而产生盆间的误差。土培的播种方式一般有两种，一是用播种板进行，二是直接把催芽的种子点放在上面，然后再盖干土，以上两种方式可以根据不同条件和习惯灵活选用。播种深度，通常大粒种子为 1.5～2cm 深，小粒种子为 0.5cm 深。播种后在每盆土面铺盖一层 500g 左右的石英砂。播种后一般不再浇水，当出苗 1～2 周后开始间苗，一般小麦每盆留苗 10～15 株，豆类 2～3 株，水稻 12～15 株，玉米、棉花 1 株，番茄 1～2 株。

水稻土培试验根据习惯采用直播或移栽两种方式均可。

三、土培试验的管理

土培试验的盆钵一般放在特制的盆车上，白天从培养室中推到室外，以接受正常的光照和通风。晚上或遇不良气候时，随时转移到培养室中，以保护幼苗的正常生长。

盆钵在盆车上应采用区组排列，以达到局部控制的目的。区组内各盆必须随机排列，并定期调换。

土培试验的灌溉是试验成败的关键之一，在农作物生长期间，必须保持各盆之间土壤水分的一致性。灌水方式有以下两种。

一是米切里希法，即使用米氏盆，以容器灌水，当盆底开始流出水时，即停止灌水，以保持土壤水分在最大田间持水量上。近来国外使用渗灌计（德国商品名为 Blumat）灌水，也是使土壤保持最大田间持水量的水分。

二是重量法，即每次灌水时都进行称重，使土壤湿度达到田间持水量的 60%～70%。在应用上，称重工作可用人工称重、自动磅秤人工称重和电脑控制的自动灌水车、自动传送台等措施。其中第二种尚需要人推，第三种是全自动装置，每台 104 盆，已开始在西欧使用。

两种方法各有优缺点。米切里希法简便易行，但它对土壤湿度的控制能力较差，对有些作物（如玉米）的缺肥处理，会因作物耗水极少而致水多淹苗。重量法比较麻烦，但可以根据植株的长势估计植株重量，调整灌水量，虽然这种方法有些粗糙，但还能起到一定作用。

用重量法时，应先测定土壤最大吸湿水量、土壤最大持水量和装盆前的土壤水分含量。假定试验中要求土壤湿度保持在有效持水量的60%，灌水时的计算公式为

灌水后的土壤湿度=0.6×（最大持水量 + 最大吸湿水量）

假定土壤最大持水量为 55%，最大吸湿水量为 8.2%，试验中要求土壤湿度保持在有效持水量的 60%，当用（土壤含水量/湿土重）×100%表示土壤湿度，每盆装湿度为15.2%的土 5000g，盆钵皮重 2100g，附属物（如支架等）重 300g 时，每次加水后应达到的总重量计算方法如下。

灌水后的土壤湿度=（55%+8.2%）×0.6=37.9%

每盆装入的干土重=5000–（5000×15.2%）=4240（g）

保持盆内土壤湿度为有效持水量的60%时，

每盆第一次的需加水量=4240×37.9%=1607（g）

灌水后每盆的总毛重=4240+2100+300+1607=8247≈8300（g）

用自动台秤根据每盆差减的水分，加水保持盆重 8300g。

当然，这只是一种简便的计算方式。如果用（土壤含水量/湿土重）×100%表示土壤湿度，每盆装土量为 5000g 烘干土，则计算的具体结果将不同。

水稻试验通常保持 4～6cm 厚水层，各盆的水层厚度应一致。为了模拟稻田水分移动的特性，可设置特定的排水装置。如图 3-4 所示，在盆钵一侧装上带活塞的玻璃管，上端管口高度与水面相同，每日定量浇水以保持恒定的水层，多余的水可以渗出，旋转活塞可按试验要求调节渗水速度，使各盆渗水量一致。

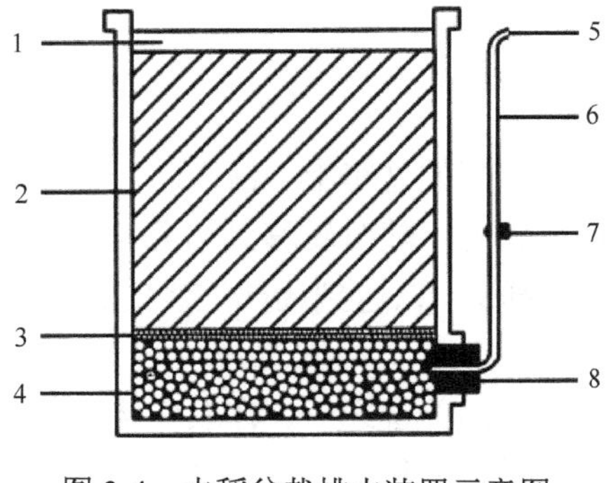

图 3-4 水稻盆栽排水装置示意图

1. 水层；2. 土壤；3. 细砾石；4. 粗砾石；5. 溢水口；6. 玻璃管；7. 活塞；8. 橡皮塞

当农作物成长后，盆上应设有专用的支架，防止幼苗倒伏和损伤。生育期可采用定株调查，调查内容和方法与田间调查相同。生育期的其他管理按一般常规进行。

土培试验的收获在农作物黄熟时立即进行，防止过度成熟而落粒。收获时用剪刀贴近土面收割，分别包装编号，称量鲜重脱粒后放在 60℃下烘干，测定收获物的烘干重（茎秆与籽粒）。收获物可根据试验要求取分析样品，粉碎过筛备用。

第三节　溶液培养研究方法

溶液培养是指在某种营养液中进行生物试验，通过控制营养液的养分组成和浓度，研究生物效应的方法。由于营养液通常是水溶液，溶液培养试验也称水培试验。近代的溶液培养已经发展成无土栽培或无土培养，它泛指利用除土壤以外的各种植物生长介质进行的生物试验，如溶液、砂砾、泥炭、空气、塑料颗粒等。国外设施园艺中的雾培或气培也是从溶液培养发展起来的一种新的无土栽培技术。

一、溶液培养研究的特点和任务

溶液培养研究有以下几个特点。

1）植物生长的环境是液相的，植物生长所需的全部营养物质都靠人工供给，营养液中养分的形态、种类、浓度、供应时间均由人工控制，这在土培试验或田间试验中是难以做到的。

2）盆钵中养分分布是均匀的。由于水溶液中盐类离子扩散平衡，盆内养分能均匀分布。

3）液相环境缺乏空气，必须定期向溶液中补充空气。

4）营养液的浓度是变化的。营养液中有些可溶性盐类的浓度随溶液 pH 而改变，其中某些盐类会因溶解度降低而沉淀在盆底。随着植物生长过程中对养分的吸收利用，沉淀在盆底的难溶性养分也可能又逐渐溶解，使植物能将其全部吸收利用，所以在溶液培养试验中植物可以充分利用环境中的养分。但铁盐例外，它的再溶解度较低，故须经常补充铁，以预防植物缺铁症。欲保持植物生长过程中营养液具有稳定的浓度，可采用流动营养液。

5）营养液缓冲性能小。由于植物对溶液中养分的不平衡吸收，溶液 pH 会发生剧烈的变化，因此溶液培养试验必须每天测定并调整溶液的 pH。

溶液培养试验的主要任务是研究植物的矿质营养问题，如根对养分的吸收，营养元素丰缺的形态特征（包括潜在缺乏症状），各种大量元素与微量元素对农作物生长发育的作用，离子间的相互促进与拮抗，养分在植物体内的运输，农作物的产量等。目前溶液培养试验已广泛应用于植物营养科学的各个领域，成为进一步揭示植物营养规律的重要手段。

二、营养液的配制原则与依据

（一）营养液的基本要求

营养液必须满足以下 4 个要求：①含有植物生长必需的全部营养元素；②营养物质应是有效养分，而且养分的数量与比例均能满足植物生长的需要；③在植物生育期内能维持适于植物生长的 pH；④营养液应是生理平衡溶液。

世界各国溶液培养试验的营养液都应满足以上 4 个要求。目前所采用不同类型的营养液，是在植物营养科学发展的不同历史时期内，根据不同研究目的拟定出来的，每种营养液都有它一定的适用范围，使用时不能随意改变其成分，否则就不能保持应有的生理平衡性，若研究工作需要修改时，可以通过试验验证后改变。

（二）配制营养液的原则与依据

确定各种营养液时，应以植物的需要为依据，模拟土壤溶液浓度或植物体内营养物质的组成设计而成。目前采用的营养液有以下三种。

1）选用 3 种或 4 种可溶性盐类组成混合溶液，在一定的全盐浓度下，改变各种盐类浓度比例，从而组成生理平衡的营养液。例如，克诺普（Knop）、茨（Shive）、木村等营养液都是采用这个方法制定的。

2）以农作物收获物营养元素成分为依据，确定营养液组成。例如，史托明（Stohmann）、春日井等分别制成的玉米营养液和水稻营养液。

3）模拟植物根际土壤溶液浓度配制成不同种类营养液。例如，霍格兰（Hoagland）根据肥沃土壤溶液的组成，配制成两种不同浓度的营养液，分别用于大麦溶液培养试验的生育前期与生育后期，均获得良好的效果，营养液的组成见表 3-2。

表 3-2　以土壤溶液为基准而配成的霍格兰营养液

使用时期	用量/（mg/L）						气压/atm①	pH
	NO_3^-	PO_4^{3-}	K^+	Ca^{2+}	Mg^{2+}	SO_4^{2-}		
生育前期	700	136	284	200	99	368	0.78	6.8
生育后期	80	10.6	20.3	22.9	9.4	31.6	0.1	6.5

在不同营养液的组成中，氮、磷形态有较大的差别。通常氮素有两种盐类，一是硝酸盐，二是铵盐。硝酸盐呈生理碱性反应，使营养液 pH 升高。铵盐呈生理酸性反应，使营养液 pH 下降，因此适当调节 NH_4^+-N/NO_3^--N 的值，可以保持 pH 的稳定性。当然，水稻适宜 NH_4^+-N，而旱作又适宜 NO_3^--N，一般旱作在营养生长期以 NH_4^+-N 较好，生殖生长期则以 NO_3^--N 为好，所以营养液中 NH_4^+-N/NO_3^--N 的值，可以根据植物营养的特点适当调节，如水稻 100：0～50：50，麦类 0：100～30：70。

营养液中磷酸盐不仅是植物生长的主要营养元素之一，而且可以缓冲营养液的酸碱反应，一般常用一代磷酸盐与二代磷酸盐配合调节，也可以添加 $Ca_3(PO_4)_2$、$Fe_3(PO_4)_2$ 等难溶性盐类提高营养液的缓冲性。

不同农作物对营养液有不同的适应性。据冈岛秀夫研究，水稻长期栽培在水田环境中，能适应稀薄的土壤溶液浓度，应用高浓度营养液对水稻生长不利，尤其是磷酸盐浓度过高，将会妨碍水稻生长，严重时可以发生营养失调症，因为水稻对一磷酸吸收力强，对铁吸收力弱，在高浓度磷酸溶液中易多吸收磷酸，在体内与活性铁形成磷酸铁，产生缺铁黄叶病。当营养液中钙、镁浓度较高时，水稻对铁的吸收受到限制，高浓度磷酸的危害更加严重。反之，麦类可以生长在高浓度营养液中，若磷酸浓度较高，对植株生长更加有利，因为麦类对铁的吸收力强，体内活性铁较多，若磷酸浓度较低，麦类吸收量小，进入体内的磷酸又与铁结合形成磷酸铁而消耗磷，会使植株表现出缺磷症，严重时可以阻碍植株正常生长（图 3-5）。

① 1atm=1.013 25×10^5Pa

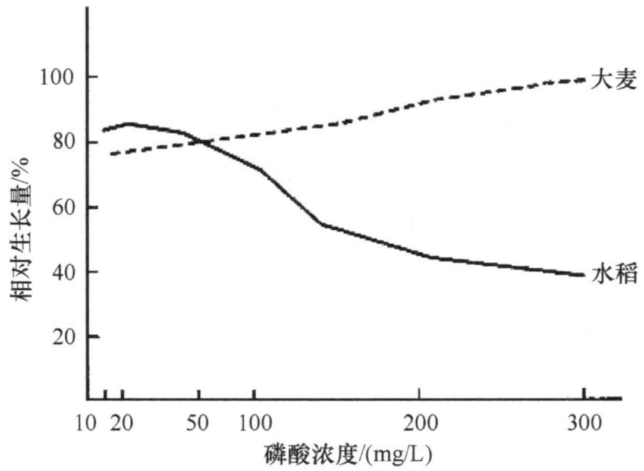

图 3-5　磷酸浓度对水稻、大麦生长的影响

据木村等研究，水稻溶液培养，每升营养液中磷酸含量在 20mg 左右，水稻生长良好，若超过 50mg，则生长受到阻碍。而大麦则对高磷忍耐力较大，当每升营养液中磷酸含量高达 300mg 时，大麦仍然生长良好，如图 3-5 所示。这两种作物对铁的要求也不一样，营养液中铁的浓度较高时，对水稻生长有利，当铁浓度达到 50mg/L 时水稻仍然生长很好。但大麦则不然，如营养液中铁的浓度超过 10mg/L 时，生长量开始下降。

此外，作物不同生育时期对营养液浓度的要求也不一致。如稻麦等谷类作物，除了苗期需用低浓度营养液外，一般在生育前期浓度要高些，而生育后期浓度要低些。

三、常用营养液种类

（一）水稻营养液

1. 埃斯彼诺营养液

1920 年埃斯彼诺（Espino）对水稻营养液的组成进行了研究，确定水稻幼苗生长最适宜的浓度（全盐量）约 0.002mol/L，其成分如表 3-3 所示。

表 3-3　埃斯彼诺营养液成分

使用盐类	盐类用量
$Ca(NO_3)_2 \cdot 4H_2O$	0.089g/L
KH_2PO_4	0.034g/L
$MgSO_4 \cdot 7H_2O$	0.25g/L
$(NH_4)_2SO_4$	0.019g/L
5% $FeCl_2$	0.15mg/L

埃斯彼诺营养液的浓度较低，尤其是磷酸盐的浓度更低，同时还以铵盐作为水稻的一部分氮源，其起始 pH 为 4～5，适于水稻苗期的生长。

崔澂等研究指出，埃斯彼诺营养液中不加微量元素，植株出现第七新叶以后生长就停止，呈现缺锰和缺硼的症状。为使水稻正常生长和发育，必须补充锰、硼及其他微量元素。

2. 木村营养液

木村于 1931～1932 年对埃斯彼诺营养液作进一步研究，明确了高浓度磷酸对水稻危害的实质，并提出适于水稻溶液培养试验用的营养液 36 种，其组成差别不大，都能适于水稻的完全生育，表 3-4 给出的是其中常用的一种。

表 3-4 木村营养液成分

成分	成分含量/（mg/L）	使用盐类	盐类用量/（g/L）
NH_4^+-N	10.2	（NH_4）$_2SO_4$	0.0482
NO_3^--N	12.8	$MgSO_4$	0.0659
K_2O	13.0	KNO_3	0.0185
P_2O_5	17.2	KH_2PO_4	0.0248
CaO	20.5	Ca（NO_3）$_2$	0.0599
MgO	22.1	柠檬酸铁	0.002～0.0505

注：柠檬酸铁的用量以 Fe_2O_3 计

木村营养液的 pH 为 5.0～5.5，其组成成分与埃斯彼诺营养液颇为接近。为使水稻得到健全生育，还必须加入少量微量元素及硅酸钠。

在水稻的不同生育时期，必须改变营养液的浓度。马场于 1942 年提出，水稻移植时可用 1/8～1/4 浓度的营养液，分蘖期可用 1～2 倍浓度的营养液，有效分蘖期后可用 1/2～3/4 浓度的营养液，出穗期前后可用 1/4～1/2 浓度的营养液培养。

3. 春日井营养液

1939 年春日井以生产 100g 水稻干物质所需的水分及干物质中所含养分溶解后的溶液浓度为标准，设计出为 1/10～2 倍浓度的营养液，其成分如表 3-5 所示。

表 3-5 春日井营养液成分

成分	成分含量/（mg/L）	使用盐类	盐类用量/（mg/L）
N	4～40	$(NH_4)_2SO_4$	18.9～188.7
P_2O_5	2～20	Na_2HPO_4	4.0～40.0
K_2O	3～30	KCl	4.8～47.5
CaO	0.4～4	$CaCl_2$	0.8～7.9
MgO	0.6～6	$MgCl_2$	1.4～14.2
Fe_2O_3	0.1～5	$FeCl_3$	0.2～10.0

春日井营养液用 HCl 调节 pH 为 4～7，其主要特点是用硫酸铵作为氮源，如因研究需要，也可用一部分 $NaNO_3$ 代替。春日井营养液浓度变幅较大，随水稻生育时期而有所不同，以每升营养液氮素成分为例，从幼苗期到成熟期分别采用 6mg、20mg、10mg、4mg 氮素。

4. 国际水稻研究所常规营养液

1972 年菲律宾国际水稻研究所推荐的溶液培养常规方法所用营养液的成分如表 3-6 所示。

表 3-6　国际水稻研究所常规营养液成分（吉田昌一等，1957）

元素	营养液中元素含量/（mg/L）	使用盐类	盐类用量/（mg/L）
大量元素			
N	40	NH_4NO_3	114.3
P	10	$NaH_2PO_4·2H_2O$	50.4
K	40	K_2SO_4	89.3
Ca	40	$CaCl_2$	110.8
Mg	40	$MgSO_4·7H_2O$	405.0
微量元素贮备液			
Mn	0.5	$MnCl_2·4H_2O$	1 500
Mo	0.05	$(NH_4)_6Mo_7O_{24}·2H_2O$	74
B	0.2	H_3BO_3	934
Zn	0.01	$ZnSO_4·7H_2O$	35
Cu	0.01	$CuSO_4·5H_2O$	31
Fe	2.0	$FeCl_2·6H_2O$	7 700
		柠檬酸（一水合物）	11 990

注：制备铁的微量元素贮备液时，各种盐类分别溶解，再与 50mL 硫酸混匀，加蒸馏水稀释至 1L。使用时，每 4L 营养液添加微量元素贮备液 5mL

应用这种营养液时，用 1mol/L NaOH 溶液调节 pH 为 5。水稻各个生育期供氮水平也有不同：移栽后 3 周为 40mg/L，分蘖盛期为 80mg/L，开花后 2 周为 40mg/L，到成熟期则可停止供氮。

（二）旱作营养液

1. 克诺普营养液

克诺普营养液是 1865 年克诺普（Knop）为溶液培养试验提出的，其成分如表 3-7 所示。

表 3-7　克诺普营养液成分

使用盐类	盐类用量/（g/L）
KNO_3	0.2
$Ca(NO_3)_2$	0.8
KH_2PO_4	0.2
$MgSO_4·7H_2O$	0.2
$FePO_4$	0.1

克诺普营养液以 4 种盐类为基础配制而成。为了供应植物的铁素营养，另加少量难溶性 $FePO_4$。它的最初 pH 为 5.7。以不耐酸植物进行试验时，可用 K_2HPO_4 代替 KH_2PO_4。

2. 普良尼施尼柯夫营养液

普良尼施尼柯夫营养液是 20 世纪初期普良尼施尼柯夫为砂培试验提出的，其成分如表 3-8 所示。

表 3-8 普良尼施尼柯夫营养液成分

使用盐类	盐类用量/（g/L）
NH_4NO_3	0.24
$CaHPO_4·2H_2O$	0.172
$MgSO_4$	0.06
KCl	0.16
$FeCl_3$	0.025
$CaSO_4·2H_2O$	0.344

普良尼施尼柯夫营养液的主要特点是分别用 NH_4NO_3 和 $CaHPO_4$ 作为氮、磷的来源。它的最初 pH 为 6.5，由于 NH_4NO_3 的生理酸性，在植物栽培过程中会使环境反应变酸，在砂培条件下 pH 降低到 5.5～5.0，在溶液培养试验中变酸作用更强。这是因为溶液培养营养液中，一部分 $CaHPO_4$ 沉积在盆底，不能发挥缓冲酸性的作用，而砂培试验则不然，水不溶性的 $CaHPO_4$ 同石英砂沉积拌混，分布比较均匀，对酸的缓冲作用较强。栽培对酸性敏感的作物时，可用缓冲作用较大的 $Ca_3(PO_4)_2$ 代替营养液成分的 $CaHPO_4$。

3. 霍格兰营养液

霍格兰在不同历史时期曾提出多种营养液的配方，主要有两种，如表 3-9 所示。

表 3-9 霍格兰营养液成分

使用盐类	营养液（一）		营养液（二）	
	盐类用量/（g/L）	盐类用量/（mol/L）	盐类用量/（g/L）	盐类用量/（mol/L）
$Ca(NO_3)_2·4H_2O$	1.18	0.005	0.95	0.004
KNO_3	0.51	0.005	0.61	0.005
$MgSO_4·7H_2O$	0.49	0.002	0.49	0.002
KH_2PO_4	0.14	0.001	—	—
$NH_4H_2PO_4$	—	—	0.12	0.001
酒石酸铁	0.005	—	0.005	—

霍格兰营养液 pH 较为稳定，对大多数植物都很适合，是目前应用较广泛的一种营养液。

4. 休伊特营养液

休伊特营养液是 1963 年由休伊特（Hewitt）提出的，其成分见表 3-10。

早期提出的各种营养液配方中，多数只有 7 种常量元素，微量元素不包括在内，取用纯净的盐类时，对不含微量元素的各种营养液，都必须另行补充。所需微量元素的种类与浓度，可参考休伊特营养液的微量元素，也可用阿农（Arnon）的微量元素混合液（表 3-11）。

禾本科植物体中硅酸含量较高，硅是植物营养的有益元素，禾谷类作物缺硅不能健壮生长。如不供给硅酸，水稻易得稻瘟病和胡麻叶斑病，麦类硅酸不足易得白粉病。常用的硅酸盐是硅酸钠（即水玻璃），先配成 15%硅酸钠溶液，用 1mol/L 盐酸（或硫酸）

表 3-10　休伊特营养液成分

使用盐类	盐类用量/（mg/L）	元素	营养液元素含量	
			mg/L	mmol/L
KNO_3	505	K	195	5.0
		N	70	5.0
$Ca(NO_3)_2$	820	Ca	200	5.0
		N	140	5.0
$NaH_2PO_4 \cdot 2H_2O$	208	P	41	1.33
$MgSO_4 \cdot 7H_2O$	369	Mg	24	3.0
柠檬酸铁	24.5	Fe	5.6	0.1
$MnSO_4$	2.230	Mn	0.550	0.01
$CuSO_4 \cdot 5H_2O$	0.240	Cu	0.064	0.001
$ZnSO_4 \cdot 7H_2O$	0.290	Zn	0.065	0.001
H_3BO_3	1.860	B	0.370	0.033
$(NH_4)_6Mo_7O_{24} \cdot 4H_2O$	0.035	Mo	0.019	0.0002
$CoSO_4 \cdot 7H_2O$	0.028	Co	0.006	0.0001
NaCl	5.850	Cl	3.550	0.1

表 3-11　阿农微量元素混合液成分

使用盐类	盐类用量/（mg/L）
H_3BO_3	2.86
$MnCl_2 \cdot 4H_2O$	1.81
$ZnSO_4 \cdot 7H_2O$	0.22
$CuSO_4 \cdot 5H_2O$	0.08
$H_2MoO_4 \cdot 4H_2O$（85% Mo_2O）	0.09

中和其碱性，以此原液加入营养液中。其适宜浓度，水稻以 SiO_2 100～150mg/L、麦类以 SiO_2 50～100g/L 为宜。

（三）不完全营养液

在溶液培养和砂培试验中，除了采用上述完全营养液之外，有时为了研究某种营养元素对植物的生理效应，往往必须采用不完全营养液。在这种情况下，必须改变完全营养液的成分，欠缺元素可用非必需元素的化合物代替，除去必需元素化合物。一般欠缺阳离子元素时，常用钠盐代替；欠缺阴离子元素时，常用氯化物代替，如氯化物浓度过高、对植物生长不利时，可用一部分硫酸盐代替。例如，缺钾营养液把 KH_2PO_4 改为 NaH_2PO_4，KNO_3 改为 $NaNO_3$；缺磷营养液，把 KH_2PO_4 改为 KCl 等。下面列举克劳聂和霍格兰不完全营养液（表 3-12 和表 3-13），以供参考。

应用上述不完全营养液时，也应该加铁和微量元素，其用量同上。为了探明某种元素在各个时期对植物生长发育的作用，就必须在某个时期内采用不完全营养液以便同完全营养液作比较。当研究某种废弃物中磷的有效性时，就用这种废弃物施入缺磷营养液中，作为磷营养的来源，进而研究其对植物生育的影响。

表 3-12　克劳聂不完全营养液（g/L）

完全液		缺氮		缺磷		缺钾		缺钙	
使用盐类	盐类用量	盐类	用量	盐类	用量	盐类	用量	盐类	用量
KNO_3	1.0	KCl	0.75	KNO_3	1.0	$NaNO_3$	1.0	KNO_3	1.0
$MgSO_4$	0.5	$MgSO_4$	0.5	$MgSO_4$	0.5	$MgSO_4$	0.5	$MgSO_4$	0.7
$CaSO_4$	0.5	$CaSO_4$	0.5	$CaSO_4$	0.5	$CaSO_4$	0.5	K_2SO_4	0.4
$Ca_3(PO_4)_2$	0.25	$Ca_3(PO_4)_2$	0.25	$CaCl_2$	0.35	$Ca_3(PO_4)_2$	0.25	KH_2PO_4	0.5
$Fe_3(PO_4)_2$	0.25	$Fe_3(PO_4)_2$	0.25	$FeSO_4$	0.04	$Fe_3(PO_4)_2$	0.25	$Fe_3(PO_4)_2$	0.25

表 3-13　霍格兰不完全营养液（mL/L）

母液	完全	缺氮	缺磷	缺钾	缺铁	缺硫	缺钙
1mol/L KNO_3	5	—	6	—	6	6	5
1mol/L $Ca(NO_3)_2$	5	—	4	5	4	4	—
1mol/L $MgSO_4$	2	2	2	2	—	—	2
1mol/L KH_2PO_4	1	—	—	—	1	1	1
0.5mol/L K_2SO_4	—	5	—	—	3	—	—
0.5mol/L $Ca(H_2PO_4)_2$	—	10	—	—	—	—	—
0.01mol/L $CaSO_4$	—	20	—	—	—	—	—
1mol/L $Mg(NO_3)_2$	—	—	—	—	—	2	—

（四）其他常用营养液

除上述几种典型的营养液外，再介绍几种常用的营养液以供植物营养研究中选用。

1. Rothamsted（洛桑试验站）营养液 a、b、c（表 3-14）

表 3-14　洛桑试验站（英国）（营养液 g/L）

项目	a	b	c
KNO_3	1.0	1.0	1.0
$MgSO_4·7H_2O$	0.5	0.5	0.5
KH_2PO_4	0.45	0.4	0.3
K_2HPO_4	0.0675	0.135	0.27
$CaSO_4·2H_2O$	0.5	0.5	0.5
$Ca_3(PO_4)_2$	—	—	—
$Fe_3(PO_4)_2·8H_2O$	—	—	—
$FeCl_3$	0.04	0.04	0.04
H_3BO_3	0.01	0.001	0.001
$MnSO_4·4H_2O$	0.001	0.001	0.001
pH	4.5	5.5	6.2

2. Hoagland 和 Arnon 营养液

KNO_3	1.02g/L
$Ca(NO_3)_2$	0.492g/L
$NH_4H_2PO_4$	0.230g/L
$MgSO_4·7H_2O$	0.49g/L

Fe 和微量元素	同表 3-11

3. Arnon 营养液

KNO_3	0.656g/L
$Ca(NO_3)_2$	0.656g/L
$NH_4H_2PO_4$	0.115g/L
$MgSO_4 \cdot 7H_2O$	0.49g/L
0.5% $FeSO_4 \cdot 7H_2O$	0.6mL
0.4%酒石酸	
微量元素	同表 3-11

4. Shive 和 Robbins 营养液Ⅰ

$Ca(NO_3)_2$	0.938g/L
$(NH_4)_2SO_4$	0.0924g/L
KH_2PO_4	0.313g/L
$MgSO_4 \cdot 7H_2O$	0.567g/L
$FeSO_4 \cdot 7H_2O$	5.5mg/L
H_3BO_3	0.57mg/L
$MnSO_4 \cdot 4H_2O$	0.57mg/L
$ZnSO_4 \cdot 7H_2O$	0.57mg/L

5. Shive 和 Robbins 营养液Ⅱ

$NaNO_3$	0.34g/L
$CaCl_2$	0.1665g/L
KH_2PO_4	0.214g/L
$MgSO_4 \cdot 7H_2O$	0.514g/L
Fe 和微量元素	同 Shive 和 Robbins 营养液Ⅰ

6. Piper 营养液

KNO_3	1.5g/L
KH_2PO_4	0.5g/L
NaCl	0.1g/L
$CaSO_4 \cdot 2H_2O$	0.5g/L
$MgSO_4 \cdot 7H_2O$	0.5g/L
Fe	0.02g/L
H_3BO_3	0.5mg/L
$Mn(MnSO_4)$	0.5mg/L
$Zn(ZnSO_4)$	0.2mg/L
$Mo(Na_2MoO_4)$	0.1mg/L
$Cu(CuSO_4)$	0.03mg/L

7. Robbins 营养液

KNO_3	0.408g/L
$Ca(NO_3)_2$	0.820g/L
KH_2PO_4	0.136g/L
$MgSO_4 \cdot 7H_2O$	0.493g/L
Fe	0.5mg/L
B	0.25mg/L
Mn	0.25mg/L
Zn	0.25mg/L
Cu	0.02mg/L
Mo	0.01mg/L

8. E. G. Bollard 变动营养液（表 3-15）

表 3-15　E. G. Bollard 变动营养液（mg/L）

盐类	标准液	–N	½N	2N	–P	½P	2P	–K	½K	2K
$(NH_4)_2HPO_4$	—	—	—	—	—	—	—	0.01	—	—
$Mg(NO_3)_2$	—	—	—	—	—	—	—	0.001	—	—
KNO_3	0.002	—	—	—	0.004	0.003	—	—	—	—
K_2HPO_4	0.001	0.001	0.001	0.001	—	0.005	—	—	0.001	0.001
KH_2PO_4	—	—	—	—	—	—	0.002	—	—	—
NH_4NO_3	0.002	—	—	0.012	—	0.001	0.004	0.002	0.004	0.004
$(NH_4)_2SO_4$	0.003	—	0.002	0.002	0.004	0.0035	0.002	0.002	0.002	0.002
K_2SO_4	—	0.001	0.001	0.001	—	—	0.001	—	—	0.003
$MgSO_4$	0.002	0.002	0.002	0.002	0.002	0.002	0.002	0.001	0.002	0.002
$CaSO_4$	—	0.002	—	—	—	—	—	—	—	—
$Ca(NO_3)_2$	0.002	—	0.002	0.002	0.002	0.002	0.002	0.002	0.002	0.002

9. 国内外无土栽培营养液选集

以上介绍的 8 类常用营养液都可用在无土栽培中，有不少是古典营养液的配方，如 Knop，Hoagland，Arnon，Rothamsted a、b、c，普良尼施尼柯夫营养液等，以及一些近代营养液配方。表 3-16 收录的是来自无土栽培工厂的营养液配方，可供参考。

以上各种营养液配方中的铁源，均是有机酸铁或无机盐铁，其效果均不理想、不稳定，以致培养过程中仍有缺铁症发生。目前世界各国已用 EDTA-Fe 代替，取得了较好的效果。

四、营养液的配制

配制营养液首先应考虑水源问题。蒸馏水是溶液培养试验中最纯净的水源。对常量营养的研究，应用蒸馏水即可获得满意的结果。对微量营养的研究，不能用金属蒸馏器取得蒸馏水，必须用特种玻璃或石英蒸馏器取得的蒸馏水或重蒸馏水，才能获得令人满意的结果。也可应用离子交换树脂制得无离子水，但在大规模的溶液培养中，必须考虑有充足水源的供给。

表 3-16 无土栽培中常用营养液配方选集（刘士哲，2001）

营养液配方名称	化合物/（mg/L）											元素/（mmol/L）							备注
	四水硝酸钙	硝酸钾	硝酸铵	磷酸二氢钾	磷酸氢二钾	磷酸氢二铵	硫酸铵	硫酸钾	七水硫酸镁	二水硫酸钠	总盐量	N		P	K	Ca	Mg	S	
												NH_4^+-N	NO_3^--N						
荷兰作物灌溉配方	886	303	—	204	—	—	33	218	247	—	1891	0.5	10.5	1.5	7.0	3.75	1.0	2.5	通用，番茄为主
荷兰花卉灌溉配方 I	660	378	64	204	—	—	—	—	148	—	1394	0.8	8.94	1.5	5.24	2.2	0.6	0.6	通用，非洲菊
荷兰花卉灌溉配方 II	786	341	20	204	—	—	—	—	185	—	1536	0.25	10.3	1.5	4.87	3.33	0.75	0.75	通用，玫瑰
日本园试配方（1966）	945	809	—	—	—	153	—	—	493	—	2400	1.33	16.0	1.33	8.0	4.0	2.0	2.0	通用，以½量为宜
山崎甜瓜配方（1978）	826	607	—	—	—	153	—	—	370	—	1956	1.33	13.0	1.33	6.0	3.5	1.5	1.5	
山崎番茄配方（1978）	354	404	—	—	—	77	—	—	246	—	1081	0.67	7.0	0.67	4.0	1.5	1.0	1.0	
山崎甜椒配方（1978）	354	607	—	—	—	96	—	—	185	—	1242	0.83	9.0	0.83	6.0	1.5	0.75	0.75	山崎配方按吸水吸肥同步规律 *n/w* 值确定，性质稳定
山崎茄子配方（1978）	354	708	—	—	—	115	—	—	246	—	1423	1.0	10.0	1.0	7.0	1.5	1.0	1.0	
山崎草莓配方（1978）	236	303	—	—	—	57	—	—	123	—	719	0.5	7.0	0.5	3.0	1.0	0.5	0.5	
华南农大番茄配方	590	904	—	136	—	—	—	—	246	—	1376	—	9.0	1.0	5.0	2.5	1.0	1.0	通用，pH6.2～7.8
华南农大叶菜配方 A	472	267	53	100	—	—	—	116	264	—	1254	0.67	7.33	0.74	4.74	2.0	1.0	1.67	通用，pH6.4～7.2
华南农大叶菜配方 B	472	202	80	100	—	—	—	174	246	—	1274	1.0	7.0	0.74	4.74	2.0	1.0	2.0	通用，pH6.1～6.3
华南农大豆科配方	—	322	—	150	—	—	—	—	150	750	1372	—	3.19	1.11	4.3	4.32	0.61	4.97	低氮配方
山东农大西瓜配方	1000	300	—	250	—	—	—	120	250	—	1920	—	11.5	1.84	6.19	4.24	1.02	1.71	
山东农大番茄、辣椒配方	910	238	—	185	—	—	—	—	500	—	1833	—	10.1	1.75	4.11	3.85	2.03	2.03	

在南方或北方的雨季，收集雨水也是获取大量廉价水源的一个途径。雨水的纯度常因收集时间、方法而异，如初雨和小雨收集的雨水，比大雨和久雨含有更多的杂质，夏季雷阵雨应注意雨水中的 NO_3^--N 含量。一般而言，最好收集大雨下过一阵后的雨水，雨水可以收集在密封的大缸里，盛水器应加盖，防止浮游生物滋生。雨水不能用于铜、锌、钼等营养元素缺乏症状的研究工作。井水和自来水来源方便，但含有杂质，在对钙、镁、磷和其他微量元素没有严格要求时方可使用。北方冬季也可收集降雪融化后的水，但降雪收集到的水量少，一般不常使用。

配制营养液必须注意的另一个重要问题是供试盐类的纯度。一般常规研究使用化学纯（C.P.）试剂，而微量元素研究至少应使用分析纯（A.R.）试剂，必要时对试剂尚须进一步纯化。配制营养液时还应注意供试盐类所含结晶水是否与配方一致，若有差别必须换算。配制营养液首先将可溶性盐类配成贮备液，其浓度最好是该种盐类数量的倍数，使用时便于稀释，贮备瓶可用黑色塑料瓶，稀释前先在容器中加 80%的水，再加入某种盐类溶液，经过充分混匀后，再加入另一种，这样可以避免很快发生沉淀。难溶性盐类也应配成悬浊液。盐类溶液加完后，测定并调节营养液的 pH，加水到所要求的体积。

五、溶液培养的实施与管理

（一）容器的准备

溶液培养常用黑色塑料盆，容器大小因植物种类和栽培时间长短而有不同，小容器 0.5～1L，大容器 4～10L。前者只能用于短期幼苗试验，而后者可用于全生育期试验。容器上的盖板，目前通用硬质塑料板或泡沫聚苯乙烯板（图 3-6）。有大小不同的孔径，可以固定不同种类的农作物。在植株与孔洞之间，用微孔泡沫塑料固定农作物，并插入孔洞，最后盖上盖板。溶液培养试验的容器必须用洗涤剂洗净，再用蒸馏水冲洗干净。溶液培养试验盆内必须保持黑暗，以保证根系正常生长。盆内见光后藻类可在营养液中滋生而影响试验的正常进行。

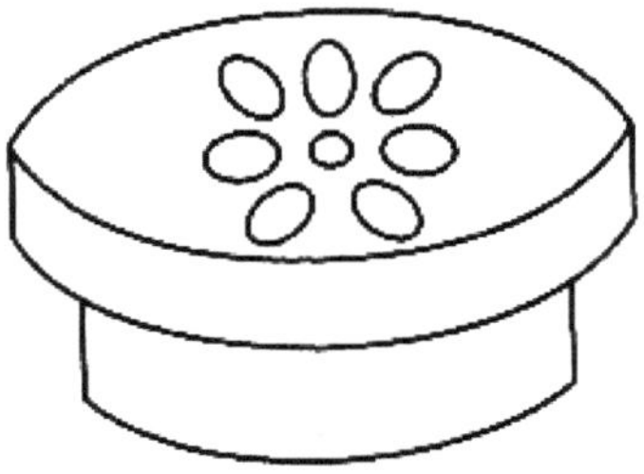

图 3-6 溶液培养器的盖板

（二）幼苗的培育和定植

供试作物的种子经过消毒浸种后在沙盘上播种，沙面用滤纸或纱布浸水后覆盖，以保持适宜的湿度，促进种子萌发。当幼苗刚长出时移出滤纸，待幼苗根长到 2～4cm 时，应移植到尼龙纱网上，纱布固定在盛水的培养器或小烧杯上，每天换一次水，经过 8～12d，根系伸长达 5～7cm 时，可作溶液培养定植用。定植时应选择生长均一的幼苗，每孔定植 2～3 株幼苗，待幼苗生长正常时再间苗，每孔留苗一株。

（三）试验期间的管理

溶液培养试验的盆钵放在培养室的固定栽培台或盆车上，也可放在人工气候室中，溶液培养试验的管理如下。

1. 通气

营养液中充足的氧气，可促进根系的生长和根对养分的吸收，因而有利于植物的生长发育；反之，氧气不足会影响植物的生长发育，甚至发生根腐现象。所以，在溶液培养试验中，通气是一项重要的管理措施。通气效果因植物种类而异，旱生植物的通气效果大；水生植物根呼吸需要的氧是通过根皮层的细胞间隙从地上部进入根的，所以通气的效果小。近代溶液培养试验，通气和更换营养液都已自动化，并附有自动测定和记录营养液 pH 的装置。自动通气装置调节气泡进入盆内的速度以每秒 2～3 个气泡为宜，植物生长初期每天或隔天通气 5min，以后通气的时间则加倍。

最简单的通气方法是液面下降法，用下口装置自动降低营养液的液面，使部分根系同空气接触，可起到通气的效果，如图 3-7 所示。其中，图 3-7（A）示充满营养液的容器，图 3-7（B）示液面下降后的容器。

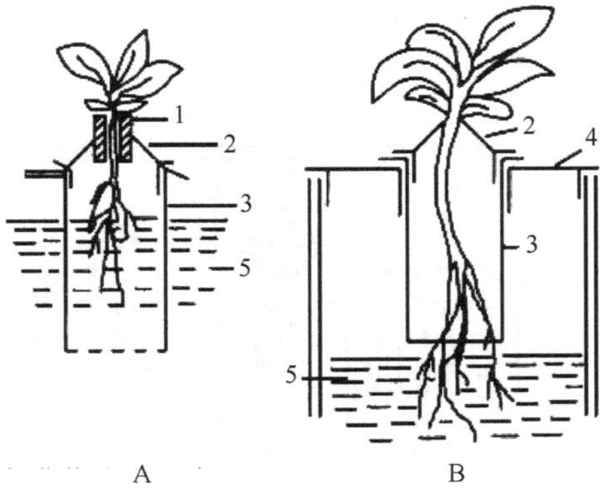

图 3-7　液面下降的通气装置

A. 充满营养液的容器；B. 液面下降后的容器

1. 固定幼苗的泡沫塑料；2. 锥形植物支架；3. 水培容器；4. 盖板；5. 营养液

采用液面下降法必须是植物幼苗期以后，幼苗期根系不发达且根系需氧量少，根系机能旺盛，不容易产生根腐现象，因此幼苗期最好不要采用此法。

在营养液中加入少量 H_2O_2，也可达到供氧目的，通常每 10L 营养液中加入 3% H_2O_2 溶液 1～3mL，每隔 1～3d 加一次。

2. 调节 pH

溶液培养营养液的缓冲性能小，pH 易改变，应经常测定营养液的 pH。一般水稻营养液 pH 低于 4 时生长不良，根系钝化，支根多，当 pH 超过 6.5 时，又易产生缺铁失绿症，营养液的 pH 以 5.0～6.5 较宜，某些喜酸作物，pH 可维持在 5.0～5.5。当用酸、碱调节营养液 pH 时，要注意随酸、碱进入营养液中的副成分（如硫酸中的 SO_4^{2-}，氢氧化钠中的 Na^+）的影响，因此要在未加酸、碱的处理中也加入相应的离子。

3. 铁的补充

营养液的铁源主要有氯化亚铁、硫酸亚铁、柠檬酸铁、酒石酸铁、腐殖酸铁、乙二胺四乙酸铁等各种铁盐，其中以螯合态铁效果更好，在 pH7～8 时柠檬酸铁和酒石酸铁也能保持溶解状态，腐殖酸铁在 pH10 以下一般都不沉淀。当营养液 pH 大于 6 时，无机铁盐就形成不溶性的氢氧化铁，使植物产生缺铁症。除营养液中铁盐外，在植物生长期内，应经常加入少量柠檬酸铁，一般 5L 营养液中每隔 2～3d 应加 0.1%柠檬酸铁 1～2mL，如不能阻止失绿症发展，必须调节营养液的 pH，同时加入铁盐溶液，甚至把植物移到专门装有稀铁的溶液中［每升水中加入 0.1～0.2g 的 $Fe_2(SO_4)_3 \cdot 7H_2O$ 或 $FeCl_2 \cdot 6H_2O$］，每天放 3～6h，连续几天，直到失绿症消失为止。

4. 营养液的更换

植物生长过程中不断消耗盆中的水分和养分，当植物长大后由于根系的伸长，营养液液面逐渐下降，必须经常补充水分以保持原有的液面，使各盆液面保持相同的高度。在植物生育期间，必须经常更换营养液，以保持营养液的稳定浓度，10L 的培养盆在夏季每周更换营养液一次，冬季 2～3 周更换一次。5L 的培养盆，夏季每周更换 1～2 次，冬季 1～2 周更换一次。目前国外均采用自动化流动营养液装置，保持营养液不停地循环连续流动，实现营养液的自动化更换（图 3-8）。

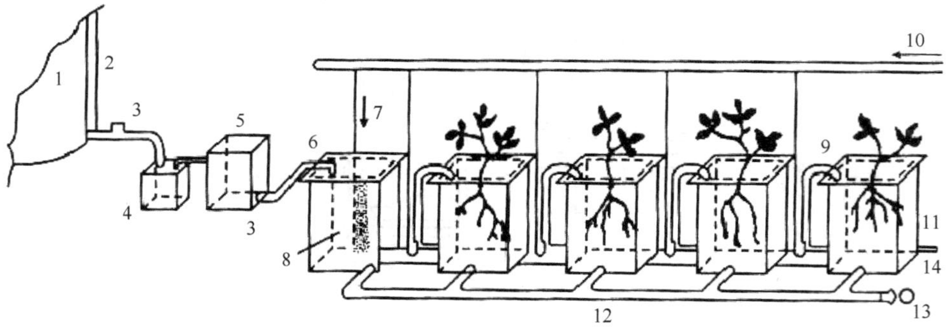

图 3-8 植物营养研究中的自动连续营养液装置

1. 贮液罐；2. 液面检查表；3. 活塞；4. 过滤装置；5. 营养液贮存池；6. 喷头；7. 空气输入；8. 混合罐；9. 空气分配管；10. 空气入口；11. 溢洪装置；12. 连通管；13. 营养液出口；14. 营养液分配臂

夏季气温高，营养液温度也会增高，特别是水溶液温度变化剧烈，植物正常生长受到阻碍，可把培养盆放入流动水槽中，水深为盆高的 1/2～2/3，以达到降温目的，如在人工气候室中，则不必采取这种降温措施。

溶液培养的其他管理，如调盆、设立固定植物支架、防治病虫害、收获等均与土培试验的管理相同。

第四节 砂砾培养研究方法

一、砂砾培养的特点与任务

砂砾培养是以砂子或砾石为植物根系生长的固定介质，使植物能稳固地生长在砂砾的环境中。砂砾培养是应用营养液作为植物养分的能源，所以它是介于溶液培养与土培试验间的模拟研究方法。砂砾培养需要间歇性浇水，所以水分管理比溶液培养要多，但砂砾培养通气较好，不需另加通气设备，可以减少强烈通气对植株造成的伤害。许多研究证明，砂砾培养植物生长旺盛，产量较高，这与通气状况的改善有密切关系。在砂砾培养中，植物较少发生缺铁失绿症，这是由于铁化合物经常沉淀在砂砾的表面，当它同植物根系接触时仍可被利用，因此砂砾培养只需在装盆时施用一次铁素即可。而溶液培养中铁素常以难溶性化合物沉淀于盆底，由于植物根系接触不到而造成缺铁失绿症，所以必须经常补充铁化物，以弥补营养液中铁的不足。砂砾培养比溶液培养更能耐铜、锌、铅、镍等金属离子的浓度，一般砂砾培养可以超过溶液培养几十倍甚至几百倍，这种差异可能与砂的吸附作用及砂对扩散作用的限制有关。

砂砾培养方法的使用效果与溶液培养相近似。多数在溶液培养中进行的研究工作，也可在砂砾培养中进行。砂砾培养也存在一些缺点，例如，砂砾培养不易严格控制植物根系附近营养物质的浓度和 pH，营养液的更换比溶液培养更麻烦，砂砾中含有少量微量元素，试验的前处理工作比较繁杂。

二、砂砾培养的准备

（一）砂砾的准备

砂砾培养可用石英砂或河沙（即黄沙），砾石可用普通中粒、小粒河卵石。砂子粒径大小影响培养环境的湿度和通气状况。粒径大的通气好、保水力小，粒径小的保水力大、通气差，二者均会影响植物的正常生长发育。究竟砂子多大合适，这主要决定于砂培的方法和供试植物的种类。一般而言，滴液法和流动培养法，可用 0.5～2.0mm 的砂粒。普通盆钵砂培试验，砂子粒径要小些才能保持砂子表面有足够的水分，可用 0.2～1.0mm 的砂粒。砾石培养一般用于无土栽培中，砾石用于固定植物幼苗或植株（图 3-9）。也可在水泥池中用砾石铺 10cm 的砾石层，再注入营养液，水泥池随地形由高向低顺次排列，以便营养液可由上而下自由流动。

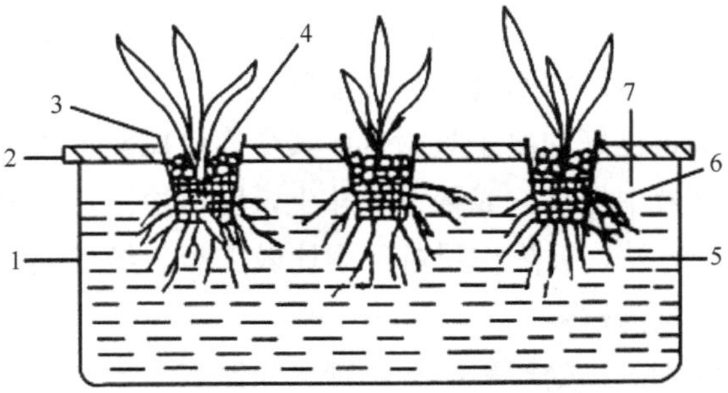

图 3-9 砾石培养示意图

1. 盛营养液的容器；2. 泡沫聚苯乙烯板盖；3. 塑料多孔钵；4. 惰性砾石；5. 溶液；6. 液面；7. 空间

砂子或砾石先用水浸泡，除去黏土和有机质，直到洗涤的水呈无色透明为止，再往砂子和砾石中加入 3%盐酸溶液，浸泡 1 周，除去砂子或砾石中的碳酸钙，1 周后用水冲洗，直到洗涤水中没有氯离子为止，再用营养液每天浸泡两次，月浸泡 24h，浸泡至营养液 pH 稳定为止，以消除砂砾表面吸附的氯离子，保证农作物正常生长。

若采用砂培进行微量元素研究时，所用的砂子一定要经过非常严格的纯化处理，首先要用 24 目的铜筛或不锈钢筛（缺锌、铜试验一定要用不锈钢筛，以防污染）消除大块夹杂物，筛选出大小合乎试验要求的砂子，再用水冲洗干净，然后用 15%～18%的盐酸、1%的草酸及 82.7～103.4kPa 的蒸汽进行纯化处理。

（二）培养盆的准备

砂培试验所用的容器，底部都带有排水孔，使盆中过多的液体从孔中排出，以便保持适当湿度和通气状况。但是，也有一些砂培试验是在无孔盆中进行的，这时盆中湿度的调节与土培法相同。

砂培试验对容器质量的要求比土培严格，最好使用上釉的白瓷盆、玻璃盆或搪瓷金属盆。如果用未上釉的陶土盆，盆壁要涂蜡，否则营养液中的氮、磷等养分很容易被盆壁吸收而减少，而陶土盆中的钾和钙又会混入营养液中。进行微量元素试验时，对容器材料和涂料的选择和处理可参照水培试验，培养盆的洗涤工作与砂培相同。

（三）营养液的准备

砂培所用营养液与溶液培养基相同，各种溶液培养营养液配方都可在砂培中应用。但由于砂粒的吸附作用及其对养分扩散的限制，为使植物获得良好的生长环境，砂培营养液的适宜浓度常比溶液培养高。例如，柑橘试验证明，在溶液培养中应用低浓度的硝酸盐营养液植株就能正常生长，但在砂培中却感到氮素不足。在砂培营养液中使用一些较难溶解的营养物质，植物能够正常生长，但在溶液培养中这些不溶于水的养分沉积于盆底，不易被植物吸收利用，或难于发挥应有的作用，如普良尼施尼柯夫营养液以水不溶性磷酸氢钙为磷源，用于砂培试验比溶液培养好。砂培营养液中，水溶性盐类可先制成贮备液，以溶液状态施入砂中，非水溶性盐类则以固体状态施入砂中。

（四）其他材料的准备

为了进行某些特殊的研究任务，往往需要在砂中加入某种离子吸附剂，如合成树脂、沸石、黏土等，这些物质需经特殊处理后才能应用。

合成树脂和沸石都是良好的离子吸附剂，其交换量比黏土大。使用前将这些吸附剂放在含有相应离子的溶液中振荡，或置于漏斗上，用该溶液持续淋洗，使其被相应的离子所饱和。采用后一种方法，吸附作用进行得比较完全。经过处理后的树脂和沸石，就可以加入砂中，一般用量为砂量的 0.2%～0.45%。

用黏土作离子吸附剂时，处理程序较繁琐。先制取黏土悬浊液，再经电透析，除去各种盐类离子，然后与相应的离子溶液一起振荡，或将黏土用氢离子饱和，再用相应的离子溶液滴定，使其达到所需的吸收量。处理后的黏土即可使用，用量是砂量的 1.0%～7.0%。

此外，泥炭、硅酸和活性炭等都可用作离子吸附剂，提高砂培的缓冲性，保持砂中营养液 pH 的稳定。

三、砂砾培养的实施与管理

（一）装盆和播种

砂培试验装盆时，盆底排水孔周围应先放置一些石英砂或用玻璃棉填塞排水孔然后装砂，这样可防止砂粒流失。盆底先装一层粒径 2～5mm 的粗砂，上面再装普通砂，多余的液体就可从排水孔流出。装盆时砂子应压紧，盆上沿空出 2～3cm，以便浇灌营养液。

早期植物营养的砂培、无土培养和溶液培养研究是 Sprengel 于 1839 年、Sacks 于 1860 年、Knop 于 1860 年、Wolf 于 1866 年、Maze 于 1898 年开始的。Boussingault 在 1851～1856 年主张用砂粒或者其他中性介质来支撑植物。

国外砂培试验使用容器的容积和类型可见表 3-17。

表 3-17　国外砂培试验使用容器的容积和类型

研究者	容器大小	砂重/kg	每个容器中植物的数目
Salm-Horstmar	6cm×3cm	0.06	燕麦 1 株
McCall	—	1.5	小麦 5 株
Wolkoff	—	1.5	大豆 3 株
Shive	1400mL	2.5	荞麦、小麦 5 株
Johnston	—	4.5	土豆 3 株
Hoagland	19L	30	大麦 5 株
de Haan 和 Schoorel	22.8L	42	茶 5 株
Colwell	—	0.5	向日葵 1 株
Wallace	15cm 黏土盆	2.5	草莓 1 株
Davis	15cm 黏土盆	2.5	草莓 1 株
Hewitt，Jones	5L 硼硅酸玻璃（pyrex）烧杯	7.5	三叶草 5 株，番茄 1～5 株，大豆、豌豆 2 株
Hewitt	25cm 黏土盆	9.5	番茄 1 株，土豆 1 株，谷类作物 10～15 株，甜菜 1～4 株
Tyner	7.6L 玻璃盆	10	玉米 3 株，三叶草 20 株
Crowther	7.6L 玻璃盆	14	大麦 3 株

如用无孔盆砂培则装盆工作与土培相似，即先在盆底安装排水物，并按处理要求，将营养物质拌入砂中，先加固体盐类，再分别加入各种营养液。每加一种营养物质都应拌混均匀。各盆加水量（包括营养液的水分）必须相同，不足水分可用蒸馏水补充，使各盆湿度完全一致。砂子和营养物质拌匀后，即可装入盆中。

砂培播种工作与土培相同，可用催芽或未催芽的种子，每盆播种量应比定苗数多 2～3 倍，用未催芽的种子播种时，播种量还要增加 50%。播种后用塑料薄膜包盖，以保证砂子表层有足够湿度而利于种子发芽。出苗 12～18d 后开始间苗，像油菜、番茄等每盆只留 1 株。习惯上先育苗再移栽，以保证成活。育苗工作可在另一砂盆中进行，将种子播在砂盆上，浇上相同的营养液，待幼苗长到一定程度后直接移栽。

（二）试验期间的管理

砂培试验期间主要的管理工作是水分和养分的调节。由于砂粒间隙有持水能力，砂培多采用间歇性灌溉来补充水分和营养液。

砂培浇灌方法有砂面浇灌法和底部浇灌法。砂面浇灌法即营养液从砂面灌入，多余的溶液从排液管流入贮液槽中。如用空气压缩机，装配时间开关和运转阀门，可以定时控制进气和放气，自动浇灌营养溶液。如图 3-10 所示，每套装置由贮液槽、输液瓶和塑料喷管等组成。

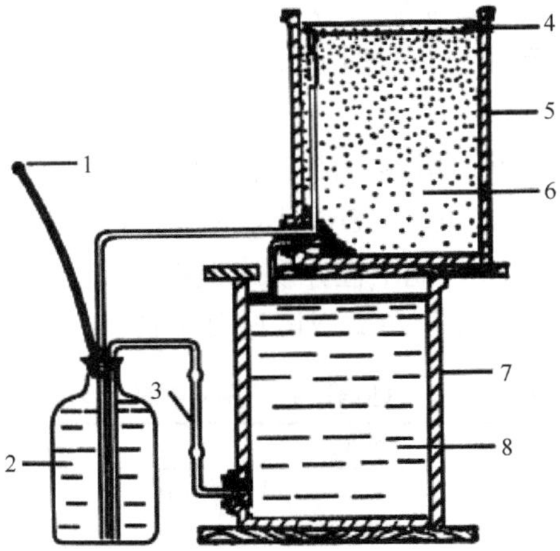

图 3-10　自动砂面浇灌法的砂培装置

1. 空气导管；2. 输液瓶；3. 止回阀；4. 塑料喷管；5. 砂培容器；6. 石英砂；7. 贮液槽；8. 营养液

一台空气压缩机，通过导管可以连接 10 套这样的装置。每隔一定时间压缩空气进入输液瓶，由于空气压力的作用，止回阀中的玻璃珠往下压，防止溶液流进贮液槽，营养液就从输液瓶压至塑料喷管，从砂面浇灌，液面自上而下渗透，多余的溶液就从排液管流回贮液槽。每次浇灌溶液的量由输液瓶大小控制，当输液瓶变空时，阀门切断空气压力，输液瓶中压力降低，止回阀中的玻璃珠向上压，因为止回阀上端是锯齿状，溶液可以通过，所以贮液槽中的营养液就灌进输液瓶。这样可以做到定时定量自动化浇灌。

底部浇灌法如图 3-11 所示，升降贮液槽的位置可使营养液从培养盆底部流入和排出，每天反复几次，即可保持适当湿度和养分。

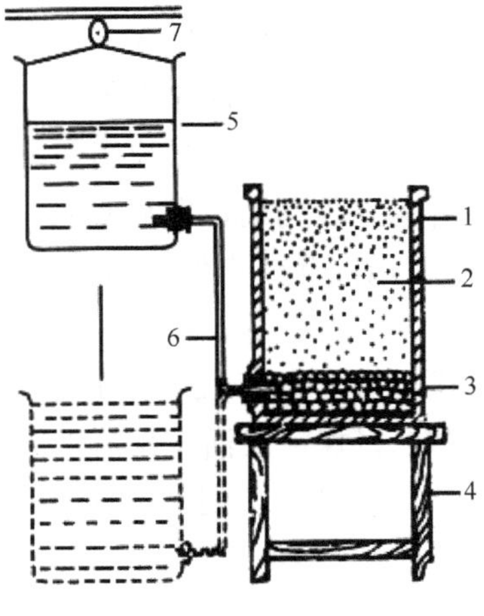

图 3-11　底部浇灌法的砂培装置

1. 砂培容器；2. 石英砂；3. 石英砾；4. 台架；5. 贮液槽；6. 橡皮管；7. 滑轮

营养液浇灌次数因气候条件、植株大小和培养盆体积等而异，通常每天浇灌 1 至数次，在高温和强光照的条件下，灌溉次数应增加，每天浇灌 4～5 次，以免凋萎。贮液器中营养液每天消耗的水分要进行补充，每隔 2～3d 应调节 pH 一次。在砂培试验中，由于水分蒸发，盐类会在砂面析出，每隔 3～7d 要从砂面浇水淋洗一次。

砂培营养液经过植物的吸收和利用，养分浓度不断下降，并且根系的脱落物和分泌的有机物质不断进入营养液中，都会影响植物生长。为了恢复被消耗的养分浓度，维持营养平衡，以及避免不良废物的积累，必须定期更换营养液。更换的时间视营养液的浓度和植物对养分吸收的速度而定，通常 1～3 周更换一次。

如砂培用的是无孔盆，则按重量法灌水，浇水前盆重的计算方法与土培试验相同。出苗初期可按容积浇水，保持砂面湿润状态。出苗后 5～6d 浇水量为砂重的 12%～13%，以后每隔一天称重一次。出苗后 12～15d，浇水量应达砂重的 15%，以后每天称重一次，由上边和下边同时浇水，但大部分水应从上边浇下。植物生育旺盛时，一天应浇水两次，使砂中水分达到砂重的 16%～17%，达到砂子最大持水量的 75%。成熟期砂子湿度应保持在最大持水量的 55%～60%（粒径 0.5mm 的砂粒，其最大持水量为 23%～26%），隔天浇水一次即可。收获前 3～5d 应停止浇水。

水稻培养试验中，浇水工作比较简单，只要控制砂面水层厚度即可。在这种情况下容易引起藻类滋生，可用加盖、遮光、压砂等办法防治。

砂培试验的其他管理工作与溶液培养试验相同。

主要参考文献

崔澂, 樊梦康. 1962. 水稻无机矿质营养的研究 I 水稻不同生育期缺磷的影响. 作物学报, 1(1): 61-66.
吉田昌一, 福尔诺 D A, 科克 J H, 等. 1972. 水稻生理实验手册. 北京市农业科学院译. 北京: 科学出版社: 57-63.
刘士哲. 2001. 现代实用无土栽培技术. 北京: 中国农业出版社: 67-146.
申建波, 毛达如. 2011. 植物营养研究方法. 3 版. 北京: 中国农业大学出版社: 5-43.
陶勤南. 1997. 肥料试验与统计分析. 北京: 中国农业出版社: 57-89.
西北农学院, 华南农业大学. 1987. 农业化学研究法(上册). 2 版. 北京: 农业出版社: 80-100.
Barker A V, Pilbeam D J. 2015. Handbook of Plant Nutrition. 2nd ed. Boca Ratonn: CRC Press.
Wiedenhoeft A C. 2006. Plant Nutrition. New York: Chelsea House.

第四章　试验材料的采集、保存和测定

对作物进行的生物化学分析的准确性，既取决于分析方法的选择是否合适、全部分析工作是否严格按照要求进行，又在很大程度上取决于样品的采集和处理是否恰当。如果不遵循科学的方法取样，样品缺乏代表性，即使分析工作严谨无误，也得不到正确的结论。因此，必须对试验材料的取样、处理和保存给予足够的重视。

第一节　试验材料取样方法

从大田或试验田采回的作物样品，称为“原始样品”。按原始样品的种类（如根、茎、叶、花、果实等）分别选出“平均样品”。再根据生物化学分析任务的要求和样品的特征，从平均样品中选出供生物化学分析用的“分析样品”。分析样品的获得须经一系列复杂的步骤，在实际工作中一定要以高度认真负责的态度对待。样品分析的一般步骤为：采集有代表性的样品，进行恰当的保存和处理，选用合适的方式进行测定和分析。

一、原始样品采集常用方法

在作物苗期的许多生理测定试验中都需要采集整株的试验样品，所取植株应能代表试验小区生长正常且无损伤的健康植株（除逆境生理研究等特殊需要外）。

整株采样一般只是对地上部分的采样，对根系的研究测定则需要同时采集地上和地下部分。采样时间因研究目的不同而异，如按生育时期或某一特殊需要的时间进行。

田间试验往往不可能或没有必要对整个试验小区的所有植株进行全面调查，而是通过抽样的方法，选取部分植株作为代表，通过对抽样植株的调查结果可推知整个试验小区的情况。这种方法称为抽样调查（sampling investigation），选取的这“部分”植株称为样本（sample）。

（一）田间试验抽样调查涉及的概念

1. 抽样单位

抽样单位（sample unit）指由一个或多个试验对象个体组成并能获得一个调查数据的集合，其种类由调查研究目的、作物种类、病虫害种类、生育时期、播种方法等因素确定，可以是一种自然的单位，也可以是若干个自然单位归并成的单位，还可以用人为确定的大小、范围或数量作为一个抽样单位。

常见的抽样单位举例如下。

面积：如 0.5m^2 或每平方米内的产量、株数和害虫头数。

长度：如 1～2 行若干长度内的产量、株数，若干长度内植株上的害虫头数等。

株穴：如棉花连续 10 株的结铃数，水稻连续 20 穴的苗数、分蘖数和结实籽粒数等。

器官：如水稻或麦千粒重，大豆百粒重，每 100 个棉铃中红铃虫头数，每张叶片的病斑数等。

时间：如单位时间内见到的虫子头数，每天开始开花的株数等。

器械：如一捕虫网的虫数，一只诱蛾灯下的虫数，每一个显微镜视野内的细菌数、孢子数、花粉发芽粒数等。

容量或重量：如每斤①或每升种子内的混杂种子数，每升或每公斤种子内的害虫头数等。

2. 样本容量

也称样本含量，是指一个样本所包含的抽样单位数。

3. 总体

具有共同性质的个体所组成的集合。

4. 样本

从总体中抽取若干个体进行研究，这些个体的集合称之为样本。

5. 总体容量

构成总体的所有个体（抽样单位）的数目，以 N 表示。

例：研究小地老虎绝对密度，连片调查了 336 个单位的幼虫数，每单位面积为 $1m^2$，为节省时间和费用，仅抽取 30 个抽样单位进行幼虫数调查。

总体：$336m^2$ 的幼虫数。

抽样单位：$1m^2$（不是一条一条的幼虫）。

总体容量：N=336。

样本：$30m^2$ 中的幼虫数。

样本容量：n=30。

（二）采集原始样品常用的抽样方法

田间试验的研究结果和结论的可靠性（或准确性），在很大程度上取决于材料选用的代表性和抽样方法的科学性。田间试验中采集原始样品常用的抽样方法主要包括典型抽样、顺序抽样、随机抽样和成片抽样等，下面分别进行介绍。

1. 典型抽样

典型抽样（typical sampling）又称代表性抽样，是根据研究目的有意识地抽取一定数量具有代表性的抽样单位构成样本的抽样方法。例如，对于育种的原始材料，必须选取具有品种典型特征的植株进行调查。

典型抽样所获得的样本称为典型样本（typical sample）。典型抽样的关键就在于选取真正具有代表性的样本。这种方法虽灵活机动、收效较快，但由于完全依赖于调查者的

① 1 斤=0.5kg

知识和经验，结果不稳定，而且不符合随机原理，无法估计抽样误差。

2. 顺序抽样

顺序抽样（ordinal sampling）又称机械抽样、系统抽样或等距抽样，是按照某种既定的顺序抽取一定数量的抽样单位构成样本的抽样方法。如每隔一定株数（行数）或长度抽取一个抽样单位。三点式、五点式、对角线式、棋盘式、分行式、平行线式或“Z”字式等是常用的顺序抽样方法（图 4-1），各试验单位中的抽样单位都按同一方式设置。

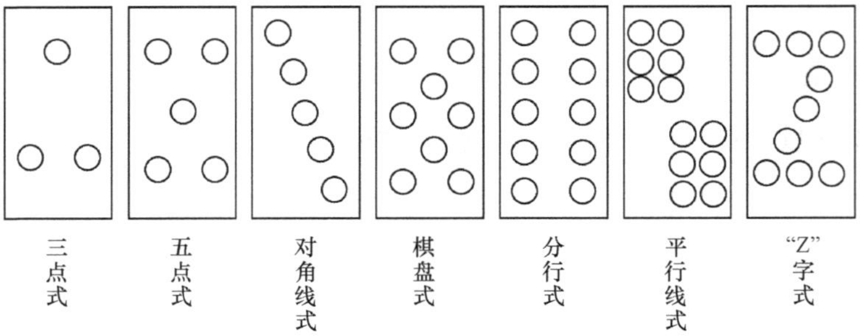

图 4-1　顺序抽样的常见方法

顺序抽样方法简便，容易操作，能使抽样单位在试验小区中的分布比较均匀，样本的代表性较好，一般情况下抽样误差较小。但若存在趋势变异，可能出现偏性，而且难以无偏地估计抽样误差。所以，只有在试验单位内个体性状表现相当一致时采用。下面分别加以说明。

（1）五点式取样法

从田块四角的两条对角线的交驻点，即田块正中央，以及交驻点到 4 个角的中间点这 5 点式取样。或者在离田块四边 4～10 步远的各处，随机选择 5 个点取样，是应用最普遍的方法。三点式取样法如图 4-1，是五点式取样法的简化。

（2）对角线式取样法

调查取样点全部落在田块的对角线上，可分为单对角线式取样法和双对角线式取样法两种。单对角线式取样方法是在田块的某条对角线上，按一定的距离选定所需的全部样点。双对角线式取样法是在田块四角的两条对角线上均匀分配调查样点取样。

（3）棋盘式取样法

将所调查的田块均匀地划成许多小区，形如棋盘方格，然后将调查取样点均匀分配在田块的一定区块上。这种取样方法，多用于分布均匀的病虫害调查，能获得较为可靠的调查结果。

（4）平行线式取样法

每隔数行取一行进行调查。本法适用于分布不均匀的病虫害调查，调查结果的准确性较高。分行式取样法与之类似。

（5）“Z”字式取样法（蛇形取样）

取样的样点多分布于田边，田中间少，对于田边发生多的迁移性害虫在田边呈点片不均匀分布时用此法为宜，如螨等害虫的调查。

3. 随机抽样

随机抽样（random sampling）又称等概率抽样或概率抽样，是指所有抽样单位都有同等机会（相同概率）被抽取进入样本的抽样方法。随机抽样一般先对所有抽样单位进行编号，再用抽签法或随机数字法抽取所需数量的抽样单位构成样本。

随机抽样的优点是样本的代表性强，能无偏地估计抽样误差；缺点是在抽样单位较多时，对抽样单位编号和抽样都比较麻烦，常常难以做到。

田间试验常用的随机抽样方法可分为简单随机抽样、分层随机抽样、整群随机抽样和多级随机抽样等。

（1）简单随机抽样

先将试验单位（如试验小区）的所有抽样单位按其所处位置或其他特征进行编号，然后采用随机方法从中直接抽取一定数量的抽样单位构成样本，这种抽样方法称为简单随机抽样（simple random sampling）。

田间试验中应用简单随机抽样时，各试验小区抽样单位的随机设置应分别独立地进行。采用简单随机抽样可无偏地估计抽样误差。

（2）分层随机抽样

先将试验单位（如试验小区）按某种特征或变异原因划分为相对均匀一致的若干部分或区域，称为区层（zone），然后独立地在每一区层中采用随机方法抽取一定数量的抽样单位构成样本，这种抽样方法称为分层随机抽样（stratified random sampling）。划分区层的依据可以是种植行数、作物生长状况、土壤肥力、病虫害和杂草分布等。在田间试验中，各抽样单位具有明显的差异时常用这种方法。

采用分层随机抽样时，若各区层所包含的抽样单位数相同，从各区层中抽取的抽样单位数也应相同；若各区层所包含的抽样单位数不同，则从各区层抽取的抽样单位数应按比例配置。例如，某试验小区的植株，按长势情况分为强、中、弱三类，分别占 30%、50%和 20%。如要抽取 10 株作样本，则按比例应从强、中、弱三类植株中分别抽取 3 株、5 株和 2 株构成样本。

分层随机抽样采用一种局部控制的方法，既能保证随机性，又能有效地降低抽样误差，在田间试验中应用较多。例如，调查菜青虫的发病情况，欲抽样 360 株，假定 1～3 厢因肥料充足长势嫩绿而吸引了较多菜青虫。简单抽样有可能使 360 株中的大多数落在 1～3 厢，从而使估计值偏高，也可能使360株中的大多数落在4～10厢，从而使估计值偏低。此时就应该运用分层随机抽样，分为两个区层(1～3 为第一区层，4～10 为第二区层)，第一区层共 1080 株，第二区层共 2520 株，分别随机选 108 和 252 株，这样抽样更合理。

（3）整群随机抽样

先将试验单位（如试验小区）内的所有抽样单位按某种特征或变异原因划分成若干个单位群，然后采用随机方法抽取一定数量的单位群，由这些单位群内的所有抽样单位构成样本，这种抽样方法称为整群随机抽样（cluster random sampling）。例如，在一块棉田抽样调查枯萎病病株率，将 3600 株棉株分为 400 个小块（单位群），每一小块包含相邻 3 行每行 3 株共 9 株（9 个抽样单位）。从 400 个小块中随机抽取 40 个小块，由这 40 个小块包含的所有 360 株棉株构成样本。

整群随机抽样随机抽取的不是一个抽样单位，而是包含若干个抽样单位的单位群，因而在大规模抽样调查中容易组织，并可大大提高工作效率，降低成本。但当各单位群间差异较大时，抽样误差也较大。

（4）多级随机抽样

先从试验单位（如试验小区）中随机抽取一定数量的抽样单位（称初级抽样单位），再进行一次或多次随机抽样，每次都在前一次抽出的抽样单位上随机抽取次一级抽样单位，这种抽样方法称为多级随机抽样（multilevel random sampling），也称为巢式随机抽样或多阶段随机抽样。二级随机抽样是多级随机抽样中最简单的一种。例如，研究农药在叶片上的残留量，先在试验小区中随机抽取植株，再从抽出的植株上随机抽取叶片进行测定，这就是二级随机抽样。

多级随机抽样的各级抽样单位可以相同，也可以不同。在多级随机抽样中，每增加一次抽样，会增加一个相应的抽样误差。因此，每次抽样至少应有两个抽样单位，以估计各级抽样误差。多级随机抽样在田间试验、土壤调查及植物生理、生物化学等试验研究中应用十分广泛。

简单随机抽样的性质与完全随机设计相似，而分层随机抽样类似于随机区组设计。当采用分层随机抽样时，如果区层间的变异大于区层内的变异，则分层随机抽样的效率一定高于简单随机抽样。

在田间试验中，如果根据地段来划分分层随机抽样的区层和整群随机抽样的单位群，那么分层随机抽样是先抽取所有地段，然后随机抽取每一地段内的部分抽样单位；而整群随机抽样却相反，先随机抽取部分地段，然后再抽取这些地段内的所有抽样单位。因此，地段间的差异较大且地段面积较大时，应采用分层随机抽样；而地段间的差异较大且地段面积较小或者地段间的差异较小时，则应采用整群随机抽样。

分层随机抽样和整群随机抽样只进行一次随机抽取，而多级随机抽样需进行两次或两次以上随机抽取。二级随机抽样是在整群随机抽样的基础上，对随机抽取的单位群（初级抽样单位）不进行全面调查，而是随机抽取部分抽样单位（次级抽样单位）进行调查。

4. 成片抽样

成片抽样（zonal sampling）是指抽样单位在试验单位（如试验小区）内不作随机分布或均匀分布而连成一片的抽样方法。田间试验中，作物生长发育时期的破坏性抽样（成熟期的破坏性抽样除外）常采用成片抽样。破坏性抽样需要拔除植株，而植株拔除后其四周的植株就成为边际，不能作为下次抽样或以后测产用。如果采用其他抽样方法，抽样单位分布比较分散，一次抽样破坏的面积过大。当抽样单位配置呈正方形时，成片抽样减小破坏面积的效果最好。考虑到作物生长发育时期的破坏性抽样要破坏试验小区，会影响计产面积，一般可在每个小区的一侧多种几行，或增加1～2个重复，专供破坏性抽样之用。

成片抽样虽可减少破坏面积，但易因基础材料的不同造成很大的抽样误差。这一点需特别加以注意。

（三）植物样本采集的一般原则

植物样本采集的一般原则有代表性、典型性和适时性。

代表性：视作物种类、种植密度、株型大小、株龄或生育期及要求的精密度而定。选择样株时要注意群体密度、植株长势、生育期等条件的一致；过大过小的株体，受病虫害或机械损伤的，以及田边、路、建筑物、树木等旁的植株都不应采集。因此，要使样品有充分的代表性，其采样须符合统计学原理，即按照“多点、随机”的方法采样。

典型性：如果为了某一特定目的（如诊断缺素或毒害状况）而采样时，则应注意样株的典型性，并要同时采集附近有对比意义的正常植株作为对照，使分析结果能在互相比较的条件下说明问题。注意代表性与典型性结合。

适时性：植物体内各种物质，特别是活动性成分如硝态氮、氨基态氮、还原糖等都处于不断的代谢变化之中，不仅在不同生育期的含量有很大的差别，并且在一日之间也有显著的周期性变化。因此，一定要用新鲜的样品。取样时间通常在 8:00～10:00 为宜（史瑞和，1994）。因为这时植物的生理活动已趋于活跃，地下部根系吸收速率与地上部正趋于上升的光合作用强度接近动态平衡。此时作物组织中的养分贮存量最能反映根系吸收与植物同化需要的相对关系。因此要有统一的采样时间和部位，这样分析结果才有可比性和应用价值。

（四）试验材料抽样注意事项

1）抽样调查应遵循的原理：①客观地抽选随机样本；②样本应有代表性。

2）对准确度和精确度要求高时，样本容量应大。是否需估计置信区间或作统计推论视试验需求而定。一般随机抽样有合理的试验误差估计，可以作统计推论。而其他抽样方法往往缺乏合理的误差估计，统计分析有局限性。

3）考虑田间工作实际因素，注意调查研究对象的特点，与人力、物力、时间等条件相适应。抽样单位大、样本容量大时必须权衡需要与可能，在保证一定精确性的情况下，尽量减低消耗。

4）取样的地点，一般在距田埂或地边一定距离的株行取样，或在特定的取样区内取样。如果各小区作物成熟期不一致，一是保护行和小区边行应保留到最后，二是各小区先熟先收、后熟后收，两端植株在收获前割除。对于收获期较长的作物（如棉花等），保护行和小区边行、两端植株均应保留到整个试验收获结束。

二、平均样品的取样方法

平均样品的取样，按分析目的可有两种方法，一种是为了鉴定品质而进行的混合取样；另一种是按植物生育期取样。选取平均样品的数量应当不少于供分析用样品的两倍。

（一）混合取样法

一般颗粒状（如种子等）或已碾磨成粉末状的样品可以采取混合取样法进行。具体的做法为：将供采取样品的材料铺在木板（或玻璃板、牛皮纸）上成为均匀的一层，按照对角线划分为 4 等分。取对角的两份为进一步取样的材料，而将其余的对角两份淘汰。再将已取的两份样品充分混合后重复上述方法取样。反复操作，每次均淘汰 50%的样品，直至所取样品达到所要求的数量为止。这种取样的方法称为“四分法”。

一般禾谷类、豆类及油料作物的种子均可采用这个方法采集平均样品，但注意样品中不要混有不成熟的种子及其他混杂物。

如果直接从田里采取植株样品，在生长均一的情况下，可按对角线或沿平行的直线等距离采样。如果植株长势不均匀，则应根据生长的强弱，按比例采取大约 5 个点的样品后混合。每个样点取的植株数随植物的种类和采样的时间有所不同。如小麦等密植型作物或其他作物幼苗，可按面积采取或采取样品束（一束样品的植株数视需要而定），玉米、甘蔗等作物，每个样点采取一株就够了。

有些作物材料，在生长不均等的情况下，应将原始样品按不同类型的比例选取平均样品。对甘薯、甜菜、马铃薯等块根、块茎材料选取平均样品时，应按大、中、小不同类型样品的比例取样，然后再将每一单个样品纵切剖开，每个切取 1/4、1/8 或 1/16，混在一起组成平均样品。一般蔬菜样品也按对角线法采取。番茄样品应选择簇位相同、成熟程度一致的果实，取果实的 1/4 组成平均样品。

在采取果实的平均样品时，如桃、梨、苹果、柑橘等果实，即使是从同一株果树上取样，也应考虑到果枝在树冠上的各个不同方位和部位，以及果实体积的大、中、小和成熟度上的差异，按各自相关的比例取样，再混合成平均样品。葡萄等浆果，采样时可在不同地点的 5～10 株植物上的各个部位包括向阳、背阳及上、下各部位采样。

瓜果、蔬菜取回后因水分较多，容易霉烂，可在冰箱中冷藏，或干燥灭菌，或用乙醇处理或烘干，以供分析之用。

（二）按生育期取样法

在幼苗期取样，因植株较小，采取的株数就比较多，尽管各种作物有所不同，总的原则是所取样品的干重应当是分析用的 2 倍。植株逐渐长大，每次采取的株数也相应减少，但绝不能采单株作样品。在各个生育期取样时，都应作观察记录。取样地点一般在边行区，取样点的四周不应有缺株现象。取样后，按分析目的分成各个部分，如根、茎、叶、穗等，然后捆好，附上标签，分别装入样品袋。作物组织样品的具体采样方法和采样株数可参考表 4-1。

表 4-1　作物的采样方法

作物种类		生育期	采样部位	采样株数
大田作物	谷类（包括水稻）	1）幼苗期（株高<30cm）	全部地上部分	50～100
		2）抽穗前（抽穗后不再取样）	最上的 4 个叶片	50～100
	玉米	1）幼苗期（株高<30cm）	全部地上部分	20～30
		2）抽雄以前	轮生叶下充分发育的叶片	15～25
		3）从抽雄至吐丝	穗位叶（或其上下紧挨的叶）中部 1/3 的叶片	15～25
	高粱	抽穗前或抽穗时	顶部第二片叶	15～25
	棉花	初花或初花前，或现第一批蕾时	主茎最新的成熟叶片	30～40
	大豆或其他豆类	1）苗期（株高<30cm）	全部地上部分	20～30
		2）始花前或始花后（开始结荚后不再采样）	顶部充分发育的 2～3 片叶片	20～30
	花生	花期以前或花期时	主茎和侧枝的成熟叶，包括叶柄	40～50
	苜蓿等	开花 1/10，或稍前	植株顶部以下 1/3 左右的成熟叶片	40～50
	牧草	出穗以前或在饲料质量最好的适宜时期	最上部 4 片叶	40～50
	烟草	开花以前	最上部充分发育的叶	8～12
	甜菜	生长中期	中心幼叶与外边最老轮生叶之间正中的充分展开和成熟的叶片	30～40
	甘蔗	生长 4 个月时	植株顶端第三或第四张成熟叶片，切取中部 20cm 一段，并去中脉	15～25

续表

作物种类		生育期	采样部位	采样株数
蔬菜作物	球菜作物（大白菜、甘蓝球）	1）结球以前	轮生叶中心最先成熟叶	10～20
		2）结球时	外包叶的中脉	10～20
	叶类作物（菠菜、生菜等）	生长中期	最近成熟的叶	35～50
	芹菜	生长中期	最近成熟的叶柄	15～30
	马铃薯	早花前或早花时	选主茎顶端第三至第六叶片，包括叶柄	20～30
	根菜作物（胡萝卜、甜菜、洋葱等）	根或球膨大以前	中心成熟叶	20～30
	番茄（大田）	早花期或以前	顶端第三或第四叶片	20～25
	番茄（温室）	坐果时或以前	1）幼株：邻近第二和第三簇处的叶片	20～25
			2）老株：第四到第六簇处的叶片	20～25
	豌豆	始花前或始花时	顶部第三节处的叶片或叶柄	30～60
	菜豆等	1）苗期（株高<30cm）	全部地上部分	20～30
		2）开花初期或开花前	顶部充分发育的2或3个叶片	20～30
	瓜类（西瓜、黄瓜、甜瓜）	生长早期坐果前	主茎基部附近的成熟叶	20～30

资料来源：李酉开，1983

第二节　试验材料处理和保存方法

从田间采取的植株样品，或是从植株上采取的器官组织样品，在正式测定之前的一段时间里，如何加以正确妥善地保存和处理是很重要的，它也关系到测定结果的准确性。

一、植物组织材料的处理与保存方法

（一）器官材料的采集与保存

一般测定中，所取植株样品应该是生长正常无损伤的健康材料。取下的植株样品或器官组织样品，在取样后就应立即放入铺有湿纱布带盖的瓷盘中，或铺有湿滤纸的培养皿中。在剪取植株样品后，应立即插入有水的桶中，对于枝条，还应该立即在水中进行第二次剪切，即将第一次切口上方的一段在水中剪去，以防输导组织中水柱被拉断，影响正常的水分运输。维持试样的水分状况和未取下之前基本一致，避免失水使离体材料的许多生理过程发生明显的变化。

采回的新鲜样品（平均样品）在做分析之前，一般先要经过净化、杀青、烘干（或风干）等一系列处理。

1. 净化

采集的新鲜作物样品，可在田间直接进行测定，也可带回实验室再进行测定。采集的植株样品是否需要洗涤应视样品的清洁程度和分析要求而定。测定时如果是直接压取作物组织汁液进行测定，样品可用湿布或毛刷擦净即可。如果测定时需要浸提作物组织中的未同化的营养成分或是进行一般微量元素的分析，再或者样品上有肉眼可见的污染

物或明知受到施肥污染等，则需要对样品进行洗涤，否则泥土、施肥喷药可能引起污染。洗涤方法为，一般先用柔软湿布仔细擦净表面所沾污物，再用湿棉布（必要时可沾一些很稀的如 1mg/L 的有机洗涤剂）擦净表面的污染物，然后用蒸馏水或去离子水淋洗 1～2 次即可，总洗涤时间不能过长，一般不超过 2min。植物样品应在刚采集的新鲜状态冲洗，否则一些易溶性养分很容易从已经死亡的组织中洗出。

分析时将洗净的鲜样剪碎混匀后，立即用称量瓶或塑料容器称样，放在瓷研钵中加适当溶剂或石英砂研磨，进行浸提测定。测定易起变化的成分（如硝态氮、氨基态氮、氰、无机磷、水溶性糖、维生素等）须用新鲜样品，鲜样品如需短期保存，必须在 0～4℃冰箱中冷藏，以抑制其变化。取样时注意保鲜，取样后应立即进行待测组分提取；也可采用在液氮中冷冻保存或冰冻真空干燥法得到干燥的制品。在鲜样已进行了匀浆，但尚未完成提取、纯化，不能进行分析测定等特殊情况下，也可加入防腐剂（甲苯、苯甲酸），以液态保存在缓冲液中，置于 0～4℃冰箱即可，但保存时间不宜过长。对于多汁的瓜、果、蔬菜及幼嫩器官等样品，因含水分较多，容易变质或霉烂，且其化学成分（糖、蛋白质、维生素等）在保存中易发生变化，往往多用新鲜样品进行各项测定。将它们的平均样品切成小块，放入电动组织捣碎机中打成匀浆，如果样品含水量较少，可按样品重量加入适量水，然后捣碎。样品量少时可用手持匀浆器或在研钵内研磨，必要时可在研钵内加少量石英砂，操作均尽量在低温下进行。

2. 杀青

为了保持样品化学成分不发生转变和损耗，应将样品置于 105℃的烘箱中烘 15min 以终止样品中酶的活动。烘干样品时，注意温度不能过高，以免把植株烤焦。最好不要晒，以免沾染灰尘或被风刮走。

测定不易变化的成分则常用干燥样品。洗净的鲜样必须尽快干燥，以减少化学和生物变化。如果延迟过久，细胞的呼吸和霉菌的分解都会消耗组织的干物质而改变各成分的百分含量，蛋白质也会裂解成较简单的含氮化合物。破坏酶要有足够的高温，但烘干的温度不能太高，以防止组织外部结成干壳而阻碍内部水分的蒸发，而且高温还可能引起组织的热分解或焦化。因此，分析用的植物鲜样要分两步干燥，通常先将鲜样在 80～90℃烘箱（最好用鼓风烘箱）中烘 15～30min（松软组织烘 15min，致密坚实的组织烘 30min），然后降温至 60～70℃烘干水分。时间须视鲜样水分含量而定，12～24h。多汁并有硬皮的茎秆如玉米、甘蔗等不易烘干，可用锋利的刀将其劈开，但应注意勿使其汁液外流。

3. 烘干

样品经过杀青之后，应在 70～80℃烘箱烘至恒重。对叶片等组织样品，在取样后则应立即烘干。为了加速烘干，对于茎秆、果穗等器官组织应事先切成细条或碎块。烘干所需的时间因样品数量和含水量、烘箱的容积和通风性能而定。在无烘箱的条件下，也可将样品置于蒸笼中以蒸汽杀青，而后于阴凉通风处风干。但在蒸汽杀青过程中，常有可溶性物质的外渗损失，因此，此法仅作为测量大量样品干重时的变通方法，在进行成分分析时应尽量避免。烘干时应注意温度不可过高，否则会把样品烤焦，特别是含糖较多的样品，更易在高温下焦化。为了更精密地分析，避免某些成分的损失（如蛋白质、维生素、糖等），在条件许可的情况下最好采用真空干燥法。

4. 已经烘干（或风干）样品的处理

对于已经烘干（或风干）的样品，可根据样品的种类和特点进行以下处理。

干燥的样品用研钵或磨样机进行粉碎，并全部过筛。分析样品的细度须视称样的多少而定，如称样量仅为 1～2g，宜过 0.5mm 筛；称样小于 1g 时，须过 0.25mm 筛。磨样和过筛时都应避免样品的污染，特别是微量元素分析的样品，应避免用铁、铜等磨或筛，样品在干燥箱中烘干时也要防止金属粉末等的污染。样品可用玛瑙、瓷研钵研碎或用玛瑙、不锈钢的磨粉碎，然后过尼龙筛。样品过筛后要充分混匀，保存于磨口的广口瓶中并且贴好标签。

茎秆样品均要进行磨碎，磨茎秆用的电磨与磨种子的磨粉机结构不同，不宜用磨种子的电磨来磨碎茎秆。如果茎秆样品的含水量偏高而不利于磨碎时，应进一步烘干后再进行磨碎。

样品在粉碎和贮存过程中又将吸收一些空气中的水分，所以在精密分析工作中，称样前还须将粉状样品在 65℃（12～24h）或 90℃（2h）再次烘干，一般常规分析则不必。干燥的磨细样品必须保存在密封的玻璃瓶中，称样时应充分混匀后多点勺取。

供试样品一般应该在暗处保存，但是，对于供光合、蒸腾、气孔阻力等测定的样品，在光下保存更为合理。一般可将这些供试样品保存在室内光强下，但从测定前的 0.5～1.0h 开始，应对这些材料进行测定前的光照预处理，也称光照前处理。这不仅是为了使气孔能正常开放，也是为了使一些光合酶类能预先被激活，以便在测定时能获得正常水平的值，而且还能缩短测定时间。光照前处理的光强，一般应和测定时的光照条件一致。测定材料在取样后，一般应在当天测定使用，不应该过夜保存。需要过夜时，也应在较低温度下保存，但在测定前应使材料温度恢复到测定条件的温度。

（二）籽粒样品的采集和制备

采样时应采集完全成熟的种子，不成熟的种子与成熟种子的化学成分有明显差异。从成批收获物中取样时，在保证样品有充分代表性的原则下，可在散装堆中选点随机取样，或从包装中随机抽取原始样品，再用四分法或分样器缩分。

籽粒样品一般用于品质分析，籽粒样品有的采自个别植株，有的采自试验小区或大田地块，有的采自大批收获物，根据试验需求而定。对于采集的籽粒样品，在剔除杂质和破损籽粒后，一般可用风干法进行干燥。但有时根据研究的要求，也可立即烘干。从谷类或豆类个别植株上采取的籽粒须全部留作样品时，应考虑栽培条件的一致性。

从试验区或大田采样时，选定样株收获后脱粒，混匀，用四分法缩分，取得约 250g 样品。大粒种子如花生、蓖麻、棉籽、向日葵等应去掉厚的果壳或种皮，只分析果仁。但棉籽种皮不容易剥掉，可用水浸泡 4～6h，用刀将种子切成两半，取出种仁。将采集的籽粒样品风干、去杂和挑去不完整粒，用磨样机或研钵进行磨碎，在磨碎样品前后都应彻底清除磨粉机（或其他碾磨用具）内部的残留物，以免不同样品之间的机械混杂，也可将最初磨出的少量样品弃去，然后正式磨碎，最后使样品全部无损地通过 1mm 筛孔的筛子，置于瓶或袋中，内外贴上和放置标签备用，注明样品的采取地点、试验处理方式、采样日期和采样人姓名等。长期保存的样品，贮存瓶上的标签还需要涂蜡。为防止样品在贮存期间生虫，可在瓶中放置一点樟脑或对位二氯甲苯。

对于油料作物种子（如芝麻、亚麻、花生、蓖麻等）需要测定其含油量时，不应当用磨粉机磨碎，否则样品中所含的油分吸附在磨粉机上将明显地影响分析的准确性。为了防止油料作物种子在磨碎过程中损失油分，可将采取的样品用四分法缩分至 500g 左右，于 70～80℃干燥箱内干燥，取出，在瓷研钵中击碎，不能研磨。大豆和其他含油少的种子则可以直接磨碎（鲁如坤，2000）。

（三）作物根系样品的采集和制备

在进行作物组织分析时，有时需要采集作物根系样品进行分析测定。采集作物根系样品的方法很多，在生态学领域应用很广，且已有根系研究方法的专著及大量的相关文献（司琳杰和赵垦田，2015；郭其强等，2015；刘秀林和刘丽君，2013；李汛和段增强，2013；李克新等，2011；周本智等，2007）。这里只介绍田间作物分析时常用的根系样品采集和制备方法。

1. 挖掘法

挖掘法采集的根系样品可提供作物完整根系自然生长的清晰图像。对每条根的长度、体积、形状、颜色、分布、状态及养分对其影响均可进行测定或观测。采样时首先要选好有代表性的样株，然后进行掘沟挖掘。对于禾本科或其他草本植物，壕沟与作物茎部的距离一般以 20～80cm 为宜，具体按不同作物种类和生长阶段而定。挖掘时尽量减少根系损失量。挖掘出的带泥土的根系放入盛有水的容器内进行冲洗，然后即可进行形态特征的观测。如果需要测定根系中的养分含量，可将洗净的根系样品按作物组织样品处理方法进行烘干和粉碎。挖掘法的缺点是劳动强度大和消耗时间，另外对高大植物根系研究误差较大。

2. 土钻法

土钻法是采集一定容积的土壤根系样品最适宜的方法。常用的工具包括手钻和机械钻。取根样的手钻一般钻筒高 15cm，内径 7cm，钻筒上端固定一个中空的柄，长 100cm，可采 100cm 深的根系样品。田间采样路线和采样原则与作物组织样品采样原则相同。每个采样区的采样点数一般不少于 5 个。采集的土柱根系样品可放入盛有水的容器内进行冲洗，然后进行形态特征观测，或烘干粉碎后进行养分分析测定。

（四）其他部位样品的采集与保存

瓜果样品泛指水果蔬菜中的果实、浆果、块茎和块根等。瓜果的成熟期延续很长，一般在主要成熟期采样，必要时也可在成熟过程中采 2～3 次样品。果树的果实采样特别要注意选择品种特征典型的样株才能比较各品种的品质。样株要注意挑选树龄、株型、生长势、载果量一致的正常株，老、幼和旺盛生长的果实都缺乏代表性。在同一果园同一样品的果树中选 5～10 株作为代表株，从每株的全部收获物中选取大小一致的向阳和背阴的果实共 10～15 个组成平均样品。一般总重不少于 1.5kg。

每次应在试验区或地块中随机采取 10 株以上位置相同、成熟度一致的瓜果组成平均样品。平均样品的果实数，较小的如青椒不少于 40 个，番茄、洋葱等不少于 20 个；黄瓜、茄子不少于 15 个；较大的如西瓜、大白菜等不少于 10 个。数量多时，则可以切取果实的 1/4 组成平均样品，总重以 1kg 左右为宜。

采回的瓜果样品应该冲洗、擦干。瓜果蔬菜的分析一般都要新鲜的样品。随分析的目的要求不同，有的要全部样品，有的只要可食部分。样品大或数量多时，可均匀地切取其中一部分，但所取部分中各种组织的比例应与全部的相当。样品经切碎后用高速组织粉碎机或研钵打碎成浆状，从混匀的浆液中取样。多汁的瓜果可在切碎后用纱布挤出大部汁液，残渣捣碎后再与汁液一起混匀、称样。若样品含水量不够（如甜菜、甘薯等）可以根据样品重量加入 0.1～1 倍的蒸馏水。充分捣碎后的样品应成浆状，从中取出混合均匀的样品进行分析。如果不能及时分析，最好不要急于将其捣碎，以免其中化学成分发生变化而难以准确测定。

瓜果的化学成分（糖、蛋白质、维生素等）在保存中易发生变化，往往多用新鲜样品进行各项测定。将它们的平均样品切成小块，放入电动组织捣碎机中打成匀浆，如果样品含水量较少，可按样品重量加入适量水，然后捣碎。样品量少时可用手持匀浆器或在研钵内研磨，必要时可在研钵内加少量石英砂。

新鲜瓜果在短时间内保存可采用冷藏或乙醇浸泡处理，将已经称量的新鲜样品加入足量的 950mL/L 沸热乙醇，使其最后浓度达 800mL/L，再在水浴回馏 0.5h。瓜果样品如需干燥，则必须力求快速，以保存样品的成分不变。打碎的鲜样先在 110～120℃的鼓风干燥箱中烘 20～30min，降温后再在 60～70℃烘干。二步烘干法的步骤类似快速干燥样品，但总的烘干时间不宜长，一般为 5～10h。最好用真空烘箱。

在进行新鲜材料的活性成分（如酶活性）测定时，样品的匀浆、研磨一定要冰浴或在低温室内操作。新鲜样品采后来不及测定的，可放入液氮中速冻，再放入–70℃冰箱中保存。

如果新鲜样品来不及测定，也可制备丙酮干粉来保存样品：在分离、提纯或测定某种酶的活力时，丙酮干粉法是常用的有效方法之一。该方法是将新鲜材料打成匀浆，放入布氏漏斗，按匀浆重量 10 倍的比例缓慢加入在低温冰箱内冷却至–20～–15℃的丙酮，迅速抽气过滤，再用 5 倍冷丙酮洗三次，在室温下放置 1h 左右至无丙酮气味，然后移到盛有五氧化二磷的真空干燥器内干燥。丙酮干粉的制备在低温下完成，所提丙酮干粉可长期保存于低温冰箱。用这种方法能有效地抽提出细胞中的物质，还能除掉脂类物质，免除脂类干扰，而且使得某些原先难溶的酶变得溶解于水。

二、土壤和水体样品的处理与保存方法

（一）土壤样品的处理与保存方法

1. 新鲜样品

某些土壤的成分如二价铁、硝态氮等在风干过程中会发生显著变化，必须用新鲜样品进行分析。为了能真实地反映土壤在田间自然状态下的某些理化性状，新鲜样品要及

时送回室内进行处理分析，用粗玻璃棒或塑料棒将样品混匀后迅速称样测定。新鲜样品一般不宜贮存，如需暂时贮存，可将新鲜样品装入塑料袋，扎紧袋口，放在冰箱冷藏室或进行速冻固定保存。

2. 风干样品

除测定游离挥发酚、铵态氮、硝态氮、低价铁等不稳定项目需要新鲜土样外，多数项目需用风干土样。因为风干土样较易混合均匀，重复性、准确性都比较好。从野外采集回来的土壤样品要及时放在样品盘上或用牛皮纸垫放在样品架上，摊成薄薄的一层，置于干净整洁的室内通风处自然风干，严禁暴晒，并注意防止酸、碱等气体及灰尘的污染。风干过程中要经常翻动土样并将大土块捏碎或用木棒敲碎以加速干燥，同时剔除土壤以外的杂物。风干后的土样按照不同的分析要求研磨过筛，充分混匀后，装入样品瓶中备用。瓶内外各放标签一张，写明编号、采样地点、土壤名称、采样深度、样品粒径、采样日期、采样人及制样时间、制样人等项目。制备好的样品要妥善贮存，避免日晒、高温、潮湿和酸碱等气体的污染。

3. 磨碎与过筛

进行物理分析时，取风干样品 100～200g，放在木板上用圆木棍辗碎，经反复处理使土样全部通过 2mm 孔径的筛子，将土样混匀贮存于广口瓶内，用于土壤颗粒分析及物理性质测定。1927 年国际土壤学会规定通过 2mm 孔径的土壤用作物理分析，通过 1mm 或 0.5mm 孔径的土壤用作化学分析。作化学分析时，根据分析项目不同而对土壤颗粒细度有不同要求。土壤监测中，称样误差主要取决于样品混合的均匀程度和样品颗粒的粗细程度，即使对于一个混合均匀的土样，由于土粒的大小不同，其化学成分也不同，因此，称样量会对分析结果的准确与否产生较大影响。一般常根据所测组分及称样量决定样品细度。分析有机质、全氮项目，应取一部分已过 2mm 筛的土样，用玛瑙研钵继续研细，使其全部通过 60 号筛（0.25mm）。用原子吸收光度法（AAS 法）测 Cd、Cu、Ni 等重金属时，土样必须全部通过 100 号筛（尼龙筛）。研磨过筛后的样品混匀、装瓶、贴标签、编号、贮存。网筛规格有两种表达方法，一种以筛孔直径的大小表示，如孔径为 2mm、1mm、0.5mm；另一种以每英寸①长度上的孔数来表示，如每英寸长度上有 40 孔为 40 目筛（或称 40 号筛），每英寸有 80 孔为 80 号筛等。孔数愈多，孔径愈小。

4. 土样保存

全部分析工作结束，分析数据核实无误后，试样一般还要保存三个月至半年，以备查询。少数有价值需要长期保存的样品，须保存于广口瓶中，用蜡封好瓶口。

一般土壤样品需保存半年至一年，以备必要时查核之用。环境监测中用以进行质量控制的标准土样或对照土样则需长期妥善保存。贮存样品应尽量避免日光、潮湿、高温和酸碱气体等的影响。玻璃材质容器是常用的优质贮器，聚乙烯塑料容器也属美国环保局推荐容器之一，该类贮器性能良好、价格便宜且不易破损。将风干土样、沉积物或标准土样等贮存于洁净的玻璃或聚乙烯容器之内。在常温、阴凉、干燥、避阳光、密封（石

---

① 1 英寸（1in）=2.54cm

蜡涂封）条件下保存 30 个月是可行的。

（二）水体样品的处理与保存方法

水样采集原则：水样必须具有足够的代表性，水样必须不受任何意外的污染。

水样采集形式按类型可分为瞬时水样、混合水样、综合水样和单独水样 4 种。

瞬时水样指在某一时间和地点从水体中随机采集的分散水样。其特点是检测水体的水质比较稳定，瞬时采集水样具有很好的代表性。

混合水样指在同一采样点不同时间所采集的瞬时水样的混合样（如等时混合水样和等比例混合水样）。

综合水样指在不同采样点同时采集的各个瞬时水样经混合后得到的水样。

单独水样指在同一采样点采集单独水样，分别进行现场固定和进行特殊项目分析的水样。水样的采集形式取决于河宽、水深、流量、泥沙输移量及现存水生物数量。

选用的采样器应有足够的强度，且使用灵活、操作简单、方便可靠，一次最大采水量不应小于 1.0～5.0L。采样器与水样接触部分应采用惰性材料，如不锈钢、聚四氟乙烯，其材质不应对原状水样产生影响；采样器应具有设计简单、表面光滑、容易清洗和没有流量干扰等特点，以免样品被采样器污染失去真实性。

第三节　试验材料测定原则

生化分析需要对组成生物机体的几类主要化学物质如糖、脂肪、蛋白质、核酸、维生素、酶等进行定量测定。在进行定量分析测定的过程中，由于受分析方法、测量仪器、所用试剂和分析工作者等方面的限制，很难使测量值与客观存在的真实值完全一致，即分析过程中误差是客观存在的。作为分析工作者不仅要测定试样中待测组分的含量，还应对测定结果作出评价，判断它的准确度和可靠性程度，找出产生误差的原因，并采取有效措施减少误差，使所得的结果尽可能准确地反映试样中待测组分的真实含量。

一、准确度和误差

准确度表示实验分析测定值与真实值相接近的程度。测定误差指测定值和真实值之间的差距，所以误差愈小，测定值愈准确，即准确度愈高。测定值、真实值和测量误差的关系为

$$X\text{o}=X\text{t}+E\text{s}+E\text{r}$$

式中，Xt 为真实值，Xo 为测定值，Es 为系统误差，Er 为随机误差。绝对误差为测定值与真实值之差，相对误差表示绝对误差在真实值中所占的百分率。当被称量物体的重量较大时，相对误差较小，称量的准确度就较高。所以，应该用相对误差来表示分析结果的准确度。但因真实值是并不知道的，因此在实际工作中无法求出分析的准确度，只得用精确度来评价分析的结果。

二、精确度和偏差

精确度表示在相同条件下，进行多次实验的测定值相近的程度。在分析测定中，测

试者常在相同条件下，对同一试样进行多次重复测定（称平行测定），所得结果不完全一致，每一测定值与真实值都有差别，但若取它们的平均值，就有可能更接近真实值，如果多次重复的测定值比较接近，表示测定结果的精确度较高。

一般用偏差来衡量分析结果的精确度。偏差也有绝对偏差和相对偏差两种表示方法。与误差的表示方法一样，用相对偏差来表示实验的精确度，比用绝对偏差更有意义。此外，精确度也常用平均绝对偏差和平均相对偏差来表示。平均绝对偏差是个别测定值的绝对偏差的算术平均值。

应该指出，准确度和精确度、误差和偏差具有不同的含义，不能混为一谈，准确度是表示测定值与真实值相符合程度，用误差来衡量，误差越小，测定准确度愈高。精确度则表示在相同条件下多次重复测定值相符合程度，用偏差来衡量，偏差愈小，测定的精确度愈好。误差以真实值为标准，而偏差以平均值为标准，由于物质的真实值一般是无法知道的，我们平时所说的真实值其实只是采用各种方法进行多次平行分析所得到相对正确的平均值。用这一平均值代替真实值来计算误差，得到的结果仍然只是偏差。

还应指出，用精确度来评价分析的结果是有一定的局限性的。分析结果的精确度很高（即平均相对误差很小），并不一定说明实验的准确度也很高。因为如果分析过程存在系统误差，可能并不影响每次测得数值之间的重合程度，即不影响精确度，但此分析结果却必然偏离真实值，也就是分析的准确度并不一定很高。当然，如果精确度也不高，则无准确度可言。所以精确度是保证准确度的先决条件。

在实际分析中，首先要求良好的精确度，测定的精确度越好，得到准确结果的可能性就越大，通常进行分析时，对同一试样，必须用同样方法，在同一条件下，由同一个人操作，做几个平行测定，取其平均值，测定次数越多，平均值就越接近真实值。

三、误差来源及减少误差的办法

由于所有的测量都可能产生误差，故应了解这些误差的性质和可能来源。根据误差的性质和来源，一般将误差分为系统误差（可测误差）和偶然误差（随机误差）两类。

（一）系统误差

系统误差是由于测定过程中某些经常发生的原因所造成的，它对测定结果的影响比较稳定，在同一条件下重复测定中常重复出现，使测定结果偏高或者偏低，而且大小有一定规律，它的大小与正负往往可以测定出来，至少从理论上来说是可以测定的，故又称可测误差。产生系统误差的常见原因有仪器差异、方法差异、实际差异、条件差异、顺序差异和人为差异等。

系统误差的来源在很大程度上可以预见。从事田间试验的研究人员可有针对性地予以控制。

在任何测试中，甚至在使用标定仪器和基准试剂时，都应使用待测物质的标准溶液。标准溶液应与待测溶液用完全相同的方法处理，此时可以画出标准曲线，从待测溶液得到的测定值应落在标准曲线范围之内，然后读出测定数值。或者取标准物某一确定浓度的溶液与待测液以同样的方法，在相同条件下平行测定（标准物的组成最好与待测液相似，含量也相近），得平均值。标准物的已知浓度常被视为真实值 μ，用 t-检验法检验平均值与 μ 之间是否有显著性差异，即检验所采用的测定方法是否有系统误差。如果有系统误差，需对待测液的测定值加以校正。

在任何测量试验中，都应设置空白溶液作为对照，以消除由于试剂中含有干扰杂质或溶液对器皿的侵蚀等所产生的系统误差。用等体积的蒸馏水（或不含待测物的试剂）代替待测液，并将待测液和标准液严格按照相同的方法及条件同时进行平行测定，所得结果称为空白值，它是由所用的试剂而不是待测物质所造成的。从待测物的分析结果中扣除空白值，就可以得到比较准确的结果。

应该经常对测量仪器（如砝码、天平、容器等）进行预先的校正，以减小误差，并在计算试验结果时用校正值。

尽可能利用成熟的测量指标与方法，事先进行探索性研究和预测试，选择合适的测量工具，进行必要的人员培训，提出明确的要求，良好的现场指导与监督也是减少系统误差的必要措施。

（二）随机误差

随机误差来源于某些难以预料的偶然因素，或是由于取样不随机，或是因为测定过程中某些不易控制的外界因素（如测定时环境、温度、湿度和气压的微小波动）的影响。这种误差是由某些偶然因素造成的，它的数值有时大，有时小，有时正，有时负，所以偶然误差又称不定误差。偶然误差产生于一些难以确定的因素，似乎没有规律性，但如果在同一条件下进行多次重复测定，就会发现测定数据的分布符合一般的统计规律。粗略地说，偶然误差是随着不同的机会（随机）而出现的，因此采用“随机误差”这个名称更为确切。

为了减少偶然误差，一般采取的措施是平均取样：根据实验要求并考虑生物材料的特殊性如动物的种属、年龄、性别、生长状态及饲养条件，选取动、植物某一新鲜组织制成匀浆后取样；细菌通常制成悬浮液，经玻璃珠打散摇匀后，再量取一定体积的菌体样品；固体样品应于取样前先进行粉碎，混匀。进行多次取样，根据偶然误差出现的规律，进行多次平行测定，并计算平均值，可以有效地减少偶然误差。

除去以上两类误差之外，还有因分析人员工作中的粗心大意、操作不正确引起的“过失误差”，如读错刻度读数、溶液溅出、加错试剂等，这时可能出现一个很大的“误差值”，在计算算术平均值时，应舍去此种数值。

（三）准确度、精确度和误差的关系

同样条件下，对同一试样进行多次重复测定，将产生偶然误差，由于偶然误差的出现符合统计规律，因此测定次数越多，偶然误差可以互相抵消一部分，平均值就越接近真实值，但它并不能被视为真实值；系统误差则在重复测定中重复出现。无限次测定值的平均值与真实值之差可以认为是系统误差。

因此，精确度的大小主要决定于测定的偶然误差；准确度的大小，主要决定于测定的系统误差。通过多次重复测定，取其平均值，可以降低偶然误差。而系统误差只有找

出产生误差的原因，采取措施，方能消除。

为了避免生化定量测定中的偶然误差，需要在相同条件下进行多次平行测定。许多情况下，多次试验结果比较分散，往往不容易看出它们的意义和规律性。分析工作者对这些测定数据进行评价，找出这些数据的规律性，并利用它来指导实践。数理统计法是处理数据的一种科学和实用的方法。关于数理统计学的原理和应用，本书不再加以介绍，请参阅有关生物统计学专著。

（四）田间试验误差的来源和控制方法

田间试验误差的来源可以概括为以下几个方面。

1）试验材料的差异：不同作物、品种的遗传特性及作物个体的生长发育状况等往往会存在一定差异，如试验所用的物种品种基因型不纯、种子大小和生活力不一致、秧苗长势长相等有差异，均可对试验结果产生一定影响而导致试验误差的出现。

2）试验操作和田间管理技术的差异：作物在田间生长周期较长，在试验过程中各个管理环节的任何疏忽，都会对作物的生长发育产生影响，引起试验误差。例如，试验过程中的整地、播种、施肥、中耕除草、灌溉、收获等操作与管理技术在时间上、质量上不完全一致，均会产生试验误差。

3）环境条件的差异：各种环境条件不一致对试验处理的影响，均会导致试验误差的产生，主要是指试验地的土壤差异和肥力不均匀所导致的差异。病虫害侵袭、人畜践踏和风雨的影响，都具有随机性，对各处理的影响也不尽相同，而且这些影响的出现与影响程度是难以预测的，难以有针对性地予以控制。

为了提高试验结果的准确性，获得可靠的试验结论，必须严格控制试验误差。根据试验误差的来源，采取相应的措施来避免或减少非试验因素对试验结果的影响，常注意以下环节。

1）选择同质且一致的试验材料：田间试验中供试作物品种的基因型必须要求同质、一致，即选择纯度一致、来源相同的作物种子。试验中需育苗移栽或扦插的，秧苗生长发育情况应该一致。对大小、壮弱不同的秧苗分级，将同一级别的秧苗安排在同一区组的各小区，或将各级秧苗按比例分配给各小区。

2）采用标准化的操作管理技术：在田间试验的整个过程中，要严格执行各项技术规程，各种操作管理技术在所有处理环节应做到尽可能一致。田间试验往往具有较大的小区面积和较大的工作量，整个试验地做到完全一致是很不容易的。因此，实际工作中的一切管理操作、观察测量和数据收集，一般都应该以区组为单位进行，应贯彻“局部控制”的原则，区组内的一切操作管理做到完全一致。不同试验操作人员执行同一技术时会有差异，若有多人进行同一操作，最好一人独立完成一个区组的某种操作。

3）有效控制土壤差异：减少土壤差异对试验结果的影响，就能有效地降低田间试验误差，提高试验的准确性。控制土壤差异的主要措施有：①选择土壤质地和肥力均匀的试验地；②采用适当的小区操作管理技术；③应用正确的试验设计和相应的统计分析方法。

主要参考文献

盖钧益. 试验统计方法. 2 版. 北京: 中国农业出版社: 311-319.
郭其强, 李江荣, 边巴多吉, 等. 2015. 植物根际研究方法综述. 吉林农业, (17): 122-123.
霍志军, 郭才. 2007. 田间试验与生物统计. 北京: 中国农业大学出版社: 10-13.
李克新, 宋文龙, 朱良宽. 2011. 作物根系原位观测识别新方法综述. 浙江农业学报, 23(4): 851-856.
李汛, 段增强. 2013. 植物根系分泌物的研究方法. 基因组学与应用生物学, 32(4): 540-547.
李酉开. 1983. 土壤农业化学常规分析方法. 北京: 科学出版社: 244-251.
刘秀林, 刘丽君. 2013. 根系研究法概述. 农业科技通讯, (3): 147-149, 246.
鲁如坤. 2000. 土壤农业化学分析方法. 北京: 中国农业科技出版社: 296-338, 526-531.
明道绪. 2008a. 生物统计附试验设计. 4 版. 北京: 中国农业出版社: 2-4.
明道绪. 2008b. 田间试验与统计分析. 2 版. 北京: 科学出版社: 5-7, 34-37.
史瑞和. 1994. 土壤农化分析. 2 版. 北京: 农业出版社: 200-210, 213-222.
司琳杰, 赵垦田. 2015. 根际研究方法统计与问题探讨. 科技创新与应用, (26): 294-295.
王芳, 李传仁. 2009. 田间试验与生物统计. 北京: 化学工业出版社: 11-14, 32-39.
伍玉明. 2010. 生物标本的采集、制作、保存与管理. 北京: 科学出版社.
周本智, 张守攻, 傅懋毅. 2007. 植物根系研究新技术 Minirhizotron 的起源、发展和应用. 生态学杂志, 26(2): 253-260.
Kothari C R, Garg G. 2014. Research Methodology: Methods and Techniques. New Delhi: New Age International (P) Ltd.

第五章　作物根系及根际研究方法

植物根系是植物的重要组成部分，具有非常重要的功能，如水分和养分的吸收与转运、有机物贮藏、植株锚定、根系共生、产生植物激素和感应土壤环境的变化等（Jackson et al.，1999），在自然生态系统中，根系还是与土壤微生物相互作用的场所。在以往的与植物生产力相关的研究中，人们偏重于植物地上部分的性状，而忽略了地下根系的性状。随着全球气候发生变化，干旱在全球各地频繁发生；同时，矿物肥料（尤其是磷肥）的贮量日益减少，在未来的 50 年，可开采的磷矿石将枯竭。这意味着在今后的农田生态系统中植物根系将面临两大难题：干旱与磷缺乏。植物未来将完全依靠自身的根系系统来维持其生产力。此外，提高农作物产量，也需要强大的根系作为支撑。因此，人们对植物根系的研究日益兴起和深入。

第一节　根系构型和伸长速率研究方法

一、根系构型研究

在根系生长发育过程中，其所受到的阻力远大于地上部分。因此，同样的植物，其地上部分的分枝构型基本相似，但其根系可能存在很大的差异（图 5-1），对于树木细根而言，其经常表现出极大的构型差异（图 5-2）。

根系构型（root system architecture，RSA）研究可解决两个重要问题：根系统的性状和根系统的结构。根系统的性状是指根系统在土壤中的空间位置和根系占位土壤的方式。可以测量相关参数来确定根系统的性状，如根在土壤中的深度、侧根扩展范围、根长密度。根系统结构则是描述根系各个构件及其相互之间的关系（如拓扑学、根之间的关联、根梯度等）。

面对如此复杂的植物根系构型，如何有效地描述各种植物根系构型的差异，以及同一种植物不同品种之间的根系构型差异，是根系研究过程必须面对的问题。

所有植物的根系要么来源于胚根，要么来源于不定根。胚根或不定根产生不同级别的侧根。

在根系构型研究方面，Fitter A H 教授采用了一整套研究方法。在根系发育系统（图 5-3A，图 5-4），按照根系中各个根形成的先后顺序，分成 1、2、3 级根。在拓扑学次序系统（图 5-3B）中，Fitter 定义了两个基本概念，其一是根段（link），即根系中两个分枝节点之间的部分，或者一个分生组织与一个分枝节点之间的部分；其二是根段等级（link magnitude），即每个根段在根系拓扑学次序系统中的位置（如图 5-3B 中各根段旁的数字）。根段被分为内部根段和外部根段。在这个系统中，带有分生组织的根段为外部根段，外部根段的根段等级均为 1，所有的外部-外部根段的连接方式为成对出现（如图 5-3B 所示），其基部相连；内部根段为两个分枝节点之间的部分；外部-内部根段的连接方式则是一个外部根段与一个内部根段在基部连接（如图 5-3B 中的虚线方框所示）。

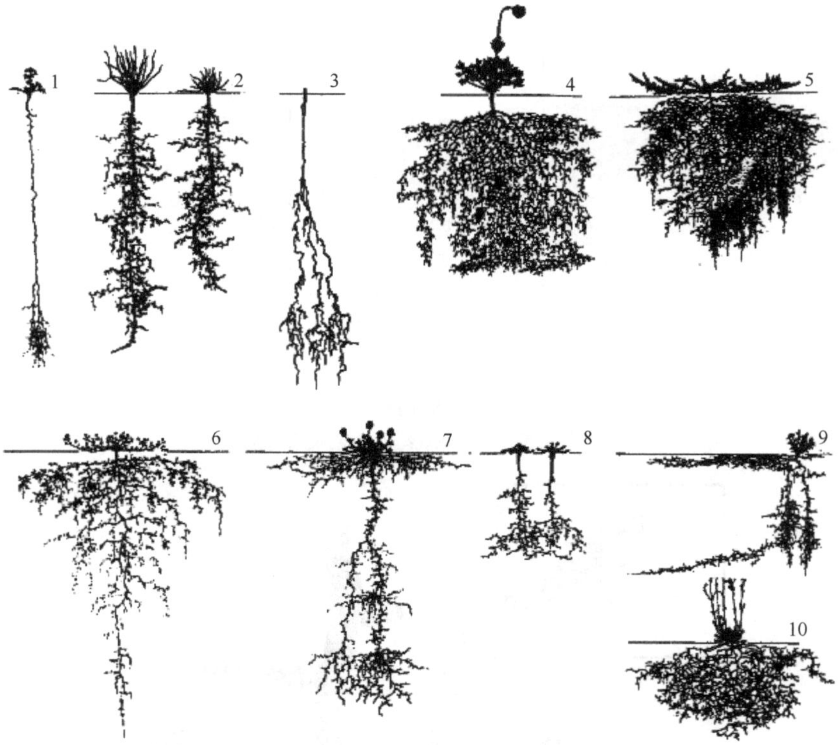

图 5-1　不同植物根系构型（Lynch，1995）

1. *Eryngium campestre* 野刺芹；2. *Scorzonera. Villosa* 雅葱；3. *Chondrilla juncea* 狭叶粉苞苣；4. *Pulsatilla pratensis* 白头翁；5. *Genista germanica* 染料木；6. *Trigonella balansae* 胡卢巴；7. *Trifolium trichocephalum* 车轴草；8. *Carum caucasicum* 葛缕子；9. *Onosma arenarium* 滇紫草；10. *Silene otites* 黄雪轮

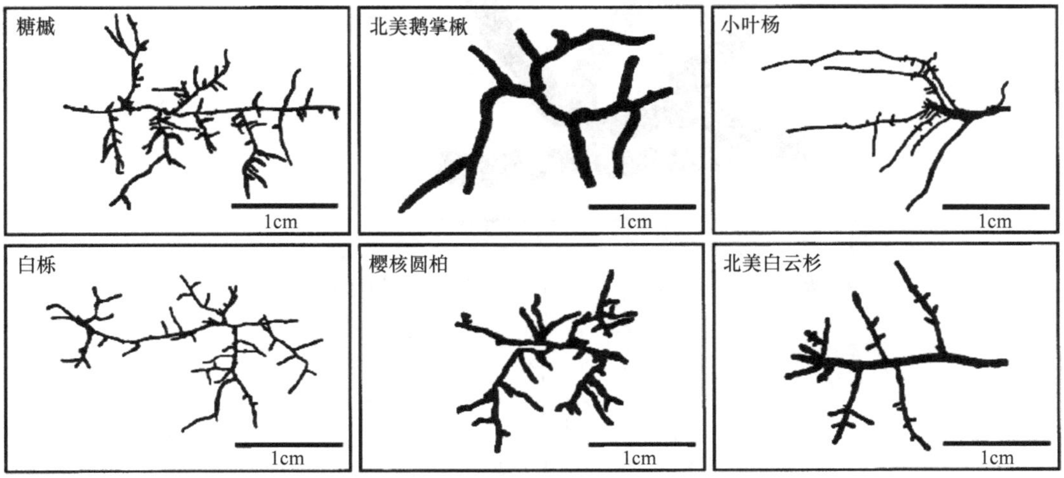

图 5-2　北美不同树木的细根构型（Pregitzer et al.，2002）

一个根系统中所有根段决定了根系的几何特征：它们的长度、直径、生长方向均能测定（图 5-4）。

在根系拓扑学系统中，以下几个参数被定义（Fitter and Stickland，1991）。

1）幅度 μ（magnitude）：一个根系统中外部根段的数量。在图 5-5 中，各个根系统的 μ=8。

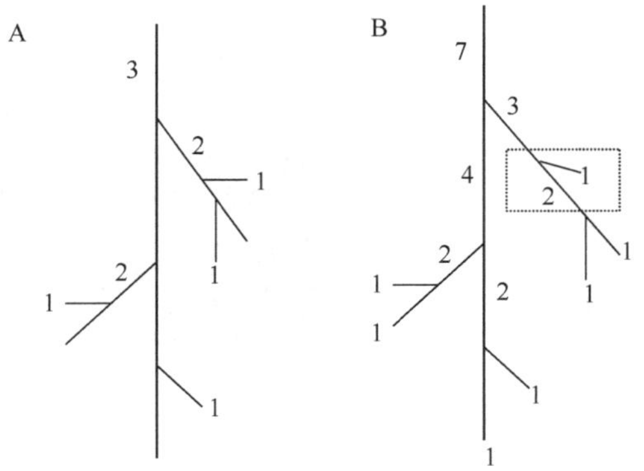

图 5-3　植物根系图解

A. 植物根系发育次序系统；B. 植物根系拓扑学次序

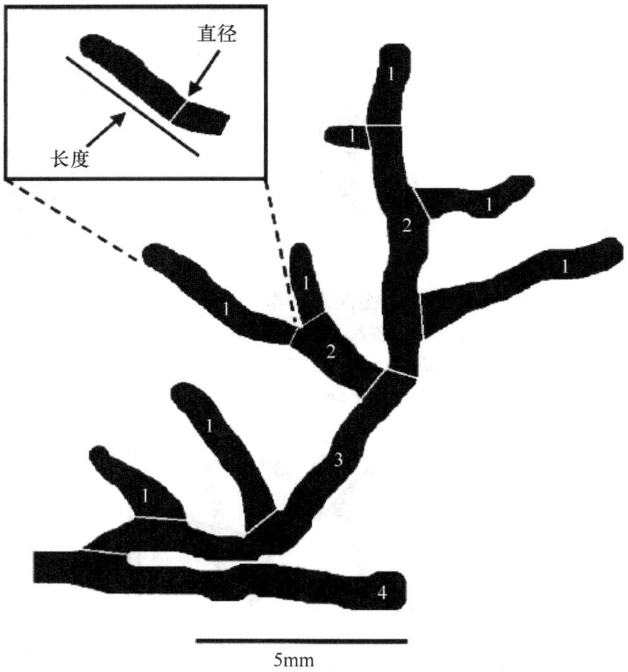

图 5-4　*Junipercus monosperma* 的细根分枝次序（Pregitzer et al.，2002）

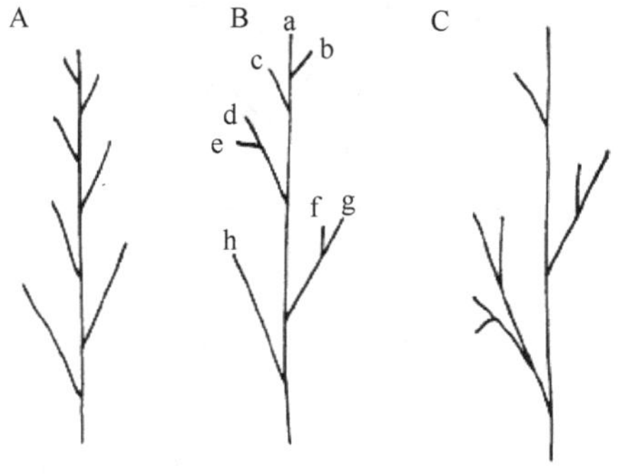

图 5-5　三种不同的根系构型（Fitter，1993）

它们的外部根段均为 8，但根系构型为两种极端的拓扑学类型——鲱鱼骨型（A）和二叉分枝型（C），以及介于 A 和 C 之间的中间型 B

2）高度 α（altitude）：从根系统基部到距离根系统基部距离最远的一个外部根段的根段数量。在图 5-5A 中，α=8；在图 5-5B 中，α=6；在图 5-5C 中，α=4。

3）外部根段的总路径长度 P_e（total exterior pathlength）：从根系基部到所有外部根段的途径中根段数量的总和。在图 5-5B 中，外部根段 a 和 b 的路径长度均为为 6；外部根段 c、d、e 的路径长度均为 5，外部根段 f 和 g 的路径长度为 4；外部根段 h 的路径长度为 2。那么总外部路径长度 P_e= 6 + 6 + 5 +5 + 5 +4 +4 + 2 = 37。

根据这些定义的根系统参数，计算拓扑学指数。

1）α 斜率（altitude-slope）：计算 lgμ–lgα 的线性回归斜率。使用一系列根系，清点其各自的 α 和 μ，再作回归分析，计算此斜率，如图 5-6 所示。

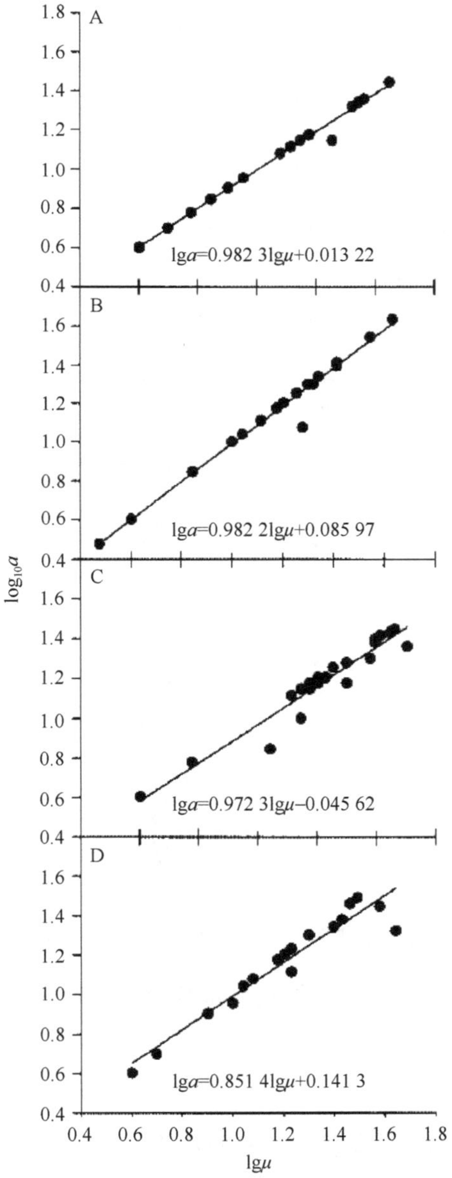

图 5-6 低磷条件下水曲柳幼苗拓扑学指数变化（Wu et al.，2005）

A. 0.05mmol/L 磷酸盐；B. 0.1mmol/L 磷酸盐；C. 0.5mmol/L 磷酸盐；D. 1.0mmol/L 磷酸盐

2）P_e斜率（pathlength-slope）：计算 $\lg\mu$–$\lg P_e$ 的线性回归斜率。使用一系列根系，清点其各自的 α 和 P_e，再作回归分析，计算此斜率。到目前为止，很少人计算这个参数。

在营养胁迫下，同一种植物的不同生态型的根系构型发生很大的变化（图 5-7，图 5-8），一些营养响应突变体也是如此（图 5-9，图 5-10）。利用一些植物的幼苗研究植物根型对营养胁迫的响应是常用的实验方法。

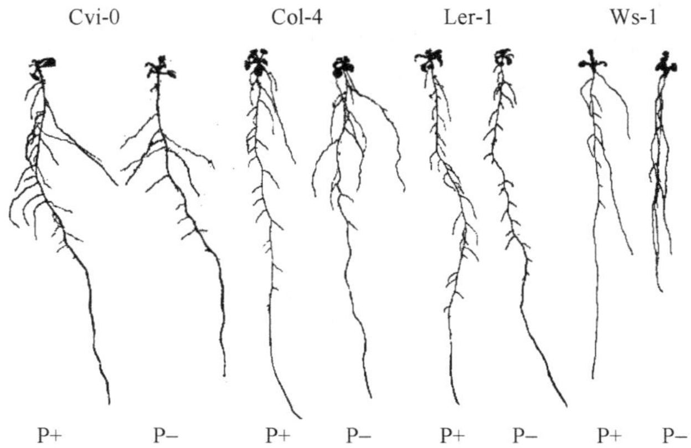

图 5-7　不同拟南芥野生型在磷缺乏条件下的根型变化（Chevalier et al.，2003）

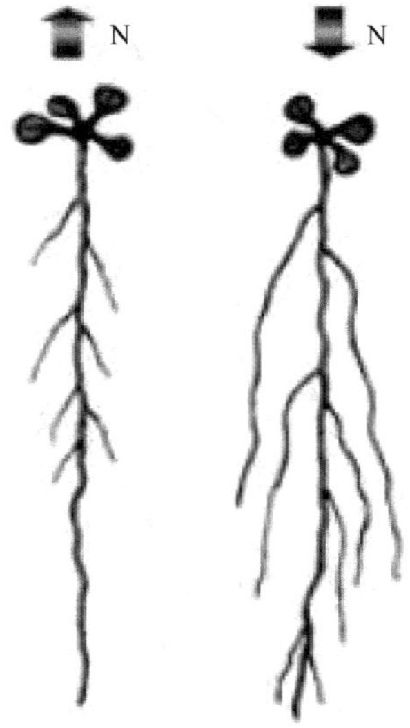

图 5-8　氮缺乏对拟南芥根系构型的影响（López-Bucio et al.，2005）

研究植物根系构型的另外一种理论是分形理论（Pages et al.，2000）。

二、根系伸长速率测定

如图 5-1 所示，在自然环境条件下，植物根系是非常复杂的，因此，要测定植物根系的生长，只能使用小苗，这些小苗采用水培和砂培为宜，或采用 MS 培养基培养，以根系分析软件进行分析，如图 5-11 所示。

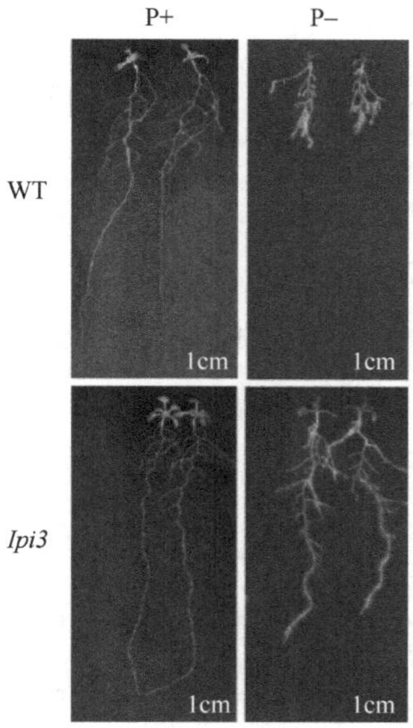

图 5-9　低磷不敏感突变体幼苗根系对磷供给的响应（Pérez-Torres et al.，2008）
（彩图可扫描封底二维码获取，后同）

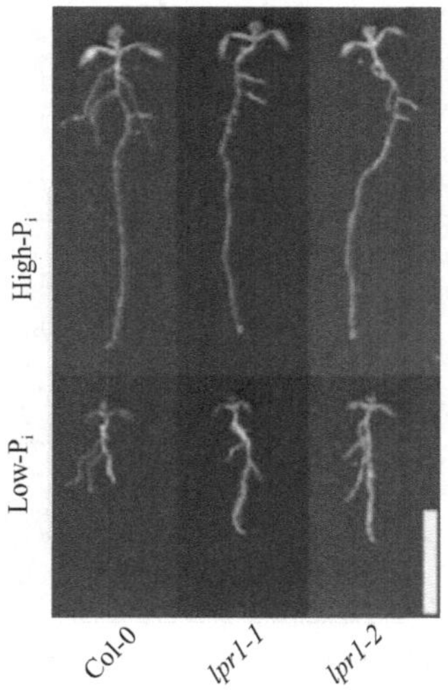

图 5-10　*lpr1-1* 和 *lpr1-2* 突变体根系对磷供给水平的响应（Svistoonoff et al.，2007）

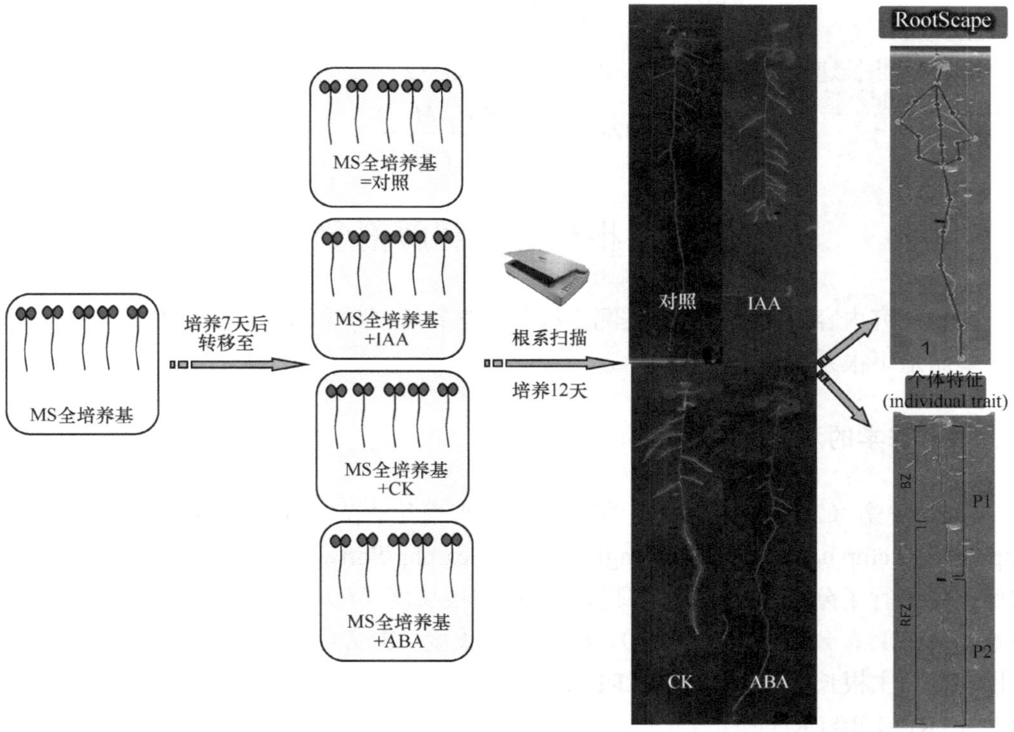

图 5-11　以 MS 培养基培养拟南芥幼苗，以 RootScape 软件分析其根系构型（Ristova et al.，2013）
P1：从全 MS 培养基质转移到处理培养基质时主根长度；P2：在处理培养基质中主根生长的长度；
BZ：主根上侧根区长度；RFZ：主根上根尖到最新形成的侧根的长度

测定根系生长的参数有：①主根伸长速率；②主根上分枝区伸长速率。

如图 5-12 所示，测量不同时间植物幼苗根尖到最近侧根的长度（$LAUZ_i$）和分枝区增加长度[d（M_i；M_{i+1}）]。

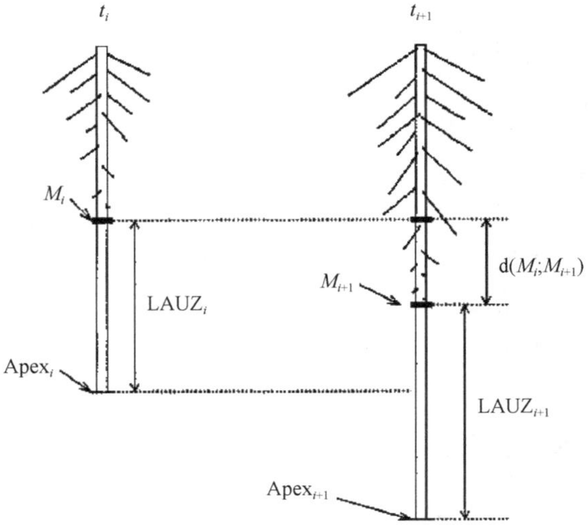

图 5-12 幼苗根伸长速率和分枝区伸长速率的计算。d（M_i；M_{i+1}）是分枝区长度在时间 t_i 和 t_{i+1} 之间的差值；LAUZ 是主根顶端未分枝区域的长度（Mollier and Pellerin，1999）

主根的伸长速率（$\mathrm{RER}_{i;\ i+1}$）的计算方法如下：

$$\mathrm{RER}_{i;i+1}=\frac{\mathrm{d}(M_i;M_{i+1})+\mathrm{LAUZ}_{i+1}-\mathrm{LAUZ}_i}{t_{i+1}-t_i}$$

分枝区伸长速率（$\mathrm{BZER}_{i;\ i+1}$）的计算方法如下：

$$\mathrm{BZER}_{i;i+1}=\frac{\mathrm{d}(M_i;M_{i+1})}{t_{i+1}-t_i}$$

第二节　根形态学和解剖学参数

根据研究内容的需要，有时需测定根形态学和解剖学参数，以描述在营养胁迫或其他环境胁迫下根系发育的变化。

一、根形态学的测量参数

Ristova 等（2013）利用 MS 培养基培养拟南芥幼苗，以 RootScape 软件（http://cmpdartsvr1.cmp.uea.ac.uk/wiki/BanghamLab/index.php/Software）对不同基因型的拟南芥幼苗根系进行了分析。测定的主要参数有：主根长度（*P*）、侧根数量（LR#）、平均侧根长度（LRI）、分枝区长度（BZ）、根形成区长度（RFZ）、分枝密度（Bd=LR#/BZ）、侧根长度与主根长度比例[LR=（LRI·LR#）/*P*）]、总侧根长度（TLRL=LR#·LRI）、总根长度（TRL=LR#·LRI+*P*）

在有些文献中，也经常测定以下几个参数：根毛密度、根毛平均长度、主根上根尖到最近一个可见侧根的距离。

此外，下胚轴长度也是一个重要指标。

Zhu 等（2005a，2005b）定义了另外三个参数：侧根长度可塑性（lateral root length plasticity，PLRL）、侧根数量可塑性（lateral root number plasticity，PLRN）和根毛长度

可塑性（root hair length plasticity）。与此类似，似乎还可以定义根毛数量可塑性（root hair number plasticity）。

PLRL =（低磷条件下的侧根长度–高磷条件下的侧根长度）/高磷条件下的侧根长度×100%

PLRN =（低磷条件下的侧根数量–高磷条件下的侧根数量）/高磷条件下的侧根数量×100%

对于玉米根系，Trachsel 等（2011）提出了 10 个根系特征参数：①支柱根（brace root）的轮数（BW）；②支柱根的数量（BO）；③从第一和第二轮支柱根发生的第一和第二支柱根与水平面的夹角（BA1a、BA2a、BA1b 和 BA2b）；④支柱根的分枝密度（BB）、冠根（crown root）的数量（CN）、角度（CA）和分枝密度（CB）（图 5-13B）（Trachsel et al.，2001）。

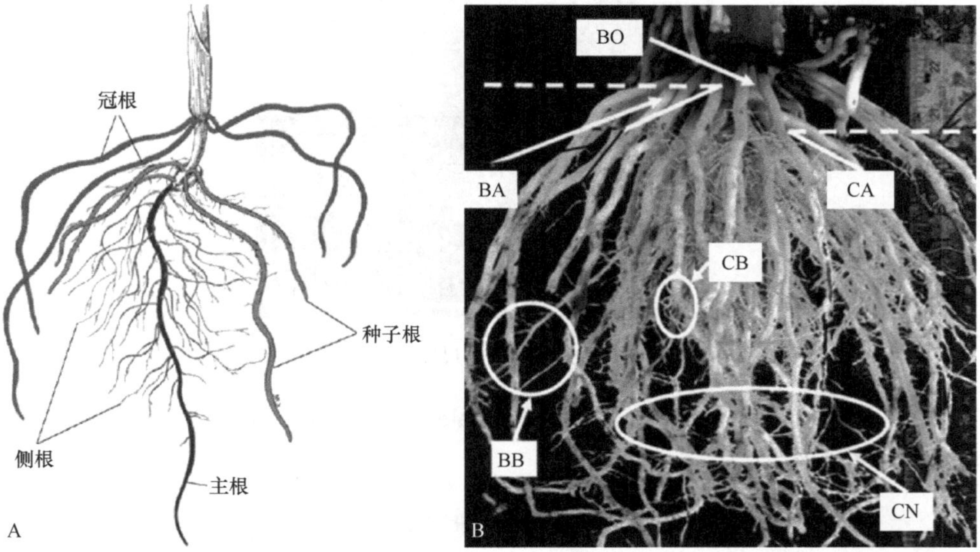

图 5-13　玉米的根系分类（A）（Hochholdinger and Tuberosa，2009）及其 10 个根系特征（B）（Trachsel et al.，2011）

BA：支柱根与水平面的夹角；BO：支柱根的数量；CA：冠根与水平面的夹角；CB：冠根分支密度；CN：冠根数量；BB：支柱根的分支密度

Gowda 等（2011）则对水稻 QTL 作图提出了 11 个根系参数（表 5-1）。

表 5-1　根系参数及其功能特征（Gowda et al.，2011）

根系参数	功能特征
最大根长	根系吸收深层土壤水分和养分的潜在能力
根茎比例	同化产物的分配
根体积	根系穿过土壤体积的能力
根数量	根系构型的物理强度和潜在能力
根系直径	根系穿过土壤的潜在能力、分枝与水力导度的潜在能力
深层根系与地上部分的比例	根系垂直生长特性及吸收深层土壤水分和养分的潜在能力
根系长度与重量的比例	根系吸收水分和养分的速率
根系分枝能力	根系对土壤探索的能力（对总根长的最大贡献）
总根长度与总根表面积的比例	总根系的大小：与土壤接触的大小（整个根系吸收水分和养分的主要决定者）
特定根长	根系分枝程度、根系物质密度、因通气组织发育而形成的孔隙度
硬土层穿透能力	根系穿过地下硬土层的能力

在实际根长度测量中，可以直接用塑料尺进行测量，也可以使用软件 Image- Pro Plus 或 ImageJ 进行测量。以 ImageJ 为例，具体操作如下：

1）准备照片。先将要测量的植物根系清洗干净，再以吸水纸吸去根系表面水分，然后在一个底色清晰而均匀且与根反差较大的平板上，将根系展开。在根系下面放置一根直尺，然后以数码相机拍照。

2）打开 ImageJ 软件，然后打开要测量的根系图片。

3）定义标尺。单击直线测量图标，出现一个下拉菜单，可以看见“Straight line”选项。在叶片图片上的直尺上画一条直线，使直线的长度等于图中的 1cm（图 5-14）。

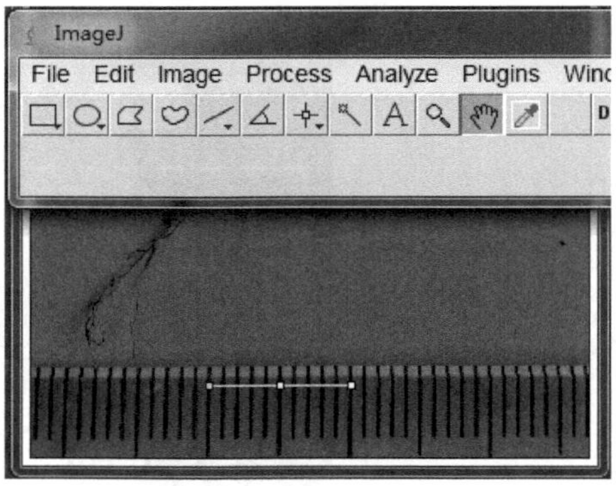

图 5-14　定义尺度（1）

单击工具栏上“Analyze”，选择“Set Scale”（图 5-15）；单击“Set Scale”，出现一个对话框（图 5-16）。

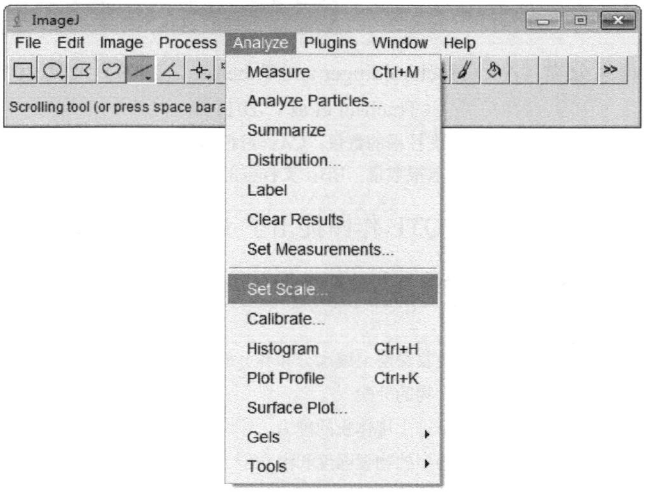

图 5-15　定义尺度（2）

在图 5-16 对话框中，“Distance in pixels”后面对话框中的数字为刚刚画的直线的实际像素长度，不需更改；“Pixel aspect ratio”为设定像素宽高比例，不用更改，除非图像被拉长或压缩；将“Unit of length”更改为“cm”；将“Known distance”更改为“1.00”，（图 5-17）；然后点击左下角的“OK”。这样就可以对图片进行标尺定义了。

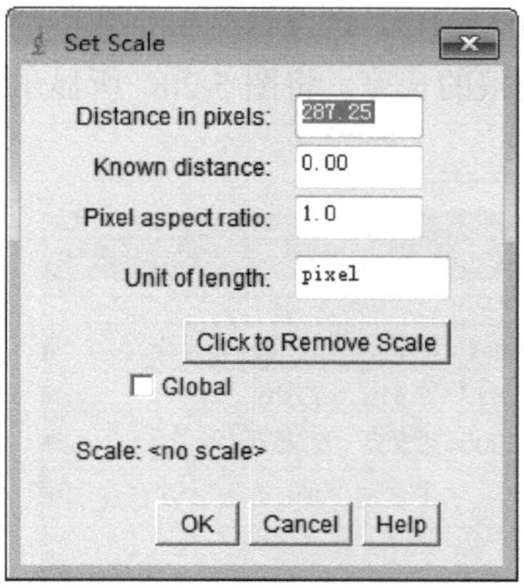

图 5-16　定义尺度（3）

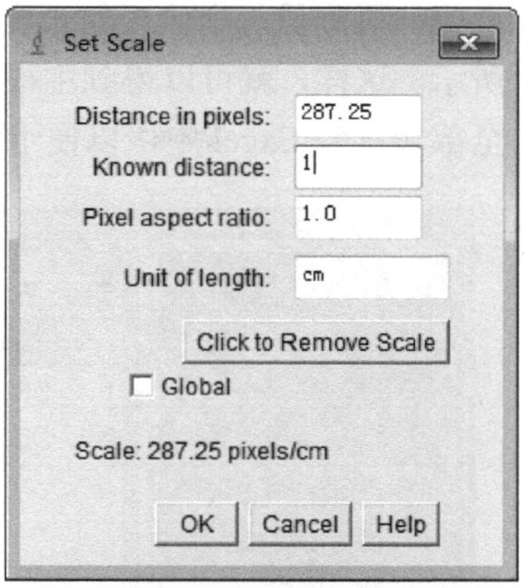

图 5-17　定义尺度（4）

4）根长度测量。用右键单击 ImageJ 主界面中的直线测量图标，在其下拉菜单中选择“freehand line”，使用此工具，按下鼠标左键，沿着根系图片中的根系，仔细描出要测量的根段，松开鼠标左键即可结束描绘（图 5-18）。然后单击 ImageJ 主界面菜单栏上的“Analyze”，随即出现一个下拉菜单，单击此下拉菜单中的“Measurement”，即可得到主根长度 7.749cm（图 5-19）。

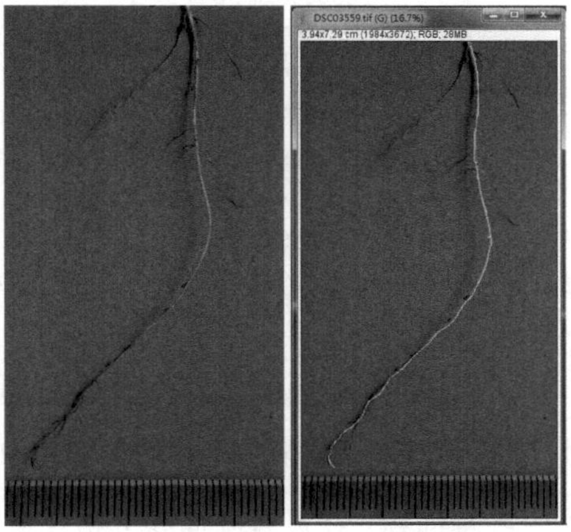

A　　　　　　　　B

图 5-18　根系照片原图（A）和使用“freehand line”工具沿着主根描绘的根长（B）

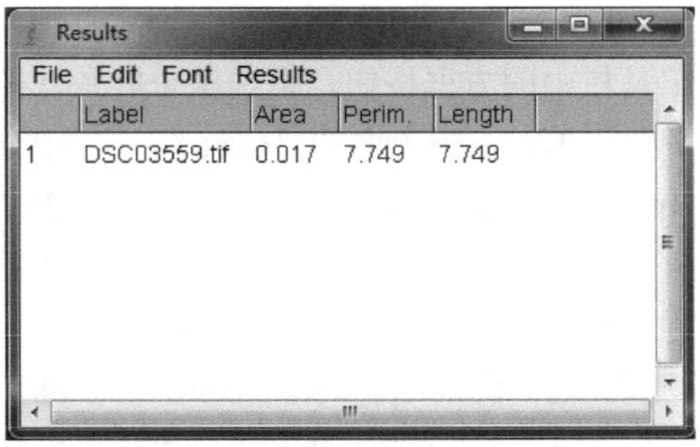

图 5-19　根长度测定结果

如此操作，再测量每个侧根的长度（图 5-20A，B），可以得到每个侧根的长度，如图 5-20C 所示。这样，就可以得到主根和 9 条侧根的长度。将图 5-20C 所显示的表包含的数据，全部转移到 Excel 中，以便于统计分析。

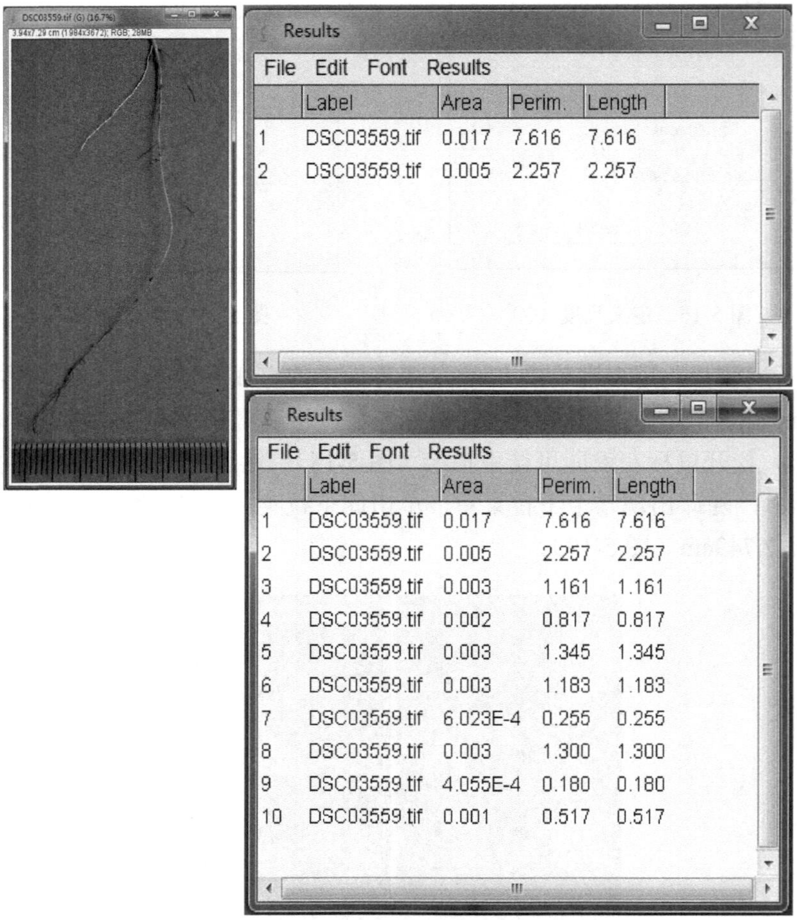

	Label	Area	Perim.	Length
1	DSC03559.tif	0.017	7.616	7.616
2	DSC03559.tif	0.005	2.257	2.257

	Label	Area	Perim.	Length
1	DSC03559.tif	0.017	7.616	7.616
2	DSC03559.tif	0.005	2.257	2.257
3	DSC03559.tif	0.003	1.161	1.161
4	DSC03559.tif	0.002	0.817	0.817
5	DSC03559.tif	0.003	1.345	1.345
6	DSC03559.tif	0.003	1.183	1.183
7	DSC03559.tif	6.023E-4	0.255	0.255
8	DSC03559.tif	0.003	1.300	1.300
9	DSC03559.tif	4.055E-4	0.180	0.180
10	DSC03559.tif	0.001	0.517	0.517

A B C

图 5-20　根系中侧根长度的测定（A）及其结果（B，C）

ImageJ 还可以用来测量叶片面积。在没有叶面积分析仪或叶片数量少的情况下，使用 ImageJ 测量叶片面积是很方便的。下面进行简要介绍。

打开叶片图片，如前所述定义标尺。在定义标尺时，需勾选对话框中的“Global”选项，这便于后面的测量。

定义标尺后，使用工具栏中的方框按钮，框选整个叶片（图 5-21）。单击菜单栏中的“Image”，出现一个下拉菜单，点击上面的“Crop”，则得到一个图片（图 5-22）。在 ImageJ 主界面中，选中 ImageJ→Adjust→Threshold，如图 5-23 所示。

点击图 5-23 中显示的“Filtered”，然后调整图 5-23 中的色度、饱和度及亮度，使图 5-22 中叶片为黑色或红色，而其底色为白色（图 5-24A）。

使用 ImageJ 工具栏中的魔棒工具（图 5-25）点击图 5-24A 所显示的叶片区域，它将自动勾选出图 5-24A 中的黑色区域(即叶片的面积区域，图 5-24B)。最后点击“Analyze”下拉菜单中的“Measurement”，得到叶片面积 58.274cm^2（图 5-26）。

图 5-21　框选要测定的叶片

图 5-22　框选后得到的图片

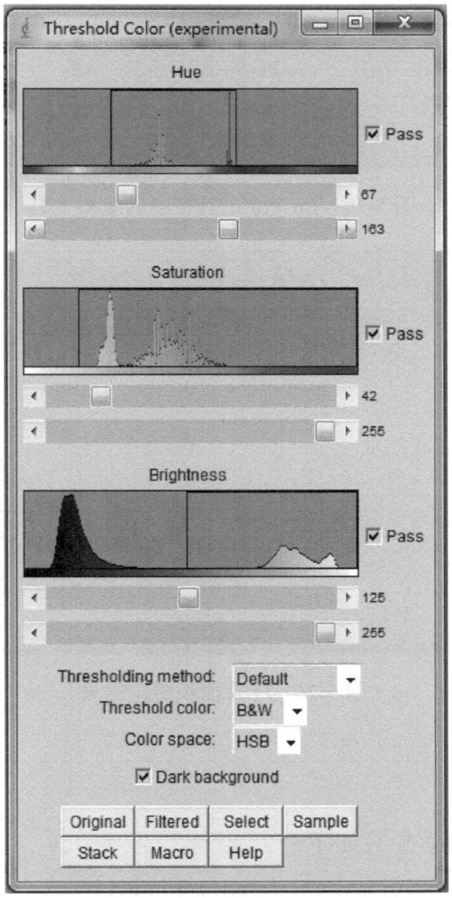

图 5-23　ImageJ 软件中的 RGB 阈值处理设置

根毛的长度和密度需在显微镜下进行测量。高级体式显微镜带有标尺，可以直接测量根毛长度，也可以测量一段根的长度，然后点数根毛数量，再换算成根毛密度。

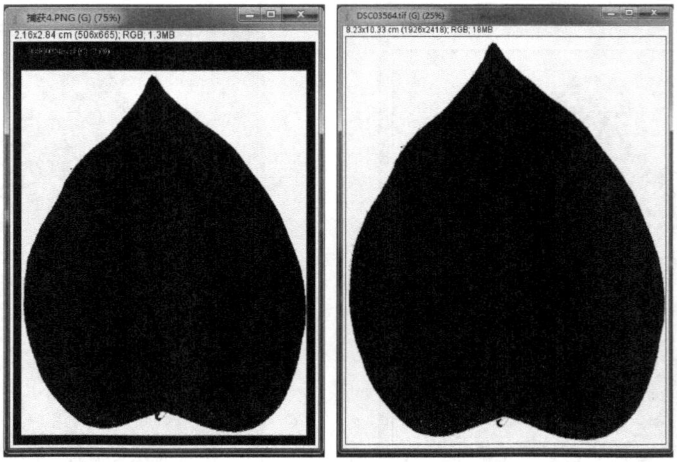

A　　　　　　　　　　　　B

图 5-24　阈值图像（A）和魔棒选择图像（B）。在图 B 中，黑色叶片的边缘有一圈黄色线，此为魔棒勾选的叶片面积的边缘

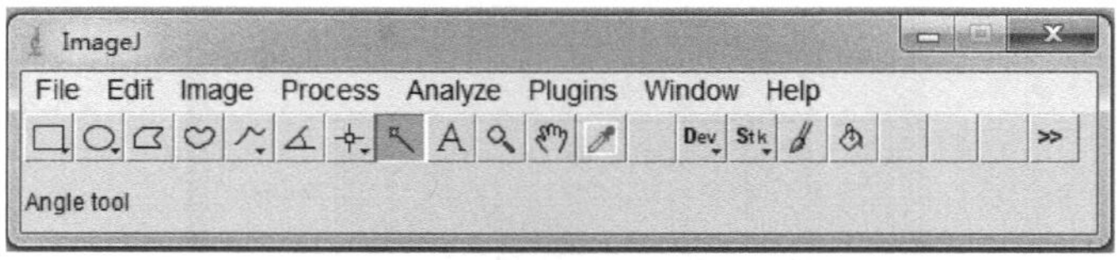

图 5-25　ImageJ 工具栏中的魔棒工具

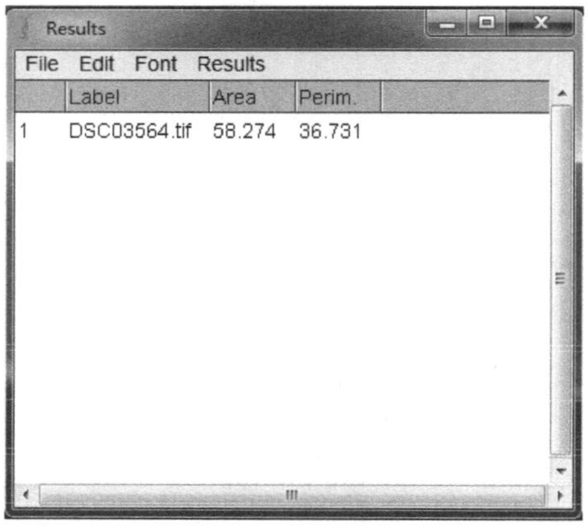

图 5-26　叶片面积测定结果

二、根解剖学参数测定

经常使用的根系解剖学参数如下：

1）分生组织中细胞有丝分裂指数（motosis index）；

2）分生区细胞大小；

3）伸长区和成熟区表皮细胞大小；

4）侧根原基数量；

5）侧根原基发育阶段比例；

6）分生组织大小；

7）根细胞分裂和伸展动态分析。

这 7 个常用的指标中，前 4 个容易测定，现对后三个做一些说明。

分生组织的大小是研究根系伸长速率的一个重要指标。沿着根的纵轴，拟南芥根分生组织可以分成三个区域：干细胞区域（the stem-cell，STN），近端分生组织（the proximal meristem，PM），分生区与伸长/分化区（EDZ）。在分生区与伸长区之间，有一个过渡区（the transition zone，TZ）。在过渡区，细胞离开分生区而进入伸长区。

根分生区大小定义为：皮层细胞列中，从静止中心到第一个伸长的皮层细胞中的皮层细胞的数量。具体测定过程可以根据 Perilli 和 Sabatini（2010）的方法，用时间进程来显示某种处理下根分生组织大小的变化，如图 5-27 所示。

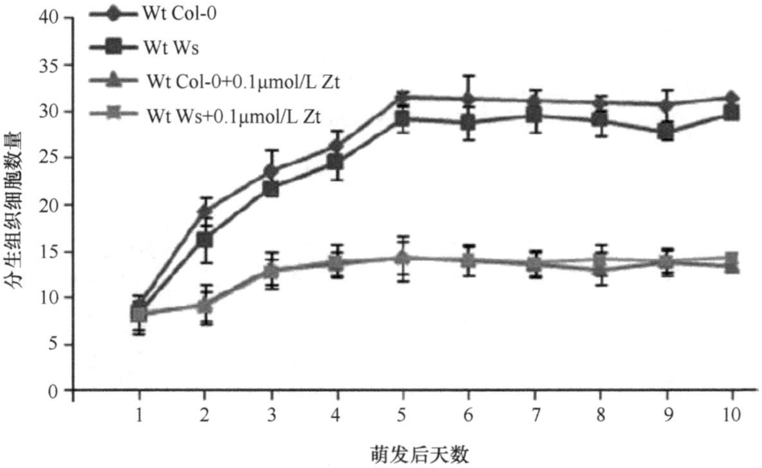

图 5-27　根分生组织大小发育的时间进程（Perilli and Sabatini，2010）

Wt：拟南芥的野生型；Col-0 和 Ws 是拟南芥野生型其中的两种；Zt：玉米素

了解侧根原基发育进程对于在某种特定条件下了解侧根形成具有重要意义。侧根原基起源于中柱鞘的生成细胞（founder cell）。生成细胞首先进行垂周分裂，将长细胞变成短细胞，短细胞进行平周分裂以增加细胞层次。随后进行平周和垂周分裂，形成一个新的生长锥。生长锥继续生长，继而突出母根形成一个新的侧根（图 5-28）。侧根形成的过程可分为 8 个阶段，即Ⅰ、Ⅱ、Ⅲ、Ⅳ、Ⅴ、Ⅵ、Ⅶ和Ⅷ阶段，每个阶段的发育特征如图 5-29 所示。

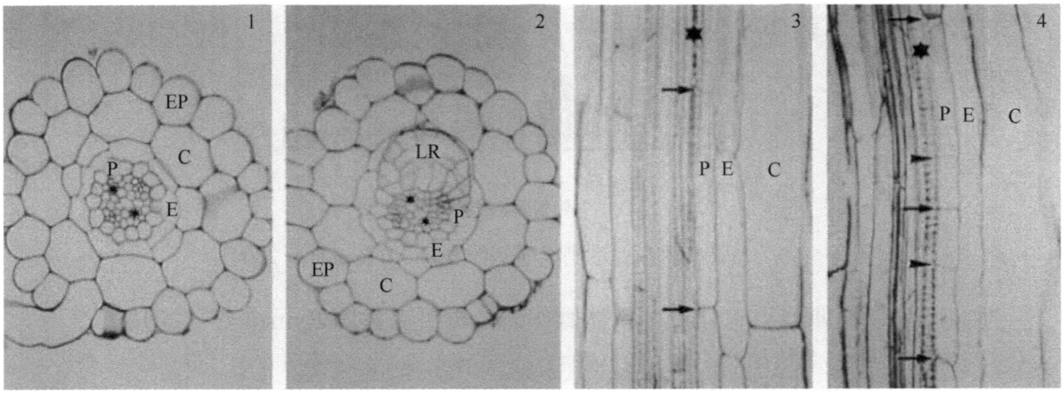

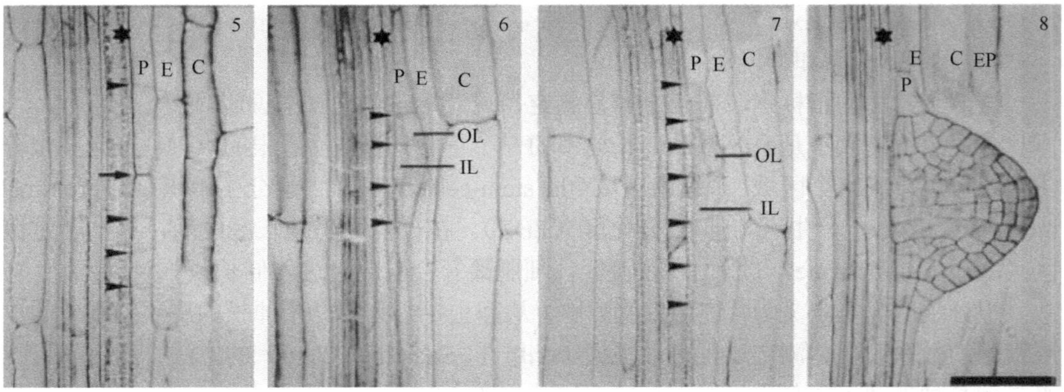

图 5-28 侧根发育阶段

1. 拟南芥主根横切面，显示根的基本结构；2. 主根横切面，显示侧根原基的位置；3～8. 主根纵切面，显示侧根发育过程

图中 C 为皮层；E 为内皮层；EP 为表皮；P 为中柱鞘；IL 为内层；OL 为外层；LR：侧根。其他说明详见 Casimiro 等（2001）

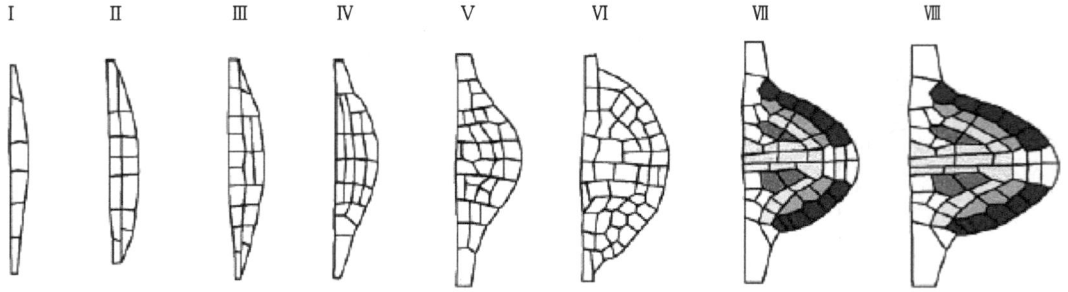

图 5-29 侧根发育的形态变化——侧根原基发育的 8 个阶段（Peret et al.，2009）

根据根连续切片和图 5-29 所示的发育特征，可以分析某特定处理条件下侧根发育的情况，如图 5-30 所示。

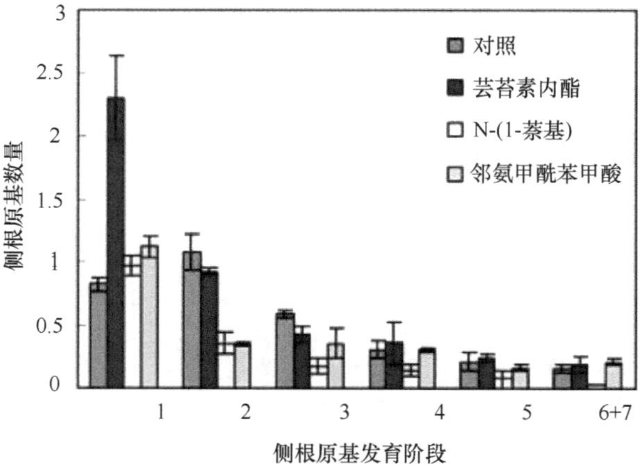

图 5-30 油菜素内酯促进侧根原基的发育（Bao et al.，2004）

根细胞分裂和伸展动态分析，具体操作和分析可以参照 Rymen 等（2010）。

三、根系发育研究和相关研究中常用的一些特殊实验材料

（一）拟南芥 DR5rev:：GFP 和 DR5:：GUS 植株

这两种实验材料可以很好地显示生长素在植物各个器官的生长素含量（图 5-31），在生长素对根系发育的影响等研究中非常有用。

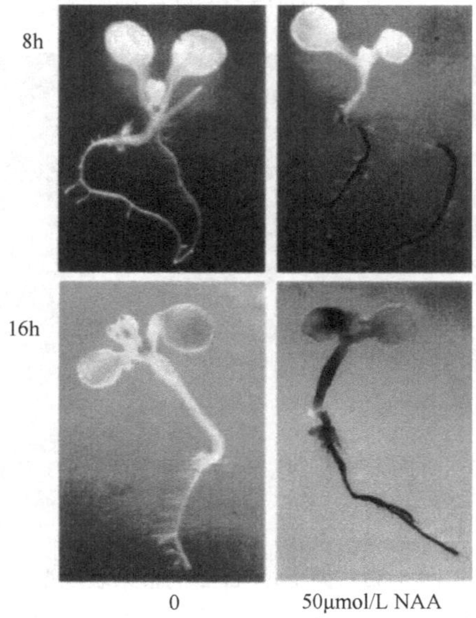

图 5-31　拟南芥材料 DR5（7x）-GUS 的 GUS 活动的组织化学染色

（二）拟南芥 J0121 植株

在欧洲拟南芥储藏中心（http://arabidopsis.info/）中，其货号为 N9090。J0121 所携带的 GFP 仅在中柱鞘中与木质部柱相对的位置表达（图 5-32，http://arabidopsis.info/ImageInfo?NASC_id= 9090&photo_no=6），因此，该材料是研究拟南芥侧根原基起始的重要材料。

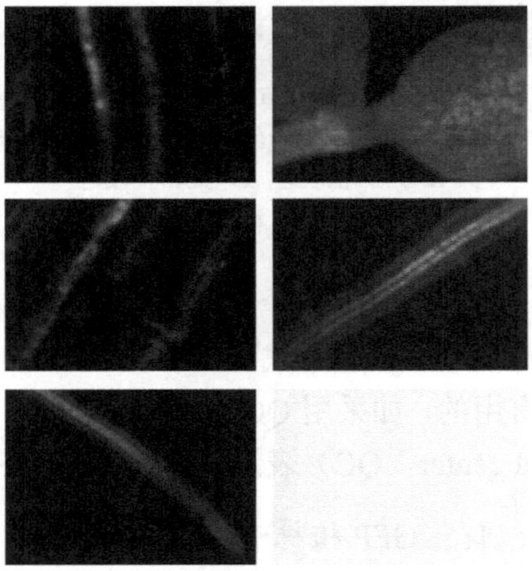

图 5-32　拟南芥 J0121 的 GFP 表达位置

（三）拟南芥 *scr* 突变体和 *scr*：：*GPF* 转基因株系

在拟南芥中，*scr* 基因编码一种新蛋白质，它与含有碱性亮氨酸拉链区域的蛋白质相似。SCR 蛋白在拟南芥根系的皮层/内皮层初始细胞及内皮层细胞系列中表达，可调节根的径向结构的发育。因此，*scr* 突变体（图 5-33，https://www.arabidopsis.org/servlets/TairObject?id= 1005161617&type=germplasm）和 *scr*：：*GFP* 转基因株系（图 5-34A）是研究环境胁迫和激素处理对根系基本组织发育的有用材料。

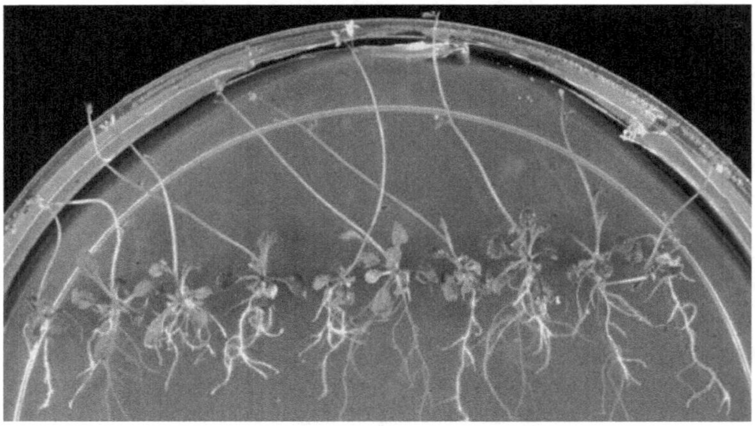

图 5-33　突变体 *scr-2* 的根系表现型

与野生型相比，其主根长减少，但比 *scr-1* 稍好；其地上部分与野生型相似；在根中，表皮和中柱鞘之间只有一层细胞

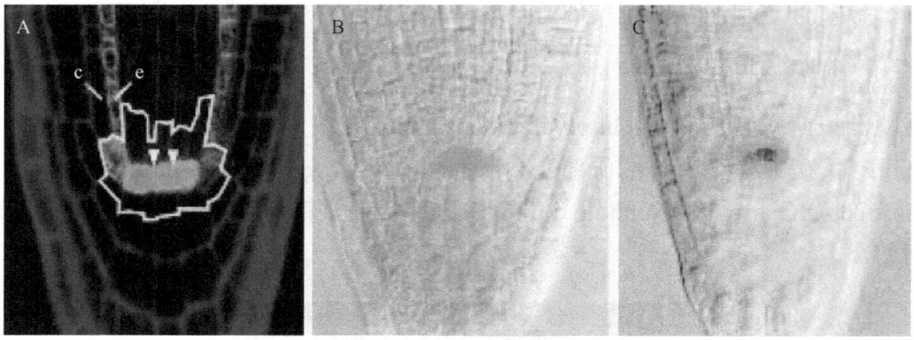

图 5-34　SCR：：GFP、QC25 和 QC46 在拟南芥根系中的表达位置（Sabatini et al.，2003）

A. SCR：：GFP 在拟南芥野生型中的表达，白色线标记了静止中心（箭头所示）周围的干细胞；
B. QC25 的表达；C. QC46 的表达
c：皮层；e：内皮层

（四）拟南芥 QC25 和 QC46 植株

在某些研究中，需要对根系干细胞区域（stem cell niche）的细胞特征进行研究，这对某些特殊的实验是非常有用的，如采用 QC25 和 QC46 等。它们所携带的 GFP 荧光标记只在静止中心（quiescent center，QC）表达（图 5-34B，图 5-34C）。

（五）拟南芥 CYCB1；1：：GFP 植株和 CYCB1；1：：GUS 植株

CYCB1；1 为拟南芥中的细胞周期（cell cycle）蛋白。在细胞周期中，该蛋白仅在

G_2/M 过渡阶段起作用（Ferreira et al.，1994），因此 CYCB1；1：：GFP 和 CYCB1；1：：GUS 实验材料对于研究根细胞分裂和侧根原基起始是非常重要的（图 5-35）。

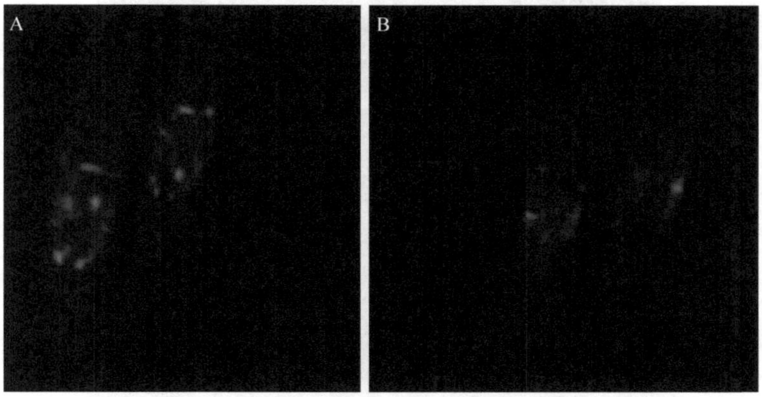

图 5-35　在拟南芥野生型幼苗接受 5μmol/L IAA 之前（A）和之后（B），CYCB1；1：：GFP 在根中的表达情况视频截图（Mähönen et al.，2014）

（六）拟南芥 BA-mgfp5-ER 21.3.1 和 BA-mgfp5-ER 23.1.1 株系

拟南芥 BA-mgfp5-ER 23.1.1 株系所含的 GFP 荧光仅在根系中的伸长区表达，这对于研究根系伸长区的细胞活动是很方便的（图 5-36）。

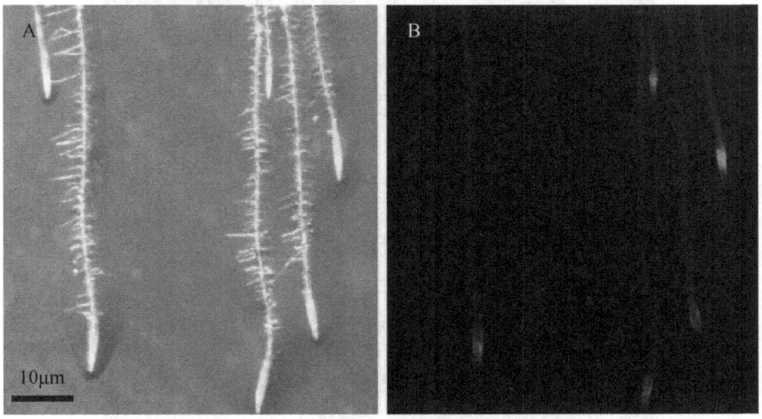

图 5-36　拟南芥 BA-mgfp5-ER 23.1.1 幼苗的 GFP 荧光观察（Aspuria et al.，2002）

A. 明场图像；B. 荧光图像

（七）拟南芥 H2B-mRed/EGFP-LacI 株系

Matzke 等（2010）构建了拟南芥转基因植物 H2B-mRed/EGFP-LacI。该植物含有红色/绿色两种荧光蛋白，此荧光蛋白只能在正在分裂的细胞中出现（图 5-37），因此，它是研究根系分生区细胞分裂及侧根原基形成的好材料。

（八）拟南芥 J0192 植株

J0192 所含的 GFP 只在刚形成的侧根原基分生组织中出现（图 5-38），因此，它是研究侧根形成的极有用的实验材料。

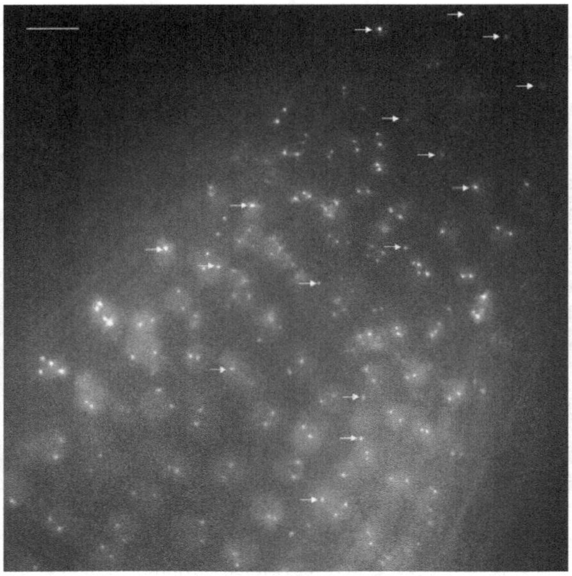

图 5-37　H2B-mRed/EGFP-LacI 根分生区细胞核的荧光点（Matzke et al.，2010）

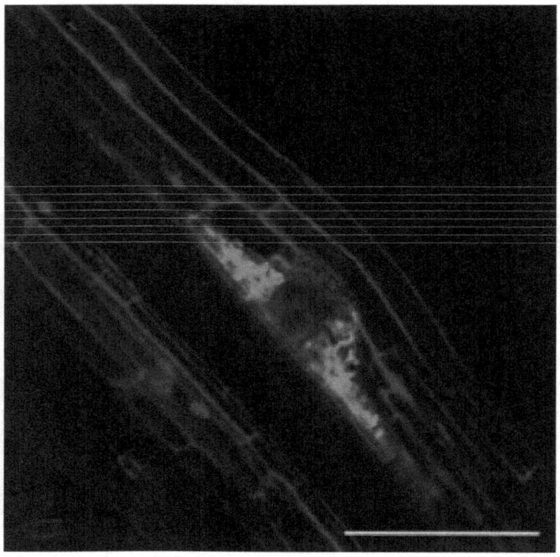

图 5-38　J0192 所含荧光在侧根原基中的表达（Cabrera et al.，2014）

四、根生理生态学参数

与根系研究相关的生理生态学参数有数个，如特定根长（比根长）、根长密度、细根周转。

（一）特定根长

特定根长（specific root length，SRL）是一段根的长度与其重量的比值（$m \cdot g^{-1}$），它可能是最常用的根形态参数，因为它可以作为根环境变化的指示参数（Ostonen et al.，2007）。在相同的环境条件下，不同植物的 SRL 可能相差 10 倍。

（二）根长密度

根长密度（root length density，RLD）是指单位土壤体积中植物根系的长度（$cm \cdot cm^{-3}$），它是根系生理生态学常用的参数，衡量了根系对水分和养分竞争的能力。

（三）细根周转

总体上讲，根系具有水分和养分吸收、贮藏、运输、锚定等功能，但真正具有水分和养分吸收功能的部分为细根（D<1mm）。细根寿命很容易受到其环境变化的影响。研究细根周转（fine root turnover）对于了解水分和养分的吸收、养分循环等过程具有很大意义。其研究方法常用的有：连续土芯法、内生长法、微根管法、根窗法及根室法（Lukac，2012）。

目前，微根管法在农林领域应用广泛，现进行简要介绍。微根管法于 1937 年由 Bates 首次提出并应用于根系研究，是通过插入土壤中的透明观察管，形成一个小观察窗，利用长筒观察镜或微型数码相机在小观察窗内定期拍摄记录观察管外壁新根生长动态的一项根系观测研究技术。目前，一个典型的微根管系统是由一个插入土壤中的微根管、数码探头、分度手柄、控制装置和一台计算机组成（图 5-39）。其操作过程为：将塑料管埋入土壤中，定期以微型摄像机（图 5-40，图 5-41）获得根系图像，以计算机存储根系图像并对对象进行分析。

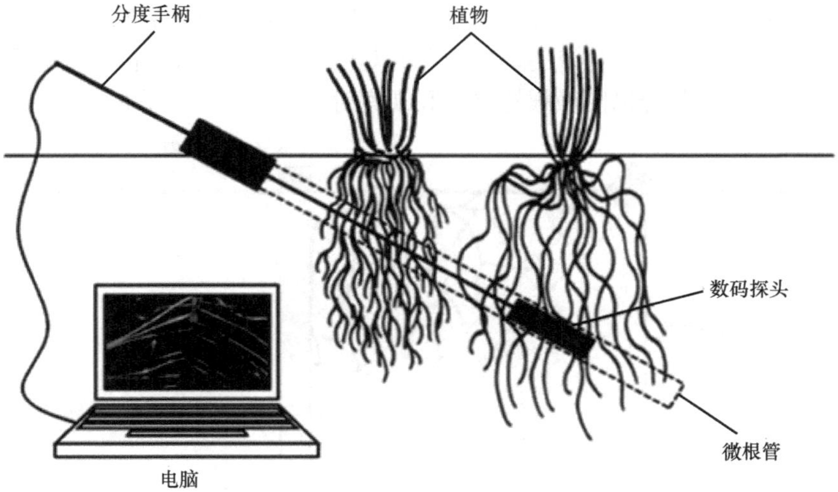

图 5-39　微根管观察系统的组成与工作示意图（Vamerali et al.，2012）

图 5-40　CID 公司生产的微根管观察系统的微型摄像机

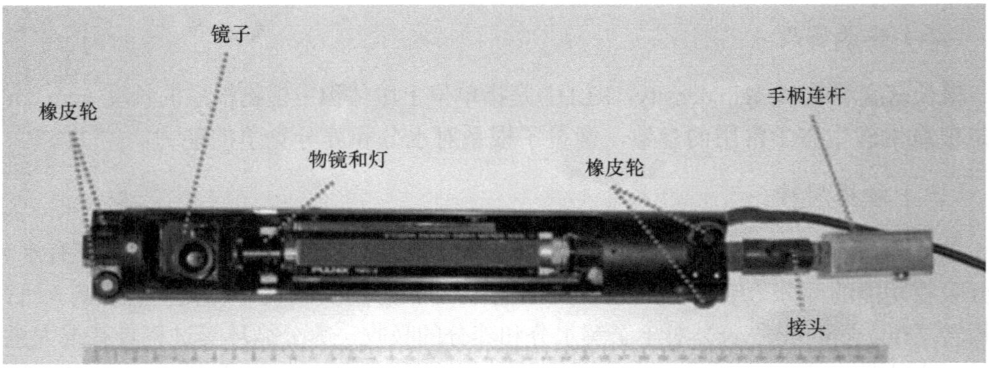

图 5-41 微根管观察系统的微型摄像机的内部结构（Vamerali et al.，2012）

微根管的安装：微根管常以 90°垂直埋入土壤中，更多的研究则以 30°或 45°角埋入土壤中（图 5-42）。以 30°或 45°角埋入微根管比垂直埋入对于估测根系的垂直分布更好（Rewald and Ephrath，2013）。为了尽量减少微根管安装对土壤和根系的破坏，在埋入微根管之前，先使用根钻以 30°或 45°角在土壤中钻一个洞。但在石头多的森林土壤或农田土壤，使用根钻很难达到 1m 的深度，因此在这样的地方，应该使用气动岩石钻孔机（图 5-43）。在土壤中钻孔后插入微根管。孔的直径比微根管的外径不能大得太多，否则，植物根系向微根管与土壁间的空隙生长，且空隙中易充满水汽，影响根系图像获得（图 5-44）。安装后的微根管要用橡皮塞塞住管口以防异物进入微根管内，同时要以绝缘材料包裹裸露在地上的部分以防微根管老化和观察时光线进入微根管内（图 5-45）。

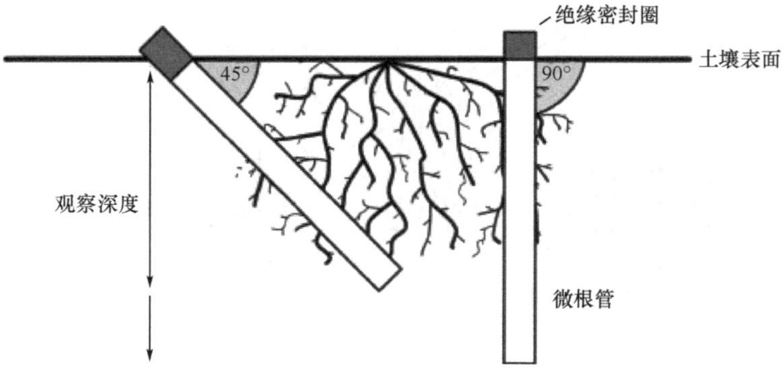

图 5-42 微根管埋入土壤中的方式（Rewald and Ephrath，2013）

图 5-43 气动岩石钻孔机（Phillips et al.，2000）

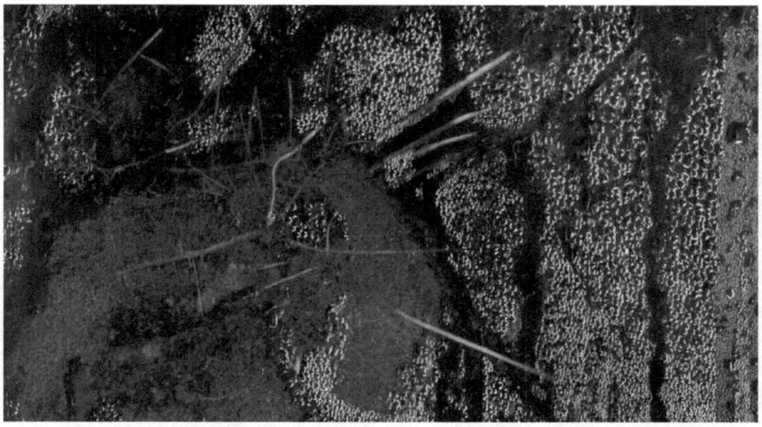

图 5-44　微根管以 90°安装在土壤中，微根管与土壁间的间隙太大，根系向空隙生长，且空隙充满水汽（Rewald and Ephrath，2013）

图 5-45　微根管安装后的情形（Rewald and Ephrath，2013）
A. 微根管垂直安装；B. 微根管以 45°安装。露在地表的微根管要以绝缘材料包裹，以免微根管老化和观察时光线透入微根管内

Talor 等（1990）建议一个实验小区要安装 8 根微根管。在生态系统中，因不知道根系的分布情况，每个小区安装的微根管数量要大于或等于 12（Smucker，1993；Vogt et al.，1998；Johnson et al.，2001）。

图像获得：在微根管观察系统中，根系图像获得通常有两种方式，其一是以数码相机获得图像，其二是以扫描仪获得图像（如使用 CID 公司的产品）。无论哪种图片获得方式均有优缺点，它们最主要的差别在于图像的大小与解析度。CID 微根管系统每次扫描都可获得 21.56cm×19.56cm 的高分辨率图像。研究者应该选择适合自己研究的产品，同时要考虑产品的价格。每套微根管观察系统有一个控制手柄，该手柄使观察者能够在相同的土壤位置重复采集根系图像（图 5-46）。

图像采集频率：对于常绿和落叶树种而言，微根管图像获得频率对估算细根产量和死亡率具有影响（Tingey et al.，2003）。因为植物的细根寿命短，且已遭到土壤动物的取食，它们往往容易在两次图像采集之间就消失了，这样细根的产量和死亡率易被低估，所以，研究者应该根据自己的实际情况确定图像采集频率，如果条件许可，在植物生长季节可以每周采集一次图像。

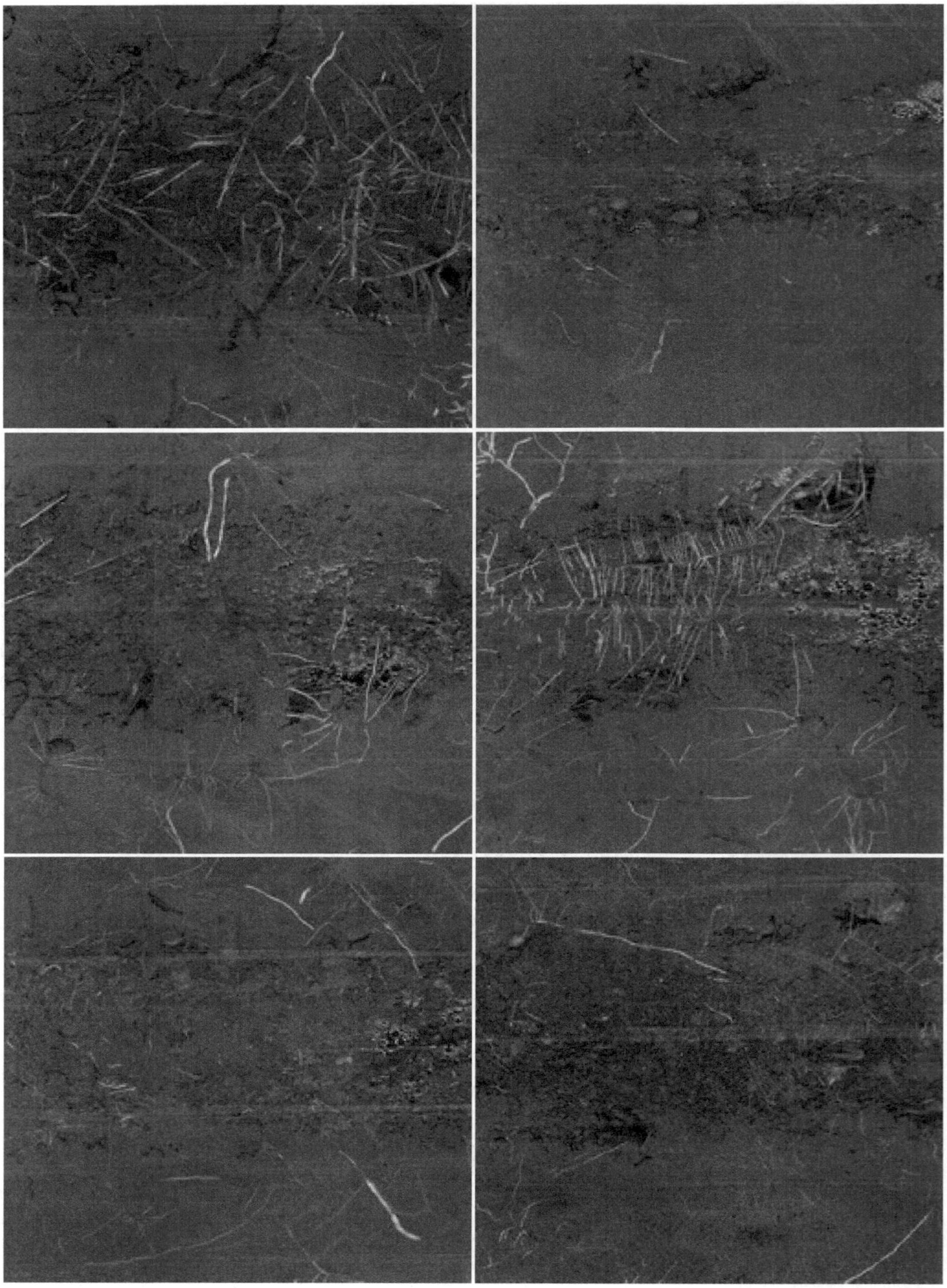

图 5-46　CID 微根管系统获得的图像

从左上到右下为间隔 15cm 深度拍摄的 6 张 360°照片（http://www.caigou.com.cn/product/20140716100.shtml）

图像分析：用手工对微根管系统获得的图像进行分析是非常费时费力的，尤其是在采集图像频率很大的情况下，因此，现在对图像的分析采用自动分析软件进行。然而，自动分析方法也存在缺点，因为植物根系与背景之间的对比度较低往往导致根长密度（RLD）系统性地偏低（与手工分析相比）（Vamerali et al.，1999）。

第三节　根际和根分泌物研究方法

根际是土壤生境的重要场所，也是植物根系周围所发生的生物、化学和物理活动的中心（Whitbeck and Cardon，2007）（图 5-47，图 5-48）。在根际，起主导作用的尺度是围绕植物根系的一个很小的空间（图 5-49），营养物质的有效性、水势、氧化还原状态在微尺度的复杂变化使这个土壤生境完全有别于大块土壤，这影响了生活在这个环境中的微生物的活动及其分布，同时还影响着周围同种和不同种的植物（图 5-50）。因此，对植物根际和根分泌物进行研究对于了解植物营养和水分的吸收、植物-微生物之间的相互作用，以及营养元素的生物化学循环和生物地球化学循环具有重大意义（Huang and Gobran，2005）。

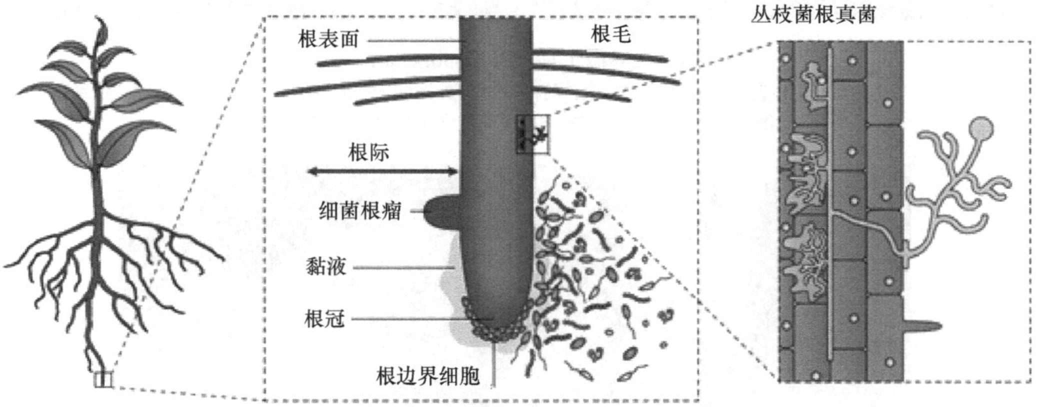

图 5-47　根际示意图（Philippot et al.，2013）
在根际，存在很多腐生和共生的细菌和真菌［包括丛枝菌根真菌（AMF）］

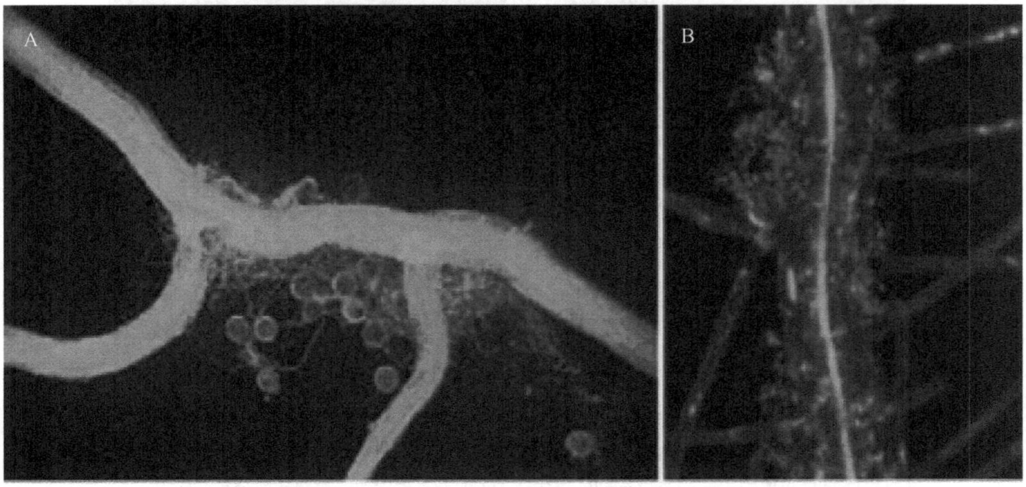

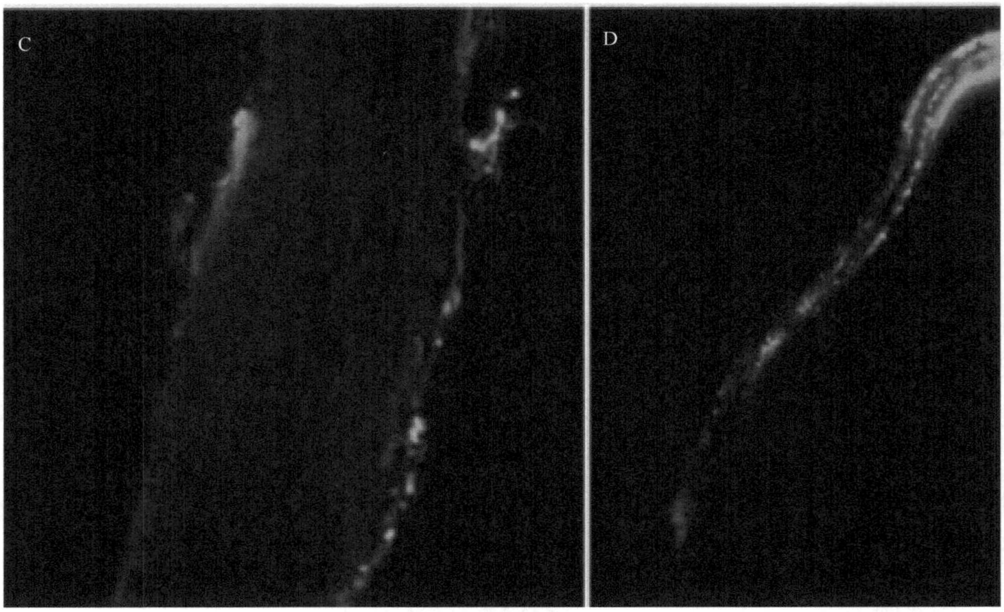

图 5-48 根际微生物（Philippot et al.，2013）

A. 玉米根上的丛枝菌根真菌；B. 促进植物生长的根际细菌 *Bacillus subtilis* FB17；C. 拟南芥根系上的细菌（细菌原位杂交荧光）；D. 拟南芥根上的 GFP 标记的根际细菌

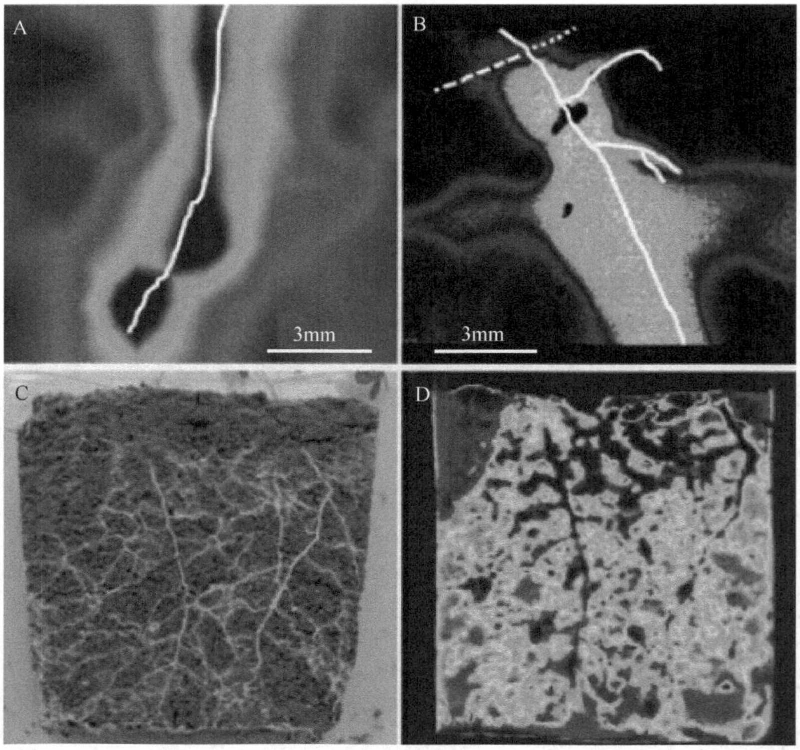

图 5-49 根引起的根际变化（Philippot et al.，2013）

A. *Juncus effusus*（白色）的根际氧气断面图；B. 间作硬质小麦（白色虚线）和鹰嘴豆（白色实线）根际 pH 断面图；C，D. 土壤中 *Lupinus polyphyllus* 的根系（C）及其根际的蛋白酶活性分布（D）

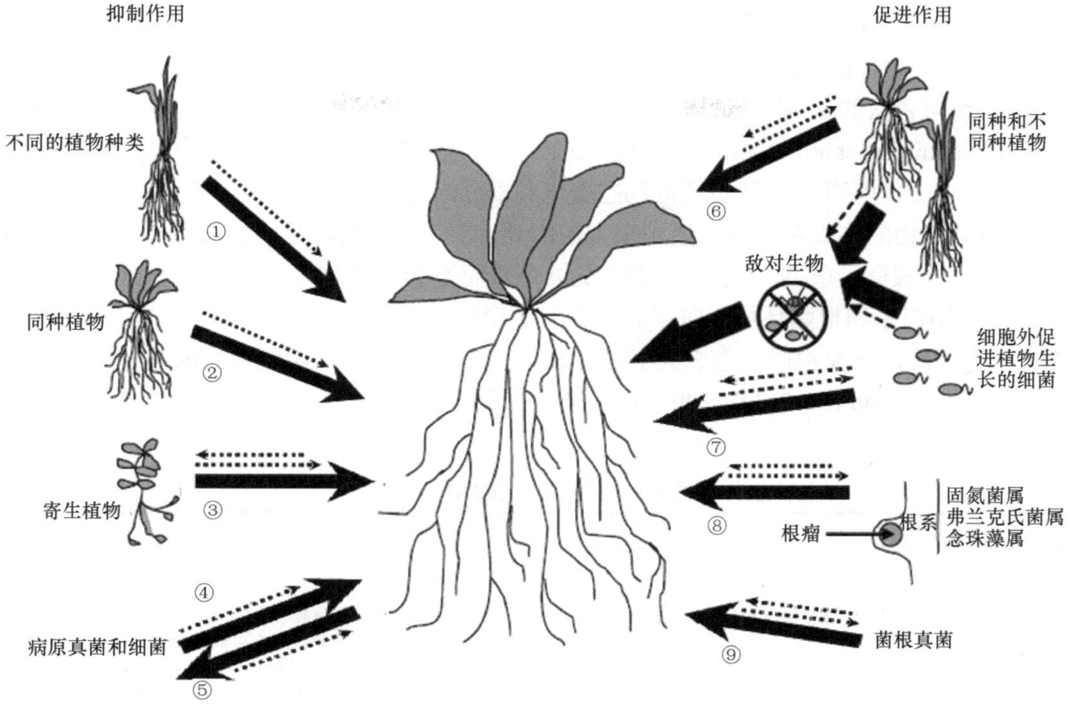

图 5-50　化合物介导的植物根系之间和植物根系与土壤微生物之间的相互作用（Perry et al.，2007）
①化感作用；②自我抑制；③寄生作用；④疾病；⑤抗生素；⑥促进；⑦生长促进；⑧共生固氮；⑨真菌共生

一、根分泌物收集装置

根际是指围绕活的植物根系且受根活动影响的土壤体积（Hinsinger et al.，2005），其理化性质受根活动和生活在这个区域的微生物的活动的影响非常大。在植物生长过程中，植物总会遇到同种和不同种其他植物的竞争，同时在根部会受到腐生和共生真菌和细菌的侵染（图 5-50），此外，在营养胁迫条件下（尤其是磷缺乏条件下），植物根系会流出大量有机物（表 5-2）。这些化合物大部分溶于水。这些物质，无论是主动分泌，还是被动渗出，都具有重要的生理/生态功能。在一年生植物中，30%～60%的光合作用固

表 5-2　高等植物分泌的有机物（Neumann and Römheld，2007）

根分泌物类型	单个成分
糖类	阿拉伯糖、葡萄糖、果糖、半乳糖、麦芽糖、棉籽糖、鼠李糖、核糖、蔗糖、木糖
氨基酸和胺类化合物	构成蛋白质的 20 种氨基酸、氨基丁酸、高丝氨酸、胱硫醚、麦根酸植物高铁载体（麦根酸、脱氧麦根酸、羟基麦根酸、*epi*-羟基麦根酸、阿凡酸、落羽杉酸 A（distichonic acid A）
脂肪族酸	甲酸、乙酸、丁酸、丙酸、苹果酸、柠檬酸、异柠檬酸、丙二酸、琥珀酸、马来酸、酒石酸、草酰乙酸、丙酮酸、酮戊二酸、草莽酸、顺乌头酸、反乌头酸、戊酸、葡萄糖酸
芳香酸	*p*-羟基苯甲酸、咖啡酸、香豆酸、阿魏酸、没食子酸、龙胆酸、原儿茶酸、水杨酸、芥子酸、紫丁香酸
杂酚	黄酮醇、黄酮、黄烷酮、花青素、异黄酮
脂肪酸	亚油酸、亚麻酸、油酸、棕榈酸、硬脂酸
固醇	菜油固醇、胆固醇、谷甾醇、豆甾醇
酶	淀粉酶、反转酶、纤维二糖酶、脱氧核糖核酸酶、核糖核酸酶、酸性磷酸酶、植酸酶、焦磷酸酶、腺苷三磷酸双磷酸酶、过氧化物酶、蛋白酶
混杂物	维生素、植物生长调节剂（生长素、细胞分裂素、赤霉素）、烷基硫化物、乙醇、H^+、K^+、硝酸盐、磷酸盐、HCO_3^-

定的碳被转移到根系，其中高达70%被释放到根际（Lynch and Whipps，1990；Liljeroth et al.，1994）。尽管根分泌物对微生物的影响被认为仅限于一定的时空窗口（Dennis et al.，2010），无可否认的是，根分泌物对根际微生物的种群和群落具有很大的影响（Butler et al.，2003；Nannipieri et al.，2008）。无论是从植物营养吸收的角度考虑，还是从根分泌物对微生物的影响的角度考虑，研究根际动态变化和根分泌物数量和种类，都是非常重要的。

根分泌物的收集在技术上遇到很大的困难，因为：①难以对植物根系不造成干扰或损伤而进入根际；②难以选择合适的收集介质而不影响植物根系的生理和分泌物的恢复；③植物根系和根际环境随时间和空间发生变化（Neumann et al.，2009；Phillips et al.，2008）。因此，研究根际动态变化和根分泌物的数量和种类，需要特殊的装置和实验方法（Neumann and Römheld，2007），这些方法各有优缺点（表5-3）。现对常用的实验装置做简要介绍。

表5-3　根分泌物收集方法评述

方法	测定	应用范围	缺陷
以整个根系为研究对象			
在捕捉溶液中清洗根系	将整个根系浸泡在捕捉溶液中2～6h	水培	不能用于在土壤生长的根系；样品溶液被稀释；在浓缩过程中有沉淀的危险；在处理过程可能对根系造成损伤
渗透技术	捕捉溶液渗透进入植物培养容器（在此之前，需冲洗以除去以前的根际产物）	以固体基质进行水培	根际沉积物可能被培养基质吸附或沉淀于基质；样品溶液被稀释
根际提取	收集和提取附着在植物根系上的土壤或采用分室根箱系统进行分离	土培	样品可能被来自受损的根系和微生物的有机物所污染；根际沉积物可能被培养基质吸附
局部制样			
根箱容器	将捕捉溶液局部用于分室根箱	水培	不能应用于土壤栽培的植物；在安装过程中可能对根系照成损伤；样品溶液被稀释
根段	根沉积物从离体根段短时间内释放到捕捉溶液中	水培或土培	人工系统；因根受到伤害可能存在假象
微型吸杯	采用带有陶瓷滤嘴的微型毛细管收集根际土壤溶液	土培（根箱或野外根窗）	根沉积物可能被培养基质所吸附；样品体积小；重获依赖于土壤湿度
吸附介质	将吸附介质（膜滤纸、纸片、离子交换膜、琼脂糖凝胶）贴在根系表面	土培（根箱或野外根窗）	根际沉积物在培养基质中竞争性吸附；样品体积小；重获依赖于土壤湿度、土壤结构和样品收集时间
报告基因	与带有报告基因的微生物孵育，可检测特定化合物的存在	土培（根箱或野外根窗）	仅限于特定的化合物检测；根际沉积物在培养基质中竞争性吸附

资料来源：Neumann et al.，2009

（一）液体培养方式

整个实验装置如图5-51所示，植物培养基质采用营养液，营养液连同根分泌物都包含在密封的容器中，通气装置与该容器相连，由容器底部输入空气，由溶液上方抽取空气。这种装置易于操作，可用于根分泌物的动态研究。尽管如此，该装置也存在一定的缺点：一方面，整个植株需生长在营养液中，从固体培养介质（土壤、沙）中取出植物可能对根系造成一定的机械损伤，从而导致实验结果偏低；另一方面，植物根系在土壤中生长会遇到机械阻力，这会改变根系形态，也会刺激根系分泌更多的分泌物。在此装置中，可以加入玻璃珠以增加机械阻力。

（二）固体基质培养方式

固体基质培养方式如图5-52所示。植物种质在固体基质（蛭石、沙）中，所需营

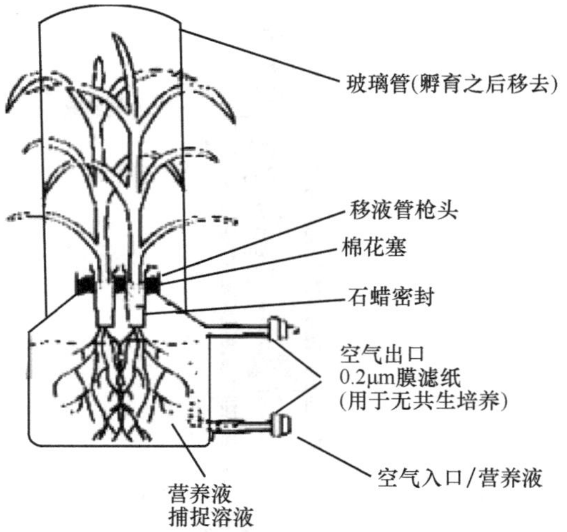

图 5-51　在无菌条件下，植物在液体培养基中培养，从整个根系中收集根分泌物，根系分泌物和植物营养液一起被吸入通气的溶液收集器（Neumann and Römheld，2007）

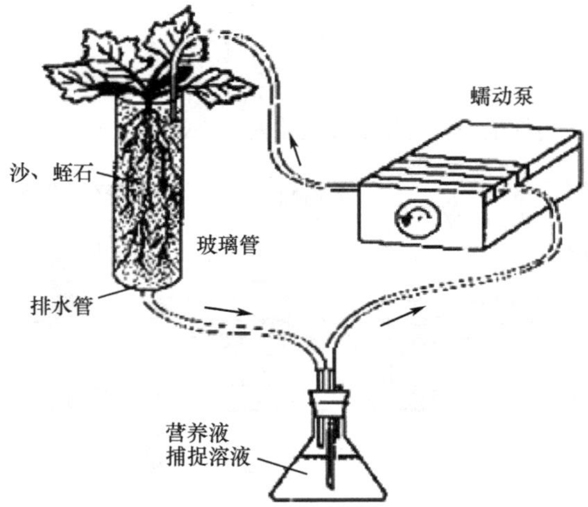

图 5-52　植物在固体培养基（蛭石、沙）中培养（Neumann and Römheld，2007）
根分泌物由溶液循环系统（与培养系统相连，彼此之间有过滤膜，以防蛭石或沙进入溶液循环系统）收集

养以营养液供给。从固体基质底部流出的营养液和根分泌物由蠕动泵抽出并返回固体培养基质中。这个实验装置也有一定的缺点，因为不完全渗漏和部分根分泌物吸附在固体培养基质中。固体培养的另外一种装置如图 5-53 所示。

（三）植物液体培养局部收集方式

这种方式相对简单，如图 5-54 所示。使用营养液培养植物，在其根系表面覆上具有吸附能力的材料，如滤纸、凝胶或离子交换树脂等。根分泌物一旦分泌，这些材料就对其进行吸收。经过一段时间的收集后，取下滤纸、凝胶或离子交换树脂，然后进行分析。

（四）野外根系局部收集方式

这种根分泌物收集方式结合了根窗根系研究法（图 5-55），收集方法与上述方法相同。

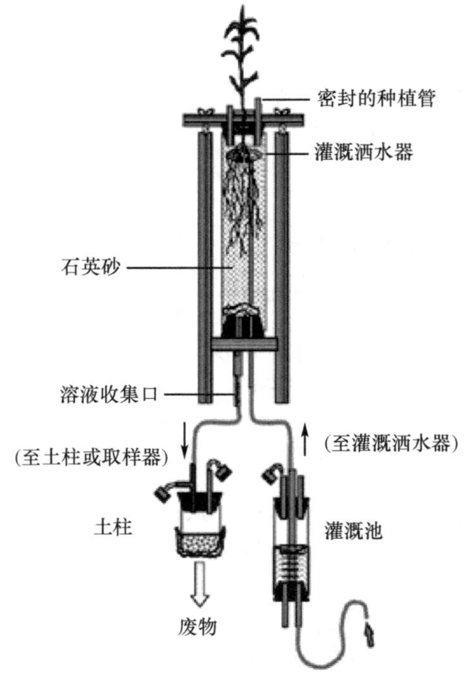

图 5-53 可溶性根分泌物无菌收集装置（Yoshitomi and Shann，2001）

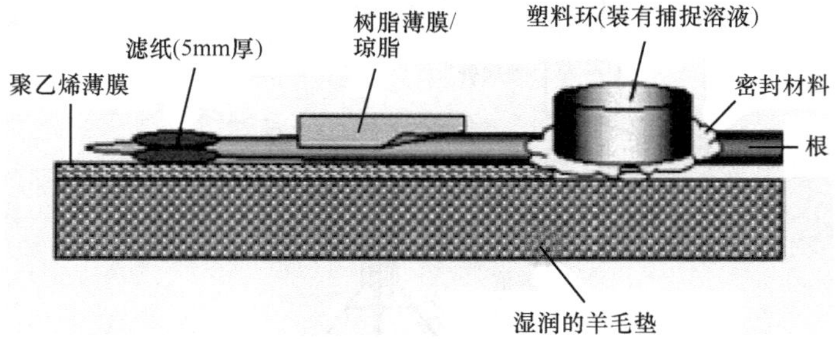

图 5-54 局部根分泌物制样法（Neumann and Römheld，2007）

植物生长在液体培养基质中，根分泌物由密封塑料环（夹着根系）内部的溶液收集器收集，或者使用吸附介质（滤纸、凝胶或离子交换树脂）紧贴根系表面，根分泌物由这些吸附介质收集

（五）分室根箱法

这种方法采用尼龙网将根箱一分为三（图 5-56），植物根系不能穿过尼龙网，配合其他方法（表 5-2）收集根系分泌物。

（六）简易的分室根箱法

植物种植在高 11cm、直径 11cm 的 PVC 盆中。PVC 盆的一部分充填河沙，其上面覆盖网眼为 38μm 的尼龙网（根系不能穿透，但根毛可以穿透）。尼龙网之上填充事先准备好的土壤，压实土壤，使土壤和下部的河沙充分接触。用棉布制作的灯芯悬于 PVC 盆的两侧及盆中装有河沙部分的中部，如图 5-57 所示（Nuruzzaman et al.，2006）。这可以避免因渗漏而使根分泌物向下传输。

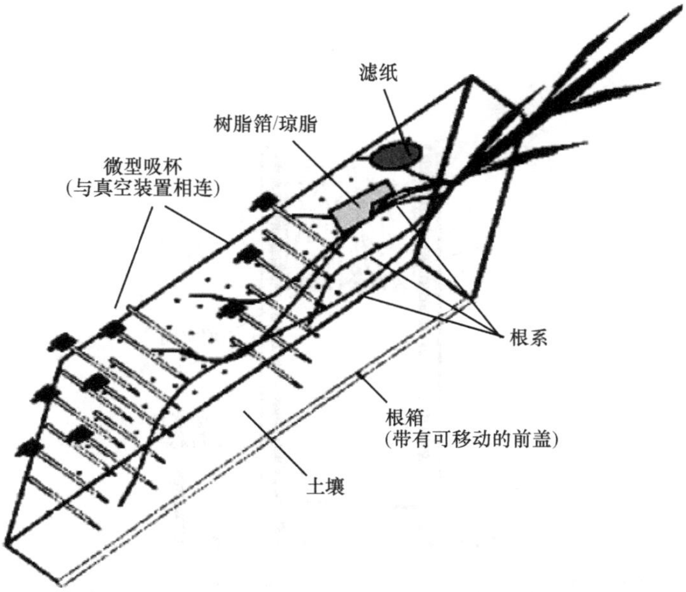

图 5-55　从位于土壤栽培基质的根局部收集分泌物（Neumann and Römheld，2007）

此方法用于根窗中的植物根系。使用微型吸杯（用 HPLC 毛细管制作，直径 1mm，与真空收集装置相连）收集根分泌物，或采用吸附介质（滤纸、凝胶、离子交换树脂）覆在根系表面以收集根分泌物

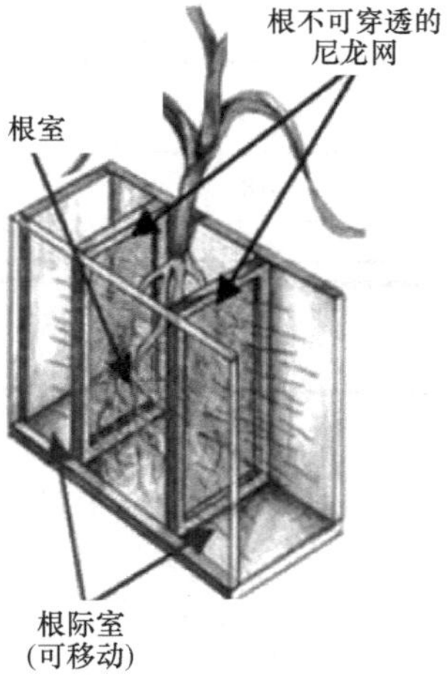

图 5-56　分室根箱系统（Neumann et al.，2009）

该系统带有可移动的根际室（使用尼龙网将根际室与中央的根室隔开）

二、稳定同位素标记装置

研究地上部分光合产物向根际流动的数量及其分配，是了解根际物质流动的重要手段，其研究通常采用 ^{14}C 标记的方法。此法需要特殊的装置，如图 5-58 和图 5-59 所示。

此装置外部为一个密封的箱子，其外部尺寸为长 175cm×宽 120cm×高 215cm，其内部为另外一个箱子，箱子的尺寸为 150cm×120cm×127cm，这个箱子的两侧及顶部为有机玻璃，植物就生长在这个箱子里（图 5-58）。$Na_2{}^{14}CO_3$ 溶液被不断地泵入乳酸溶液中，所产生的 $^{14}CO_2$ 供给到植物。放射性活动水平由放射性气体监控器控制

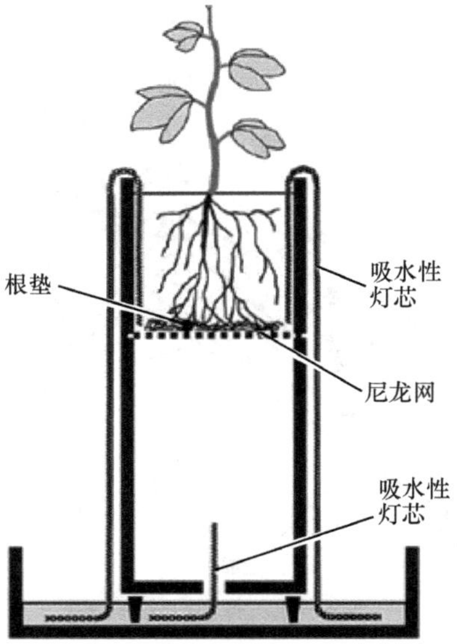

图 5-57　简易的分室根箱系统（Nuruzzaman et al.，2006）

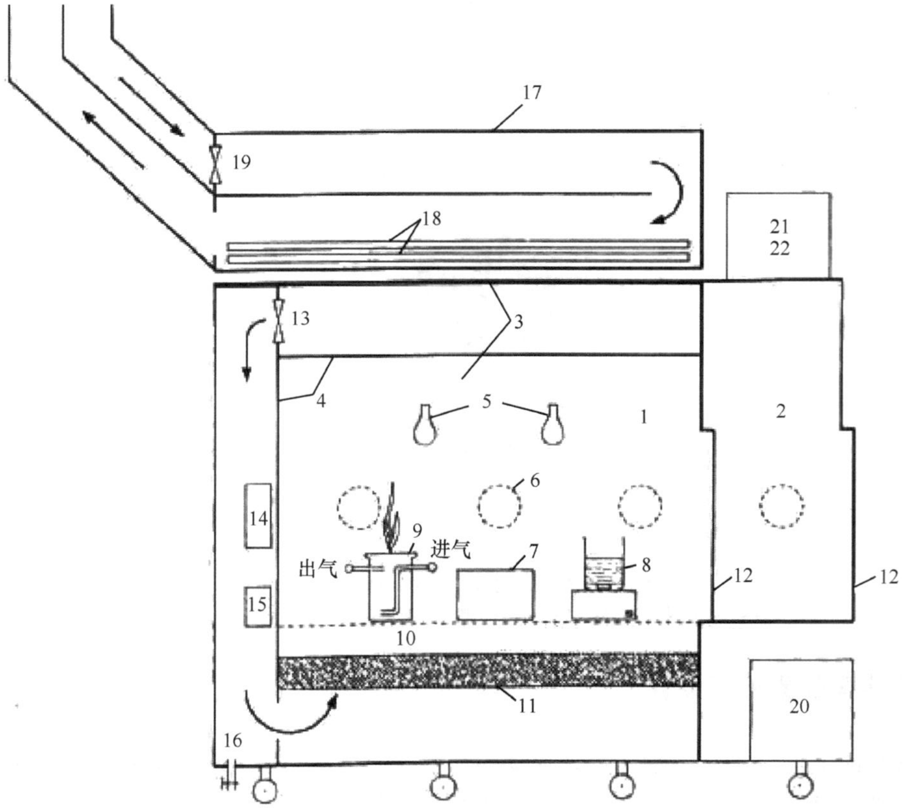

图 5-58　$^{14}CO_2$ 受控环境植物生长箱（Whipps and Lynch，1983）

1. 生长箱箱体；2. 转移通道；3. 有机玻璃箱顶和内壁；4. 铝质结构壁；5. 钨灯；6. 手伸入通道；7. 加湿器；8. 盛有乳酸的容器（磁力搅拌）；9. 大玻璃盆（含通气系统）；10. 植物放置平台；11. 分层流动床；12. 门；13. 空气循环扇；14. 冷凝旋管；15. 加热棒；16. 冷凝槽；17. 排灯冷却天棚；18. 双管排灯；19. 空气循环扇；20. 红外线 CO_2 分析仪；21. $^{14}CO_2$ 监控系统；22. 温度控制系统。箭头所指为空气流动方向

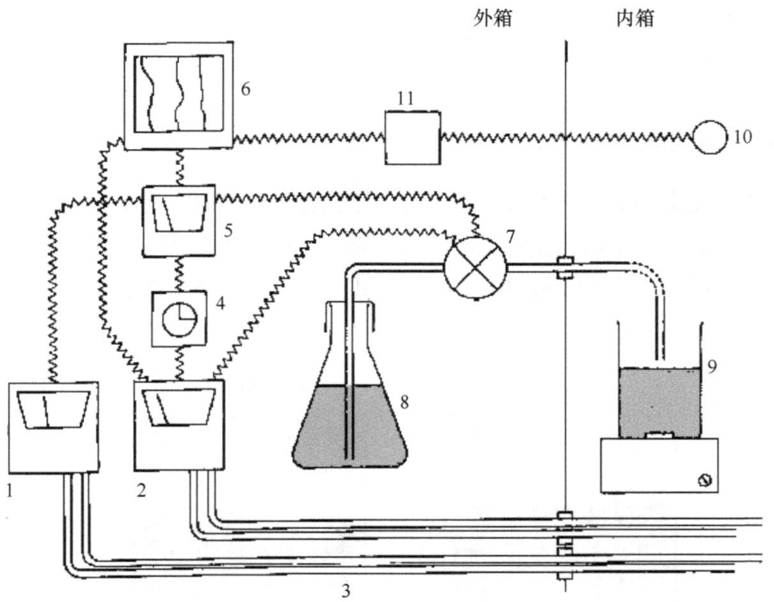

图 5-59　CO_2 监控/生成系统和温度测定系统（Whipps and Lynch，1983）

1. 红外线 CO_2 气体分析仪；2. 放射性气体监控器；3. 箱内空气制样管；4. 制样定时器界面；5. 红外 CO_2 分析仪界面；6. 多通道图像记录仪；7. 软管泵；8. 放射性碳酸钠溶液库；9. 盛有乳酸的容器（磁力搅拌）；10. 温度传感器；11. 温度传感器动力源和控制单位

（图 5-59）。根据实验需要调整放射性强度，如 200～230μCi/g 碳。箱子中的空气由风扇不断循环。循环空气从内部小箱子经冷凝旋管和加热棒，然后经过植物下方的分层流动床。植物所需温度、相对湿度、光照强度及其周期根据实验需求进行调整。具体操作、制样及其分析可以参考 Whipps 和 Lynch（1983），以及 Warembourg 和 Estelrich（2000）。

通过放射自显影的方法，可以确定根分泌物分泌的位点（图 5-60）。

图 5-60　根分泌位点（Hirsch et al.，2013b）

含有 ^{14}C 的化合物从油菜（*Brassica napus*）幼苗（6d）根系分泌出来

三、根际和根分泌物研究的实验方法

（一）根际微生物多样性、活动及其对根分泌物的利用

结合稳定同位素标记，采用 RNA 稳定同位素探针（SIP）分析方法和变性梯度凝胶电泳（DGGE）方法，可以测定根际微生物群落对刚合成的光合产物的同化情况和根际微生物的活动（图 5-61）（Rangel-Castro et al.，2005）。整个实验过程可以按照图 5-62 的次序进行。

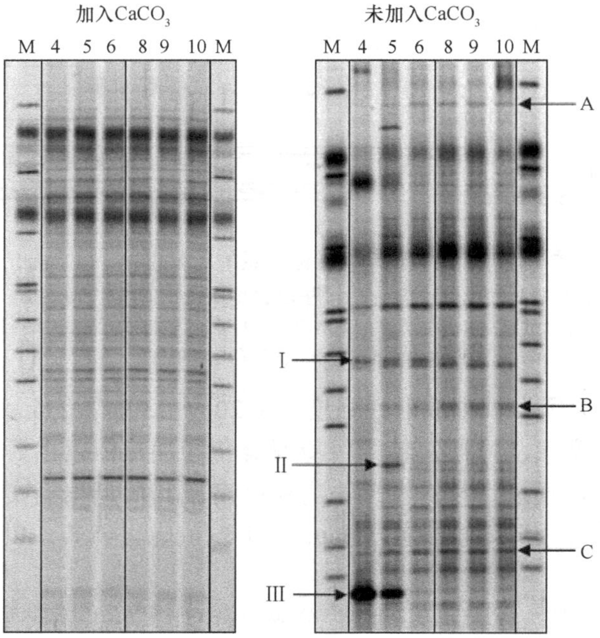

图 5-61　根际细菌 SSU RNA 部分序列的变性梯度凝胶电泳图

4～6 CsTFA（caesium wifluoroacetate）道为 ^{13}C，8～10 道为 ^{12}C。SSU RNA 采用 CsTFA（三氟醋酸铯）密度梯度超速离心从 RNA 提取液中获得。M 为一个标记，它由氨氧化菌克隆组成（采用相同的细菌引物扩增）（Rangel-Castro et al.，2005）
Ⅰ.Ⅱ.Ⅲ：^{13}C 相对密度增加的条带。A. B. C：^{13}C 相对密度减少的条带

除了 DGGE 方法外，还可以使用其他方法，如温度梯度凝胶电泳（TGGE）（Muyzer，1999）、末端限制性片段长度多态性（T-RFLP）（Osborn et al.，2000）、核糖体基因间区序列分析（RISA）（Ranjard et al.，2000）、随机引物 DNA 多态性（RAPD）（Yang et al.，2000）、单链构型多态性（SSCP）（Schwieger and Tebbe，1998）。采用这些分子生物学的实验方法，可以研究根际微生物的多样性和组成，以及生物或非生物因子对根际微生物的影响。

（二）根际 pH 变化监测实验方法

1. 无损可视化监测方法

无损可视化根际 pH 测定系统如图 5-63 和图 5-64 所示。在图 5-63 中，对 pH 敏感的平面光极（即传感器箔，PreSens Precision Sensing GmbH，Regensburg，德国）被安

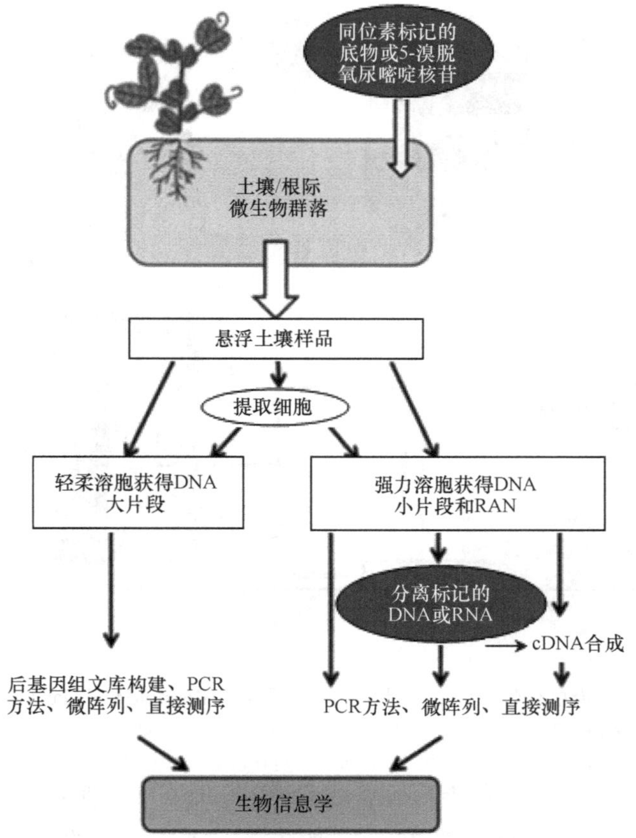

图 5-62　从土壤根际微生物提取核酸（Hirsch et al.，2013a）

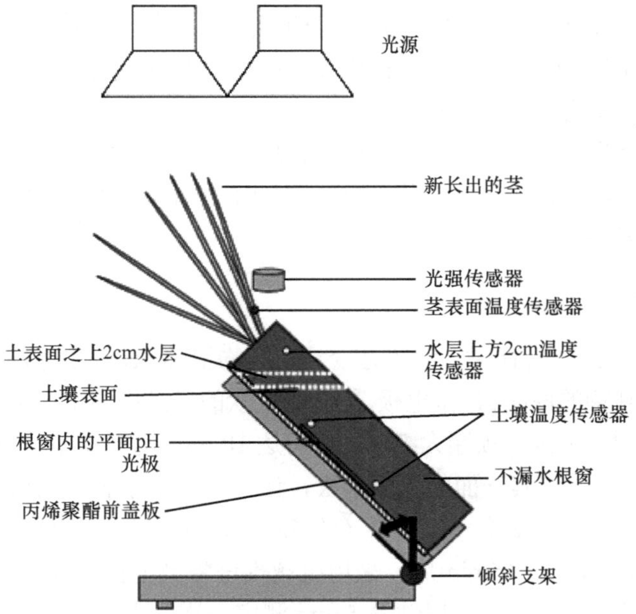

图 5-63　根窗装置（Blossfeld and Gansert，2007）

不漏水的根窗（种植了湿地植物 *Juncus effusus*）被固定在可倾斜的装置上，放置在不同位置上的传感器测定光照强度（PPFD：光合作用光量子通量密度）和温度（空气温度、土壤温度，植物茎秆温度）。平面 pH 光极（85mm×95mm）固定在丙烯酸塑料盖板内侧。水平点划线指示土壤表面之上的水层厚度（约 2cm）

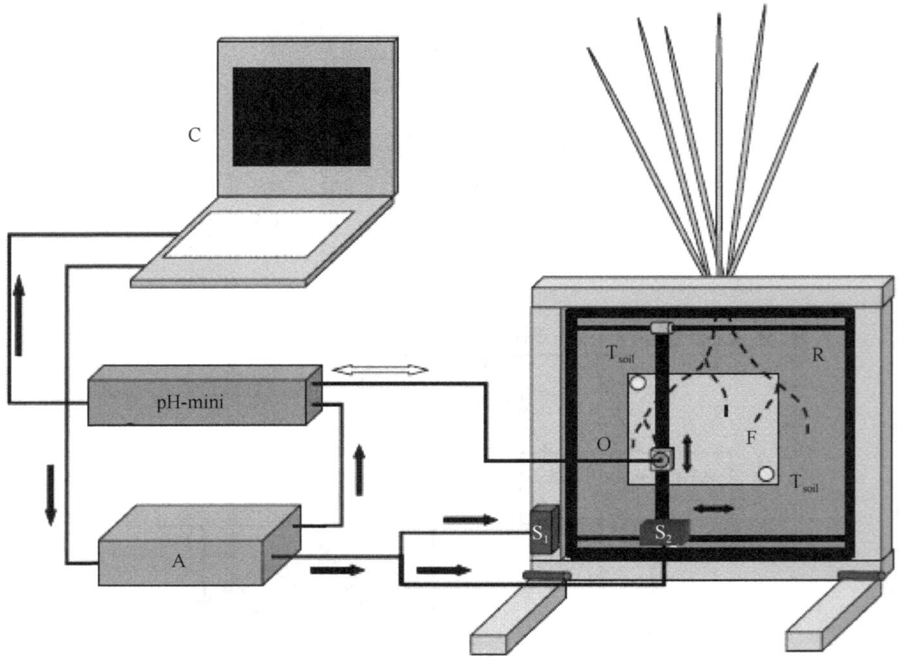

图 5-64　无损可视化根际 pH 测定的硬件组成（Blossfeld and Gansert，2007）

F 为平面光极，位于根窗内部。O 为光纤（可在根窗外面移动）。R 为根窗。S_1 和 S_2 为步进电机。它们受到特定界面（A）的控制。光导纤维每移动一次，该界面激发光导纤维检测装置（pH-mini）。计算机（C）与不同装置之间的数据传输及触发脉冲信号以黑色箭头表示。光导信号传输以白色双向箭头表示。土壤温度以根窗内的温度传感器（T_{soil}）监控

装在不漏水的根窗（宽 40cm、高 30cm，厚 7cm），平面光极的长度为 85mm，高度为 95mm。根窗中部为可移动的透明丙烯酸塑料盖板（厚 4mm）。使用硅滑脂将 pH 平面光极固定在可移动的盖板上，以补偿表面的粗糙和防止光极与盖板之间出现气泡。根窗充填过筛（2mm）的肥沃钙质有机土在整个实验过程中保持湿润。根窗固定在一个可倾斜的装置上（倾斜角度范围为 0°～45°）。

植物紧靠根窗盖板被植入根窗中间位置，培养数周（温度、光照强度及空气湿度等均被人工控制）。当植物根系穿过平面光极，其根际 pH 就可被测定（图 5-64），可以得到图 5-65 所示的结果。

2. pH 微电极

市面上销售的大多数 pH 微电极不适合测定植物根际 pH，丹麦 Unisense 公司生产的 pH 微电极是一款独特的商品 pH 微电极，能刺入柔软的样品中测量孔隙水 pH 浓度和变化，可用来测定根际 pH，但因其顶端太细（最细可达 10μm）需对实验材料进行特定处理。

将根窗稍微倾斜，将其一面的盖板移去，让生长在土壤表面的根系暴露出来。在暴露出来的根系及其根际上覆盖一条琼脂（约 6mm），其余土壤表面覆盖湿润材料以防土壤和根系失水（图 5-66）。15min 后，采用机械推进将微电极插入琼脂中，直达琼脂-土壤界面。从植物根尖开始，沿着根轴每 5 mm 测定一次，直到距离根尖 55mm 为止。

目前，人们已经开发出了一种基于氧化铱的长期稳定的 pH 微电极（Wang et al.，2002；Ges et al.，2005），其制造原理如图 5-67 所示。这样的微电极的尺寸为 20μm×20μm 和 20μm×40μm，可以用来测定 CHO 和成纤维细胞的酸化速率；在 pH4～11 的范围内，

电极上的氧化铱膜的反应呈线性（Ges et al.，2005）。因此，这样的 pH 微电极可以用来测定植物根际 pH。

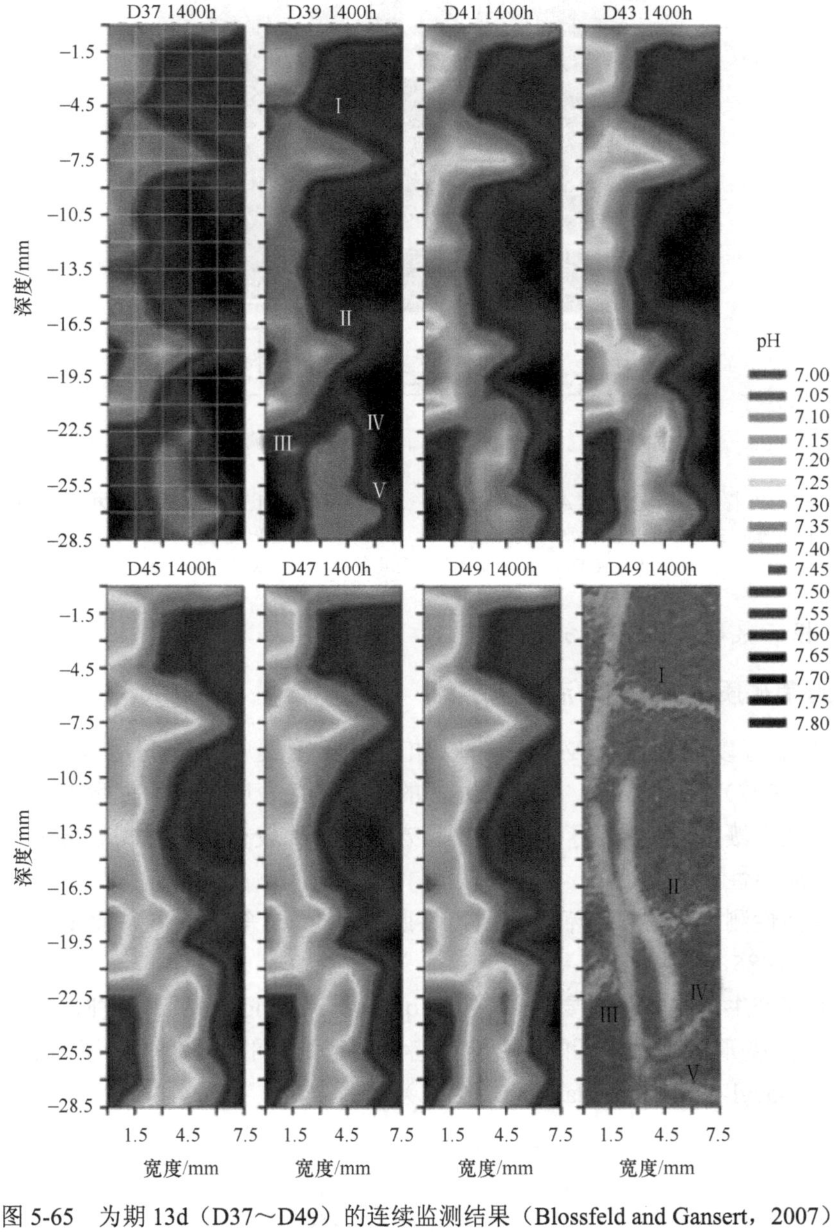

图 5-65　为期 13d（D37～D49）的连续监测结果（Blossfeld and Gansert，2007）

罗马数字 I ～Ⅳ标示的部分为侧根

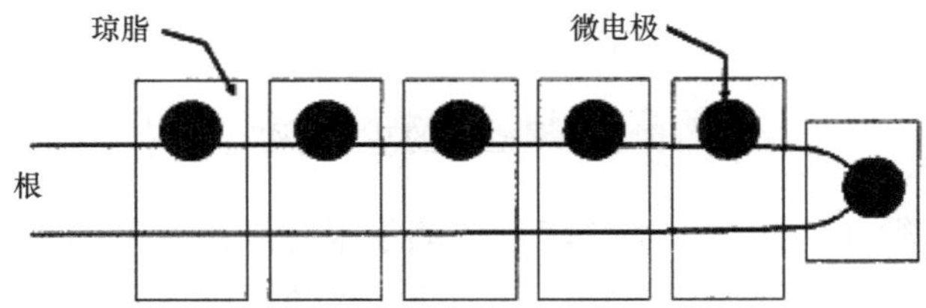

图 5-66　琼脂条和 pH 微电极在根和根际放置的位置（Gijsman，1990）

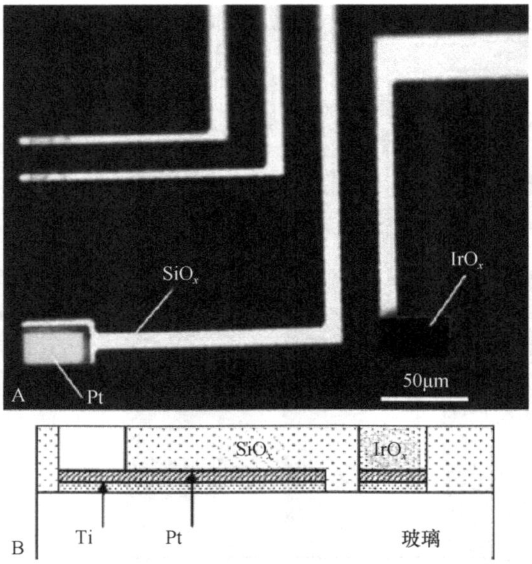

图 5-67 Pt 微电极显微图（A）（Ges et al.，2005）和 Ti/Pt 微电极横切面示意图（B）

A. 电极覆盖 150nm 厚的 SiO_2。电极上有两个长方形的开口，其中一个暴露出 Pt 电极的表面，另一个覆盖氧化铱（IrO_x）薄膜（感应 pH）；B. SiO_2 涂层进行电绝缘，氧化铱薄膜感应 pH

（三）根际氮矿质化实验方法

1. 根际氮矿质化相关酶的活性测定

植物根系可以向根际分泌蛋白酶以加强根际土壤中氮的利用（Godlewski and Adamczyk，2007）。Badalucco 等（1996）的研究结果表明，植物根际土壤的氮矿质化高于非根际区土壤。他们采用了间接的实验方法——比较植物根际和非根际土壤中蛋白酶和组蛋白酶活性。

蛋白酶活性测定和脱氨酶活性测定可参照 Badalucco 等（1996），脲酶活性测定可参照 Bonmati（1985，1991）。

很多细菌产生细胞外酶需要群体感应（quorum sensing，QS）（一种依赖于细胞密度的群体行为）。变形细菌是根际的主要定殖者，变形细菌的 QS 信号分子为 N-酰基-高丝氨酸内酯（N-acyl-homoserine lactone，AHL）（图 5-68）。

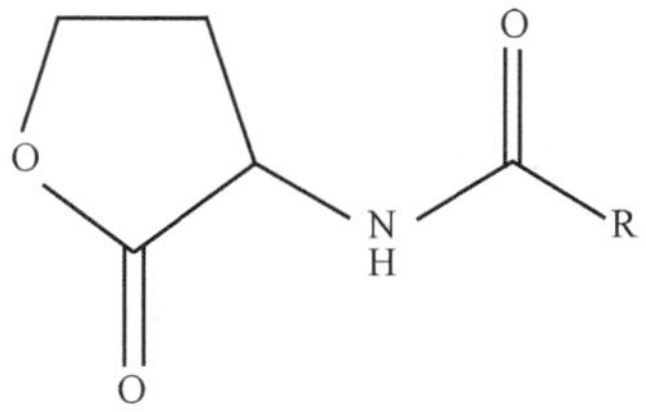

图 5-68 AHL 的基本结构

由于特定的氮循环酶活动增加伴随着依赖于根际细菌密度的集体行为，DeAngelis 等（2008）提出如下假说：在复杂的根际氮矿质化过程中 QS 可能是一个控制点。因此，AHL 的测定可以作为根际氮矿质化的一个重要指标——指示了根际细菌在根际氮矿质化过程中的重要作用。

AHL 测定可参照 DeAngelis 等（2007，2008）。

2. 根际蛋白酶的原位检测

根际蛋白酶活动的空间分布常用检测方法为土壤酶谱法（soil zymography）。其基本步骤是：首先采用根箱培养植物幼苗（如图 5-69），然后进行酶谱校正（图 5-70），最后得到蛋白酶的彩色酶谱（图 5-71）（Spohn et al.，2013）。

图 5-69　为根际蛋白酶活动的空间分析准备的实验材料（以根箱培养）（Spohn et al.，2013）

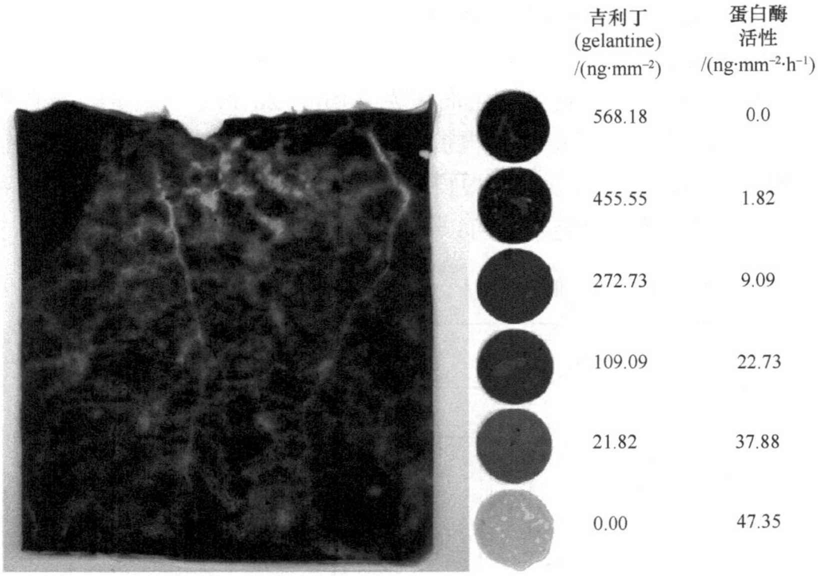

图 5-70　植物根际蛋白酶酶谱及其校正凝胶，第二列数字指示了蛋白酶活性（Spohn et al.，2013）

这种方法还适合于根际淀粉酶（Spohn et al.，2013），也应该适合于根际其他酶活性的空间分布研究。

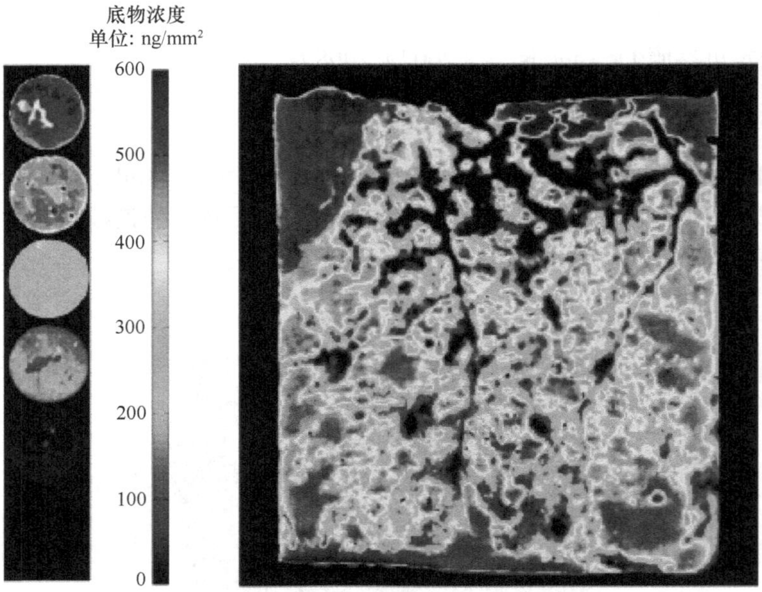

图 5-71　根际蛋白酶活性的彩色酶谱（Spohn et al.，2013）

（四）根际酸性磷酸酶的分析方法

1. 根际酸性磷酸酶的无损测定

Grierson 和 Comerford（2000）建立了一整套根际酸性磷酸酶无损分析方法。植物根系以图 5-72 所示的根窗系统观察。根窗由窗框和观察面（透明聚丙烯塑料膜，5mm 厚）组成。观察面上有一个带铰链的窗口（由一个小门栓固定）。铰链使用柔韧的橡皮圈制作，被安装在观察窗口的内面，其作用是防止土壤颗粒被夹住，避免窗口敞开。窗口的尺寸为 30cm×30cm，其内部测定面积为 20cm×20cm。在测定区域的 4 个角落和中心各有一个孔（直径 0.5mm）。整个根窗系统垂直安装在土壤里（以两根粗钢丝固定），以筛过的土壤回填其除去土壤刨面与根窗之间的孔隙。此后，以绝缘泡沫板和黑色塑料板覆盖根窗，6 个月后才可测定。也可以根箱培养植物幼苗，其观察面如图 5-72 所示。

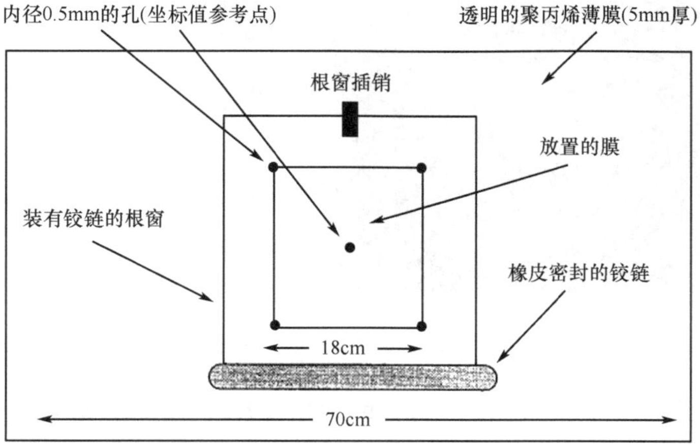

图 5-72　根际酸性磷酸酶原位测定的根窗系统（Grierson and Comerford，2000）

22cm×22cm 的硝化纤维膜事先以蒸馏水浸泡，以滤纸吸去多余水分，然后贴在打开的观察窗口的内部。粘贴时，使硝化纤维膜的中心与观察面的中心重合。然后关闭观察窗口，保持 10min。在移动硝化纤维膜之前，以毛细管插入观察窗上的每个小孔，以标记纤维膜的四周和中心，为后面的图像分析确定坐标。取下纤维膜，然后以塑料薄膜和锡箔纸包裹纤维膜，带回实验室进行扫描（300dpi）和分析。

后续过程如下：将纤维素膜放置在含有 1∶10（*v/v*）的混合溶液[50mmol/L α-萘基磷酸钠+10.8mmol/L 固红 TR（Fast Red TR，两者均溶于 pH5.6 柠檬酸缓冲溶液）]的玻璃器皿中，然后玻璃器皿以铝箔覆盖，这样，酸性磷酸酶的活动印迹可以被显示。酸性磷酸酶活动印迹显示的时间进程与酶活动强度有关，且可以随着不同的操作条件而变化，如将纤维素膜留在显示溶液中直到印迹清楚显现，这需要 1～4h。在印迹清楚显示后，将纤维素膜移出玻璃器皿中的混合液，然后用蒸馏水冲洗纤维素膜，以除去剩余的混合液，即可终止反应。此后，将纤维素膜放在滤纸上自然晾干，再以 300dpi 的解析度进行扫描，以 RGB 格式保存图像。所有过程均在室温下进行。经过处理的纤维膜，可以得到酸性磷酸酶的原位活性的空间分布（图 5-73）。

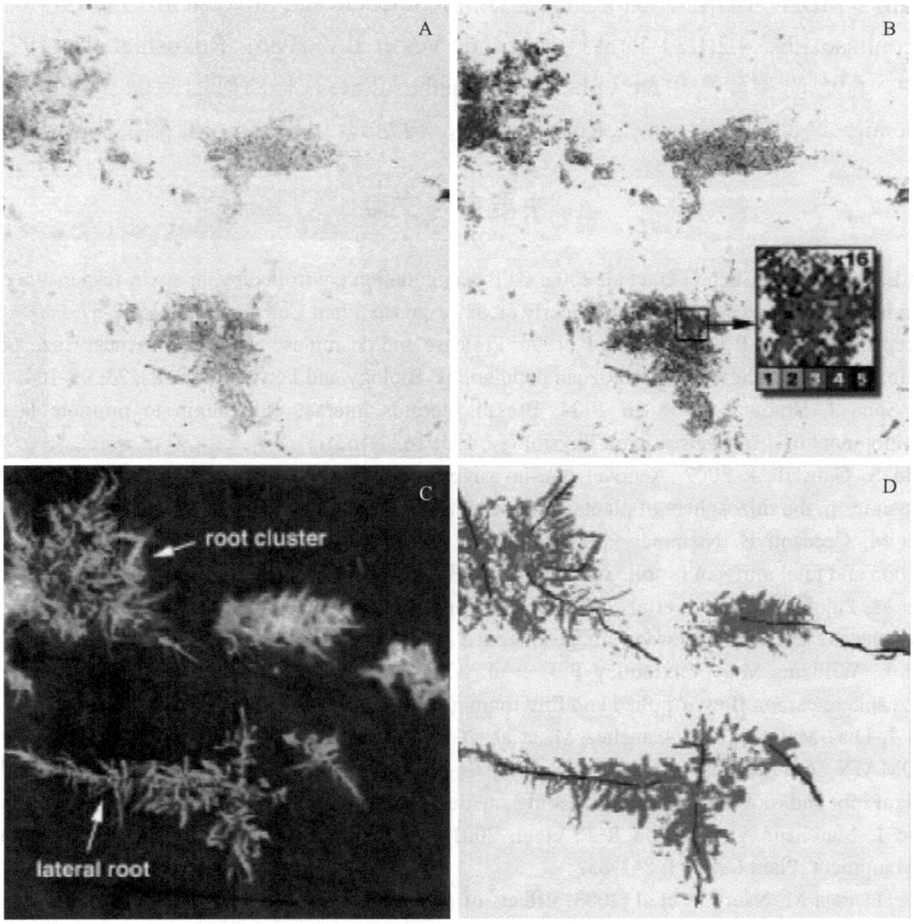

图 5-73 酸性磷酸酶原位活性的空间分布的测定

A. 植物根系与酸性磷酸酶印迹的原始数字图像；B. 酸性磷酸酶的印迹分类图像；C. 根窗中的根系统图像；D. 数字化根图像（Grierson and Comerford，2000）

2. 根际酸性磷酸酶活性的测定

根际酸性磷酸酶活性的测定可参照 Bonmati 等（1985）和 Li 等（1997）方法，根分泌酸性磷酸酶的分子控制研究可参照 Miller 等（2001）。

（五）根际有机酸的分析方法

根际有机酸的测定可参考相关文献（Li et al.，1997；Neumann et al.，1999）。

第四节　根中与根际分泌物活动相关的酶实验方法

根在向根际分泌各种有机物的同时，其内部发生很大的生理生化的变化。测定这些变化，可以充分说明植物根系活动与根际分泌物的数量和酶活动之间的关系。常用的酶试验方法有：磷酸烯醇式丙酮酸羧化酶（PEPC，EC 4.1.1.31）的活性分析（Vance et al.，1983），PEPC 的 SDS-PAGE 分析和 Western 印迹免疫分析（Johnson et al.，1994），柠檬酸合成酶（CS，EC 4.1.3.7）的活性分析（Srere，1967；Kurz and LaRue，1977），苹果酸脱氢酶（MDH，EC 1.1.1.37）的活性分析（Sulebele and Silverstein，1969），顺乌头酸酶（aconitase，EC 4.2.1.3）的活性分析（de Vos et al.，1986；Rokosh et al.，1973）。在分析中，配合吩嗪硫酸甲酯（phenazine methosulfate）与二氯酚啶酚（dichlorophenol indophenol）之间的指示反应（Rokosh et al.，1973），以 10mmol/L 顺乌头酸作为底物。

主要参考文献

Aspuria E T, Ooura C, Chen G Q, et al. 2002. GFP accumulation controlled by an auxin-responsive promoter as a non-destructive assay to monitor early auxin response. Plant Cell Reports, 21: 52-57.

Badalucco L, Kuikman P J, Nannipieri P. 1996. Protease and deaminase activities in wheat rhizosphere and their relation to bacterial and protozoan populations. Biology and Fertility of Soils, 23: 99-104.

Bao F, Shen J, Brady S R, et al. 2004. Brassinosteroids interact with auxin to promote lateral root development in *Arabidopsis*. Plant Physiology, 134: 1624-1631.

Blossfeld S, Gansert D. 2007. A novel non-invasive optical method for quantitative visualization of pH dynamics in the rhizosphere of plants. Plant, Cell & Environment, 30: 176-186.

Bonmati M, Ceccanti B, Nanniper P. 1991. Spatial variability of phosphatase, urease, protease, organic carbon and total nitrogen in soil. Soil Biology & Biochemistry, 23: 391-396.

Bonmati M, Pujola M, Satia J, et al. 1985. Chemical properties, populations of nitrite oxidizers, urease and phosphatase activities in sewage sludge amended soils. Plant and Soil, 84: 79-91.

Butler J L, Williams M A, Bottomley P J, et al. 2003. Microbial community dynamics associated with rhizosphere carbon flow. Applied and Environmental Microbiology, 69: 6793-6800.

Cabrera J, Diaz-Manzano F E, Sanchez M, et al. 2014. A role for LATERAL ORGAN BOUNDARIES-DOMAIN 16 during the interaction *Arabidopsis–Meloidogyne* spp. provides a molecular link between lateral root and root-knot nematode feeding site development. The New Phytologist, 203: 632-645.

Casimiro I, Marchant A, Bhalerao R P, et al. 2001. Auxin transport promotes *Arabidopsis* lateral root development. Plant Cell, 13: 843-852

Chevalier F, Pata M, Nacry P, et al. 2003. Effects of phosphate availability on the root system architecture: large-scale analysis of the natural variation between *Arabidopsis* accessions. Plant, Cell & Environment, 26: 1839-1850.

de Kroon H, Visser E J W. 2003. Root Ecology. New York: Springer-Verlag Berlin Heidelberg.

de Vos C, Lubberding H J, Bienfait F. 1986. Rhizosphere acidification in response to iron deficiency in bean plants. Plant Physiology, 81: 842-846.

DeAngelis K M, Firestone M K, Lindow S E. 2007. A sensitive whole-cell biosensor suitable for detecting a variety of n-acyl homoserine lactones in intact rhizosphere microbial communities. Applied and Environmental Microbiology, 73: 3724-3727.

DeAngelis K M, Lindow S E, Firestone M K. 2008. Bacterial quorum sensing and nitrogen cycling in rhizosphere soil. FEMS Microbiology Ecology, 66: 197-207.

Dennis P G, Miller A J, Hirsch P R. 2010. Are root exudates more important than other sources of rhizodeposits in structuring rhizosphere bacterial communities? FEMS Microbiology Ecology, 72: 313-327.

Duineveld B M, Rosado A S, van elsas J D, et al. 1998. Analysis of the dynamics of bacterial communities in the rhizosphere of the chrysanthemum via denaturing gradient Gel electrophoresis and substrate utilization patterns. Applied and Environmental Microbiology, 64: 4950-4957.

Ferreira P C G, Hemerly A S, de Almeida Engler J, et al. 1994. Developmental expression of the *Arabidopsis* cycline gene cyc1At. The Plant Cell, 6: 1763-1774.

Fitter A H. 1993. Architectural analyses//Hendry G A F, Grime J P, eds. Methods in Comparative Plant Ecology, A Laboratory Manual. Spring-Science+ Business Media, B.V.: pp165-169.

Fitter A H, Stickland T R. 1991. Architectural analysis of plant root systems 2. Influence of nutrient supply on architecture in contrasting plant species. The New Phytologist, 118: 383-389.

Ges I A, Ivanov B L, Schaffer D K, et al. 2005. Thin-film IrOx pH microelectrode for microfluidic-based microsystems. Biosensors & Bioelectronics, 21: 248-256.

Gijsman A J. 1990. Rhizosphere pH along different root zones of Douglas-fir(*Pseudotsuga menziesii*), as affected by source of nitrogen//van Beusichem ML, ed. Plant nutrition-physiology and applications. Boston: Kluwer Academic Publishers: 45-51.

Godlewski M, Adamczyk B. 2007. The ability of plants to secrete proteases by roots. Plant Physiology and Biochemistry, 45: 657-664.

Gowda V R P, Henry A, Yamauchi A, et al. 2011. Root biology and genetic improvement for drought avoidance in rice. Field Crops Research, 122: 1-13.

Grierson P F, Comerford N B. 2000. Non-destructive measurement of acid phosphatase activity in the rhizosphere using nitrocellulose membranes and image analysis. Plant and Soil, 218: 49-57.

Hinsinger P, Gobran G R, Gregory P J, et al. 2005. Rhizosphere geometry and heterogeneity arising from root-mediated physical and chemical processes. The New Phytologist, 168: 293-303.

Hirsch P R, Mauchline T H, Clark I M. 2013. Culture-independent molecular approaches to microbial ecology in soil and the rhizospherede Bruijn F J, ed. Molecular microbial ecology of the rhizosphere. vol. 1. New Jersey: John Wiley & Sons: pp 45-55.

Hirsch P R, Miller A J, Dennis P G. 2013. Do root exudates exert more influence on rhizosphere bacterial community structure than other rhizodeposits?//de Bruijn F J, ed. Molecular microbial ecology of the rhizosphere, vol. 1. New Jersey: John Wiley & Sons: pp 229-242.

Hochholdinger F, Tuberosa R. 2009. Genetic and genomic dissection of maize root development and architecture. Current Opinion in Plant Biology, 12: 172-177.

Huang P M, Gobran G R. 2005. Biogeochemistry of Trace Elements in the Rhizosphere. Boston: Elsevier.

Jackson R B, Pockman W T, Hoffmann W A. 1999. The structure and function of root systems//Pugnaire FI, Valladares F, eds. Handbook of Functional Plant Ecology. New York: Marcel Dekker: 195-220.

Johnson J F, Allan D L, Vance C P. 1994. Phosphorus stress-induced proteoid roots show altered metabolism in *Lupinus albus*. Plant Physiology, 104: 657-665.

Johnson M G, Tingey D T, Phillips D L, et al. 2001. Advancing fine root research with minirhizotrons. Environmental and Experimental Botany, 45: 263-289.

Kurz W G W, LaRue T A. 1977. Citric acid cycle enzymes and nitrogenase in nodules of *Pisum sativum*. Canadian Journal of Microbiology, 23: 1197-1200.

Li M, Shinano T, Tadano T. 1997. Distribution of exudates of lupin roots in the rhizosphere under phosphorus deficient conditions. Soil Science and Plant Nutrition, 43: 237-245.

Liljeroth E, Kuikman P, Van Veen J A. 1994. Carbon translocation to the rhizosphere of maize and wheat and influence on the turnover of native soil organic matter at different soil nitrogen levels. Plant and Soil, 161: 233-240.

López-Bucio L, Cruz- Ramírez A, Pérez-Torres A, et al. 2005. Root architecture//Turnbull C G N, ed. Plant Architecture and Its Manipulation. New York: Blackwell: 182-208.

Lukac M. 2012. Fine root turnover// Mancuso S, ed. Measuring Roots—An Updated Approach. New York: Springer-Verlag Berlin Heidelberg: 363-373.

Lynch J. 1995. Root architecture and plant productivity. Plant Physiol, 109: 7-13

Lynch J M, Whipps J M. 1990. Substrate flow in the rhizosphere. Plant and Soil, 129: 1-10.

Mancuso S. 2012. Measuring Roots-An Updated Approach. New York: Springer-Verlag Berlin Heidelberg.

Matzke A J M, Watanabe K, van der Winden J, et al. 2010. High frequency, cell type-specific visualization of fluorescent-tagged genomic sites in interphase and mitotic cells of living *Arabidopsis* plants. Plant Methods, 6: 2.

Mähönen A P, Tusscher K, Siligato R, et al. 2014. PLETHORA gradient formation mechanism separates auxin responses. Nature, 515: 125-129.

Miller S S, Liu J, Allan D L, et al. 2001. Molecular control of acid phosphatase secretion into the rhizosphere of proteoid roots from phosphorus-stressed white lupin. Plant Physiology, 127: 594-606.

Mollier A, Pellerin S. 1999. Maize root system growth and development as influenced by phosphorus deficiency. J Exp Bot , 50: 487-497.

Muyzer G. 1999. DGGE/TGGE a method for identifying genes from natural ecosystems. Current Opinion in Microbiology, 2: 317-322.

Nannipieri P, Ceccherini A M T, Landi L, et al. 2008. Effects of root exudates in microbial diversity and activity in rhizosphere soils//Nautiyal C S, Dion P, eds. Molecular Mechanisms of Plant and Microbe Coexistence. Berlin: Springer-Verlag: 339-365.

Neumann G, George T S, Plassard C. 2009. Strategies and methods for studying the rhizosphere—the plant science toolbox. Plant and Soil, 321: 431-456.

Neumann G, Massonneau A, Martinoia E, et al. 1999. Physiological adaptations to phosphorus deficiency during proteoid root development in white lupin. Planta, 208: 373-382.

Neumann G, Römheld V. 2007. The release of root exudates as affected by the plant physiological status//Pinton R, Varanini Z, Nannipieri P, eds. 2nd ed. The Rhizosphere: Biochemistry and Organic Substances at the Soil-Plant Interface. New York: CRC Press: 23-72.

Nuruzzaman M, Lambers H, Bolland M D A, et al. 2006. Distribution of carboxylates and acid phosphatase and depletion of different phosphorus fractions in the rhizosphere of a cereal and three grain legumes. Plant and Soil, 281: 109-120.

Osborn A M, Moore E R B, Timmis K N. 2000. An evaluation of terminal restriction fragment length polymorphism (T-RFLP) analysis for the study of microbial community structure and dynamics. Environmental Microbiology, 2: 39-50.

Ostonen I, Lõhmus K, Helmisaari H-S, et al. 2007. Fine root morphological adaptations in Scots pine, Norway spruce and silver birch along a latitudinal gradient in boreal forests. Tree Physiol, 27: 1627-1634.

Pages L, Asseng S, Pellerin S, et al. 2000. Modelling root system growth and architecture//Smit A L, Bengough A G, Engel C, et al, eds. Root Methods: A Handbook. Berlin Heidelberg: Springer-Verlag: 125.

Pérez-Torres C A, López-Bucio J, Cruz-Ramírez A, et al. 2008. Phosphate availability alters lateral root development in Arabidopsis by modulating auxin sensitivity via a mechanism involving the TIR1 auxin receptor. The Plant Cell, 20: 3258-3272.

Perilli S, Sabatini S. 2010. Analysis of root meristem size development // Hennig L, Köhler C. eds. Plant Developmental Biology-Methods and Protocols. New York: Humana Press: 177-187.

Perilli S, Sabatini S. 2010. Analysis of root meristem size development//Lars Hennig, Claudia Köhler, Eds. Plant Developmental Biology-Methods and Protocols. New York: Humana Press: 177-188.

Perry L G, Alford E R, Horicuchi J, et al. 2007. Chemical signals in the rhizosphere: root–root and root–microbe communication//Pinton R, Varanini Z, Nannipieri P, eds. 2nd ed. The Rhizosphere:

Biochemistry and Organic Substances at the Soil-Plant Interface. New York: CRC Press: 297-330.
Philippot L, Raaijmakers J M, Lemanceau P, et al. 2013. Going back to the roots: the microbial ecology of the rhizosphere. Nature Reviews Microbiology, 11: 789-799.
Phillips D L, Johnson M G, Tingey D T, et al. 2000. Minirhizotron installation in sandy, rocky soils with minimal soil disturbance. Soil Science Society of America Journal, 64: 761-764.
Phillips R P, Erlitz Y, Bier R, et al. 2008. New approach for capturing soluble root exudates in forest soils. Functional Ecology, 22: 990-999.
Pregitzer K S, DeForest J L, Burton A J, et al. 2002. Fine root architecture of nine north American trees. Ecological Monographs, 72(2): 293-309.
Rangel-Castro J I, Killham K, Ostle N, et al. 2005. Stable isotope probing analysis of the influence of liming on root exudate utilization by soil microorganisms. Environmental Microbiology, 7: 828-838.
Ranjard L, Poly F, Combrisson J, et al. 2000. Heterogeneous cell density and genetic structure of bacterial pools associated with various soil microenvironments as determined by enumeration and DNA fingerprinting approach(RISA). Microbial Ecology, 39: 263-272.
Rewald B, Ephrath J E. 2013. Minirhizotron Techniques//Eshel A, Beeckman T, eds. Plant Roots-the Hidden Half. New York: Taylor & Francis Group: 42-1-16.
Ristova D, Rosas U, Krouk G, et al. 2013. RootScape: A Landmark-Based System for Rapid Screening of Root Architecture in *Arabidopsis*. Plant Physiol, 161: 1086-1096.
Robinson D, Hodge A, Fitter A. 2003. Constraints on the form and function of root systems//de Kroon H, Visser E J W. Root Ecology. Berlin: Springer-Verlag: 1-31.
Rokosh D A, Kurz W G W, Larue T A. 1973. A modification of isocitrate and malate dehydrogenase assays for use in crude cell free extracts. Analytical Biochemistry, 54: 477-483.
Rymen B, Coppens F, Dhondt S, et al. 2010. Kinematic analysis of cell division and expansion//Lars Hennig, Claudia Köhler, eds. Plant Developmental Biology-Methods and Protocols. New York: Humana Press: 203-227.
Sabatini S, Heidstra R, Wildwater M, et al. 2003. SCARECROW is involved in positioning the stem cell niche in the *Arabidopsis* root meristem. Genes & Development, 17: 354-358.
Schwieger F, Tebbe C C. 1998. A new approach to utilize PCR–single-strand conformation polymorphism for 16S rRNA gene-based microbial community analysis. Applied and Environmental Microbiology, 64: 4870-4876.
Smit A L, Bengough A G, Engels C, et al. 2000. Root Methods: A Handbook. New York: Springer-Verlag Berlin Heidelberg.
Smucker A J M. 1993. Soil environmental modifications of root dynamics and measurement. Annual Review of Phytopathology, 31: 191-216.
Spohn M, Carminati A, Kuzyakov Y. 2013. Soil zymography—A novel in situ method for mapping distribution of enzyme activity in soil. Soil Biology & Biochemistry, 58: 275-280.
Srere P A. 1967. Citrate synthase. Methods Enzymol, 13: 3-11.
Sulebele G, Silverstein E. 1969. Malate dehydrogenase and aspartate aminotransferase of Phycomyces blackesleeanus. Archives of Biochemistry and Biophysics, 133: 425-435.
Svistoonoff S, Creff A, Reyond M, et al. 2007. Root tip contact with low-phosphate media reprograms plant root architecture. Nature Genetics, 39: 792-796.
Tingey D T, Phillips D L, Johnson M G. 2003. Optimizing minirhizotron sample frequency for an evergreen and deciduous tree species. The New Phytologist, 157: 155-161.
Torrey J G, Winship L J. 1989. Applications of continuous and steady-state methods to root biology. London: Kluwer Academic Publishers.
Trachsel S, Kaeppler S M, Brown K M, et al. 2011. Shovelomics: high throughput phenotyping of maize(*Zea mays* L.)root architecture in the field. Plant and Soil, 341: 75-87.
Ulmasov T, Murfett J, Hagen G, et al. 1997. Aux/IAA proteins repress expression of reporter genes containing natural and highly active synthetic auxin response elements. The Plant Cell, 9: 1963-1971.
Vamerali T, Bandiera M, Mosca G. 2012. Minirhizotrons in Modern Root Studies//Stefano Mancuso, ed. Measuring Roots-An Updated Approach. New York: Springer-Verlag Berlin Heidelberg: 341-361.

Vamerali T, Ganis A, Bona S, et al. 1999. An approach to minirhizotron root image analysis. Plant and Soil, 217: 183-193.

Vance C P, Stade S, Maxwell C A. 1983. Alfalfa root nodule carbon dioxide fixation. I. Association with nitrogen fixation and incorporation into amino acids. The New Phytologist, 72: 469-473.

Vogt K A, Vogt D J, Bloomfield J. 1998. Analysis of some direct and indirect methods for estimating root biomass and production of forests at an ecosystem level. Plant and Soil, 200: 71-89.

Walker T S, Bais H P, Grotewold E, et al. 2003. Root exudation and rhizosphere biology. Plant Physiology, 132: 44-51.

Wang M, Yao S, Madou M. 2002. A long-term stable iridium oxide pH electrode. Sensors and Actuators B, 81: 313-315.

Warembourg F R, Estelrich H D. 2000. Towards a better understanding of carbon flow in the rhizosphere: a time-dependent approach using carbon-14. Biology and Fertility of Soils, 30: 528-534.

Whipps J M, Lynch J M. 1983. Substrate flow and utilization in the rhizosphere of cereals. The New Phytologist, 95: 605-623.

Whitbeck J L, Cardon Z G. 2007. Introduction//Whitbeck J L, Cardon Z G, eds. The Rizosphere: An Ecological Perspective. Boston: Academic Press: xv-xix.

Wu C, Wei X, Sun H L, et al. 2005. Phosphate availability alters lateral root anatomy and root architecture of *Fraxinus mandshurica* Rupr. seedlings. Journal of Integrative Plant Biology, 47: 292-301.

Yang Y H, Yao J, Hu S, et al. 2000. Effects of agricultural chemicals on DNA sequence diversity of soil microbial community: a study with RAPD marker. Microbial Ecology, 39: 72-79.

Yoshitomi K J, Shann J R. 2001. Corn (*Zea mays* L.) root exudates and their impact on 14C-pyrene mineralization. Soil Biology & Biochemistry, 33: 1769-1776.

Zhu J, Kaeppler S M, Lynch J P. 2005a. Mapping of QTL controlling root hair length in maize (*Zea mays* L.) under phosphorus deficiency. Plant and Soil, 270: 299-310.

Zhu J, Kaeppler S M, Lynch J P. 2005b. Mapping of QTLs for lateral root branching and length in maize (*Zea mays* L.) under differential phosphorus supply. Theoretical and Applied Genetics, 111: 688-695.

第六章　作物生长分析方法

实际生产中作物生长和发育在农田生态系统中进行，因此进行作物生长分析首先必须确立在农田生态系统的大环境下，以个体测定为基础，着眼于群体生长，给出正确的分析结果。农田生态系统是以作物为中心的农田生物群落，强烈依靠人类的管理，不同的管理措施对作物生长会产生不同的生长效应，导致完全不同的结果，因此确定正确的分析方法和解析思路对于作物生长，特别是群体条件下的作物生长分析来说，是十分重要的前提和保障。

第一节　个体、群体生长分析

一、个体生长与群体生长的关系

作物生产的操作对象是作物群体，作物群体是由多个单株个体按照一定的空间位置排列组合的集团总和，作物个体生活在群体之中。作物群体中个体与个体之间、个体与群体之间及其与环境之间彼此影响，互相制约，形成一个复杂的动态的生态系统。作物个体与群体的关系包括作物个体的空间分布、作物个体与群体的协调机制和作物群体生产力的形成等。

1. 作物个体和群体既相互联系又互相制约

个体是群体组成的基本单位，群体则是由个体组成的整体。然而单独生长的个体和群体中的个体具有本质的不同，单独生长的个体的生长状况和产量高低，与群体中的个体表现并不对应。群体中的个体产量虽然是群体中各个体产量的总和，但却不等于各个个体单独生长体现出的产量总和。因为在群体环境中，个体所占有的空间相对有限，个体与个体之间形成对光照、养分、水分等生长因子的竞争关系，使个体生长受到抑制，个体适应群体环境条件的抑制程度，自我调节生长和发育的强度，从而使群体生长保持在一定的大小范围内。这就是群体生长的“自动调节”现象，其本质是群体中个体的生长适应群体环境的结果。群体的自动调节现象表现在作物生长发育的各个方面，如稻麦群体生长的茎蘖数的消长、每穗粒数的增减、干物重的变化等。

2. 合理的种植密度有利于个体和群体的协调发展

种植密度小，个体生长空间大，生长和发育相对较好，但个体数量少，不利于充分利用土地和光温资源，群体生长总量小，单位面积产量不高。种植密度大，个体数量多，但个体生长量小，同时因为个体生长竞争加剧，也不利于群体生长量的提高，群体的透光性和通风性劣化到一定程度，光合积累下降，呼吸消耗增加，群体生长量下降。只有选择合理的种植密度，个体生长和群体生长的关系达到最佳协调状态，群体生长量才能取得最大值，单位面积土地上获得最大产量，如图 6-1 所示。

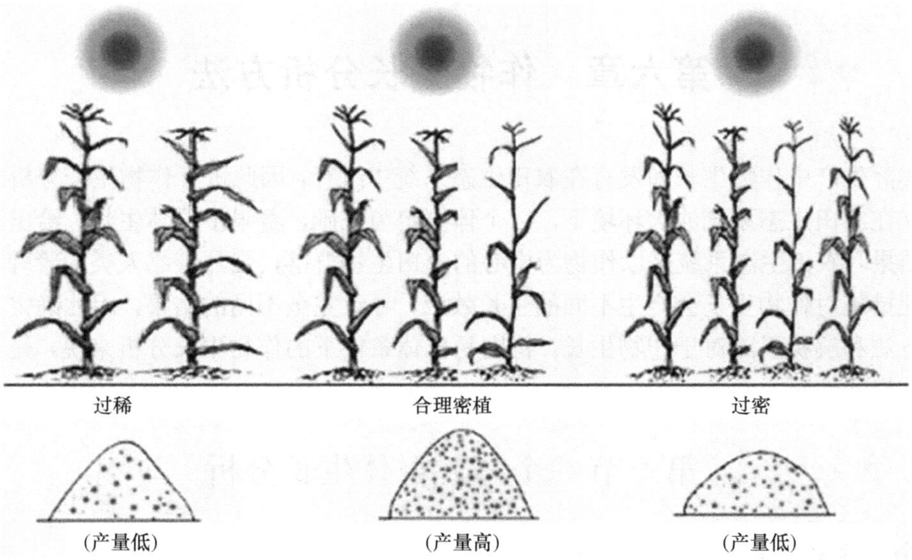

图 6-1　作物种植密度和产量的关系

3. 作物高产群体的特点

提高作物群体产量是作物栽培最为重要的目标，通过各种调控措施，改变作物群体生长条件，使之达到较高的群体生产力，也是作物生产的最重要内容。具有高生产力的群体称为高产群体，不同作物的高产群体具有不同的群体结构特征，但总体上具有以下共性特点：①产量构成因素协调发展，共同提高，从而达到较高的产量水平；②株型良好，利于提高有效生长，减少无效分枝（蘖）；③群体与个体、个体与个体、个体内部各器官协调生长，达到较优功能水平；④群体发育时空协调，生育进程与生长中心转移、叶面积指数消长动态等合理同步；⑤叶层受光态势好、功能时间长、光合效能大、物质积累多、利用效率高。只有建成高产群体，获得较好产量，在此前提下进行个体评价才有实际意义。

二、个体生长的分析项目及方法

个体生长分析主要包括个体的生长特征分析和发育规律分析两大部分。

（一）生长和发育的概念

生长是指作物个体、器官、组织和细胞在体积、重量和数量上的增加，是不可逆的量变过程。同时伴随着植株形态有规律的变化，如根的增粗变大、茎秆的伸长、叶片的长大等。作物生长包括营养器官如根、茎、叶的生长和生殖器官如花、果实、种子的生长。作物的生长是通过细胞的分裂和增大来完成的，即细胞数目增多，细胞、组织和器官增大。作物的生长可以通过长度、粗度、体积、重量、总蛋白质含量等加以衡量。

发育是指作物细胞、组织和器官的分化形成过程，是作物一生中形态、结构及功能上的质变过程。如幼穗分化、花芽分化、维管束发育、分蘖芽的发生、气孔的发育等。发育的结果最终导致植株根、茎、叶、花、果实、种子等器官的形成。目前的研究已经明确，温度的高低及持续时间（春化现象）和日照的长度及持续时间（光周期现象）是影响作物发育起始的最主要的外界环境因素。

作物的生长和发育是交替推进、互为条件的，生长是发育的基础，停止生长的细胞不能完成发育，没有足够的营养体生长，就不能正常繁殖后代；作物经过内部质变即发育形成了具有不同生理特性的新器官，继而促进了进一步的生长。生长和发育对环境条件的要求也不相同，对生长有利的条件不见得对发育有利，对发育有利的条件对生长也不一定有好处。如低肥力条件下对作物生长不利，却加速了发育进程；持续的暖冬对小麦的生长起到了加速作用，但不见得能取得高产；营养生长过旺的作物往往影响生殖生长，导致减产。

（二）个体生长特征的分析

作物的生长是一个不可逆的过程，作物生长速率的快慢主要受遗传因素和外界环境的共同作用。以作物个体为测定对象，进行作物生长的测定和分析，可以获得对作物生长特征的认识。主要可以分为形态特征和生理特征两大方面的测定。从细胞水平到个体整体，针对不同的测定对象，均可以找到相适应的测定和分析方法。

在形态特征的生长分析中，围绕作物的一生，针对不同器官的生长进行相应的测定，如种子萌发、幼苗生长、叶片的生长、根系的生长、茎的生长、分蘖的生长、开花和结实生长等，进行外部形态、组织结构到干物质重量的变化等方面的测定。通过测定和计算，可以得到相应的生长参数。

形态特征是生长活动的外在表现，而生理活性是生长活动的内在基础，伴随形态特征的分析测定，生理生化特征的分析测定在很多研究中需要同步进行，从而能够在更深层次解析生长特征的生理基础。生理活性的测定主要包括某种生理活动的强度测定（如光合作用、呼吸作用等）、生长过程关键酶活性的测定及相关生理活性物质含量的测定等。通过生理活性的相关测定可以获得支撑相应生长现象的生理特征的分析。

（三）作物的发育特性的分析

作物在营养生长的基础上必须正常进入生殖生长阶段才能完成完整的生命循环，作物的发育特性即为作物由营养生长向生殖生长转变过程中表现的一系列特征。作物的发育特征直接影响作物生育期的长短，主要表现为对温度和光照长度的反应，故又称为作物生长的温光反应特性。具体而言，作物必须经历一定要求的温度和光周期（日长）诱导后才能从营养生长开始转为生殖生长，开始花芽分化或幼穗分化，进而开花结实。具体包括作物的感光性、感温性和基本营养生长性。

1. 作物的感温性

作物的生育转变和生育进程受温度条件显著影响的特性称为感温性。

不少生长于冬春季节的作物，如小麦、油菜及一些花卉等，其营养生长期必须经过一段时间的较低温度的诱导后才能开始生殖生长，这一生育特性称为春化。根据春化所需低温及持续时间的要求，一般划分为冬性类型、半冬性类型和春性类型。冬性类型的作物或品种春化要求较低的温度和较长的春化时间，如果没有经历其需求的低温条件则一般不能进入生殖生长。半冬性类型的作物或品种春化要求的低温条件弱于冬性类型，春化时间也短于冬性类型。没有满足其春化要求则花芽分化和抽穗开花会大大推迟。春性类型作物或品种则原则上没有特别的低温要求，在正常生长条件下均可开花结实。

水稻是喜温作物，一定的高温可以加快生长速度，提早进行幼穗分化；低温则延长营养生长期，推迟进入穗分化。不同类型的品种，对积温有一定的要求，对积温要求越高，则越迟熟，高温缩短生育期的幅度就会越大。

2. 作物的感光性

作物进入生殖生长阶段除了需要一定的温度诱导外，还必须有一定的光周期（日长）诱导。作物或品种需要一定的光周期（日长）诱导方能开始生殖生长的特性称为感光性。

根据作物对光周期要求（临界日长）的差异，感光性类型一般分为三个类型：短日照作物、长日照作物和日中性作物。

短日照作物：即日照长度短于一定的临界日长度时才能开花。如水稻短于 12～15h，大豆短于 15h。适当缩短日长条件可以提早开花。如不能满足短临界日长条件，则延迟甚至不能进行花芽分化。

长日照作物：即日照长度超过一定的临界日长度时才能开花，如小麦、燕麦、油菜等。

日中性作物：开花之前并不要求一定的昼夜长短，只要达到一定基本营养生长期，在自然条件下四季均能开花，如荞麦、豌豆、黄瓜、茄子、番茄等。

作物的感光性是作物在长期的系统进化过程中适应不同的纬度条件形成的发育特性，如在低纬度地区没有长日条件，长期进化后形成了短日照作物，在高纬度地区，只有长日照条件下才能具备生长发育的温度条件，从而进化形成了长日照作物。而在中纬度地区，短日照作物和长日照作物都可以存在，长日照作物春末夏初开花，短日照作物则在夏末秋初开花。栽培作物在人类的不断驯化过程中，对日照长度的适应范围逐渐扩大，形成了不同日照类型的品种类型。如水稻晚稻属于典型的短日照作物，中稻则对短日要求相对较低，而早稻对日长基本不敏感，变成了近似日中性作物。小麦是长日照作物，但许多春性小麦在南方短日照条件下也可以顺利发育。

3. 作物的基本营养生长性

作物的生殖生长必须在完成一定的营养生长积累后才能进行，其发育转变需要有一定的营养生长作为物质基础。因此，即使作物处在最适合于发育转变的温度和光周期条件下，也必须有一个最低限度的营养生长量作为前提条件才能开始生殖生长。这种在作物进入生殖生长之前必须进行的最短的营养生长期，称之为基本营养生长期，这种基本营养生长期长短的差异特性，成为作物或品种的基本营养生长性。事实上，基本营养生长性的本质是能够进行生殖生长的最小营养生长量的积累。这种最小的基本营养生长量，并不是最适宜进行生殖生长的营养生长量，而是可以进入生殖转化阶段的最小营养生长量的界限。

由上述概念可见，作物发育特性的分析主要包括转变时期、转变条件（临界日长、温度等）、作用时期长短等方面的分析。

三、群体生长状况的分析

作物栽培的对象是作物群体，只有作物群体的产量才有实际意义。在作物生产上就必须根据作物群体与个体及群体中个体与个体之间的相互关系，采取有效的栽培措施，调控群体发展过程，创造一个合理的群体结构，通过发挥个体潜力，提高群体的光合作用与物质生产能力。

（一）群体结构分析

群体生长状况主要取决于作物群体结构，主要指群体的组成、大小、分布、长相、动态变化及整齐度等，与产量和品质有密切关系，既反映群体的特性，也是影响群体中个体生长发育状况的主要因素。

作物群体组成是指构成群体的作物种类，以及主茎与分枝（蘖）的比例和分布情况。同一作物组成的群体称单一群体，不同种或品种（尤指生育期不同的品种或株高差异大的品种）组成的群体称为复合群体，如间作、套作、混作的群体。

作物群体大小的衡量指标有密度、干物质积累量、茎蘖（枝）数、叶面积指数、穗（铃、角、荚）数、根系发达程度等。密度是决定群体大小的最基本要素，是作物群体发展的起点，对生育进程中群体大小的动态变化有着深刻的影响。因此，在作物栽培中，确定合理的群体起点（密度）是一个特别重要的栽培措施。除密度外，群体大小是随生育进程而动态消长的，在相关指标的消长过程中，如何得到群体消长的合理动态，建成一个高生产效率的优质群体，则是栽培学的核心内容之一。

干物质积累量不仅可以反映出个体生育状况，而且是反映群体物质生产和运输分配的常用指标。例如，在群体较大的情况下，群体干物质可能也大，而个体干物质积累量可能较小。也可能出现群体和个体都较小的情况，此时说明群体结构很不合理。只有在个体生物量适当、群体生物量最大时，群体生产效率最高。

叶面积指数（LAI，leaf area index）是反映群体光合面积大小的指标。一般 LAI 是随生育进程而动态变化的，最大 LAI 一般出现在初花（孕穗）期。LAI 不是越大越好，高产群体要求有一个适宜的 LAI 和动态消长进程。

茎蘖（枝）动态是指群体内所有茎蘖（枝）随生育进程的消长动态状况，反映群体大小、个体健壮程度、有效分蘖（枝）比例、对产量的贡献等。茎蘖（枝）动态发展的结果则会形成产量构成的基本要素之一的穗数（铃数、角数、荚数），是一个与产量关系非常密切的指标。

根系发达程度包括单位体积土壤中根系扩展度、根系数目及根系长短粗细、根系活力、根系干物质积累量等。因为是地下部，测定相对困难，因而开发出很多相关的测定方法。

群体生长除以上很多质和量的指标外，还有一个独特的表现特征，就是群体分布。

群体分布是指群体内个体及个体各个器官在群体中的时空分布和配置。下面举例介绍。

群体时间分布：是指随着生育进程的群体发展状况，实际上就是群体动态变化。例如，棉花的“四桃”即伏前桃、伏桃、早秋桃、晚秋桃就是按时间分布来划分的。一方面反映群体结构的动态发展，另一方面从这种动态发展与生育进程的同步与否上，可反映群体与个体间的关系。复合群体的时间分布与配置还指作物间的共生期长短等。

群体水平分布与配置主要指个体分布的均匀度、整齐度、株行距、套作的预留行宽度等。

群体空间分布是指群体垂直立体分布。群体生育中前期可分为三个层次：光合层、支持层和吸收层。生育中后期还要加上结实层。稻、麦、油菜的结实层在上部，花生的结实层在下部（土中），玉米的结实层在中部，大豆、棉花的结实层上、中、下部均有分布。结实层结构质量直接反映产量与品质。复合群体还包括间套作作物间的空间配置。

作物高产群体一般具有以下特点：产量构成因素协调发展，有利于保穗（果）增粒增重；主茎和分枝（蘖）间协调进展，有利于塑造良好的株型，减少无效枝（蘖）的消耗；群体与个体、个体与个体、个体内部器官之间协调发展；生育进程与生长中心转移、生产中心（光合器官）更替、叶面积指数（LAI）、茎蘖（枝）消长动态等诸进程合理一致；叶层受光态势好，功能期稳定，光合效能大，物质积累多，转运效率高。

（二）光合积累和产量形成

光合作用是作物生长的中心问题，也是植物同化生产最根本的基础。植物各器官的干物质中，90%以上都是由光合作用产生的有机物质组成的。光合作用的强弱直接关系到作物的产量与品质。作物的生物学产量，其本质就是作物在相应的生育期内通过光合作用积累的物质减去呼吸消耗所累积的各种有机物的总量。

作物的生产力取决于光合速率、光合面积、光合时间、光合产物的消耗（呼吸）及光合产物往产量器官的运转与分配（经济系数）等五大因素：

$$\text{经济产量} = (\mathrm{Pg} \times \mathrm{LA} \times T - R) \times \mathrm{HI}$$

式中，Pg 为光合速率；LA 为光合面积；T 为光合时间；R 为呼吸消耗；HI 为经济系数。

在田间光合作用测定中，最常测定的参数是光合速率 Pg，测定的对象是光合气室（叶室）所包含的部分叶片，以此衡量叶片的光合能力，常以每平方分米每小时同化 CO_2 的毫克数为指标。

从单叶光合到单株光合再到群体光合，并不是简单的数量相加，个体光合能力的发挥受到群体生长条件的限制，个体的协调生长和合理的空间分布才能获得最高的群体光合量。

1. 单叶光合速率与产量的关系

叶片的光合速率在没有特定说明的情况下大多指单叶光合速率或单位叶面积光合速率，是叶片光合能力的衡量指标。科学家曾在很长时期内尝试提高作物单叶光合速率，即高光效育种，以提高作物对光能的利用，从而达到提高产量的目的，但长期的努力收效甚微，可见植物叶片的光合速率是一个非常稳定的遗传性状，很难通过一般手段加以改变。

Evans 和 Dunstone 在研究小麦产量进化过程中，发现随着产量的增加叶片光合速率下降；并认为不存在以单位叶面积计的叶片光合速率与产量正相关的证据，也无通过高光合速率的选择增加产量的实例。许多学者的进一步研究表明，野生小麦产量低并非因为叶片光合速率低，而是叶面积小、叶片光合功能期短和经济系数低所造成的（表 6-1）。而且，在许多作物中均证明，同一作物在开花结实期叶片的光合速率与产量存在显著正相关，可见叶片光合功能期长对于产量形成具有关键的作用。事实上，多年来作物产量的提高，更多的是依靠株型的改变，增加了群体叶面积和叶片的功能期。

表 6-1　不同小麦种旗叶的光合性能

倍数性	染色体组	类型	种名	旗叶面积 /cm^2	光合速率 /[mg CO_2/（$dm^2 \cdot h$）]	光合速率高值持续天数
2X	AA	野生	野生一粒小麦	9.2	30.6	23
	AA	原始	栽培一粒小麦	11.2	18.8	24
	BB	野生	拟斯卑尔脱	7.8	29.7	24
	DD	野生	节节草	9.3	23.1	27
4X	AABB	栽培	二粒小麦	21.9	19.2	29
	AABB	栽培	硬粒小麦	25.2	15.7	28
6X	AABBDD	原始	斯卑尔脱	27.5	17.6	31
	AABBDD	栽培	中国春小麦	29.4	12.8	33

单一叶片净光合速率（Pn），是单叶真光合速率（Pg）减去自身呼吸消耗的部分。在其他条件适宜时，Pn 与光强的关系如图 6-2 所示。

单叶真光合速率：Pg =Pn（净光合）+R_d（呼吸）

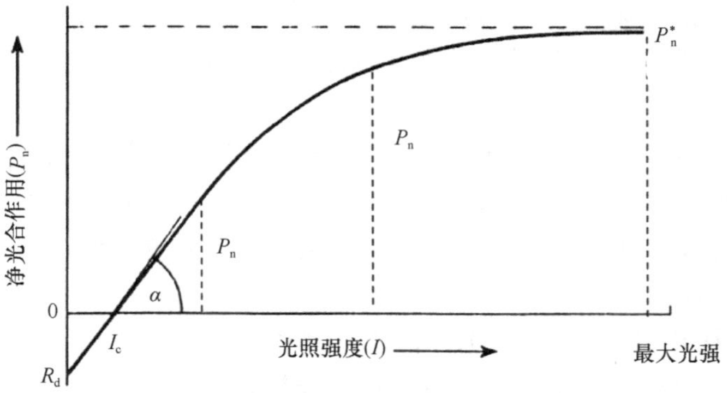

图 6-2　单叶净光合速率与光照强度的关系

I_c为光补偿点，R_d为暗呼吸，α 为弱光下的辐射利用率，P_n^*为光饱和时的光合速率。

2. 单叶光合生产性能及主要影响因素

（1）叶面积、比叶重、比叶面积

单叶面积大、比叶重（单位叶面积的干重，叶干重/叶面积,SLM）大，叶片光合生产能力强。

比叶重大表明叶厚、叶肉细胞层数多，叶绿素含量高，有利于捕获光能。净光合速率常与比叶重呈高度正相关（图 6-3）。但较薄的叶片（比叶重低）有利于适应低光强，可保证叶绿体高效受光及 CO_2 在较短通路上向叶绿体扩散。

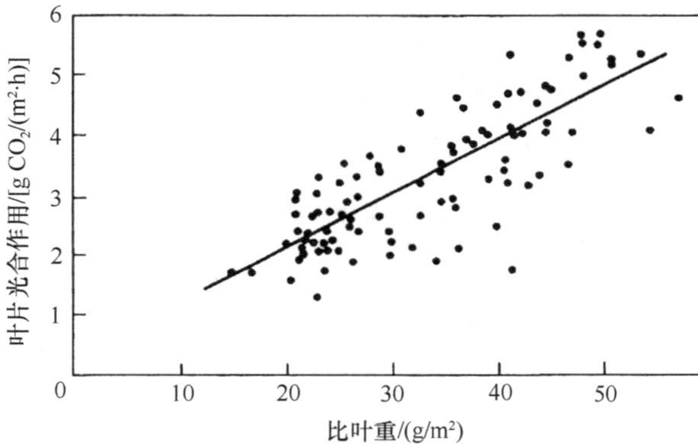

图 6-3　紫花苜蓿叶片净光合作用与比叶重（SLM）的关系（Pearce et al.，1969）

对作物单叶进行叶面积测定，常用方法有如下几种。

A. 剪纸称重法

将叶片画在均匀的透明纸上，然后剪纸得到纸模。在电子分析天平上称得纸模重量，将此重量除以单位面积标准纸重，即可换算成估测的叶面积。剪纸法简单、方便、成本极低，但对于不规则形状叶片精确度会降低，不适合叶片较小植株叶面积测量，比较费时。同时，精确性也受人为因素、纸张的均匀性等影响。

B. 方格法

将叶片的轮廓描在标准计算纸（最小方格的规格为 1mm×1mm）上，统计叶轮廓占的小方格数（达到或超过半格的算 1 格，不足半格的舍去），即得到用方格法测定的叶面积。该方法简单易行，对操作者要求不高，但费时、费工。

C. 长宽系数法

先测量出叶片的长度（从叶基到叶尖，不含叶柄）和叶宽（叶片上与主脉垂直方向上的最宽处），求出长与宽的乘积，再乘以特定作物叶面积校正系数，即得到估测的叶面积。该方法简便、无损，无需昂贵的仪器，求取可靠的校正系数是关键。

D. 数字图像处理法

首先采用数码相机（活体条件）、扫描仪（离体条件）获取叶片数字图像，再用 Auto CAD、ImageJ、Photoshop、Matlab 等图像软件计算叶面积。该方法具有准确、快速、成本较低、可适用于非损伤测定等优点。

E. 叶面积仪法

叶面积仪是一种使用方便、可以在野外工作的便携式仪器（图 6-4）。可以精确、快速、无损伤地测量叶片的叶面积及相关参数，也可对采摘的植物叶片及其他片状物体进行面积测量。可测量叶面积、平均叶面积、叶长、叶宽、长宽比。该方法使用方便，但相对成本较高，对专用仪器依赖度大。

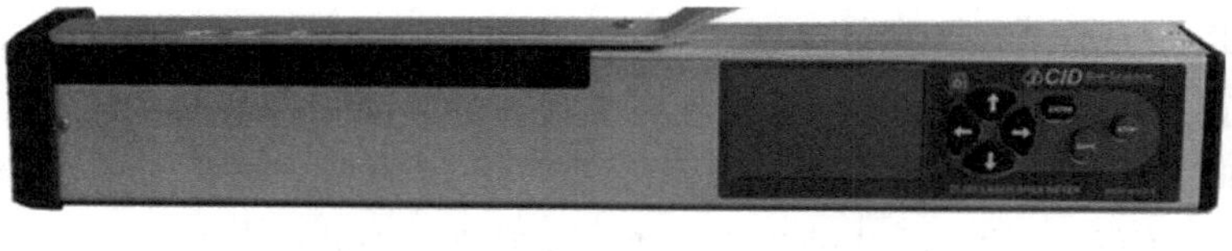

图 6-4　手持式激光叶面积仪 CI-203

（2）最大净光合速率

最大净光合速率体现了单位叶片的光合同化潜力，新生叶片在完全展开后 1 周左右，当营养条件、水分供应和温度适宜时，叶片在强光下均可获得最大净光合速率。在一定范围内，叶片有机含氮量与最大净光合速率呈正相关（在 C_3 植物中 Rubisco 所含氮素约占叶片总氮的 25%）。不同作物的净光合速率如表 6-2 所示。

表 6-2　不同作物的净光合速率[mg CO_2/（$dm^2 \cdot h$）]

作物类别	光合速率	数据出处
小麦	28.5（旗叶）	张荣铣，1988
大麦	26.31～27.01（第 7 叶）	潘波，1990
燕麦	14.0～36.4（两个品种不同叶位）	李雁鸣，1990
水稻	25～32（品种间）	邓仲池，1989
大豆	25.58～38.18（品种间）	邹冬生，1989
棉花	25～50（品种间）	EL-Sharkawy，1964
玉米	41.6～58.1（两个品种不同叶位）	赵明，1988
高粱	34.6～72.4（两个品种不同叶位）	李雁鸣，1988
甘蔗	34.4～86.4	Irvine，1967

（3）叶片生理年龄与光合速率高值持续期

在叶片出叶到全展的叶片生长期间，光合速率随叶绿素含量的提高及光合结构的完善而快速上升。在叶片成熟期，即叶片全展后不久叶绿素含量和光合速率达到高峰，此后，随着叶生理年龄的增加，光合速率和叶绿素含量逐渐下降，且光合速率的下降早于叶绿素含量的下降。叶绿素含量维持最高值的 80%以上的天数称叶绿素含量的相对稳定期。光合速率维持最高值的 50%以上的天数称光合速率高值持续期（active photosynthesis duration，APD），此时期为功能可逆衰退期。在叶片衰老期，叶绿素含量和光合速率出现不可逆速降期。

3. 冠层的光合性能

作物群体冠层的光合性能（光合生产力）决定作物的生物学产量和经济产量。冠层的光合生产力与单叶的光合生产力密切相关，但不是各单叶净光合的简单之和。

影响冠层光合性能主要因素包括：①辐照截获量，取决于群体结构和辐射入射量；②群体结构，叶面积指数、叶倾角、植株在田间的配置；③叶片光合速率。另外还与群体小气候及水、肥供应有关。冠层的光合生产力实质上是取决于光能截获量及其对光能的利用率。

（1）群体辐照截获量

作物群体内的光强分布随叶面积指数和消光系数呈负指数下降，即符合 Bouguer-

Lambert 定律：$I_F=I_0e^{-KF}$。式中：I 为群体某一高度水平光强；I_0 为群体顶部光强；e 为自然对数的底；F 为群体某一深度的层次以上累计的叶面积指数；K 为群体消光系数（与叶层排列、叶片大小和着生角度、入射光角度、叶层透光率等有关）。光能截获量取决于入射光强、叶面积指数及叶片的光学特性。入射光强取决于气候特点，人力无法改变。叶面积指数则与种植密度关系最大，合理的种植密度可取得光能截获率与透光率的协调，获得群体内最大的光合同化量（表 6-3）。叶片的光学特性主要决定于叶片的空间配置，如叶片倾角、叶片的几何形状等。

表 6-3 玉米密度与截获光能（自然光照的百分数）的关系

种植密度/（株/亩）	叶面积指数	反光率/%	透光率/%	截获率/%
2000	2.60	8.5	23.7	67.8
3000	3.91	8.5	12.5	78.7
4000	5.39	10.9	7.3	81.8

（2）群体结构与光合作用

群体结构是指作物及其各部分器官在田间群体条件下的空间布局，主要指标有田间的种植密度、株行距配置、植株个体大小、叶层排列方式与叶倾角、叶面积指数的消长等。其中，叶面积指数和叶倾角与群体的光能利用和物质生产关系最为密切。

A.叶面积指数与光合和呼吸的关系

群体叶面积指数（LAI）是单位土地面积上的叶片总面积。随着叶面积指数的增加，群体光合总量增加，同时叶片相互遮光程度加剧，下层叶片受光量减少，当超越一定程度时，群体下部叶片光强低于光补偿点以下，呼吸消耗多于光合积累，叶片就会由同化积累器官转变为同化物消耗器官。从群体角度来看，存在一个最适 LAI，在此条件下，群体维持最大的净光合生产量，群体干物质积累量最大。

B.叶倾角与光合速率及最适 LAI 的关系

叶倾角是指叶片直立部分与水平面的着生角度。叶倾角大，叶群直立程度高，相互遮光作用小，利于中下层叶片的光合作用。

表 6-4 叶倾角与光合速率及最适 LAI 的关系

叶与水平面的角/°	叶片光合速率/[mgCO_2/（dm^2·h）]	截获最大光量的 LAI	总的小区光合作用/[mgCO_2/（dm^2·h）]
0	33	1	33
60	31	2	62
75	26	4	104
85	12	10	120

据计算，在美国玉米种植带，叶倾角为 80°时将获得最高的生产力。

对于所有叶均为直立角度的冠层来说，要达到较高的作物生产量，还必须有较高的 LAI。但是，直立叶片株型对于在弱光条件下生长的作物利用太阳辐射是不利的。

（3）作物产量的源库关系

自从 Mason 等在研究光合产物的分配时提出作物产量的源库理论以来，对产量形成的认识常常会从源库关系的角度去分析。“源”是光合产物的生产和供应器官，通常是指进行光合作用的叶片等绿色器官；“库”是贮藏同化物的器官，通常为产量器官。源库关系通常表现为源对库的供应强度和库对源的反馈调节。曹显祖等通过对水稻源库关系的分析，把水稻品种划分为三种类型：源限制型、库限制型和源库互作型。高产水稻往往表现为在高源高库水平上的源库互作类型。粒叶比表示了单位叶面积所承载的库容量，既反映了库容的相对大小，又代表源的质量水平和库对源的调运能力，可作为群体条件下源库关系是否协调的综合指标。

作物生长过程可分为前后两个性质完全不同的源库发育过程，前期为源库建成阶段，生长中心为源和库的架构形成，即营养和生殖器官的发育，决定了库容的大小；后期为库的充实阶段，叶片（源）的光合产物供应产量器官（库）的充实，生长中心为产量库的充实。产量构成器官“库”的形成，有赖于叶片提供光合产物才能在生长发育过程中建成，而“库”所贮存的物质也是源于光合产物及其转化物。

产量库的充实，产量形成时期（禾谷类作物结实期）叶源的光合来源是最主要的部分，同时还会接受部分开花前贮藏的同化物和衰老器官所撤离的营养物质。具体比例作物间有一定差异。水稻籽粒产量约 74%来自开花后顶三叶的光合产物，其余 26%来自开花前营养器官的贮积及衰老过程中所撤离的营养物质。油菜约 70%来自角果皮和种皮光合产物，其余为来自衰老器官所撤离的营养物质。油菜单株角果的最大绿色总表面积，接近单株原来的总叶面积，是角果期的主要光合器官。大麦、小麦籽粒产量的 70%以上来自开花后顶三叶及颖果自身的光合产物，其余来自开花前的光合产物。

四、群体生长分析的数字化方法

一般试验中获取农作物群体生长状况及其相关数据的传统方法为田间采样调查。相关分析方法必须通过取样进行，多数具有破坏性，数据获取也需要在烘干和相关测定后才能得到，具有明显的滞后性。且需要较大的人力、物力投入。另外受实验室理化分析条件的限制，只能选取少量植株样本进行室内分析，以个体样本的分析来推算群体生长状况，无法准确获取宏观区域的农作物群体长势信息。随着近年来近地面遥感技术的发展，通过光谱分析等技术手段，实现群体生长的实时监测，甚至通过卫星遥感等手段可以获得区域范畴的大面积群体生长状况分析。从而可以实现群体生长的无损连续监测，科学快速地监测农作物长势，及时地了解农作物的苗情、生长状况及品质状况等群体生长指标。

遥感技术是一种不直接与目标物接触而感知其性质与状态的空间探测技术，其以电磁波理论为依据，应用各种传感仪器设备对目标物所辐射和反射的电磁波信息进行采集、处理、成像，以用于目标物的探测与识别。在农作物生长分析中的应用，实现了观测方式从传统的地面取样分析向遥感区域观测的转变，为区域农作物群体长势的定量监测提供了强有力的数据获取手段。遥感技术作为宏观、无损、定量监测农作物群体长势及其空间分布形态与特征的有效科学手段，在精准农业领域得到了日益广泛和深入的应用研究。

通常意义上的农作物群体长势遥感监测是基于空间和地面遥感技术对当前和近期农作物的苗情、生长状况及其变化快慢及均匀程度的综合宏观监测，开展该研究的基础和必要前提是可用于遥感反演的农作物群体长势参量。农作物群体生长的状况与趋势可以大致从群体形态结构和群体生理活性角度进行描述，其中群体形态结构主要表征近期生长发育中群体数量的多寡，常用的遥感可反演长势参量有：植被覆盖度、叶面积指数（LAI）等；而群体生理活性则主要表征当前群体的营养健康状况，常用的参量有：冠层叶片色素含量、冠层叶片色素密度等。在农业定量遥感研究中，植被指数（vegetation index，VI）是依据遥感数据进行群体长势快速定量评估的主要参量，也是定量反演上述群体形态结构和群体生理活性表征参量的重要依据（Elvidge et al.，1995；赵英时，2003）。

农作物的群体长势在不同时段或不同的光照、温度、水分、气体、土壤等外界环境条件下会有所不同（王纪华等，2008），故为了定量分析群体长势状况及其时空分布形态和特征，需开展群体长势分级评估研究。群体长势监测可大致分为实时长势监测和生长趋势监测两大类。农作物长势监测指对作物的苗情、生长状况及其变化的宏观监测，可以分为随时间变化的监测和长势空间分布状况监测；生长趋势监测旨在进行年际农作物群体生长过程对比分析，定量描述群体持续生长差异性的时间分布形态和特征，从而为早期的产量预测提供信息。

通过遥感进行作物群体生长的数字化分析方法主要有：作物生理参数（如叶面积指数、生物量等）遥感监测方法、作物生化参数（如氮素浓度等）遥感监测方法、作物物候遥感精准监测方法、群体特征与个体特征相耦合的长势监测方法等。

目前遥感监测作物长势技术上还有很大的发展空间，精度和准确性还未完全满足需要。提高监测的精度和可靠性需要在遥感影像时间和空间分辨率、遥感定量化处理、作物生长机理方面进行研究。在定量化处理方面，有关生物量、叶面积指数遥感反演还需要进一步研究，与地面实测结果一起建立模型共同分析，提高监测的定量化水平和可信度。

五、作物生长曲线及其生长指标

作物的干物质生产和积累是由作物的生长过程来实现的，通过对作物生长过程中植株个体和群体生物产量的增长与增长速度、光合器官生产干物质能力的分析，可以描述作物生长的数量变化及变化规律，这就是作物生长分析的主要内容。生长分析法的基本观点是以测定干物质增长为中心，同时也测定叶面积等指标，进一步计算与作物光合作用和物质生产等生理功能相关的参数。

（一）作物生长分析指标

1. 作物生长率

作物生长率（crop growth rate，CGR），又称为群体生长率，是指作物群体在单位时间单位面积上所增加的生物量（干物重），用来表示作物群体生长快慢。

$$\text{CGR}=\frac{(W_2-W_1)}{A(t_2-t_1)}$$

式中，W_2、W_1 分别是 t_2、t_1 时测得的干物重；A 为土地面积。CGR 的单位是 g/（m^2·d）。

2. 相对生长率

相对生长率（relative growth rate，RGR）是指单位时间单位重量植株的重量增加，通常用 g/（g·d）或 g/（g·周）表示。即以原重为基础增重的相对量。

3. 叶面积指数

叶面积指数（LAI）是指作物群体叶面积与土地面积的比值，即单位土地面积上作物群体叶面积。

4. 净同化率

净同化率（net assimilation rate，NAR）是指单位叶面积的作物生长率，即单位叶面积在单位时间内的干物质增长量[单位：mg/（m^2·d）]。

$$\text{NAR}=\frac{1}{L}\cdot\frac{\mathrm{d}W}{\mathrm{d}t}=\frac{\mathrm{d}\ln L}{\mathrm{d}L}\cdot\frac{\mathrm{d}W}{\mathrm{d}t}=\frac{\ln L_2-\ln L_1}{L_2-L_1}\cdot\frac{W_2-W_1}{t_2-t_1}$$

式中，L_2、L_1 分别为 t_2、t_1 时间的叶面积，W_1 为时间 t_1 时的干重，W_2 为时间 t_2 时的干重。

5. 叶面积比率

叶面积比率（leaf area rate，LAR）是指叶面积与植株干重之比，即单位干重的叶面积。

$$\text{LAR}=\frac{L}{W}=\frac{\mathrm{d}\ln W}{\mathrm{d}W}\cdot\frac{\mathrm{d}L}{\mathrm{d}\ln L}=\frac{\ln W_2-\ln W_1}{W_2-W_1}\cdot\frac{L_2-L_1}{\ln L_2-\ln L_1}$$

6. 比叶面积

比叶面积（specific leaf area，SLA）是指每克干叶的叶面积，用来表示单位干重的叶片所占叶面积的大小。

7. 比叶重

比叶重（specific leaf mass，SLM）是指单位叶面积所具有的干物质重量，用来描述叶片厚薄程度。

8. 叶日积

叶日积（leaf area Day，LAD）是指某一作物群体的叶面积指数与其持续时间的乘积：

$$\text{LAD}=\text{LAI}\times D$$

式中，LAI 为叶面积指数，D 为持续的时间。用来比较不同群体结构农田群体叶面积的大小和延续时间的长短。叶日积较客观地反映出不同群体结构农田和作物不同生育期叶面积变化的差异，也可以用来比较作物不同生育期叶面积所占比例的大小。

在实际应用中，叶日积可以通过下式计算：

$$LAD = (L_1 + L_2) /2\times (T_2-T_1)$$

式中，L_1、L_2为前后两次测定的群体叶面积指数，T_1、T_2为测定日期。

9. 光合势

光合势（photosynthetic potential，PP）指单位土地面积上（如 $1hm^2$），作物群体在整个生育期或某一生育阶段，总共有多少平方米的叶面积，按其功能期折算成为“工作日”，来衡量它对产量的影响。是叶面积与其工作持续日数的乘积，其单位是“$m^2\cdot d/hm^2$”。在一定范围内，光合势越大，干物质生产越多，产量也越高。

计算某时期的光合势，如求始穗后 10d 期间的光合势时，就应先测定开始抽穗时单位面积（每亩或每平方米）上的叶面积（m^2）和 10d 后的叶面积，再求出这期间的平均叶面积。由平均叶面积乘以日数，即得这期间的光合势。

10. 粒叶比

粒叶比（spikelets/leaf area）有三种表示形式：即颖花/叶面积（cm^2）、实粒/叶面积（cm^2）、粒重（mg）/叶面积（cm^2），颖花、实粒、粒重分别指一定土地面积上总颖花数、总实粒数、总粒重，叶面积指相应土地面积上最大叶面积期的叶面积。

（二）作物群体生物量积累

作物群体生物量的积累随着时间推移而不断变化。

在一个生长季，其积累过程一般遵循 S 形曲线（图 6-5）。

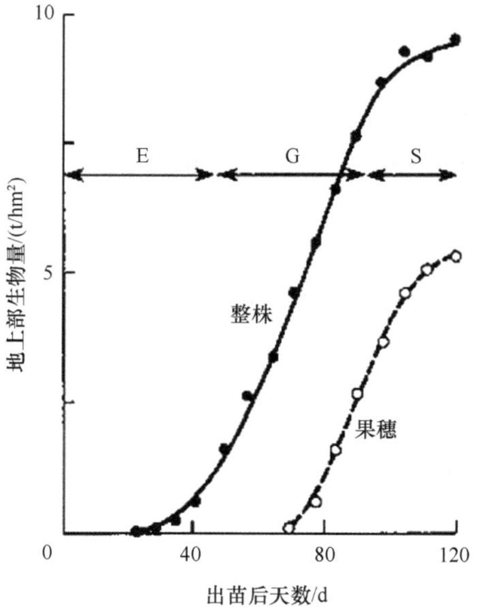

图 6-5　玉米植株和果穗的生长曲线

S 形曲线可以划分为：生产早期的“指数阶段”（E），中期的“快速生长（线性）阶段”（G），最后的“衰老（成熟）阶段”（S）。

如果把这三个时期的生物体的重量 W 与时间 t 绘制在直角坐标图中，将会形成一条 S 形曲线。数学上称为 Logistic 曲线，生物学上称之为 Logistic 生长曲线。

第二节　物质生产的数量分析

作物的物质生产是光合同化的直接结果，也是产量形成的物质基础，在作物生产中无疑具有十分重要的地位。在测定上，因为物质生产的测定只需要将样本烘干称重，方法简便准确，结果也非常直观，是群体生产能力和产量形成分析中不可取代的指标，应用非常广泛。

一、物质生产的实质及其在作物生长分析中的重要意义

植株干重的90%以上是来自于绿色器官（主要是叶）利用光能进行光合作用、同化CO_2形成的有机物，而其他少部分则是通过根系吸收的矿质元素（包括氮素），根系功能的发挥又必须有光合同化产物作为能量物质来支撑。因此，作物物质生产的实质是通过同化器官（叶片等）利用光能，以同化CO_2的形式贮存能量。作物高产的本质也就是最大限度地利用作物光合作用，制造有机物并高效贮存。因此，作物产量形成的过程就是物质生产和向产量器官有效贮存的过程。

作物生产是人类生存和发展的最基本生产活动，通过植物的光合同化作用，将光能转变为化学能并贮存在产量器官中，形成人类生存的最基本要素——粮食。人类通过作物生产获得农产品能力的提高，其实质也就是对光能利用能力的提高。而作物利用光能的能力，直接表现为物质生产能力的高低。

作物的生长过程，从形态上看是不断长高、各种器官形态建成的过程，从物质和能量的角度看则是不断积累同化产物、贮存能量的过程。从结果来看，就是物质生产、积累和分配的过程。物质生产和积累的结果形成生物产量，生物产量分配的最终结果形成经济产量。

因此在作物生长分析中，必须围绕物质生产进行各项测定和分析。作物生长分析就是将作物的生育过程以干物质增长过程为对象，以干物质的积累和分配来衡量作物产量形成的一种方法。通过物质生产的分配，就可以了解作物的物质生产能力、物质的分配特性、物质生产过程的限制因素等各方面的信息，从而为从品种改良和栽培调控两方面提升作物产量提供参考。

作物生长分析的一般做法是每隔一定时间，测定植株的干物质重量（可以整株测定，也可以分部位、器官测定）和叶片面积（同化面积），计算与光合作用生理功能相关的有关参数，比较不同作物、不同品种、不同生态环境条件下的作物生长和产量形成差异，从而为制定合理栽培技术和措施提供依据。

作物生长分析法的特点是：①在测定干物质增长过程中，同时测定进行光合作用的器官——叶片的面积，与光合作用的生理功能密切结合；②具有通用性。对于不同种类的作物，或同一种作物的不同品种及同一品种不同栽培条件下的生育差异，均可用生长分析来进行比较。

（一）物质生产的动态变化及其与高产建成的关系

作物的生长也是物质生产、积累和分配的动态变化过程。一般作物的生长可以分为

三个时期：生长前期（营养生长期）、生长中期（营养生长与生殖生长并行期）、生长后期（生殖生长期）。在生长前期，作物生长以形态建成为主体，同化产物多用于植株体的扩大；在生长中期，生长中心转为营养体的充实和生殖器官的形态发育为主；在生长后期，生长中心完全转向生殖生长，生产的同化物质基本用于产量器官的充实。随着生长的变化和生育阶段的推进，物质生产的质和量均有较大的变化，不同时期的物质生产也担负了相应时期的生长发育功能，对作物的产量产生不同性质的影响。以禾谷类作物为例，在抽穗开花前的物质生产，担负着形成产量架构的任务，在一定范围内，物质生产多，形成的产量库容大，产量基础好。而在抽穗开花后的物质生产，担负产量库容的充实重任，物质生产越多，库容充实越好，结实率高，粒重大，产量就越高。因为不同生育时期物质生产的功能性有差异，故在物质生产和产量形成关系的分析中，常常会因发育时期测定相应的物质生产量，联系产量及其构成因素的分析，就能清楚地了解物质生产和积累的特征，解析产量形成过程中物质生产的优缺点，为育种上生育类型的选择和栽培上调整调控措施提供依据。

有研究者对超级水稻品种的生产特征进行研究后发现，超级稻品种成熟期、抽穗至成熟期的干物重与产量呈极显著正相关；抽穗期干物重与产量呈抛物线关系；拔节至抽穗期的干物重与产量呈极显著正相关。较之一般群体，在生育中期（拔节至抽穗期），超高产群体干物质积累数量多，质量优；在生育后期（抽穗至成熟期），超高产群体光合能力强，光合产物多，茎鞘物质运输与转运协调；最终，超高产群体生物学产量高，而其相应的经济系数则与之相当。由此可见，高产到更高产水平的进步，在于生物学产量与经济系数的同步提高，而从高产到超高产水平的进步，则主要在于提高生物学产量，并保持较高的经济系数。因此，在保持较高经济系数的前提下，提高生物学产量是水稻超高产的一个普遍规律，而经济系数的提高只能在株型发生根本性变革或植株光合效率实现大幅提高时才有可能实现。

（二）物质生产的数量指标及其分析方法

衡量物质生产的最直接的指标就是干物重，即植株烘干后的干物质重量。这一指标实质上是各种生理活动的综合结果，其内涵的解析则需要更多的相关测定和分析予以支撑。

不论在作物生长的任何时期，均可测定其植株的物质生产量。同时，根据需要，还可以按植株各部分器官分别测定相应的干物重，进行同化物质的分配分析。作物干物质的积累，同样符合生长的 Logistic 曲线模型（图 6-6）。

有时根据研究需要，还会测定植株中各部分相关成分和元素的积累情况，用以分析营养供应和特殊元素的累积分析。例如，通过对植株中氮素含量的测定，分析植株各部分氮素代谢与物质生产的相关性；通过对植株各部分重金属元素的测定，分析物质生产和重金属积累的关系等。

（1）各生育阶段物质积累量

在物质生产特征分析中，除最终的物质生产总量外，各生育阶段的物质积累量分析更为重要。通过对不同时间点干物重的测定，即可进行某一生育阶段物质积累量高低的比较，可以清楚地了解作物生育进程中哪些阶段的生长限制了最终产量的形成，从而找到生长过程中需要改进和调控的地方。

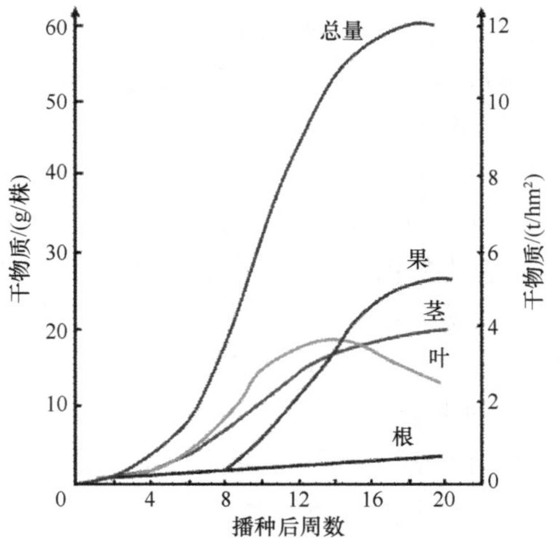

图 6-6　植株及其各部分的物质积累

（2）禾谷类茎鞘物质转运率

对于禾谷类植物，其抽穗开花是生育进程的重要分界点，在抽穗开花后，植株完全停止营养生长，进入单纯的生殖生长，其物质生产全部用于籽粒的物质积累。但籽粒产量除了来源于叶片的直接同化积累外，还有10%～30%部分来源于开花前积累在茎鞘中的贮藏物质（茎鞘可溶性碳水化合物，NSC），这部分物质的转运利用，对籽粒的充实特别是开花后穗部的初期生长具有重要的意义。其转运量和转运特征的研究，对分析禾谷类结实特性也有重要价值。其中最常用的指标就是茎鞘物质转运率。

$$\text{茎鞘物质转运率（\%）}=\frac{\text{开花期茎鞘干重-成熟期茎鞘干重}}{\text{开花期茎鞘干熏}}\times 100$$

（3）物质生产相关指标

物质生产关联的指标主要可以区分为两类：光合同化类和呼吸消耗类。在一般研究中多以测定光合同化类相关的指标为主，如群体叶面积指数、光合势、净同化率等，在前面生长分析的相关内容中已有叙述。

第三节　生物产量与经济产量

栽培作物的目的是获取有价值的农产品，衡量其生产能力的首要指标就是产品的数量。在同样的栽培条件下，获取尽可能多而且尽可能好的产品，是人类栽培作物的永恒追求。

一、作物产量的概念

作物产量即作物产品的数量，即栽培作物的收获量，它包括生物产量、经济产量和经济系数三个方面。农业生产中所说的作物产量，通常指经济产量。

生物产量是指作物在全生育期内积累的同化物总量，也就是通过物质和能量的转化所生产和累积的各种有机物的总量（干物重）。在实际测定中，因为地下部根系的取样相对困难，除非特殊需要，一般不包括地下部根系的干物重，一般意义上的生物产量，仅指地上部的干物重。严格而言，干物质不包括自由水，但有时为了计算需要，会把生物产量折算为含水 10%～15%的相对指标。

经济产量是指栽培目的产品的收获量，也是一般所指的产量。不同作物其经济产品器官不同，禾谷类作物（水稻、小麦、玉米等）、豆类和油料作物（大豆、花生、油菜等）的产品器官是种子；棉花为籽棉或皮棉，主要利用种子上的纤维；薯类作物（甘薯、马铃薯、木薯等）为块根或块茎；麻类作物为茎纤维或叶纤维；甘蔗为茎秆；甜菜为根；烟草为叶片；绿肥作物（苜蓿、三叶草等）为茎和叶等。同一作物，因栽培目的不同，其经济产量的概念也不同。如玉米，作为粮食和精饲料作物栽培时，经济产量是指籽粒收获量，而作为青贮饲料时，经济产量则包括茎、叶和果穗的全部收获量；油用亚麻（胡麻）产量是籽粒，纤维用亚麻产量是韧皮纤维。

经济系数（economic coefficient，EC）是经济产量与生物产量的比值，表示生物产量转化为经济产量的比例。经济系数又称收获指数（harvest index，HI），后者是 20 世纪 60 年代 C. M. Donald 提出的，意指经济产量占地上部生物产量的百分率。经济系数或收获指数可用下列公式表示：

$$\text{经济系数（EC）或收获指数（HI）}=\frac{\text{经济产量}}{\text{生物产量}}$$

不同作物的经济系数不同，其大小与遗传基础、收获器官及其化学成分及栽培技术和环境对作物生长发育的影响等有关（表 6-5）。一般说来，收获营养器官的作物，其经济系数比收获子实的作物要高，如薯类作物；收获籽粒的作物，经济系数较低，如水稻、小麦、大豆；同为收获子实的作物，产品以碳水化合物为主的作物的经济系数比含蛋白质和脂肪为主的作物要高，含脂肪、蛋白质较多的作物经济系数较低，如油菜、大豆。虽然不同作物的经济系数有其相对稳定的数值变化范围，但是，通过品种改良、优化栽培技术及改善环境条件等，可以使经济系数达到高值范围，在较高的生物学产量基础上获得较高的经济产量。

表 6-5 不同作物的经济系数（收获指数）

作物	经济系数	作物	经济系数
水稻、小麦	0.35～0.55	大豆	0.25～0.35
玉米	0.30～0.50	籽棉	0.35～0.40
薯类	0.70～0.85	皮棉	0.13～0.16
甜菜	0.60～0.70	烟草	0.60～0.70
油菜	0.25～0.30	饲料及绿肥	1.00

二、生物产量与经济产量的关系

从经济产量的来源而言，可以表示为：经济产量=生物产量×经济系数。可见作物的生物产量、经济产量和经济系数三者之间的关系十分密切。在作物正常生长的情况下，各个作物的经济系数相对稳定，因而生物产量高，经济产量一般也高，即提高生物产量是获得高产的基础。

作物所形成的生物产量主要来自作物绿色器官生产的光合产物，因此，作物的经济产量又可以用以下公式表示：

经济产量=（光合面积×光合时间×光合能力– 呼吸消耗）×经济系数

然而，取得较高的生物产量并不一定就能取得较高的经济产量。以生殖器官为主要收获物的作物，在营养生长阶段，光合作用产物大部分用于营养体的形成，转入生殖生长后，光合作用产物越来越多地用于形成生殖器官（或贮藏器官），即形成经济产量。针对某种作物群体而言，存在一个营养生长和生殖生长最佳的生长比例，过旺的营养生长会导致群体生长条件恶化，维持本身生长的呼吸消耗增加，不利于光合产物向经济器官转运和累积，导致经济系数下降，经济产量降低。

经济系数表明光合同化产物转运到有经济价值的器官中的能力。然而只靠经济系数并不能决定产量的高低，要提高经济产量，只有在提高生物产量的基础上提高经济系数，才能达到提高经济产量的目的。通常情况下，在取得一定生物产量的基础上，提高物质向生殖器官的运转能力，即提高经济系数，是争取高产的关键。

三、理论产量与实际产量

作物栽培最终获取的产量受到各种条件的限制，首先受到作物本身产量潜力的限制，与此同时还会受到栽培过程中各种自然环境条件和人为操作的制约，最终真正收获到手的产量可能远远低于期望产量。

（1）理论产量

理论产量目前存在两个层次的概念：一个是根据各种生长参数计算出的理论产量潜力（潜在产量），一个是根据实际群体取样获得产量构成因素后计算出的该群体预期产量。前者在产量差分析中较多使用，后者在实际产量分析中经常使用。

潜在产量（理论产量）是指作物或品种在良好的生长状况下，不受水分、氮肥限制及病虫害的胁迫，在最佳生长状态时获得的产量。潜在理论产量代表一个地区作物基于适宜的土壤在较高管理水平下由光温条件所决定的产量。在既定的区域内，潜在理论产量即该地区此作物产量的上限。

在作物产量潜力分析和产量限制因素分析中，常常会采取如下几个指标：光温生产潜力，高产试验纪录，品种区试产量，实际农户（平均）产量。从而形成了几个级别的产量差（图 6-7）。

产量差Ⅰ：Y_V（品种区试）– Y_F（大田平均）。

产量差Ⅱ：Y_E（高产典型）– Y_v（品种区试）。

产量差Ⅲ：Y_M（光温潜力）– Y_E（高产典型）。

如何通过育种学家、栽培学家和实际生产者的努力，逐步减少各级别的产量差，是作物育种和栽培的共同目标。

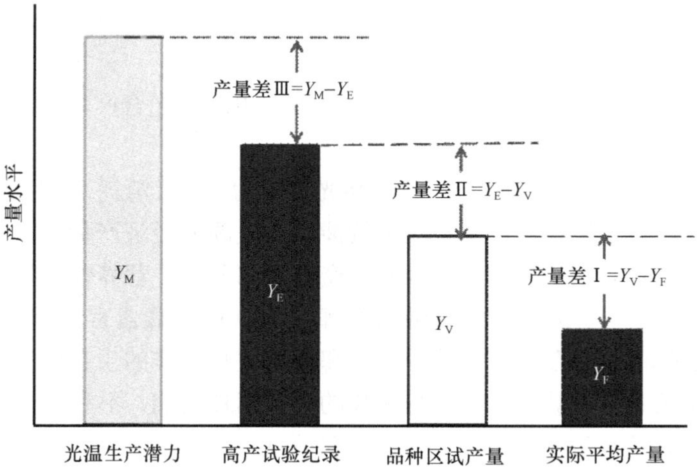

图 6-7 作物不同水平的产量表现和产量差

在栽培调查和研究中，也常常出现理论产量的说法，则是指通过调查的产量构成因素计算而来的预期产量。这一预期理论产量，虽然是针对实际群体调查所得的数据计算而来，但因取样的误差及在实际收获的过程中出现的各种损耗，和最终的实际收获产量相比，一般会高出 10%～15%。

（2）实际产量

实际产量是指一定区域内实际产量的平均状况，反映了种植者在当地气候条件、土壤、品种及实际栽培管理措施下获得的实际收获产量。

实际产量的高低具有很大的不确定性。一方面是气候条件的不确定，温光表现的年间差异、突发气候灾害等会极大地影响作物产量的表现；另一方面还存在栽培措施的不确定性，栽培措施的不恰当运用、病虫害的失控及农业措施的失误等均会对作物产量带来很大影响。如何避免不利因素的发生、减少不利因素的影响，稳定地发挥作物品种的产量潜力，一直是作物栽培的核心问题。

四、产量分析的基础理论

1. 作物产量构成因素

作物的产量（经济产量）构成因素是单位面积产量构成的各个组成部分，通常可分解为单位面积株数、单株产品器官数、单位产品器官重量，亦可认为产量是由单株平均产量与单位面积株数（或穗数）两个因素构成的。

禾谷类作物的产量构成为

产量＝单位面积穗数×平均单穗产量

＝单位面积穗数×单穗粒数×单粒重量

式中，穗数、单穗粒数和单粒重量（粒重）称为产量的构成因素。

作物种类不同，它们的产量构成因素也不同（表 6-6）。研究不同作物产量构成因素的形成过程及其相互关系，以及影响这些成分的因素，以便采用相应的农业技术措施，为满足作物高产的要求提供可靠依据，是作物高产栽培研究的重要内容之一。田间测产时，只要测得各构成因素的平均值，便可计算出理论产量。此外，还可灵活运用各个产量构成因素，以便更好地分析产量形成过程。例如，产量=单位面积总粒数×单粒重量，其中单位面积粒数=单位面积穗数×单穗粒数，由此可分析作物产量的增减是因为总粒数的增减还是单粒重的增减引起的。

表 6-6　各类作物产量构成因素

作物名称	产量构成因素
谷类	穗数、每穗结实粒数、粒重
豆类	株数、每株有效荚数、每荚实粒数、粒重
薯类	株数、每株薯块数、单薯重
棉花	株数、每株有效铃数、每铃籽棉重、衣分
油菜	株数、每株有效角果数、每角果粒数、粒重
甘蔗	有效茎数、单茎重
烟草	株数、每株叶数、单叶重
绿肥作物	株数、单株重

2. 产量构成因素的形成特点

在作物的一生中，各产量构成因素形成和决定的时间不同，并且具有一定的顺序性。据此，可在作物生长发育的不同生育期，有侧重地对不同产量构成因素加以调节。一般来说，越早决定的因素变异越大，受环境因素的影响越大，在栽培上人为促控的效果也越大；越晚决定的因素越稳定，越多地受遗传特性所控制，在栽培上人为促控的效果往往越小。

不同作物由于收获的产品器官不同，可归纳为收获营养器官和收获种子（果实）两个类型。这两类作物具有完全不同的产量形成特点。

（1）以收获营养器官为目的的作物

麻类作物、烟草和饲料作物等，收获产品是茎、叶，主要在营养生长期收获，增加产量大多通过争取最大生物产量实现。因此栽培管理技术相对比较简单，主要是采用合理密度、水肥管理等各项栽培措施以使营养器官迅速而均匀地生长。薯类作物以地下部肥大的块根或块茎作为栽培的主要收获物，其形成与膨大主要依靠茎的髓部和根的中柱部分形成层活动产生大量薄壁细胞，随着薄壁细胞体积增大和细胞中积贮营养物质，根、茎体积随之膨大增粗。在产量形成过程中需要经过比较明显的光合器官的形成、贮藏器官的分化和膨大等时期。主要要求前期尽快建成较大的光合同化系统，中后期营养生长适宜，保证贮藏器官分化及贮藏器官膨大期的同化产物的供应强度，从而获得理想的产量。

（2）以收获种子为目的的作物

以收获种子为目的的作物又可以分为两大类：单子叶作物（以禾谷类作物为主）和双子叶作物。

禾谷类作物的产量构成因素包括穗数、每穗粒数和粒重，产量形成过程也按此顺序完成。一般而言，穗数的形成从播种开始，分蘖期是决定阶段，拔节、孕穗期是巩固阶段。每穗粒数的多少取决于分化小花数、退化小花数、可孕小花数及结实率等因素。每穗粒数的形成开始于幼穗分化期，取决于抽穗开花、受精结实过程。粒重取决于籽粒容积及充实度，主要决定时期是受精结实、果实发育成熟时期。故产量调控也相对复杂，必须根据不同时期的生育特点，进行适宜的促控措施。

双子叶作物的类型相对较多，不同作物的产量形成过程也各有特点。一般而言，单位面积的果数（如棉花铃数、油菜角果数、花生和大豆的荚数）取决于密度和单株成果数。每果种子数开始于花芽分化，取决于果实发育。粒重（衣分、油分）取决于果实种子发育时期。因此，产量构成因素自播种出苗（或育苗移栽）就开始形成，中、后期开花受精过程是决定阶段，果实发育期是巩固阶段。这类作物大都是边开花结果边进行营养器官生长，营养生长与生殖生长的矛盾比较突出，容易发生蕾、花、果的脱落，结果数是影响产量的主要因素。

3. 产量构成因素间的相互关系

作物群体产量构成因素间具有相互制约又相互补偿的群体生长特征。

从表面上看，作物各产量构成因素表现越好产量越高，然而生产实践上各因素很难实现同步增长。在一定的栽培条件下，作物的产量因素不是孤立的，彼此之间存在着负相关关系，产量构成因素之间相互制约，不可能无限制地被人为提高。

例如，禾谷类作物单位面积穗数增至一定程度以后，则单穗粒数会显著下降，单粒重也会出现降低的趋势。油菜、大豆等分枝型作物，单位面积上株数增至一定程度后，则每株荚数（每株有效分枝数×每分枝荚数）、每荚粒数都会有不同程度的减少。棉花单产由单位面积株数、每株铃数、单铃籽棉重、衣分组成，单位面积株数多，每株着生铃数就相对减少，铃重也有下降的趋势；若从棉花单株分析，单株铃数和铃重会出现负相关的趋势，即单株结铃多，铃重会减轻。

在产量构成因素相互制约的同时，产量构成因素间又存在相互补偿的作用效应。表现为作物产量构成因素的自动调节能力。这种补偿能力陆续在生育中、后期表现出来，并随个体生育进程的推进而降低。例如，密度增大、个体变小是普遍现象，但个体变小并不表明最后群体产量就低。单位面积上穗数（株数）的增加能弥补并超过每穗（株）粒数（或铃数）减少的损失，则表现增产，反之就表现为减产。棉花群体密度减少，则单株铃数变多，铃重增加。对于棉花单株，单株结铃少，铃重则会增加。因此，作物群体的高产，并不代表个体的高产，而是各产量构成因素的最适宜表现，相互配合，达到总产最佳。不同作物或同一作物不同品种在不同地区和栽培条件下，其高产产量构成因素的最佳组合也有所不同。

五、产量测定的方法与实例

（一）水稻测产

1. 理论测产

（1）田块和样点选择

如是大面积示范片测产，则首先需要按照要求确定测产田块。可先均匀划分为若干单元，每单元选取一个代表性田块进行测产。样本田不能太小，原则上在 3 亩以上。在测产田块对角线取样点，根据要求，一般取 3～5 个测产点。

（2）产量因素测定

针对每亩穗数、每穗总粒数、结实率、千粒重 4 个产量构成因素，测定方法如下。

每亩穗数：手插稻、机插稻每点随机取 11 行测行距，随机取 21 株测株距，计算每亩穴数，连续选取 20 穴计数每穴穗数，计算出每亩穗数。抛秧稻和直播稻每点取 $1m^2$ 调查穗数并计算每亩有效穗数。

每穗总粒数：在取样点，选择接近平均每穴穗数的植株 5 穴左右（总穗数不少于 50 穗），作为调查每穗总粒数、结实率和千粒重的样本。对所取样本各穗人工数取每穗粒数。

结实率：实粒数的区分往往采用风选法或水选法进行，在数取每穗总粒数后脱粒，清水漂选或机械风选去除秕粒，留下的即为实粒（饱粒）。结实率＝实粒数/总粒数×100%。对于籼稻，水漂法因过于严厉往往导致所测结实率太低，不推荐使用。

千粒重：数取两个 500 粒，称重，两个 500 粒重差值少于 1mg。两者相加，即为千粒重。重复测定 3 次。

有时进行早期的理论产量测定，结实率和千粒重无法测定，则可在数取每穗总粒数后通过手感判断实粒，再数取每穗实粒数，计算结实率，而千粒重以该品种审定（认定）公告中的千粒重值为准。

理论产量（公斤/亩）＝每亩穗数（万/亩）×每穗总粒数（粒）×结实率（%）×千粒重（克）$\times10^{-4}$。$1hm^2$＝15 亩，可算得每公顷产量。

测出的理论产量往往高于实际产量，所以，估测产量（公斤/亩）=理论产量×折产系数。折产系数根据实际土地利用率及收获损失率由专家组综合考虑，一般掌握在 90% 左右。

2. 割方测产

在测定田块按对角线确定 3～5 个样点，每个样点割取一定面积，一般为 3～$5m^2$，脱粒、晒干、称重，获得样点实产，计算单位面积产量。这种方法因为准确性较高，同时省工省力，在科研中经常被采用。

3. 计测实产

在实际产量验收中，最常用的就是实际测定产量。即割收测产田块，当场验收产量。

收割前由专家组对收割机进行清仓检查。测定田块面积，用标准皮尺量出田块四周边长，根据田块几何形状，测量并计算地块面积（亩，S）。存在明显的边行优势时，田长或田宽的一头分别向外延伸一定距离，移栽稻田块要向外延伸 1 个行距或株距，抛秧稻田块要向外延伸 20cm 计算面积。割收后过磅称重，专家组专人监督将收获籽粒运至指定地点，校准衡器，并负责称重，记录每次所称重量与件数，累计全田毛重（kg，W_1），根据件数核准全部包装物重量（kg，W_2）。获得鲜谷（湿谷）净重。

测定杂质与籽粒含水率。称重后，分批取 2kg 左右的样品测定杂质率，每批重复 3 次以上，计算平均杂质率（R_1）。去杂后立即用谷物水分测定仪测定籽粒含水率，重复 5

次，计算平均含水率（R_2）。

测定田间收获损失。田间选择 3～5 个代表性样点，捡拾单位面积内掉落穗粒，折算每亩损失鲜重（kg，W_3）。

实收产量计算。根据以下公式计算实收产量（Y，kg/亩）。Y=[（W_1−W_2）÷S×（1−R_1）+W_3]×（1−R_2）÷（1−Mo）。Mo 为稻谷标准含水量（粳稻谷为 14.5%、籼稻谷为 13.5%）。千亩以上的示范片实收产量为 3 块田单产的加权平均值。

（二）棉花测产

棉花测产多以理论测产为主。

1）田间定点。在所确定的测产点采用对角线法定 5 个点，每个样点离地头 5m 以上。

2）密度及亩总铃数测算。行株距测定：在定点位置数连续的 11 行棉花测量行距，计算平均行距；在定点位置随机选取 1 行连续的 21 株棉花测量株距，计算平均株距。

单株铃数调查：在定点位置取连续 20 株棉花，调查幼铃、大铃、絮铃。直径小于 2cm 的铃为幼铃，直径大于等于 2cm 的铃为大铃，铃壳开裂 3mm 及以上的铃为絮铃，已摘棉铃按吐絮铃计算。

密度（株/亩）=667m^2/[平均行距（m）×平均株距（m）]，其中，平均行距=11 行距离（m）/10，平均株距=21 株距离（m）/20。

单株结铃（个/株）=1/2 幼铃（个/株）+大铃（个/株）+絮铃（个/株）。

亩总铃数（个/株）=单株结铃（个/株）×密度（株/亩）。

3）单铃重（g）计算。每样点随机取正常吐絮铃 100 个，晾晒干后称重量，计算平均单铃重。单铃重=100 个絮铃籽棉干重（g）/100×0.9（校正系数）。

4）衣分计算。计量铃重的 100 个絮铃试轧后，计算平均衣分（以皮锟轧花机为准，锯齿轧花机衣分加 2 个百分点）。衣分（%）=100 个絮铃皮棉重（g）/100 个絮铃籽棉干重（g）×100。

5）产量计算。亩产籽棉（kg/亩）=平均密度（株/亩）×单铃重（g）×亩总铃数（株/亩）/1000，亩产皮棉（kg/亩）=籽棉产量（kg/亩）×衣分（%）。

（三）油菜测产

1. 理论测产

（1）样点确定

根据要求确定测定样田。通常根据品种、地力、田间长势将示范方分成若干个自然片，每片选取有代表性的 1～3 块地测产，每块地面积不小于 3 亩。每块地按对角线法，间隔一定距离取 3～5 个样点。每个样点面积 9m^2，计算亩株数。

（2）取样

每点连续取 10～20 株，测定单株平均有效角果数（结实 5 粒以上）、角粒数（自接近平均角果数的植株中随机选取 50 个角果计算），千粒重实测或按品种特性（以品种审定公告为准）计算。

（3）产量计算

理论产量（kg/亩）＝每亩株数×单株有效角果数×每角果粒数×千粒重×10^{-6}

对各点理论产量进行算术平均，乘以测产系数（专家组根据实际情况确定），得出示范片的每亩理论测产产量。

2. 实产验收

在收获期按要求确定测产田块，割取油菜，测定地块面积。专家组派专人监督将取样植株运至指定地点，晒干脱粒、测定实际产量和含油量等指标。

第四节　生产力估算

植物生产力通常指单位面积绿色植物一定时间内所形成的有机物的输出量，以单位时间单位面积上生产的有机物质的干重或能量表示，如 g/（m^2·d）或 J/（m^2·d）。这一概念应用于栽培作物群体，就成为作物生产力。从本质而言，作物生产力的形成源自于光合作用，其结果表现为一定面积作物群体的物质生产能力，在衡量产量潜力时，则又转换为经济产量的形成能力。

一、生产力形成的基础及其理论测算

从作物光合作用考查作物生产力的形成，则有三个基本因素：光合速率、光合面积和光合时间。叶面积相同的不同作物，甚至生长期也近似的不同作物仍会有不同的生产量，这就是由于净光合速率上的差别，决定于碳同化的途径及其环境因子的作用效应。净光合速率差异不大的作物，因为株型等因素的不同，光合面积也会有很大差异，从而导致生产力的不同。除此之外，还有一些因素，如作物对弱光的适应性、强光下产生的光抑制现象等，也会影响作物生产力。

作物的生产能力首先应决定于作物本身的遗传潜势。这种潜在的生产能力在外界环境因子与作物要求完全吻合时才能得到充分体现。一般情况下，C_4 作物的要比 C_3 作物的生产潜能高 0.5～1 倍，这还取决于环境条件（主要是气候条件）。对于自然植物（野生）来说，在地球上不同地域内自然环境中潜在生长势发挥程度的不同，会表现为该地区植物不同数量或质量上的分布。而对作物而言，在人力作用下，情况有所不同。一是生产力过低或没有特定经济作用的作物会被淘汰；二是人类选择种植的作物，某些方面会因人类需要而被选择加强，形成较高的特殊生产能力。所以栽培种的经济产量要远远高于野生种。

作物干物质的生产，实际上是通过光合作用将光能转化为化学能的过程，其转化效率称为光能利用率（Eu），表示在一定时间内，单位土地面积上作物干物质贮存的化学潜能，与同时期投入该面积上的全部生理辐射能之比。对于一般作物而言，生理辐射能（Qp）符合下列公式：$\mathrm{Qp}=0.43S+0.57D$。S 为直射光，D 为散射光。从公式可见，作物可利用的生理辐射能近似于光能总量的一半，可直接使用日光总辐射资料进行计算。光能利用率可计算为

$$\mathrm{Eu}=\frac{\Delta W\cdot K}{\sum \mathrm{Qp}}\times 100\%$$

式中，ΔW 为一定时期单位面积上的干物质增加量，单位为 g/m^2，K 为能量转换系数，即 1g 干物质燃烧时释放出的热量，单位为焦/克（J/g），一般碳水化合物为 17 793.9，大豆为 23 111.1，玉米为 17 040.3，水稻为 15 700.5，甘薯为 16 077.3。ΣQp 为同时期的光生理辐射，单位为 J/m^2。该公式既可以计算不同生育时期，也可以计算全生育期的光能利用率。可以用于计算经济产量，也可以计算生物学产量的光能利用率。根据此式计算，主要作物的光能利用率在 1%～3%。

不少关于作物最高产量的计算报道在目前来看都缺乏令人信服的论据。有报道称，合肥地区水稻的最高理论产量为每公顷 12 071.5kg。但当前，在合肥地区的水稻高产创建中，超过 800kg/亩的高产样本并不罕见，高者可达 900kg/亩的水平。可见随着水稻育种的进步，很多的计算参数也在变化。而某个参数的显著改善，势必会引起作物产量潜力的大幅提升。

二、植物的初级生产力及其衡量指标

生物生产力是对生态系统进行物质和能量分析常用的概念，即生态系统提供生物产品多少的能力。生态系统通过食物链的关系形成不同层次的生产和消费，而绿色植物往往是陆上生态系统物质和能量转化的最初环节，因而绿色植物通过光合作用在单位面积单位时间内产生的有机物的量就称为初级生产力。绿色植物也是生物圈中生命物质和能量的最初来源，其生产力的高低直接影响人类活动的规模和生存质量的高低。

从整个物质生产过程来看，生态系统中的生产力可分为如下 4 个水平。

1）总初级生产力（P_G）：指绿色植物通过光合作用所生产的有机物质的总量，包括测定期间已用于生产者呼吸作用消耗的有机物质（R_A）在内。

2）净初级生产力（P_N）：指扣除生产者观测期间呼吸作用消耗的部分外，以植物组织的形式积累的有机物质的量，即 $P_N=P_G-R_A$。

3）群落净生产力（P_{NC}）：指净初级生产力中再扣除生态系统中异养生物的呼吸作用消耗（R_H）所剩下的部分，即 $P_{NC}=P_N-R_H$。

4）次级生产力（P）：指生态系统中的异养生物，即消费者和分解者所积累的有机物质的量。

其中，植物净初级生产力，亦称“原始生产力”，表示地表单位面积单位时间内绿色植物吸收太阳能进行光合作用，制造有机物的总量。是生态系统的核心指标。初级生产力常以每年每平方米生产的有机物干重［g/（m^2·年）］或固定的能量值［J/（m^2·年）］表示。

三、影响作物生产力的限制因子分析

当一个地区的作物和品种确定以后，影响作物生产潜力的因子主要为环境及农业技术措施两个大类，按其层次可分解为光、热、水、肥和人为措施等。生产潜力与环境的关系可如图 6-8 所示。

农作物一般是在自然环境下进行生长，其生长发育和产量形成的每一环节，均受到环境条件特别是气候条件的制约和影响。大范围、大幅度的减产，常常伴有大范围、大幅度的气候异常变化。因此，气候条件对作物产量的形成具有特殊意义。事实上，农业生产中，特别是非灌溉农业中，在其他条件都近似的情况下，作物的生育情况和产量往往决定于天气气候因素。在自然条件下，光、温、水、气、土壤等气候因子和土壤条件等，既是作物的基本生活因子，又是环境因素的重要组成部分。

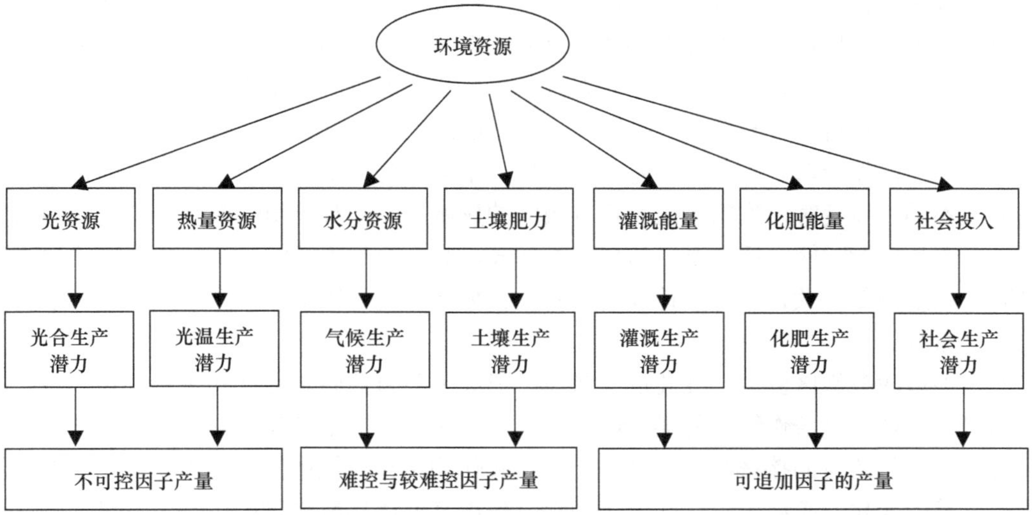

图 6-8　作物生产潜力层次图

（一）太阳辐射与作物生产力

农作物中的干物质，90%～95%是作物利用太阳辐射中的光能，通过光合作用，将所吸收的二氧化碳和水合成的有机物。通过各种手段和途径，最大限度地利用太阳光能，是实现农业现代化的重要标志之一。

太阳辐射是农业自然环境诸要素发展变化的主要动力。它与热量、水分条件的不同组合，形成不同类型的农业气候区，影响作物的地域分布、种植制度，以及农业结构、布局和发展方向。太阳辐射能是农业生态系统的能量源泉，它被作物的光合作用所摄取固定，其收入多寡和群体转换效率的高低决定了农作物的群体生产力。在适宜的水肥条件下，作物对总辐射的利用效率在生长盛期可达 5%～6%。

在群体光合生产中，太阳辐射强度对有机物质积累和品质优劣有重要意义。当光强处于光补偿点和光饱和点之间，光合作用速率随光强度增加而增加。喜光作物只有在直接辐射下才能正常生育，直接辐射是干物质积累的主要能量来源。散射辐射虽然比直接辐射弱，但光合有效辐射含量多，对作物的有效性高。

太阳辐射光效应的刺激作用影响作物的生理生态过程。作物群体以茎叶密度的消长适应光强进行自动控制调节。太阳辐射光谱的不同波段对作物有不同的作用，并引起不同的反应。光刺激效应影响作物引种、繁殖、生长、开花、结实和整个产量形成过程。

（二）温度与作物生产力

温度对作物生长的影响在很大程度上可归因于它对酶系统活性的影响。当温度升高时，基质和酶分子的动能加大，从而发生较多的碰撞，反应速度加快；温度升高还使足以发生反应的高动能分子增多。但是，如果温度超过了限度，酶就会急剧变性。由于生理过程进行的速度对温度的反应存在差别，温度不同可以直接引起植物生长的数量差异，从而最终对产量产生影响。

一般地说，农作物生命活动的范围为−10～50℃，在这个范围内，温度每升高10℃，作物生理生化反应速度增加1～2倍，基本符合Van't Hoff定律。作物生命活动过程的最适温度、最高温度和最低温度统称为三基点。在最适温度条件下，作物生长发育迅速；在最高和最低温度条件下，作物生长发育基本停止，但仍能维持生命，如果温度继续升高或降低，作物将受害直至死亡。因此，还可以确定使作物受害或致死的温度指标，它们与三基点温度一起，称为5个基本点温度。不同作物、不同生长发育时期高、低温度的界限不同。温度对作物的生长发育有极大的影响。温度对作物的影响除了温度的高低外，还有其持续时间。适宜温度的持续时间长，对作物的生长发育有利；作物的生育速度既与温度高低有关，又与其持续时间有关。因此，农业气象中广泛用积温值表示它们的综合影响。

作物适应各地区温度年变化的结果是，形成了各自的感温特性和生育规律，显现出作物气候特征，栽培作物的种类、耕作制度和农业技术措施等都必须与温度相适应。温度对作物生长还有间接影响。温度变化能引起作物生存环境中的其他因子，如湿度、土壤肥力等的变化。而环境中这些因子的综合作用又能够影响作物的生长、发育、产量形成和农产品的质量。

（三）水分与作物生产力

作物生产不可无水，且必须合理地加以利用才能使作物有效地生产，从而获得高的产量。

水是作物进行光合作用合成碳水化合物的原料之一，是植物体的重要组成部分。一般作物体内都含有60%～80%的水分。水又是作物生命活动的必要条件，植物体内养料和有机物质的运转全赖于水分的吸收和运动，光合作用与呼吸作用的进行及细胞内一系列化学变化也必须有水分参与。没有水分，作物就不能生存。同时，水又是作物生长发育的一个重要的环境因子。在农业环境诸因子中，自然降水的多寡强烈影响各地自然地理景观，决定农业生产类型。

土壤水分状况决定于土壤水分平衡。在土壤水分平衡各分量中，降水量是主要的收入项，蒸发量（在作物覆盖条件下为蒸散量）则是主要的支出项。降水量与蒸发量的比例，决定了土壤水分状况及其变化规律，是影响种植制度以及耕作措施的重要因子。作物需水量是在正常生育状况和最佳水肥条件下，作物整个生育期中，农田消耗于蒸散的水量。气象条件、作物种类、土壤性质和农业措施等对作物需水量都有影响。作物发育阶段不同，其需水量也不同。

水分的不足和过多，会导致作物生长发育受阻而使光热资源不能充分利用，生产潜力不能充分发挥，这是气候生产潜力的决定因素之一。

缺水对作物生育和产量的影响一方面与作物的种类和品种有关，另一方面与缺水的程度和缺水发生的时间有关。水分过多可以造成嫌气环境而降低氮素的有效性，延缓作物生长；因水分过多延误播期或推迟成熟是其间接影响。

（四）土壤肥力与作物生产力

土壤肥力概念和土壤的概念一样，迄今也未有完全统一的看法。西方土壤学家把土壤供应养分的能力看成土壤肥力。美国土壤学会 1989 年出版的《土壤科学名词汇编》中把肥力定义为：土壤供应植物生长所必需养料的能力。我国土壤科学工作者则认为肥力是土壤的基本属性和质的特征，是土壤从营养条件和环境条件方面，供应和协调植物生长的能力。土壤肥力是土壤物理、化学和生物学性质的综合反映。

土壤肥力有自然肥力和人为肥力的区别。前者是指土壤在自然因子即五大成土因素（气候、生物、母质、地形和年龄）的综合作用下发育而来的，它是自然成土过程的产物。后者是耕作熟化过程发育而来的肥力，是在耕作、施肥、灌溉及其他技术措施等人为因素影响下所产生的结果。

从理论上讲，肥力在生产上都可以发挥出来而产生经济效果，但事实上在农业实践中，由于土壤性质、环境条件和技术水平的限制，只有其中的一部分在当季生产中能表现出来，产生经济效益，这一部分肥力称有效肥力，而没有直接反映出来的称潜在肥力。有效肥力和潜在肥力是可以相互转化的，两者没有截然的界限。

土壤生产力和土壤肥力是两个既有联系又有区别的概念。土壤的生产力是由土壤本身的肥力属性和发挥肥力作用的外界条件所决定的，从这个意义上看来，肥力只是生产力的基础，而不是生产力的全部。所谓发挥肥力作用的外界条件指的就是土壤所处的环境，包括气候日照状况、地形及其相关的排水和供水条件，有无毒质或污染物质的侵入等，也包括人为耕作、栽培等土壤管理措施。实际的调查证明，肥力因素基本相同的土壤，如果处在不同的环境条件下，其表现出来的生产力彼此可能相差很大。土壤肥力因素的各种性质和土壤的自然、人为环境条件构成了土壤生产力。根据土壤生产力的概念，为了实现农业生产的高产、高效、优质，就必须十分强调农田基本建设，以改造土壤环境。

（五）群体产量的提高

群体生产力的提高，首先要有一定的生物产量，在增加生物产量的基础上，提高该作物群体的经济系数，从而达到增加群体主产品的产量的目的。群体的生产力归根结底是将日光能和各种营养物质转化为作物群体的总重量，如以个别器官如种子、茎、叶子、块茎、块根等为主要产品，则进一步提高经济系数，取得较高的经济产量。当前作物利用日光能在 0.4%左右，据估计，日光能最高利用率在 12%左右，所以作物群体增产尚有巨大潜力。从多方面考虑，提高生产力有以下途径。

1）选用光合生产率高的作物品种。作物的全部生物量都是光合作用的产物，光合作用的强弱，反映了其转化日光能能力的大小。不同作物品种的光合效率差异悬殊，如高光效 C_4 作物玉米等不同于 C_3 作物小麦。另外，高光合效率的作物还必须具有较低的光呼吸。只有这样，它才能够积累较多的光合产物。

2）合理确定群体密度。作物群体是由个体产量和群体密度所构成的。一方面提高个体产量，另一方面合理增加群体密度，在选用光合生产率较高的作物品种和适宜的生产条件下，达到其临界密度，取得相对的群体最高产量。

3）改善作物环境条件。环境条件是作物群体生产不可缺少的依赖条件。为了使作物生长的环境能够较好地适合作物群体生长发育，在作物品种确定以后，就要更好地改善环境条件，满足作物群体需要。环境条件包括光、热、水、气和养料等。特别是一些旱地只有靠降水供给作物，在采取蓄水保墒措施的同时，要大力发展灌溉。兴修水利，改进灌溉方法，提高灌溉质量，扩大灌溉面积。在低洼易涝地区完善排水设施，保证作物不受淹害。

4）加强管理。管理包括对作物的管理和对环境条件的管理两方面。如播种、收摘、田间管理等，力争做到苗全苗壮，不徒长倒伏，不早衰早枯，植株生长健壮。环境条件的管理包括改土整地、施肥灌水、中耕培土等，使环境条件达到丰产丰收的要求。科学的栽培技术就是合理地管理作物本身和管理作物的生长环境。

四、作物生产力的遥感及其分析技术

遥感技术是指不直接接触有关目标物或实体而能收集信息，并能对其进行分析、解释和分类的一种技术。遥感所收集的信息实质上是由目标物反射或发射的电磁波信息。收集电磁波的装置（如照相机、摄影机、光谱探头等）称传感器。装载传感器的设备（如飞机和人造卫星等）称为运载工具或平台（图 6-9 示意遥感技术系统）。

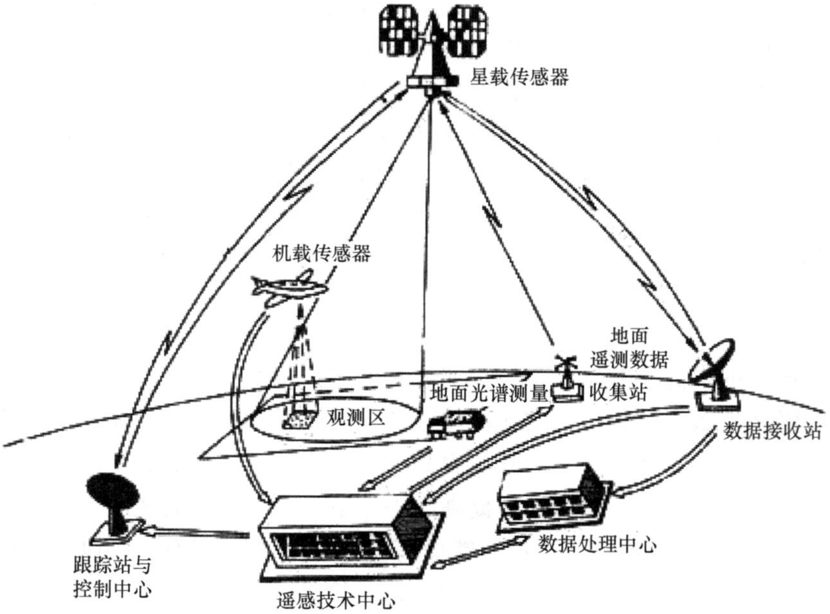

图 6-9 作物遥感监测示意图

遥感之所以能根据收集到的电磁波信息来解释地面目标物和现象，是由于不同的物体种类及其所处环境，具有不同的电磁波的反射或发射辐射的特性。因此，遥感也就是基于各物体对电磁波的反射和发射辐射固有的特性，收集这些电磁波信息，从而解释出目标物相关特征的一种技术。

遥感可以从不同角度，按不同的原则和标准进行分类。按平台高度和类型可将遥感分为航天遥感（包括轨道卫星、载人飞船、航天飞机、探空火箭等）、航空遥感（飞机、气球等）、地面遥感（高塔平台<300m、船载平台<30m、车载平台<30m、低架平台<1.5m等）。按传感器的工作方式将其分为成像遥感（照相、电视摄像、扫描、雷达遥感等）和非成像遥感。按遥感波段范围分为：紫外遥感（0.3～0.4μm）、可见光遥感（0.4～0.7μm）、红外遥感（0.7～14μm）、微波遥感（0.1～30.0cm）和多波段遥感（0.3～14μm）。遥感的主要特征是能提供地表状况的实时观测图像和数据，即对探测目标具有实时监测功能，因而成为调查、监测和分析作物生长状况和生产力水平及环境资源利用和灾害发生的有效手段。

遥感在作物生长和苗情实时监测方面的应用始于 20 世纪 70 年代末 80 年代初。高空（卫星和航空）遥感适用于大面积作物长势（如病虫害和干旱等气象灾害发生及危害程度、作物生物量、LAI、籽粒产量等）实时监测和产量预测。地面遥感技术则主要用于小范围作物生长和苗情监测等，对主要农作物产量的估测也相对较为精确。

水稻光谱试验研究表明，通过测定光谱可以推算出叶片含氮量、叶绿素含量、叶面积指数、有效穗、每穗粒数和千粒重等。但是，直接利用卫星资料开展水稻长势监测的则较少。由于水稻生长发育季节性变化，必然导致植被指数的季节性变化，因此，利用水稻不同生长期的卫星资料计算的植被指数，可以进行水稻的长势趋势分析，为指导农业生产提供决策依据，并可作为后期水稻产量估算的基础。

农作物种植面积是整个估产活动的重要内容，管理部门都很希望在早期就能得到各种作物的精确种植面积，利用适时的陆地卫星影像数字资料进行计算机图像处理及识别，可以较为精确地获取作物种植面积，为某种作物的生产预测提供重要依据。

农作物产量估测也是农业遥感的重要内容，常见的估产模式有光谱估产模式和卫星遥感估产模式。光谱估产模式是在地面选择农作物的最佳生育期，运用光谱仪测定农作物的反射率，找出适宜的光谱变量（植被指数），建立起光谱变量与农作物产量及其农学参数之间的相关模式。卫星遥感估产模式是利用反映在卫星遥感资料上的光谱反射特征进行作物长势和最终产量的估测。农作物长势越好，近红外光谱（NIR）的反射越强，而红波段反射光谱（RED）越弱；相反长势越差，NIR 的反射越弱，而 RED 的反射则越强。利用农作物与主要背景土壤之间的这一光谱反射特性，把 NIR 和 RED 反射数据组合成各种植被指数，以扩大不同长势农作物的差异，来实施农作物遥感估产。

第五节　作物物候学调查

一、作物物候学的概念

物候学（phenology）主要是研究自然界的植物（包括农作物）、动物和环境条件（气候、水文、土壤条件）的周期变化之间相互关系的科学。其目的是认识自然季节现象变化的规律，以服务于农业生产和科学研究。

广义的物候学包括植物物候学、生态物候学和地理物候学。目前还是以地理物候学占主导地位，生态物候学研究者较少。农业物候学就是将植物物候学理论应用于农业生产中，是植物物候学的发展。

植物物候学是研究外界的自然环境条件（气候、土壤、水等）引起植物生活周期性变化的科学。通过一年四季对植物的物候观测，记录各生长发育期到来的时间和持续的天数，来了解植物的周期性生长发育过程对外界环境特别是气候的依赖关系；并以各种植物的各生长发育物候期到来的早迟，作为分析当地季节性气候变化规律和指示当地实际自然季节变化的指标，并以此作为当地农业和林业生产中预告农时的具体依据。因为在一个地区，植物的生活周期性变化是和气候的变化相一致的，特别是在有季节交替的地区更为明显，从植物物候记录就可以知道季节的早迟，所以物候学也称为生物气候学。

农业物候学实际上是一门应用物候学，是植物物候学的发展。农业物候学的本质和任务一方面是通过研究植物和作物的各生长发育物候期与生态环境的关系来研究农业物候规律，并应用这些规律去扩展农业生产范围和生产内容；另一方面就是应用物候学原理对当地栽培植物的布局、种植制度和农业生产过程进行调整或改造，因地因时制宜地栽种同当地物候特点相适应的栽培植物种类，并合理地布局各栽培植物种植地点，建立科学的种植制度和采用同作物各发育物候期相适应的农业技术措施，使之与当地的自然资源相协调，并依照农时及时地完成各生产环节，充分利用对栽培植物有利的自然条件和减少不利的自然环境的灾害性影响，以便发挥最大限度的物质生产效能和经济效果。栽培植物的生长发育与生态环境的协调，必然导致产量高和成本低。也只有深入地掌握了农业和林业生产的物候规律，农林业生产才能更有效地利用自然资源和使生产稳定发展。

通过多年对气候指示植物的观测，制定出当地的物候历，作为预报当地的农时之用，使农业生产适时掌握季节，进行合理生产，为高产和稳产奠定一个合理的基础。这是农业物候的基本任务之一。

研究各地区，特别是山区垂直地带的物候规律，并根据各地的物候资料，划分物候区，为农业和林业的规划，以及山区和荒地的开发利用和合理种植提供物候学依据，这是农业物候学的重要任务。

研究农业物候学的一个重要方面就是寻找影响栽培植物各个物候期的主要环境因子及其量和质的变化，并分析哪一些环境条件对各个物候期有利，哪一些条件不利，从而使人类能更好地顺应自然，进行合理栽培，并为扩大栽培范围提供物候依据。

有些农作物品种划分类型使用物候方法比用其他标准和方法更为科学，用物候法所划分的品种生态类型在农业上对引种扩大栽培和确定当地合理的播种期有重要的实用价值。因此对作物品种进行分类，是农业物候学的一个重要课题。这方面的资料将会使作物品种种植地的布局和种植制度更为合理。

观测农作物在当地气候等条件下，在不同时期播种，其生活的各个物候阶段的外部形态变化的状态和速度，也是农业物候学的任务。例如，谷类作物在不同播种期下的萌芽、出土、分蘖、拔节、幼穗分化、抽穗、开花、受精、结实和成熟等发育期出现的日期、早迟、时间持续的长短和发育的状态，从而决定该品种在当地最适宜的播种期和进行追肥、灌溉等田间管理措施的适当日期，以利稳产。

我国古代的物候节气知识起源于西周，已有 2000 多年的历史，在世界上为最早。到了战国及秦汉时期，有 24 个节气和 72 候，每候 5 天的物候历。随着农业的出现和发展，人们越来越希望认识和掌握气候和生产的各种规律。但在古代又没有可靠的仪表测量气候，因而只有借助春秋天气的冷暖感觉，风霜雨雪等现象，以及动植物等在一年中随着季节和天气的变化的表现来估计农时。随着时间的积累，劳动人民在生产中发现的物候规律也越来越多，并且有一些被写进一些古代农书中去。在西汉的《氾胜之书》中就有三月榆树结荚的时候，遇着雨可以在高田上种大豆的记载。西汉崔寔在《四民月令》一书中指出，桑葚红了，可以种大豆，这称上时，即最好的时令；在贾思勰的《齐民要术》一书中，谈到种谷子的时令时写道，二月上旬杨树出叶生花的时候下种，是最好的时令；三月上旬到清明节桃花刚开，是中等时令，四月上旬赶上枣树出叶，桑树落花，是最迟时令了。并指出，顺随天时，估量地利，可以少用一些人力，多得到一些成果的科学论断。

作物生育时期是根据其起止的物候期确定的。所谓物候期是指将作物生长发育在一定外界条件下所表现出的形态特征，人为地制定一个具体标准，以便科学地把握作物的生育进程。

现以水稻、小麦、棉花、大豆的物候期为例加以说明。

（1）水稻

出苗：不完全叶突破芽鞘，叶色转绿。

分蘖：第一个分蘖露出叶鞘 1cm。

拔节：植株基部第一节间伸长，早稻达 1cm，晚稻达 2cm。

孕穗：剑叶叶枕全部露出下一叶叶枕。

抽穗：稻穗穗顶露出剑叶叶鞘 1cm。

乳熟：稻穗中部子粒内存物充满颖壳，呈乳浆状，手压开始有硬物感觉。

蜡熟：稻穗中部子粒内容物浓黏，手压有坚硬感，无乳状物出现。

完熟：谷粒变黄，米质变硬。

（2）小麦

出苗：第一片真叶出土 2～3cm。

分蘖：第一个分蘖露出叶鞘 1cm。

拔节：第一伸长节间露出地面约 2cm。

抽穗：麦穗顶部（不包括芒）露出叶鞘。

开花：雄蕊花药露出。

乳熟：胚乳内主要为乳白色液体。

蜡熟：胚乳内呈蜡状，粒重达到最大值。

完熟：子粒失水变硬。

（3）棉花

出苗：子叶展开。

现蕾：第一个花蕾的苞叶达 3cm。

开花：第一果枝的第一蕾开花。

吐絮：有一铃背缝线开裂露絮。

（4）大豆

出苗：子叶出土。

分枝：第一个分枝出现。

开花：第一朵花开放。

结荚：幼荚长度2cm以上。

鼓粒：豆荚放扁，子粒较明显凸起。

成熟：豆荚呈固有颜色，用手压有裂荚，或摇动植株有响声。

以上判断标准为观测单个植株时的标准。对于群体物候期的判断标准是：当10%左右的植株达到某一物候期的标准时称为此物候期的始期，50%以上植株达到标准时称为此物候期的盛期。

二、作物的发育特性

相同作物不同品种的生育期长短不同，甚至同一品种在不同季节、不同纬度和不同海拔地区种植，生育期长短也会出现很大差异，极端时甚至不能正常开花和成熟。同一作物产生这种生育期差异现象的主要原因是作物品种的温光反应特性不同。所谓作物的温光反应特性（又称感温性、感光性）是指作物必须经历一定的温度和光周期诱导后，才能从营养生长转为生殖生长，进行花芽分化或幼穗分化，进而才能开花结实的特性。而作物进入生殖生长必须具备一定时期（或一定程度）的营养生长后才能进行，这一营养生长时期称为基本营养生长期，作物的这一特性称为基本营养生长性。

（一）作物的感温性

感温性指作物的生长和发育因温度改变而变化的现象。这种温度改变，是指在生物学适宜的生长温度范围内的变化，而非对生长造成伤害的极端温度条件。

一些越冬作物，如冬小麦、冬黑麦、冬油菜等，在其营养生长期必须经过一段时间的较低温度诱导后，才能转为生殖生长。这段低温诱导也称为春化。依据不同作物和不同品种通过春化对低温的范围和时间要求不同，一般可将其分为冬性类型、半冬性类型和春性类型三类。这种特性是该种作物在长期的系统发育中形成的。

（1）冬性类型

这类作物品种春化必须经历低温，春化时间也较长，如果没有经过低温处理则不能进行花芽分化和抽穗开花。一般为晚熟品种或中晚熟品种。

（2）半冬性类型

这类作物品种春化对低温的要求介于冬性类型和春性类型之间，春化的时间相对较短，如果没有经过低温处理则花芽分化、抽穗开花大大推迟。一般为中熟或早中熟品种。

（3）春性类型

这类作物品种春化对低温的要求不严格，春化时间也较短。一般为极早熟、早熟和部分早中熟品种。

小麦、油菜通过春化所需的温度和天数见表6-7。

小麦、油菜的低温诱导，可在处于萌动状态的种子时期，也可在苗期进行。在田间条件下，作物感温一般在感光之前进行，如小麦感温阶段在生长锥伸长期结束，而感光阶段在雌雄蕊分化期结束。甘蓝型油菜感温敏感期为9～10叶期，而感光敏感期为11～

12 叶期。

表 6-7　小麦、油菜通过春化所需的温度和天数

作物	类型	春化温度范围/℃	春化时间/d
小麦	冬性	0～3	40～50
	半冬性	3～6	10～15
	春性	8～15	5～8
油菜	冬性	0～5	30～40
	半冬性	5～15	20～30
	春性	15～20	15～20

资料来源：引自潘瑞炽，2008；官春云，1997

水稻是喜温作物，一定的高温可使穗提早分化，缩短营养生长期，低温则可延迟穗分化，延长营养生长期。不同类型的水稻品种，对积温有一定的要求，并且有相当的稳定性。越是迟熟的品种，在高温下生育期缩短的程度越大。

（二）作物的感光性

作物感光性指作物品种需要一定的日长变化（光周期）诱导才能开花的特性。这种诱导作物开始生殖生长的日长条件，称为临界日长。在自然条件下，昼夜总是在 24h 的周期内交替出现，因此与临界日长相对应的还有临界暗期。临界暗期是在昼夜周期中短日照作物能够开花所必需的最短暗期长度，或长日照作物能够开花所必需的最长暗期长度。例如，短日照作物大豆暗期在 10h 以下无花芽分化，暗期长于 10h 可形成花芽，暗期为 13～14h 花芽最多。显示临界暗期比临界日长对开花更重要。短日照作物实际是长夜作物，长日照作物实际是短夜作物。

作物感光性一般分为以下三种类型。

（1）短日照作物

日照长度短于一定的临界日长时，才能开花。如果适当延长黑暗、缩短光照可提早开花。相反，如果延长日照，则延迟开花或不能进行花芽分化。属于这类作物的有大豆、晚稻、黄麻、大麻、烟草等。

（2）长日照作物

日照长度长于一定的临界日长时，才能开花，如果延长光照、缩短黑暗可提早开花。而延长黑暗则延迟开花或花芽不能分化。属于这类作物的有小麦、燕麦、油菜等。

（3）日中性作物

开花之前并不要求一定的昼夜长短，只需达到一定的基本营养生长期，在自然条件下四季均可开花，如荞麦等。

现将一些作物的临界日长列于表 6-8。

作物的感光性也是作物在长期的系统发育过程中形成的，如在低纬度地区没有长日条件，而在高纬度地区夏季日照长度长，秋季日照长度逐渐变短，天气渐冷。只有在夏天较长的日照时期，作物才能正常生长发育。在中纬度地区，则由于气温在夏、秋季都较合适，所以适合作物生长发育的长日照和短日照兼而有之。因此短日照作物和长日照

表 6-8　一些短日照作物和长日照作物的临界日长

类型	作物	24h 周期中的临界日长/h
短日照作物	大豆	15
	稻	12～15
	甘蔗	12～15
长日照作物	大麦	10～14
	小麦	12 以上
	甜菜	13～14
	白芥	约 14

资料来源：引自潘瑞炽，2008

作物在北半球的分布规律是：在低纬度地区没有长日照条件，所以只有短日照作物；在中纬度地区，长日照作物和短日照作物都有，长日照作物在春末夏初开花，而短日照作物在秋季开花；在高纬度地区，由于短日时气温已低，因此只能生存一些要求日照较长的作物。

当然，由于人们的不断驯化，栽培作物对日照长度的适应范围逐渐扩大，其中不少品种类型已经远离其野生种特征。如水稻的野生种和晚稻是典型的短日照作物，而中稻和早稻对日照长度不那么敏感。小麦是长日照作物，但许多春性品种可以在南方冬季短日照条件下顺利发育。此外，在一些作物品种中，花诱导和花形成两个过程是明显分开的，而且要求不同日长，是双重日长类型。如许多温带多年生禾本科植物（如鸭茅）开花需先暴露在一段短日照下，然后暴露在长日照下，这种短日照和长日照交替可促进开花。

作物接受光周期诱导的部位是叶片，而花的形成却在茎的顶端，这表明叶片接受光周期信号后，产生某种开花物质，传至顶端而引起开花。这一过程也称为成花诱导，适宜的环境条件能诱导开花，称为成花诱导作用。利用这一规律，可通过光照、温度或某些相关激素，控制花卉的开花时期在需要的季节开花，或控制某些蔬菜果品的反季节生长。

（三）作物的基本营养生长性

作物的生殖生长是在营养生长的基础上进行的，其发育转变必须有一定的营养生长作为物质基础。因此，即使作物处在最适于发育的温度和光周期条件下，也必须有最低限度的营养生长，才能进行幼穗（花芽）分化。这种在作物进入生殖生长前，不受温度和光周期诱导影响而缩短的营养生长期，称为基本营养生长期。如不同水稻品种基本营养生长期的变化幅度为 15～60d。不同春播甘蓝型油菜品种基本营养生长期的变化幅度为 24～27d。不同作物品种的基本营养生长期的长短各异，这种基本营养生长期长短的差异特性，称为作物品种的基本营养生长性。

（四）作物温光反应特性在生产上的应用

1. 在引种上的应用

不同地区的温光生态条件不同，在相互引种时必须考虑品种的温光反应特性，如感光性弱、感温性亦不甚敏感的水稻品种，只要不误季节，且能满足品种所要求的热量条件，异地引种较易成功。东北水稻品种经历的日照较长，温度较低，引至我国南方生育期缩短，若原为早熟品种，则出现抽穗早、穗小粒小、产量不高的现象。我国南方水稻品种感光性强，所经历的温度高，引至东北则生育期延长，有的甚至不能成熟。又如加拿大的春油菜品种生育期短，但引至我国长江流域作冬油菜品种栽培，其生育期变长，比当地冬性迟熟品种生育期还迟，其原因不在品种的感温性，而在品种的感光性，因为加拿大春油菜品种对长日照敏感，而在长江流域栽培，油菜花前日照长度仅 11h 以下。总的说来，凡从相同纬度或温光生态条件相近的地区引种易于成功。

2. 在栽培上的应用

作物的品种搭配、播种期的安排等，均需考虑作物品种的温光反应特性，如在我国南方双季稻地区，早稻应选用感光性弱、感温性中等、基本营养生长期较长的迟熟早稻品种。并且在栽培上还应培育适龄壮秧，同时加强前期管理，有利于获得高产。冬小麦和冬油菜若在晚播条件下，要选用偏春性的品种，并且田间管理要抓紧。而对冬性强的品种，则应注意适时播种。

根据温光反应特性与器官形成的关系来调整小麦播种量。凡是冬性强、感温阶段较长的品种，分蘖力较强，基本苗应少些，以充分利用分蘖成穗。春性品种感温阶段较短，分蘖力较弱，应适当增加播种量，主要利用主茎成穗。

小麦感温阶段结束的标志是二棱期，感光阶段结束的标志是雌雄蕊分化期。春化阶段是决定叶片、茎节、分蘖和次生根数多少的时期，光照阶段是决定小穗数多少的时期。春化阶段较长的冬性小麦的绿叶和分蘖数多于春化阶段短的春性小麦。延长春化阶段可增加分蘖数；延长光照阶段有利于增加小穗数和小花数，从而形成大穗。实践证明，充足的基肥和苗肥，可以培育壮苗；中期管理好肥水，有延缓光周期反应、增加小穗和小花数的作用，孕穗期保证充足的水分和矿质营养，可提高小花结实率，达到培育大穗、夺取高产的目的。

3. 在育种上的应用

在制定作物育种目标时，要根据当地自然气候条件，提出明确的温光反应特性。在杂交育种（或制种）时，为了使两亲本花期相遇，可根据亲本的温光反应特性调节播种期。为了缩短育种进程或加速种子繁殖，育种工作者应根据育种材料的温光反应特性决定其是否进行冬繁或夏繁。小麦育种中，缩短小麦感温阶段，可缩短其生育期。此外，在我国春小麦和春油菜区若需以冬性小麦和冬性冬油菜为杂交亲本时，则首先应对冬性亲本进行春化处理，使其在春小麦和春油菜区能正常开花，进行杂交。还可以根据作物品种对光照的反应类型，进行补充光照或缩短光照的处理。

4. 调节营养生长和生殖生长

以营养器官为主要收获物的作物，适当推迟开花能够提高产品的产量和品质，短日照作物从南方引进种子到北方种植能达到这一目的。例如，“南麻北种”就是把我国华南生产的大麻、黄麻及红麻的种子，运到北方种植，不仅提高了产量，且改善了麻纤维的品质。此外，利用暗期的光间断处理，可以抑制甘蔗开花，从而提高产量。

三、作物物候学调查和分析方法

（一）观测方法

1. 人工观测

无论国外还是国内，植物物候观测都采用人工观测，且物候和气象要素是平行观测的，即在观测植物物候的同时观测气象因子的变化。国内一般按照《中国物候观测方法》（宛敏谓和刘秀珍，1979）进行观测。《作物学实验》（王晓玲和张文英，2016）附录部分列出了主要作物常用物候期记载的项目和标准。

为便于数据储存、资料处理，Zadoks 等（1974）研制出生长期十进制数字记载法，该方法主要适用于禾谷类作物。其基本原则为：①所区分的生长期必须是大田情况下，即使是那些未经专门训练的人员，无需特殊仪器就容易识别；②生长期必须按个体发育的顺序排列；③对于多数情形，不超过 9 个或 10 个生长期，亦即基本生长期（表 6-9）；④基本生长期用符号如数字（0～9）来区别，只需一张卡片即可记载下来，并以所有语言都可以接受为共同标准；⑤对更细致精确的研究，每一个基本生长期应可再分为若干个第二生长期；⑥第二生长期也用符号，如数字（0～9）表示；⑦基本生长期由一位数表示，加上第二生长期，由两位数表示（表 6-10）；⑧所设计方法适用于多数禾谷类作物，最好是全部；⑨所设计方法适用于世界所有或多数地区；⑩每一个用数字表示的生长期应有文字说明，以利于全球性的理解和使用。

表 6-9　禾谷类作物基本生长期数字表示法

一位数字	生长期文字说明
0	萌发期
1	苗期
2	分蘖期
3	拔节期
4	孕穗期
5	花序始现期（抽穗期）
6	扬花期
7	乳熟期
8	蜡熟期
9	完熟期
T	移栽及复苏返青（仅指水稻）

2. 遥感监测

近 20 年，遥感技术和电子计算机技术的发展为物候监测、研究提供了新机遇。借助遥感影像可以克服传统定点物候观测代表区域有限的缺点，进行地区、国家、大洲，甚至全球领域的物候监测。

表 6-10　禾本科作物第二生长期 Zadoks 十进制数字表示法

两位数字	文字描述	两位数字	文字描述
	萌发期	37	旗叶刚可见
00	干种子	38	—
01	种子吸水开始（水分吸收）	39	旗叶叶舌刚可见
02	—		**孕穗期**
03	种子吸水完成	40	—
04	—	41	旗叶叶鞘伸长
05	胚根出现	42	—
06	—	43	旗叶叶鞘刚可见肿大
07	胚芽鞘出现	44	—
08	—	45	旗叶叶鞘完全肿大
09	胚芽鞘顶端刚可见叶片	46	—
	苗期	47	旗叶叶鞘开裂
10	第一片叶从胚芽鞘伸出	48	—
11	第一片叶展开	49	芒初见
12	第二片叶展开		**抽穗期**
13	第三片叶展开	50	—
14	第四片叶展开	51	第一小穗可见
15	第五片叶展开	52	—
16	第六片叶展开	53	抽穗 1/4
17	第七片叶展开	54	—
18	第八片叶展开	55	抽穗 1/2
19	第九片或更多片叶展开	56	—
	分蘖期	57	抽穗 3/4
20	仅有主茎	58	—
21	主茎和 1 个分蘖	59	全部抽穗
22	主茎和 2 个分蘖		**扬花期**
23	主茎和 3 个分蘖	60	—
24	主茎和 4 个分蘖	61	扬花开始
25	主茎和 5 个分蘖	62	—
26	主茎和 6 个分蘖	63	—
27	主茎和 7 个分蘖	64	—
28	主茎和 8 个分蘖	65	扬花过半
29	主茎和 9 个以上分蘖	66	—
	拔节期	67	—
30	假茎（叶鞘）直立	68	—
31	第 1 间节可测	69	扬花完成
32	第 2 间节可测		**乳熟期**
33	第 3 间节可测	70	—
34	第 4 间节可测	71	籽粒水熟（灌浆）
35	第 5 间节可测	72	—
36	第 6 间节可测	73	乳熟早期

续表

两位数字	文字描述	两位数字	文字描述
74	—	87	硬蜡熟期
75	乳熟中期	88	—
76	—	89	—
77	乳熟后期		**完熟期**
78	—	90	—
79	—	91	籽粒坚硬（用拇指甲分开较难）
	蜡熟期	92	籽粒坚硬（无法用拇指甲分开）
80	—	93	白天籽粒变松
81	—	94	过熟，茎秆干缩死亡
82	—	95	种子休眠
83	蜡熟早期	96	活种子发芽率达 50%
84	—	97	种子休眠结束
85	软蜡熟期	98	诱导的第二次休眠
86	—	99	第二次休眠结束

资料来源：据 Zadoks 等，1974

3. 拍摄物候照片

美国亚利桑那州立大学学者探索了用数码照相机照相观测记录植物物候的方法。照相记录时间为 7～12 月，在室内用计算机软件通过色相分析研究植物冠层色相变化。

4. 人工气候室

在研究气象条件对生物物候影响方面，已开始利用人工气候室进行实验研究，以及建立气象条件和生物物候变化的数学模式等研究。

（二）数据分析方法

1. 统计分析方法

物候研究最常用的分析方法是常规统计学方法，如分析物候期提前或推迟及气温的变化趋势常用趋势线表示；分析物候变化与气候因子的关系时常用相关分析和积分回归分析方法；划分不同植物的物候类型时常用聚类分析方法；分析不同植物类型的物候变化的差异显著性时常用方差分析方法；分析影响因子的权重时用主成分分析法等。

2. 绘制物候谱图

物候谱是一种形象地表示植物在一年内发育过程的一种图示形式，可表示各物候期的开始和结束期及持续时间。用物候谱图可直观表示研究对象各物候的顺序、季相特征等，并在多个研究对象之间进行比较。物候频数是指多个研究对象在一定日期内发生物候现象的个数。而累计物候频数则是从有物候现象发生的第一候开始，求得的在前 n 候内有物候现象发生的研究对象重复累计个数，一般用百分数表示。用物候频数和累计物候频数作图可直观表明研究区各季节物候现象的发生过程和变化趋势。

3. 模型分析方法

最古老的物候模型是 1735 年 Reaumur 建立的积温模型。目前国内外运用的物候模型主要包括两类，一类是统计分析模型，另一类是机理模型。前者主要是运用统计学方法建立的植物物候与气象因子之间的关系，而后者则以植物的生理生态过程为基础，通过引入必要的生理参数来模拟植物的发育过程。不仅如此，在植物生长模型和植被模型中嵌入物候模型，已成为植物生长模型和植被模型的发展趋势。运用植物物候来预测气候变化趋势和补充气候资料也是物候模型发展的趋势之一。

4. 编制自然历

各种生物物候现象的出现日期，虽然每年随气候条件变化而变，但在同一气候区内，如果不受局地小气候的影响，其先后顺序每年保持不变。而在不同的气候区域内，由于生物品种和气候条件的组合发生变化，物候现象的顺序则有所不同。依据物候现象的顺序性就可以编制自然历和预报农时。

四、气候变化对作物物候的影响

植物物候学本身的研究对象就是植物生长和气候变更的关系，可见作物物候受气候影响是必然的。植物物候期的早晚虽然是受外界环境条件的综合影响，但气候条件是最主要的影响因子。

许多的观测结果表明：全球和中国的气候变化对自然生态系统和社会经济部门产生了重要影响，尤其是对农牧业生产、水资源供需、森林和草地生态系统、沿海地带等的影响较为显著，而且这些影响以负面为主，某些影响甚至是不可逆的。

（一）温度的影响

温度是影响植物发育的重要因子。目前关于温度条件对植物物候期的影响主要有两种观点。

第一种是积温的观点，或者称为积温学说。积温观点认为：①植物发育期开始时间决定于前一段时期周围环境的温度。②植物发育期之间的持续时间与温度成反比，即发育期间的温度越高，则发育期越短；反之，就越长。③计算积温时，温度起点为植物各发育期开始进行时的生物学下限温度（植物能够维持生长和发育的温度，称为生物学下限温度），植物发育期之间持续时间与有效积温的关系表示为 $\sum t=A+Bn$。式中，$\sum t$ 为该时期内从 0℃开始计算的温度总和；A 为该发育期间的有效积温；n 为发育期的持续时间（日数）；B 为生物学下限温度。第二种观点则认为，植物物候期早晚不仅与日平均气温，而且与同日最低气温和最高气温有关。事实上两种观点并无太大区别。因为日平均气温和积温同日最低气温、最高气温之间本身就存在密切的关系。

（二）日照长度的影响

日照长度对植物的物候期有一定的影响。例如，对大豆作分期播种试验，在 5～7 月内每隔两个星期播种一次，到 9 月所有不同播种期的大豆几乎同时开花。可见大豆开花是受日照长度的支配。因此与大豆相似的秋季开花的植物称为短日照植物，与此相反，在春季日照延长时期开花的植物称为长日照植物。短日照植物除大豆外，还有野菊花、桂花、紫苏、牵牛花等，长日照植物有大麦、萝卜、菠菜等。还有一些植物对日照长度反应不敏感，如蔷薇、西红柿等。对于划分长日照植物和短日照植物的标准有不同观点，如威特沃（Wittwer）认为，短日照植物与长日照植物不是根据开花时的日照长度来区别。他认为短日照植物是指只有在某一定日照长度以下的日照下才开花，而长日照植物是在某一定日照长度以上的日照下才开花。这种一定的日照长度称为临界日照长度。苍耳（*Xanthium pensylvanicum*）是典型的短日照植物，其临界日照长度为 15h 30min。天仙子（*Hyoscyamus niger*）是典型的长日照植物，其临界日照长度为 11h。在其临界日照长度以下，天仙子不开花。但在界限以上，一直到持续 24h 的任何日照长度下均可开花。

随着纬度和季节不同，日照长度有明显的差异。在北半球冬半年，纬度越高，日照长度越短；反之，在夏半年，纬度越高，日照越长。因此，长日照植物由高纬度向低纬度引种时，会延长生育期，而短日照植物由高纬度向低纬度引种时，会使生育期缩短。

（三）其他气象条件的影响

除上述温度和日照长度外，其他气象因子，如土壤湿度、风速等对植物物候期也有一定的影响。例如，夏季干旱可以使国槐、楸树等夏季开花的植物延迟开花，6 级以上大风会把树冠上的花瓣和叶片吹落，从而使开花末期和树木落叶期提前等。

此外，还必须注意植物本身的差别。例如，春季植物物候现象对温度反应比夏季植物物候现象敏感，在平原地区乔木的物候期与大气候关系密切，而草本植物物候期易受局地小气候条件的影响。

主要参考文献

曹卫星. 2006. 作物生态学. 北京: 中国农业出版社: 194-314.
邓仲池, 陈翠莲. 1989. 水稻光合作用“午睡”现象的初探. 华中农业大学学报, 1989, 3: 208-212.
董莹莹. 2013. 农作物群体长势遥感监测及长势参量空间尺度问题研究. 浙江大学博士论文: 1-12.
范兰, 吕昌河, 陈朝. 2011. 作物产量差及其形成原因综述. 自然资源学报, 26(12): 2155-2166.
葛全胜, 戴君虎, 郑景云. 2010. 物候学研究进展及中国现代物候学面临的挑战. 中国科学院院刊, 25(3): 310-316.
官春云. 1997. 作物栽培学. 北京: 中国农业出版社.
官春云. 2011. 现代作物栽培学. 北京: 高等教育出版社: 21-88.
黄高宝. 1999. 作物群体受光结构与作物生产力研究. 生态学杂志, 1999, 18(1): 59-65.
蒋高明, 常杰, 高玉葆, 等. 2004. 植物生理生态学. 北京: 高等教育出版社: 133-159.
李雁鸣, 梁振兴, 梅楠. 1988. 冬小麦叶片衰亡及其形态和生理特性变化. 北京农学院学报, 3(2): 58-69.
李雁鸣, 张立言, 李振国. 1990. 冬小麦优质栽培综合农艺措施的数学模型和优化方案筛选. 河南科技学院学报(自然科学版), 18(3/4): 126-133.
潘波, 郑丕尧. 1990. 大麦叶片叶绿素含量及 a/b 值消长规律的研究. 青岛农业大学学报(自然科学版), 7(4): 266-269.
潘瑞炽. 2008. 植物生理学. 6 版. 北京: 高等教育出版社: 243-264.
宛敏谓, 刘秀珍. 1979. 中国物候观测方法. 北京: 科学出版社.
王纪华, 赵春江, 黄文江. 2008. 农业定量遥感基础与应用. 北京: 科学出版社: 181-191.

王晓玲，张文英. 2016. 作物学实验. 北京：中国农业出版社: 287-331.
吴炳方，张峰，刘成林，等. 2004. 农作物长势综合遥感监测方法. 遥感学报, 8(6): 498-514.
吴桂成，张洪程，戴其根，等. 2010. 南方粳型超级稻物质生产积累及超高产特征的研究. 作物学报, 36(11): 1921-1930.
徐雨晴，陆佩玲，于强. 2004. 气候变化对植物物候影响的研究进展. 资源科学, 26(1): 129-136.
阎希柱. 2000. 初级生产力的不同测定方法. 水产学杂志, 13(1): 81-86.
於忠祥，姚建国. 2000. 作物最高理论产量计算方法的应用—以合肥地区水稻为例. 生物数学学报, 15(2): 189-193.
张荣铣，马万山，程在全. 1988. 关于小麦叶片光合速率高值持续期的初步研究. 中国作物栽培生理学术研讨会. 15(增刊): 76-86.
赵明，李少昆. 1988. 我国玉米自交系株型和光合性状的演变特点. 华北农学报, 13(1): 1-4.
赵英时. 2003. 遥感应用分析原理与方法. 北京：科学出版社: 387-398.
邹冬生. 1989. 不同土壤水分条件下番茄叶片光合及蒸腾日变化研究. 中国蔬菜, 6: 8-9, 15.
El-Sharkawy M A, Hesketh J D. 1964. Effects of temperature and water deficit on leaf photosynthetic rates of different species. Crop Science, 4: 514-518.
Elvidge C D, Chen Z. 1995. Comparison of broad-band and narrow-band red and near-infrared vegetation indices. Remote Sensing of Environment, 54 : 38-48.
Irvine J E. 1967. Photosynthesis of sugarcane varieties under field conditions. Crop Science, 7: 297-300.
Pearce R B, Carlson G E, Barnes D K, et al. 1969. Specific leaf weight and photosynthesis in alfalfa. Crop Science, 9: 423-426.
Zadoks J C, Chang T T, Konzak C F. 1974. A decimal code for the growth stages of cereals. Weed Research, 14: 415-421.

第七章　作物群体结构研究方法

作物群体结构性状是农田生态系统的重要特征。植株的叶、茎、节的形态指标，叶面积指数、株高、种植密度等都会影响群体结构。叶片的解剖结构、叶片光合与荧光、冠层光合与蒸腾、冠层氮素分布等影响群体的生理与功能。作物群体内的光照、温度、湿度、风和二氧化碳浓度等要素的分布，均与作物群体结构与功能紧密相连。群体结构与功能不同，太阳辐射在群体中的再分配及农田小气候也会发生相应的变化，进而影响到作物的生长发育和产量形成。同时，作物的生长发育状况也会反过来导致作物群体结构的变化。因此，如何创建一个合理的或理想的作物群体结构以形成良好的农田生态环境，获取较高的作物生产力与经济产量，是一个值得研究的理论与实践问题。这些研究可为作物株形育种、选种提供重要的依据与参考。

第一节　形态与生理

一、叶片形态与生理指标

（一）叶形

研究人员对于植物常见叶形的划分及命名有所不同，本章对叶形（单叶叶形或复叶中小叶叶形）的确定大体上是以叶片长宽比为判定依据，关键就是找到植物叶片最大的宽度区域，这就要求准确地定位叶脉，并找到垂直于叶脉的最大宽度。叶主要被划分为6种形态（图7-1）（Ellis et al.，2012），阐述如下。

图7-1　6种基本叶型

A.椭圆形叶；B.倒卵形叶；C.卵形叶；D.矩圆形叶；E.线形叶；F.特殊形状叶

椭圆形：叶最宽的区域处于中间 1/5 区域。其中，叶长宽比为 1.2∶1～1∶1 的定义为“圆形”；长宽比小于 1∶1 的为“扁圆形”，如卫矛科。

倒卵形：叶最宽的部位处于顶部的 2/5 区域。倒卵形叶长宽比在 3∶1～10∶1 的叶片定义为“倒披针行”，如夹竹桃科。

卵形：叶最宽的部位处于底部的 2/5 区域，如金壳果科。

矩圆形：至少在叶中间的 1/3 区域内，相对的叶边缘近似平行，如桑科。

线形：叶长宽比大于或等于 10∶1，与最大叶宽处的位置无关，如山龙眼科。

特殊形状：轮廓不能够被轻易归入以上叶形的叶，如猪笼草。

除此之外，叶片还有其他的外观特征，如中部对称性、基部对称性、裂片（不开裂和开裂；开裂的又可分为掌状裂、羽状裂、掌状羽状裂、二裂）、叶缘类型、特殊的叶缘特征、叶顶角类型、叶尖形状、叶基角、基部形状、叶尖末端特征等。

（二）叶片解剖结构

通常被子植物叶由表皮、叶肉、叶脉组成，厚度约为几百微米，由 4～10 层细胞组成，是高等植物主要的光合作用器官。表皮由上表皮和下表皮组成，覆盖着整个叶片，表皮细胞不含叶绿体，细胞间没有间隙，形状十分规则。表皮细胞上面一般会分布各种表皮毛和气孔器，气孔器的类型与表皮毛的数量因植物类型而异。表皮细胞接触空气的一侧覆盖着不透水的角质层，角质基本上由含 16-碳和 18-碳的单羧酸酯的多聚物组成，可以有效防止叶片过量的水分损失，避免叶肉细胞受机械损伤，抵抗微生物的酶降解。在表皮上，有许多由成对保卫细胞围成的气孔。禾本科植物表皮细胞也有泡状细胞（运动细胞）的分化，在植物叶片卷曲、伸展运动中起着重要的作用。

叶肉细胞组成的绿色同化组织富含叶绿体，分布在上下表皮层以内，叶片的光合作用主要在这里进行。叶肉主要由栅栏组织、海绵组织及贯穿其间的维管束构成。栅栏细胞通常呈现细长柱形，长约 80μm，并且和表皮一起垂直排列在上表皮下。海绵细胞呈现球形，位于栅栏细胞和下表皮之间，半径约 20μm。栅栏细胞和海绵细胞的大部分表皮是暴露在空气之中，其间的空隙便于气体分子的扩散。

由于维管束的存在，在外观上，叶片表皮通常布满粗细不等的叶脉。叶脉作为叶片中的维管束，与其他支脉相比，明显粗大，在结构上，中脉较大维管束的上、下两侧有发达的厚壁组织与表皮细胞相连，起到了机械支持的作用。

此处以水稻叶片为例，通过显微结构与超微结构的观察，从叶片类别、组成及功能方面作具体分析，以求在形态和生理角度上进一步了解叶片。根据水稻生理状态特性，水稻完全叶由叶片（lamina）和叶鞘（leaf sheath）两大部分组成，在其交界处还有叶枕（leaf cushion）、叶耳（auricle）和叶舌（leaf ligule）。

水稻叶片由表皮、叶肉组织、大小维管束和机械组织等部分组成。从水稻叶片横断面看，叶的表面和背面均有一层表皮，表皮由表皮细胞、刺毛、气孔和运动细胞（上表皮才有）等部分组成。表皮细胞通常都是木质化的，有细长的矩形细胞和短的哑铃状细胞两种，其外面还沉积有较多硅化物。表皮细胞表面有乳头状小突起。部分表皮细胞特化为较粗的向叶尖方向弯曲的刺毛（图 7-2A）。气孔位于叶脉两侧的表皮细胞之间，呈一列或交错排列为两列。气孔器由保卫细胞和副卫细胞组成（图 7-2B），保卫细胞壁在与空气接触的一面加厚。

叶正面有若干个高低不等的棱起，即叶脉。高的棱起内有一条大维管束，低的棱起内有一条小维管束。在表皮的下方与维管束相对应的部位为厚壁机械组织。中央部分的主脉，其内部有多条大小维管束及通气腔。

叶肉组织在叶片表皮之下，其中无栅栏组织与海绵组织之分，叶肉细胞壁向内皱褶，胞间有较大的细胞间隙，胞内含有很多叶绿体（图 7-2C）。叶绿体呈橄榄状，片层结构发达，有基质片层和基粒片层。水稻叶片结构适合气体交换，叶肉细胞中具有高密度的叶绿体，因而光合速率较高。

维管束由维管束鞘、内束鞘、木质部和韧皮部等组成（图 7-2D）。叶肉细胞中光合作用生产的同化物的运输过程，主要是小叶脉装载进入筛管，再经叶片、叶鞘和茎秆维管束运往稻株全身，其中小叶脉中的小维管束仅有一至数个筛管。叶片中除纵向的叶脉装载进入筛管，还有横走维管束，二者遍布整个叶片，共同组成了叶片中物质运输的网络。植物体内的维管束主要承担着物质运输的功能，并且叶中的维管束也是外源化学物质及病原生物等传播的通道，一些杀虫剂、灭菌剂、肥料及病菌和病毒分子能经维管传遍整个植株。

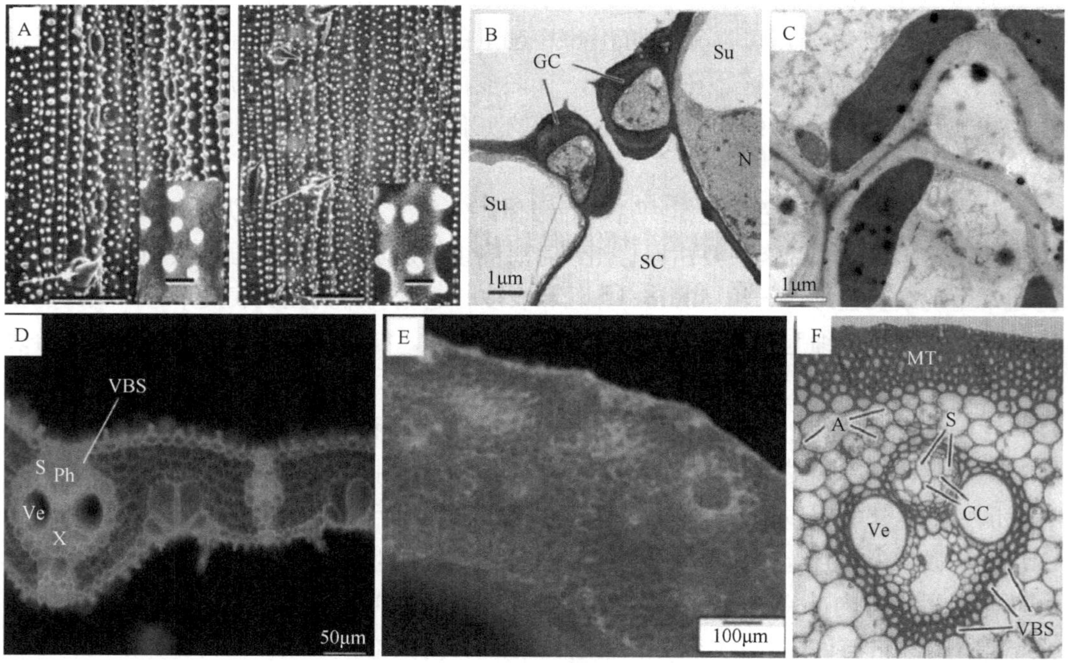

图 7-2　水稻各器官显微和超微结构

A.水稻上表皮扫描图片（Sylvester et al.，2001），显示乳突和刺毛（箭头处）标尺 50μm；插图内标尺 5μm。B.气孔的横切面（王忠，2015）；Su，副卫细胞；SC，气孔内腔；GC，孔边细胞；N，细胞核。C.叶肉细胞中的叶绿体。D.叶脉大维管束横断面荧光显微结构；X，木质部；Ph，韧皮部；S，筛管；VBS，维管束鞘细胞；Ve，导管。E.茎横切面显微结构（Steffens et al.，2011）。F.茎中维管束显微结构（王忠，2015）；A，淀粉粒；S，筛管；Ve，导管；CC，伴胞；MT，厚壁组织；VBS，维管束鞘

二、茎鞘结构与功能

鞘由表皮、薄壁组织、维管束和机械组织等部分组成。表皮细胞呈现长方形，在脉间的表皮上分布有气孔，气孔通过薄壁组织的细胞间隙与通气腔相通。叶鞘的外侧有两三层薄壁细胞含有叶绿体，其他的薄壁细胞均不含叶绿体，致使叶鞘的光合能力远不及叶片。叶鞘维管束周围的薄壁细胞有合成和积累淀粉的功能，通常在营养生长期积累大量淀粉。灌浆时，积累在薄壁细胞中的淀粉被分解，降解物运向稻穗。

水稻叶鞘外观上，叶鞘卷抱着茎，两边缘重叠，中央厚，两缘渐薄。在内部，叶鞘中有若干个彼此分隔开的通气腔，这样的机构可以更好地承受外力，也使其能与茎秆共同支撑起地上部器官。叶鞘抱茎的紧密程度与品种的抗倒力成正相关关系，抱茎紧者抗倒力强。

三、茎秆与节解剖结构与功能

茎是植株重要的地上部分器官，大体上可概括为由节和节间组成，其主要承担着机械支持、物质运输和信号转导等功能，茎秆的好坏影响着作物的抗倒性和抗折性，同时对地上部干物质具有重要贡献。

节间为管状，横切面呈圆环形，可分为表皮、下皮机械组织、薄壁组织和维管束等部分。表皮外层细胞壁的硅化物沉淀增加其硬度（图 7-2E）。

表皮以下为下皮机械组织（亦称为厚壁组织），是由很小的厚壁细胞形成的机械组织，相互连接成环状，在环状厚壁组织中还均匀分布若干小维管束。水稻茎的强度主要表现在下皮机械组织厚度上，机械组织越厚，茎的强度越大，稻株也就越抗倒伏。下皮机械组织向内是皮层薄壁组织，其中分布着与小维管束相对的大维管束。薄壁组织的细胞较大，主要贮藏茎内的淀粉。

节间中央最初是薄壁细胞，随着茎的成熟逐渐解体形成中空的髓腔，节间靠近节部髓腔变狭窄。下部节间维管束之间的薄壁细胞常解体成气腔。

水稻茎节间中的大小维管束都是外筛型维管束，韧皮部位于表皮一侧，木质部位于薄壁组织一侧（图 7-2F）。

叶、根和蘖均发生在节上，节是生活力最旺盛、养分交叉运转最频繁的部位。节还具有增强水稻茎秆强度、抵折防弯的能力。

四、冠层形态与生理

作为地上部分的主体，冠层结构是作物个体、群体数量与质量的综合体现，直接影响着群体内的光分布及群体光合能力，其对于作物的产量潜力具有决定意义，实现高产主要依靠作物冠层内光分布的合理配置和利用。理想株型历来受到国内外育种和栽培生理专家的重视与关注，研究合理的作物冠层构造对于该方面研究具有重要的意义。本节主要针对叶面积指数及其与冠层光的截获，包括氮素与叶面积指数的关系等方面，对作物冠层进行系统的阐述。

（一）叶面积指数、最适叶面积指数与光合生产力的关系

在作物生育期中，群体叶面积通常用叶面积指数来表示，叶面积指数一般呈抛物线状增长，孕穗期以前，叶面积指数的变化随植株生长而逐步增大，在孕穗期达到最大值，抽穗后又逐渐减小。

光合生产是作物有机物质的唯一来源，其产物大致占作物经济产量的物质基础来源的 90%。作物地上部的绿色部分均具有光合作用，但不同器官光合作用的能力是不同的。绿色穗因呼吸较强，有机物质积累少；绿色茎鞘因光补偿点较高，且受光条件受限，对生物量的贡献也较小。排除某些作物（油菜角果表皮等），从形态结构上、持续时间上，只有叶片可以作为作物最主要的光合器官。叶面积的大小（LAI）、叶面积持续天数（LAD）和单位叶面积的净同化率（NAR）三方面因素共同影响着群体的光合生产力。即

群体光合生产力=光合势（叶面积×持续天数）×净同化率

随着群体叶面积的增大，叶片间相互遮阴的程度逐渐加剧，叶片的寿命和净同化率均因此而缩短和下降，因而在叶面积指数较大的情况下，群体叶面积和持续天数及净同化率之间呈显著负相关。在群体叶面积扩展的初期，由于叶面积增加群体光合生产的正效应大于缩短持续天数和降低净同化率负效应，密植增产。叶面积超过一定限度后，负效应大于正效应，密植减产。这里就需要引入了最适叶面积的概念（凌启鸿等，2011）。当然这个最小 LAI 要满足三个基本条件：第一，具有最大的光截获量（各作物不同，最大约 95%）；第二，基部叶片能在维持正常生理功能的基础上，群体基部的受光量在光补偿点的 2 倍以上；第三，群体具有最高的 CGR。

（二）叶面积指数与冠层光截获的关系

作物冠层内的光合有效辐射（PAR）分布具有明显的空间异质性和时间动态性，冠层 PAR 截获量及分布状况主要受叶面积指数、冠层结构、栽培措施和气象因素等因子的影响。作物产量主要取决于群体的光截获能力、群体内部光分布特征和光转化效率。冠层结构直接影响着光在冠层内的截获与分布状况，提高光能利用率，一方面要尽量截获光能，另一方面要提高光能转化率。

如图 7-3 所示，冠层结构显著影响冠层内光的分布。叶片披散的株型，上部叶片吸收了大部分太阳光辐射，而下部大部分叶片受到荫蔽。而紧凑型株型，叶片夹角小，叶片直立，荫蔽作用小，中下部叶片也能接受到光辐射。因为叶片光合作用对光照强度的响应曲线是非线性的（图 7-3B），随着光照强度的增加，光合作用的增益越来越小。当光照强度大于某一强度后，光合作用不再随着光照强度的增加而增加，该光照强度被称为叶片饱和光强。对于叶片披散的株型，上部叶片常常处于光过“饱和”状态，而下部叶片处于光“饥饿”；而在紧凑型株型中，冠层中光分布较好，冠层中叶片均以较高速度进行光合作用。两种冠层结构中不同部位叶片相应光合值如图 7-3 所示。在“理想株型”育种中，直立株型作为其中一个重要的农艺选择性状，是因为直立株型的品种叶片夹角小，有利于光在冠层中的透射，使冠层基部受到更多光照，一定程度上缓解了“光饱和”与“光饥饿”现象，从而提高冠层光合同化能力。

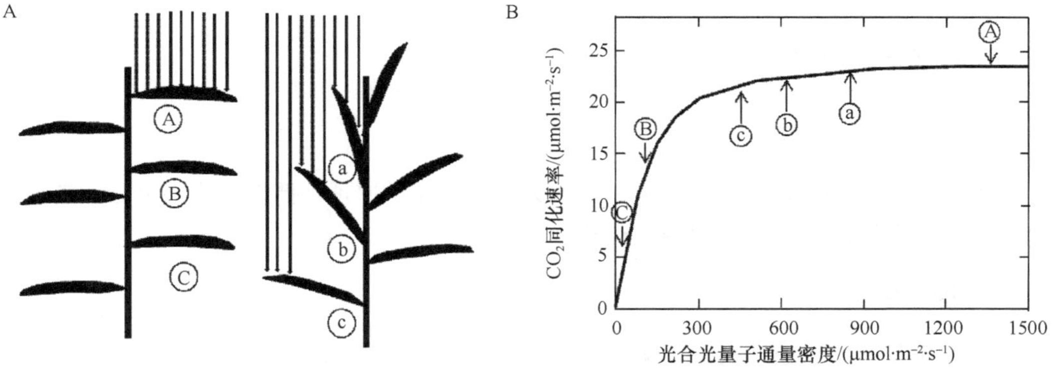

图 7-3　叶片夹角对冠层内光分布和叶片光合的影响（Long et al.，2006）

（三）冠层中光的分布与氮素分布及其与冠层净同化力的关系

已有的研究表明冠层中叶片氮素与光的分布类似，也存在冠层顶部含量高、基部含量低的垂直分布（Hirose and Werger，1987），这种分布是叶片适应光在冠层中的分布特征和氮素向生长中心转运造成的。这样的分布规律就有利于最大化冠层光合，相对于氮素的均匀分布，氮素冠层中梯度分布能使冠层的光合能力提高 20%（Hirose and Werger，1987）。Hikosaka（2014）通过研究发现，如果能够调控冠层中的氮素分布，使之与光的分布一致，达到最优，冠层光合能再提高额外的 20%。Dingkuhn 等（1991）提出优化冠层氮的分布（即加大氮素的分布梯度差，增加上部叶片含氮量，减少下部叶片含氮量）应该作为育种中的重要选择靶标。但是氮素在冠层中的分布调控机理非常复杂，除了光强外，也受其他因素调控，如环境中红光/远红光比例、植株体内激素、叶龄、库源关系等。Priefo 等（2012）研究发现，冠层中光的强度分布与氮素梯度分布的热力学关系密切（图 7-4）。Moreau 等（2012）研究表明，通过调控氮肥可以优化冠层结构与氮素分布，优化光氮匹配，提高光合氮素利用效率。因此可以通过栽培管理或者品种选育等措施来优化冠层结构，优化光氮分布，提高光合效率，以达到提高产量和氮素利用效率的目的。

图 7-4　冠层中光的梯度分布与氮素梯度分布的热力学示意图（葡萄）（Prieto et al.，2012）

五、分析方法与技术

（一）光学显微镜

光学显微镜（optical microscope，OM）是利用光学原理，把人眼所不能分辨的微小物体放大成像，以供人们提取微细结构信息的光学仪器。

1. 仪器组成

光学显微镜一般由载物台、聚光照明系统、物镜、目镜和调焦装置组成（图 7-5）。主要可分为光学系统和机械装置。

（1）光学系统

显微镜的光学系统主要包括物镜、目镜、反光镜和聚光器 4 个部件。广义地说也包括照明光源、滤光器、盖玻片和载玻片等。

（2）机械装置

显微镜的机械装置是显微镜的重要组成部分。其作用是固定与调节光学镜头，固定与移动标本等。主要有镜座、镜臂、载物台、镜筒、物镜转换器与调焦装置。

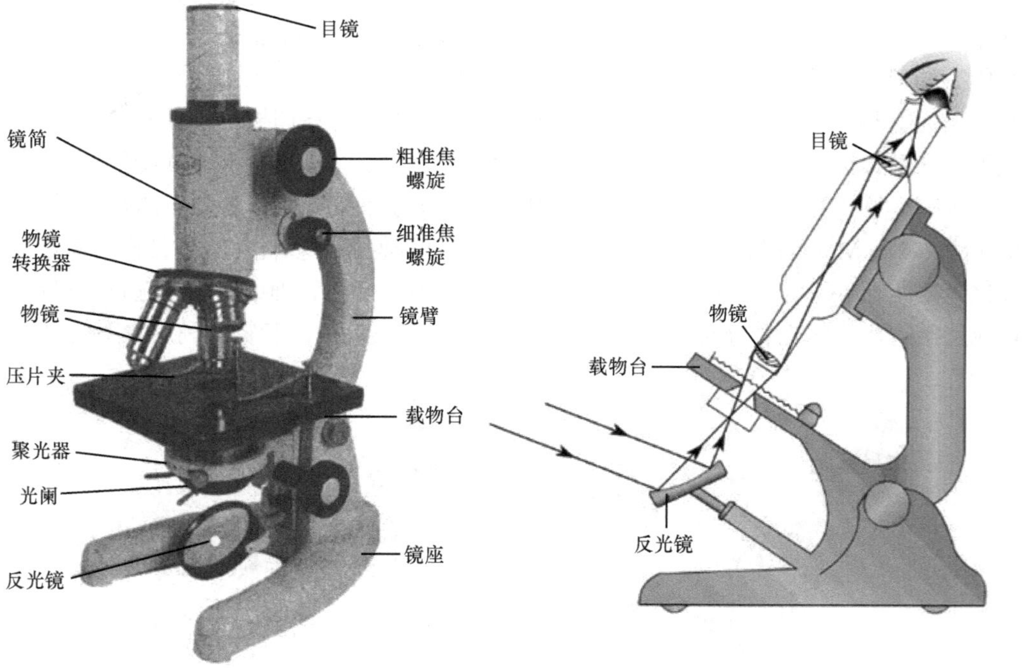

图 7-5　光学显微镜实物结构图与结构简图

2. 使用规程

1）实验时要把显微镜放在桌面上稍偏左的位置，镜座应距桌沿 6～7 cm。

2）打开光源开关，调节光强到合适大小。

3）转动物镜转换器，使低倍镜头正对载物台上的通光孔。先把镜头调节至距载物台 1～2cm 处，然后用左眼注视目镜内，接着调节聚光器的高度，把孔径光阑调至最大，使光线通过聚光器射入到镜筒内，这时视野内呈明亮的状态。

4）将所要观察的玻片放在载物台上，使玻片中被观察的部分位于通光孔的正中央，然后用标本夹夹好载玻片。

5）先用低倍镜观察（物镜 10×、目镜 10×）。观察之前，先转动粗准焦螺旋，使载物台上升，物镜逐渐接近玻片。需要注意，不能使物镜触及玻片，以防镜头将玻片压碎。然后，左眼注视目镜内，同时右眼不要闭合（要养成睁开双眼用显微镜进行观察的习惯，以便在观察的同时能用右眼看着绘图），并转动粗动调焦手轮，使载物台慢慢下降，不久即可看到玻片中材料的放大物像。

6）如果在视野内看到的物像不符合实验要求（物像偏离视野），可慢慢调节载物台移动手柄。调节时应注意，玻片移动的方向与视野中看到的物像移动的方向正好相反。如果物像不甚清晰，可以调节细准焦螺旋，直至物像清晰为止。

7）一般具有正常功能的显微镜，低倍物镜和高倍物镜基本齐焦，在用低倍物镜观察清晰时，换高倍物镜应可以见到物像，但物像不一定很清晰，可以转动微动调焦手轮进行调节。

8）在转换高倍物镜并且看清物像之后，可以根据需要调节孔径光阑的大小或聚光器的高低，使光线符合要求（一般将低倍物镜换成高倍物镜观察时，视野要稍变暗一些，所以需要调节光线强弱）。

9）观察完毕，应先将物镜镜头从通光孔处移开，然后将孔径光阑调至最大，再将载物台缓缓落下，并检查零件有无损伤（特别要注意检查物镜是否沾水沾油，如沾了水或油要用镜头纸擦净），检查处理完毕后即可装箱。

（二）荧光显微镜

细胞中有些物质，如叶绿素等，受紫外线照射后可发荧光；另有一些物质本身虽不能发荧光，但经荧光染料或荧光抗体染色后，紫外线照射亦可发荧光，荧光显微镜（fluorescence microscope）就是对这类物质进行定性和定量研究的工具之一（图 7-6）。从原理上讲，荧光显微镜就是以紫外线为光源，用以照射被检物体，使之发出荧光，观察物体的形状及其所在位置的一种可用于研究细胞内物质的吸收、运输、化学物质的分布及定位等的装置。

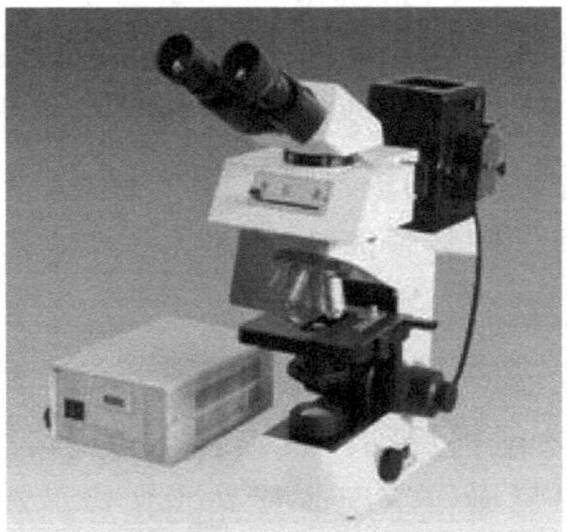

图 7-6　荧光显微镜

荧光显微镜是免疫荧光细胞化学的基本工具，主要由光源、滤色系统、反光镜、聚光镜、物镜、目镜、落射光装置的等组成，为了便于图像的采集和获得更高质量的图片，其通常还会搭配有荧光显微电荷耦合器件（CCD）装置，如图 7-7 所示，共同组成显微成像系统。

图 7-7　荧光显微 CCD

荧光显微镜的使用方法如下。

1. 标本制作

1）载玻片：厚度均匀（0.8～1.2mm），厚则光吸收多，且不能使激发光在标本上聚集。有时需用石英玻璃载玻片，并且须光洁，无明显自发荧光。

2）盖玻片：厚度在 0.17mm 左右，光洁。为了加强激发光，也可用干涉盖玻片。

3）标本：组织切片或其他标本不能太厚，若太厚激发光大部分消耗在标本下部，而物镜直接观察到的上部不充分激发。另外，细胞不能发生重叠或有杂质掩盖。

4）封裱剂：甘油，必须无自发荧光，无色透明。

5）镜油：一般暗视野荧光显微镜和用油镜观察标本时，必须使用镜油，最好使用特制的无荧光镜油，也可用上述甘油代替，液体石蜡也可用，只是折光率较低，对图像质量略有影响。

2. 观察步骤

1）打开灯源，超高压汞灯要预热 15min 才能达到最亮点。

2）透射式荧光显微镜需在光源与暗视野聚光器之间装上所要求的激发滤片，在物镜的后面装上相应的压制滤片。落射式荧光显微镜需在光路的插槽中插入所要求的激发滤片、双色束分离器、压制滤片的插块。

3）用低倍镜观察，根据具体装置调整光源中心，使其位于整个照明光斑的中央。

4）放置标本片，调焦后观察。注意：未装滤光片不要用眼直接观察，以免引起眼的损伤；用油镜观察标本时，必须用无荧光的特殊镜油；高压汞灯关闭后不能立即重新打开，需待汞灯完全冷却后才能再启动，否则会不稳定，影响汞灯寿命。

5）观察。例如，在荧光显微镜下用蓝紫光滤光片，观察到经 0.01%吖啶橙荧光染料染色的细胞，细胞核和细胞质被激发产生两种不同颜色的荧光（暗绿色和橙红色）。

（三）扫描电子显微镜

扫描电镜（SEM），全称扫描电子显微镜（scanning electron microscope），是一种利用电子束扫描样品表面从而获得样品信息的电子显微镜。它能产生样品表面的高分辨率图像，且图像呈三维，扫描电子显微镜能被用来鉴定样品的表面结构。

1. 系统构成

1）电子光学系统：电子枪；聚光镜（第一、第二聚光镜和物镜）；物镜光阑。

2）扫描系统：扫描信号发生器；扫描放大控制器；扫描偏转线圈。

3）信号探测放大系统：探测二次电子、背散射电子等电子信号。

4）图像显示和记录系统：早期 SEM 采用显像管、照相机等。数字式 SEM 采用电脑系统进行图像显示和记录管理（图 7-8）。

图 7-8　扫描电镜 SEM 构成与组件

5）真空系统：真空度高于 10～4Torr。常用机械真空泵、扩散泵、涡轮分子泵。

6）电源系统：高压发生装置、高压油箱。

2. 工作原理

扫描电子显微镜依据电子与物质的相互作用而制造。当一束高能的入射电子轰击物质表面时，被激发的区域将产生二次电子、俄歇电子、特征 X 射线和连续谱 X 射线、背散射电子、透射电子，以及在可见、紫外、红外光区域产生电磁辐射。同时，也可产生电子-空穴对、晶格振动（声子）、电子振荡（等离子体）。为了使标本表面发射出次级电子，SEM 工作时，标本在固定、脱水后，要喷涂上一层重金属微粒，重金属在电子束的轰击下发出次级电子信号。随后用一束极细的电子束扫描样品，在样品表面激发出次级电子，次级电子的多少与电子束入射角有关，也就是说与样品的表面结构有关，次级电子由探测体收集，并被闪烁器转变为光信号，再经光电倍增管和放大器转变为电信号来控制荧光屏上电子束的强度，显示出与电子束同步的扫描图像。图像为立体形象，反映了标本的表面结构。

试样制备及方法如下。

（1）试样要求

试样可以是块状或粉末颗粒，在真空中能保持稳定，干燥不含水分。表面受到污染的试样，要在不破坏试样表面结构的前提下进行适当清洗，然后烘干。新断开的断口或断面，一般不需要进行处理，以免破坏断口或表面的结构状态。有些试样的表面、断口需要进行适当的侵蚀，才能暴露某些结构细节，则在侵蚀后应将表面或断口清洗干净，然后烘干。对磁性试样要预先去磁，以免观察时电子束受到磁场的影响。试样大小要适合仪器专用样品座的尺寸，不能过大，样品座尺寸各仪器不都相同，一般小的样品座为3～5mm，大的样品座为30～50mm，用来放置大小不同的试样，样品的高度一般为5～10mm。

（2）块状试样制备

对于块状导电材料，除了大小要适合仪器样品座尺寸外，基本上不需进行其他操作，用导电胶把试样粘结在样品座上，即可放在扫描电镜中观察。对于块状的非导电或导电性较差的材料，要先进行镀膜处理，在材料表面形成一层导电膜。以避免电荷积累，影响图像质量。并可防止试样的热损伤。

（3）粉末试样制备

先将导电胶或双面胶纸粘结在样品座上，再均匀地把粉末样撒在上面，用洗耳球吹去未粘住的粉末，再镀上一层导电膜，即可上电镜观察。

（4）镀膜

镀膜的方法有两种，一是真空镀膜，另一种是离子溅射镀膜。离子溅射镀膜是指需要镀膜的样品放在作为阳极的样品台上，被正离子轰击而溅射出来的靶材原子沉积在试样上，形成一定厚度的镀膜层。离子溅射时常用的气体为惰性气体氩，要求不高时，也可以用空气，气压约为5×10^{-2}Torr。与真空镀膜相比，离子溅射镀膜的主要优点如下。

1）省时：装置结构简单，使用方便，溅射一次只需几分钟，而真空镀膜则要半小时以上。

2）省材：消耗贵金属少，每次仅约几毫克。

3）高品质：对同一种镀膜材料，离子溅射镀膜质量好，能形成颗粒更细、更致密、更均匀、附着力更强的膜。

（四）透射电子显微镜

透射电子显微镜（transmission electron microscope，TEM），可以看到小于0.2μm的亚显微结构或超微结构。1932年Ruska发明了以电子束为光源的透射电子显微镜，电子束的波长要比可见光和紫外光短得多，并且电压越高波长越短。目前TEM的分辨力可达0.2nm。

1. 组成

电子显微镜的放大倍数最高可达近百万倍，由照明系统、成像系统、真空系统、记录系统、电源系统5部分构成，主体部分是电子透镜和显像记录系统，由置于真空中的电子枪、聚光镜、物样室、物镜、衍射镜、中间镜、投影镜、荧光屏和照相机组成（图7-9）。

2. 工作原理

透射电镜的总体工作原理是：由电子枪发射出来的电子束，在真空通道中沿着镜体光轴穿越聚光镜，通过聚光镜会聚成一束尖细、明亮而又均匀的光斑，照射在样品室内的样品上；透过样品后的电子束携带有样品内部的结构信息，样品内致密处透过的电子量少，稀疏处透过的电子量多；经过物镜的会聚调焦和初级放大后，电子束进入下级的中间透镜和第 1、第 2 投影镜进行综合放大成像，最终被放大了的电子影像投射在观察室内的荧光屏板上；荧光屏将电子影像转化为可见光影像以供使用者观察。

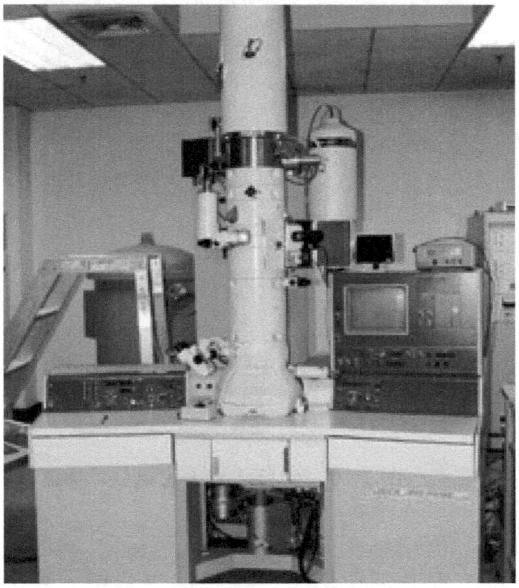

图 7-9　透射电子显微镜构成与组件

样品制备及操作方法：用锋利刀片分别截取叶片的同一个部位，尽量避开大叶脉，材料离体后立即投入到预冷的 2.5%戊二醛中进行固定；2h 后用 0.1mol·L^{-1} pH7.2 的磷酸缓冲液（PBS）清洗三次，每次 15min；再用 1% OsO_4 固定；2h 后再用 PBS 清洗，方法同上；再经梯度浓度乙醇脱水；环氧丙烷过渡；环氧树脂浸透和包埋，聚合成包埋块后在 Ultra-Jung 超薄切片机上切成 50～70nm 的切片，乙酸双氧铀和柠檬酸铅双重染色，最后置于透射电子显微镜下观察，拍照并做记录。

（五）凯式定氮仪

凯氏定氮仪是根据蛋白质中氮的含量恒定的原理，通过测定样品中氮的含量从而计算蛋白质含量的仪器。因其蛋白质含量测量计算的方法为凯氏定氮法，故被称为凯氏定氮仪，又名定氮仪、蛋白质测定仪、粗蛋白测定仪。全自动凯氏定氮仪如图 7-10 所示。凯氏定氮法测得的氮是无机氮（硫酸铵），而含氮有机物不仅仅是蛋白质，还有三聚氰胺等，其并不能鉴定食品、饲料中有无违规化学物质，如添加三聚氰胺的奶粉理论上可以测出较高的蛋白质含量，这给食品安全监测提出了新的改进方向。

1. 使用方法

步骤大体上可概括为：消化→蒸馏吸收→滴定，具体步骤方法如下。

图 7-10　全自动凯氏定氮仪

（1）消化

将加好试剂的各烧瓶放置于消化架上，接好抽气装置。先用微火加热煮沸，此时烧瓶内物质炭化变黑，并产生大量泡沫，务必注意防止气泡冲出管口。待泡沫消失停止产生后，加大火力，保持瓶内液体微沸，至溶液澄清后，再继续加热使消化液微沸 15min。在消化过程中要随时转动烧瓶，使内壁黏着物质均能流入底部，保证样品完全消化。消化时放出的气体内含 SO_2，具有强烈刺激性，因此自始至终应打开抽水泵将气体抽入自来水排出。整个消化过程均应在通风橱中进行。消化完全后，关闭火焰，使烧瓶冷却至室温。

（2）蒸馏吸收

蒸馏和吸收是在微量凯氏定氮仪内进行的。凯氏定氮蒸馏装置种类甚多，大体上都由蒸气发生、氨的蒸馏和氨的吸收三部分组成。

加 5mL 热的蒸馏水至消化好的样品或空白对照液中，通过小玻杯加到反应室中，再用热蒸馏水洗涤小玻杯三次，每次用水量约 3mL，洗涤液一并倒入反应室内。其余操作按标准硫酸铵的蒸馏进行。为了方便消化液内硫酸钾从凯氏烧瓶内倒出，必须加入热蒸馏水 5mL 稀释，如果有结晶析出，必须微热溶解，趁热加入玻杯，使其流入反应室。注意要趁仪器洗涤尚未完全冷却时立即加入样品或空白对照液，否则消化液通过冷却的管道容易析出结晶，造成堵塞。

（3）滴定

样品和空白蒸馏完毕后，一起进行滴定。打开接受瓶盖，用酸式微量滴定管以 0.0100mol/L 的标准盐酸溶液进行滴定。待滴至瓶内溶液呈暗灰色时，用蒸馏水将锥形瓶内壁四周淋洗一次。若振摇后复现绿色，应再小心滴入标准盐酸溶液半滴，振摇观察瓶内溶液颜色变化，暗灰色在一两分钟内不变，即视为到达滴定终点。若呈粉红色，表明已超越滴定终点，可在已滴定耗用的标准盐酸溶液用量中减去 0.02mL，每组样品的定氮终点颜色必须完全一致。空白对照液接受瓶内的溶液颜色不变或略有变化尚未出现绿色，可以不滴定。记录每次滴定耗用标准盐酸溶液毫升数，供计算用。

（六）元素分析仪

vario MACRO cube 元素分析仪（图 7-11）是 CHNS 常量元素分析仪里最灵活的仪器。它的应用覆盖了所有的有机及大部分固体和液体物质的无机样品。能完成毫克范围及常量范围的样品量测量。vario MACRO cube 是 Elementar 常量元素分析仪家族里的一员，在检测限、动态测量范围或者难测量的样品方面都具有其他仪器不可比拟的优势。

图 7-11　vario MACRO cube 元素分析仪

操作模式有：CHNS，CHN，CNS，N，S，O。O 可选用 IR 检测，Cl 可选用电化学检测器检测，可配置固体样品 TIC 测量附件或固体样品 TOC 测量附件。以 CNS 模式为例介绍具体操作方法如下：

1. 开机步骤

开机前应打开操作程序菜单，检查 Options→Maintenance 中提示的各更换件测试次数的剩余是否还能满足此次测试，特别注意还原管、干燥管（可通过观察其颜色变化判断）及灰分管。如需检漏请在未开主机前将操作程序中 Options＞Settings＞Parameter 中将三根反应管的温度都设为 0，退出操作程序，再按步骤进行正常开机。

2. 操作程序

1）选择标样（检查操作模式是否正确）。

CNS 模式下：sulfanilamide，即磺胺，输入 CNS%的理论值。做日常样品测试时，在 View＞Standard Samples 中选用 Show as Factor/monitor sample 功能；做标准曲线的测试时，在 View＞Standard Samples 中选用 Show as Calibration sample 功能。

2）炉温设定。

3）输入样品名称、重量和通氧方法。

4）建议样品测试顺序（列举 CNS 模式，其他模式顺序与此相同）。

第一步，测试空白值，测试次数以各元素的积分面积达到小而稳定为准。

第二步，做 4 次条件化测试，样品名选择 runin，使用磺胺标样，约 20mg，通氧方法选择 Sulf1。

第三步，做 4 次磺胺标样测试，样品名选择 sulfanilamide，精确称重约 20 mg，通氧方法选择 Sulf1。

第四步，以下可进行 40～60 个次样品测试（根据样品性质决定样品量和通氧参数）。

第五步，再做 5～6 个 sulfanilamide 磺胺标样测试，精确称重约 20mg，通氧方法选择 Sulf1。

第六步，以下又可进行 40～60 个次样品测试（根据样品性质决定样品量和通氧参数）。

以下可从第三步骤循环执行。

5）数据计算（用标样测试值做日校正因子修正）。

检查几次标样测试的数据是否平行，若平行，点击 Math＞Factor，在出现的对话框中点 Yes，完成校正因子计算；若标样几次测试的数据存在不平行，可在选择的平行标样数据上做标记，点击 Math＞Factor，在出现的对话框中激活 Follow tagged standard samples only，确认后完成校正因子计算。在此步骤之后通常还需启动自动分析周期程序，这里不再详细介绍。

6）检漏（建议在低温下进行）。

更换仪器中任何管路中的配件，或重新装填试剂，或打开管路中任何接口，或仪器长时间未开机使用，或仪器在高温下断电十几分钟以上，都需要执行检漏。如果整个管路系统的检漏测试没有通过，可执行分段检漏测试，按照图中提示颜色执行。

无色：整个管路的检漏测试或者没有被检测的管路段。

蓝色：执行检漏测试的管路段。

绿色：已经检测过的管路段。

7）关机

样品自动分析结束后，如已经设定睡眠功能，则仪器自动降温，或手动启动睡眠，待三个反应管加热炉都降温至 100℃以下，再按步骤进行正常关机。

（七）叶绿素荧光仪

PAM-2000/PAM-2100（图 7-12）这两种型号的荧光仪，可以完成 F_o、F_m、F_v/F_m、F_m'、F_o'、$\Delta F/F_m'$、F_v'/F_m'、rETR、PAR、T 等参数测定，记录荧光诱导曲线的快相和慢相，并且能够进行淬灭分析和光响应曲线的生成，仪器自身兼有显示系统，对于测定结果可在仪器上进行操作（DA-2100），也可连电脑进行数据处理分析，仪器内设 10 个固定程序（“RUN”），同时也可根据实际测定项目做适应性编辑。超轻便的设计，强大的功能，简单的操作，其最大优势是在野外有环境光的情况下分析叶片的光合作用，这些都使其成为目前全世界最畅销的叶绿素荧光仪。

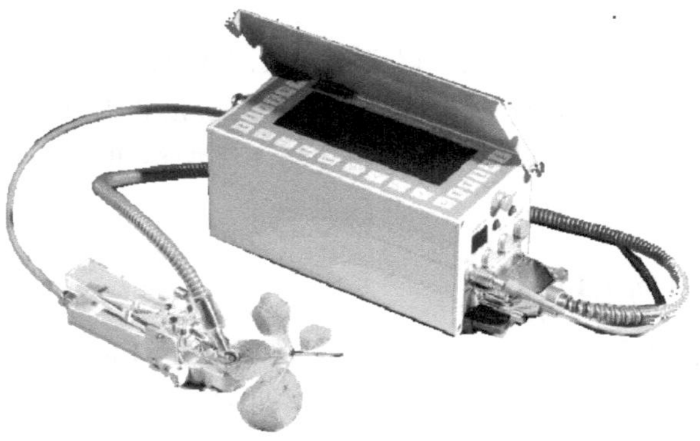

图 7-12 叶绿素荧光仪 PAM2100

PAM-2500 是 PAM-2100 的升级版，是目前最新的荧光测试仪器之一，它能够测定植物叶片的 F_o、F_m、F_v/F_m、F_m'、F_o'、$\Delta F/F_m'$、F_v'/F_m'、rETR、PAR、T 等参数，可记录荧光诱导曲线的快相和慢相，为淬灭分析提供保障，并且自身可以生成光响应曲线。在设计上，该仪器采用发光二极管（LED）光源代替卤素灯，这从源头上避免了大量散热的缺陷，对长时间野外测量意义很大。值得关注的是，仪器自带超级移动个人电脑（UMPC），这使得仪器操作更加方便，也使其特别适合野外测定（图 7-13）。

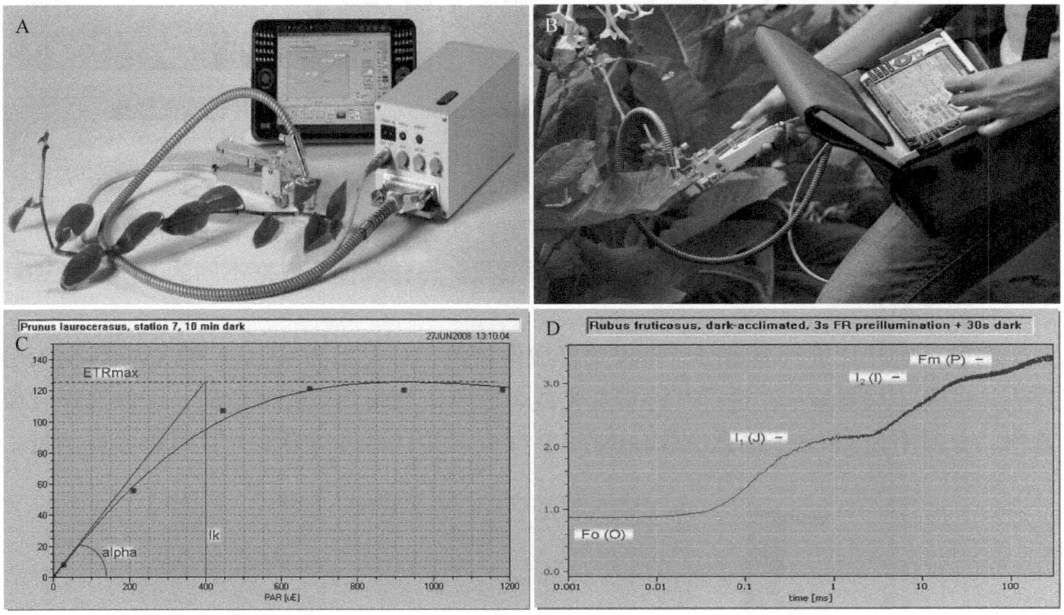

图 7-13 叶绿素荧光仪 PAM2500 荧光测量

A.室内测量；B.室外测量；C.快速光曲线；D.暗适应曲线

（八）叶绿素荧光成像系统

该仪器可以完成全叶片光合作用和叶片荧光参数的横向异质性分析，在植物胁迫生理学方面，可以通过成像分析，实现植物胁迫损伤的早期检测，相同的条件下同时测量多个样品，在植物分子生物学、遗传育种、突变株筛选，植物病理学，生态毒理学，以及叶片吸光系数的测量等多学科领域都具有重要应用。

2001 年，全球最权威的调制荧光仪制造商德国 WALZ 公司设计制造了真正的全球第一台多功能调制荧光成像系统 Imaging-PAM。Imaging-PAM 可以满足从单细胞到全叶片，从分子生物学到生态学，只需一个主机连接不同探头即可。目前常见的有以下三种分辨率类型。

1. Max-version（图 7-14）

采用 300W LED 阵列光源，可以实现大面积（10cm×13cm）匀质光场，在完全相同的条件下，可以实现对多个样品进行同时测量，并且针对不同的测量对象，可以选择相适应的测量探头。例如，可以实现对于 96 个微藻样品的同时测量；对于叶片，可以选择分辨率为 450nm 的标准蓝光版，对于蓝藻，可以选择分辨率为 620nm 的红光版。

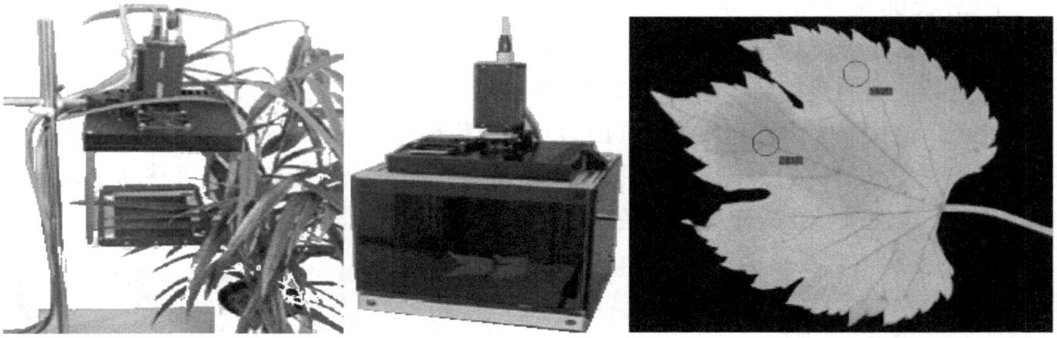

图 7-14　叶绿素荧光仪 Imaging PAM（Max-version）及其对整张叶片的荧光成像

2. Mini-version（图 7-15）

该仪器成像面积 24mm×32mm，根据需要，实际测量时可连接在 GFS-3000 的叶室 3010-S 上，最大可以实现对样本 6 倍的放大效果，设计轻便，依据不同的测量对象，可选三种测量探头。

例如，对叶片进行测量时，可以选择成像蓝色、分辨率为 450nm 的 IMAG-MIN/B 探头，完成叶片测量；在进行叶绿素荧光或者绿色荧光蛋白荧光测定时，可以选择成像蓝色、分辨率为 480nm 的 IMAG-MIN/GFP 探头，并且通过切换滤光片可以实现测量。

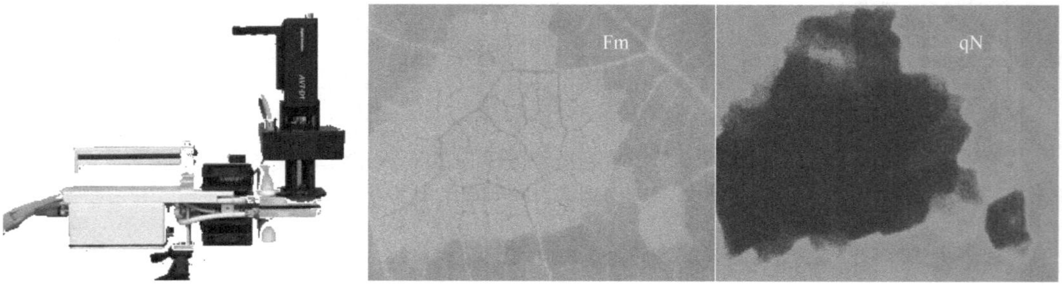

图 7-15　与光合仪 GFS-3000 连接的叶绿素荧光仪 PAM image（Mini-version）
及其对叶片局部的荧光成像

3. Microscopy-version（图 7-16）

该型号成像面积 130μm×150μm，可以连接 Hund 荧光显微镜，而且通过附件可与 Zeiss 荧光显微镜相连，仪器自身配置一个超强发光 Luxeon LED（蓝色，450nm）光源，可观察气孔动态变化，实现单胞藻或叶绿体的荧光成像。

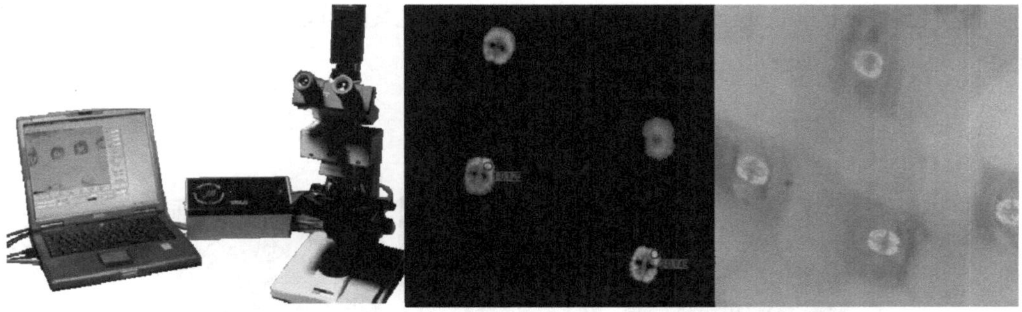

图 7-16　叶绿素荧光仪 PAM image（Microscopy -version）及其对气孔的微观荧光成像

Microscopy-version 的功能如下。

（1）对浮游植物自动分类

Microscopy-Imaging-PAM 具有 RGB 探头，可对浮游植物自动分类，根据蓝藻、绿藻和硅/甲藻的“参考光谱”，利用红光（620nm）、绿光（525nm）和蓝光（460nm）激发的 F_o 成像，对自然水样中的浮游植物自动分类。在解析的图像中，硅/甲藻、绿藻和蓝藻分别以红色、绿色和蓝色表示，可在解析的图像和活性图像（如 F_v/F_m）中比较特定区域。

此方法开启了自然群落中植物毒性研究的新途径。如寄生藻类对寄主活性的影响、化感作用等。

（2）强大的突变株筛选工具

高等植物光合作用的光能吸收、传递和能量转化过程是在具有一定分子排列及空间构象的色素蛋白复合体及相关的电子载体中完成的。当光合电子传递受阻，所吸收的光能不能有效传递转变成化学能，就以热能:红色荧光的形式散发。应用叶绿素荧光成像系统，可以高效筛选与光合作用相关的高叶绿素荧光突变体（图 7-17）。

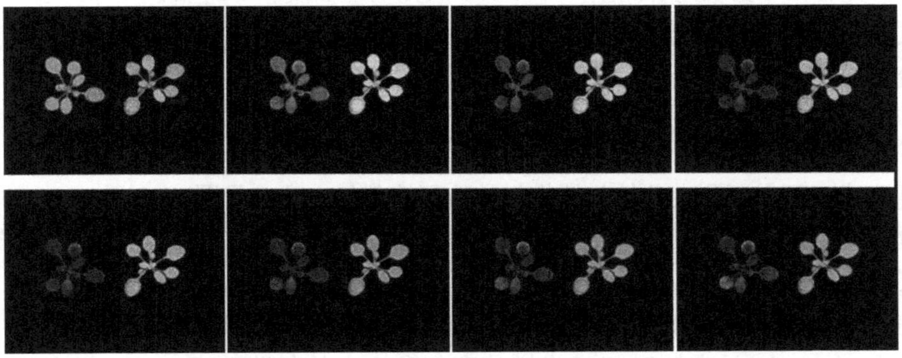

图 7-17　利用 Imaging-PAM 对拟南芥突变株进行筛选

（3）植物抗旱性评估/抗旱品种筛选

干旱条件下光合作用的信息可以通过叶绿素荧光参数的变化来反映。利用叶绿素荧光技术在光适应时间很短情况也可以快速测量出经过光系统Ⅱ的相对电子传递速率随光合有效辐射的变化曲线，即快速光曲线。与气体交换相比，该方法具有测量时间短、测量过程对样品的影响小、更能反映样品的实际光合作用潜力和光系统Ⅱ的状态等优点。利用植物在干旱胁迫下叶绿素荧光参数的变化关系就可以利用叶绿素荧光成像系统开展高通量抗旱性评估及材料鉴定与筛选（图 7-18）。

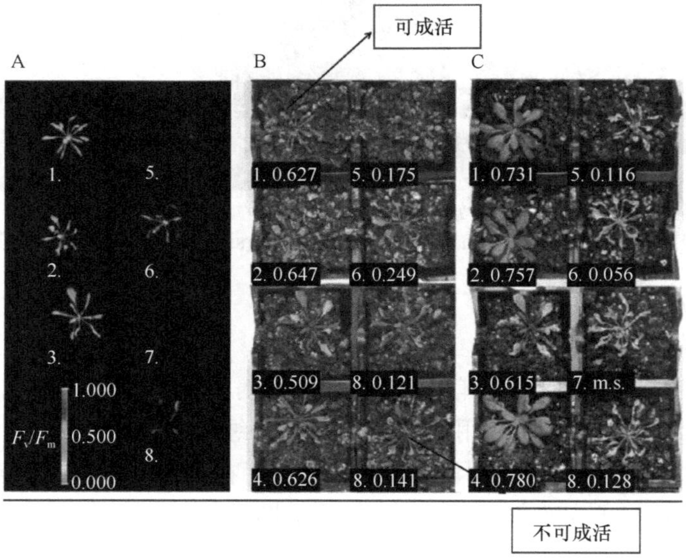

图 7-18　拟南芥抗旱性评估/抗旱品种筛选

（九）光合仪

LI-6400 光合仪是当今国际上最好的植物叶片光合作用测量仪器之一，仪器自身可以实现控制叶片周围的 CO_2 浓度、H_2O 浓度、温度、相对湿度、光照强度和叶室温度等所有相关的环境条件。配置 6400-40 荧光叶室，光合仪就可以同时测量植物叶片的气体交换、荧光参数和呼吸参数等指标。仪器本身功能强大，操作简单，原理清晰，系统设置合理、完备，可实现光合测量，并可以生成光响应曲线和 CO_2 曲线；除此以外可以根据不同的仪器组件实现土壤呼吸测量。以上这些使得光合仪越来越适应当下作物光合生理研究需求，并且在光合生理层面发挥着重要作用。

1. LI-6400 光合仪的特点

开路式：可保证测定条件与植物生长的环境条件一致，见图 7-19。

分析室与叶室直接相连：消除了气体在管道中吸附而导致的检测误差，见图 7-19 中的红线标识。

差分式：精确测量出样品室和参比室之间 CO_2、H_2O 的浓度差异。

匹配（match）：在短时间内将样品室与参比室的气路改变，使之通入同一样品气，并将两个检测器的读数自动调整一致，消除了系统内部误差，保证测量的准确性（图 7-20）。

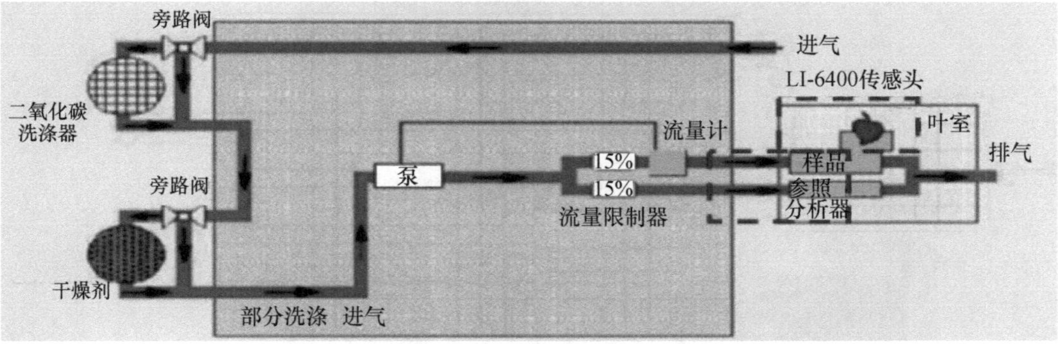

图 7-19　LI-6400 光合仪内部气路

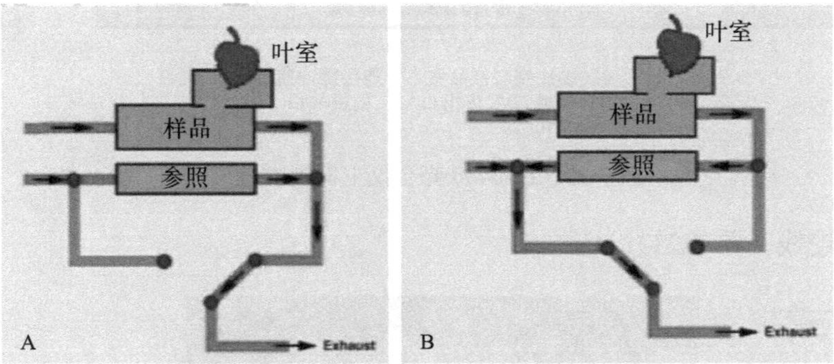

图 7-20　LI-6400 光合仪匹配原理图

A. 匹配前样品室与参比室的气路图；B. 匹配时样品室与参比室的气路图

2. 硬件介绍（图 7-21）

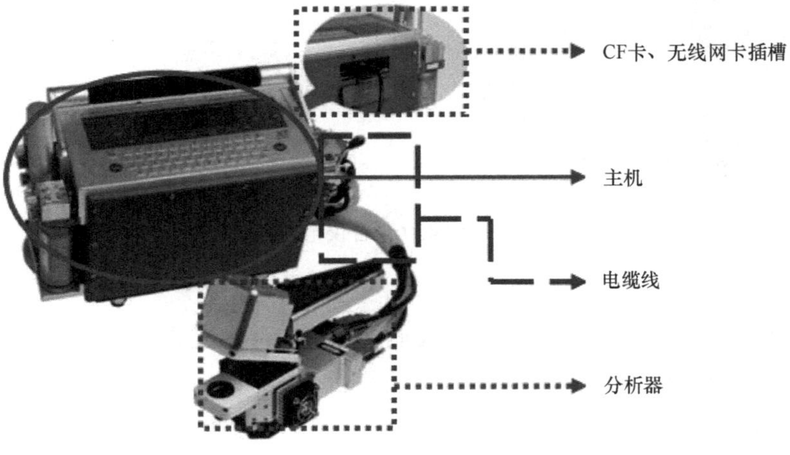

图 7-21　LI-6400 光合仪构成与组件

（1）主机（图 7-22）

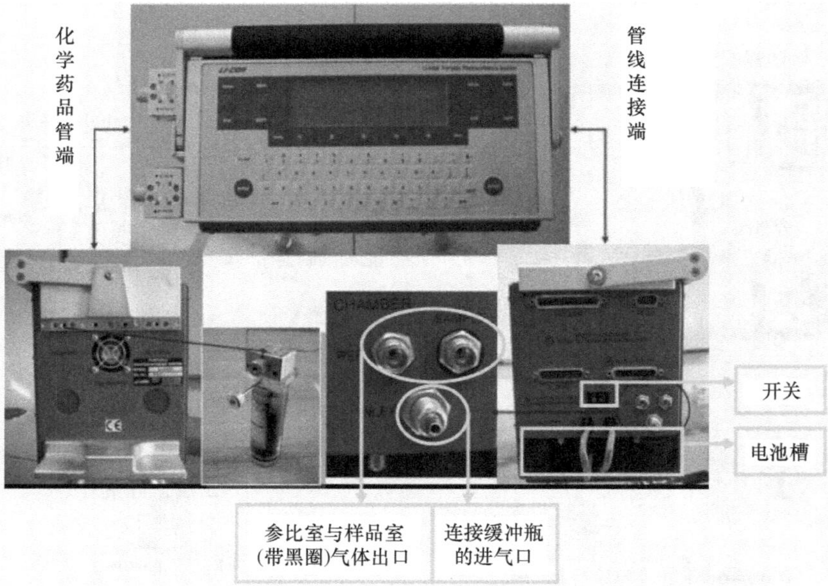

图 7-22　LI-6400 光合仪主机构成与组件

（2）电缆线（图 7-23）

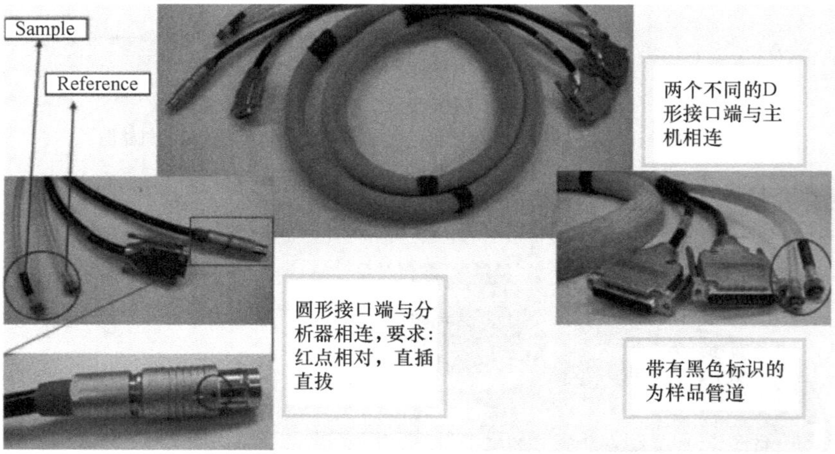

图 7-23　LI-6400 光合仪电缆线

（3）分析器（图 7-24）

除此之外还有电池和充电器及相关的其他叶室等构件，这里不再列出，想要进一步了解可以具体参照 LI-6400 使用说明。

3. 光合基本测量过程

1）硬件连接根据实验设计，选择合适的叶室（如标准叶室、狭长叶室、针状叶室、簇状叶室、红蓝光源等），正确连接硬件，切记注意电缆线的圆形接头与分析器端相连时，红点相对，直插直拔，切记不可旋转。

2）开机预热 15～20min，在此过程中，可进行预热期间检查。

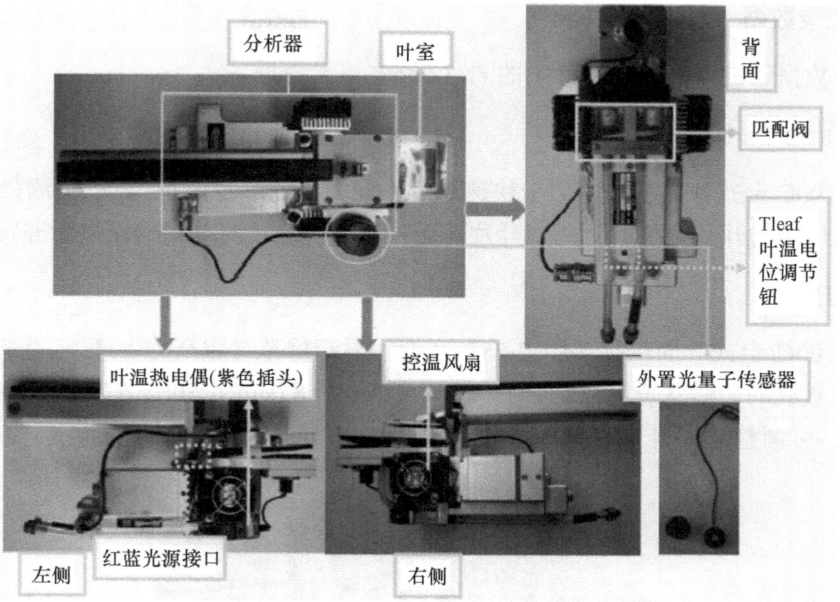

图 7-24　LI-6400 光合仪分析器构成与组件

3）化学药品管的正确位置。

两个原则：

1）利用缓冲瓶保证进气稳定的非控制 CO_2 环境实验，两个化学药品管均在完全 Bypass 位置。

2）使用 CO_2 注入系统来给系统提供 CO_2 气体，则苏打管在完全 Scrub，干燥管应在完全 Bypass。

4. 环境控制功能行的设定

根据用户实际实验设计来确定相应设置，主要是针对第二功能行的设定。

1）Leaf Fan 通常默认为 Fast 状态，即保持叶室混合扇快速转动。

2）Flow 一般为 500，只有遇到小叶片或低光合速率的测量时，可以将 Flow 调低到 200 以上。

3）Mixer 的状态，取决于是否使用注入系统，如果没有使用注入系统，则 Mixer 保持 off 状态，如果使用，则根据实验设定 CO_2 浓度，可以控制参照室 R 的 CO_2 浓度，也可以控制样品室 S 的 CO_2 浓度；回车来设定要控制的浓度，具体浓度由实验设计决定。

4）Temp，一般为 OFF 状态，做控温试验时，进行设定，但是测量之前一定要首先查看参数行 *h* 的值，了解当前测定环境的温度，在不使用 6400-88 控温模块时，LI-6400XT 可控制环境温度的±7℃以内。两种温度控制设置，一般控制 Block 的温度。通常情况下，亦可设置控制 Temp 为环境温度，避免叶室温度升高的变化。

5）Lamp，只有使用光源，并进入相应的设置文件时才有效。在功能行 2，f5 下，lamp 默认为 Off，根据实验设定，进行控光，按下箭头选中 Q，或直接按字母 Q，进行光强设定。

5. 记录数据

等待数据稳定后，按功能行 1 的 f1（Log）记录数据。

（十）叶面积仪器

LI-3100C 台式叶面积仪适用于快速测量不同大小的叶片面积，可准确测量穿孔和具有不规则边缘的叶片面积，对确定叶片的受损程度及昆虫对叶片的摄取量非常重要。

1. 组成

LI-3100C 台式叶面积仪（图 7-25）主要由显示屏幕（完全的 8 数字的光照二极管 LED）、有皱纹的乙烯基透明传输带（传输速度：60Hz 8.0cm/s；50Hz 6.7cm/s）、光源（15W 荧光管）、可调整的压迫式滚筒、固态扫描照相机、反射镜、交流电源、框架等组成。

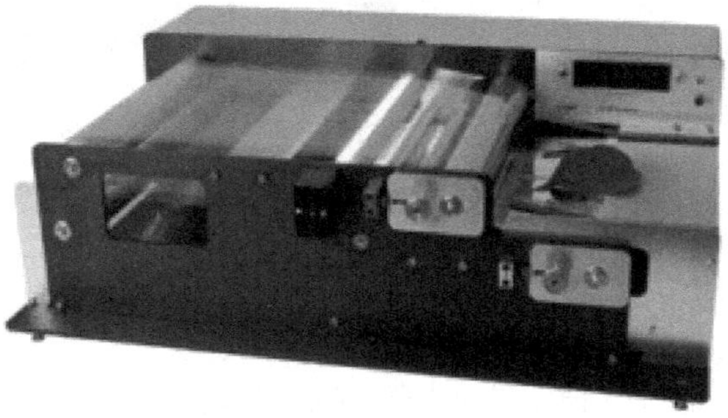

图 7-25 LI-3100C 台式叶面积仪

2. 使用方法

（1）仪器检测

测量之前须在不加样本的情况下进行试运行，若发现显示屏读数变化大，应及时检查透明传输带是否有污迹，若有，可将传输带拆卸下来，用蘸有乙醇的湿抹布将其擦拭干净，再装回原处。否则应考虑到仪器内部有阻塞等其他问题。

（2）样本准备

将待测样本叶片准备好，若叶片过长可将叶片截成多段。具体要求可如下。

样本宽度：1mm^2 精度，最大值为 25.4mm，最小值为 1.5～3.0mm；0.1mm^2 精度，最大值为 7.5mm，最小值为 0.5～1.5mm。

样本厚度：最大为 2cm，用户可将其扩大为 2.5cm。

样本长度：不限。

（3）正式测量

每次开始测量之前，要进行仪器读数清零，须将叶片无重叠尽可能展平放置在移动的传输带上，让叶片平缓通过 LI-3100C。大数量样本测量时，应尽可能缩短加样时间，保证测量结果准确性。长时间测试时，应定期检测是否有样本阻塞或其他问题，保证测量准确度。结束后及时记录下每样品的叶面积读数。

（十一）冠层分析仪

SunScan 植物冠层分析系统（图 7-26）可测定植物冠层的入射和透射的光量子（PAR），提供限制田间作物生长因素的有价值信息，如叶面积指数（LAI）；SunScan 探测器也可用来描绘作物冠层 PAR 的分布图。根据冠层吸收的 Beer 法则，Wood 的 SunScan 冠层分析方程及 Campbell 的椭圆叶面角度分布方程，使用光量子传感器来测量、计算和分析植物冠层截获和穿透的光合有效辐射及叶面积指数，从而了解不同层次冠层 PAR 的分布和截获情况。

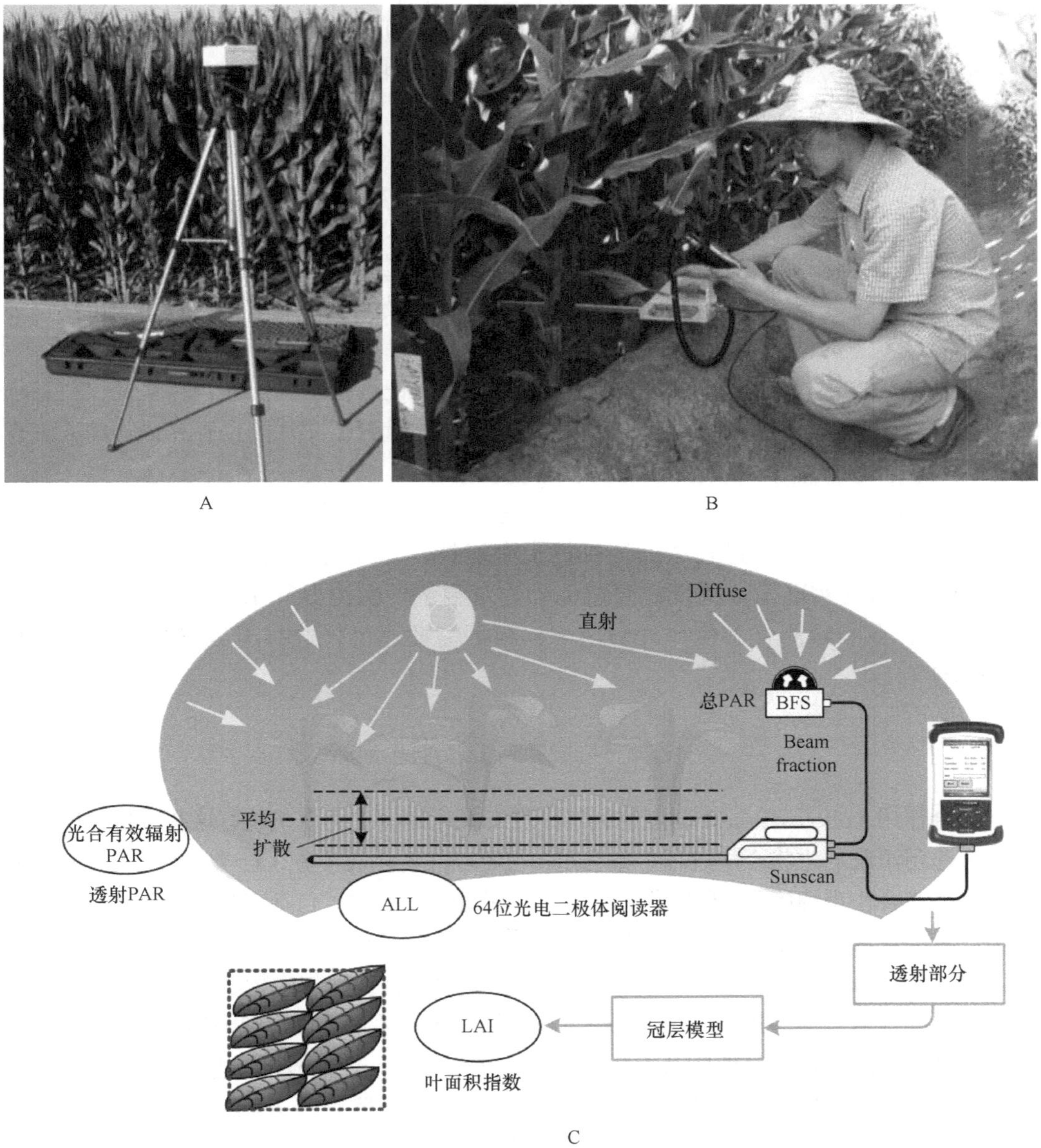

图 7-26　SunScan 系统组件（A）、测量图示（B）与测量原理图（C）

1. 系统组成

1）SunScan 探测器：一支 1m 长，内嵌 64 个光合有效辐射传感器的探测器；可测植物冠层中的入射和投射光量子（PAR）；光谱响应范围为 400～700nm（PAR）；可在多云、阴天等情况下使用，不需要考虑特殊的天气条件；测定时间一般在 10：00～14：00 为宜。

2）反射系数传感器（BF5）：能很容易地计算出作物冠层的 PAR 及直射光与漫射光的比例关系（the beam fraction）。光谱范围为 400～700nm；新型的 BF5 可与 SunScan 无线连接。

3）数据采集终端：一台具有采集和分析读数功能的高效、轻便的掌上电脑。

4）SunData 软件 SDA：可对测量参数进行分析处理。

5）三脚架：安放 BF5。

6）便携箱：方便野外运输。

2. 测量方法及注意事项

前期准备：依据实验计划，在测试之前，提前掌握测试期间天气，要尽量选择太阳光强较强、风速较低、少云天气进行测量，晴好天气最佳，并给掌上电脑充满电，保证测试需要。测量时间以 9：00～15：00 为宜。

仪器搭建：正式测量前正确连接设备各组件，保证连接稳固牢靠；调整好仪器各项参数，尤其注意经纬度要适应测量点，建立好本次测量数据文件的保存路径。BF5 上有水平仪，保证仪器水平。

正式测量：按照试验原定测量方案，进行测量，要尽可能避免测试杆对于原有冠层结构的改变，测试过程中若测试杆上有遮挡，需及时擦去测试杆上的遮挡物，保证测定数值真实准确。测量时要避免外物对测量杆探测器和 BF5 的遮挡，保证测试杆水平。在实际测量条件允许情况下，根据需要还可以选择无线连接，使户外测量更加便利。

第二节　光 合 作 用

光合作用（photosynthesis）是将大气中的二氧化碳转化为有机物，这些有机物既可以在光合作用组织的生物合成过程中被利用，也可以被转化成小分子糖类（通常是蔗糖）并转运到非光合作用细胞里。研究作物光合作用的途径有很多，包括气体交换技术、电子显微镜、同位素示踪法、X 射线衍射分析、光学光谱学、色谱分析、电泳分析、分子生物学技术、数学模拟等（许大全，2013）。本节主要针对光合作用与作物产量关系，以及研究光合作用的常用方法等角度，对光合作用与作物群体的关系进行详细阐述，其中还会对研究作物光合作用的常用两种技术——气体交换技术和叶绿素荧光分析进行详细说明。

作物产量的形成是作物在整个生育期内利用光合器官将太阳能转化为化学能，将无机物转化为有机物，最后转化为具有经济价值的产品的过程，因此，光合作用是产量形成的生理基础。影响作物光合产量及光合作用的因素有很多，下面对此作具体说明。

一、光合作用概述

植物的绿色同化组织是进行光合作用的场所，而绿色叶片则是进行光合作用的主要器官。叶绿体是一个进行光合作用的完整单位，光能的吸收、二氧化碳的固定与还原及淀粉的合成，都是在叶绿体内进行的。光合作用是能量转化和形成有机物的过程。在这个过程中首先是把光能转变为电能，进一步形成活跃的化学能，最后转变为稳定的化学能，贮藏于碳水化合物中。整个光合作用过程可大致分为三个步骤：①光能通过原初反应吸收、传递和转换为电能；②电能通过电子传递和光合磷酸化转变为活跃化学能；③活跃的化学能通过碳同化转变为稳定化学能。前两个步骤基本属于光反应，第三个步骤属于暗反应。

光合作用是植物利用太阳能把二氧化碳和水合成糖类同时释放氧气的过程。全球每年大约有 $10^{11}tCO_2$ 通过光合作用固定生成有机化合物。叶绿体是进行光合作用的细胞器，光能的吸收、传递及转换由光合色素完成，电子传递由类囊体膜上的 PSII 复合体、PSI 复合体和 Cytb6/f 复合体协同完成。一般过程可表示如下：

$$6CO_2 + 12H_2O \rightarrow (CH_2O)_6 + 6H_2O+6O_2 \qquad (7\text{-}1)$$

式（7-1）中 CH_2O 代表光合作用的最终产物碳水化合物。式中的反应物 CO_2 中的碳是氧化态，而生成物 CH_2O 中的碳是还原态，所以光合作用是一个氧化还原反应。其中 CO_2 作为氧化剂，在反应中被还原，而 H_2O 则作为还原剂，在反应中提供 CO_2 所需的氢质子，本身则被氧化。

（一）C_3 植物

光合作用需要 CO_2 和 H_2O，产物是糖和淀粉，但是对于 CO_2 如何被还原成碳水化合物的具体步骤尚不清楚。美国加州大学的卡尔文（M. Calvin）和本森（A. Benson）经过 10 年的系统研究，在 20 世纪 50 年代提出了二氧化碳同化的循环途径，称为卡尔文循环。由于这个循环中 CO_2 的受体是一种戊糖（核酮糖二磷酸），故它又称为还原戊糖磷酸途径（reductive pentose phosphate pathway，RPPP）。这个途径中二氧化碳被固定形成的最初产物并不是葡萄糖，而是一种三碳化合物——三磷酸甘油酸（3-phosphoglycerate，PGA），因此称为 C_3 途径，并将通过这种途径固定 CO_2 的植物称为 C_3 植物。卡尔文循环是植物光合作用固定 CO_2 的基本循环，是放氧光合生物同化 CO_2 的共有途径。它大致可分为三个阶段，即羧化阶段、还原阶段和再生阶段（图 7-27）。

C_3 途径的总反应式为式 7-2，由此可见，每同化一分子 CO_2，要消耗 3 分子 ATP 和 2 分子 NADPH。还原 3 分子 CO_2 可形成一个磷酸丙糖（GAP 或 DHAP）。磷酸丙糖可在叶绿体内形成淀粉或运出叶绿体在细胞质中合成蔗糖。

$$3CO_2+5H_2O+9ATP+6NADPH \rightarrow GAP+9ADP+8P_i+6NADP^++3H^+ \qquad (7\text{-}2)$$

1. 羧化阶段

C_3 植物将吸收到的一分子二氧化碳通过一种称为二磷酸核酮糖羧化/加氧酶（Rubulose-1,5 -biphosphate carboxylase/oxygenase，RuBisCO）的作用整合到一个五碳糖分子 1,5-二磷酸核酮糖（Ribulose-1,5-bisphosphate，RuBP）的第二位碳原子上，此过程

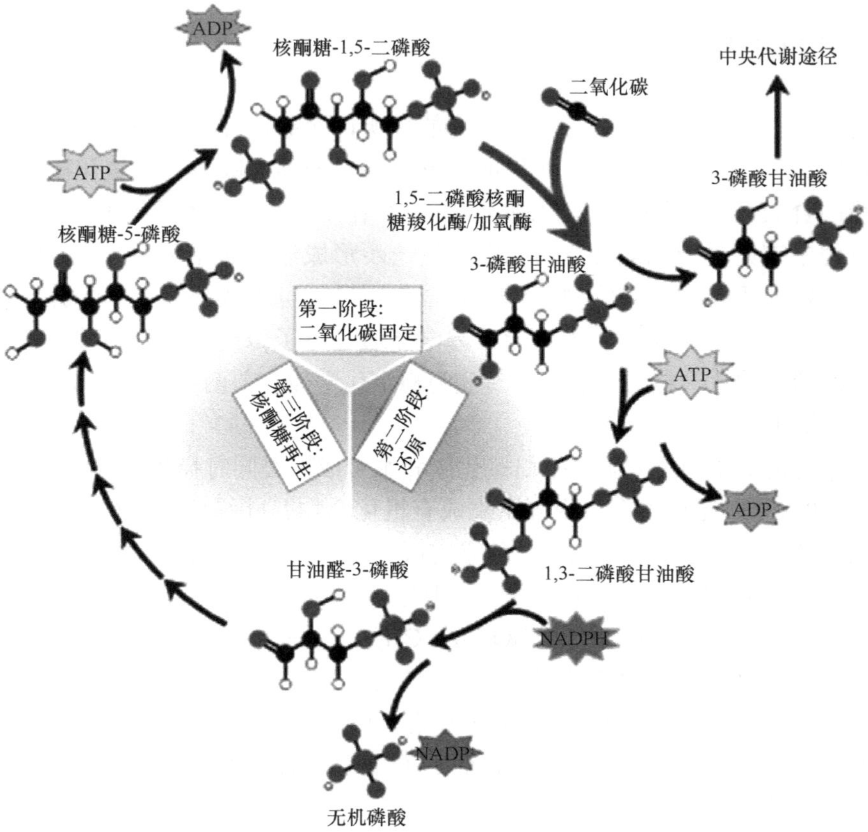

图 7-27　卡尔文循环的三个阶段

阶段 1，CO_2 被固定形成三磷酸甘油酸（PGA）；阶段 2，PGA 的还原；阶段 3，RuBP 再生

称为二氧化碳的固定。这一步反应的意义是，把原本并不活泼的二氧化碳分子活化，使之随后能够被还原。但是这种六碳化合物极不稳定，会立刻分解为两分子的三碳化合物 3-磷酸甘油酸，这就是羧化阶段。

2. 还原阶段

3-磷酸甘油酸在 3-磷酸甘油酸激酶（PGAK）催化下，形成 1,3-二磷酸甘油酸（DPGA），然后在甘油醛磷酸脱氢酶作用下被 NADPH 还原，变为甘油醛-3-磷酸（GAP），这就是 CO_2 还原阶段。羧化阶段产生的 PGA 是一种有机酸，尚未达到糖的能级，为了把 PGA 转化成糖，要消耗光反应中产生的同化力。ATP 提供能量，NADPH 提供还原力使 PGA 的羧基转变成 GAP 的醛基，这也是光反应与暗反应的联结点。当 CO_2 被还原为 GAP 时，光合作用光反应中形成的同化力 ATP 和 NADPH 携带的能量转贮存于碳水化合物中。

3. 再生阶段

由 GAP 经过一系列的转变，重新形成 CO_2 受体 RuBP。这一阶段也需要光反应产生的 ATP 驱动。

（二）C_4 植物

碳 4 植物亦称 C_4 植物，是在光合作用过程中，既具有 C_3 途径，又具有 C_4 途径的植物。已经发现的 C_4 植物约有 800 种，大都起源于热带，广泛分布在开花植物的 18 个不同的科中。其叶解剖学上的一个重要特点是在维管束周围，有一圈含叶绿体的维管束鞘细胞，典型者在这圈细胞外，又环列有几层叶肉细胞形成花环结构。与 C_3 植物相比，光呼吸弱，二氧化碳补偿点（1～10ppm）低，光饱和点几乎达到全日照；光合作用最适温度（30～45℃）高；在强光及其他适合条件下光合速率高。这主要是由于通过 C_4 途径，将外界二氧化碳收集到维管束鞘细胞内，使核酮糖-1,5-二磷酸羧化酶/加氧酶周围二氧化碳含量增高所致。

叶肉细胞里的磷酸烯醇式丙酮酸（PEP）经 PEP 羧化酶的作用，与 CO_2 结合，形成苹果酸或天门冬氨酸。这些四碳二羧酸转移到鞘细胞里，通过脱羧酶的作用释放 CO_2，后者在鞘细胞叶绿体内经核酮糖二磷酸（RuBP）羧化酶作用，进入光合碳循环。这种由 PEP 形成四碳二羧酸，然后又脱羧释放 CO_2 的代谢途径称为四碳途径。其叶肉细胞中含有独特的酶，即磷酸烯醇式丙酮酸羧化酶，使得二氧化碳先被一种三碳化合物——磷酸烯醇式丙酮酸同化，形成四碳化合物草酰乙酸盐，这也是该暗反应类型名称的由来。

该草酰乙酸盐在转变为苹果酸盐后，进入维管束鞘，就会分解释放二氧化碳和一分子甘油。二氧化碳进入卡尔文循环，后同 C_3 进程。而甘油则会被再次合成磷酸烯醇式丙酮酸，此过程消耗 ATP。如图 7-28 所示。

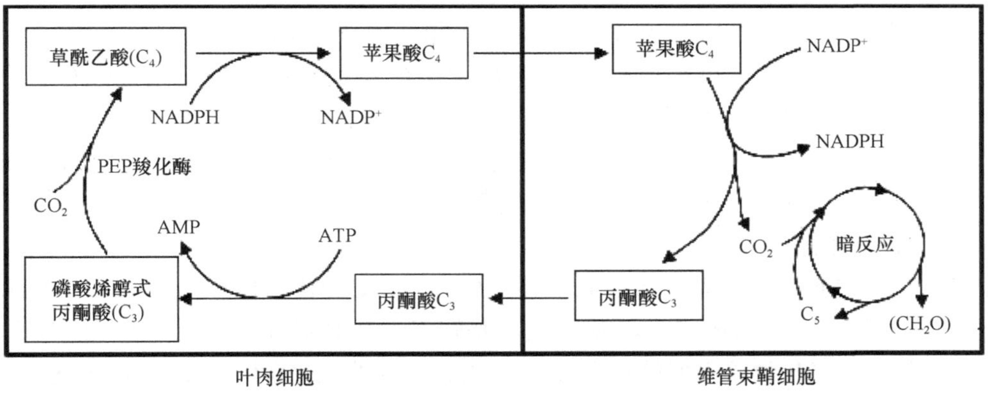

图 7-28　C_4 植物的光合生理途径

此外，在景天科植物酸代谢（Crassulacean acid metabolism，CAM）中，C_4 循环则在时间上被分为两部分。夜间，植物气孔开放，吸收大气中的 CO_2，在磷酸烯醇式丙酮酸羧化酶（PEPC）作用下固定成草酰乙酸（OAA），OAA 进一步转化为苹果酸并贮存在液泡中；白天，气孔关闭，夜间积累的苹果酸脱释放 CO_2 经 RuBisCO 固定进入卡尔文循环。

C_3 植物中，CO_2 直接由 RuBisCO 固定，但其羧化/氧化双功能性及对 CO_2 的低亲和性导致光呼吸的产生，一方面浪费光合作用产物，一方面也消耗了大量的能量以解除光呼吸产生的有毒产物带来的危害。而在 C_4 和 CAM 植物中，HCO_3^- 首先被 PEPC 固定生成四碳酸，后脱羧释放 CO_2，再由 RuBisCO 固定。PEPC 的底物为 HCO_3^-，而非 CO_2，且 PEPC 没有氧化活性。这样 C_4 和 CAM 植物在不同的空间或者时间上将 CO_2 进行了浓缩，这种 CO_2 浓缩机制（CO_2 concentrating mechanism，CCM）极大地提高了 RuBisCO

活性位点周围的 CO_2 浓度，不但提高了 RuBisCO 的羧化能力，同时也因为 CO_2 浓度的增加而抑制了 RuBisCO 的氧化活性，降低了光呼吸，从而使 C_4 植物和景天科植物得以保持较高的光合作用效率。故相比于 C_3 植物，C_4 植物具有更低的 CO_2 补偿点（CO_2 compensation point），更高的氮素利用效率（nitrogen usage efficiency，NUE）和水分利用效率（water usage efficiency，WUE），以及对高温的耐受性和更为广泛的适应性。

（三）C_3 与 C_4 植物的比较

C_3 与 C_4 植物在生理结构上存在差异，导致其在光合作用、营养吸收、生物抗性等多方面存在差异。与 C_3 植物相比，C_4 植物由于具有 CO_2 浓缩机制，能在高光强、高温及低 CO_2 浓度、干旱等条件下有较高的光合效率、营养和水分利用效率。C_4 光合关键酶在对生物和非生物逆境（如机械创伤、低温、盐害及紫外辐射）的防御反应中也有较重要的作用。

1）C_4 植物的 CO_2 补偿点很低，而 C_3 植物的补偿点很高，所以 C_4 植物在 CO_2 含量低的情况下存活率更高。

2）C_4 植物叶片维管束的周围，有维管束鞘围绕，这些维管束鞘细胞里有无基粒或基粒发育不良的叶绿体，主要进行卡尔文循环。C_3 植物进行光合作用所得的淀粉会贮存在叶肉细胞中，因为这是卡尔文循环的场所，而维管束鞘细胞则不含叶绿体。而 C_4 植物的淀粉将会贮存于维管束鞘细胞内，因为 C_4 植物的卡尔文循环是在此发生的。

3）C_4 植物光合能力和水分利用效率显著大于 C_3 植物，主要是由于细胞 CO_2 同化能力差异导致，而气孔导度的提高对于进一步加强植物光合能力有积极作用。

4）C_3 和 C_4 植物在光生态适应性上表现不同，在低光强下，C_3 植物气孔敏感性强于 C_4 植物，C_3 植物和 C_4 植物的光合速率和光量子效率差异并不显著，当光强继续升高 C_4 植物逐渐表现优势。

5）C_4 植物 PSII 最大量子效率显著低于 C_3 植物。C_3 植物的 Fv/Fm、Φ_{PSII} 和 ETR 值全天显著大于同时段 C_4 植物，表现了 C_3 植物较高的 PSII 活性和能量转化、传递效率。C_3 和 C_4 植物的光化学淬灭值差别不大，而 C_4 植物的非光化学淬灭比 C_3 植物高 36%～67%，体现了 C_4 植物良好的热耗散能力。

6）C_4 植物具有 CO_2 浓缩机制，在高光强、高温和高氧分压下，比 C_3 植物有较高的光合效率。科学家们试图将 C_4 植物的性状转入 C_3 植物，提高 C_3 植物的光合作用效率。转玉米 PEPC 的完整基因的水稻在灌浆期的光合速率比野生型大 24.6%，表明转玉米 PEPC 的基因对于加强水稻的光合功能期、延缓后期叶片衰老具有积极作用。

二、气体交换技术和叶绿素荧光分析

（一）气体交换技术

进行光合作用研究，无论是生物化学机制研究，还是生理调节规律、生态适应研究，往往要涉及光合速率的测定。植物光合速率的测定方法大体有两类：气体交换测定和干物质积累测定，这里主要介绍光合速率测定的最常用的办法——气体交换测定。气体交换测定分为 CO_2 吸收测定和 O_2 释放测定，本节只介绍前者。

CO_2吸收测定是光合作用研究中古老又现代的办法。用于CO_2吸收测定的方法有很多：过去主要是利用碱性物质吸收CO_2来测定光合作用，该方法早在19世纪末就被采用了；20世纪30年代出现的CO_2红外气体分析装置，可能是诸多CO_2吸收测定法中最灵敏而快捷的，堪称现代光合气体分析系统的始祖。图7-29描述了红外线光合气体分析系统的主要组成部分。

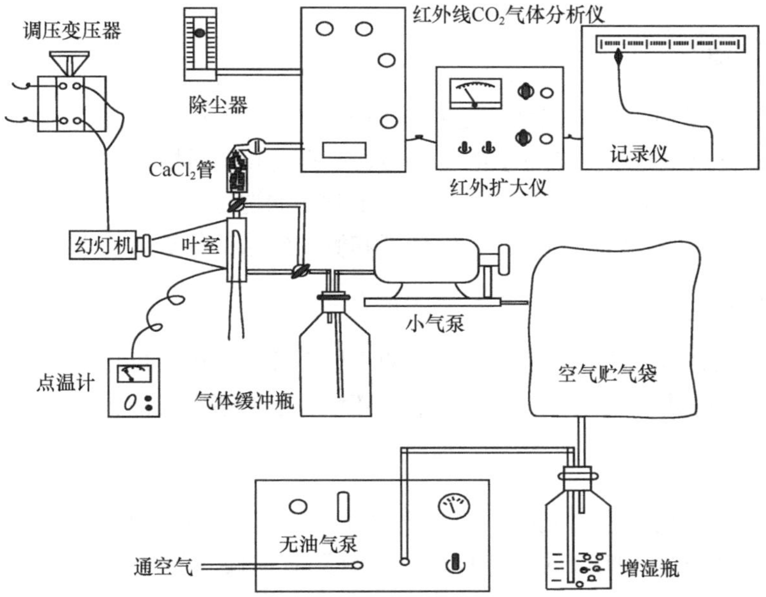

图7-29　用红外线气体分析仪测定植物叶片光合（呼吸）速率的装置示意图

1. CO_2吸收测定法基本原理

CO_2红外分析仪的基本原理是CO_2可以吸收特定波段的红外辐射，且对红外辐射的吸收遵循兰伯特-比尔（Lambert-Beer）定律，已经有不少文章（Long and Hallgren，1993；许大全，2002）介绍了其基本原理、装置和方法及步骤等。CO_2分子吸收红外辐射的主峰在4.25μm，三个主要次峰在2.26μm、2.27μm和14.99μm。在空气中，N_2和O_2等由同类原子组成的气体分子不会对由不同种类原子组成的CO_2浓度测定产生干扰，但是水分子也可以吸收红外辐射，并且吸收的波段（2.70μm）与CO_2分子重叠，加上空气中的水汽浓度常常比CO_2浓度高很多，因此会严重干扰CO_2浓度。所以在测定前对待测的气体除湿是必要的，或者采用近年出产的一些光合分析仪常用的方法——从用于检测的红外辐射中过滤掉两种气体都吸收的那部分辐射。

2. CO_2吸收测定的重要作用

在光合作用研究中，CO_2吸收测定历来都发挥不可代替的重要作用。例如，M. Calvin及其同事在20世纪四五十年代揭示植物光合作用碳同化途径的过程中，不仅使用了当时的新技术放射性自显影和纸层析，而且使用了CO_2、O_2气体交换测定技术，利用CO_2分析仪、O_2分析仪测定实验过程中的光合速率和呼吸速率。他们在光-暗转换的循环实验中观察到，在黑暗的初期磷酸甘油酸（PGA）浓度的急剧上升伴随核酮糖-1，5-二磷酸（RuBP）浓度的急剧降低，并且在最初的4s内，PGA变化的速率（单位时间的摩尔数）是光期光合CO_2吸收速率的2倍。这个实验结果为植物体内光合作用过程是由1分子RuBP和1分子CO_2形成2分子PGA的论断提供了重要证据。即使在光合作用研究已经深入到分子水平的21世纪，光合作用CO_2吸收测定也是不可或缺的重要实验技术。例如，旨在提高作物光合潜力的转基因植物的光合速率是否改善，往往要通过CO_2吸收测定叶片光合速率来检验。

3. 注意事项

叶片光合作用的一个突出特点是对植物体自身生理状态和外界环境条件的变化高度敏感。这一特点决定了测定方法的复杂性、多样性和灵活性，也决定了测定结果的重要性。因此，在进行光合测定时需要注意测定时间的选定、叶片的选择、结果的检验、测量条件的记录、生物统计知识的正确使用和测试结果的筛选等问题。

（二）叶绿素荧光分析

叶绿素荧光分析方法是光合作用研究的重要手段，直到现在关于这方面的研究还在继续，涉及光合作用利用效率、快速诊断、环境胁迫等诸多方面。

1. 简介

植物通过两种途径利用光能：作为光合作用的能量来源和作为应对环境中光照变化的信号。对光信号有响应的功能包括，叶绿素的生长、茎的生长、萌发和定向生长等（Smith et al.，2012）。H. Kautsky和A. Hirsch于1931年观察到叶绿素a荧光和光合作用之间的反平行（互补）关系。根据叶绿素a荧光研究，H. Kautsky和U. Franck于1943年首次考虑两个光反应的概念。1960年H. Kautsky等根据体内叶绿素荧光实验的新结果重申，在光合作用中两个光反应按顺序发生。后来，又陆续有一些学者用叶绿素a荧光研究提出光照引起的荧光强度升高表明一个淬火剂Q_A的还原；计算光系统II电子受体库（质体醌库）的大小；提出低温（77K）荧光参数F_{685}和F_{695}来自光系统II，而F_{720}和F_{740}来自光系统I。在研究光合作用的方法中，发射光谱学是常见的一类，当然，其主要涉及叶绿素荧光、延迟发光和热释光。叶绿素荧光的研究至今已将近90年了，期间叶绿素荧光与光合作用相关性的研究陆续进行，这些研究从机理上揭示了叶绿素荧光的发生，如今叶绿素荧光分析已经是从光谱分析角度发展成为研究作物群体的光合作用的可行手段，对于研究作物群体产量也具有重要意义（许大全，2013）。

2. 特点及应用

叶绿素荧光分析具有观测手续简便，获得结果迅速，反应灵敏，可以定量，对植物无破坏、干扰少的特点。它既可以用于叶绿体、叶片，也可以遥感用于群体、群落。它既是室内光合基础研究的先进工具，也是室外自然条件下诊断植物体内光合机构运转状况、分析植物对逆境响应机制的重要方法。现在人们可以通过叶绿素荧光分析估计量子效率、光合能力，利用荧光参数计算光合电子传递速率，并且试图利用荧光参数快速筛选遗传变异的植株。20世纪80年代以来，调制荧光仪，特别是便携式荧光仪的商品化，使荧光分析在光合作用研究中得到广泛的应用。

3. 基本原理

光合机构吸收的光能有三个可能的去向：一是用于推动光化学反应，引起反应中心的电荷分离及后来的电子传递和光合磷酸化，形成用于固定、还原 CO_2 的同化力（ATP 和 NADPH）；二是转变成热散失；三是以荧光的形式反射出来。虽然以荧光的形式发射的能量所占份额很小，不超过吸收的总光能的 3%，可是由于这三者之间存在相互竞争关系，此消彼长，还是可以通过荧光的变化探知光合作用和热耗散的变化。

在弱光条件下，光合机构吸收的光能大约 97%被用于光化学反应，2.5%转变成热散失，0.5%被变成红色（在体内，叶绿素荧光发射峰在 685nm 左右）的荧光发射出来；在很强的光下，当全部的 PSII 反应中心关闭时，吸收的光能 95%～97%转变成热散失，而 2.5%～5.0%被变成荧光发射。在体内，由于吸收的光能多被用于光合作用，叶绿素 a 荧光的量子产额（量子效率）仅仅为 0.03～0.06。但是，在体外，由于吸收的光能不能被用于光合作用，这一产额增加到 0.25～0.30。

在室温条件下，绝大部分荧光来自 PSII 天线，而不是反应中心的叶绿素 a 分子。这是因为反应中心的叶绿素分子仅占叶绿素总量的几百分之一。叶绿素荧光发射的高峰在 685nm（天线色素）和 695nm（反应中心色素）。在体内，决定荧光产额的主要因素是电子的第一个稳定的醌受体 Q_A 的氧化还原状态。实际上，在暗适应的健康叶片和良好的叶绿体，所有的 Q_A 都处于还原态时的最大荧光产额与所有的 Q_A 都处于氧化态时的最小荧光产额之比为 5～6。然而，这个比值可以发生很大变化，取决于照光状态和一些处理。多种因素影响荧光强度：激发光强、反应中心对激发能的捕获和转化速率、激发能以热的形式耗散的程度和两个光系统间能量的分配等。当 PSII 的光化学反应被阻止时，最大荧光产额的减少是反应中心和天线热耗散增加的反映。由于可以测定完整叶片的荧光，叶绿素 a 荧光诱导动力学可以成为原位检测 PSII 重要步骤的极好的探针。

4. 荧光诱导动力学曲线

当一片经过充分暗适应（如过夜）的叶片从黑暗中转入光下后，叶片的荧光产额会随光时间的延续发生规律性的变化，即 Kautsky 效应，记录下来的就是典型荧光诱导动力学曲线（图 7-30）上几个特征性的点，分别被命名为 O、I、D、P、S、M 和 T。

在照光的第一秒内，荧光水平从 O 上升到 P，这一段时间被称为快相；在接下来的几分钟内，荧光水平从 P 下降到 T，这一段时间被称为慢相。快相与 PSII 的原初过程有关，慢相则主要与类囊体膜上和间质中的一些反应过程，包括碳代谢之间的相互作用有关。

荧光诱导动力学曲线上的原点（origin，O）代表天线复合体中激发态叶绿素 a 分子在将激发能传递给反应中心以前发射的荧光的最小值。

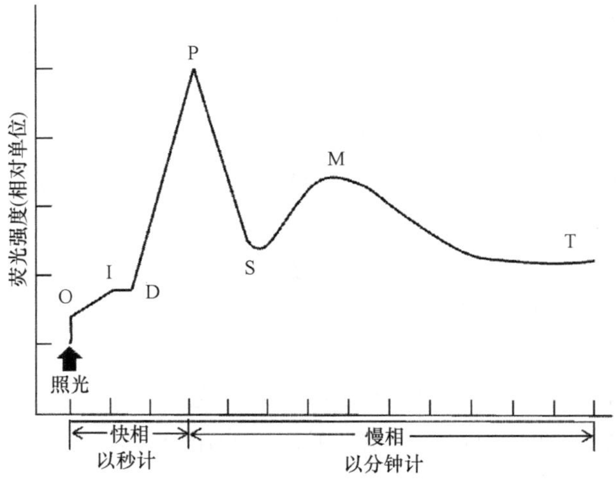

图 7-30　叶绿素荧光诱导动力学曲线

从 O 到 I 的上升已经被归因于不能将电子传递到 PQ 库的失活的 PSII 中心，这些中心具有有功能的水氧化系统，但是对净电子传递没有明显的贡献。在饱和光状态下，当反应中心的电荷分离速率超过从 Q_A 到 Q_B 的电子传递速率时，I 水平大大提高。

从 D 到 P 的荧光增加是由于 Fd: $NADP^+$氧化还原酶以前电子传递链中电子受体的还原。实际上，在 O 到 I 之间还有一个不很明显的拐点 J，荧光水平从 O 到 J 的快速上升是光合作用的光化学阶段，荧光强度随 Q_A 还原成比例地增高，这个阶段的斜率和高度取决于入射光强。这个拐点 J 在照光后 2～5ms 时出现，反映 Q_A 的瞬时最大还原。

从 J 到 P 的荧光增加是热力学阶段，受生理范围内温度的影响，在低温下比较慢。这个阶段荧光强度的迅速增高取决于质体醌库还原中的两步反应（$Q_B \rightarrow Q_B^- \rightarrow Q_B^{2-}$）及其异质性（heterogeneity）。

荧光水平从 F_O 到 F_P（当光强不足以使全部 PSII 反应中心关闭时）的上升受多种因素的影响：①PSII 的协作性；②PSII 的异质性；③PQ 库的大小及其重新氧化的速率；④PSII 以外的电子传递速率，包括碳同化；⑤向 $P680^+$供给电子的速率。

在饱和光下，荧光水平到达最大值 F_m 表明 Q_A 已经完全还原。结合 D1 蛋白上 Q_B 部位的抑制剂 DCMU 能够阻断 Q_A^-向 PQ 的电子传递，使从 F_o 到 F_m 的荧光水平上升更快。从 F_o 到 F_m 所需要的时间的一半（$T_{1/2}$）是估计 PQ 库大小的一个简单的指标。与阳生叶相比，阴生叶具有大的叶绿素天线和小的 PQ 库，因此表现出一个短的 $T_{1/2}$。

在荧光诱导曲线上 P 峰以后出现 M 峰时，从 S 到 M 的荧光增高可以用 LHCII 的去磷酸化与回到状态 1 和 PSI 受体侧缺乏 $NADP^+$来解释。在光合诱导开始后，随着光合电子传递链被呼吸电子传递链一些组分重新氧化，含藻胆体的蓝细菌从状态 2 转换为状态 1，伴随 M 峰的出现，这是其荧光诱导曲线的一个显著特征。当高等植物叶由幼变老时，P 和 T 的水平降低。幼叶和老叶无 M 峰。M 峰的出现意味着光合诱导期的结束，光合碳还原酶系统充分活化，快速碳同化的开始。

当光合作用受到突然干扰（高光强、高 CO_2 或磷缺乏等）时荧光诱导动力学曲线会出现波动。这时，用叶圆片氧电极同时记录下来的光合氧释放和荧光两条动力学曲线大体上呈镜像对称，但是有一点相位差。这种波动现象可能反映了条件急剧变化后同化力的产生与使用之间不平衡，以及为重新达到平衡而发生的快速调节过程。但是，在遭受环境胁迫的叶片看不到这样的波动，可能是由于胁迫削弱了光合机构的同化力生产和调节能力的缘故。

5. 叶绿素荧光分析方法

（1）低温（77K）荧光

人们通常只在植物正常生长的生理温度（文献中常称之为室温）下测定叶绿素荧光。但是，有时为了某种研究的需要，也在液氮温度（即 77K，−196℃）下进行观测。在这样的低温下，任何与温度有关的酶反应和电子传递能力对荧光水平的影响都被避免，因此只有原初光化学反应的变化会被反映出来。

77K 荧光是测定 PSII 光化学效率（F_v/F_m）的一个重要工具，多种维管植物健康而未遭受环境胁迫的叶片的 F_v/F_m 值为 0.832±0.004。

77K 荧光也常被用于研究两个光系统之间的能量分配，因为在这样的低温下，PSII 和 PSI 分别在 695nm 和 735nm 处（高等植物）有各自的荧光发射峰。PSI 在 735nm 处的荧光增加往往是状态 1 转换到状态 2 以至 PSII 向 PSI 增加激发能分配的结果。

（2）调制荧光

在用于叶绿素荧光测定和淬灭分析仪器上的一个革命性进展，就是在测定系统中使用调制光。在这样的系统中，用于测定荧光的光源被调制，也就是使用以很高频率不断开关的电源。并且，在这样的系统中，使用的检测器通过选择性放大仅仅检测被这种调制光激发所产生的荧光。因此，利用这样的系统，不仅可以大大提高信号/噪声的比例，而且还可以在非调制的背景光，特别是在田间很强的太阳光下测定相对的荧光产额，即荧光强度。

U. Schreiber 等于 1986 年研制的 PAM 荧光仪就是这样的调制式荧光测定系统，用它可以测定 F_o、F_o'、F_m、F_m'和 F，计算 F_v/F_m、Φ_{PSII}、NPQ、qP 和 qN 等。

检测光打开（↑MB），仪器测量暗适应叶片的初始荧光（F_o）；饱和脉冲光（↑SP）之后测量最大荧光（F_m）；光合作用光开启（↑AL），在作用光下叶片光合作用达到稳态时，饱和脉冲光（↑SP）可以检测作用光下叶片稳态时最大荧光（F_m'），饱和脉冲后同时可以检测稳态荧光（F_t），关闭光合作用光（↓AL），开远红外光，可以测量关作用光后初始荧光 F_o'（图 7-31）。

（3）荧光淬灭

荧光淬灭就是荧光产额（或强度）降低。一切使荧光产额低于其最大值的过程，都被称为荧光淬灭过程。对于不同荧光淬灭组分的分辨，能够提供关于光合机构功能状态的重要信息。

光化学反应和热耗散都能引起叶绿素荧光发射强度的降低，即叶绿素荧光淬灭。由光化学反应引起的荧光产额的降低有赖于氧化态 Q_A 的存在，称为光化学淬灭，而热耗

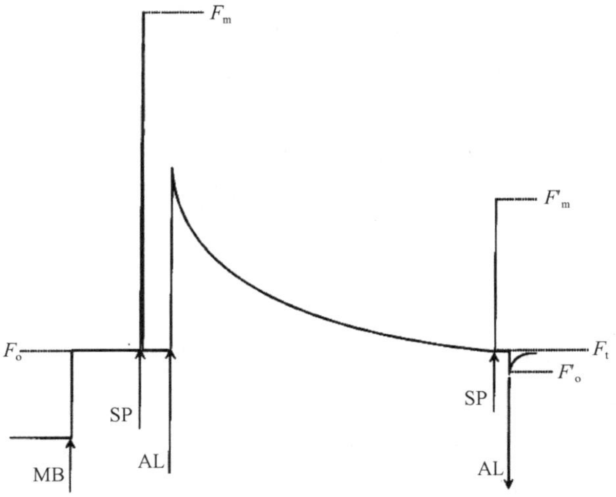

图 7-31 叶绿素荧光曲线（Maxwell and Johnson，2000）

散引起的荧光猝灭，称为非光化学猝灭（NPQ），它是植物体内光合量子效率调节的一个重要方式。根据其光诱导和暗弛豫动力学特征的不同，非光化学猝灭涉及三个不同的机制：高能态猝灭 qE（依赖类囊体膜内外的质子浓度差）、状态转换猝灭 qT 和光抑制猝灭 qI。

在叶绿素荧光分析中，往往使用检测光（极弱，不能引起光化学反应）、饱和脉冲光（极强，极短暂）、作用光（actinic light，能引起光化学反应）和远红光（弱）等几种不同的光。

（4）荧光分析与气体交换测定技术

把叶片的荧光分析与气体交换测定技术结合起来，不仅可以从生理水平上更迅速、全面地了解光合机构的实际运转状态，而且可以间接从生物化学水平上了解电子传递速率及其与不同代谢过程的关系。例如，通过将两种技术的结合，已经成功地将光合作用分解为受类囊体上光合电子传递速率限制，进而影响 ATP 合成，影响 RuBP 再生（RuBP 再生限制）；受光合关键酶核酮糖-1，5-二磷酸羧化酶（RuBisCO）数量与活性及反应底物 CO_2 的浓度限制（Rubisco 羧化限制）；受细胞质中无机磷转运限制（磷酸丙糖转运限制）（Farquhar et al.，1980）。同时，还根据电子传递速率分为非环式电子传递、环式电子传递和假环式电子传递等几种类型（Yin et al.，2009）。

在使用这两种技术分析叶片的光合性能时，一定要注意所用叶片的叶位、叶龄、生理状态等。在进行叶片的气体交换与荧光分析时，还要特别注意叶片是否处于正常的稳态光合作用所必需的光照、温度、水分和 CO_2 供应条件下，因为在此条件下和非此条件下获得的荧光分析结果往往是不同的。

三、光合模型分析

光合作用是植物生长发育的基础，但它也易受外界环境变化的影响（如光照、温度、CO_2、湿度等）。随着气候变化对农业生产的影响越来越大，以及人们对粮食的需求越来越旺盛，准确地评估和定量预测光合作用也变得越来越重要，这也将有助于提高作物模型预测的准确性。

（一）C_3 光合模型

Farquhar 等（1980）建立了 C_3 光合生理生化模型（FvCB 模型），这个模型没有尝试着模拟光合作用过程中从光捕获到物质合成代谢的全过程，而是关注于影响光合作用的几个关键性步骤。

在 FvCB 模型中，净光合速率（A）是由 Rubisco 羧化速率（A_c）与光合电子传递速率（A_j）共同决定的：

$$A = \min(A_c, A_j) \tag{7-3}$$

其中 A_c 与 A_j 的数学表达式为

$$A_c = \frac{(C_c - \Gamma_*)V_{c\max}}{C_c + K_{mc}(1 + o / K_{mo})} - R_d \tag{7-4}$$

$$A_j = \frac{(C_c - \Gamma_*)J}{4C_c + 8\Gamma_*} - R_d \tag{7-5}$$

式中，V_{cmax} 为最大 Rubisco 羧化速率；K_{mc} 和 K_{mo} 分别为羧化作用和加氧作用的 Michaelis-Menten 常数；C_c 和 O 分别为羧化反应中心 CO_2 浓度和 O_2 浓度；Γ_* 为不含暗呼吸的 CO_2 补偿点；R_d 为光下暗呼吸速率；J 为光合电子传递速率。

公式（7-3）中电子传递速率与光的关系由非直角双曲线模型估算：

$$J = \left[\alpha_{(LL)}I_{abs} + J_{max} - \sqrt{\left[\alpha_{(LL)}I_{abs} + J_{max}\right]^2 - 4\theta J_{max}\alpha_{(LL)}I_{abs}}\right]/(2\theta) \tag{7-6}$$

式中，θ 为曲线的凸度，凸度越大，曲线的弯曲程度越大。$\alpha_{(LL)}$ 为低光下光电转化效率，$\alpha_{(LL)}$ 理论最大值为 0.5，因为当光合电子传递链从 H_2O 向 $NADP^+$ 每传递一个电子，光系统 I 与 II 各要吸收一个光子。J_{max} 为饱和光下，最大电子传递速率；I_{abs} 为被叶片光合色素所吸收的用来驱动光合作用的光量子。

依赖于温度的 R_d、V_{cmax}、K_{mc}、K_{mo} 方程为

$$\text{Parameter}(R_d, V_{cmax}, K_{mc}, K_{mo}) = \text{Parameter}_{25}\cdot e^{(T-25)E/[298R(T+273)]} \tag{7-7}$$

式中，T 为叶片温度；E 为活化能量；R 为气体常数；它们是以温度为 25℃的值（Parameter_{25}）为参照的。

J_{max} 的温度反应方程为

$$\text{Parameter} = \text{Parameter}_{25}\cdot e^{(T-25)E/[298R(T+273)]} \times \frac{1+e^{(298S-D)/(298R)}}{1+e^{[(T+273)S-D]/[R(T+273)]}} \tag{7-8}$$

式中，S 是熵值，D 为钝化能量。

从上面对生化模型的描述可知，虽然生化模型中涉及的参数和方程比较多，但当外界环境因素确定时，就可以准确预测叶片光合对外界环境的响应。

图 7-32 为 C_3 植物的 CO_2 反应曲线示意图，不同 CO_2 浓度下的光合速率值是由 Rubisco 羧化速率（A_c）与光合电子传递速率（A_j）共同决定的；点 1～6 由 Rubisco 羧化速率（A_c）决定，点 7～12 由光合电子传递速率（A_j）决定（Yin 和 Struik，2009）。

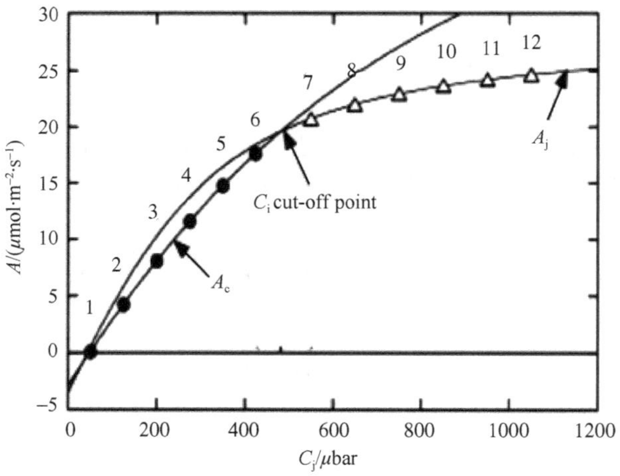

图 7-32 C_3 植物的 CO_2 反应曲线

（二）C_4 光合模型

在 C_4 光合模型（von Caemmerer and Furbank，1999）中，光合速是由磷酸烯醇式丙酮酸（PEP）的羧化效率，CO_2 由 CO_2 浓度高的维管束鞘细胞向 CO_2 浓度低的叶肉细胞中渗漏，以及线粒体中发生的呼吸左右共同决定的：

$$A = V_p - L - R_m \tag{7-9}$$

式中，V_p 为 PEP 的羧化速率；L 为 CO_2 的渗漏速率；R_m 为线粒体的呼吸作用。其中 L 的计算公式为

$$L = g_{bs}(C_c - C_m) \tag{7-10}$$

式中，C_m 为叶肉细胞中 CO_2 浓度；C_c 为维管束鞘细胞羧化反应中心 CO_2 浓度；g_{bs} 为维管束鞘导度。

C_m 的计算公式为

$$C_m = C_i - A/g_m \tag{7-11}$$

式中，C_i 为胞间 CO_2 浓度；g_m 为叶肉导度。

与 C_3 光合类似，发生在维管束鞘细胞中的光合作用可以表示为由 Rubisco 羧化速率与光合电子传递速率共同决定：

$$A = \frac{(C_c - \gamma_* O_c)x_1}{C_c + x_2 + x_3} - R_d \tag{7-12}$$

式中，$\gamma_*=0.5/S_{c/o}$，其中 $S_{c/o}$ 是 Rubisco 活化酶的特异性因子；O_c 是维管束鞘细胞羧化反应中心氧气的浓度；R_d 为线粒体呼吸作用；当光合受到 Rubisco 羧化速率限制时，$x_1 = V_{cmax}$，$x_2 = K_{mc}/K_{mo}$，$x_3 = K_{mc}$；当光合受到光合电子传递速率限制时，$x_1 = (1-x) J_{atp}/3$，$x_2 = 7\gamma_*/3$，$x_3 = 0$，其中 x 为参与 PEP 羧化作用所需要的光合电子传递比例或 ATP 比例；J_{atp} 为合成 ATP 提高能量的电子传递速率。

公式（7-12）中维管束细胞中的氧气浓度计算公式为

$$O_c = \alpha A(u_{oc} g_{bs}) + O_m \tag{7-13}$$

式中，α是维管束细胞中释放的 O_2 的比例；u_{oc} 是 CO_2 与 O_2 在水中溶解与扩散系数；O_m 为叶肉细胞中 CO_2 浓度。

与维管束细胞中发生的 C_3 途径类似，叶肉细胞中 PEP 的羧化速率也由 PEPC 羧化效率与电子传递速率共同决定。当由 PEPC 羧化效率决定时，公式为

$$V_p = \frac{C_m V_{p\max}}{C_m + K_p} \quad (7\text{-}14)$$

式中，$V_{p\max}$ 为 PEPC 酶最大羧化速率，K_p 为 Michaelis-Menten 常数。当 V_p 由电子传递速率决定时，公式为

$$V_p = xJ_{atp}/2 \quad (7\text{-}15)$$

由于 PEPC 酶与 Rubisco 酶的羧化速率均受酶的活性与光合电子传递调控，因此 C_4 光合受 4 个生理途径限制：

$$A = \min(A_{EE}, A_{ET}, A_{TE}, A_{TT}) \quad (7\text{-}16)$$

式中，A_{EE} 为 PEPC 羧化速率与 Rubisco 羧化速率均受酶活性限制；A_{ET} 为 PEPC 羧化速率受酶活限制，Rubisco 羧化速率受电子传递限制；A_{TE} 为 PEPC 羧化速率受电子传递限制，Rubisco 羧化速率受酶活性限制；A_{TT} 为 PEPC 羧化速率与 Rubisco 羧化速率均受电子传递速率限制。

表 7-1　模型中常用参数

参数	单位	C_3		C_4	
		数值	来源	数值	来源
$S_{c/o25}$	$bar \cdot bar^{-1}$	2 800	Bernacchi et al.，2002	2 590	von Caemmerer，2000
K_{mc25}	μbar	270	Bernacchi et al.，2002	650	von Caemmerer，2000
K_{mo25}	μbar	165 000	Bernacchi et al.，2002	450 000	von Caemmerer，2000
$E_{sc/o}$	$J \cdot mol^{-1}$	−24 460	Bernacchi et al.，2002	?	
$E_{V_{cmax}}$	$J \cdot mol^{-1}$	65 330	Bernacchi et al.，2001	67 300	Massad et al.，2007
$E_{K_{mc}}$	$J \cdot mol^{-1}$	80 990	Bernacchi et al.，2002	?	
$E_{K_{mo}}$	$J \cdot mol^{-1}$	23 720	Bernacchi et al.，2002	?	
E_{R_d}	$J \cdot mol^{-1}$	46 390	Bernacchi et al.，2001	?	
$E_{J_{max}}$	$J \cdot mol^{-1}$	26 900～94 400	Yin et al.，2004	77 900	Massad et al.，2007
$D_{J_{max}}$	$J \cdot mol^{-1}$	200 000	Medlyn et al.，2002	192 000	Massad et al.，2007
$S_{J_{max}}$	$J \cdot K^{-1}\ mol^{-1}$	650	Harley et al.，1992	630	Massad et al.，2007
$E_{V_{pmax}}$	$J \cdot mol^{-1}$	na		70 400	Massad et al.，2007
$D_{V_{pmax}}$	$J \cdot mol^{-1}$	na		118 000	Massad et al.，2007
$S_{V_{pmax}}$	$J \cdot K^{-1}\ mol^{-1}$	na		380	Massad et al.，2007
K_p	$mol \cdot m^{-2}\ s^{-1} \cdot bar^{-1}$	na		0.7	Collatz et al.，1992
	—	0.7	von Caemmerer，2000	0.7	von Caemmerer，2000
x	—	na		0.4	von Caemmerer，2000

注：?表示数值还未知，常用 C_3 植物的值代替。na 表示无此参数值（Yin and Struik，2009）

四、冠层热力学分析技术

作物冠层温度是作物遗传特性和环境条件共同作用的结果，它不仅影响叶片的功能期、蒸腾速率和光合能力，也影响籽粒蛋白质含量与淀粉合成。作物花后特别是灌

浆中后期的冠层温度对产量具有较大影响。近年来，由于红外测温技术的应用，人们发现冠层温度和作物产量与抗逆性密切相关。冠层温度也逐渐成为指导作物品种选育和栽培管理的重要指标。由于热红外有独特的信息获取功能，加之物体热辐射能量的大小和物体表面的温度直接相关，人们可以根据接收到的辐射信号反演出物表温度和比辐射率等信息。

（一）热红外简介

电磁波谱的长波红外（long wave infra-red，LWIR）（8～14μm）谱段在物理学上也可以称为热红外谱段，地球表面的物体在室温（300K）下热辐射的绝大部分能量都集中在该波段。物体热辐射能量的大小和物体表面的温度直接相关，人们可以根据接收到的辐射信号反演出物表温度和比辐射率等信息。

红外线是波长介于微波和可见光之间的电磁波，其波长为760nm～1mm。与可见光相比，红外辐射的波长更长，具有明显的绕射、衍射等效应，在大气中更利于传播。根据波长和大气对红外辐射的吸收情况，人们一般将红外辐射分为三个波段：短波红外（1.4～3μm，SWIR），中波红外（3～8μm，MWIR）和长波红外（8～14μm，LWIR）。长波红外波段是辐射波段，习惯上又被称为热红外波段，这个波段的探测器不需要其他的光或外部热源，如太阳、月球或红外灯，就可以获得完整的热排放量的波动影像。

根据维恩位移定律，地球表面的物体在室温（300K）下热辐射的绝大部分能量都位于热红外波段，其辐射量直接与目标的温度特性有关。大气对此波段的辐射吸收较少，地物目标辐射的热红外波段大部分都能够穿透大气传输，因此热红外波段被称为大气窗口。热红外穿透烟雾能力强、作用距离远、抗干扰性强，且可以昼夜全天工作，无论是在黑暗中还是烟云弥漫等恶劣环境下，由于热红外辐射的普遍性及大气对其的“透明性”，人们依然可以利用热红外来观察目标情况。

（二）热像仪

“红外线”一词源于“pastred”，是超出红色之外的意思，表示该波长在电磁辐射频谱中所处的位置。“thermography”一词是采用同根词生成的，意思是“温度图像”。热成像的起源归功于德国天文学家 William Herschel 在 1800 年使用太阳光做的一些实验。自此以后，经历 40 年，伴随着红外辐射（Herschel）、温差电效应（Thomas Seebeck，1809）、热量倍增器（Leopoldo Nobili，1829）、热电堆（Macedonio Melloni）、辐射热检测仪（Samuel Langley，1880）相继被发现或发明。William Herschel 的儿子 John Herschel 于 1840 年使用名为“蒸发成像仪”的设备制作出第一幅红外图像。

1. 简介

热像仪是一种无需与设备直接接触便可检测出红外波长频谱中的热图案的设备。早期的热成像系统很笨重、数据采集速度缓慢而且分辨率不佳，是为了满足日益增长的军事应用领域的需求而发明，直到 20 世纪 60 年代，热成像技术才被用于非军事领域。

20 世纪 80 年代后期，一种称为焦平面阵列（FPA）的新设备从军事应用领域转移至商业市场。焦平面阵列（FPA）是一种图像传感设备，由位于镜头焦平面处的红外传感探测器的阵列（通常为矩形）组成。这大大改进了原始的扫描式探测器，从而提高了图像质量和空间分辨率。现代热像仪上典型阵列的像素范围为：16×16～640×480。从这个角度来说，像素是可以检测红外能量的 FPA 的最小独立元素。对于特殊应用场合，阵列的像素可以达到 1000×1000 以上。第一个数字代表每个垂直列中的像素数，第二个数字代表屏幕上显示的行数。例如，160×120 阵列的总像素为 19 200（160 像素×120 像素=19 200 总像素）。

自 2000 年以来，使用多个探测器的 FPA 技术的发展不断加快。长波热像仪用于检测 8～15μm 波长范围内的红外能量。中波热像仪用于检测 2.5～6μm 波长范围内的红外能量。图 7-33 所示为手持式热像仪。

图 7-33　手持式热像仪

2. 热像仪工作原理

红外热像仪是一种使用光电设备来检测和测量辐射并在辐射与表面温度之间建立相互联系的设备。辐射是指辐射能（电磁波）在没有直接传导媒体的情况下移动时发生的热量移动。现代红外热像仪的工作原理是使用光电设备来检测和测量辐射，并在辐射与表面温度之间建立相互联系（图 7-34）。

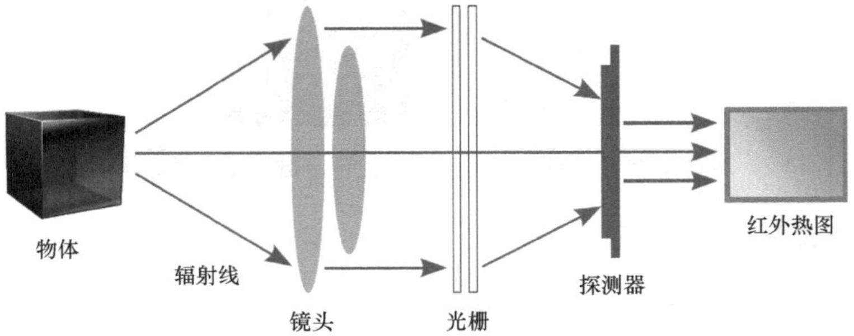

图 7-34　红外热像仪的光路图

所有高于绝对零度（–273℃）的物体都会发出红外辐射。红外热像仪利用红外探测器和光学成像物镜接受被测目标的红外辐射能量分布图形，反映到红外探测器的光敏元件上，从而获得红外热像图，这种热像图与物体表面的热分布场相对应。通俗地讲，红外热像仪就是将物体发出的不可见红外能量转变为可见的热图像。热图像上面的不同颜色代表被测物体的不同温度。通过查看热图像，可以观察到被测目标的整体温度分布状况，研究目标的发热情况，从而进行下一步工作的判断。

3. 设备构成

红外热像仪的构成包括 5 大部分。

1）红外镜头：接收和汇聚被测物体发射的红外辐射。

2）红外探测器组件：将热辐射信号变成电信号。

3）电子组件：对电信号进行处理。

4）显示组件：将电信号转变成可见光图像。

5）软件：处理采集到的温度数据，转换成温度读数和图像。

4. 应用

热像仪能够对小温差进行分辨，这对于植物病虫害检测有重要意义，图 7-35 所示为此类应用的一个例子。

红外热像仪的应用范围极其广泛，并且随着红外技术的不断发展及普及，其在作物新品种培育、作物生长环境及温室效应等方面的应用广泛。当检测目标的温差低至 0.1℃以内时，需要有极高热灵敏度的热像仪才能发现细微差别，尤其是在科学研究领域。

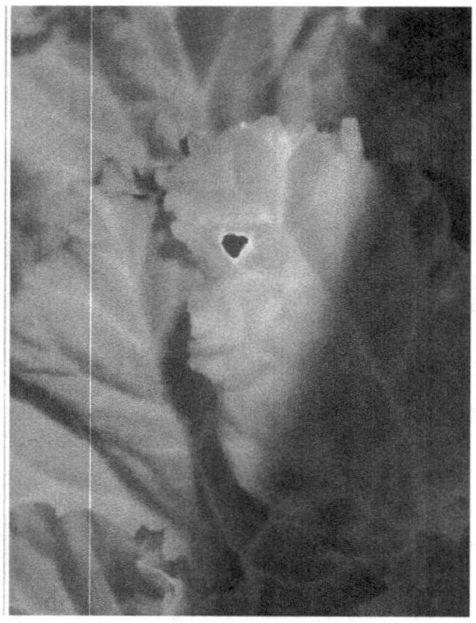

图 7-35　植物病虫害检测（红色区域为受害处）

5. 热像仪清晰度影响因素

1）热灵敏度决定热像仪区分细微温差的能力。

2）最小检测尺寸（空间分辨率）决定了热像仪捕捉细小尺寸的能力。尺寸越小，相同面积的检测目标画面由越多像素组成，画面越清晰。

6. 典型仪器

美国菲力尔公司（FLIR Systems，Inc.）是设计和制造热像仪的专业技术公司。其生产的 FLIR 红外热像仪已广泛应用于在线热成像、过程监测及机械设备状态监测等工业领域。红外热像仪不仅能够帮助我们看到实时热图像，而且能通过红外视频及相关温度测量数据来进行过程控制及事前报警。

（三）作物冠层热成像相关研究案例

下面以病害检测为例介绍作物冠层热成像技术的应用。

随着热红外成像技术的发展，冠层热成像技术日益被应用于植物叶片表皮导度、气孔导度、蒸腾作用等与植株叶片温度变化有关的研究。热红外成像技术已被用于检测病原侵染植株，如大豆疫霉菌（*Phytophthora sojae*）、烟草花叶病毒（tobacco mosaic virus，TMV）。

热红外成像是一种与可见光成像不同的技术，主要是通过检测红外辐射使物体表面温度的差异可视化，从而实现无损检测。热红外成像技术可以检测到物体不同部位的较小温差，敏感性较强。

在小麦病害早期检测方面，以小麦条锈病为例（李小龙等，2014），如图 7-36 所示，运用热红外成像技术采集了试验小麦的热红外图像和叶片温度，在潜育期内连续监测其热红外图像和叶片温度随接种天数的变化，得到了早期小麦受到病原侵染后的温度变化，也为小麦早期病害检测提供了一种可靠方法，对于该病的综合治理和小麦安全生产具有重要意义。

图 7-36　健康植株与发病植株的可见光图像与热红外图像（李小龙等，2014）

A.健康植株可见光图像；B.发病植株可见光图像；C.健康植株热红外图像；D.发病植株热红外图像

五、冠层光谱分析

当物质受到光（电磁波）的照射时，会发生光的吸收、反射或透射等现象，此时，有些物质自身也会发光（或荧光）。光的这些现象与物质的成分、结构、理化特性等有着密切的关系，分析这些关系的学科称为光谱学（即光谱分析）。光谱分析技术是依据某一物质成分对电磁波的吸收特性而进行的定性、定量分析技术。由于光谱分析技术具有分析速度快、精度高、无破坏、结果稳定等优点，在化工、农业、医学等领域得到越来越广泛的应用。

（一）冠层光谱特征

植被的反射光谱特征主要是由叶片中的叶肉细胞、叶绿素、水分和其他生物化学成分对光线的吸收和反射形成的，在不同波段，植被的反射光谱曲线具有不同的形态和特征，它是物体表面粒子结构、粒子尺度、粒子的光学性质、入射光波长等参数的函数。

典型的绿色植物反射光谱，在可见光区域（400～700nm），植物叶片的反射和透射都很低。吸收谷是色素的强烈吸收造成的。在短波近红外区域（700～1300nm）呈强烈反射，因为叶肉内的海绵组织结构内有很多大反射表面的空隙，且细胞内的叶绿素呈水溶胶状态，具有强烈的红外反射。

绿色植物叶片的叶绿素对可见光（尤其是红光波段）有强烈的吸收作用，因此红光波段包含了植物叶片的丰富信息。植物对近红外波段有高的反射率、高的透射率和极低的吸收率，近红外光对植被差异及植物长势反应十分敏感，因此近红外波段包含了植物冠层叶片的大量信息。

在植被遥感中，由于植被地物共有特征是叶片富含水分和叶绿素，因此植被地物在可见-近红外波段呈现特有的光谱反射率特性（图 7-37）。虽然不同植物类型、植株营养状况的光谱反射率特性相似，但其光谱反射率大小有差异。在 400～2400nm 光谱范围内，大约有 42 处对应一定生物化学成分的吸收特征。

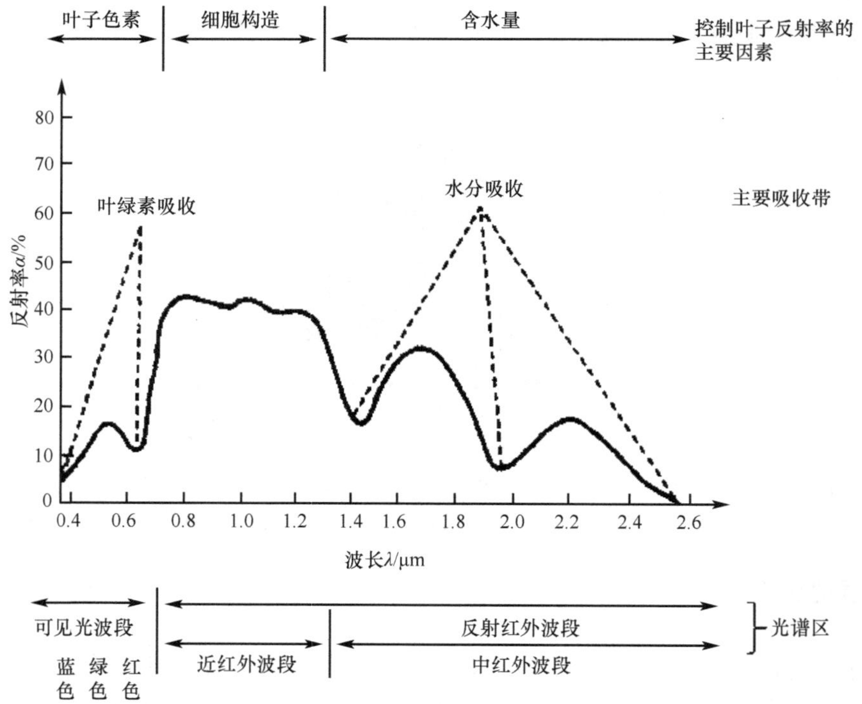

图 7-37　绿色植物的主要光谱响应特性（孙家炳等，1997）

1. 400～700nm 波段

可见光波段是植物叶片强烈吸收波段，反射和透射率很低，叶绿素 a 和叶绿素 b 的强烈吸收作用，在 450nm 蓝光和 660nm 红光附近形成了两个吸收谷，在 550nm 绿光处形成了一个反射峰，表现出“蓝边”、“绿峰”、“黄边”、“红谷”等独特光谱特性，明显区别于土壤、岩石、水体的光谱特征。

380nm 波长附近是大气的弱吸收带，400～450nm 波段为叶绿素的强吸收带，425～490nm 波段是类胡萝卜素的强吸收带。叶绿素 a 对蓝光的吸收约为对红光吸收的 1.5 倍；叶绿素 b 对于蓝光的吸收为对红光吸收率的 3 倍，即太阳辐射到达地面的紫外线和蓝紫光绝大部分被植物吸收，而反射和透射极少。所以 350～490nm 波段的反射光谱曲线具有很平缓的开头和很低的数值。平均反射率一般不超过 10%。490～600nm 波段是类胡萝卜素的极强吸收带，530～590nm 是藻胆素中藻红蛋白的主要吸收带，但 550nm 波长附近是叶绿素的绿色强反射峰区，同时叶绿素在数量上比附加色素（类胡萝卜素和藻胆素等）占优势，因此，在 490～600nm 波段植物的反射光谱曲线具有波峰的形态和中等的反射率数值（大多在 8%～28%）。此外在 550nm 波长处又是植物吸收率的一个谷值，而透射率在此波长处为一峰值。

610～660nm 波段是藻胆素中藻蓝蛋白的主要吸收带，而 650～700nm 波段则是叶绿素的强吸收带。植物体内的叶绿素有 a、b、c、d 4 种形态。从数量和作用上看，主要是叶绿素 a 和叶绿素 b 对植物的反射光谱曲线有较大的影响。在叶绿体中叶绿素 a 具有 4 个以上的吸收峰（主要在 670nm、680nm、695nm、700nm 处），叶绿素 b 仅在 650nm 处有一个吸收峰，通常在植物体中叶绿素 a 含量是叶绿素 b 含量的 3 倍，故叶绿素 a 对植物反射光谱曲线的影响尤为明显，其中叶绿素 a 在 680nm 和 700nm 波长处的吸收峰作用最大。同时，叶绿素每同化一个 CO_2 分子，放出一分子氧，需要吸收 8 个光量子，其吸收光的作用很强。故总的吸收率可达 90%左右。总之，在 600～700nm 波段植物的反射光谱曲线具有波谷的形态，并具有很低的反射率值。多数植物的反射率谷值在 670nm 或 680nm 波长处。植物光合作用的量子产额（即被吸收的每个量子对 CO_2 的固定数量）从 670nm 开始即随着波长的增加而急剧降低；植物的反射率和透射率从 670～680nm 开始，随着波长的增加而急剧升高；植物对光的吸收率则从 670～680nm 波长开始，随着波长的增加而急剧下降。

2. 700～780nm 波段

700～780nm 波段是叶绿素在红波段强烈吸收到近红外波段多次散射形成的高反射平台过渡波段，称为植被反射率“红边”，是植物营养、长势、水分、叶面积等农学参数的指示特征。红边是植物反射曲线上斜率最大时所对应的波长，位于 680～750nm，即反射率从红光的低值区（叶绿素吸收造成的）到高值区（叶片和冠层散射作用）之间的变化。通过计算光谱反射率为 680～750nm 的一阶微分来计算红边位置。

红边位置随叶绿素含量、生物量、叶片内部结构参数的变化而变化。“红边”的位置与斜率及植物单位面积所含叶绿素（a+b）含量密切相关，叶绿素含量增加时，叶绿素吸收波段变宽，红边振幅、红边峰值面积随之增加，红边向长波方向移动。当植被生物量最大、色素含量高、生长旺盛时，红边会向长波方向移动（红移），而当遭受病虫害、污染和叶片衰老时，红边会向短波方向移动（蓝移）。

700～750nm 波段的主要特征是反射率急剧增加，曲线陡而接近于直线的状态。其斜率与植物单位叶面积所含有叶绿素（a＋b）的含量有关，但含量超过 4～5mg/dm^2 后则趋于稳定，相关关系表现得不明显。在 720～740nm 波段有水的弱吸收，但是被植物反射率的急剧增高所掩盖，在曲线形成上没有明显反映。在 760nm 波长处为水的强吸收谷点。

单片叶子的波谱从以 680nm 为中心的反射率极小值过渡到从 800nm 开始的反射峰，期间必存在一个拐点，也就是反射率对波长的二次微分等于零的点，该拐点所对应的波长（λ_{red}）被称为“红边”。描述红边特性的另一个重要参数是红边斜率，即光谱在红边处的一阶分值（$\left.\frac{dR}{d\lambda}\right|\lambda=\lambda_{red}$）。红边的变动与叶子内部的物理状态密切相关，如任何原因引起的红边反射峰的降低都会引起红边位置的迁移，所以红边概念对排除外来干扰，特别是对排除来自土壤背景的干扰、提取植被状态信息有十分重要的作用。

3. 780～1350nm 波段

该波段是与叶片内部结构有关的光谱波段，该波段反射率平台（反射率红肩）的光谱反射率强度取决于叶片细胞形状、细胞层数、叶肉与细胞间空隙等内部结构，而叶片色素、纤维素、水分含量对其影响较小。部分研究表明，该段的光谱反射率或光谱指数与叶片含水量有显著的相关特征。

850nm 和 910nm 波长处为水的弱吸收谷点；960～1120nm 波长处为水的强吸收谷点。这些谷点在植被反射光谱曲线上有的表现为谷点，有的表现为反射率增长速度减慢的拐点，有点表现为反射率由增长至开始减少的拐点。在 890～1080nm 和 1260nm 波长处，植物反射率表现为峰值；而在 1190nm 波长处植物反射率表现为谷值，这与植物本身的生物学特性有关。

4. 1350～2500nm 波段

该波段是叶片水分吸收主导波段，在 1450nm、1940nm 和 2700nm 处形成三个强吸收谷，在 1650nm 和 2200nm 处形成两个反射峰。植物反射光谱在 1300～1600nm 波段具有波谷形态和较低的反射率（多为 12%～18%）数值，这种特点与 1360～1470nm 波段是水和 CO_2 的强吸收带有关。

1600～1830nm 波段表现为波峰的形态，并具有较高的反射率（多为 20%～39%），该特征与植物本身及所含水分的波谱特性有关。

1830～2080nm 波段具有波谷的形态和很低的反射率数值（多为 6%～10%），与水和 CO_2 在此波段的强吸收有关。

2080～2350nm 波段具有波峰的形态和中等的反射率数值（多为 10%～23%），该特点与植物本身及其所含水分的波谱特性有关。此波段的反射率数值低与植物对光的吸收有所增加有关，这可以看成是植物体预防其本身过度变冷的一种调节作用。

作物冠层或叶片的光谱除了能反映植物不同营养状态的差异外，也能反映出农作物不同生长期的变化。诸多因素会影响作物的光谱特性，包括植物类型、生长阶段、健康水平、季节和立地条件，这些因素使植物光谱包含了更多、更复杂的信息。在条件允许的情况下植物光谱分析可以反过来推出上述条件的状况。植物因缺乏营养元素会严重影响其生长速度和产量，相关的缺乏元素会对应地引起叶片叶色、形态、结构及各种外观不同的缺素症状。叶片吸收太阳辐射能的多少与叶片内外部结构对入射光的反射特性有关，叶片吸收太阳光辐射能的能力很大程度上决定了该植株的光合速率。植物叶片的光谱特性也和叶片厚度、叶片表面特性、水分含量和叶绿素等色素含量有关。植物营养元素状况与作物光谱特性具有密切关系。该特性促使田间简易非破坏性快速营养状况诊断成为可能，也促进了遥感大面积检测技术的发展。

（二）基于光谱原理的便携式作物分析仪器

植被长势、营养等信息能够反映在光谱反射率上，在此基础之上产生了基于光谱反射数据的植被指数。归一化差值植被指数（normalized difference vegetation index，NDVI）一方面可以反映植被光合作用的有效辐射吸收情况，另一方面能够反映作物群体大小、健康程度情况，是目前应用最广泛的植被指数。

目前植被指数的捕获，特别是大范围内植被信息的捕获，主要是通过遥感来实现。对于地面作物的长势、营养状况信息的捕获，目前主要采用地面光谱仪，通过获取地面作物的光反射率曲线，从这些曲线中选取代表性波段来计算各种植被指数。缺点是价格昂贵，尤其是针对野外使用的便携式光谱仪，不但价格不菲，而且使用时不能直接获得NDVI 值，为此，相应研究人员正在逐步开发出手持式的基于植被指数的专用测量仪。目前为止，这一方面的实际产品已经有很多，并且在实际的不同场合取得了较好的效果。

1. SPAD 仪

SPAD 仪是日本农林水产省农蚕园艺局的“土壤、作物分析仪器开发”（soil and plant analyzer development）的英文缩写。开发 SPAD 叶绿素计的初衷是用来测定作物叶片的叶色。目前已经有两代，并且已经在世界上较大范围内得到实际使用，有些国家直接将其定位为用来指导农作物氮肥管理的检测仪器。SPAD-502 如图 7-38 所示。

图 7-38　SPAD-502

（1）组成

SPAD 仪由发光二极管发射红光（峰值波长大约 650nm）和近红外线（峰值大约在

940nm）。透过样本叶的发射光到达接收器，将透射光转换成为相应的电信号，经过放大器的放大，再通过 A/D 转换器转换为数字信号，微处理器利用这些数字信号计算 SPAD 值，显示并自动存储。

（2）应用

应用 SPAD 仪可以在原处测定作物氮素状况，确定施氮肥的合适时期，有助于依据氮素诊断结果结合作物本身的生理需求来完成农作物氮素的合理供应。已经有使用 SPAD 仪来进行水稻的追肥管理的案例。

（3）测量影响因素

影响 SPAD 测量精度的主要因素有：①品种；②生育时期；③测定叶位；④测定叶片的位点；⑤生态环境；⑥其他因素。

2. NDVI 测量仪

NDVI 被认为是目前应用最广泛的植被指数。为了在田块尺度近地实时测量作物的 NDVI，赵春江等（2004）及王秀等（2004）开发了一种便携式 NDVI 测量仪，如图 7-39 所示。

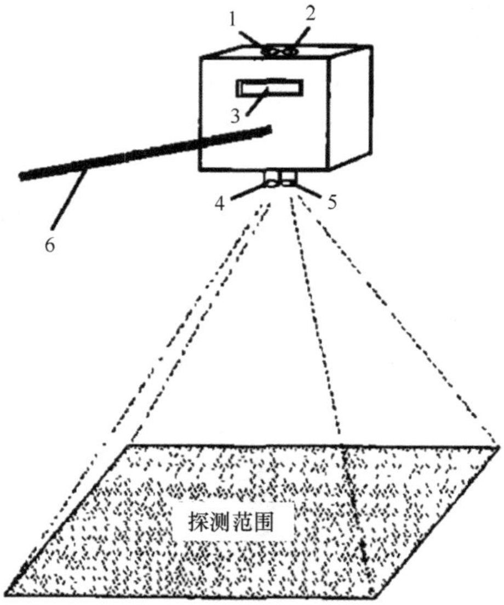

图 7-39　便携式 NDVI 外形图（王秀等，2004）

1. 红光入射；2. 近红光入射；3. 液晶显示屏；4. 红光反射光入射；5. 近红外反射光入射；6. 探测手柄

（1）工作原理

利用日光作光源，通过 4 个具有特殊光谱响应特性的光电探测器，在近红外和红光两个特征波段，分别对太阳入射光和植被的反射光进行探测，测得太阳入射光和植被反射光谱红光波段及近红外两个波段的辐射强度。若仪器测得红光特征波段的入射光信号为 E_R，对应波段的植被反射光信号为 E_{RR}；近红外反射率平台特征波段的入射光信号为 E_{IR}，对应波段的植被反射光信号为 E_{IRR}，则有

$$\rho_R = \kappa_R \frac{E_{RR}}{E_R} \tag{7-17}$$

$$\rho_{\mathrm{NIR}} = \kappa_{\mathrm{IR}} \frac{E_{\mathrm{IRR}}}{E_{\mathrm{IR}}} \tag{7-18}$$

式中，k_R 和 k_{IR} 为比例常数，由仪器的光学系统、光电探测器及其适配放大器的特性参数决定。有了ρ_R和ρ_{NIR}，就可以计算出 NDVI，NDVI=（$\rho_{NIR}-\rho_R$）/（$\rho_{NIR}+\rho_R$）。

仪器的光电探测子系统中包括窄带干涉滤光片、硅光电二极管、光学组件。4 个窄带干涉滤光片有两组，选用沈阳汇博光学技术公司的窄带干涉滤光片。一组滤光片的中心波长为 670.8nm，半宽度为 11nm，峰值透过率为 63%；另一组滤光片中心波长为 780nm，半宽度为 12nm，峰值透过率为 68%。

（2）组成

NDVI 仪的结构如图 7-40 所示。4 个硅光电二极管与 4 个窄带干涉滤光镜片组成两组光电探测器，分别用于近红外和红光两特征波段处太阳入射光和植被的反射光的探测，硅光电二极管在近红外和红光两特征波段具有较高的光谱灵敏度，并且要保证在不同的日光照明条件下有足够大的信号输出和线性度。用于入射日光信号探测的两个光电探测器安装在仪器的上方，用于植被反射光探测的子系统还包括毛玻璃、光阑两个组件，毛玻璃和光阑位于干涉滤光片和探测器的前面。用于探测植被反射光信号的探测子系统还包括成像物镜，位于滤光片的后面，将透过滤光片的植被反射光成像在对应的光电探测器上（李民赞等，2006）。

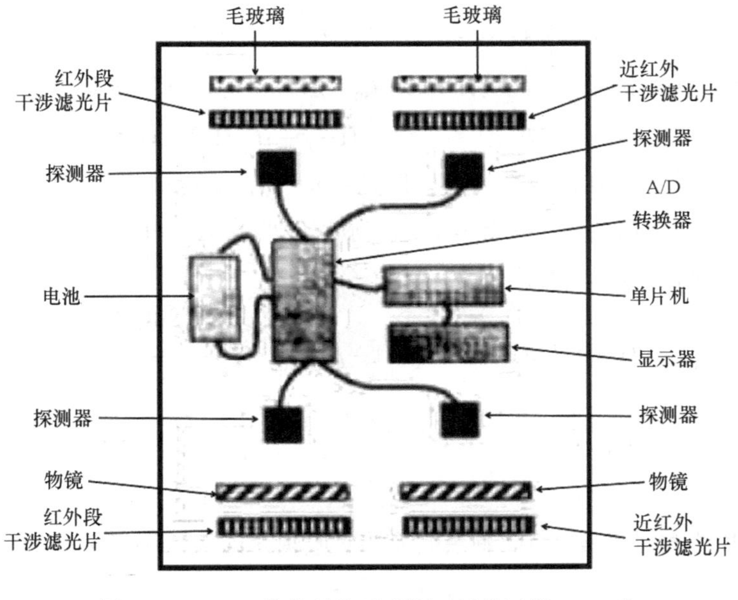

图 7-40　NDVI 仪的结构示意图（赵春江等，2004）

六、冠层光合模型

冠层光合模型是一种分析群体光合生理生态的一种有效工具。通过结合叶片光合生理参数，冠层光合模型可以计算与预测冠层光合、冠层蒸腾、冠层光截获、冠层呼吸作用等重要群体参数值，结合环境数据（光照、温度、湿度等）可以预测群体冠层光合对外界环境的响应。

冠层光合模型是基于前文中介绍的叶片光合模型。叶片光合模型模拟与冠层光合模型模拟有多种耦合方式，主要分为单层模型模拟与多层模型模拟（Leuning et al.，1995）。单层模型（又称“大叶”模型）把这个冠层作为一个大的叶片，利用冠层接收到的平均光辐射来计算冠层光合，其优点是简单、计算速度快。然而因为光合作用对光的响应是呈抛物线的、非线性的，采用这种方法会严重高估冠层的光合（Spitters，1986）。冠层多层模型中，根据叶片在冠层中着生位置不同，模型分别计算它的气孔导度、同化速率及能量平衡。该模型考虑了光与氮素在冠层中的指数分布，对于冠层中每层叶片，分别计算太阳直射到的叶片与荫蔽叶片的光合生理参数，最后利用高斯积分整合计算冠层光合（Leuning et al.，1995）。多层模型考虑了冠层结构、叶片生理及叶片蒸腾等，能够准确预测冠层对外界多种环境条件变化的响应。在冠层多层模型的基础上，发展了“两叶”模型（De Pury and Farquhar，1997；Wang and Leuning，1998），在该模型中冠层被简化为太阳辐射直射部分与荫蔽部分，该模型在保证准确性的前提下，将计算效率提高了 10 倍（Wang and Leuning，1998）。下面以“两叶”模型为例来介绍冠层光合模型。

首先，根据光在冠层中的衰减系数（k_b），可以计算不同冠层深度（L_i）光直射叶片的比例（$\phi_{su,i}$）：

$$\phi_{su,i} = e^{-k_b L_i} \tag{7-19}$$

整个冠层光直射到的叶片占总叶片比例为

$$\phi_{su} = \frac{1}{L}\int_0^L e^{-k_b L_i} dL_i = (1 - e^{-k_b L})/(k_b L) \tag{7-20}$$

那么，冠层中荫蔽的叶子比例即为 $1-\phi_{su}$。那么，可以计算出整个冠层辐射吸收量：

$$I_c = (1-\rho_{cb})I_{b0}(1-e^{-k_b' L}) + (1-\rho_{cb})I_{d0}(1-e^{-k_d' L}) \tag{7-21}$$

式中，I_{b0} 和 I_{d0} 为进入冠层的直射光与散射光；ρ_{cb} 和 ρ_{cd} 是冠层分别对直射光与散射光的反射系数；k_b' 和 k_d' 分别是直射光与散射光在冠层中的衰减系数。其中太阳光直射到的那部分冠层吸收太阳辐射为

$$\begin{aligned} I_{c,su} &= (1-\sigma)I_{b0}(1-e^{-k_b L}) + (1-\rho_{cb})I_{d0}\frac{k_d'\left[1-e^{-(k_d'+k_b')L}\right]}{k_d'+k_b} \\ &+ I_{b0}\left\{(1-\rho_{cb})\frac{k_b'\left[1-e^{-(k_b'+k_b')L}\right]}{k_b'+k_b} - (1-\sigma)\frac{1-e^{-2k_b L}}{2}\right\} \end{aligned} \tag{7-22}$$

式中，σ 为叶片的散射系数。因此剩余的冠层吸收辐射即为冠层荫蔽的部分叶子吸收的：

$$I_{c,sh} = I_c - I_{c,su} \tag{7-23}$$

该冠层模型同时考虑到氮素在冠层中的梯度分布，冠中光合有效氮含量 N_c，太阳光直射部分冠层含氮量 $N_{c,su}$，冠层荫蔽部分含氮量量 $N_{c,\ sh}$ 分别为

$$N_c = n_0(1-e^{-k_n L})/k_n - n_b L \tag{7-24}$$

$$N_{c,su} = n_0\left[1-e^{-(k_n+k_b)L}\right]/(k_n+k_b) - n_b(1-e^{-k_b L})/k_b \tag{7-25}$$

$$N_{c,sh} = N_c - N_{c,su} \tag{7-26}$$

式中，n_b 为叶片最低含氮量；n_0 为顶部叶片含氮量；k_n 为氮素在冠层中的衰减系数。

叶片氮素含量与叶片生理生化参数紧密相关，因此可以根据它们之间的相关系数（S）把叶片光合生理与冠层模型耦合起来：

$$\text{Parameter}^{25} = S(n_a - n_b) \tag{7-27}$$

式中，Parameter^{25} 为叶片生理参数（如 V_{cmax}、J_{max} 等）在 25℃时的值；n_a 为叶片含氮量。

第三节　群体结构与功能分析方法

一、作物生长模型

“数字农业”是对有关农业资源（植物、动物、土地等）、技术（品种、栽培、病虫害防治、开发利用等）、环境、经济等各类数据的获取、存储、处理、分析、查询、预测与决策支持系统的总称，其核心是全面应用 3S 技术与各类农业模型。20 世纪 60 年代以来，随着信息技术的发展及对植物生长机理的深入研究，学科间的交叉促进了作物模型的发展。作物模型是利用计算机对作物生长发育过程及其与环境的动态关系进行系统的分析和定量的描述，从而预测作物的阶段发育、形态发生、干物质积累分配及产量，通过综合知识的表达，来洞察作物的生长过程（Bouman et al.，1996）。所以动态的作物模型能够整合环境状况和土壤管理措施来预测作物产量，并能够分析相关的影响因素，找到最佳的管理措施。在新技术转移到农民和决策者的过程中，作物模型是农业现代化的重要工具。作物模拟模型是农业模型的重要组成之一，自创立以来的 40 年发展中，主要以荷兰、美国、澳大利亚这三个国家开发的模型影响最大。荷兰是现代农业作物模型模拟技术的发源地。荷兰 de Wit 学派的代表模型有：ELCROS、BACROS、SUCROS、WOFOST、MACROS、ORYZA 和 GECROS 等。de Wit 学派的模型强调模型的机理性、解释性和通用性。美国著名的农业技术推广决策支持系统 DSSAT 囊括了一系列的作物模块，涵盖了 16 种作物，如小麦、玉米、水稻、高粱、大豆等。与荷兰的作物模型相比，DSSAT 的特点是应用性和综合性强。澳大利亚系列模型 APSIM 是由隶属澳大利亚联邦科学与工业研究组织和昆士兰州政府的农业生产系统组（APARU）开发研制的。APSIM 的特点是注重对土壤过程变化的模拟。结构上以植物模块、土壤模块和栽培管理模块为三大主要构件，能模拟绝大多数作物，甚至草地、森林生态系统。APSIM 的易用性很强，由专门的软件工程师来维护，更像一个模型系统的灵活软件环境，而不是针对某一特定作物系统的模拟。

模型（model）是指采用简化、抽象和类比的表示方法，以文字、图形、图像、符号、实物和数学公式等形式来描述客观世界研究对象的系统状态和运行过程的一种研究方法。按照描述方法的不同，模型可以分为形象模型（建筑模型、火箭模型等）和抽象模型（图形模型、数学模型和概念模型等。模拟模型（simulation model）指模拟客观复杂系统动态变化过程的抽象模型。计算机模拟模型是指通过构造一个简单但能反映物理世界中真实对象的数学抽象描述模型，采用计算机模拟被研究对象的发生、发展过程，为解释现象、揭示机制、发现规律、预测未来提供有效的工具。以作物或植物为对象的计算机模型就称为作物模拟模型（crop simulation model），根据其研究内容和模拟技术的差别，通常可以分为作物生长模型（基于作物生理生态过程分析的数值模拟模型）和虚拟植物模型（基于植物形态结构再现的虚拟植物模拟模型）两类。

作物模型，又称作物生长模拟模型，是指能定量和动态描述作物生长发育、产量形成过程及其对环境反应的数学模型或计算机模型。它能够详细地定量描述作物基本的生理生态过程，能较为精确地描述光、温、水等要素对作物生长发育的影响，比一般的公式精确性高。作物模拟模型具有较强的机理性、系统性和通用性，是持续农业和精准农业研究的科学工具。

（一）作物生长模型研究和应用

作物的田间生产是一个受多方面因素影响的复杂生态经济系统，借助作物生长模型能够定量预测和描述不同环境条件下的作物产量、叶面积指数、生物量及土壤水肥利用状况等指标，包括作物对环境和栽培措施的响应，帮助人们理解作物生长过程及时调整栽培措施，实现作物高产、稳产和高效的目标。

1. 作物生长模型的概念

作物生长模型的研究，最早起于 20 世纪 60 年代，始于植被冠层截光理论与植被冠层截光几何模型和生理模型，全称为作物生长模拟模型（crop growth simulation model），简称作物模型（crop model），是指能定量地和动态地描述作物生长、发育和产量形成的过程及其对环境反应的计算机模拟程序。能够简化气候、土壤、作物和管理整个系统，通过运用系统分析法，综合作物生理、生态、农业气象、土壤和农学等学科知识和研究成果，对作物生育和产量形成的试验结果加以理论概括与数据量化，建立作物生育动态及其环境间关系的动态数学模型，应用计算机数值计算与模拟技术，实现描述和表达作物生产系统的运行状态和结果，是定量评估作物生产潜力的重要工具。从根本原理上讲，该模型也可以称为机制模型（functional model）或过程模型（process model）。作物生长模型的开发和应用过程，称为作物生长模拟（crop growth modeling）或作物模拟（crop modeling），并且在全球范围内均适用。

2. 作物生长模型的特性

作物生长模型与反映“处理-产量”的统计回归模型有显著的差别，它是一个模拟作物生产全过程的模拟系统，与传统研究方法相比，该模型具有 5 方面的优点：①系统性，能对作物的生理过程和生态环境系统进行系统的全面的分析与描述；②动态性，逐时逐日地描述各种生理生态过程和状态的动态变化；③机制性，能对主要的生理过程进行较为真实的机制性描述；④预测性，在给定的条件下能对作物系统的未来发展动态进行定量描述；⑤通用性，适用于任何地点、时间和作物品种，不受地区、时间、作物品种和栽培技术的限制。

3. 作物生长模型的作用和功能

作物生长模型研究是作物生产系统所涉及的气象、土壤、肥料、生理、栽培、水利、生态等不同学科的知识综合和关系量化，能促进作物生长发育基本规律和田间管理知识由传统定性描述向定量分析转变，深化了作物系统过程定量化认识和数字化表达，并能鉴定作物学科已有知识的积累程度和空缺情况，明确学科新的研究方向。

作物生长模型的主要作用是能够帮助人们深刻理解和认识作物生产系统的基本规律和量化关系，并对系统动态行为和最终表现进行预测，从而辅助生产者对作物生产系统进行适时合理调控，实现作物生产的高产、高效、优质、生态、安全的可持续发展。

4. 几种重要作物生长模型简介

（1）DSSAT 模型

农业技术转移决策支持系统（Decision Support System for Agrotechnology Transfer，DSSAT）是当今世界上应用最为广泛的作物模型之一，可逐日模拟作物生长和发育过程，可响应许多因素，包括作物遗传特性、管理措施、环境、氮素和水分的胁迫、病虫害等，主要用于农业试验分析、农业产量预报、农业生产风险评估、气候对农业的影响评价等。

DASSAT 模型是在 1983～1993 年美国多家机构共同研究，将已经开发的 26 种单作物专用模型与 CENTURY 模型中土壤碳素和氮素模拟模型集成，组装成具有共同用户界面的通用作物系统模型 CSM（Cropping Sytem Model）。2000 年以前发布的 DSSAT2.1、DSSAT3.0 和 DSSAT3.5 版本是 DOS 版，之后的 DSSAT4.0 和 DSSAT4.5 版本是 Windows 版。其中，DSSAT4.0 模型由数据模块、模型模块、分析模块和工具模块等 4 部分组成。DSSAT4.5 主要由 5 大部分构成：用户界面、数据库、作物系统模型、应用分析和后援软件（Jones et al.，2003），如图 7-41 所示。

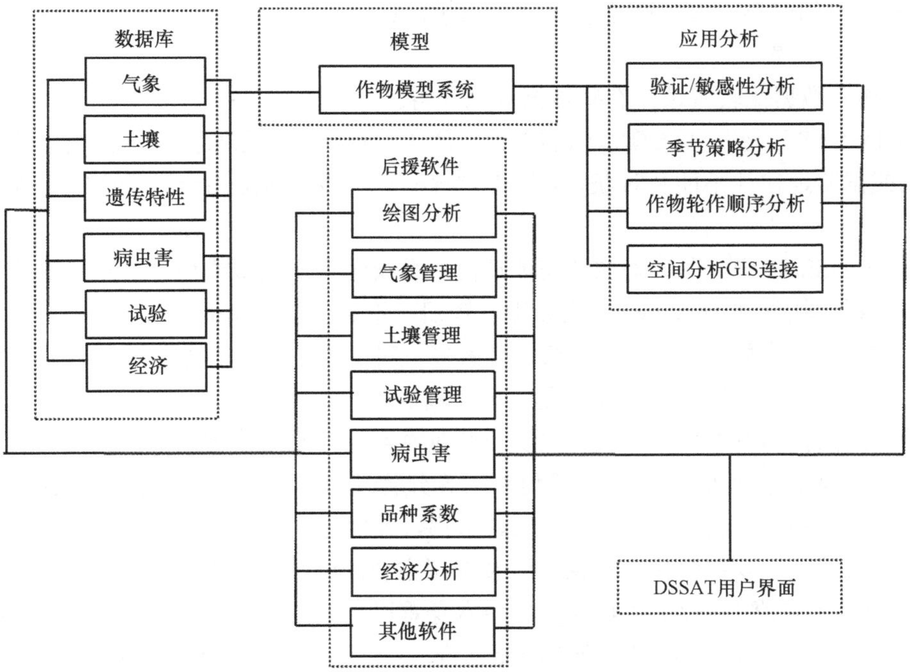

图 7-41　DSSAT4.5 模型结构图（刘海龙等，2011）

DSSAT 数据库存放气象、土壤、田间试验和管理，以及作物品种遗传特性等数据信息，为不同的试验模拟提供数据支持。后援软件协助用户构建数据库、比较模拟结果与实测结果来评价模型，以及决定是否需要对模型进一步修改以增加其模拟的准确性等。主要后援软件包括：设计试验模块（XBuild），用于输入标准格式的作物管理信息；

绘图分析工具模块（GBuild），用于绘制模拟和实测值图，进行统计评估；土壤管理模块（SBuild），用于建立和编辑标准的土壤剖面数据库；气象数据模块（WeatherMan），用于协助用户创建或格式化气象数据。随着模型的发展，更多后援软件已经被加入，以促进模型的推广和研究，如 EasyGrapher（绘图和统计分析软件），GenCalc（品种校验软件）等。应用分析部分可进行模拟试验，并显示模拟结果，包括：验证/敏感性分析（Validation/Sensitivity Analysis），对变化的土壤、气象、管理或作物遗传特性进行研究；单季策略分析模块（Seasonal Strategy analysis），可以评估一个生长季节内的管理决策，包括农作物和品种的选择，种植的日期、密度、间距，灌溉的时间、用量，施肥的时间、用量和方式等。轮作试验/顺序分析模块（Crop Rotation/Sequence analysis），可对一种作物或多种作物多年连作进行模拟，其目的是分析不同农作物策略或管理策略等对作物、土壤的长期效应；空间分析模块（Spatialanalysis/GIS Linkage）分析土壤、气象、管理特征在田间或区域空间变异。用户可通过用户界面对应用分析和后援软件进行操作，DSSAT v4.5 的用户操作界面基于微软 Windows 的界面，简单明了，易于操作。

DSSAT 模型的应用研究主要包括以下几方面：诊断与产量相关的问题、精准农业、施肥（N 肥）和耕作管理、水分和灌溉管理、土壤肥力管理、作物育种、基因型与环境的交互作用、作物管理中的产量预测、气候变化预测与管理措施适用性、土壤碳库分析、陆地应用改变分析、预警、生物燃料生产、风险分析等。

DSSAT 仍旧存在着一些难以避免的问题，针对存在的问题，可以通过以下方面的研究找到解决方案。

1）输入数据比较繁琐，有些数据难以获得。

2）DSSAT 以逐日步长模拟作物生长，就需要逐日的气象数据，这些气象数据在研究区域或试验地往往不能及时获得，这也是该模型不能及时应用于当季作物管理的原因之一。

3）在 DSSAT 中，尽管增加了与地理信息系统结合的模拟模块，但需要安装国外的地理信息系统软件（ArcView），因为版本较旧，不利于在我国的推广。

4）DSSAT 模型的模拟过程复杂、因素多，对于模型过程的深入了解有助于模拟的准确性，关于模型模拟过程的计算公式报道较少。

5）目前的 DSSAT 模型研究，主要是针对氮素循环及对作物产量的影响，还需要对磷素及钾素模型进行研究，以全面探讨农田养分管理对作物和环境的影响。我国研究中，主要针对大田粮食作物，如小麦、玉米、水稻，其他作物较少，今后应开展更广泛的研究，如西藏地区主要粮食作物青稞，以及中国主要的油料作物大豆等。

6）单纯地依靠 DSSAT 作物模拟模型本身难以直接指导作物生产过程，只有与作物栽培优化原理相结合，与专家咨询系统相结合，才能有效地指导和促进生产（Jones et al.，2003）。

（2）EPIC 模型

环境政策综合气候模型（Environmental Policy-Integrated Climate，EPIC）是一个定量评价“气候-土壤-作物-管理”系统的综合动力学模型，是 20 世纪 80 年代初期由美国德克萨斯农工大学黑土地研究中心和美国农业部草地、土壤和水分研究所共同研究开发的，其目标是开发一个适用于美国多种土壤、气候和作物类型的模型，用于评估管理策略变化对土壤侵蚀和土地生产力的影响。EPIC 模型主要有 EPIC5300 等 5 个版本（Gassman et al.，2004），EPIC 是一个单点模型，所定义的最大田间尺度是 250 英亩[①]，假设整个田间区域的气候、土壤、地形、作物轮作和田间管理措施是均一的，该模型系统性、综合性和应用性较强，又称为环境政策影响气候模型（environmental policy impact climate）。

EPIC 模型的初期版本由 9 个模块组成，即气候模块、水文模块、土壤侵蚀模块、养分循环模块、土壤温度模块、作物生长模块、耕作模块、经济效益模块和作物环境控制模块。后来，又增加了农药模块、碳循环模块（Singh，2002）。作物生长模块、水文模块、土壤温度模块、土壤侵蚀模块和养分循环模块是 EPIC 模型的 5 个核心模块（图 7-42）。

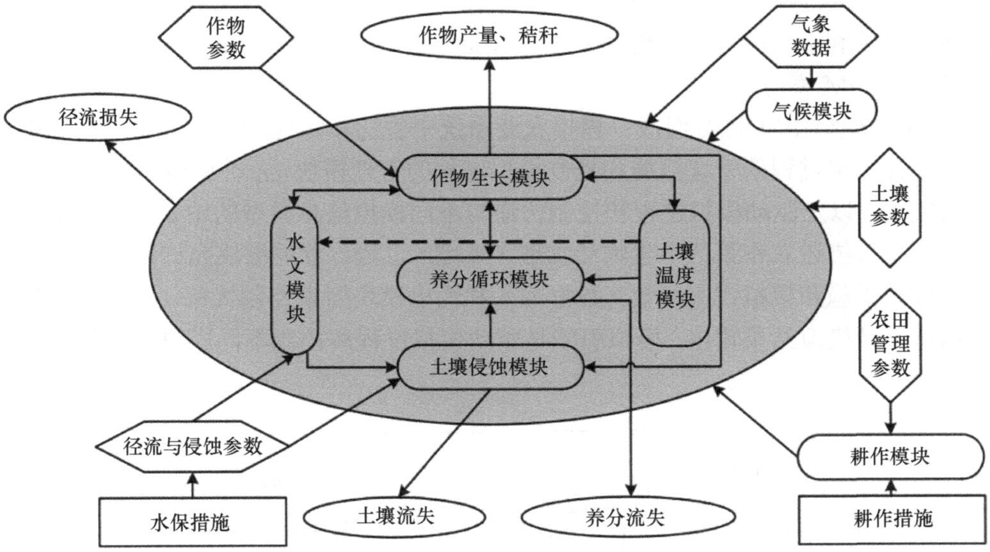

图 7-42　EPIC 模型的基本结构与物理模块（范兰等，2012）

EPIC 模型的作物生长模块，是一个基于作物生理生态过程的机理模型，它根据各种作物特定的生长参数和田间管理参数对不同作物的生长状况进行模拟，包括生物量、蒸散和水分利用、养分吸收、环境胁迫、叶面积动态、干物质分配和作物产量等。

EPIC 是一个综合模型，可以用于作物产量评估、水土流失评价、气候变化影响评价、农田水肥管理等。可定量评价农田的侵蚀状况和生产力状况，适用于具有天气、土壤、地形、作物轮作制度和田间管理同质的区域，可进行以天为步长的几百年甚至几千年的长期模拟。但是该模型也存在一些问题。例如，EPIC 模型需要的数据包括气候、土壤剖面理化性状、作物生长参数、农作与田间管理和农机具参数数据等；突发性的环境变化对模拟精度的影响程度还不清楚；对于气候的阶段性转折和极端气候事件对农作物生长影响的研究还有待进一步深入；全球大气环流模式降尺度后的未来气候情景与 EPIC 模型的耦合仍需要进一步研究；对于农业旱灾风险的研究主要是从灌溉制度上对农作物需水的数量和时间进行控制管理，运用 EPIC 模型从灾害系统的角度进行的农业

① 1 英亩=0.404 856hm^2

旱灾风险的综合研究还比较少。

EPIC 模型研究前景展望如下。

1）气候极端事件对农作物生长影响的研究。全球变暖及其可能导致的气候极端事件的增加，对农作物的生长将带来较大的冲击。

2）气候渐变对农作物生长影响的研究。主要是针对北方近年气候干旱变化和太阳辐射值的变化方面（转折和升高）。

3）EPIC 模型和高精度的降尺度气候情景的耦合研究还应该进一步深入。

一是利用区域气候模式对一般环流模式的气候情景进行降尺度处理，得到高分辨率的气候情景作为 EPIC 模型的气候输入参数；二是农作物生长模型必将越来越广泛地耦合到区域气候模式中，来更好地反映区域地表过程的空间异质性。

4）农业旱灾风险的研究。EPIC 模型可以用于恢复和重建农业旱灾核心承灾体的脆弱性曲线库，利于从灾害发生机制上研究农业旱灾风险。

（3）APSIM 模型（图 7-43）

APSIM 模型由 4 部分组成：模拟农业系统中生物和物理过程的生物物理模块，发展用户定义模拟过程的管理措施和控制模拟过程的管理模块，各种调用模拟过程“进出”数据的模块，以及驱动模拟过程和控制传递与不同模拟信息模型的中心引擎。生物物理模块用来定量描述农作系统中生物和物理（环境）过程，管理模块允许用户自定义模拟过程的管理措施和模拟控制参数，数据输入和输出模块用来控制气象、土壤、作物和管理数据调用及模拟结果输出，模拟引擎是驱动模拟过程和控制不同模块之间信息交流的核心。

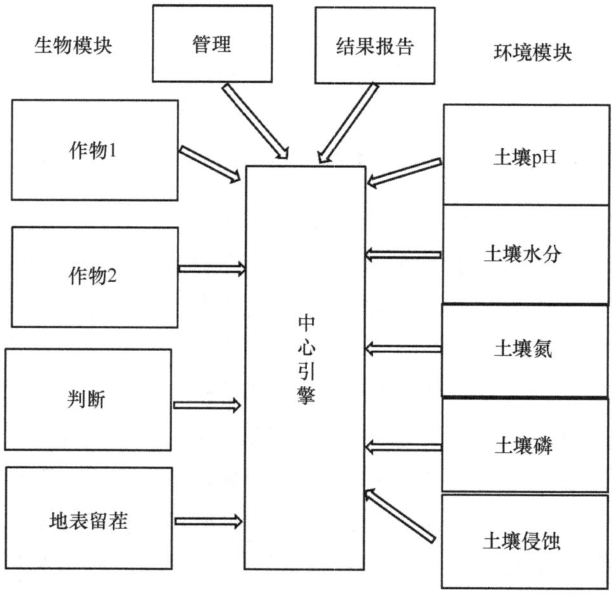

图 7-43　APSIM 模型结构图

APSIM 模型采用“插-拔”式模块结构设计，包括多种作物、草原和树木、土壤水分平衡、氮素运转、土壤 pH、土壤侵蚀和管理控制等多种模块，构建了高度独立的作物生长、土壤水分和土壤氮素模块，方便进行轮作、间作等种植方式和各种管理措施的模拟，能够模拟作物生长、地表留茬、土壤水分、土壤养分、土壤侵蚀等不同土壤-作物系统组合状态，用来评价气候、基因型、土壤、管理等因素对作物生产的长期影响，适用于农产管理决策、农作系统生产决策和资源管理、季节性气候预报评价、农业关键问题分析、废弃物管理方针制定、政策风险评价、科研和教育活动等。

（4）中国作物模型

以江苏省农业科学院为核心研制的中国作物模型系列是以作物生理生态学、农业系统学、农业气象学、植物病理学与昆虫及专家知识相结合，以参数调整体现不同品种、地点、气象条件，以常年决策提供播前优化生态学、土壤水分与养分平衡、作物栽培优化原理为基础，将作物生长模拟与栽培优化原理决策方案，以当年决策为预测、监测及调控手段，以数字化、目标化、动态化及优化管理为其突出特征。中国更注重将作物生长模型、栽培优化模型或知识模型与专家知识相结合，形成了中国作物模型系列——水稻（RCSODS）、小麦（WCSODS）、玉米（MCSODS）、棉花（CCSODS）、油菜（OCSODS）、大豆（SCSODS）作物模型系列。该模型系列是以模拟模型为基础，以数字化、目标、优化、动态预测与决策为特征的，甚至可在全球气候变化对作物生产影响的分析与评价、主要农业气象灾害预警、监测与评价等方面发挥重要作用。但在土壤水分、病虫草害模拟及其预测与决策方面尚缺乏与机理性模型的结合；在土壤养分方面，只采用了作物平衡施肥决策模型；在土壤养分利用发面，只采用了作物平衡施肥决策模型；在模拟软件系统容错性、用户界面美观性、操作自动帮助等方面，仍须进一步完善和提高。中国作物模型系列的进一步发展将以与作物生产数据库技术、作物 3S 技术、数字机械技术、数字采集技术、虚拟作物技术、作物管理决策支持系统技术及作物计算机网络技术等的整合与集成为主要内容和目标，特别是以与虚拟作物技术、作物 3S 技术、作物计算机网络技术的结合为突破口，增强目前作物模型系列的分布与定位、区划与布局、变量管理、在线决策与指导等功能，成为良种良法配套的重要方法与手段之一。

二、虚拟作物模型

（一）虚拟植物及虚拟模型简介

虚拟植物就是应用计算机模拟植物在三维空间中的生长发育状况，主要有以下三点特征：研究重点是植物的形态结构，研究单元是植物个体，所建立的模型是三维的。虚拟植物模型的研究是小尺度的，空间分辨率要求高，在与植物个体或群体形态结构有关的领域应用具有优势，模型参数获取较为复杂，对计算机性能要求较高。

虚拟植物的研究对明确植物的生长发育规律有着重要的理论意义。植物形态结构很大程度上决定着植物的竞争能力和资源获取强度，如植物冠层对太阳光辐射的截获能力、相邻植物根系之间对土壤水肥的竞争能力等。通过植物虚拟模型能直观地帮助人们理解植物的生长发育过程，尤其是对于植物冠层空间光能分布的虚拟研究方面，依据虚拟模型，我们能够知道植株各个器官的形态和空间位置，通过进行虚拟实验模拟光线在植物冠层内的传输、反射和透射等，继而精确计算每个叶片的光截获值。以此研究的虚拟模型为作物株型设计提供了重要理论依据，对于理想株型研究具有积极作用。

（二）虚拟植物的构建

要想构建客观地、定量地反映植物形态结构规律模型，相关的植物学知识必不可少，尤其是对于植物的形态结构要有专业系统的认知，当然，采集数据结果的好坏，对于模型构建也是至关重要的。

1. 植物形态结构的基本组成参数

自然界中，植物在形态结构上差异巨大，从高大的乔木到苔藓、地衣、菌类等，空间上具有成层性，通常我们可以将这些植物分为低等植物和高等植物。在虚拟模型建立过程中，需要注意植物形态结构组分及其之间的关系。其中特别需要注意的是植物的芽与分枝的关系，以及植物的枝条与分枝类型。对于植物的茎来讲，分枝方式主要包括二叉分枝、单轴分枝、合轴分枝及假二叉分枝 4 种，当然还有一些其他方式，如禾本科植物如水稻、小麦等，在其基部的节上可生长出多个称为分蘖的枝条，在分蘖上又形成新的分蘖，从而形成复杂的分枝系统。

2. 构建虚拟植物模型的基本步骤

模型数据的采集对于模型构建至关重要，数据质量的好坏，直接影响模型模拟的客观性和真实性。

（1）野外观察

进行此操作时，首先要明确植物的拓扑结构形成规律。这一部分方法的选择主要受到植物生长时间的影响，对于短周期植物，可以对选定植株进行全生育期定位观察；对于多年生植物，只能选取不同生长阶段的不同植株进行观测来建立生长规律。期间，还需要定量测定植物器官几何形态，建立器官与枝条的空间趋向规律。

（2）三维数字化技术

作物器官的形态常常是不规则的，在植物上选定一些能描述其形态结构特征的点，获取其在三维坐标系中的坐标值，就能方便地计算分枝、倾角与方位角，确定器官的几何形状，三维数字化技术是随着信息技术发展而产生的新的信息采集技术，可快速、精确地采集物体的空间坐标，三维数字化仪是该技术的有力依托（图 7-44）。较早的三维数字化系统是基于机电原理的，在 20 世纪 70 年代由 Lang 设计，随后基于声学原理和磁学等原理的三维数字化仪也应运而生，仪器灵敏度、精确度、野外适应性也越来越好。

（3）虚拟植物的静态模型

应用三维数字化仪方法测定的是植株这样一个特殊的空间几何体表面的三维坐标，对这些数据进行进一步处理如进行插值处理后，可建立一种特殊的虚拟植物模型——静态模型。

静态模型可以实现在计算机上精确地再现植物的形态结构，实际植株与模型模拟植株在某些方面具有很高的对应性，如冠层光分布，如图 7-45 所示。当然静态模型不能反映植株的动态生理过程，模型本身也不能实现植株对于环境改变的适应性，并且建模时候数据量很大，这些都是模型自身缺陷的体现。

图 7-44　三维数字化仪

图 7-45　小麦三个生长时期虚拟静态模拟显示冠层光截获（Evers et al.，2009）

地面颜色显示冠层光截获情况，小麦苗期地面黄色表示冠层光截获小，到达地面光照强；小麦孕穗期地面黑色表示冠层光截获大，到达地面光照弱

3. 植物拓扑结构模拟

虚拟植物的研究需要适当的定量模拟方法和相应的模型软件，植物拓扑结构的模拟是虚拟植物模型最重要的部分，常用的方法有 L 系统、分形（fractal）方法、参考轴技术（reference axis technique）、植物三维重建法等。此处只针对应用最广泛的 L 系统做具体介绍。

美国生物学家 Lindenmayer（1986a，1986b）提出了以其姓氏首字母命名的 L 系统（L-system），作为植物形态建模的一般框架。L 系统起初是用来描述低等植物藻类通过细胞分裂进行繁殖所产生的藻类细胞的排列方式，现在也广泛应用于高等植物的拓扑结构描述，尤其是草本植物。

（1）L 系统的重写方式

L 系统的本质是一种字符替换系统，运用 L 系统虚拟植物是一个信息膨胀的过程（字符串的不断繁殖），通过对植物对象生长过程的经验式概括和抽象，构造公理，生成字符发展序列，作为描述植物几何特征的形式化语言，应用计算机图形学技术，以可视化方式表现植物拓扑结构。

简单地说，L 系统从一个字符串（含一个或多个字符）出发，按照几何字符的替换规则进行重写，就能生成非常复杂的字符串。若这些字符串代表的是具体的东西（如植物的芽或节间），那么生成的字符串代表的就是某个结构体（如植物）的拓扑结构。

例如，假定一个已经进行了一段时间分裂繁殖的藻类植物体，它由两种不同类型的细胞组成，我们称之为 A 类型细胞（短细胞）和 B 类型细胞（长细胞），如图 7-46 所示，它的繁殖过程是从一个 A 类型的单细胞开始的，在整个过程中，A 类型细胞在下一个时间段总会变成 B 类型细胞，而 B 类型细胞在下一个时段总会分裂成 A 和 B 两个细胞。

图 7-46　藻类植物的示意图

如果我们用 ω 表示公理（也就是字符重写过程的出发点），用 p 表示字符重写规则，则这个过程我们可以使用 L 系统来描述。

ω：A

$p1$：A → B

$p2$：B → AB

式中“→”表示在下一步将由右边的字符或字符串替代左边的字符。按照上述规则重写，则经过第一个时段后，单细胞 A 变成一个 B 类型细胞；在第二个时段，这个 B 类型细胞分裂成 A 和 B 类型细胞；在第三个时段中，已有的两个细胞中 A 细胞将转变为 B 类型细胞，而 B 细胞则分裂产生 A 和 B 两个不同类型的细胞各一个。如此反复地进行下去，将生成一个很长的多细胞个体，实际上在这里也就是一个很长的字符串。其前七步重写后得到的字符串分别为

B

AB

BAB

ABBAB

BABABBAB

ABBABBABABBAB

BABABBABABBABBABABBAB

从上面可以看出，经过 7 步重写后得到的字符串已显得很复杂。如果重写更多次数会形成一个巨大的字符串，显得更加复杂凌乱。但使用 L 系统来描述这个经过许多步重写后得到的字符串所代表的结构时，则很简洁，只要一个公理和两个重写规则及重写的次数就可以了。

经过重写后得到的只是一个字符串，要得到图 7-46 所展示的藻类植物体还需要额外的工具才能实现。首先需要给出各个字符所代表的细胞的形态描述参数（如细胞形状是圆球状就是给出其直径，若是不规则形状就更复杂了）和空间趋向，然后通过一些特殊的计算机程序，将 L 系统产生的各个字符翻译成计算机图形，才能得到图 7-46 所展示的可视化藻类植物体。如果要想得到具有高度真实感的图形（包括对细胞几何形态的精确描述），则需要应用复杂的计算机图形学知识，这些已和 L 系统没有必然联系了。

（2）分枝结构的描述

藻类等低等植物在分裂繁殖时会产生分枝，而高等植物的分枝现象就更普遍了。为描述有分枝特征的结构体的拓扑结构，在 L 系统中还引入了两个符号：“[” 和 “]”。其具体含义为：

[：产生一个分枝。

]：和[配对出现，用来结束一个由[开始的分支并返回到分支产生的起始位置。

这里先给出一个简单的例子（例 1）。

ω：A

$p1$：A → F_0 [RU（45）B] A

$p2$：B → F_0 B

式中，F_0 为向相同方向延伸 F_0 距离；RU（45）为向右旋转 45°。

根据上面列出的公理和重写规则，经过两步重写后，得到图 7-47 右侧的图形。

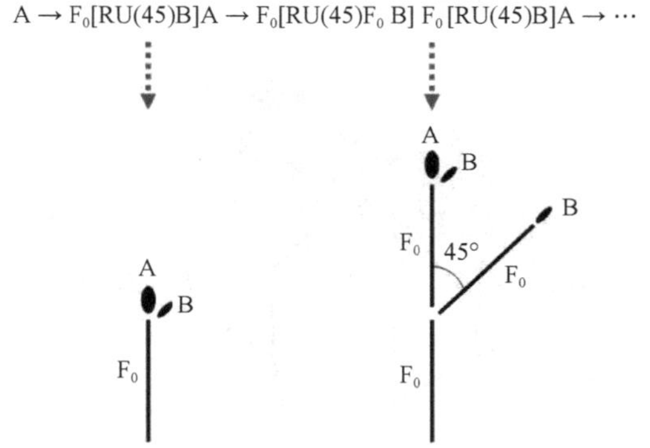

图 7-47　使用 L 系统描述的分枝结构

为了更清楚地说明 L 系统的特征，下面再给出一个例子（例 2）。

ω：L（10）F_0

p 1：F_0 → F_0 [RU（25.7）F_0] F_0 [RU（–25.7）F_0] F_0

经过 7 步重写后，得到如图 7-48 所示的图形，由图 7-48 可以看出，具有分枝描述能力的 L 系统能够有效地生成一些从外观上看很像植物地上部分枝系统的结构。

图 7-48　使用 L 系统描述的分枝结构

（3）具有随机特征的结构的生成

在土壤、气候条件相同的同一个田块中，同一品种、同时播种生长的相邻植物，在经过一段时间的生长后，其形态结构会发生明显的变化。为此，L 系统在字符的重写过程中引入了随机特征的描述方法。例如，在例 2 的基础上，又考虑了节上腋芽萌发的概率。用 L 系统表示则为

ω：L（100）D（5）A

*p*1：F_0 LMul（0.7）DMul（0.7）

if（probability（0.5））

（[RU（50）A] [RU（–10）A]）

else

（[RU（–50）A] [RU（10）A]）

从图 7-49 中可以看出，由于腋芽的存活状态的随机特征，所模拟出的结构比例 2 的 L 系统规则生成的结构（图）更类似现实环境中的植物冠层结构。

图 7-49　使用 L 系统描述的具有随机特征的分枝结构

（4）L-Studio

要使用一个具体的系统实现 L 系统模拟一个结构体，如一株水稻，并实现可视化，这个系统首先需要有一个编辑 L 系统规则的窗口，在这里输入所要模拟植物的生长规则；其次，由于 L 系统是对符号操作来描述拓扑结构，并不能描述诸如叶片的曲面，因而该系统需要提供几何体的三维造型工具；再者，对重写所得到的一个庞杂的字符串，必须有一个图形翻译器将各个字符所代表的器官的形态和空间的伸展方向、这些字符之间的拓扑连接关系等用图形可视化，才能生成三维图形。

能实现上述功能的基于 L 系统的软件现在已经开发出了很多版本，其中，以加拿大 Calgary 大学 Prusinkiewicz 开发的系统影响较大。其计算机版本名称为 L-Studio。在 L-Studio 中，L 系统规则是按照一定的固定格式书写的。图 7-50 为使用 L-Studio 模拟的植物的三维图形。

图 7-50 使用 L-Studio 模拟的植物的三维图形

（5）L 系统的局限性

L 系统为生物生长发育的数学表达提供了一个形式语言描述框架，它具有严格的数学基础。只要使用相当少的规则，就能以植物在自然界生长的方式来模拟其从芽开始到主茎、分枝、叶、花和果实的生长，产生非常复杂的结构。与三维图像绘制系统相连（如 cpfg），能生成具有高度真实感的不同类型的植物。现在经过进一步发展形成的开放式 L 系统，能模拟植物对局部环境的响应，如植株枝条的相互规避等，从而使模拟的植物更真实。

当然，L 系统自身也同样具有局限性，特别是 L 系统在模拟结构复杂的植株时，尤其是多年生草本植物时，就会显得很困难。这一缺陷的原因主要是受到模型自身限制，L 系统本质上还是一个确定模型，自然界生长的植物受到环境的影响，在生育的各个时期存在着很大的随机性。对于多年生的树木来说，分枝规则重写性不高，这样就很难提取描述其结构形成的 L 系统规则。实际上，到目前为止，还没有一套 L 系统规则是基于野外实地测量得到的，通常都是通过试错法得到的，这也使得 L 系统的真实性受到制约。另外，L 系统只是有限地考虑了植物结构的特点，这对使用者在很多情况下是不够的或者是不方便的。

L 系统的具体实现系统就是一个脚本语言系统。为了描述更多的结构与形态特征，这些系统不断地引入具有特定意义的符号来增强其功能，这些字符多且庞杂，没有明确的字面意义，很难记忆使用，程序开发时很难实现模块化，这些都是 L 系统的缺陷所在。

主要参考文献

曹卫星, 周治国, 周勇, 等. 2005. 农业信息学. 北京: 中国农业出版社: 127-152.

范兰, 吕昌河, 陈朝. 2012. EPIC 模型及其应用. 地理科学进展, 31(5): 584-592.

李军, 王长发, 褚庆全, 等. 2010. 农业信息技术. 2 版. 北京: 科学出版社: 94-95.

李民赞, 韩东海, 王秀. 2006. 光谱分析技术及其应用. 北京: 科学出版社: 176-219.

李小龙, 王库, 马占鸿, 等. 2014. 基于热红外成像技术的小麦病害早期检测. 农业工程学报, 30(18): 183-189.

凌启鸿, 张洪程, 苏祖芳, 等. 2011. 作物群体质量. 上海: 上海科学技术出版社: 7-10.

刘海龙, 诸叶平, 李世娟, 等. 2011. DSSAT 作物系统模型的发展与应用. 农业网络信息(综述与专论), 11: 5-12.

孙家炳，舒宁，关泽群. 1997. 遥感应用、方法和应用. 北京：测绘出版社.

王秀，赵春江，周汉昌，等. 2004. 冬小麦生长便携式 NDVI 测量仪的研制与试验. 农业工程学报, 20(4): 95-98.

王忠. 2015. 水稻的开花与结实·水稻生殖器官发育图谱. 北京：科学出版社: 238-252.

许大全. 2002. CO_2 吸收测定//许大全. 光合作用效率. 上海：上海科学技术出版社: 9-37.

许大全. 2013. 光合作用学. 北京：科学出版社: 53-78.

赵春江，刘良云，周汉昌，等. 2004. 归一化差异植被指数仪的研制与应用. 光学技术, 30(3): 324-329.

Bernacchi C J, Portis A R, Nakano H, et al. 2002. Temperature response of mesophyll conductance. Implications for the determination of Rubisco enzyme kinetics and for limitations to photosynthesis in vivo. Plant Physiology, 130: 1992-1998.

Bouman B A M, van Keulen H, van Laar H H, et al. 1996. The'Schoolof de Wit' crop growth simulation models: A pedigree and historicaloverview. Agricultural Systems, 52: 171-198.

Collatz G J, Ribas-Carbo M, Berry J A. 1992. Coupled photosynthesis-stomatal conductance model for leaves of C_4 plants. Australian Journal of Plant Physiology, 19: 519-538.

De Pury D G G, Farquhar G D. 1997. Simple scaling of photosynthesis from leaves to canopies without the errors of big-leaf models. Plant, Cell and Environment, 20: 537-557.

Dingkuhn M, de Vries F P, De Datta S K, et al. 1991. Concepts for a new plant type for direct seeded flooded tropical rice//Direct Seeded Flooded Rice in the Tropics, International Rice Research Institute, Los Baños, Philippines, 17-38.

Ellis B, Daly D C, Hickey L J, et al. 2012. 叶结构手册. 谢淦，王宇飞，王青，等译. 北京：北京大学出版社: 28-50.

Evers J B, Huth N I, Renton M. 2009. Light extinction in spring wheat canopies in relation to crop configuration and solar angle. Plant growth modelling and applications. Beijing: IEEE.

Farquhar G D, von Caemmerer S, Berry J A. 1980. A biochemical model of photosynthetic CO_2 assimilation in leaves of C_3 species. Planta, 149: 78-90.

Gassman P W, Williams J R, Benson V W, et al. 2004. Historical development and applications of the EPIC and APEX models. ASAE Annual Meeting. American Society of Agricultural and Biological Engineers.

Harley P C, Thomas R B, Reynolds J F, et al. Modelling of photosynthesis of cotton grown in elevated CO_2. Plant, Cell and Environment, 15: 271-282.

Hikosaka K. 2014. Optimal nitrogen distribution within a leaf canopy under direct and diffuse light. Plant, Cell & Environment, 37: 2077-2085.

Hirose T, Werger M J A. 1987. Maximizing daily canopy photosynthesis with respect to the leaf nitrogen allocation pattern in the canopy. Oecologia, 72: 520-526.

Jones J W, Hoogenboom G, Porter C H, et al. 2003. The DSSAT cropping system model. European Journal of Agronomy, 18: 235-265.

Leuning R, Kelliher F M, de Pury D G G. et al. 1995. Leaf nitrogen, photosynthesis, conductance and transpiration: scaling from leaves to canopies. Plant, Cell & Environment, 18: 1183-1200.

Lindenmayer A. 1968a. Mathematical models for cellular interactions in development. I. Filaments with one-sided inputs. Journal of Theoretical Biology, 18: 280-299.

Lindenmayer A. 1968b. Mathematical models for cellular interactions in development. II. Simple and branching filaments with two-sided inputs. Journal of Theoretical Biology, 18: 300-315.

Long S P, Hallgren J E. 1993. Measurement of CO_2 assimilation by plant in the field and the laboratory//Hall D O, Scurlock J M O, Bollhar-Nordenkampf H R, et al. Production in a Changing Environment: A Field and Laboratory Manual. London: Chapman and Hall: 129-167.

Long S P, Zhu X, Naidu S L, et al. 2006. Can improvement in photosynthesis increase crop yields? Plant, Cell and Environment, 29: 315-330.

Massad R S, Tuzet A, Bethenod O, et al. 2007. The effect of temperature on C_4-type leaf photosynthesis parameters. Plant, Cell and Environment, 30: 1191-1204.

Maxwell K, Johnson G N. 2000. Chlorophyll fluorescence - a practical guide. Journal of Experimental Botany, 51: 659-668.

Medlyn B E, Dreyer E, Ellsworth D, et al. 2002. Temperature response of parameters of a biochemically based model of photosynthesis. II. A review of experimental data. Plant, Cell and Environment, 25: 1167-1179.

Moreau D, Allard V, Gaju O, et al. 2012. Acclimation of leaf nitrogen to vertical light gradient at anthesis in wheat is a whole-plant process that scales with the size of the canopy. Plant Physiology, 160: 1479-1490.

Prieto J A, Louarn G, Perez P J, et al. 2012. A leaf gas exchange model that accounts for intra-canopy variability by considering leaf nitrogen content and local acclimation to radiation in grapevine(*Vitis vinifera* L.). Plant, Cell & Environment, 35: 1313-1328.

Prusinkiewicz P, Karwowski R, Měch R, et al. 2000. L-studio/CPFG: a software system for modeling plants//Nagl M, Schürr A, Münch M, eds. Applications of graph transformations with industrial relevance. lecture notes in computer science, 1779. Berlin: Springer: 457-464.

Singh V P. 2002. Computer models of watershed hydrology. Water Resources, 1995: 443-476.

Smith A M, Couplant G, Dolan L, et al. 2012. 植物生物学. 瞿礼嘉, 顾红雅, 刘敬婧, 等译. 北京: 科学出版社: 199-201.

Spitters C J T. 1986. Separating the diffuse and direct component of global radiation and its implications for modelling canopy photosynthesis. Part II. Calculation of canopy photosynthesis. Agricultural and Forest Meteorology, 38: 231-242.

Steffens B, Geske T, Sauter M. 2011. Aerenchyma formation in the rice stem and its promotion by H_2O_2. New Phytologist, 190: 369-378.

Sylvester A W, Parker-Clark V, Murray G A. 2001. Leaf shape and anatomy as indicators of phase change in the grasses: comparison of maize, rice, and bluegrass. American Journal of Botany, 88(12): 2157-2167.

von Caemmerer S, Furbank R T. 1999. Modeling C_4 photosynthesis//Sage R F, Monson R K(Eds.). C_4 Plant Biology. Toronto: Academic Press: 173-211.

von Caemmerer S. 2000. Biochemical models of leaf photosynthesis. Victoria: CSIRO Publishing.

Wang Y P, Leuning R. 1998. A two-leaf model for canopy conductance, photosynthesis and partitioning of available energy. I. Model description and comparison with a multi-layered model. Agricultural and Forest Meteorology, 91: 89-111.

Yin X, Struik P C. 2009. C_3 and C_4 photosynthesis models: An overview from the perspective of crop modelling. NJAS-Wageningen Journal of Life Science, 57: 27-38.

Yin X, Struik P C, Romero P, et al. 2009. Using combined measurements of gas exchange and chlorophyll fluorescence to estimate parameters of a biochemical C_3 photosynthesis model: a critical appraisal and a new integrated approach applied to leaves in a wheat(*Triticum aestivum*)canopy. Plant, Cell and Environment, 32: 448-464.

Yin X, van Oijen M, Schapendonk A H C M. 2004. Extension of a biochemical model for the generalized stoichiometry of electron transport limited C_3 photosynthesis. Plant, Cell and Environment, 27: 1211-1222.

第八章　作物品质检测方法

作物品质直接关系到作物产品本身的价值、加工利用、人体健康、农畜生长乃至工业生产。近年来，随着我国经济的快速发展和人们生活水平的不断提高，市场对农作物产品的品质提出了越来越高的要求。当前，我国作物生产进入了质量效益阶段，要求适应农业产业升级，提高国际竞争力，适应市场对农产品多样化需求和农民增收的需要，在确保国家粮食安全的前提下，更加注重农产品的优质化、专业化。由此，近年来我国对作物品质性状研究的重要性越来越凸显。

第一节　作物品质性状的分类

作物品质是指人类所需要的农作物目标产品质量的优劣，即作物产品对人类要求的适合度，适合度好的即为优质，反之为劣质。能最大限度地满足人类对各种产品质量要求的农产品为优质农产品。同时，作物品质具有显著的相对性，同一种作物可能具有多种用途，因此其评价标准、重点并不完全相同。农作物的品质性状和指标因作物种类、用途和市场需求不同而异，可以分为产品的外观品质、加工品质、营养品质和食味品质等。随着市场的发展，作物贮藏品质、作物的卫生安全品质也日益引起人们的关注。

一、外观品质

作物外观品质是指作物收获目标器官的外部属性，即收获产品外在的、形态的表现。如产品的大小、形状、饱满度、颜色、色泽、光洁度和质地等，外观品质的优劣与农作物品种的市场竞争力和市场销售有很大的关系。因作物收获目的器官不同，外观品质大致可分为三类：第一类，以果实或种子为收获目标产物的作物，如水稻、小麦、大麦、玉米、油菜、大豆、高粱等；第二类，以地下根、茎等器官为收获目标产物的作物，如甘薯、马铃薯等；第三类，以收获茎、叶为目的的作物，如烟草等。

二、加工品质

根据作物产品加工的工艺流程，加工品质分为一次加工品质和二次加工品质。一次加工品质是指农作物产品进行粗加工的品质，如小麦加工成面粉时的出粉率高低、面粉的洁白度、灰分含量的高低、易磨碎程度及耗能的高低等性能；水稻加工成大米的糙米率、精米率、整精米率等碾米品质；棉花的衣分、籽指、衣指等，衣分是皮棉占籽棉重的百分数，籽指是指100粒棉籽的重量，以克表示，衣指是100粒籽棉的皮棉重，以克表示；油料作物的出油率；甘薯、木薯等作物的淀粉率。对一次加工后的产物再加工时的品质称为二次加工品质，小麦面粉的烘烤品质、棉麻纤维的纺织品品质等属于二次加工品质。

三、营养品质

作物营养品质是指作物产品中所含的营养元素的种类及各种营养元素的数量和质量。营养元素中，蛋白质、脂肪、糖类化合物属于宏观营养素，矿物质和维生素属于微观营养素。蛋白质、脂肪、糖类、矿物质、维生素等 5 种营养素与水共同称为六大营养元素，纤维素被称为第七大营养素。

1. 蛋白质

蛋白质品质包含蛋白质含量、蛋白质消化吸收性能、蛋白质氨基酸组分及含量、必需氨基酸的含量、氨基酸的比例与平衡等。

2. 脂肪

脂肪品质包括脂肪含量、脂肪酸的成分、脂肪酸的含量、饱和脂肪酸与不饱和脂肪酸的比例等。

3. 糖类化合物

糖类化合物包含糖类和淀粉，糖类又分为单糖、二糖和多糖；淀粉又分为直链淀粉和支链淀粉。

4. 矿物质

矿物质包含常量元素和微量元素。人体所必需的常量元素有钙、磷、镁、钾、钠、氯、硫；人体必需的微量元素有铁、锌、碘、硒、铜等。

5. 维生素

维生素分为脂溶性和水溶性维生素，脂溶性维生素有维生素 A、维生素 D、维生素 E 和维生素 K；水溶性维生素有维生素 B_1、维生素 B_2、烟酸（即维生素 B_3）、泛酸（即维生素 B_5）、生物素、维生素 B_6、叶酸（即维生素 B_9）、维生素 B_{12} 和维生素 C 等。

6. 膳食纤维

膳食纤维又称食物纤维，膳食纤维是指来源于植物的不被小肠中消化酶水解而直接进入大肠的多糖和极少量木质素类物质。又分为可溶性的膳食纤维（果胶、树胶和植物多糖等）和不可溶性膳食纤维（纤维素、木质素和半纤维素等）。膳食纤维主要来源有谷类纤维、燕麦纤维、番茄纤维、苹果纤维、魔芋葡聚糖纤维、抗性淀粉等。

四、食味品质

作物的食味品质主要是指作物产品作为食品的性能，是人们食用作物产品的味觉、嗅觉等方面的综合反映。食味品质包括气味、味道和质地等，质地是指食物在咀嚼过程中的口感，如弹性、硬度等。稻米食味品质指标有气味、适口性、滋味与冷饭质地等。

食味品质主要通过感官进行评价。

五、贮藏品质

贮藏品质在全球作物贸易中具有作用。贮藏品质分为保鲜品质和贮藏品质，保鲜品质是作物能持久保存保鲜的能力，是蔬菜水果最为重要的一项品质，贮藏品质是指作物的基本品质特性在贮藏后期不发生显著改变的能力，在谷物、植物油等交易中具有重要价值。

六、卫生安全品质

传统意义上的卫生品质是指作物作为食物的无毒性。近年来，随着民众对食品安全的日益重视，作物的农药残留特性、重金属积累特性等已逐渐被纳入品质分析与品质育种中，比较显著的进展是日本选育了低镉金属积累的大米品种。

第二节　作物品质的目测法

一、外观品质目测法

外观品质目测法就是以作物产品外观性状初步判断作物产品品质的优劣，因作物产品的目的器官不同，外观品质目测方法也不同。

以果实或种子为收获目标产物的品质目测主要指标有：籽粒的大小、饱满率、完整率、健康度、整齐度、外形、杂质率、色泽、气味等。

1）籽粒大小：长方形种子是指籽粒的长、宽、厚，圆形种子是指籽粒的直径，同时也可以用种子的千粒重、百粒重表示。

2）籽粒的饱满率：饱满度是衡量籽粒成熟度的指标，凡是籽粒皱瘪、达不到正常种子大小 1/2 或重量达不到正常种子 1/2 的种子均为未完熟的种子，籽粒饱满率=饱满籽粒数/供检籽粒数。

3）籽粒完整率：凡是因机械等其他因素作用使籽粒破损的均为不完整粒，籽粒的完整率=完整籽粒数/供检籽粒数。

4）籽粒的健康度：凡是被病、虫及微生物感染或危害的籽粒均为不健康籽粒，籽粒健康度=健康籽粒数/供检籽粒数。

5）整齐度：整齐度是衡量籽粒大小一致的指标，籽粒整齐一致，其加工品质好，整齐度可以目测，也可以用过筛的方法进行检验。

6）杂质率：是指供检籽粒中杂种的重量占供检样品重量的百分率。

7）籽粒外形：籽粒外形往往与籽粒的品质有关，如粳稻的籽粒一般比较短，籼稻的籽粒比较长；小麦的腹沟深浅及宽窄与小麦出粉率高低有关；啤酒大麦的腹沟深浅及宽窄与麦芽的浸出率高低有关。

8）色泽和气味：色泽和气味可以反映作物产品的新鲜度，一般新收获的作物产品均具有一定的清香味，色泽往往比较鲜艳有光泽；成熟度不完全的作物产品或陈化的作物产品一般暗淡无光。

以地下根、茎等器官为收获目标的品质目测主要指标有：大小、形状、皮色、害虫危害率等。以茎、叶为收获目的的作物产品的目测指标有：大小、成熟度等。

二、剖面品质目测法

在根据作物产品的外观性状无法对作物产品的品质进行目测的情况下，将作物产品剖开，根据作物产品剖面结构特点对作物产品的品质进行判定的方法，即为剖面品质目测法，如根据大麦、小麦籽粒剖面的质地，判定大麦、小麦产品的用途。剖面呈粉质的小麦适合做饼干，剖面呈角质的小麦适合做面包；剖面呈粉质的大麦适合做啤酒，剖面呈角质的大麦适合做饲料或食品。

三、染色目测法

染色目测法是利用某种化学物质的溶剂处理作物产品，因产品的品质不同而显示不同颜色，根据产品的显色，对产品的品种进行判断的过程。如直链淀粉遇碘呈蓝色，支链淀粉遇碘呈紫红色，糊精遇碘呈蓝紫、紫、橙等颜色。根据这一原理，通过碘液处理不同类型的水稻米粒，根据米粒的显色反应，对米粒的直链淀粉和支链淀粉进行定量和定性分析，从而判断被检测稻米的品质。

第三节　作物品质的品尝法

作物品质的品尝法可分为直接品尝法和加工品尝法，直接品尝法主要针对那些以新鲜地下根茎或地上茎叶为收获目标的作物，如甘薯、荷藕、甘蔗等作物，可以对其收获产品进行直接品尝，根据口感判断产品品质。加工品尝主要针对以作物的果实或种子为收获目的的作物，如水稻、小麦、玉米等作物，无法直接用品尝方法对作物产品的品质进行评价，对其产品进行加工后再品尝，判断产品品质。有些重要的经济作物，如烟草、可可等也可对其加工物进行品尝，从而判定其品质。

一、稻米蒸煮食用品质感官评价与品种等级评价

蒸煮食味品质最直接的鉴定方法是通过对蒸煮后的米饭进行感官评价，即对所测米饭的色泽、气味、滋味、米饭的黏性及软硬适口程度进行综合品尝评价。

（一）材料和用具

1. 材料

经加工制成符合国家标准三等精度的大米试样，或商品大米试样。

2. 用具

不锈钢蒸锅、电磁炉、带盖的不锈钢蒸饭皿，电饭锅、洗米盆、沥水筛、小碗、圆形白瓷盘。

（二）测定方法

1. 米饭的制备

1）称样：小量样品米饭每份称取 10g，试样份数按评价人员定，大量米饭样品称取 500g。

2）洗米：将称量后的试样倒入沥水筛中，置于洗米盆中，快速洗两遍，洗米时间控制在 3～5min 内，沥尽水后，将洗好的米装入蒸饭皿或电饭锅内。

3）加水浸泡：籼米加水量为样品重量的 1.6 倍（粳米为 1.3 倍），可根据米饭的软硬适当增减。浸泡水温 25℃，浸泡 30min。

4）蒸煮：向蒸锅中加入适量的水，用电磁炉加热至沸腾，取下锅盖，将盛有样品的蒸饭皿放入蒸锅内，盖上锅盖，继续加热至沸腾，蒸煮 40min，停止加热，焖制 20min；大量样品则打开电饭锅开始蒸煮，当电饭锅开关跳开后，再焖制 20min。

5）搅拌米饭：用筷子搅拌煮好的米饭，先从锅的周边松动，使米饭与锅壁分离，再按横竖两个方向平行滑动两次，接着用筷子上下搅拌 4 次，使多余水分蒸发后再盖上锅盖，再焖制 10min。

6）盛饭品评：将约 50g 试样米饭松松地盛入小碗中，每人一份（不宜在内锅周边取样），然后倒扣在白色瓷餐盘上不同颜色（用红、黄、蓝、绿 4 种颜色的塑料粘胶带标记）的部位，呈圆锥形，参照样品为红色，趁热品评。

2. 参照样品的制备

选取符合 GB1345-86 中规定的标准三等精度的新鲜大米样品 3～5 份，经米饭制作，由品评人员进行 2 或 3 次品评，选出色、香、味正常，综合评分在 75 分的样品一份，作为每次品评的参照对照。

3. 品评

1）品评要求：品评人员、环境、品评试验应符合相关规定，品评人员在品评前 1h 内不吸烟、不吃东西，但可以喝水，在品评期间具有正常的生理状态，不使用化妆品或其他有明显气味的用品。品评人员在品评前应用温水漱口，同一品评人员每天参加品评不得超过 2 次，品评时间安排在饭前 1h 或饭后 2h。每次试验品评 4 份试样和一份参考对照，试样不够 4 份时，将同一样品重复，但不告知品评人员。

2）品评内容：米饭的气味、外观、适口性、滋味和冷饭的质地。具体如下。

气味：趁热将米饭置于鼻腔下方，适当用力吸气，仔细辨认米饭的气味。

外观：观察米饭表面的颜色、光泽和饭粒完整性。

适口性与滋味：用筷子取少许米饭入口中，细嚼 3～5s，边嚼边用牙齿、舌头等感官仔细品尝米饭的黏性、软硬度、弹性、滋味等项。

冷饭质地：米饭在室温下放置 1h 后，品尝判断冷饭的黏弹性、黏结成团性和硬度。

3）评分

A. 评分方法 I

根据米饭的气味、外观结构、适口性、滋味和冷饭质地，对比参照样品进行评分，综合评分为各项得分之和。评分规则和记录格式见表 8-1。

表 8-1　米饭感官评价评分规则和记录表（GB/T 15682—2008）

一级指标分值	二级指标分值	具体特征性描述：分值	样品得分		
			No.2（黄）	No.3（蓝）	No.4（绿）
气味 20 分	纯正性浓郁性 20 分	具有米饭特有的香气，香气浓郁：18～20 分			
		具有米饭特有的香气，香气清香：15～17 分			
		具有米饭特有的香气，香气不明显：13～14 分			
		米饭无香味，但无异味：7～12 分			
		米饭有异味：0～6 分			
外观结构 20 分	颜色 7 分	米饭颜色洁白：6～7 分			
		颜色正常：4～5 分			
		米饭发黄或发灰：0～3 分			
	光泽 8 分	有明显光泽：7～8 分			
		稍有光泽：5～6 分			
		无光泽：0～4 分			
	饭粒的完整性 5 分	米饭结构紧密，饭粒完整性好：4～5 分			
		米饭大部分结构紧密完整：3 分			
		米饭出现爆花：0～2 分			
适口性 30 分	黏性 10 分	滑爽、有黏性、不粘牙：8～10 分			
		有黏性，基本不粘牙：6～7 分			
		有黏性，粘牙：0～5 分			
	弹性 10 分	米饭有嚼劲：8～10 分			
		米饭稍有嚼劲：6～7 分			
		米饭疏松、发硬，感觉有渣：0～5 分			
	软硬度 10 分	软硬适中：8～10 分			
		感觉略硬或略软：6～7 分			
		感觉很硬或很软：0～5 分			
滋味 25 分	纯正性、持久性 25 分	咀嚼时有较浓郁的清香和甜味：22～25 分			
		咀嚼时有淡淡清香滋味和甜味：18～21 分			
		咀嚼时无清香滋味和甜味，无异味：16～17 分			
		咀嚼时无清香滋味和甜味，但有异味：0～15 分			
冷饭质地 5 分	成团性、黏弹性、硬度 5 分	较松散，黏弹性较好，硬度适中：4～5 分			
		结团，黏弹性稍差，稍偏硬：2～3 分			
		板结，黏弹性差，偏硬：0～1 分			
综合评分					
备注					

根据各评价员的综合评分结果计算平均值(若个别评价员的品评误差超过平均值 10 分以上则可舍弃后重算平均值)，最后以综合评分的平均值作为稻米食用品质感官评定的结果。计算结果取整数。按表 8-2 的格式总结出“结果统计表”。

综合评分在 50 分以下的为很差，51～60 分为差，61～70 分为一般，71～80 分为较好，81～90 分为好，90 分以上为优。

B. 评分方法Ⅱ

分别将试样米饭的气味、外观结构、适口性、滋味、冷饭质地和综合评分与参照样品一一比较评定。根据好坏程度，以包含“稍”、“较”、“最”、“与参照相同”的 7 个等级进行评分。评分时，可参照表 8-3 所列的米饭感官品质评价内容与描述。评分规则和记录格式如表 8-4。根据各评价员的综合评分结果计算平均值（若个别评价员的综合评分与平均值出现正负不一致或相差两个等级以上的则可舍弃，舍弃后重算平均值），最后以综合评分的平均值作为稻米食用品质感官评定的结果。计算结果保留两位小数。按表 8-2 的格式总结出“结果统计表”。

表 8-2　米饭感官评价评分统计表

评价员编号	所属组别	综合评分		
		No.2（黄）	No.3（蓝）	No.4（绿）
1				
2				
3				
4				
5				
6				
7				
8				
⋮				
平均值				

表 8-3　米饭感官评价内容与描述（GB/T 15682—2008）

评价内容		描述
气味	特有香气	香气浓郁；香气清爽；无香气
	有异味	陈米味道和不愉快味
外观结构	颜色	颜色正常，米饭洁白；颜色不正常，发黄、发灰
	光泽	表面对光反射的程度：有光泽、无光泽
	完整性	保持整体的程度；结构紧密；部分结构紧密；部分饭粒爆花
适口性	黏性	黏附牙齿的程度：滑爽、黏性、有无粘牙
	软硬度	臼齿对米饭的压力：软硬适中；偏硬或偏软
	弹性	有嚼劲；无嚼劲；疏松；干燥、有渣
滋味	纯正性、持久性	咀嚼时的滋味：甜味、香味，以及味道的纯正性、浓淡和持久性
冷饭质地	成团性、黏弹性、硬度	冷却后米饭的口感；黏弹性和回生性（成团性、硬度等）

表 8-4　米饭感官评价评分记录表（GB/T 15682—2008）

项目	与参照样品相比						
	不好			参照样品	好		
	最	较	稍		最	较	稍
评分	–3	–2	–1	0	+1	+2	+3
气味							
外观结构							
适口性							
滋味							
冷饭质地							
综合评价							
备注							

二、小麦烘烤蒸煮品质分析

小麦及面粉品质的好坏，最终反映在食品成品上，所以面粉的食用品质和利用价值取决于烘烤和蒸煮品质。通过烘焙和蒸煮试验进行直接品尝鉴定，是评价小麦品质具有实际经济价值的重要环节，也是小麦品质鉴定最重要、最后的工作。

不同食品对于烘焙或蒸煮特性有不同的要求，不同面粉的烘焙和蒸煮特性也不同。对小麦烘焙蒸煮品质进行综合测定和评价主要有间接测定和直接测定两种方法。间接测定是借助各种仪器测定反映面粉品质的物化指标和面团的流变特性，得出对食品适应性指标评价。直接测定是在间接测定的基础上，用面粉做烘焙、蒸煮试验，按不同食品的检测标准直接对面粉质量作出鉴定。直接鉴定较为直观，能够充分表现小麦内在的品质特性，真实客观地反映小麦的食用价值，更接近生产性试验，是小麦在食品工业进一步被利用不可缺少的环节。

（一）面包烘焙品质分析

烘焙一般指烘烤面包试验。面包为欧美国家主食，且又能很好地反映小麦的品质，因此面包在烘焙试验中占独特的地位。各国对试验方法、仪器设备、品质指标等都有一些客观的统一标准。烘焙试验对检验面粉质量或衡量烘焙工艺优劣是可靠、客观的评价标准。

面包烘烤试验可分为直接发酵法、中种法和中外企业法三种。直接发酵法参照 GB/T 14611—1993 进行，面包出炉后，10min 内测定面包体积，称量重量，分别以 mL 和 g 表示；面包在室温下冷却 1h 后，装入塑料袋，并密封，在室温下放置 18h 后对面包进行品质评价。通过感官评价或仪器测试评价面包品质，一般多采用前者。感官品质的评价大多采用国内外通用的感官评价体系（GB 14611—1993），或在此基础上根据实际需要稍加调整（主要针对各指标所取的权重）。主要评价指标包括重量、体积、比容、表皮色泽、包心色泽、包心平滑度、纹理结构、弹柔性、口感和总评分。仪器测试采用质构仪进行，一般选用压盘式测试探头，设定特定的测试模式（压力测定）与参数（表 8-5），可获得面包的硬度、弹性、内聚性、胶着性、咀嚼性等指标。

表 8-5 质构仪测试设定模式与参数

食品	探头	模式	操作	测试前速度/（mm/s）	测试速度/（mm/s）	测试后速度/（mm/s）	测试距离/（mm/mm）	取点数（PPS）
面包	压盘式	压力测定	TPA	2.0	1.0	1.0	60%	50
馒头	压盘式	压力测定	TPA	2.0	1.0	1.0	60%	100

烘焙的优质面包应该是体积大，面包心孔隙小而均匀、壁薄、结构均匀、松软有弹性、洁白美观，面包皮着色深浅适宜，无裂缝和气泡，美味可口等。小麦及面粉要求蛋白质及面筋含量高、吸水率高、弹性大、耐揉性强、不粘仪器、发酵和烘烤状况良好。但外界条件和加工工艺对面包烘焙也有影响，如加水不当，糅合时间过长或过短，小麦粉蛋白质含量过低且质量低劣；淀粉损伤较少或发酵数量不够导致产生的气体有限；发酵时间不适合，烘烤温度过高或偏低均会导致面包质量变劣。因此烘焙试验要严格控制烘烤与发酵的各种条件，尽量消除这些不利因素。烘焙品质指标很多，主要有面包体积、比容、面包心纹理结构、面包评分。

1. 面包体积

面包体积（loaf volume）的测定，先进的方法可用仪器测量，一般则用菜籽置换法。菜籽置换法是将待测定的面包放入体积测量装置中，再装进菜籽，利用菜籽排空原理测得面包体积，以 cm^3 或 mL 表示。不同小麦品种面包体积差异很大，同一品种在不同栽培条件下面包体积也有一定的差异。具有良好加工品质的优质小麦粉所烤制的面包，不仅其内部质地良好，也有较大的体积。面包体积间接反映了面粉组成上的差异。所以面粉的烘焙品质最客观的衡量标准是面包体积。一般用 100g 面粉，烘制体积在 $600cm^3$ 左右，达到 $800cm^3$ 的不多，但个别春小麦品种可达 $900cm^3$ 以上。但面包体积不是越大越好，体积过大会使内部出现过多的气孔，组织不均匀，粗糙；体积过小会使内部组织紧密，缺乏弹性，易老化。

2. 比容

比容（specific volume）是面包体积（cm^3）与重量（g）之比，是评价面包烘焙品质的重要指标之一。面包体积越大，比容越大。国外面包比容一般为 4.0～5.0。我国小麦品种面包比容为 2.9～5.1，平均 3.9，一些优质品种的比容为 4.6，符合优质面包标准。

3. 面包心的纹理结构

主要指烤成的面包被切开断面的质地状况及纹理变化。质地优质的面包应是包心平滑细腻，气孔细密均匀并呈扁长状，壁细而薄，无明显的大空洞和坚实部分，呈海绵状。面包心的纹理结构变化是受面团的黏弹性影响和制约的，因此要求面团本身富有较大或适中的弹性和黏性。

4. 面包评分

面包评分（loaf score）时，根据面包体积、皮色、性状、心色、面包切面的平滑度、面包瓤的弹性、纹理结构、口感等多项指标决定的面包评分标准在世界各国很不一致。国际玉米小麦改良中心把面包体积、重量及包心色泽、纹理结构等标准综合起来评定其品质；美国评分标准中，面包体积占总分的55%，面包结构占20%，面包颜色占15%，面包的外形占10%。澳大利亚标准中，面包体积占30%，面包心的平滑程度和面包蜂窝状结构各占20%，面包皮无裂纹情况、面包皮色泽和面包心色泽各占10%；我国的评分标准中，总分100分，体积占35分，表皮色泽5分，表皮质地和面包形状5分，包心色泽5分，平滑度10分，纹理结构25分，柔性10分，口感5分。

（二）饼干、蛋糕等烘焙品质分析

除面包外，烘焙食品还有饼干、酥饼、蛋糕等，此类食品以软质小麦为原料，要求小麦蛋白质含量低、面筋弹性差、筋力弱、灰分少、粉色白和颗粒细腻。饼干、酥饼、蛋糕等烘焙试验各不相同，但可采用与烘焙面包相同的小型烘焙设备，如LYHP-1型或较大的LYHP-2型烘焙设备。参照SB/T 10140—1993、SB/T 10141—1993和SB/T 10142—1993方法进行。通过感官评价和仪器测定，评断饼干、酥饼、蛋糕的品质。

饼干评价是以饼干直径与饼干厚度比值或直接以饼干直径为标准，直径越大，越薄，口感越好。蛋糕要求体积大、内部孔隙小、皱纹密、壁薄、肉松、湿润、瓤色白亮、味美纯正、小麦粉细。酥饼品质的直接评价是测定其直径、厚度、质地和外观，要求直径大，径/厚比值（扩展指数）大，表面裂缝适中均匀，质地酥脆，口感好。

1. 感官评价

饼干、蛋糕感官品质的评价，目前一般采用国内国际通用的感官评价体系（SB/T 10140—1993、SB/T 10141—1993和SB/T 10142—1993），或在此基础上根据实际需要稍加修改（主要针对各指标所取的权重）。

发酵饼干和酥性饼干品质的评价方法相同。主要评价指标包括表面花纹、形态、粘牙度、酥松度、口感粗糙度、组织结构等，总分75分。具体评价方法是，每种试验饼干在冷却后任意抽取10块，由有一定评分能力和评分经验的评分人员（每次5～7人）按饼干品质进行评分（取算数平均值），然后将评分折算成百分制，取整数，平均数中若出现小数采用四舍、六入、五留双的方法取舍。

蛋糕的品质评价方法参照SB/T 10142—1993进行。主要评价指标包括比容、芯部结构、口感、外观等，总分100分。评价时，每种试验蛋糕在冷却后用锯齿形刀从蛋糕横向分成三块，由有一定评分能力和评分经验的评分人员（每次5～7人）按蛋糕品质评分进行评分，求取平均值，平均数中若出现小数采用四舍、六入、五留双的方法取舍。

2. 仪器测试

将饼干固定在一定间距的两水平支持臂间，然后用HDP/3PB型号探头通过resist.prj程序进行测试，通过一刀刃型探头下压直至试样破裂成两半为止，所测力值越大，其抗碎能力越强，硬度就越大。口感的松脆是大多数饼干的主要指标，这就要求有适当的硬度，硬度太大，咀嚼费劲，不脆；硬度太小，产品不抗震，不利于产品的包装运输。

目前，应用物性测试仪来对糕点类食品品质进行量化评价的研究相对较少，大多是对酥性糕点的硬度和脆性进行测试的结果，探头下压直至样品破裂成两半所需要的最大的力度即为硬度，样品破裂的距离即为样品的耐压程度，与样品的脆性有关，在很短的距离内就破裂的样品具有较高的脆性。用柱形探头 P/36R 可测试蛋糕的坚实度和弹性。探头下压样品至样品高度的 25%，并在此位置停留 60s，下压 60s 的力与坚实度的比值乘以 100 所得的数值即可衡量样品弹性的大小，该数值越接近 100%，说明样品的弹性越好。

（三）馒头蒸煮品质分析

馒头是我国的传统主食，在北方人民膳食结构中占到 2/3。据统计，馒头用粉量占小麦粉消费量的 40%左右。随着传统主食的工业化发展，馒头加工的商品化程度日益提高，对小麦品质和小麦粉品质提出更高的要求，对食品品质评价方法、评价指标及其质量控制提出更高的标准。现有馒头的品质评价方法和评价标准不统一，且大多采用感官评价，评价的客观性和可比性较差。近年来，研究人员探讨了运用质构仪测试对馒头品质进行综合评价的方法，并筛选了主要的评价指标，为馒头的客观评价提供一定的参考依据。

1. 蒸煮试验

馒头蒸煮试验可参照手工馒头的制作程序（SB/T 10139—1993）进行。称取 100g 小麦粉，加入含有 1g 干酵母的温水（38℃）约 48mL，用玻璃棒或筷子混合成面团后，手工揉 3min，于 38℃恒温恒湿醒发箱（湿度控制在 85%）中醒发 1h，取出再揉 3min 成型，在室温放置 15min，放入已煮沸并垫有纱布的铝蒸锅屉上蒸 20min（冒气时计时）。取出，盖上干纱布冷却 40～60min。馒头出笼后，在室温下冷却 20min 后测定馒头体积，称量重量，分别以 mL 和 g 表示；馒头在室温下冷却 1h 后，装入塑料袋并密封，在室温下放置 12h 后对馒头进行品质评价。

2. 馒头品质评价方法

有关馒头品质的评价指标与方法还处于初期探索阶段，目前，馒头大多借鉴面包的评价指标和方法进行品质评价。馒头评价常采用感官评价，评价指标包括馒头的体积、比容、表皮色泽、外形的对称性、瓤的色泽、内部结构、咬劲、香味、韧性等，也有一些报道用仪器测试馒头的品质，并认为评价馒头品质特性的感官评分与仪器测定的相应参数有很好的相关性。

（1）感官评价

参照 SB/T 10139—1993 进行。主要评价指标包括百克重量、体积、比容、外观形状、色泽、内部结构、总评分。将测量体积与重量后的馒头切成数块，由有一定评分能力和评分经验的评分人员（每次 4 或 5 人）按馒头品质评分项目和标准（表 8-6）进行评分。根据总分进行判定，小于 70 分判定为差，70～79 分为一般，80～89 分为良好，大于或等于 90 分为优。

表 8-6　馒头品质评分项目与标准

项目	评分标准	满分
比容	2.3mL/g 为满分，每少 0.1mL/g 扣 1 分	20
外观性状	表面光滑，对称，挺（高≥6.5cm，12.1～15 分；中等，9.1～12；表面粗糙，有硬块，形状不对称，1～9 分）	15
色泽	白、乳白、奶白，8.1～10 分；中等，6.1～8 分；发灰、发暗，1～6 分	10
结构	纵剖面气孔小而均匀，12.1～15；中等，9.1～12；气孔大而不均匀，1～9 分	15
弹韧性	用手指按复原性好，有咬劲，16.1～20 分；中等，12.1～16 分；复原性、咬劲均差，1～12 分	20
粘牙	咀嚼爽口不粘牙，12.1～15 分；中等，9.1～12 分；咀嚼不爽口，发黏，1～9 分	15
气味	具麦清香，无异味，4.1～5 分；中等，3.1～4 分；有异味，1～3 分	5

不同的小麦采用统一工艺制作的小麦粉制得的馒头品质不同，就是同一种小麦采用不同工艺制出的小麦粉制得的馒头品质也不同。试验表明，同一种小麦采用统一设备制取小麦粉，出粉率不同所得的馒头品质不同，出粉率高（≥85%）小麦粉灰分含量高，馒头品质差，出粉率相同的小麦粉细者比粗者馒头品质好。

籽粒表型品质性状。优质馒头要求小麦蛋白质和面筋含量中上，弹性和延伸性较好，过强或过弱的小麦粉制作的馒头质量均不好。淀粉是小麦粉的主要成分，在淀粉中，粗淀粉和馒头质量呈负相关，直链淀粉含量高，馒头体积小，发黏，支链淀粉含量应为中等，支、直链淀粉的比值应为 12.8%。

（2）仪器测试

可用质构仪对馒头的品质进行测定和评价，测定时，一般采用压盘式测试探头。与面包一样，馒头品质评价也可以用物性测试仪对感官评定指标进行量化分析。在所有的物性分析中，质构部面分析法（texture profile analysis，TPA）是一种比较通用的方法。通过两次穿冲（bite）完成对样品的测试，每次穿冲过程均包括对样品的下压（compression）和收回（withdrawal）两个阶段。通过 TPA 测试曲线图分析，可以获得以下与馒头品质有关的主要指标。

硬度（hardness）：样品达到一定变形所必需的力。用第一次下压样品时的压力峰值来表示。

弹性（springness）：指在第一次穿冲过程中样品变形后“弹回”的程度。弹性的度量方法有几种，最具代表性的是第二次穿冲的测量高度与第一次测量高度的比值。

黏聚性（cohesiveness）：指样品抵御第二次穿冲而相对于第一次穿冲的变形程度，用第二次穿冲的用功面积与第一次的用功面积的比值来表示。可模拟表示样品内部的黏合力。

黏附性（adhesiveness）：可模拟表示样品为克服与之接触的探头表面间的吸引力所需要的功。

咀嚼度（chewiness）：该值模拟表示将固体样品咀嚼成稳定的吞咽状态时所需要的能量。其计算公式为咀嚼度=硬度×黏聚性×弹性。

回复性（resilience）：该值能够度量出变形样品在同样的速度和压力条件下回复到原始状态的程度。用第一次穿冲过程中收回阶段的面积同下压阶段面积的比值来表示。

从定义上看，弹性和黏附性分别与品尝评分中的弹性与黏性相对应，而咀嚼度的概念和韧性相似。在上述几项特征中，硬度和黏附性是直接测定的数值，弹性、黏聚性和回复性是通过计算高或面积的比值得出的，而咀嚼度则是硬度、弹性和黏聚性的乘积。

在馒头感官评价中，色泽、外观形状占有比较重要的地位，体积可作为一项参考指标。质构仪测试的弹性和回复性能够很好地反映馒头的感官弹性，可用来评价馒头的品质。可见，用感官评价（色泽、外观形状）、体积测定和质构仪测定（弹性、回复性）相结合对馒头品质进行评价，效果更好。一般情况下，在馒头色泽、外观形状较好，体积较大时，质构仪测出的弹性、回复性数值越高，馒头的品质越好。

蛋白质品质与馒头的外观品质（色泽、外观形状）、体积、弹性均呈显著或极显著正相关。蛋白质含量与馒头体积和外观形状呈显著或极显著正相关；湿面筋含量与馒头体积、色泽呈显著或极显著的正相关；沉淀值与馒头的体积、弹性呈显著或极显著的正相关。

粉质参数与质构仪测试指标回复性的关系非常密切，表现为形成时间、稳定时间、评价值、粉质质量数值（FQN）与馒头的回复性呈显著正相关，弱化度与其呈显著的负相关。

拉伸参数对馒头外形形状有不利影响，但与馒头的弹性呈正相关。拉伸长度与馒头色泽呈显著正相关；5cm 处拉伸阻力、最大拉伸阻力、拉伸能量与馒头的回复性均呈极显著的正相关，但拉伸能量与馒头的外观形状呈显著负相关。

可见，蛋白质品质好、筋力不是很强的小麦适宜制作馒头。由于麦谷蛋白提供面团的弹性和筋力，醇溶蛋白提供面团的延伸性，因此，优质小麦中的麦谷蛋白/醇溶蛋白的值不宜过大。

（四）面条蒸煮品质评价

世界上的面条种类很多，根据生产和食用地域的不同，主要分为通心面类（pasta）和面条类（noodle）两种，前者主要集中在意大利、德国、美国等西方国家，后者主要在中国、日本、韩国和新加坡等亚洲地区。面条类食品根据加工手艺不同，主要分为手工面和机制面两种，手工面又有擀、拉、揪、压、蒸、煮、炒和炸等不同的各式面条和地方风味面条，机制面主要有白盐面条、黄碱面条和方便面等，方便面又有即食鲜面、风干方便面和油炸方便面等多个类型。

面条品质包括商品品质（色泽、表观状态、强度）和食用品质（咬劲，食感）。国内外评价面条品质一直沿用感官品尝的鉴定方法。不同种类的面条评价指标与方法也有不同。多年来国外专家一直致力于研究客观、简单易行、标准化程度高的鉴定面条品质的方法，而国内的相关研究较少。目前，有关面条品质的评价主要包括感官评价、仪器分析和化学分析等方法；质构仪、流变质构仪等仪器在面条品质评价方面也得到了一定的应用。

1. 挂面品质评价

（1）蒸煮试验

面条蒸煮试验可参照 SB/T 10137—93 进行。称取 300g 小麦粉（以 14%湿度计），加入令该种小麦粉的粉质仪所测吸水率为 44%的 30℃温水，加入量可视小麦粉情况略加调整（白盐面条应含有 6g 精盐，可预先溶于温水中；黄碱面条应含有 0.5g 烧碱，可预先溶于温水中）。用和面机慢速（自转 61r/min，公转 47r/min）搅拌 5min，再用中速（自转 126r/min，公转 88r/min）搅拌 2min，取出料坯放在容器中在室温下静置 20min，此时的料坯应是不含有生粉的松散颗粒，用小型电动组合面条机在压辊间距 2mm 处压片-合片-合片，然后，把压辊轧距调至 3.5mm。从 3.5mm 开始，将面片逐渐压薄至 1mm，共轧片 6 道，最后在 1mm 处压片并切成 2mm 宽的细长面条束，将切出的面条挂在圆木棍上，记录上架根数，放入 40℃、相对湿度为 75%的恒温恒湿箱内，干燥 10h，到时间之后打开箱门，取出再继续在室温下干燥 10h，取出面条束，记录圆木棍上的面条根数，将干面条切成 220mm 的成品备用。

$$断条率=短调根数/上架面条根数\times 100\%$$

（2）品质评价方法

关于面条品质的评价方法的研究远不及通心面那样系统，有关面条品质评价方法的专门研究也较少见。面条品质评价多依赖于感官评判；后来，得益于通心面评价方法的改进及质构仪器的诞生和不断改进，对面条品质进行分析的化学分析和仪器测定法也逐步发展和完善起来。

A. 感官评价

挂面的感官评价可参照 SB/T 10137—1993 方法进行，量取 500mL 自来水于铝锅中（直径为 20cm），在 200W 电炉上煮沸，称取 50g 干面条样品放入锅中，煮至面条芯的白色生粉消失，立即将面条捞出，以流动的自来水冲淋 10s，放在碗中待品尝。

试验的品尝小组由 5～6 位事先经过训练、对品尝有经验的人员组成。品尝按面条品质评分标准（表 8-7）进行评分。

表 8-7　面条评分项目与标准

项目	评分标准	满分
色泽	指面条的颜色和亮度。面条白、乳白、奶黄色，光亮为 8.5～10 分；光亮一般为 6～8.4 分；色发暗、发灰，亮度差为 1～6 分	10
外观形状	指面条表面光滑与膨胀程度。表面结构细密、光滑为 8.5～10 分；中等为 6～8.4 分；表面粗糙、膨胀、变形严重为 1～6 分	10
适口性（软硬）	用牙咬断一根面条所需力量大小。力量适中为 17～20 分；稍偏硬或软 12～17 分；太硬或太软 1～12 分	20
韧性	面条在咀嚼时，咬劲和弹性的大小。有咬劲、富有弹性为 21～25 分；一般为 15～21 分；咬劲差、弹性不足为 1～15 分	25
黏性	指在咀嚼过程中，面条粘牙程度。咀嚼时爽口、不粘牙为 21～25 分；较爽口、稍粘牙为 15～21 分；不爽口、粘牙为 10～15 分	25
光滑性	指在品尝面条时口感的光滑程度。光滑为 4.3～5 分；中间为 3～4.3 分；光滑程度差为 1～3 分	5
食味	指品尝时的味道。具麦清香味 4.3～5 分；基本无味 3～4.3 分；有异味 1～3 分	5

面条的感官评判指标的种类、评判标准及各指标得分在总评分中所占的比值等在不同国家的评价体系均存在较大差异。日本对于面条的品质评价指标及其分值分别为：色泽 25 分、表面状况 20 分、适口性（软/硬）10 分、弹性 25 分、光滑性 10 分、口感 10

分，总分为 100 分；中国挂面的品质评价指标及其分值分别为：色泽 10 分、表面状况 10 分、适口性（软/硬）20 分、韧性 25 分、黏性 25 分、光滑性 5 分、食味 5 分，总分为 100 分；中国黄碱面条的品质评价指标及其分值分别为：刚煮时的面条色泽 10 分、煮后放置 24h 后面条色泽 20 分、面条表面斑点 20 分、刚煮出时的面条质构 20 分、口感 10 分、煮后放置 7min 后的面条质构 20 分，总分 100 分。

软硬适中，咀嚼时弹性大，食用时嘴唇、舌头及口腔内感觉光滑的面条，一般在相应的指标上赋予最高分值。但是，不同国家、不同地域的人们对各指标进行评价时的评分标准有所不同。如日本人喜欢软面条，而中国人则喜欢稍硬一点、有嚼劲的面条。另外，由评分体系可以看出，日本人对面条的颜色和表面状况比较注重，而中国人则比较注重面条的适口性和韧性。另外，不同国家在评价面条品质时，煮制时间和煮后放置时间均不相同。如日本的煮面时间一般为 20～24min，放置 24h 后，在一种豆酱汤中加热后再进行品尝评价；中国黄碱面条一般在贮存 24h 后再煮制，煮制时间为 3min，煮后 2～3min 再放入热水中浸泡 7min 后进行品尝评价；中国挂面的煮面时间和放置时间因研究者的研究目标不同而差异较大。

面条品质评价标准的不统一已成为国际面条贸易中普遍存在的一个问题。Civille 等在国际年会上提出了一个对世界范围内主要面条品种进行品质评价的较为全面和统一的评价标准。由于受评价者主观因素影响较大，面条的感官评价结果在国际间很难沟通。于是，人们逐渐倾向于追求能够对面条品质评价结果进行量化的评价方法。对面条进行量化的品质评价指标主要有：煮后面条的白度和断裂强度（breaking stress）、煮后面条的表面强度（surface firmness）、切断力（cutting stress）、抗压力（resistance to compression）、煮面重量（cooked weight）、煮面吸水率（absorption）和煮制时干物质损失率（cooking loss）。

B. 化学测定法

化学测定法是通过测定在煮制过程中，从面条中流失成分的多少来评价面条的煮制品质和质构品质，其结果反映了面条中蛋白质基质和淀粉颗粒在煮制过程中的变化情况，测定指标主要有以下几种。

干面条的最佳煮制时间：取长度为 18cm 的干面条 10 根，放入 200mL 沸水中，同时开始计时。保持水处于 98～100℃微沸状态下煮制，从 1min 开始，每隔 30s 取出一根面条，用透明玻璃片压开始观察面条中间白芯的有无。白芯刚消失时的时间为面条的最佳煮制时间。设两次重复。

煮制时干物质损失率（cooking loss）：可用面汤中的干物质总含量来表示，它是指面汤在经蒸发干燥或冷冻干燥后残余物的含量。它与面条在煮制过程中受到破坏的程度有关，已被作为对面条煮制品质进行评价的一个综合性指标。该指标已在日本和韩国得到较为广泛的使用。

总有机物质测定值（total organic matter test，TOM）：用煮后面条表面冲洗水中干物质含量来评价面条品质。它是以 $K_2Cr_2O_7$ 和浓 H_2SO_4 混合液及 $Fe(NH_4)_2(SO_4)_2$ 为氧化剂，以二苯胺磺酸钠作为指示剂，通过化学反应的方法来测定面条表面冲洗水中的有机物含量，面条表面黏附的物质越多，TOM 值越大。D. Egidio 等分析了冲洗水中的有机物含量，发现其中主要是支链淀粉含量高的淀粉，所以，一般用淀粉克数表示 TOM

的测定结果。TOM 值对煮面用水的硬度非常敏感，所以在煮面时务必要将水的硬度调整在同一标准水平上（实际上，这种冲洗水除去了煮后面条表面的黏附物，它反映了面条的黏性）。TOM 可以代替感官方法对面条煮制品质进行评价，它与面条煮制品质的总体感官评价和黏性间具有很好的相关性。

TOM 值能否代表面条整体煮制品质评价结果，不仅取决于样品的表面黏性，也取决于样品在制备过程中所采取的干燥系统。实际上，经低温干燥的面条黏性与感官评价结果间的相关性最大，在此条件下，TOM 值是面条整体煮制品质最好的标志；而在高温干燥条件下，只有在所测硬度能代表整体煮制品质的情况下，TOM 值才能很好地用于评价面条的黏性。

C. 仪器测定法

自从在通心面品质评价中被应用之后，各种质构测定仪在面条品质评价中也得到了应用，如 Viscoelasticity Meter、General Food Texturometer、Texturometer、Autograph、Instron Universal Testing Instrument。随后，Instron、Model4301 也被用于测定日本面条和中国黄碱面条的质构品质。研究发现，一些感官评价结果与仪器（Instron，Model4301）测定结果间具有很强的相关性。在质构指标中，有关面条的质构特性可以从黏性、弹性、硬度、韧性等方面进行分析。

面条黏性（noodle adhesiveness）：挂面和方便面的黏性可用质构仪在压缩模式下进行测定。目前，有关面条品质质构仪的测定过程并不统一。黏性的测定方法是将面条煮熟，用蒸馏水冲洗 30s 后滤干晾置 10min，取三根面条用 HDP/PFS（小方平板）探头通过 ndstick.prj 程序测试。也有一些研究者采用直径为 5cm 的圆柱形测试探头，每次测定 5 根面条，将 5 根面条并排放入牛皮纸中，在压缩模式下进行测定。试验参数设定相似，测定速度为 60mm/min，压缩率为面条厚度的 70%，两次压缩间隔时间为 1s，起点感应力为 5g。测试面条的黏性，通过很大的压力压一段时间迅速上提，面条黏住探头的力值即反映其黏性大小。黏性被定义为曲线最高峰值的力值，该值越大黏性也就越大。

面条弹性（noodle springiness）：挂面和方便面的弹性可用质构仪在拉伸模式下进行测定。弹性的测试方法是将面条煮熟后用蒸馏水冲洗 30s 后滤干晾置 15min，取一根长约为 20cm 的面条两端缠在 A/SPR（辊子夹）探头上，用 elast.prj 程序进行拉伸测试。拉伸（extension）起点感应力为 5g，测试速度为 60mm/min，起始距离为 20mm，最终距离为 20～40mm，视样品断裂长度而调整；拉断一次。每次测定时用一根面条，将面条两端固定在探头上，固定时用力要均匀，以刚好夹住为准，夹好后的面条不应产生扭曲。测试过程中，面条不断被拉紧至超过极限时断裂。所测定值越大，面条弹性越好。

面条硬度（noodle hardness）：挂面和方便面的硬度可用质构仪在压缩模式下进行测定。硬度的测试方法是将粗细均匀的面条在沸水中煮至无白芯时捞出，用蒸馏水冲 30s 后滤干晾置 15min，取两根面条并排放置，用 P/35（35mm 圆柱）探头通过 noodle.prj 程序进行测试。测试速度为 60mm/min。压缩率为面条厚度的 70%，起点感应力为 5g。硬度为样品达到一定变形时所需的力，硬度值指第一次穿冲样品时曲线的压力峰值，该值越大，表明硬度越大。

面条韧性（noodle chewiness）：挂面和方便面的韧性也是用质构仪在压缩模式下进行测定。韧性的测定方法是将面条煮熟，用蒸馏水冲洗 30s 后，取 5 根并排放在测试平台上，用 A/LKB-F（纯切刀）探头通过 noodle.prj 程序测试。测试速度为 60mm/min，起点感应力为 5g，切断停止。测试曲线下的面积表示试样的韧性，面积越大，韧性就越好。

2. 方便面品质评价

（1）蒸煮实验

实验室方便面制作过程中，湿面条的制作部分，除了面条厚度变为 0.7mm 外，其他与挂面完全相同；此后按如下工艺流程进行：50～60g 湿面条用 100℃常压蒸至最佳煮面时间→取出面条，用手拨散→用 110～120℃棕榈油油炸 2min→用 140～150℃棕榈油油炸 1min→用吸水纸包裹面饼，自然冷却至室温，用塑料袋密封，在干燥处室温放置 7d 后进行分析。在对方便面的品质进行评价时，需要将方便面浸在 5 倍于面条重量的沸水中至硬芯消失，捞出，按挂条的处理方法进行感官评价和仪器测定。

方便面的最佳蒸面时间的测定：取 50～60g 湿面条放入蒸锅中，盖上盖子，同时开始计时，从 60s 起每隔 10s 取出一根面条，用透明玻璃板压开，观察其中白色界限的有无，当面条中间无明显的界限时，即为最佳煮面时间，重复两次。

方便面的含油量测定：按照 GB 5009.3—2003 中规定的索氏提取法测定样品中的粗脂肪量。

方便面复水时间测定：按照 GB 9848—88 所规定的方便面复水时间标准测定方法进行。

（2）品质评价指标与方法

方便面的品质评价指标较多，主要涉及小麦粉质量、加工品质、复水时间、口感和贮藏品质等方面。

A. 感官评价

方便面的感官评价方法较为复杂，方便面的种类不同，其品质评价指标也不同。方便面的食用品质主要参照挂面的评价标准（SB/T 10137—93）进行，主要评价指标包括色泽、表观状态、适口性、韧性、光滑性、总评分等。除口感外，厂家和消费者更多地注重方便面中的 α 化度、含油量、脂肪酸值、汤料的口感等方面，甚至认为汤料的口味比方便面的质构更为重要。我国国标仅对方便面的色泽、气味、形状、烹饪性等感官指标，重量、水分含量、含油量、酸价、过氧化值、α 化度、氧化钠含量和复水时间等理化指标，以及细菌总数、大肠杆菌数目等卫生指标作了规定（GB 9848—88），而对煮后方便面的感官评价方法及标准没有任何指示与限制。

有关方便面食品品质评价指标及评价方法的研究较为少见，感官评价多借助于面条的品质评价方法，但其更侧重于面条的筋斗性（筋斗或韧性），Rubico 等认为，较好的方便面样品一般具有较高的弹性和黏滞性，并且发现，硬度是唯一与方便面的可接受性紧密相关的仪器测定指标；侯国泉等发现，由质构仪测得的质构参数中，黏聚性（cohesiveness）和黏滞性（adhesiveness）与煮后方便面的每个感官评定项目的评分均显著相关。

B. 仪器测定法

方便面的仪器测定方法与挂面、鲜面条的仪器测定完全相同。

（五）饺子蒸煮品质评价

1. 水饺制作试验

水饺皮制作：在 300g 小麦粉中加 1%食盐和一定量水（水温为 30℃），在 PHMG5 多功能混合机内慢速挡和面 10min，然后在恒温恒湿醒发箱内醒发 15min（30℃，85%相对湿度），接着在 6QM-20F 切面机的 3.0mm、2.0mm、1.5mm 轧距上分别轧面 4 道、2 道、2 道，再用直径为 80mm 的镀锌薄钢板的圆筒切割成若干张饺子皮（50g 小麦粉做 7 只饺子皮），供包饺子用。水饺皮厚 1.5mm，直径 80mm。

饺子水煮试验：每次试验用水饺 25 只，放入盛有一半量沸水的 22mm 的铝锅中煮熟（沸水时下锅，第一次沸腾后加冷水一次，第二次沸腾后 3min 左右捞出），用漏匙一次捞出后，对水饺进行外观鉴定和品尝评分，对饺子汤进行浑浊程度和沉淀物目测。

2. 评价方法

饺子用小麦粉制品品质评价是将小麦粉按水饺制作试验方法进行饺子试验，由 5 位有经验的或经过训练的人员组成评议小组，对水饺进行外观鉴定和品尝评价，对饺子汤进行浑浊程度和沉淀目测，并根据水饺的质量评分标准分别给各种水饺打分。评分一般采用百分制（表 8-8）。

表 8-8　水饺质量评分表

项目		满分	评分标准
外观（30 分）	颜色	10	白色、奶白色、奶黄色（6～10 分）；黄色、灰色、其他不正常颜色（0～5 分）
	光泽	10	光亮（7～10 分）；一般（4～6 分）；暗淡（0～3 分）
	透明度	10	透明（7～10 分）；半透明（4～6 分）；不透明（0～3 分）
口感（40 分）	黏性	15	爽口、不粘牙（11～15 分）；稍粘牙（6～10 分）；粘牙（0～5 分）
	韧性	15	柔软、有咬劲（11～15）；一般（6～10 分）；较烂（0～5 分）
	细腻度	10	细腻（7～10 分）；较细腻（4～6 分）；粗糙（0～3 分）
耐煮性（15 分）		15	饺子表皮完好无损（11～15）；饺子表皮有损伤（6～10 分）；饺子破肚（0～5 分）
饺子汤特性（15 分）		15	清晰，无沉淀物（11～15 分）；较清晰，沉淀物不明显（6～10 分）；浑浊、沉淀物明显（0～5 分）

三、烟草评吸品质分析

（一）烟草评吸的目的

烟草评吸的主要目的是对发酵烟叶进行评价，有利于指导和确定最佳的发酵技术条件。通过对不同等级不同类型烟叶和叶组配方的评吸，有利于配方结构的改进和提高，以及加香加料物质最佳组合的选定，特别是在新产品的试制过程中，评吸是确定最佳组合的主要依据。同时日常评吸和对比评吸是烟草厂家检测产品质量是否稳定的基本手段。

（二）感官评吸

感官评析是通过评吸人员的嗅觉、味觉感受引起的反应来感知烟草或卷烟中物质的特征或性质的一种科学方法。感官评析技术已成为烟草新品种培育、烟草新产品研发、配方成分替换、品质管理和市场预测等许多方面的重要技术手段。

由于烟碱产品的最终消费形式就是吸食，卷烟的风格特征和香味品质要经过燃烧才能给消费者提供感受，因此最直接、最及时、最能够代表消费者意志的就是对卷烟的感官分析与评价。感官评析解决了一般理化分析所不能解决的复杂的生理感觉问题，实用性强，灵敏度高，结果可靠。

（三）感官评析的主要内容

1. 香气

香气指烟叶的致香物质作用于嗅觉器官所产生的感觉，主要指烟叶燃烧后表现出来的一种特殊芳香，或令人愉快的气味，香气的概念包括“香气质好”和“香气量足”。有关香气的评价主要以香气质为主，香气量服从于香气质。

烟叶中形成致香味物质的多少，与烟叶生长部位、烟叶类型和产地等条件有关。一般上部叶片比下部叶片香气足。

（1）香气类型

1）清香型：具有突出的清香，吃味舒适，烟味浓度较淡，地方性杂气比较轻，劲头柔和适中。代表产地有河南、湖南等。

2）中间香型：介于清香和浓香之间的一种特殊香气，吃味干净，烟味浓度较淡至较浓，劲头柔软至较大，代表产地有贵州、山东及东北等。

（2）香气质

香气质分为：好、较好、中、较差、差。香气质与水溶性总糖、还原糖及酸组分呈正相关；与石油醚提取物呈显著正相关；与平衡含水量呈显著正相关；与单料烟的阴燃时间、焦油、烟气、烟碱呈极显著正相关；与总细胞壁物质呈显著负相关，其中与纤维素负相关极显著；与氮组分和灰分、钙、硫、氯呈负相关；与钾、磷、镁、钾/氯呈负相关。

（3）香气量

香气量可分为：充足，尚充足，有，少，平淡。香气量与糖组分、氮组分、碱组分、酸组分呈正相关；与石油醚提取物呈显著正相关；与单料烟的阴燃时间、焦油、烟气、烟碱呈极显著正相关；与总细胞壁物质和纤维素呈极显著负相关；与总灰分、钙、镁、氯呈负相关；与钾、磷呈负相关。

（4）杂气

杂气是指烟气中的青杂气、枯焦气、土腥气和地方性杂气等令人不愉快的气味。蛋白质含量过高、叶绿素没有完全降解或在贮运发酵加工过程中，混入了其他杂质，或被异味污染，这些都是产生杂气的原因。

2. 吃味

吃味是烟气在人类口腔内形成的感觉，包括酸、甜、苦、辣等。吃味与钾含量呈负相关；与挥发性酸呈一定的正相关；糖分中的总糖与原糖的差值超过5%会使吃味变差。

1）劲头：劲头主要指烟碱（尼古丁）对人体生理、心理的刺激程度，又称为生理强度。劲头分为强、较强、中、较弱、弱。烟碱含量越多，对人体的刺激越大，劲头越大；相反，烟碱含量越少，对人体的刺激越小，劲头就越小。

2）刺激性：刺激性是指烟气对口腔、舌、喉咙、鼻腔引起的刺、呛、辣等不愉快的感觉。这些不愉快的感觉主要来自氨、游离烟碱、木质素、纤维素等挥发性碱类物质燃烧时的挥发作用或燃烧时产生的甲醇。

3）浓度：烟味浓度是指烟气进入口腔后所感受的浓淡程度。烟味的浓淡与烟叶的类型、品质、特征及其化学成分含量及这些化学成分之间的平衡和协调性有很大关系。

4）余味：余味是指烟气呼出后留在口腔的感觉。有甜、苦、酸、辣、涩之分。优质的烟叶纯净舒适略带甜味，劣质的烟叶不舒适带有苦涩。

3. 评吸分类

1）单料烟评吸：适用于两个方面，即鉴定烟叶的质量，指导烟叶生产；掌握烟叶质量，指导卷烟配方。

2）叶组配方评吸：用于确定卷烟的叶组配方，包括各类型、各地区、各等级烟叶的最佳使用量。

3）加香加料评吸：筛选出香味适宜，协调性、增香性和掩盖性好的料液和香精配方。

4）烟制品评吸：烟制品的对比评吸常用于牌号对比、生产检验、会议评比和评优工作。

（四）烟草感官评吸的方法

1. 感官评吸对人的素质要求

评吸是靠人体的嗅觉器官和味觉器官来感受烟气的信息，然后由神经系统传递给大脑中枢，通过大脑的分析来综合测量和判断其质量的优劣，感官评吸要求评吸人员对烟叶生产及烟叶原料知识有一定的了解，理解并熟悉感官评吸相关专用术语，有一定的生理承受能力，此外，评吸人员在评吸前要保证头脑清醒和感觉器官高度敏感，评吸前切忌饮酒或吃刺激性强的食物。

2. 烟草的评吸方法

评吸方法直接关系到评吸结果的正确与否，是烟草评吸过程中至关重要的一步。不同的评吸方法会导致对同一样品的评吸结果不一致，因此要求评吸人员在评吸过程中使用同一方法以避免错误的判断。评吸方法一般分为两种，一为烟气局部循环法，二为烟气整体循环法。这两种方法各有各的用途，在评吸过程中应根据评吸的目的而确定使用哪种方法，不能随意选择。

（1）烟气局部循环法

局部循环法是指在评吸时只采用部分评吸感觉器官进行评吸判断。当烟气被吸入口腔后，在口腔内稍微停顿片刻后直接通过鼻腔徐徐呼出。该方法只能对香气、杂气、刺激性及烟气的浓度等个别项目进行判断，因此多用于对单体烟用香料、香精的鉴别及调香，或单独针对以上所述的某个单项进行比较。

（2）烟气整体循环法

整体循环法是指在评吸过程中运用全部评吸感官对样品进行评吸判断。具体地讲，就是当烟气被吸入口腔后，通过喉部将烟气吞下去，而后再从鼻腔徐徐呼出。通过这样一个吸、吞、呼的全过程，再经过几次这样的反复，就可对一个样品作出判断。采用整体循环法评吸样品，所得结论是综合性的，因而除了可以反映其香味、杂气、刺激性和烟气浓度外，还可以全方位地反映其谐调、劲头、余味等各项指标，在对烟草及烟草制品进行内在质量鉴定时多用此法。

（3）评吸的方法步骤

一般的评吸方法步骤为：当烟支被点燃后，用最大的抽吸量将烟气吸入口腔（最大抽吸量必须使口腔内被烟气充斥，一般操作为：吸入—少许吐出—吸入—少许吐出—吸入，直到口腔内被烟气充斥为止），让烟气在口腔内稍停留片刻，再在吐出一缕烟气的同时吸气，稍吐一点就可回气，将口腔内所有的烟气吞食，再顺势将烟气一口咽下去。在这一过程中，要集中精力捕捉烟气的浓度、刺激性的强弱和劲头的大小等。然后闭紧上下唇，迫使烟气从鼻腔呼出，在烟气呼出的同时，集中精力捕捉香气、杂气和刺激性的特点，以及口腔内有无不适的感觉，从而完成评吸步骤。

第四节　化学分析方法

一、蛋白质测定

蛋白质含量的测定采用凯氏定氮法，消煮采用 LWY84B 型控温式远红外消煮炉，定氮装置为按凯氏定氮仪要求自行组合，具体操作方法如下。

称取粉碎样品 0.25g 装入 100mL 消煮管底部，加入浓 H_2SO_4（98%化学纯）5mL，摇匀过夜。

将消煮管在消煮炉上加热（350℃），待消煮管开始冒出白雾后，逐步滴加 H_2O_2（30%分析纯），直至溶液由黑色浑浊转变为无色澄清；继续加热 15min，以使过量的 H_2O_2 挥发，之后取下自然冷却；将冷却液体转移入 50mL 容量瓶，定容体积待用。检查凯氏定氮仪的密闭性；吸取定容后的消煮液 5mL，注入蒸馏器的内室，同时加入 10mL 400g/L 的 NaOH，用蒸馏水冲洗以使所有样液和 NaOH 都进入蒸馏器的内室；另取 150mL 三角瓶，内加 5mL 2%的 H_3BO_3 指示剂（20g 化学纯硼酸溶解于 1L 蒸馏水中，并加入 5mL 定氮指示剂（0.5g 溴甲酚绿和 0.5g 甲基红一起完全溶解于 100mL 乙醇中，并用稀酸调至微红色），放在冷凝管下端。

开放冷凝循环水，通入蒸汽蒸馏，待蒸馏出 50～60mL 液体后取下三角瓶。

用酸标准液[2.72mL 98%浓 H_2SO_4 加水稀释至 5000mL 并用硼砂溶液（1.906 85g 硼砂溶于 500mL 蒸馏水中）标定得浓度 c，滴定蒸馏液直至由蓝绿色突变为紫红色，记下所用 H_2SO_4 体积 V_1。

$$含氮量\ w（\%）=c（V-V_0）\times 0.014\times 100/（m\times V_2/V_1），$$

$$蛋白质含量\ N（\%）=5.83\times w$$

式中，w 为样品全氮的质量分数，%；c 为酸标准液的浓度，mol/L；V 为滴定试样所用的酸标准液体积，mL；V_0为滴定空白所用的酸标准液体积，mL；V_1为消煮液定容体积，mL；V_2为测定时吸取的消煮液体积，mL；m为烘干后称样量，g；0.014为N的摩尔质量，kg/mol；5.83为大麦蛋白质含量系数，不同作物的蛋白质含量系数不同。

二、脂肪测定

由于作物产品的种类不同，其中脂肪含量及其存在形式也不相同，测定脂肪的方法也就不同。常用的测定方法有：索式提取法、巴布科克法、益勒式法、罗斯-哥特里法和酸分解法。以往测定脂肪普遍采用的是索式提取法，至今其仍是测定多种食品脂类含量的代表性方法，但对于某些样品测定结果往往偏低，而巴布科克法、益勒式法、罗斯-哥特里法主要用于乳及乳制品中脂类的测定，酸分解法测出的脂肪为含游离态脂和结合脂的全部脂类。

这里，主要介绍索式提取法。

（一）索式提取法

1. 原理

样品经前处理后，放入圆筒滤纸内，将滤纸筒置于索式提取管中，利用乙醚或石油醚在水浴中加热回流，使样品中的脂肪进入溶剂中，回收溶剂后所得到的残留物即为脂肪（粗脂肪）。采用这种方法测出游离态脂，此外还含有磷脂、色素、蜡状物、挥发油、糖脂等物质，所以用索氏提取法测得的脂肪为粗脂肪。

2. 适用范围与特点

索氏提取法适用于脂类含量较高，结合态的脂类含量较少，能烘干磨细，不宜吸湿结块的样品的测定。此法只能测定游离态脂肪，而结合态脂肪无法测出，要想测出结合态脂肪，需在一定条件下水解后变为游离态的脂肪方能测出。另外此法是经典方法，对大多数样品结果比较可靠，但需要周期长，溶剂量大。

3. 方法

（1）滤纸筒的制备

将滤纸剪成长方形（8cm×15cm），卷成圆筒，直径为6cm，将圆筒底部封好，最好放一些脱脂棉，避免向外漏样。

（2）称取样品

将样品烘干磨细，称取一定量于纸筒，封好上口，最好用测定水的样品。

（3）索式抽提器的准备

索氏抽提器由三部分组成，即回流冷凝管、提取管、提脂瓶。提脂瓶在使用前需烘干并称至恒重。其他要干燥。

（4）抽提

将装好样的纸筒放入抽提管，倒入乙醚，乙醚的量从提取管加入，加入的量为提取瓶体积的2/3，接上冷凝装置，在恒温水浴中抽提，水浴温度大约为55℃，可用滤纸检验，理论值抽提 6～8h，实际值 3～4h，但也根据样品性质来决定。

（5）回收乙醚

当乙醚在提取管内即将虹吸时立即取下提取管，将其下口放到乙醚回收瓶内，使之倾斜，然后将提取瓶放到 100～150℃烘箱烘至恒重。

（6）计算

$$脂肪\% = (W_2 - W_1)/W \times 100$$

式中，W_2 为瓶和样品重（g）；W_1 为瓶子重量（g）；W 为样品重量（g）。

或：脂肪（%）=（抽提后滤纸与样品重量–抽提前滤纸重量）/样品重量×100

4. 注意事项

1）样品应干燥后研细，装样品的滤纸筒一定要紧密，不能往外漏样品，否则重做。

2）放入滤纸筒的高度不能超过回流弯管，否则乙醚不易穿透样品，使脂肪不能全部提出，造成误差。

3）碰到含多糖及糊精的样品要先以冷水处理，等其干燥后连同滤纸一起放入提取器内。

4）提取时水浴温度不能过高，一般使乙醚刚开始沸腾即可（约 45℃），回流速度以 8～12 次/h 为宜。

5）所用乙醚必须是无水乙醚，如含有水分则可能将样品中的糖及无机物抽出，造成误差。

6）若用干样品测定脂肪，可按下式计算原来样品脂肪的含量：

$$脂肪(\%) = (W_1 - W_2)(100 - A)/W$$

式中，A 为 100g 样品中水分的含量（g）。

7）冷凝管上端最好连接一个氯化钙干燥管，这样不仅可以防止空气中水分进入，而且可以避免乙醚挥发在空气中。这样可防止实验室微小环境空气的污染，如无此装置，塞一团干脱脂棉球亦可。

8）如果没有无水乙醚可以自己制备，制备方法如下：在 100mL 乙醚中，加入无水石膏 50g，振摇数次，静止 10h 以上，蒸馏，收集 35℃以下的蒸馏液，即可应用。

9）将提取瓶放在烘箱内干燥时，瓶口向一侧倾斜 45°，防止挥发物乙醚与空气形成对流，这样干燥迅速。

10）如果没有乙醚或无水乙醇时，可以用石油醚提取，石油醚沸点 30～60℃为好。

11）使用挥发乙醚或石油醚时，切忌直接用火源加热，应用电热套、电水浴、电灯泡等。

12）这里恒重的概念有区别，它表示最初达到的最低重量，即溶剂和水分完全挥发时的恒重，此后若再继续加热，则因油脂氧化等原因会导致重量增加。

13）在干燥器中的冷却时间一般要一致。

在进行大豆、油菜等作物的品质分析时，常需要分析其脂肪的具体成分。脂肪酸是脂肪分子的基本单位，因此脂肪的性能和作用主要取决于脂肪酸。生物种类不同，其体内的脂肪酸成分也不同。通过对脂肪酸的分析可区分生物种类。目前常用的脂肪酸分析方法有气相色谱法、高效液相色谱法和近红外分析法等，我们这里简单地介绍气相色谱法。

（二）气相色谱法

1. 原理

脂肪酸从油脂中提取出来，进行气相色谱的脂肪酸分析测定。脂肪酸不溶于水而溶于有机溶剂。可用苯进行提取。

气相色谱法是在色谱柱内壁涂有一层不易挥发的高沸点有机化合物的液薄膜作为固定相，流动相是气体，载气。当样品由载气运过柱子时，其组分与固定相相互作用。当各组分与固定相的作用程度不同时就会发生分离。相互作用最小的先分离出来，相互作用最大的后分离出来。

气相色谱法的优点：灵敏度高、高选择、速度快、应用范围广、所需试样量少、仪器便宜成本低。

2. 操作方法

（1）甲酯化反应

用移液管取 0.35mL 油样置于 50mL 圆底烧瓶中并加入 6mL 0.5mol/l 氢氧化钾甲醇溶液。

将冷凝管固定在烧杯上，放入 60℃的水浴锅加热回流至油滴消失。

用移液管取 6mL 三氟化硼甲醇溶液加入沸腾溶液中，继续煮沸 2min。

再从冷凝管顶部加入 4mL 正己烷，煮沸 1min，停止加热，冷却至室温，取下冷凝管。

加入少量饱和氯化钠溶液并轻晃烧杯，继续加入氯化钠至烧杯颈部，静置分层。

吸取上层溶液于小试管中，经无水硫酸钠去除痕量水，置于 4℃冰箱冷藏待分析。

（2）色谱操作条件

柱温：采用程序升温方式，80℃→140℃（5℃/min）→230℃（2.5℃/min）；氢火焰离子化检器（FID）检测温度为 260℃，进样口温度为 240℃；载气为纯度 99.999%氮气，流速 1.2mL/min；分流比 1∶35；进样量 1μL。

3. 数据分析

1）定性分析（峰的识别）：比较未知峰与同样条件下测得的脂肪酸标样的保留时间，对脂肪酸进行定性分析。

2）定量分析：组分的含量与峰面积成正比，根据面积归一法求出脂肪酸的相对含量。

三、淀粉、纤维素及膳食纤维测定

（一）大米淀粉含量的测定

1. 原理

本法是根据 GB/T 5009.9—2003 酸水解法和改良快速直接滴定法进行测定的。试样经除去脂肪及可溶性糖后，其中的淀粉用酸水解成具有还原性的单糖，然后按还原性单糖的方法测定，并折算成淀粉。

2. 仪器与试剂

仪器：水浴锅、粉碎机、40 目筛、250mL 锥形瓶的回流装置、台秤、电炉、锥形瓶、烧杯、量筒、容量瓶、移液管、棕色酸式滴定管、手套。

试剂：乙醇（85%）、盐酸、NaOH 溶液（400g/L）、NaOH 溶液（100g/L）、乙酸铅溶液（200g/L）、硫酸钠溶液（100g/L）、甲基红溶液（2g/L，用乙醇配）、0.01mol/L $KMnO_4$ 标准溶液。

裴林氏 A 液：将 $CuSO_4·5H_2O$ 35g 及亚甲基蓝 0.05g 溶解于水中，定容至 1000mL，摇匀。

裴林氏 B 液：称取 117g 酒石酸钾钠、126.4g 氢氧化钠、9.4g 亚铁氰化钾溶解后，定容至 1000mL，摇匀。

0.1%标准葡萄糖溶液：取分析纯葡萄糖，在 150℃下烘干至恒重，准确称取 1.000g 无水葡萄糖，加水溶解后定容至 1000mL。

3. 测定步骤

（1）样品处理

将大米磨碎并过 40 目筛，称取 3.00g 米粉置于放有慢速滤纸的漏斗中，用 30mL 乙醚分三次洗去试样中脂肪，弃去乙醚。用 150mL 85%乙醇分数次洗涤残渣，除可溶性糖。滤干乙醇溶液，以 100mL 水洗涤漏斗中残渣并转移至 250mL 锥形瓶中，加入 30mL（1+1）盐酸，接好冷凝管，置沸水浴中回流 2h。回流完毕后，立即置流水中冷却。待试样水解液冷却后，加两滴甲基红溶液，先以 NaOH 溶液（400g/L）调至黄色，再以盐酸（1+1）校正至水解液刚变为红色为宜。然后加 20mL 乙酸铅溶液（200g/L），摇匀，放置 10min，再加 20mL 硫酸钠溶液（100g/L），以除去过多的铅。摇匀后将全部溶液和残渣转入 500mL 容量瓶中，用水洗涤锥形瓶，洗液合并于溶瓶中，加入水稀释至刻度。过滤，弃去初滤液 20mL，滤液供测定用。

（2）裴林氏液的标定（空白滴定）

预备滴定：准确吸取裴林氏 A、B 液各 5mL 于锥形瓶中，加水 10mL，摇匀。在电炉上加热 2min 至沸腾，沸腾后立即由滴定管滴入标准葡萄糖溶液至终点（由蓝色变为淡黄色），记下消耗的体积。

正式滴定：准确吸取裴林氏 A、B 液各 5mL 于锥形瓶中，加水 10mL，预加比预备滴定少 0.5～1mL 的标准葡萄糖溶液，摇匀。在电炉上加热 2min 至沸腾，沸腾后立即由滴定管以逐滴的速度滴入标准葡萄糖溶液至终点，记下消耗的体积。

（3）大米水解液中淀粉的测定

预备滴定：准确吸取裴林氏 A、B 液各 5mL 于锥形瓶中，加水 10mL，加大米水解液 10.00mL，摇匀。在电炉上加热 2min 内至沸腾，沸腾后立即由滴定管滴入标准葡萄糖溶液至终点，记下消耗的体积。

正式滴定：准确吸取裴林氏 A、B 液各 5mL 于锥形瓶中，加水 10mL，加大米水解液

10.00mL，预加比预备滴定少 0.5～1.0mL 的标准葡萄糖溶液，摇匀。在电炉上加热 2min 至沸腾，沸腾后立即由滴定管以逐滴的速度滴入标准葡萄糖溶液至终点，记下消耗的体积。

4. 计算

$$还原糖\%=\frac{(V_0-V_1)\times 0.1\%\times 0.9}{W\times V_2/500}\times 100$$

式中，V_0 为空白正式滴定消耗的标准葡萄糖溶液，mL；V_1 为样品正式滴定消耗的标准葡萄糖溶液，mL；W 为硬糖的质量，g；V_2 为测定时吸取的样液体积，mL；500 为大米水解液总体积，mL；0.9 为还原糖（以葡萄糖计）折算成淀粉的换算系数。

（二）纤维素测定

纤维素是植物细胞壁的主要成分之一，纤维素含量的多少，关系到植物细胞机械组织发达与否，因而影响作物的抗倒伏、抗病虫害能力的强弱。测定粮食、蔬菜及纤维作物产品中纤维素含量是鉴定其品质好坏的重要指标。

1. 原理

纤维素（cellulose）为 β-葡萄糖残基组成的多糖，在酸性条件下加热能分解成 β-葡萄糖。β-葡萄糖在强酸作用下，可脱水生成 β-糠醛类化合物。β-糠醛类化合物与蒽酮脱水缩合，生成黄色的糠醛衍生物。颜色的深浅可间接定量测定纤维素含量。

2. 材料、仪器设备

1）材料：烘干的米、面粉或风干的棉、麻纤维。

2）仪器设备：小试管；量筒；烧杯；移液管；容量瓶；布氏漏斗；分析天平；水浴锅；电炉；分光光度计。

3. 试剂

60% H_2SO_4 溶液。浓 H_2SO_4（AR）。2%蒽酮试剂：将 2g 蒽酮溶解于 100mL 乙酸乙酯中，贮放于棕色试剂瓶中。纤维素标准液：准确称取 100mg 纯纤维素，放入 100mL 量瓶中，将量瓶放入冰浴中，然后加冷的 60% H_2SO_4 60～70mL，在冷的条件下消化处理 20～30min；然后用 60% H_2SO_4 稀释至刻度，摇匀。吸取此液 5.0mL 放入另一 50mL 量瓶中，将量瓶放入冰浴中，加蒸馏水稀释至刻度，则每 mL 含 100μg 纤维素。

4. 实验步骤

（1）求测纤维素标准回归方程

取 6 支小试管，分别放入 0mL、0.40mL、0.80mL、1.20mL、1.60mL、2.00mL 纤维素标准液，然后分别加入 2.00mL、1.60mL、1.20mL、0.80mL、0.40mL、0mL 蒸馏水，摇匀，则每管依次含纤维素 0μg、40μg、80μg、120μg、160μg、200μg。向每管加 0.5mL 2%蒽酮，再沿管壁加 5.0mL 浓 H_2SO_4，塞上塞子、摇匀，静置 1min。然后在 620nm 下，求测不同含量纤维素溶液的吸光度。以测得的吸光度为 Y 值，对应的纤维素含量为 X 值，求得 Y 随 X 而变的回归方程。

（2）样品纤维素含量的测定

称取风干的棉花纤维 0.2g 加入烧杯中，将烧杯置冷水浴中，加入 60% H_2SO_4 60mL，并消化 30min，然后将消化好的纤维素溶液转入 100mL 容量瓶，并用 60% H_2SO_4 定容至刻度，摇匀后用布氏漏斗过滤于另一烧杯中。取上述滤液 5mL 放入 100mL 容量瓶中，在冷水浴上加蒸馏水稀释至刻度，摇匀后用。取已稀释的滤液 2mL 于具塞试管中，加入 0.5mL 2%蒽酮试剂，并沿管壁加 5mL 浓 H_2SO_4，塞上塞子，摇匀，静置 12min，然后在 620nm 波长下测吸光度。

5. 结果与分析

根据测得的吸光度按回归方程求出纤维素的量，然后按下式计算样品纤维素的含量：

$$Y（\%）=（X\times10^{-6}\times A\times100）/W$$

式中，X 为按回归方程计算出的纤维素含量，μg；W 为样品重，g；10^{-6} 为将 μg 换算成 g 的系数；A 为样品稀释倍数；Y 为样品中纤维素含量，%。

（三）膳食纤维含量测定

1. 原理（酶-重量法）

样品分别用 α-淀粉酶、蛋白酶、葡萄糖苷酶进行酶解消化以去除蛋白质和可消化的淀粉。总膳食纤维（total dietary fiber，TDF）是先酶解，然后用乙醇沉淀、过滤，残渣用乙醇和丙酮洗涤，经干燥称重所得。不溶性膳食纤维（insoluble dietary fiber，IDF）是样品经上述三种酶酶解后直接过滤，过滤后的残渣用热水冲洗，经干燥后称重所得。可溶性膳食纤维（soluble dietary fiber，SDF）是将上述滤出液用 4 倍量的 95%乙醇沉淀，然后再过滤、干燥，称重所得。TDF、IDF 和 SDF 量通过蛋白质、灰分含量进行校正。

2. 适用范围

本方法适用于各类植物性食物和保健食品。

3. 仪器与试剂

仪器：400mL 或 600mL 高脚型烧杯、过滤用坩埚、真空装置、振荡水浴箱、精确至±0.1mg 天平、马福炉、干燥箱、干燥器、pH 计、移液管及套头、分配器或量筒、磁力搅拌器和搅拌棒。

试剂：去离子水、85%和 78%乙醇溶液、丙酮、热稳定 α-淀粉酶溶液、蛋白酶、淀粉葡糖苷酶溶液、硅藻土、洗涤液、0.05mol/L MES-TRIS 缓冲液、0.561mol/L 盐酸溶液。

4. 测定方法

（1）样品制备

如果样品粒度＞0.5mm，研磨后过 0.3～0.5mm（40～60 目）筛；如果样品脂肪含量＞10%，用石油醚去脂。每克样品用 25mL，每次提取完静置一会儿再小心将烧杯倾斜，慢慢将石油醚倒出，共洗 3 次。如果样品干重含糖＞50%，用 85%乙醇去除糖分，每克样品每次 10mL，共洗 3 次轻轻倒出，然后在 40℃烘箱中不时翻搅干燥过夜，并研磨过 0.5mm 筛。

（2）样品消化

准确称取双份（1.000±0.005）g 样品（M_1 和 M_2），置于高脚烧杯中。在每个烧杯中加入 40mL MES-TRIS 缓冲液，在磁力搅拌器上搅拌直到样品完全分散。加 100μL 热稳定的淀粉酶溶液，低速搅拌。用铝箔片将烧杯盖住，在 95～100℃水浴中反应 30min。所有烧杯从水浴中移出，凉至 60℃。打开铝箔盖，用刮勺将烧杯边缘的网状物及烧杯底部的胶状物刮离，以使样品能够完全酶解。用 10mL 蒸馏水冲洗烧杯壁和刮勺。用蛋白酶进行酶解处理：在每个烧杯中各加入 100μL 蛋白酶溶液。用铝箔盖住，在 60℃持续摇动反应 30min（开始时的水浴温度应达 60℃），使之充分反应。pH 测定：30min 后，打开铝箔盖，搅拌中加入 5mL 0.561mol/L HCl 至烧杯中。60℃时用 1mol/L NaOH 溶液或 1mol/L HCl 溶液调最终 pH 为 4.0～4.7。当溶液为 60℃时检测应调整 pH，因为在较低温度时 pH 会偏高。用淀粉葡糖苷酶溶液酶解处理：搅拌同时加 100μL 淀粉葡糖苷酶溶液。用铝箔盖住，在 60℃持续振摇反应 30min，温度应恒定在 60℃。

（3）总膳食纤维测定

用乙醇沉淀膳食纤维：在每份样品中，加入预热至 60℃的 95%乙醇 225mL，乙醇与样品的体积比为 4∶1。室温下沉淀 1h。用 15mL 78%乙醇将硅藻土湿润和重新分布在已称重的坩埚中。用适度的抽力把坩埚中的硅藻土吸到玻板上。用 78%乙醇和刮勺转移所有内容物微粒到坩埚中（注意：如果一些样品形成胶质，可用刮勺破坏表面，以加速过滤）。用 15mL 的 78%乙醇、95%乙醇和丙酮冲洗残渣各两次，将坩埚内的残渣抽干后在 105℃烘干过夜。将坩埚置干燥器中冷却至室温。称量坩埚、膳食纤维残渣和硅藻土重量，精确称至 0.1mg。减去坩埚和硅藻土的干重，计算残渣重。蛋白质和灰分的测定：取成对的样品中的一份测定蛋白质，用前述或 GB5009.3—2010、GB5009.5—2010 方法测定。用 N×6.25 作为蛋白质的转换系数。分析灰分时用平行样的第二份在 525℃灼烧 5h，在干燥器中冷却，精确称至 0.1mg，减去坩埚和硅藻土的重量，即为灰分重量。

（4）不溶性膳食纤维测定

称适量样品进行酶解，过滤前用 3mL 水湿润硅藻土并将其重新分布在预先处理好的坩埚上，保持抽气使坩埚中的硅藻土抽成均匀的一层。过滤并冲洗烧杯，用 10mL 70℃水洗残渣两次，然后再过滤并用水洗，转移到 600mL 高脚烧杯，用以测定可溶性膳食纤维。分别用 15mL 78%乙醇、95%乙醇和丙酮各冲洗残渣两次（注意：应及时冲洗残渣，否则可造成不溶性膳食纤维数值的增大。用双份样品测定蛋白质和灰分。）

（5）可溶性膳食纤维测定

将不溶性膳食纤维过滤后的滤液收集到 600mL 高脚烧杯中，对比烧杯和滤过液，估计容积。加滤出液 4 倍量、已预热至 60℃的 95%乙醇。或者将滤液和洗过残渣的蒸馏水的混合液调至 80g，再加入预热至 60℃的 95%乙醇 320mL。室温下沉淀 1h。

（6）计算

TDF、IDF、SDF 均用同一公式计算：

$$\text{DF（g/100 g）}=[（R_1+R_2）/2-P-A]/[（M_1+M_2）/2]\times 100$$

式中，R_1 和 R_2 为双份样品残留物重量，mg；P 和 A 分别为蛋白质和灰分重量，mg；

M_1和M_2为样品重量，mg。

四、次生代谢物的分析

植物次生代谢是植物在复杂多变的生态环境中不断进化的结果，在某些作物中次生代谢物是控制其品质的重要组成成分。

（一）异黄酮类

异黄酮，也称异黄酮素或大豆异黄酮，是豆类植物体内形成的一类次生代谢产物，过去认为它是一种抗营养因子，除具有抗肿瘤作用外，同时还具有许多其他的生理活性，如抗氧化、抗溶血、抗病原菌和抗虫害等。异黄酮类物质的合成前体是苯丙氨酸和丙二酰辅酶A，经苯丙氨酸裂解酶、香豆酸辅酶A连接酶、查耳酮合成酶、查耳酮异构酶、异黄酮还原酶等酶催化，经过羟基化、甲氧基化和烷基化过程形成不同的异黄酮类化合物。

异黄酮类化合物在植物界主要分布在被子植物的苋科、桑科、豆科蝶型花亚科、蔷薇科、鸢尾科等，在其他植物中也有少量分布。

异黄酮检测方法主要有紫外分光光度法、三波长法、高效液相色谱法、高效液相色谱-质谱法、气相色谱法、气相色谱-质谱法、毛细管电泳法、四标样快速测定法、薄层扫描色谱法、双向纸层析色谱法及医学上荧光免疫法中时间分辨荧光免疫分析法和酶联免疫吸附法等。紫外分光光度法是最为快捷简单的测量方法，其主要流程为：①利用异黄酮标准样品建立标准曲线；②取5g的样品置于研钵中研匀，用50%的乙醇处理样品后定容至50mL摇匀；③将样品溶液倒入比色皿中，在260nm下测定其吸光度；④根据标准曲线计算出样品异黄酮浓度；⑤再根据公式P（%）=C×50/w×10–2×100得出样品异黄酮的百分含量。

（二）植酸

植酸，又称肌醇六磷酸，它主要存在于植物的种子、根干和茎中，其中以豆科植物的种子、谷物的麸皮和胚芽中含量最高。在生产和生活中，植酸的应用非常广泛，在食品工业中可作为食品添加剂，在酿酒工业中可作为除金属剂。但植酸是一种典型的抗营养因子。植酸可与钙、铁、镁、锌等金属离子产生不溶性化合物，使金属离子的有效性降低；植酸盐也可与蛋白质类形成配合物，使金属离子更加不被利用。植酸普遍存在于植物源食品中，是影响矿质元素吸收的主要抗营养成分，未被配合的植酸还可结合由胰液、胆汁等各种脏器向小肠分泌排出的内源性锌、铜等元素。植酸不但影响了食物源中微量元素的利用度，同时还阻碍了内源性微量元素的再吸收。低植酸是作物品质育种的一个重要方向。植酸及其降解产物的定性分析与定量检测方法有许多，包括沉淀法、离子交换法、高效液相色谱法等。常用的方法是HPLC折射率法，但是该方法不能进行梯度洗脱且灵敏度低，检测结果易受到外界环境温度的影响。在定量检测方法中，高效离子色谱法结果灵敏，可以测定多种离子，并且可以结合梯度洗脱分离肌醇磷酸酯（IP）及其不同的异构体。同时也可用来检测食物、肠内容物及酶的水解产物中的IP1～IP6，灵敏度较强，并可在相当程度上区分异构体。高效离子色谱利用电性相反的颗粒相互吸引的原理，其主要流程为：①将样品溶于水中浸泡提取植酸；②将提取的样品植酸提取液进行阴离子交换；③在样品中加入硝酸 6mL150℃预消解 20min，待黄烟散去后补加 2mL 硝酸和 1mL 过氧化氢，放入消解仪中消解，消解完成后加入过氧化氢在 180℃分解除去多余硝酸，冷却后加氢氧化钠调节 pH 至中性，并用去离子水定容到 500mL；④用磷酸钠标准溶液进行离子色谱分析建立标准曲线；⑤将处理好的样品进行色谱分析；⑥计算结果。贾鹏禹等运用离子色谱法对米糠中植酸含量进行了测定，并且进行了不同消解方法的比较；刘巧茹等运用离子色谱法对植物样品中植酸根和磷酸根含量进行了测定分析，同时也利用高效色谱法对植酸钠的水解产物进行分析，并建立了测定植酸钠水解率的新方法。

五、烟草安全性分析

烟草含有的一氧化碳、氮氧化物、挥发性芳香烃、氰化氢、挥发性醛和酮类化合物、稠环芳烃、一亚硝胺、酚类物质、自由基、某些杂环化合物、重金属、农药残留等是影响人类健康的化学物质。目前对烟叶的安全性重点关注尼古丁、焦油、苯并芘、农药残留和烟草特有亚硝胺等。

六、烟草和烟气中的有害化学成分

根据近年来的文献资料报道，烟气和烟草中共有化学成分有 1135 种，只在烟草中存在的化学成分有 1414 种，只在烟气中存在的化学成分有种共 2740 种，共计 5289 种。其中对人体有害的成分主要有焦油、烟碱、亚硝胺、酚类化合物、CO、NO、HCN 等。对这些有毒有害的化学成分的定性和定量分析往往需要用高效液相色谱仪、气相色谱仪、气相色谱-质谱联用仪、液相色谱-质谱联用仪等设备。

（一）尼古丁

俗名烟碱，一种无色透明的油状挥发性液体，具有刺激的烟臭味，是烟叶主要的成瘾源。烟碱随烟气进入人体后，大部分停留在肺部，只有小部分进入血液中，在极短时间内即可以到达大脑，从而对交感神经产生抑制作用。但是卷烟中烟碱的含量过高也会引起烟气的刺激性增加。烟碱可引起胃痛及胃病、血压升高、心跳加快、心律不齐并诱发心脏病，损害支气管黏膜，引发气管炎，毒害脑细胞，可使吸烟者出现中枢神经症状，可促进癌的形成。若大量吸食会引起身体不适，甚至中毒。烟碱一般用化学方法检测，也可以用近红外光谱仪采集卷烟烟丝光谱，结合焦油、烟气烟碱化学分析数据建立相应的数学模型，对成品卷烟的焦油和烟气烟碱进行间接的预测。

（二）焦油

烟焦油是指吸烟者使用的烟嘴内积存的一层棕色油腻物，俗称烟油，是有机质在缺氧条件下不完全燃烧的产物。烟草本身只含有微量的多环芳烃，而焦油中的大量多环芳烃绝大部分是在吸烟过程中生成的。研究者认为焦油是烟气中最主要的有害物质。据报道，焦油中含有 5200 多种化学成分，其中有 99.4%的成分对人体健康无害，且大多是致香成分，0.2%的成分是致癌物质，0.4%的成分是癌症促进剂。焦油生成量越低，安全性越好，但会影响卷烟的香气。通常用烟碱与焦油之比表示安全性。焦油含量测定方法可采用国家烟草专卖局的标准方法：《卷烟侧流烟气中焦油和烟碱的测定 YC/T 185—2004》、《卷烟用常规分析用吸烟机测定总粒相物和焦油 GB/T 19609—2004》。

（三）烟叶特有亚硝胺

烟草特有亚硝胺（TSNA）是烟草及烟草制品有害成分中的重要致癌物质，是烟草及烟草制品中 N-亚硝胺 4 种存在形式之一。是由烟草内源性生物碱与硝酸盐和亚硝酸盐通过亚硝化作用而产生。烟草及烟草制品中 TSNA 的测定方法随着仪器的进步而发展，目前常用气相色谱-氮磷检测器法（GC-NPD）、气相色谱-热能分析仪法（GC-TEA）、气相色谱-质谱法（GC-MS）等来检测烟草及烟草制品中的 TSNA。相关国家烟草专卖局标准方法有：《烟草及烟草制品烟草特有 N-亚硝胺的测定 YC/T 184—2004》和《卷烟主流烟气总粒相物烟草特有 N-亚硝胺的测定气相色谱-热能分析联用法 GB/T 23228—2008》。

（四）一氧化碳

烟气中一氧化碳量是一项健康卫生指标，是影响卷烟质量的一个重要指标。烟气中的一氧化碳是危害人体健康的主要成分之一。吸烟时一氧化碳随烟气进入人的气管和肺部，从而使血液的载氧能力减小，造成心肌梗死和猝死，加速心脏疾病的发展，对人体的健康产生严重的威胁。烟气中一氧化碳的测定可采用国家标准方法《卷烟烟气气相中一氧化碳的测定—非散射红外法 GB/T 23356—2009》。

（五）重金属

重金属是指密度大于 4.5g/cm^3 的金属，包括金、银、铜、铁、铅等金属。烟草中的重金属主要以气溶胶形式存在，可以通过抽吸过程进入体内，对人体造成潜在威胁。目前研究发现，烟草中的铅、汞、镉、砷熔点较低，最容易在抽吸过程中随烟气进入人体内。许多研究认为，农艺措施可有效控制烟草植株对重金属元素的吸收和积累。对汞、砷、铅含量的测定可根据国家烟草专卖局标准方法《烟草及烟草制品汞、砷、铅含量的测定—氢化物原子荧光光度法 YC/T 250—2008》。

七、农药残留

烟草在生长发育过程中会受到病虫的危害，会对烟草的质量和产量产生重大影响，控制病虫害的有效方法是施用农药，农药成分也不可避免地残留在烟草上。烟叶农药残留是影响烟草安全性的一个重要因素。烟草在燃烧过程中会发生大量复杂的化学反应，残留的农药也会参与到这些反应当中，生成的新的化学物质会随烟气进入人体，对人体健康产生威胁。烟草农药残留可以按照国家标准测定，如《有机磷农药的测定气相色谱法（GB 13192—1991）》、《烟草及烟草制品有机氯除草剂农药残留量的测定——气相色谱法 YC/T 181—2004》、《烟草及烟草制品二硫代氨基甲酯农药残留量的测定——分子吸收光度 GB/T 21132—2007》、《烟草及烟草制品酰胺类除草剂农药残留量的测定——气相色谱法 YC/T 179—2004》、《烟草及烟草制品菌核净农药残留量的测定——气相色谱法 YC/T 218—2007》。

第五节　物理检测方法

一、淀粉糊化特性测定

采用澳大利亚 Newport Scientific 仪器公司生产的 3-D 型黏度速测仪（Rapid Visco Analyser，RVA）测定，并用 TCW（Thermal Cycle for Windows）配套软件分析，按美国谷物化学协会（AACC）操作规程（1995 61–02）进行测定；含水量 14%样品量为 3.00g，蒸馏水 25.00mL。测定过程中罐内温度变化如下：50℃保持 1min，以 12℃/min 上升到 95℃（3.75min），95℃保持 2.5min，以 12℃/min 下降到 50℃（3.75min），50℃保持 1.4min。搅拌器在起始 10s 内转动速度为 960r/min，以后保持在 160r/min。黏滞性值用“rapid visco units（RVU）”作单位表示。RVA 谱特征值主要用最高黏度（peak viscosity，PKV）、热浆黏度（hot paste viscosity，HPV）、冷胶黏度（cool paste viscosity，CPV）、崩解值（breakdown，BDV，最高黏度-热浆黏度）、消减值（setback，SBV，冷胶黏度-最高黏度）和回复值（consistence，CSV，冷胶黏度–热浆黏度）等表示。同时记录起浆温度（pasting temperature，PaT，指黏度开始增加时的温度，是熟化给定试样所需要的最低温度）、峰值时间（peak time，PeT，是指最高黏度出现所需的时间）。

此外，运用德国生产的 Brabender E 型黏度仪也可以测定谷物面粉的糊化特性，根据 GB/T 14490—2008 进行测定。称取含水量为 14%（含水量非 14%应进行换算）的小麦粉 80g，蒸馏水 450mL，制备样品悬浮液并全部转移到测定钵中，测定过程中钵内温度变化如下：加热悬浮液至一定温度（一般为 50℃）后，以 1.5℃/min 升温至 95℃（30min），95℃保持 10min，以 1.5℃/min 降温至 50℃（30min），50℃保持 3min。搅拌器转速为 75r/min 恒定不变。黏度值用“A.U.”为单位。糊化特性指标主要有开始糊化温度（t_1）、最高黏度值（A）、最低黏度值（B）、最高黏度时温度（t_2）、最低黏度值（C）、稀懈值（A–B）、回升值（C–B）。

二、NIR 检测法

近红外光谱（NIR）是介于可见光（VIS）和中红外（MIR）之间的电磁辐射波，美国材料检测协会（ASTM）将近红外光谱区定义为 780～2526nm 的区域，是人们在吸收光谱中发现的第一个非可见光区。近红外光谱区与有机分子中含氢基团（OH、NH、CH）振动的合频和各级倍频的吸收区一致，通过扫描样品的近红外光谱，可以得到样品中有机分子含氢基团的特征信息，而且利用近红外光谱技术分析样品具有方便、快速、高效、准确和成本较低、不破坏样品、不消耗化学试剂、不污染环境等优点，因此该技术受到越来越多人的青睐。近红外光谱技术量测信号的数字化和分析过程的绿色化又使其具有典型的时代特征，近年来，近红外光谱技术已成为发展最快、最引人注目的光谱分析技术。

近红外光谱分析方法的优点如下。

1）分析速度快。近红外光谱分析仪一旦经过定标后在不到1min的时间内即可完成待测样品多个组分的同步测量，如果采用二极管列阵型或声光调制型分析仪则在几秒钟的时间内给出测量结果，完全可以实现过程在线定量分析。

2）对样品无化学污染。待测样品视颗粒度的不同可能需要简单的物理制备过程（如磨碎、混合、干燥等），无需任何化学干预即可完成测量过程，被称为绿色的分析技术。

3）仪器操作和维护简单，对操作员的素质水平要求较低。通过软件设计可以实现极为简单的操作要求，在整个测量过程中引入的人为误差较小。

4）测量精度高。尽管该技术与传统理化分析方法相比精度略逊一筹，但是给出的测量精度足够满足生产过程中质量监控的实际要求，故而非常实用。

5）分析成本极低。由于在整个测量过程中无需任何化学试剂，仪器定标完成后测量是一项非常简单的工作，所以几乎没有任何损耗。

澳大利亚阿德莱德大学（The University of Adelaide）的D. Cozzolino等利用近红外光谱（NIR）与RVA相结合的方法研究，旨在评估使用近红外光谱技术预测由大麦样品生成的糊化特性参数在研究糊化特性育种中的能力。实验结果表明，在偏最小二乘法回归（PLS）数据分析中，峰值黏度、冷浆黏度、崩解值、消减值、热浆黏度、峰值时间和起浆温度的交叉验证决定系数（R_2）分别为：0.88、0.82、0.92、0.61、0.84、0.70和0.36。实验表明近红外光谱有望作为在全粒大麦中测量峰值黏度的一种快速、非破坏性方法，NIR具有减少分析时间和成本的潜力，可以作为一种用于淀粉糊化特性筛选的新路线。

三、MIR检测法

中红外光谱分析技术的分析范围是一般有机化合物基频振动频率范围，得到相关官能团的信息，从而得到分子的结构信息。中红外光谱分析被广泛用于物质定性和定量分析组成和成分含量，具有快速、无损、简便的特点。阿德莱德大学（The University of Adelaide）的D. Cozzolino等使用衰减全反射中红外（ATR-MIR）光谱来预测大麦和麦芽粉样品中的果聚糖含量，实验结果表明，ATR-MIR光谱可能可以近似估计大麦和麦芽的真实果糖浓度，并用于育种计划背景下的样品排名（高、中、低）。此外，他们还利用MIR研究了中红外光谱与大麦面粉糊化特性的关系，实验结果表明，ATR-MIR光谱具有显著降低分析大麦粉淀粉糊化特性时的分析时间和成本的潜力。由此可见，ATR-MIR是一种非常有前途的品质物理分析方法。

四、核磁共振检测法

根据现代核物理理论，当置于强磁场中的原子核被特定频率的电磁波激发，就会吸收能量，由低能级跃迁到高能级，随后被激发的核子将回到原来的状态，同时释放能量。自然界任何原子核均存在自旋性，原子核自旋为其内在特性，是构成磁共振成像

（magnetic resonance imaging，MRI）的基础。原子核由质子和中子组成，质子带正电荷，中子不带电荷。带电的原子核以自身的轴线为中心自旋产生电流。如果原子核质子数为偶数，其产生的磁场会相互抵消，不能产生核磁共振现象。只有原子核质子数为奇数的元素，如 ^{1}H（氢）、^{19}F（氟）、^{31}P（磷）等进行自旋时，产生磁场，能够发生核磁共振现象。通常情况下，原子核自旋轴的排列是无规律的，但将其置于外加磁场中时，核自旋空间取向从无序变为有序。自旋系统的磁化矢量由零逐渐增长，当系统达到平衡时，磁化强度达到稳定值。如果此时核自旋系统受到外界作用，如特定频率的电磁波激发原子核即可引起共振效应。在射频脉冲停止后，自旋系统已激化的原子核将回复到磁场中原来的排列状态，同时释放出微弱的能量，将这种来自原子核释放的能量以电磁波形式探测到后，即为核磁共振信号，经处理就可得出所需的信息。

牟红梅等为了揭示活体冬小麦灌浆过程的水分变化规律，利用核磁共振技术的无损检测特性，结合核磁共振质子密度加权成像和核磁共振 T2 弛豫谱分析，对小麦麦穗进行了连续活体检测。核磁共振质子密度加权成像结果表明，灌浆前期籽粒的水分不断增加，至花后 15d 籽粒的水分含量达到最大值，灌浆物质在籽粒中积累的顺序是由外向内、自上而下的。核磁共振 T2 弛豫谱分析的结果则指出，从籽粒形成至完熟期麦穗不同相态（结合水、半结合水、自由水）的水分都表现为先增大后减小的特点。王永巍等应用低场核磁共振技术对无料空炸大豆油油样进行检测，通过对多组分 T_2 弛豫图谱及峰面积比例 S_{21} 和单组分弛豫时间 T_{2W} 分析指出，可以利用低场核磁共振检测的 S_{21} 和 T_{2W} 有效反映煎炸油的品质变化。

五、棉花纤维品质 HVI 大容量测试仪

HVI 为棉纤维大容量测试仪 High Volume Inspection 的缩写，在 1968 年 Spinlab 和 Motiond Control Inc 联合研制其样机。1984 年 Spinlab 公司连续推出一系列 HVI900、HVI900A、UsterAFIS、UsterQICKSPIN 型等优化系统。瑞士的乌斯特公司收购了美国公司 HVI 产品以来，先后推出了 USTER HVI9000、USTER HVI CLASSING、USTER HVI SPECTRUM 三种产品，满足了不同用户的需求。目前，更多使用的是其新一代产品 USTER HVI SPECTRUM 和 USTER HVI CLASSING。USTER HVI CLASSING 是国际棉花交易过程中的标准分级系统。适用于进行大批量测试，测试速度快。该仪器可以快速检验棉花纤维的大多数重要的指标，如马克隆值、长度（UHML）、长度一致性、短纤指数、强度、伸长、色泽、杂质和成熟度等。

HVI 检测是集光、机、电、气、计算机等硬件技术，以及图像处理、统计算法、修正模型等软件技术为一体的高新技术产品，是一种先进的快速、准确、全面的棉花纤维性能综合测试仪器，适合于棉花育种、收购、检验及纺织厂配棉等多方面的应用。它不仅可以在很短时间内一次性取样检测出棉纤维的长度、长度均匀度、强力、伸长、麦克隆值、成熟度、回潮、色泽、杂质等检测项目指标，而且全程自动化操作，极大地提高了工作效率和检测结果的准确性，避免了手工操作的误差。目前国内主流的 HVI 大容量纤维测定仪产品有：美国 USTER® HVI 1000、印度 PremierART、中国陕西长岭 XJl28 三大品牌。这里对 USTER® HVI 1000 大容量纤维测定仪做简单介绍。

HVI 1000 有 HVI1000 M1000 和 HVI1000 M700 两个型号。M1000 每班（8h）最大测试样品数 1000 个；M700 每班（8h）最大测试样品数 700 个。HVI 1000（图 8-1）是目前乌斯特公司最新一代的大容量棉纤维测试仪，也是世界上最新一代的棉纤维检测仪器，是全球棉花纤维分级中唯一公认的标准仪器。USTER® HVI 1000 可以对棉花纤维进行全方位的测试，提供 17 项棉纤维的主要物理指标，包括棉纤维上半部长度值（UHML）、短绒率（SFI）、回潮率（Moist）、马克隆值（Mic）、整齐度指数（UI）、断裂比强度（Str）、伸长率（Elg）、成熟度比（Mat）、反射率（Rd）、黄度（+b）、颜色等级（Color Grade）、杂质数（Trash Count）、杂质面积（Trash Area）、杂质等级（Trash Grade）、荧光值（UV）、棉结（Nep）及纺纱稳定参数（SCI）。HVI 1000 采用先进的模块设计，共有长度/强度、颜色/杂质、马克隆值/成熟度和棉结仪 4 套模块。

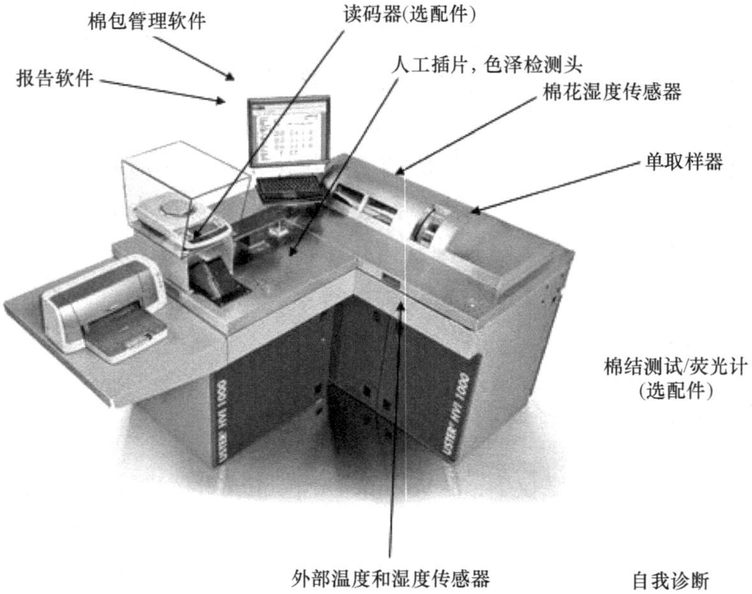

图 8-1 USTER® HVI 1000 大容量纤维测定仪

（一）长度/强度模块

测量指标：回潮率，上半部平均长度，整齐度，短纤维指数，强度，伸长率。

测试机理：将棉花纤维样品由试样夹随机取出并梳理后，经过照影仪测得的照影仪曲线自动计算而得出有关长度、整齐度指数及短纤维率等指标。利用纤维断裂前伸长的平均值计算纤维伸长率，通过测量拉断一定质量纤维所需要的力大小来确定纤维的强度。

（二）颜色/杂质模块

测量指标：反射率，黄度，杂质数，杂质面积。

测试机理：光从测试窗口下照射样品，通过双滤光色计得出黄度与反射率，同时用 CCD 摄像头分析像素的变化，如果杂质点的灰色程度超出了摄像头的预先设定，则被记录下来。测试窗口内的所有杂质将被计数，测量结果是单位面积内的杂质数量。

（三）马克隆值/成熟度模块

测量指标：马克隆值，成熟度。

测试机理：利用气流阻力和比表面积之间的相关性来测量马克隆值。把已经称重的纤维放在固定容量的仓里，气流从纤维中穿过，进出仓的气流有一定的压差，根据其与纤维比表面积的关系确定棉纤维的马克隆值。可以简单理解为把一定质量的棉纤维压缩到固定的体积后的透气性，来测量马克隆值。

（四）棉结模块

测量指标：荧光值，棉结数。

测试机理：棉纤维纠缠而成结点，以每克纤维所含的棉结数来计算。

主要参考文献

杜咏梅, 肖协忠, 王允白. 2002. 烟气焦油与卷烟安全性. 中国烟草科学, 23, 2 : 31-34.
高瑞萍, 彭见林, 刘辉, 等. 2011. 脂肪酸分析方法研究进展. 食品工业科技, 32(8): 473-477.
李丹华, 朱圣陶. 2006. 气相色谱法测定常见植物油中脂肪酸. 粮食与油脂, 8: 46-48.
卢红兵. 2005. 烟草中几种重要化学成分的分析技术及组分关联性研究. 湖南大学硕士学位论文.
马爱萍, 邵群, 孙志宾, 等. 2011. 3 种测定大豆种子脂肪含量方法的比较研究. 河南农业科学 , 40(3): 62-64.
孟俊婷, 唐淑荣. 2006. HVI 棉纤维大容量测试仪检测指标解析. 中国棉花, 33(12): 34.
牟红梅, 何建强, 邢建军, 等. 2016. 小麦灌浆过程籽粒水分变化的核磁共振检测. 农业工程学报, 32(8): 98-104.
孙君明, 韩粉霞. 2005. 植物次生代谢产物异黄酮的调控机理. 西南农业学报, 18(5): 663-667.
王永巍, 王欣, 刘宝林, 等. 2012. 低场核磁共振技术检测煎炸油品质. 食品科学, 33(6): 171-175.
张国良, 霍中洋, 许轲. 2008. 农产品品质及检验. 北京: 化学工业出版社.
张海军, 王英, 王庆钰. 2011. 大豆异黄酮检测方法研究概述. 粮食与油脂, 3: 39-42.
张建奎. 2012. 作物品质分析. 重庆: 西南师范大学出版社.
周骏. 2007. 卷烟烟气中有害成分的分析方法研究. 清华大学博士学位论文.
周雯. 2013. 卷烟主流烟气中重金属及其他有毒有害物质的脱除. 中国海洋大学硕士学位论文.
Cozzolino D, Roumeliotis S, Eglinton J. 2013a. Exploring the use of near infrared(NIR)reflectance spectroscopy to predict starch pasting properties in whole grain barley. Food Biophysics, 8: 256-261.
Cozzolino D, Roumeliotis S, Eglinton J. 2013b. Prediction of starch pasting properties in barley flour using ATR-MIR spectroscopy. Carbohydrate Polymers, 95: 509- 514.
Cozzolino D, Roumeliotis S, Eglinton J. 2014. Feasibility study on the use of attenuated total reflectance MIR spectroscopy to measure the fructan content in barley. Analytical Methods, 6: 7710-7715.
Hecht S S. 2003. Tobacco carcinogens, their biomarkers and tobacco-induced cancer. Nature Reviews Cancer, 3(10): 733-744.

第九章　作物矿质营养元素检测方法

要对作物矿质营养元素进行检测，首先必须弄清楚作物根系能吸收哪些矿物质，其中哪些是作物生长所必需的，哪些是有益的，哪些是无助于植物的生长，甚至是有害的。也就是说，必须了解作物矿质营养元素的种类及其在作物体内的重要功能，才能更有针对性地进行检测。其次，不同的矿质营养元素有不同的测定方法，同一种矿质元素也有不同的测定方法，如常规检测或无损伤检测等。因此，本章将从矿质营养元素的种类及重要功能、矿质营养元素的常规检测方法、无损伤检测方法等方面展开论述，为作物矿质营养学研究奠定基础。

第一节　作物矿质营养元素的种类及重要功能

一、作物矿质营养元素的种类

植物的组成十分复杂。新鲜的植物体含水量一般为75%～95%，干物质含量为5%～25%。干物质的元素组成有C（碳）、H（氢）、O（氧）、N（氮）、P（磷）、K（钾）、S（硫）、Ca（钙）、Mg（镁）、Fe（铁）、Cu（铜）、Mn（锰）、B（硼）、Zn（锌）、Mo（钼）、Cl（氯）、Ni（镍）、Br（溴）、I（碘）、Al（铝）、Si（硅）、Na（钠）、Co（钴）、Sr（锶）、Pb（铅）、Hg（汞）、Se（硒）……几乎包括所有存在于土壤和水体中的元素。在这些元素中，哪些是植物生长发育所必需的，哪些是对植物生长发育有益或有害的，需要采用特定的研究方法进行确定。

运用溶液培养或砂培的方法，在不供给某种元素的条件下进行作物培养，观察该元素的缺乏对作物生长发育的影响，就可以弄清楚哪些是作物生长发育所必需的营养元素，哪些是对作物生长发育有益或有害的元素。

Arnon和Stout（1939）认为作物必需的营养元素应该同时满足以下三个条件。

1）作物的营养生长和生殖生长必须有这种元素，当它完全缺乏时，作物的生命周期就不能完成。

2）缺乏某种元素后，作物会表现出特有的症状，而且其他任何一种化学元素均不能代替它的作用，只有补充这种元素后症状才能减轻或消失。

3）这种元素必须是直接参与作物的新陈代谢，对作物起直接的营养作用，而不是改善环境的间接作用。

目前已经确认，作物必需的营养元素有：C、H、O、N、P、K、S、Ca、Mg、Fe、Cu、Mn、Zn、B、Mo、Cl和Ni，共17种（表9-1）。

然而，要严格分清必需元素和非必需元素是非常困难的。主要原因是：作物的某些生理功能可能被相关的两种元素暂时或部分相互取代，如铷代替钾，锶代替钙等。另外，某些元素对作物而言只是在一定场合下才需要，在另外的场合不一定需要。例如，钼在

表 9-1　作物必需的营养元素

类别	元素	高等植物	低等植物
大量元素	C、H、O、N、P、K	+	+
中量元素	S、Ca、Mg	+	+
微量元素	Fe、Cu、Mn、Zn、B、Mo、Cl、Ni	+	+

资料来源：黄建国，2003

注：+表示必需

NO_3^--N 为作物氮源时才被需要，而在 NH_4^+-N 为氮源时，却并不一定需要。因此，目前对作物必需营养元素的研究还不够，随着科学技术的进步，作物必需营养元素的种类可能还会增加。

可根据这些营养元素在作物体内的含量，把 17 种必需营养元素分为大量元素（平均含量占干物重的 0.5%以上，包括 C、H、O、N、P、K）、中量元素（平均含量占干物重的 0.1%～0.5%，包括 S、Ca、Mg）、微量元素（平均含量占干物重的 0.1%以下，包括 Fe、Cu、Mn、Zn、B、Mo、Cl、Ni）。14 种必需营养元素在作物体内的含量及吸收形态见表 9-2。

表 9-2　作物必需的营养元素含量及吸收形态

营养元素		利用形态	含量（以干重计）	
			mg/kg	%
大量元素	N	NO_3^-、NH_4^+	—	1.5
	K	K^+	—	1.0
	P	$H_2PO_4^-$、HPO_4^{2-}	—	0.2
中量元素	Ca	Ca^{2+}	—	0.5
	Mg	Mg^{2+}	—	0.2
	S	SO_3^{2-}、SO_4^{2-}	—	0.1
微量元素	Fe	Fe^{2+}、Fe^{3+}	100	—
	Cl	Cl^-	100	—
	Mn	Mn^{2+}	50	—
	B	BO_3^{3-}、$B_4O_7^{2-}$	20	—
	Zn	Zn^{2+}	20	—
	Cu	Cu^{2+}、Cu^+	6	—
	Mo	MoO_4^{2-}	0.1	—
	Ni	Ni^{2+}	<0.1	—

资料来源：黄建国，2003

需要指出的是，必需营养元素在作物体内的含量常常会受到作物种类、环境因素的影响。尤其是环境因素，会使作物体内的各种营养元素含量发生很大变化。例如，有些作物体内铁、锰的含量能接近硫或镁的含量，主要是环境条件影响的结果。

二、作物必需矿质营养元素的重要功能

在植物体内，17 种必需矿质营养元素不论数量多少都是同等重要的，任何一种营养元

素的特殊功能都不能完全被其他元素所替代。14 种营养元素的主要功能概括如下（表 9-3）。

表 9-3　14 种植物必需营养元素的部分重要功能

营养元素	构成植物体内的物质（举例）	部分酶促反应（+表示促进，−表示抑制）
N	蛋白质、酶、核酸、叶绿素	硝酸还原酶（+），固氮酶（−），转氨酶（+）
S	蛋白质、酶、硫脂	硫酸盐还原酶（+），亚硫酸盐还原酶（+）
P	核酸、磷脂、辅酶	ADPG-焦磷酸酶（−），淀粉磷酸化酶（+）
K	离子态存在（K^+）	合成酶、氧化还原酶、转移酶等 70 多种酶的激活剂
Ca	细胞壁、果胶质、钙调素	淀粉酶（+），调节信号传递、运动、刺激等反应中有关的酶活性
Mg	叶绿素	磷酸化酶（+），RuBP 羧化酶（+）
Fe	叶绿素、铁蛋白、细胞色素、酶类	氧化还原酶（+），光合电子传递体（+）
Mn	酶类	希尔反应（+），脱羧酶（+），过氧化物歧化酶（+）
Zn	酶类	己糖激酶（+），IAA 合成酶（+），IAA 氧化酶（−），碳酸酐酶（+），核糖核酸合成酶（−）
Cu	蓝质素、酶类	氧化还原酶（+），光合电子传递体（+）
B	单糖络合物	不详
Cl	离子态存在	盐腺中的 ATP 酶（+）
Mo	钼蛋白	硝酸还原酶（+），固氮酶（+）
Ni	与半胱氨酸和柠檬酸形成配位体	多胺氧化酶（+），脲酶（+）

资料来源：黄建国，2003

（一）构成植物的结构、贮藏和生活物质

植物体的结构物质包括纤维素、半纤维素、木质素、果胶物质等；贮藏物质包括淀粉、脂肪、植素等；生活物质包括氨基酸、蛋白质、核酸、叶绿素、酶及辅酶等。构成这些物质的营养元素主要包括：碳、氢、氧、氮、磷、硫、钙、镁等。例如，构成植物骨架的细胞壁，几乎完全是由碳水化合物和含碳、氢、氧的其他化合物所组成；作为细胞质主要有机成分的蛋白质，也主要是由碳、氢、氧、氮和少量的硫所组成；细胞核及某些细胞质中细胞器的核酸是由碳、氢、氧、氮和磷所构成的；所有的生物膜中都含有丰富的脂类，它们主要是由碳、氢、氧和少量的氮与磷所构成。

（二）调节植物的新陈代谢

植物体内，酶是新陈代谢的催化剂。在酶的催化过程中，它们需要某些元素作为活化剂，使之活化，然后参与复杂的生物化学过程。也有不少营养元素本身就是酶的组分，它们作为氧化还原反应的电子供体或受体，起着传递电子的作用。这些元素主要是微量元素，如钼铁蛋白、铁氧还蛋白、碳酸酐酶（含锌）、脲酶（含镍）、铜锌超氧化物歧化酶（含铜、锌）等。

（三）其他特殊作用

在植物体内，有些元素参与物质的转化与运输、信号传递、渗透调节、生殖、运动

等。例如，钾可以调节细胞膨压，促进植物体内碳水化合物的转化和运输；钙可掺入到细胞壁中胶层的结构中，成为细胞间起粘接作用的果胶酸钙，同时钙与钙调素相互作用，参与信息传递、运动等。

第二节　作物矿质营养元素的常规检测方法

一、氮、磷、钾的检测方法

氮（N）、磷（P）、钾（K）是作物营养的三大要素，作物对氮的需要量最大，也最容易缺乏，其次是磷、钾。因此，作物氮、磷、钾含量的测定是作物营养研究中最普通的常规分析项目。

（一）作物全氮检测方法

1. 分析意义

作物的全氮（N）含量为作物干重的 0.3%～5.0%，其含量高低与作物种类、器官、生育时期和环境条件等多种因素密切相关，禾本科作物植株含氮量一般较少，仅为 0.5%～1.0%；豆科作物含有丰富的蛋白质，含氮量较高。按干重计，大豆植株含氮量可达 2.49%，紫云英植株含氮 2.25%。在相同种类的作物中，不同品种的含氮量也有明显差异。

由于作物体内氮素主要存在于蛋白质和叶绿素中，因此，幼嫩器官和种子的含氮量较高，而茎秆的含氮量较低，成熟器官的含氮量更低（表 9-4）。例如，水稻、小麦、玉米等谷类作物籽粒含氮 1.3%～2.0%，茎秆含氮仅 0.3%～0.5%。

表 9-4　大田作物成熟期的平均含氮量（干重）

作物	植株含氮/%	
	籽粒	茎秆
水稻	1.31	0.51
小麦	2.08	0.33
玉米	1.60	0.31
高粱	1.78	0.28
棉花	3.68	2.25
番茄	0.30（果实）	1.88（茎叶）
大豆	5.36	1.75
花生	4.16（果仁）	2.30（茎蔓）
马铃薯	0.28（块茎）	2.57（茎叶）

资料来源：黄建国，2003

在不同生育时期，同一作物的含氮量也不相同。水稻分蘖期含氮量明显高于苗期，通常分蘖盛期的含氮量达到最高峰，其后随生育时期推移而逐渐下降。在不同生育期，氮素在作物体内的分布不断发生变化，在作物营养生长期，氮素大部分存在于幼嫩器官中；转入生殖生长期后，茎叶中的氮素则向贮藏器官转移；到成熟时，全氮的 70%左右转入并贮藏在生殖器官中。因此，在收获时种子含氮量比茎叶高很多。一般而言，作物不同生育时期的全氮量呈抛物线变化。作物从苗期开始吸收氮素，随着植株的生长，植株茎叶含氮量急剧上升，吸收的高峰一般出现在营养生长旺盛期和开花期，以后吸收速率迅速下降，直到收获。如杂交晚稻威优 6 号茎叶含氮量在移栽期为 1.97%，分蘖初期为 3.19%，分蘖盛期为 3.35%，孕穗初期为 2.26%，齐穗期为 1.67%，成熟期为 1.30%。这些结果说明，在对不同作物进行取样测定时，要注明作物生育时期、组织部位，只有在相同的情况下测定结果才有比较意义，对指导作物生产才有参考价值。

2. 方法选择的依据

作物全氮测定包括样品的分解和待测液中氮的定量。分解作物样品的方法通常采用凯氏法，即用 H_2SO_4-混合加速剂（K_2SO_4+$CuSO_4$+Se 粉）或氧化剂如 H_2SO_4-$HClO_4$、H_2SO_4-H_2O_2 消煮分解样品中有机物和有机含氮化合物，使其转化为无机铵盐。

溶液中氮的定量方法有蒸馏法、扩散法和比色法。其中 H_2SO_4-混合加速剂-蒸馏法被公认为定氮的标准法，在分析少量样品或者单独测定氮的时候常用此法。但其消煮液中有 Se 存在，对比色法测定磷、氮有影响，此消煮液也不能供钾测定。$HClO_4$ 是强氧化剂，在高温消煮时容易引起氮的损失；H_2SO_4-H_2O_2 消煮法则无以上缺点，此法的最大特点是植物样品经一次消煮的待测液，可以供全氮、全磷、全钾测定，十分方便，故目前在植物营养常规分析中广泛采用。尤其在分析大批植物样品时，以选用 H_2SO_4-H_2O_2 消煮-扩散法定氮的操作最为方便，且设备简单，准确度也能符合常规分析的要求。若采用消煮炉代替普通电炉消煮样品，则可大大加快消化速度，提高消化精度，操作也更为方便。在无蒸馏器和扩散皿时，还可选用靛酚蓝比色法，该法灵敏度高、快速、适合于大批量样品分析和仪器自动分析。只是对于含氮高的样品，此法容易产生较大的稀释误差，但经仔细操作可以得到较准确的测定结果。

上述消煮和定氮的方法只能测得植物样品中的有机态氮和铵态氮，不包括硝态氮。对于某些含硝态氮较高的旱作植物样品，则需要在消煮前先用水杨酸-浓 H_2SO_4 将样品中的硝态氮转化为硝基水杨酸，再用 $Na_2S_2O_3$ 或锌粉把硝基水杨酸还原为氨基水杨酸，然后用 H_2SO_4-混合加速剂消煮，将全部有机氮（包括氨基水杨酸）转化为铵盐。可选用蒸馏法或扩散法测定氮。也可以用铬粒在酸性条件下将样品中的 NO_3^--N 还原为 NH_4^+-N，然后用凯氏法消煮测定。

3. 检测方法

（1）H_2SO_4-混合加速剂-蒸馏法

方法原理：作物样品经 H_2SO_4-混合加速剂消煮分解，消煮液中的铵盐在碱化后成为 NH_3，经蒸馏，用 H_3BO_3 溶液吸收，标准酸溶液滴定。

主要仪器及设备：消煮管，远红外电热消煮炉，定氮仪（全自动或半自动），半微量滴定管等。

（2）H_2SO_4-H_2O_2 扩散法（或蒸馏法）

方法原理：作物中的氮是以有机态为主。用浓 H_2SO_4-H_2O_2 氧化剂消煮植物样品时，其中的有机物经脱水碳化、氧化分解，变成 CO_2 和 H_2O，使有机氮转化为铵盐，可用于测定消煮液中的全氮。而且该消煮液对于蒸馏、扩散和比色等定氮方法均适用。消煮液中的铵盐在碱化后成为 NH_3，经扩散（或蒸馏），用 H_3BO_3 溶液吸收，直接用标准酸溶液滴定，以甲基红-溴甲酚绿混合指示剂指示滴定终点，即由蓝变紫红色，由此计算含氮量。

主要仪器及设备：消煮管，远红外电热消煮炉，扩散皿或定氮仪（全自动或半自动），半微量滴定管等。

（3）H_2SO_4-H_2O_2-靛酚蓝比色法

方法原理：作物中的氮是以有机态为主。用浓 H_2SO_4-H_2O_2 氧化剂消煮植物样品时，其中的有机物经脱水碳化、氧化分解，变成 CO_2 和 H_2O，使有机氮转化为铵盐，可用于测定消煮液中的全氮。消煮液中的氨在碱性条件下（pH10.5～11.7）与次氯酸盐和苯酚作用，生成水溶性染料靛酚蓝，N 在 0.05～0.5mg/L 范围内，蓝色深浅与 NH_4^+-N 含量成正比，可用比色法测定。此法优点是比色液是真溶液，蓝色稳定，再现性较高，适合于大批样品及连续流动分析仪分析。灵敏度比纳氏比色法高约 6 倍。其缺点是显色时间较长，显色试剂不稳定（须冷藏或当天配制），显色条件如 pH 等须控制好，稀释倍数大时，误差也增大，所以需要严谨操作。

主要仪器及设备：消煮管，远红外电热消煮炉，分光光度计等。

（二）作物全磷检测方法

1. 分析意义

磷是作物营养三要素之一。在作物体内，磷含量（P_2O_5）一般为作物干重的 0.2%～1.1%。作物体内的磷主要以有机磷形式存在，约占植株全磷量的 85%；少量以无机磷的形式存在，仅占全磷量的 15%左右。有机磷主要是核酸、磷脂和植素等；无机磷则主要是钙、镁、钾的磷酸盐。无机磷的含量虽少，但波动较大，能较好地反映植株的磷素营养状况。磷的含量因作物种类、生育时期与组织器官等不同而异。不同作物种类含磷量差异很大，油料作物含磷量高于豆科作物，豆科作物又高于谷类作物。如油菜籽中含磷量为 1.1%，大豆、花生含磷量也接近 1%，但稻麦、玉米籽粒的含磷量仅 0.6%～0.7%。在作物生长发育过程中，磷比较集中分布于幼嫩组织，如幼叶、顶芽、根尖。此外，繁殖器官的含磷量也很高。同一作物在不同生育期，含磷量也有较大变化，幼苗磷含量高于成熟的植株。因此，在了解作物生育期间磷素营养需求规律、吸收和分布状况，诊断作物磷营养水平和制定磷素丰缺指标，施用磷肥效应及磷与其他营养元素的关系时，都要测定作物全株或某些对磷反应敏感的组织部位中的磷含量，而且磷也是农产品组成中重要的灰分元素。

2. 方法选择的依据

作物样品经 H_2SO_4-H_2O_2 消煮，待测液中的磷通常选用钼锑抗比色法（钼蓝法）或钒钼黄比色法。前者的优点是灵敏度高、简便、快速和准确。钒钼黄比色法的灵敏度虽比钼蓝法低，但由于其显色浓度范围及允许酸度范围都较宽，对于含磷量较高（0.2% P 以上）的作物和肥料样品宜选用此法。磷含量较低时选用钼锑抗比色法更为合适。

3. 检测方法

（1）钒钼黄比色法

方法原理：作物中的磷是以有机态为主。用浓 H_2SO_4-H_2O_2 氧化剂消煮植物样品时，其中的有机磷转化为磷酸盐，可用于测定消煮液中的全磷。消煮液中的正磷酸与偏钒酸和钼酸在酸性条件下能生成黄色的三元杂多酸（钒钼磷酸）。溶液黄色的深度与磷含量成正比，可用比色法测定磷。此法的优点是显色快，黄色很稳定，在 24h 内无显著变化；要求显色酸度范围很宽，极限是 0.04～1.6mol/L，在 HNO_3、HCl、$HClO_4$、H_2SO_4 等介质中都可适用；干扰离子较少，特别是 Fe^{3+}和 Si 的允许存在量远高于钼蓝法；操作简单快速，准确度和重复性较高，相对误差为 1%～3%；适测范围广，为 1～20mg/L P。

主要仪器及设备：消煮管，远红外电热消煮炉，分光光度计等。

（2）钼锑抗比色法

方法原理：消煮原理同钒钼黄比色法。消煮好的待测液中含磷量较低时，宜选用钼锑抗比色法测定全磷含量。待测液在酸性环境中，正磷酸盐和钼酸铵反应生成磷钼杂多酸络合物[$H_3P(Mo_3O_{10})_4$]，在锑剂存在下，用抗坏血酸将其还原生成蓝色的络合物。溶液蓝色深浅与磷含量成正比。此法的优点是操作简便，显色稳定，干扰离子的允许含量较大等。

主要仪器及设备：消煮管，远红外电热消煮炉，分光光度计等。

（三）作物全钾检测方法

1. 分析意义

钾是作物营养的三要素之一。因此，作物全钾含量也是作物营养研究中常规的分析项目。一般作物体内的含钾量（K_2O）占作物干物重的 0.3%～5.0%，比含磷量高，基本与含氮量相似，喜钾作物的含钾量甚至高于含氮量。在作物体内，含钾量因作物种类和器官的不同而有很大差异。通常，淀粉类作物和糖料作物含钾量较高，马铃薯、甘薯、大豆、烟草等属于喜钾作物，含钾量很高（表 9-5）。

表 9-5　主要农作物不同部位的钾含量（%）

作物	部位	含 K_2O	作物	部位	含 K_2O
水稻	籽粒	0.30	紫云英	茎	2.06
	茎秆	0.90		茎（鲜）	0.35
小麦	籽粒	0.61	甘薯	块根	2.32
	茎秆	0.73		茎	4.07
棉花	籽粒	0.90	马铃薯	块茎	2.28
	茎秆	1.10		叶片	1.81
玉米	籽粒	0.40	大豆	籽实	2.77
	茎秆	1.60		茎秆	1.87
油菜	籽粒	0.65	花生	荚果	0.63
	茎秆	2.30		茎叶	2.06
苎麻	叶	0.13	烟草	叶	4.10
	茎秆	2.19		茎	2.80

资料来源：黄建国，2003

从植株的全钾含量可以判断作物的钾素营养状况。大多数作物叶片钾（K）的缺乏临界范围为 0.7%～1.5%（张道勇等，1997）。如水稻（抽穗期植株）为 0.8%～1.1%；玉米（抽穗期穗轴下第一叶）为 0.4%～1.3%；棉花（苗、蕾期功能叶）0.4%～0.6%；小麦（抽穗前上部叶）0.5%～1.5%；大豆（苗期地上部）及烟草（下部成熟叶）0.3%～0.5%；番茄（花期下部叶）0.3%～1.0%；柑橘（叶龄 6～7 月的叶片）<0.6%；苹果（3～4 月的定形叶片）<0.7%。植株钾（K）还受叶片含氮（N）量的影响，因此，用 K/N 值指标比单纯用 K 指标有更好的诊断性，如油菜（初荚时叶片）K/N 临界值为 0.25～0.30，水稻（幼穗分化以后叶片）K_2O/N 临界值为 0.5。

2. 方法选择的依据

作物中的钾是以离子态存在，因此样品处理就比较简单，当只需测定作物样品中的钾（和钠）时，可采用简易的乙酸铵溶液（1mol/L）浸提，或盐酸溶液（1mol/L）浸提（史瑞和，1994；霍晓婷等，2005；段金秀等，2006），或用水煮沸提取（王允白等，1991），直接用火焰光度计测定是最为快速简便的方法。测定结果与用湿灰化法消煮作物样品的方法相同。但在实际工作中，一般是 N、P、K 一起测定的，所以大多用浓 H_2SO_4-H_2O_2 一次消煮样品供 N、P、K 测定。也可用干灰化法或其他湿灰化法（如 HNO_3-$HClO_4$，H_2SO_4-$HClO_4$，HNO_3-H_2SO_4-$HClO_4$ 等）分解样品，供 P、K、Ca、Mg 等测定，但这些分解方法制备的待测液也不能测 N。

测定消煮液中的钾，一般都用简便、快捷灵敏、准确的火焰光度计法。也可以用精度较高的四苯硼重量法和四苯硼容量法，但因作物消煮液中铵盐的相对量较高，必须分离或掩蔽，以及要有沉淀、过滤洗涤、称重（或滴定）等繁琐操作而很少使用。有条件的实验室也可以用原子吸收分光光度计或等离子体原子发射光谱仪（ICP）测定。

3. 检测方法

（1）浓 H_2SO_4-H_2O_2 消煮-火焰光度计法

方法原理：作物样品经浓 H_2SO_4-H_2O_2 消煮的方法原理同氮、磷。将消煮好的消煮液稀释后用火焰光度计测定钾含量。原理是待测液在高温激发下，辐射出钾元素的特征光谱，通过钾滤光片，经光电池或光电倍增管，把光能转换为电能，放大后用检流计指示其强度；从钾标准溶液浓度和检流计读数作的标准工作曲线，即可查出待测液的钾浓度，然后计算样品中的钾含量。但在用火焰光度计法测定 H_2SO_4-H_2O_2 消煮液中的钾时，必须要调节待测液中酸的浓度，一般不得超过 0.25mol/L。溶液组成（包括酸、碱和阴/阳离子的浓度）的改变，对测定结果有影响，因此，要力求标准溶液的组成与待测液一致。测定 K^+时，溶液中常见离子在下列浓度以内无干扰：Cl^-和 SO_4^{2-}各 1000mg/L，Ca^{2+} 400mg/L，Mg^{2+} 100mg/L，Al^{3+} 500mg/L，Fe^{3+} 200mg/L。植物样品的消煮液经稀释后一般不会超过此量。

主要仪器及设备：消煮管，远红外电热消煮炉，火焰光度计等。

（2）盐酸浸提-火焰光度计法

方法原理：作物样品中的钾以离子形态存在，用盐酸（1mol/L）浸提作物样品中的钾离子，经火焰光度计测定钾含量。

主要仪器及设备：火焰光度计等。

（四）作物全氮、全磷、全钾连续流动分析技术

1. 分析意义

作物体内氮、磷、钾含量是判断作物生长发育好坏或作物营养诊断的依据之一，因此，在农业生产中常常要测定其体内氮、磷、钾含量。但是，现有的常规分析测试速度慢，每天分析样品的数量较少，不能满足现代农业生产发展的要求，而连续流动分析技术，可在短时间内准确、快速、大批量地完成样品的测试，是常规测试速度的 10～15 倍，可及时提供数据指导农业生产。

由于连续流动分析中各步骤，如样液移取、稀释、试剂加入、混合、定时显色、比色等全部自动执行，从而使标准液和样品液在上述各步中数量（体积）和间隔时间完全一致，而在人工操作中，即使训练有素者也难于与之相比，因此，流动分析技术不仅效率高，更主要的优点是提高了分析精确度和准确度。

2. 方法选择的依据

连续流动分析技术是运用自动化控制系统，将试样和试剂通过自动取样器定时地用气泡间隔，按比例连续不断地流入自动分析比色系统，所加化学显色剂、管道润滑剂及化学反应是在流动的过程中完成，实现了溶液化学分析的自动化。连续流动分析技术所用的作物氮、磷、钾浸提方法为 H_2SO_4-H_2O_2 消煮法，待测液中氮的测定用靛酚蓝比色法，磷的测定用钼锑抗比色法，钾的测定用火焰光度计法。

3. 连续流动分析仪简介

连续流动分析仪主要由自动取样器、蠕动泵、反应器、比色计、数据处理及打印系统等组成。自动取样器与连续流动测试系统相配套，可放置 100～250 个样杯，能定时定量自动吸取待测液和清洗提升针。蠕动泵是用于运输待测液和试剂的动力泵，内设空气阀，可将泵入的溶液分割成大小均匀的气泡。该仪器最大允许通道数为 28 个，装有硅胶泵管的蠕动泵，开机运转 20min 左右，可得到稳定的液流或气流。反应器主要是恒温加热器和石英、玻璃等材料制成的螺旋玻璃罐，以使待测液与试剂充分进行化学反应，形成稳定的有色溶液。按照测定元素不同设有不同的反应器。比色计多为双光路光电比色计，光源发出的光线分成对称光束，经过可变光栅，滤光后，一束通过试样比色槽，一束通过参考比色槽，并分别射在光电管的阴极面上，转换成电信号，经前置放大器，输送给数据处理系统。现代技术发展较快，新研制出用 CCD 光电集成板块取代了光电管和电路放大器，用光导纤维取代聚光设备，使比色计体积缩小，光传递能量增强，灵敏度增大。数据处理及打印系统主要对测试数据进行处理，绘制曲线及峰图，并进行打印等。目前，连续流动分析仪主要有德国的 AA3，荷兰的 SKALAR，意大利的 FLOWSYS 及法国的 ALLIANCE（图 9-1～图 9-4）。

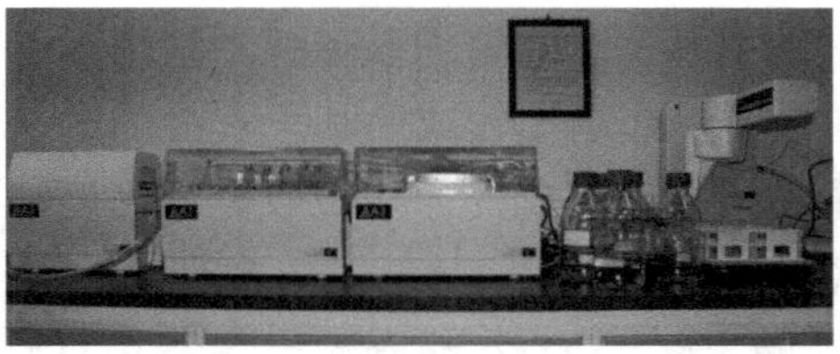

图 9-1　德国 AA3 连续流动分析仪

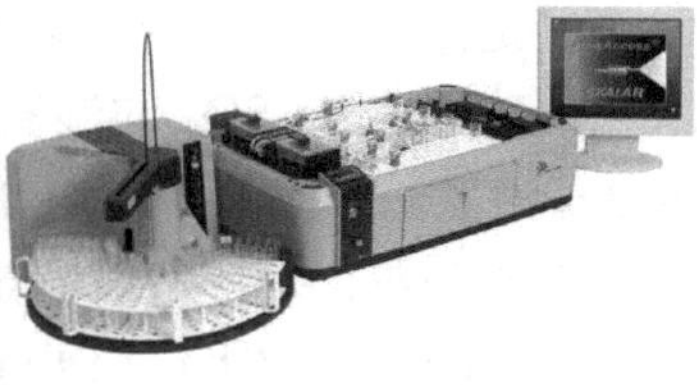

图 9-2　荷兰 SKALAR 连续流动分析仪

图 9-3　意大利的 FLOWSYS 连续流动分析仪

图 9-4　法国 ALLIANCE 连续流动分析仪

二、钙、镁、硫的检测方法

（一）分析意义

钙、镁、硫是作物必需的中量元素。作物只有吸收相当数量的钙、镁、硫元素才能维持其正常生长发育。随着氮、磷、钾和微量元素肥料用量的增加，作物产量不断提高，作物对钙、镁、硫肥的需要量也随之增大。在有些地方，中量元素甚至成为产量的限制因子（黄建国，2003）。如在含钙较少的酸性土壤及砂质土壤上种植需钙较多的花生、蔬菜及果树时，常常出现作物缺钙现象。在湿润地区高度淋溶的酸性土、砂质土及在镁供应不足的土壤大量施用氮和钾肥时，作物容易缺镁。在我国南方的一些丘陵山区，特别是冷浸低产田上作物容易出现缺硫。因此，作物的钙镁硫营养越来越受到人们的重视。要进行作物钙、镁、硫营养诊断则常常需要分析作物的钙、镁、硫含量。

作物干物质中含钙（Ca）量为 0.5%～3.0%。一般豆科植物、蔬菜含钙量较多，而禾谷类作物等含钙量少。从作物器官看，一般茎叶含钙较多，果实/籽粒及根中含量较少。作物体内含镁（Mg）量为干物质的 0.05%～0.7%，低于 0.2%时则可能出现缺镁。通常，豆科植物的含镁量为禾本科植物的 2～3 倍。种子中含镁较多，茎叶次之，而根系较少。作物含硫（S）量为干物重的 0.1%～0.5%，平均为 0.25%。十字花科、百合科、豆科等作物需硫较多，而禾本科作物需硫较少（黄建国，2003）。

（二）方法选择的依据

测定作物钙、镁全量的方法可分为干灰化法和湿灰化法。干灰化法是把作物样品在 550℃下干灰化，然后用稀 HCl 溶解，最后定量溶液中的钙、镁含量。湿灰化法一般是用 HNO_3-$HClO_4$、HF-H_2O_2、H_2SO_4-H_2O_2 或 HNO_3-H_2SO_4-$HClO_4$ 消煮作物样品，最后定量消煮液中的钙镁含量。还可以采用盐酸溶液（1mol/L）浸提，原子吸收分光光度法直接测定浸出液中的钙和镁。由于溶液中 H_2SO_4 浓度较高时，对原子吸收分光光度法和

EDTA 络合滴定法测定钙会带来影响，HF 的引入又会对普通玻璃仪器造成影响，故多采用干灰化法或不含 H_2SO_4 的湿灰化法。这里只介绍比较成熟和干扰少的干灰化法和 HNO_3-$HClO_4$ 消煮法。溶液中钙、镁的定量常用快速准确的原子吸收分光光度法。而且样品一次消煮或干灰化，还可以测定 P、K、Na、Fe、Mn、Cu、Zn 等元素。没有原子吸收分光光度计的实验室也可用 EDTA 络合滴定法。EDTA 络合滴定法分 EDTA 直接滴定和 EDTA 返滴定法。前者适用于一般作物茎叶样品的测定，后者适用于一些含磷量较高而含钙、镁较少的样品（如一般种子样品）的测定。具备等离子发射光谱仪（ICP）的实验室也可以用等离子发射光谱法同时测定溶液中的钙和镁及其他多种元素（鲁如坤，2000）。

测定作物全硫量的方法也可分为干灰化法和湿灰化法。干灰化法包括盐熔融法（如碳酸氢钠氧化银法、过氧化钠法、硝酸镁法等）与氧瓶燃烧法，操作比较繁琐。湿灰化法通常采用 HNO_3-$HClO_4$ 或 HNO_3-H_2O_2-HCl 消煮法等（Soon et al.，1996）。手续比较简单，不需特殊的仪器设备。溶液中硫的定量通常用 $BaSO_4$ 比浊法，也可以用等离子发射光谱（ICP）法或离子色谱法（IC），还可以用 C、N、S 自动分析仪测定作物全硫（鲁如坤，2000）。

（三）作物钙、镁全量检测方法

1. 待测液的制备

（1）干灰化-稀盐酸溶解法

方法原理：将作物样品灼烧，使有机质氧化成 CO_2 和 H_2O 等挥发，剩下的为 Ca、Mg 等不可燃烧的灰分元素的氧化物。然后用稀 HCl 溶解灰分中的钙和镁等灰分元素。灼烧的温度以（525±25）℃为宜，不可过高或灼烧太急速。温度太高会引起 Na、K 的氯化物挥发损失，而且 Na、K 的磷酸盐和硅酸盐也易熔融而把碳粒包藏起来不易燃尽；灼烧太急速也会使微粒飞失。

主要仪器与设备：瓷坩埚，马弗炉等。

（2）HNO_3-$HClO_4$ 消煮法

方法原理：用 HNO_3-$HClO_4$ 消煮作物样品，氧化有机物，使 Ca、Mg、P 及其他微量元素转化为离子状态，然后测定消煮液中 Ca、Mg 及其他元素含量。消煮时 HNO_3 具有强的氧化力，$HClO_4$ 加热时生成无水高氯酸，可进一步与有机质作用，使有机物很快被氧化分解成简单的可溶性化合物，二氧化硅则脱水沉淀。

主要仪器与设备：消煮器，消煮管等。

2. 待测液中钙、镁的定量

（1）原子吸收分光光度法

方法原理：原子吸收分光光度法是基于从光源辐射出具有待测元素特征谱线的光（从空心阴极灯发射出来的锐线光源），通过试样蒸汽时被蒸汽中待测元素基态原子所吸收，由辐射特征谱线光被减弱的程度来测定试样中待测元素含量的方法。从实践上、理论上都证明，锐线光源辐射的共振线强度被吸收的程度与待测元素吸收辐射法原子总数成正比，而待测元素吸收辐射的原子总数与待测元素浓度成正比，也就是说，在一定浓度范围和一定吸收光程下，吸光度与待测元素的浓度关系服从朗伯-比尔定律。因此，测定吸光度即可求出待测元素的浓度。

主要仪器与设备：原子吸收分光光度计。

原子吸收分光光度计简介：原子吸收分光光度计主要由4部分组成：光源、原子化器、分光器、检测器。光源就是能发出待测元素锐线光源的共振辐射源。原子吸收法中所用的光源灯有空心阴极灯、蒸汽放电灯及无极放电灯。其中最为常用的为空心阴极灯，其典型的结构如图9-5所示。原子化器是将试样中待测元素转变为气态的基态原子的设备。这个过程主要是试液的蒸发和热离解，热源可以用火焰或电热（无火焰原子化），或用激光或等离子体等，其中最普遍应用的是以火焰作为热源的火焰原子化器。它分为两种类型：预混合型（层流）喷雾燃烧器和全消耗型（紊流）燃烧器。目前广泛使用的是预混合型喷雾燃烧器，其一般结构如图9-6所示。火焰原子化器的主要缺点是原子化效率很低。为了能用原子吸收法分析更小的试样量和更低的浓度，近年来常用石墨炉原子化器进行原子化过程，如图9-7所示。它的优点是灵敏度高，而且采用半封闭结构及对石墨管进行热解涂层处理，可进一步提高分析灵敏度，尤其是对许多采用火焰原子化法无法获得较高分析灵敏度的高温元素如稀土元素的分析，采用石墨炉原子化法可获得较为令人满意的分析结果。分光器（单色器）的作用是把待测元素的共振线与其他的谱线分离开来，只让待测元素的共振线通过。主要由入射和出射狭缝、色散元件（棱镜或衍射光栅）、准直镜和物镜组成。检测器是用于检测待测元素信号的，常用的是光电倍增管作为检测元件。选择光电倍增管时，应根据灵敏度高、稳定、暗电流小、光谱灵敏度范围广4个原则考虑。最终检测结果通过计算机显示。

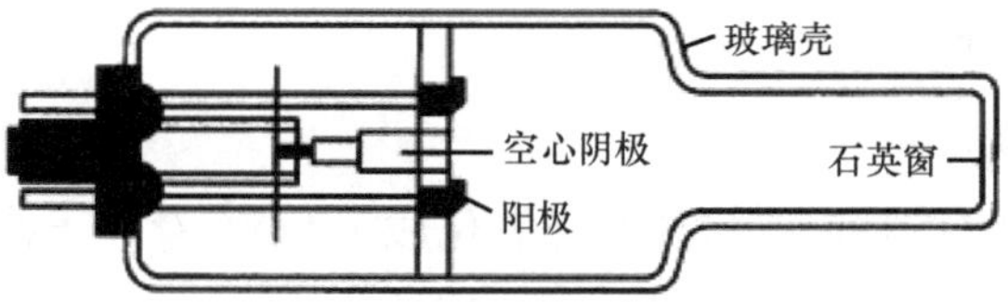

图9-5　空心阴极灯

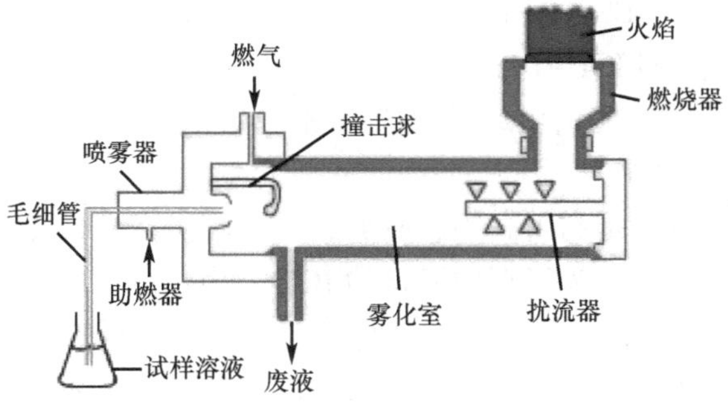

图9-6　预混合型喷雾燃烧器示意图

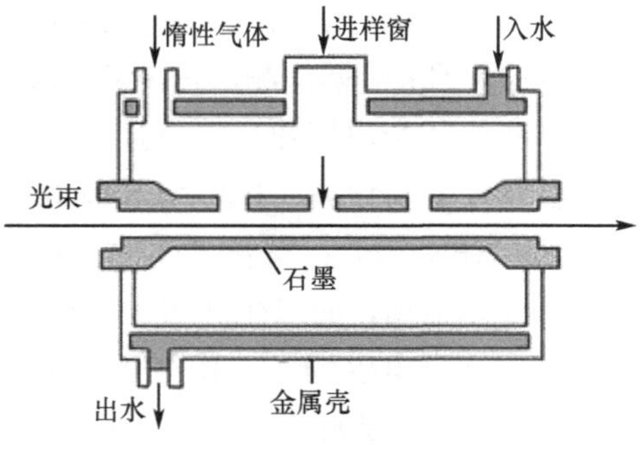

图9-7　石墨炉原子化器示意图

（2）EDTA络合滴定法

方法原理：在pH>12的溶液中，Mg^{2+}即沉淀为Mg（OH）$_2$，故可以用EDTA标准液直接滴定Ca^{2+}，以酸性铬蓝K和萘酚绿B混合指示剂（简称K-B指示剂）或钙红为指示剂，终点由葡萄酒红色变为纯蓝色。由 EDTA 标准液计算 Ca^{2+}的量。

在 pH=10 的溶液中，可用 EDTA 滴定 Ca^{2+}+Mg^{2+}总量，以 K-B 指示剂或铬黑 T 为指示剂，终点也是由葡萄酒红色变为蓝色。由 Ca^{2+}+Mg^{2+}总量中减去 Ca^{2+}量，即为 Mg^{2+}量（于天仁等，1988）。以上为 EDTA 直接滴定法。对于含磷量较高的作物样品，如种子，则须采用 EDTA 返滴定法（史瑞和等，1994），即加入过量的 EDTA 标准溶液，然后再用 Ca 标准溶液返滴定过剩的 EDTA，以免在碱性溶液中生成磷酸钙而造成误差。

主要仪器与设备：三角瓶，滴定管等。

（四）作物全硫检测方法

1. 待测液制备

（1）HNO_3-$HClO_4$ 消煮法

方法原理：先以 HNO_3 在常温下长时间（过夜）消化作物样品，然后增温至 150℃继续消煮 1h，最后加 $HClO_4$ 再消煮 2h，使样品充分分解，有机硫氧化成 SO_4^{2-}，然后定量溶液中的硫。

主要仪器与设备：远红外电热消煮炉，消煮管等。

（2）Mg（NO_3）$_2$ 灰化法

方法原理：作物样品与 Mg（NO_3）$_2$ 反应，固定其中的硫。然后把样品高温氧化，分解有机物，最后用 HCl 溶解残渣中的硫酸盐。测定溶液中的硫。

主要仪器与设备：高温电炉，瓷坩埚等。

2. 待测液中硫的定量

（1）$BaSO_4$ 比浊法

方法原理：样品经过消煮，有机硫全部氧化成了 SO_4^{2-}存在于待测液中，加入细 $BaCl_2$ 晶粒，产生 $BaSO_4$ 沉淀，用分光光度计进行比浊。

主要仪器与设备：分光光度计，电磁搅拌器等。

（2）电感耦合等离子发射光谱法（ICP-AES）或电感耦合等离子质谱法（ICP-MS）

方法原理：根据待测液需测定元素种类和 ICP 各元素检测范围，绘制标准工作曲线。把待测液稀释合适倍数后，直接在等离子发射光谱仪或质谱仪上测定。

主要仪器与设备：ICP-AES 或 ICP-MS 等。

ICP-AES 简介：等离子发射光谱（ICP）是利用高频感应加热原理，使流经石英管的工作气体电离，而产生的火焰状的等离子体。为了形成稳定的 ICP 火焰，必须具备三个条件：高频电磁场，工作气体（常用氩气），以及维持气体稳定放电的石英炬管（图 9-8）。石英炬管是形成 ICP 的场所，它是由三层同心的石英管组成，有三股氩气分别进入炬管：最外层气流称为等离子体气流，它的作用把等离子体与石英管隔开，以免烧熔石英管，同时起到稳定等离子体的作用；中间管气流，是点燃等离子体时通入的，称为辅助气流，等离子体火焰形成后即断掉；内管气流是载带试液，使其粉碎成气溶胶，又将气溶胶载入等离子体，称为载气或进样气。将石英炬管插入高频电流的感应线圈的中心，高频电流在石英管内产生一个变化的轴向磁场，这时引入一点火花（俗称火点），由于火花是由带电粒子组成的，它们在轴向磁场作用下高速运动，引起工作气体电离，从而形成更多的电子和离子。当电子和离子数目使气体有足够电导率时，导电的气体在高频磁场作用下，形成一个感应线圈同心的涡流区，由于强大的电流产生的高热又把气体加热，从而形成火炬形状的等离子体，即等离子炬。通常光谱分析实验室中常用交流电弧发生器的高频点火装置来引燃 ICP（鲁如坤，2000）。等离子发射光谱仪主要由 ICP 激发光源、进样系统、光学系统及程序控制和数据处理系统 4 部分组成。ICP 激发光源是以电感线圈为耦合元件，将高频电磁场的能量提供给等离子体，以等离子体作为激发分析试样的热源，进行发射光谱测定。进样系统主要是把经过化学处理制备成待测液的样品，以气溶胶状态载入等离子体的中心通道，受热蒸发、原子化、电离和激发，发射出各个元素的特征光谱。光学系统主要是接收各个元素特定的辐射波长的光信号，经分光后，将分析元素的发射光信号转变为电信号，放大信号与标准样品对比。数据处理系统是对数据进行校正，并分析、计算出各元素的数据结果。ICP-AES 检测系统如图 9-9 所示。

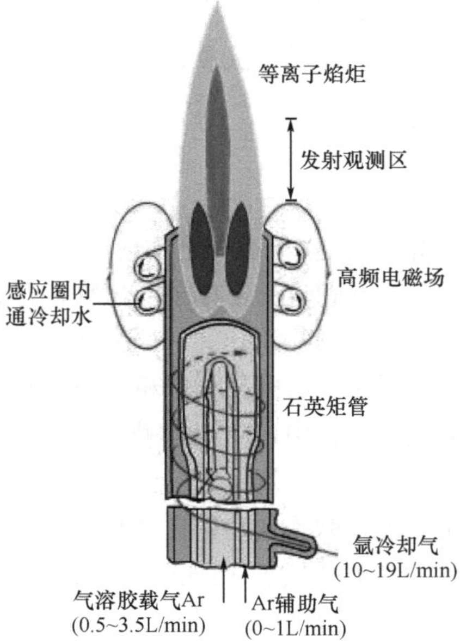

图 9-8　ICP 火焰形成示意图

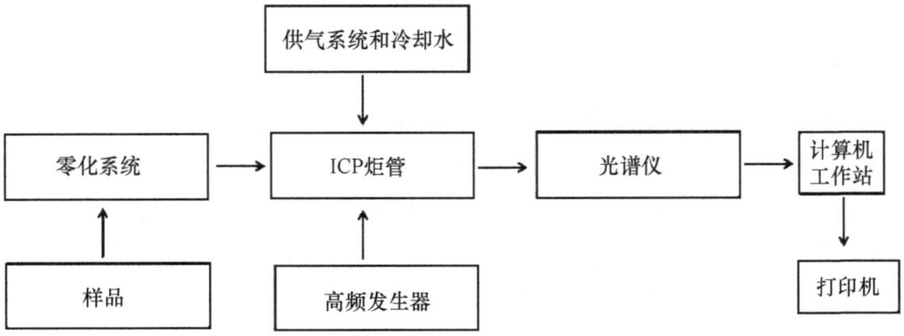

图 9-9　ICP-AES 检测系统示意图

ICP-MS 简介：样品溶液通过蠕动泵进入雾化器，样品流和氩气一起被雾化形成细的气溶胶雾滴，氩气携载最细的气溶胶雾滴通过雾化室并进入等离子体中原子化和离子化。接口从常压等离子体中提取离子进入质谱仪的高真空区。离子透镜系统将离子聚焦到分析器。Omega 透镜将光排除在分析器和检测器之外，以降低背景水平。四级杆质量过滤器允许特定质荷比的离子在任一指定时间内通过并到达检测器。电子倍增器测量每个质子的离子信号并将其储存于微通道体系结构（micro-channel architecture，MCA）。数据用每秒计数表示，计数与该质量元素的浓度成正比，与标准溶液比较，即可定量测定样品中各元素的含量（邓晓庆，2006）。

三、微量营养元素的检测方法

作物必需的微量营养元素包括硼、锌、铁、钼、锰、铜、氯、镍 8 种。作物对微量元素的需要量很少，一般含量仅百万分之几到十万分之几，但它们的作用非常重要。随着作物产量的不断提高和氮、磷、钾等化学肥料的大量施用，作物对微量元素的需要逐渐迫切。任何一种微量元素缺乏或过多，都会显著影响作物的生长发育、产量和品质。因此，在作物生产中越来越重视微量营养元素的检测。

（一）作物硼的检测方法

1. 分析意义

硼是作物必需的微量营养元素之一，在作物体内的含量变幅比较大，为 2～100mg/kg 干物重。一般来说，双子叶植物含硼量高于单子叶植物，有乳液系统的双子叶植物含硼量更高（陆景陵，2003）。同一植物的不同部位含硼量变化较大，一般以叶片含量更高，并主要集中在叶尖和叶缘。所以不同时间采样分析，应特别注意采样部位的一致性，其分析结果才有比较意义。如大豆植株中以叶片含硼量最高，其次是生长点，茎秆中含硼量最低。

作物叶片的含硼量基本上能反映作物对硼的需要，因此，可根据它来判断作物是否缺硼或中毒。一般作物叶片的含硼量低于 15mg/mg 时，可能缺硼；15～100mg/kg 为正常；超过 200mg/kg 时，则可能发生硼中毒。此外，Ca/B 值也能反映作物的硼营养状况，如油菜（抽薹期）Ca/B>200 时缺硼，50～20 时正常；甜菜 Ca/B>100 和大豆 Ca/B>50 时缺硼（张道勇等，1997）。

2. 方法选择的依据

作物样品经干灰化后，用稀 HCl 溶解灰分。溶液中硼的定量有比色法和仪器分析法。比色测定硼的显色剂，有姜黄素、次甲基蓝、甲亚胺等。姜黄素法灵敏度较高，检测下限低，准确度都优于甲亚胺法；但需经蒸干脱水显色，费时较长，对测定条件要求严格，不适于自动化分析。次甲基蓝法灵敏度高，但空白值也较高。甲亚胺法在水溶液中显色，操作方便，显色稳定，适于大批样品及自动化分析，但灵敏度较低，干扰因素较多，需加入 EDTA 掩蔽剂，适于测定含硼量较高的样品。仪器分析法有原子吸收分光光度法（AAS），是将硼萃取到α-乙基-1,3-己二醇-甲基异丁酮或α-乙基-1,3-己二醇-氯仿溶液中，

需用 N_2O-H_2 焰或 N_2O-C_2H_2 焰进行硼的原子化（朱端卫，1995），这种方法目前用得比较少。等离子发射光谱法（ICP-AES 或 ICP-MS）只需将植物样品的待测液直接喷入 ICP 仪器中即可测得硼量，灵敏度高，抗干扰性强，快速准确。但是仪器价格相对较贵，难以在一般实验室普及。此外，还有离子质谱计法、四氟硼酸根离子选择性电极法和示波极谱法等。一般实验室大多采用姜黄素法或甲亚胺比色法。有条件的可用 ICP-AES 法或 ICP-MS 法，此法快速，简便，准确。

（1）姜黄素比色法

方法原理：作物样品用干灰化法在 500℃灼烧分解，稀 HCl 溶解灰分，溶液中的硼以姜黄素比色法测定。姜黄素不溶于水，而溶于甲醇、乙醇、酮和冰醋酸中，其溶液呈黄色。在酸性介质中姜黄素与硼结合成玫瑰红色络合物，即玫瑰花青苷。它是两个姜黄素分子和一个 B 原子络合而成，最大吸收峰在 550nm 处。玫瑰花青苷溶液在 0.0014～0.06mg/L B 的浓度范围内符合 Beer 定律。姜黄素与 B 络合形成玫瑰花青苷，必须在脱水蒸干条件下显色，因此，蒸干时的温度、时间、试剂量、蒸发皿的大小和厚薄及室温、空气流动速度等，对结果都有影响，故这些因素应尽可能保持一致。蒸干显色时的常用温度是（550±3）℃，随着蒸发温度的升高，反应速度加快；但灵敏度降低，再现性不良，可能导致 B 损失。蒸干后的产物玫瑰花青苷溶于乙醇后，在室温下可稳定 1～2h。

主要仪器与设备：高温电炉，石英坩埚或瓷坩埚，瓷蒸发皿，分光光度计等。

（2）甲亚胺比色法

方法原理：作物样品用干灰化法分解，稀 HCl 溶解灰分，溶液中的 Fe、Ca、Mg、Si 等加饱和 $BaCO_3$ 溶液分离除去。滤液中的硼用甲亚胺比色法测定。甲亚胺比色法测硼是在弱酸性水溶液中生成黄色配合物，在 0～10mg/L 范围内符合朗伯-比尔定律，一般在显色 1h 后比色，显色稳定时间长达 3h。此种方法不受硝酸盐干扰，铁、铝等金属离子的干扰可加 EDTA 和氮基三乙酸配合掩蔽。甲亚胺试剂可用 H 酸（或 H 酸钠）和水杨醛合成，亦可直接加入溶液进行测定。方法简便，结果稳定，检出限为 0.02mg/L，并能适用于自动化分析。

（二）作物钼的检测方法

1. 分析意义

钼是已知作物必需的营养元素中需要量最少的一个，但在我国农业生产中是应用最早的一种微量元素。在各种作物中以豆科和十字花科作物对钼肥反应最好。测定作物中的钼含量可以了解土壤的供钼状况和作物对钼的吸收/积累和分布状况，而且还能在作物还没有表现缺素或毒害症状出现之前及早发现问题，及早采取措施进行防治。

作物体内钼的含量变幅范围较大，为 0.1～300mg/kg 干重，通常含量不到 1mg/kg。国内外资料表明，豆科作物含钼量明显高于禾本科作物。豆科牧草含钼量较高，其种子含钼量为 0.5～20mg/kg，根瘤中含钼量也很高，因为豆科作物的根瘤有优先累积钼的特点，如豌豆根瘤中钼的含量比叶片高出 10 倍。谷类作物含钼量一般为 0.2～

1mg/kg，且以幼嫩器官中含量较高，叶片含钼量高于茎和根。叶片中的钼主要存在于叶绿体中。一般作物含钼量低于 0.1mg/kg，而豆科作物低于 0.4mg/kg 时有可能缺钼（陆景陵，2003）。

2. 方法选择的依据

钼的常规测定中最常用的是硫氰酸钾（KCNS）比色法，该法灵敏度较高，测定范围在 0.1～2mg/L，极限可测 0.04～3mg/L，但对显色条件要求严格。二硫酚法也可用于钼的比色测定，但铜和铁均有干扰，必须先经分离后再用二硫酚显色，操作较繁，所以目前仍采用 KCNS 法较多。

此外，也有学者采用极谱催化波来测钼（徐俊祥等，1983；万耀星等，1988），证明钼-苯羟乙酸-氯酸盐体系催化波极谱法是所有测钼方法中最灵敏的方法，钼的检测下限达到 0.06μg/L 左右，干扰元素少，方法简便，稳定性好，准确度高。原子吸收分光光度法（AAS）测定钼，由于钼的理解能较高，须用氧化亚氮和乙炔高温火焰，故较少采用。电感耦合等离子发射光谱法（ICP-AES）可同时进行多元素测定，具有精密度高、检出限低、动态范围宽、基体效应小等优点，故可根据分析要求及实验室仪器设备条件选择极谱催化波法或 ICP-AES 法，无此仪器设备时可选用 KCNS 法。

3. 检测方法

（1）硫氰酸钾比色法

方法原理：作物样品经干灰化法分解，用 HCl 溶解灰分。在酸性溶液中，六价钼被还原剂氯化亚锡还原成五价钼，与硫氰根离子形成橙黄色的络合物。再用有机溶剂异戊醇萃取浓缩进行比色测定钼。

主要仪器与设备：马弗炉，石英或瓷蒸发皿，分光光度计等。

（2）极谱催化波法

方法原理：用极谱催化波法测定钼，只需称取 1g 左右样品经干灰化后，用 HCl 溶解灰分，蒸干后，加支持电解质苯羟乙酸-氯酸盐-硫酸溶液，直接用催化极谱法测定钼。其基本原理是：Mo^{6+}在滴汞电极上被还原成 Mo^{5+}，Mo^{5+}立即又被 ClO_3^-氧化成 Mo^{6+}。由于苯环的存在，大大地提高了 Mo^{5+}氧化成 Mo^{6+}的反应速度，从而使扩散电流大大增强。同时，钼与苯羟乙酸形成配合物，在电极上有一定的吸附浓集现象，与电极发生强烈的吸附作用，产生吸附电流，更进一步提高了灵敏度，这样，电极反应与化学反应反复进行，从而获得了很大的催化电流。催化波的波形呈峰形，其峰值电位为−0.22V。

主要仪器与设备：马弗炉，石英或瓷坩埚，极谱仪等。

（三）作物锰的检测方法

1. 分析意义

锰是作物必需的微量营养元素之一。在作物体内锰的含量高，变化幅度比其他微量元素要大，正常含量范围为 20～50mg/kg 干重，小于 20mg/kg 为缺乏，大于 1000mg/kg 可能发生锰毒害。但水稻对锰（Mn）的忍耐力较强，即使高达 2500mg/kg 时仍能正常生长；茶树叶内锰（Mn）的浓度高达数千 mg/kg 时，仍无异常症状。作物含锰量与土壤 pH 有密切关系，酸性土壤上作物含锰（Mn）量较高，为 200～500mg/kg，而盐渍土和钙质土上的作物含锰量都低于 100mg/kg。所以缺锰往往发生在碱性土壤上，而锰中毒多发生在酸性土壤及厂矿附近的受重金属污染的土壤上。对缺锰敏感的作物主要有：燕麦、大麦、甜菜、烟草、马铃薯、柑橘、苹果；其次是小麦、亚麻、番茄、蚕豆、豌豆和菜豆等。所以，有必要测定作物体内的锰，以了解锰的营养状况，及时采取防治措施，促使其正常生长。

锰主要存在于作物体的叶和茎中，种子含锰量很少。一般认为以作物叶片的干物质含锰量作为指标较好，如小麦（孕穗期）叶片<25mg/kg，大豆、番茄、黄瓜的叶片<10mg/kg，甜菜、烟草、马铃薯等叶片<5mg/kg 为缺锰。

2. 方法选择的依据

作物样品可采用湿灰化法（HNO_3-H_2SO_4-$HClO_4$ 或 HNO_3-$HClO_4$ 或 H_2SO_4-H_2O_2 消煮）或高温灼烧的干灰化法进行分解。湿灰化法的优点是样品灰化完全，但要消耗大量的酸液，致使空白值较高，操作过程较繁；干灰化法不需加入试剂，受污染少，但由于炉温不均匀，有些组织致密的作物样品不易灰化完全，或者由于高温下挥发损失，或者形成硅酸盐难以再溶解等缺点容易引起误差。因此，两种方法各有利弊，目前均被广泛使用。也有一些学者用稀 HCl 浸提作物样品，测定浸提液中的 Cu、Zn、Fe、Mn、B、Mo 等，以取代干、湿灰化法，获得了良好的结果（温永煌等，1981；毛美飞等，1985；Miyaxawa et al.，1984）。

溶液中锰的测定，一般都用原子吸收分光光度计直接进行测定，此法快速、简便、准确。也可用等离子发射光谱仪进行测定，比原子吸收分光光度法更具有优越性。

3. 检测方法

（1）原子吸收分光光度法

方法原理：作物样品经干灰化法分解（也可用 HNO_3-$HClO_4$ 消煮），用稀 HCl（或 HNO_3）（1∶1）溶解灰分。溶液中的 Mn 直接用原子吸收分光光度计测定。

主要仪器与设备：石英或瓷坩埚，马弗炉，电热板，原子吸收分光光度计等。

（2）ICP-AES 或 ICP-MS 法

方法原理：作物样品经 HNO_3-$HClO_4$ 湿灰化后，溶液中的 Mn 直接用 ICP-AES 或 ICP-MS 测定。

主要仪器与设备：消化器，石英或瓷坩埚，ICP-AES 或 ICP-MS 等。

（四）作物铁的检测方法

1. 分析意义

大多数作物全铁含量为 100～300mg/kg 干物重，一般低于 50mg/kg 时可能出现缺铁。不同的作物种类铁含量不同。某些蔬菜作物含铁量较高，如菠菜、莴苣、绿叶甘蓝等，一般都在 100mg/kg 干重以上，最高可达 800mg/kg 干重，而水稻、玉米的含铁量相对较低，为 60～180mg/kg 干重。一般情况下，豆科作物的含铁量高于禾本科作物。桃、李、杏等果树和其他林木需铁也较多。一些研究表明，作物全铁含量作为缺铁的诊断指标有时不很正确，必须了解总量中有效铁所占的比例。也就是说应采用作物体中“活性铁”（1mol/L HCl 提取的 Fe^{2+}）的含量来表征，并以活性铁的含量来诊断作物是否缺铁。

作物对铁的吸收和利用与其他元素的比率有密切关系。如大豆叶片正常的 Fe/Mn 值为 1.5～1.6，小于 1.5 时发生缺铁或锰过剩症，大于 1.6 时则发生缺锰或铁过剩症。正常大豆叶片的 P/Fe 值为 32～35。因此，在测定作物铁含量时，如能结合分析铁与其他相关元素的比率，就可以比较全面正确地反映作物铁营养状况。

2. 方法选择的依据

样品分解方法选择依据同锰检测的方法依据。溶液中铁的定量方法，广泛使用的是原子吸收分光光度法。此法简便、快速、准确，且能在同一份灰化液（干灰化或湿灰化）中用原子吸收分光光度计连续测定 Fe、Mn、Cu、Zn、Ca、Mg 等元素。也可用 ICP-AES 或 ICP-MS 进行测定。

（1）原子吸收分光光度法

方法原理：作物样品经干灰化法分解（也可用 HNO_3-$HClO_4$ 消煮），用稀 HCl（或 HNO_3）（1∶1）溶解灰分。溶液中的 Fe 直接用原子吸收分光光度计测定。

主要仪器与设备：瓷坩埚，马弗炉，电热板，原子吸收分光光度计等。

（2）ICP-AES 或 ICP-MS 法

方法原理：作物样品经 HNO_3-$HClO_4$ 湿灰化后，溶液中的 Fe 直接用 ICP-AES 或 ICP-MS 测定。

主要仪器与设备：消化器，瓷坩埚，ICP-AES 或 ICP-MS 等。

（五）作物铜的检测方法

1. 分析意义

作物需铜数量不多。大多数作物的含铜量为 5～25mg/kg 干重，多集中于幼嫩叶片、种子胚等生长活跃的组织中，而茎秆和成熟的叶片中较少。因此，测定幼嫩叶片中的铜含量能较好地反映作物缺铜与否。在进行作物 Cu 营养诊断时，必须同时考虑土壤有机质含量，因为有机质含量高的土壤如泥炭土、腐质土上，作物含铜为 4～5mg/kg 时，往往会发生缺 Cu 症状；而在矿质土上，这样的含铜量的作物却生长正常。

2. 方法选择的依据

测定作物中的铜含量，一般采用干灰化法或 HNO_3-$HClO_4$ 消煮法分解作物样品。但采用干灰化法时，其中 SiO_2 沉淀可能带走部分铜，因此，当作物含硅量高时，可用 HF-H_2SO_4 脱硅或选用 HNO_3-$HClO_4$ 消煮法或稀 HCl 浸提法。测定溶液中的铜，可采用极谱法、原子吸收分光光度法（AAS 法）或等离子发射光谱法（ICP-AES 法或 ICP-MS 法）。其中极谱法需要分离，操作不便。AAS 法简便、快速，具有较高的灵敏度。ICP 法比 AAS 法具有更多优点，但仪器价格较贵。

3. 检测方法

（1）原子吸收分光光度法

方法原理：作物样品经干灰化法分解（也可用 HNO_3-$HClO_4$ 消煮），用稀 HCl（或 HNO_3）（1∶1）溶解灰分。溶液中的 Cu 直接用原子吸收分光光度计测定。

主要仪器与设备：瓷坩埚，马弗炉，电热板，原子吸收分光光度计等。

（2）ICP-AES 或 ICP-MS 法

方法原理：作物样品经 HNO_3-$HClO_4$ 湿灰化后，溶液中的 Cu 直接用 ICP-AES 或 ICP-MS 测定。

主要仪器与设备：消化器，瓷坩埚，ICP-AES 或 ICP-MS 等。

（六）作物锌的检测方法

1. 分析意义

作物缺锌比较普遍，在我国的滨海地带，石灰性土壤、黄淮冲积土及河谷盆地的石灰性紫色土地区，种植玉米、小麦、水稻、柑橘、苹果等作物时都有缺锌症状发生。

作物的正常含锌量为 25～150mg/kg 干重。因作物种类、部位、土壤、气候等不同作物含锌量不同。作物叶片全锌量与缺锌症状有密切的关系，大多数作物含锌量低于 20mg/kg 时就有可能出现缺锌症状。

有时仅凭作物含锌量不易正确评价作物锌的丰缺状况，因为作物含磷量的不同，会影响作物对锌的需求量不同。部分作物的磷锌比与锌营养状况的关系如表 9-6。

表 9-6　磷锌比与锌营养状况的关系

作物	缺锌	潜在性缺锌	锌充足	锌过量
玉米 P/Zn	>300	201～300	50～200	<25
马铃薯 P/Zn	>300	201～300	100～200	<60
向日葵 P/Zn	>300	201～300	80～200	<50

资料来源：鲁如坤，2000

一些正常生长的作物的磷锌比（花期取样测定）：小麦 140，大豆 90，甜菜 110，苜蓿 130，苏丹草 125。因此，在测定作物含锌量的同时，如能测定作物的磷锌比率，会得到比较可靠的评价结果。

2. 方法选择的依据

作物样品的分解方法，通常采用干灰化法，或 HNO_3-$HClO_4$ 消煮法，或用稀 HCl 浸提法。测定溶液中的锌，常用方法为原子吸收分光光度法。也可用等离子发射光谱法，或极谱法。极谱法测定锌时，铁、镍、钴含量高时有干扰，尤以铁的干扰更为严重，需要经分离后才能测定。

3. 检测方法

（1）原子吸收分光光度法

方法原理：作物样品经干灰化法分解（也可用 HNO_3-$HClO_4$ 消煮），用稀 HCl（或

HNO_3）（1∶1）溶解灰分。溶液中的 Zn 直接用原子吸收分光光度计测定。

主要仪器与设备：瓷坩埚，马弗炉，电热板，原子吸收分光光度计等。

（2）ICP-AES 或 ICP-MS 法

方法原理：作物样品经 HNO_3-$HClO_4$ 湿灰化后，溶液中的 Zn 直接用 ICP-AES 或 ICP-MS 测定。

主要仪器与设备：消化器，瓷坩埚，ICP-AES 或 ICP-MS 等。

（七）维生素 C-盐酸溶液一次浸提作物中 Fe、Zn、Cu、Mn 的原子吸收分光光度法（试用）

1. 方法选择的依据

测定作物中微量元素含量的方法，目前广泛采用的是原子吸收分光光度法（AAS），该法具有灵敏度高、干扰少、准确、分析速度快等优点。但在测定作物中微量元素含量时，常因样品前处理（高温干灰化或强酸消煮）方法不同，致使测定结果有差异。另外，处理作物样品的速度也远不能适应 AAS 法的分析速度。因此，人们试用稀 HCl 浸提作物中的 Fe、Zn、Cu、Mn 等金属元素，以代替常规的干、湿灰化法。但 Fe 的提取率均偏低。也有人提出在 80℃时，用维生素 C（VC）-盐酸溶液（2mol/L）浸提液，可以一次性完全提取作物中 Fe、Zn、Cu、Mn 等，特别是把铁完全提取出来（周焱等，1994，1997）。测定数据与湿灰化法十分吻合，经 t 检验这两种方法无显著性差异，说明浸提液完全可以替代干、湿灰化法。

稀 HCl 浸提与 AAS 法匹配，手法简捷、操作方便，适于大批量样品分析，是一种快速测定作物微量元素的理想方法。如果采用笑气-乙炔火焰或石墨炉原子吸收光谱法，还可以对同一份浸出液中的 B 和 Mo 进行定量测定。也可以用等离子发射光谱仪，直接对浸出液进行一次性曝光，同时测定 Fe、Zn、Cu、Mn、B、Mo 等元素，它比 AAS 法具有更多优点。

2. 方法原理

作物样品在 80℃下，用 VC-盐酸溶液（2mol/L）浸提，浸出液中的 Fe、Zn、Cu、Mn 等元素可直接用原子吸收分光光度计进行逐一测定。关于添加维生素 C（VC）提高 HCl 对作物中铁提取率的机理，可能是由于作物体内高价铁被 VC 还原和络合，而被 HCl 完全浸出。

主要仪器与设备：恒温振荡器，原子吸收分光光度计等。

第三节　作物细胞跨膜离子运动的无损伤检测方法

一、无损伤离子流检测的发展与应用

（一）非损伤离子流检测技术的发展

目前，很多技术可用于研究离子关系和养分与离子的跨膜运输。其中既有全植物方

法（损耗试验，放射性示踪剂），也有可应用于细胞（荧光显微法，细胞内微电极测定）或分子（单通道膜片钳）水平的方法。近年来，非损伤性的微电极离子流测定已成为研究植物细胞和组织对各种非生物逆境适应性反应的普遍手段。到目前为止，该项技术已由来自 14 个国家的 38 个实验室广泛应用于生物生长发育调控及胁迫耐性机理的研究中，获得了众多突破性成果，在生命科学领域做出重要贡献。

1984 年，康奈尔大学 Bill Lucas 教授（Lucas and Kochian，1986）首次提出了用缓慢振动的离子选择性电极来无损测定净离子流的想法，其主要理论是：微电极通过测定溶液中生物组织外两个位置间的离子浓度梯度（严格来说是电化学势差），进而根据梯度计算所研究离子的跨膜净通量。之后，该理论在玉米根系 H^+和 K^+通量的化学计量测定上得到了首次实践证明（Newman et al.，1987）。1995 年，美国伍兹霍尔研究所第一次将振动探针设备进行改造，使其具备离子流测定能力（Smith，1995）。与此同时，澳大利亚塔斯马尼亚大学的 Ian Newman（2001）开发出了相似的测定系统，并称之为微电极离子流检测技术（microelectrode ion flux estimation，MIFE）。自 1996 年，MIFE 已被成功应用于研究植物及其原生质体的膜运输过程的各个方面（Shabala et al.，2006）。相较于上文提及的其他离子检测方法，MIFE 具有以下 5 个主要特征，使其具有显著优势，如下。

1. 无损性

相对于其他很多方法来说，MIFE 技术可以在生理“真实”条件下，原位测定离子的净流速。

2. 空间分辨率高

MIFE 系统采用的电极尖端直径仅有几微米（通常是 2～3μm），使其测定植物单个细胞（Babourina et al.，2000；Shabala et al.，2001）或原生质体的净离子流成为可能（Shabala et al.，1998；Tyerman 等，2001）。而且，对于一些高信噪比的离子载体（如 H^+）来说，电极尖端直径可进一步减小至 0.8～1.0μm，从而获得特定离子转运蛋白空间分布和功能表达的相关信息（Shabala et al.，1998；Tegg et al.，2005）。

3. 高时间分辨率

MIFE 默认设定电极以 10s 的周期移动。在某些情况下，这个周期可缩短至 2～3s。这种高时间分辨率在研究植物膜快速信号活动方面至关重要。大多数其他非侵入性技术的时间尺度至少比 MIFE 慢一个数量级。这使得 MIFE 技术在研究与植物响应环境变化相关的早期（和快速）活动中有突出优势。

4. 测定时间可控

由于该技术是非侵入性的，MIFE 既可应用于短时间的瞬时检测，又可应用于样本的长时间监控。一般来说，离子选择性电极的寿命（通常为 15～20h）是限制 MIFE 应用时间的唯一因素。但是，电极的更换极其容易（耗时仅几分钟），测定在几分钟的间断后即可继续进行。相同时间分辨率的其他技术（膜片钳或荧光成像）尚无一个能做到这一点。

5. 几种离子同时测定

MIFE 能在同一位置同时动态测定几种离子流，这一能力在探索细胞适应性反应的离子机制时很重要。通过评估多种离子的化学计量比，能得到相关膜转运蛋白的珍贵信息。

（二）非损伤离子流检测技术的应用

随着选择性微电极离子流技术的日益成熟，近年来，许多学者开始用选择性微电极探讨植物适应逆境的离子或分子流的瞬时变化（即植物细胞的原初响应机制）。目前，选择性微电极离子流技术已广泛地应用于植物对盐害、渗透胁迫、气温变化、缺氧、酸铝、重金属、氧化胁迫等各环境逆境响应的研究，并取得了大量突破性成果（Shabala，2006）。

Shabala（2000）考察了蚕豆叶片叶肉细胞在盐胁迫和渗透胁迫下离子流的响应机制，观察到 90mmol/L NaCl 会导致 K^+出现明显的外流，促进 H^+泵活性；与此相反，150mmol/L 甘露醇（相当于−0.38MPa）处理下，蚕豆叶片出现明显的 K^+内流现象。Chen 等（2005）在大麦根表皮细胞上的研究获得类似结果。因此，上述研究者认为不同淡土植物参与感知渗透胁迫和离子毒害的离子响应机制有所不同。另外，Shabala 等（2002）把选择性微电极技术和压力探针技术结合起来，直接观察到了渗透胁迫时拟南芥根表皮细胞膨压变化与离子移动之间的关系，实时地证明了渗透胁迫产生后，细胞膨压立即从 0.65MPa 降低到大约 0.25MPa。当胁迫 2～10min 时，细胞膨压开始恢复，而且此时伴随着 K^+、Na^+、Cl^-的显著内流（30～80nmol·m^{-2}·s^{-1}），并认为细胞膨压的快速恢复主要是由于渗透胁迫引起大量 K^+、Na^+、Cl^-调入细胞，从而增加吸水能力。Pang 等（2006）用选择性微电极研究了耐涝大麦与涝敏大麦在水涝（即缺氧）条件下，大麦根三个区域表面 H^+、K^+、O_2 的流动。发现涝害敏感大麦 Naso Nijo 在供氧不足时，其根成熟区表面的 K^+内流量急剧变小并最终产生大量的 K^+外流，而耐涝大麦 TX9425 根系表皮细胞 K^+的内流量几乎未发生变化。Ryan 等（1992）用 Cl^-微电极研究小麦对铝敏感和耐铝品种根内 Cl^-的流动时，发现在小麦根处于酸性（pH4.5）的 0.1mmol·L^{-1} 的 $CaC1_2$ 介质中时，Cl^-从分生区大量地流入介质中。同时，Bose 等（2013）利用微电极技术观察酸铝胁迫下拟南芥根系离子流变化时，发现 Mg^{2+}的大量内流与耐铝性具有显著的相关性。

上述研究充分说明，由于微电极离子流测定技术是非损伤性地记录活体植物细胞表面的离子或分子移动的原初响应机制，可让研究者实时了解植物体随环境变化发生的变化。随着微电极离子流测定理论研究的深入和探测技术的不断发展，必将更准确、更全面地揭示植物体离子、分子信息与植物特定功能之间的关系，为植物生理研究者揭示植物体内在的生命活动规律提供较好的技术手段。

二、MIFE 实验原理

一般来说，当细胞吸收离子时，细胞（或组织）表面的离子浓度就会低于远离细胞（或组织）的背景环境；反之，当细胞释放离子时，细胞（或组织）表面的浓度则会高于远离细胞（或组织）的背景环境。当微电极置于细胞或组织表面时，微电极可以对溶液中的离子或分子浓度作出响应，由于细胞对离子的吸收或外排等离子的扩散性移动，细胞或组织表面与背景环境可形成一定的离子浓度差，由此形成相应的电化学势梯度，经连接微电极的传感器将信号放大，即可记录细胞或组织表面离子流动的变化。MIFE 技术即利用离子选择性微电极记录靠近细胞或组织表面（位置 1）与远离细胞（或组织）的背景环境（位置 2）间的电化学势梯度，根据相应公式计算净离子流的大小和方向（图 9-10）。

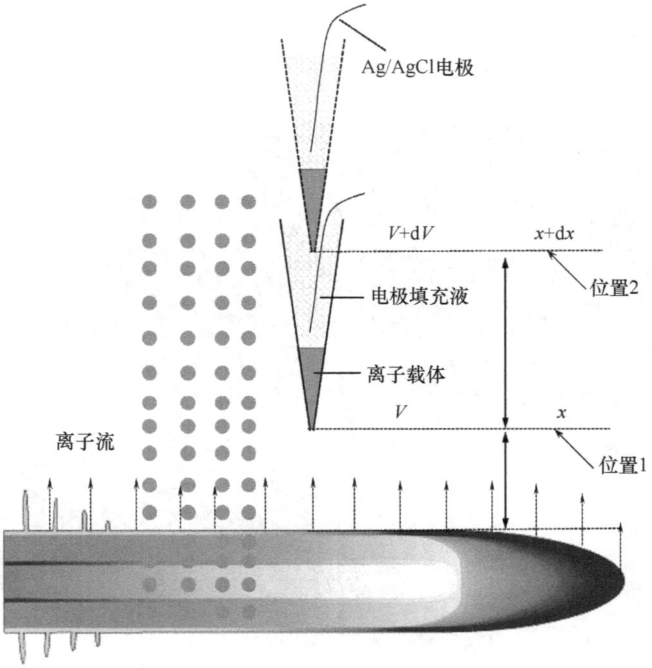

图 9-10　MIFE 离子流测定基本原理

测定初始，将微电极的尖端置于被测试材料距离 x 的位置 1，此处背景溶液的电势为 V。当离子选择微电极的尖端缓慢移动（注意：不搅动溶液）一段距离（dx）到达位置 2（x+dx）时，此处的溶液电势为 V+dV。根据 Nernst 方程：

$$J = cuzFg\ (\mathrm{d}V/\mathrm{d}x) \qquad (9\text{-}1)$$

即可计算出离子的净流速 J（$\mathrm{mmol \cdot m^{-2} \cdot s^{-1}}$）（Newman，2001；Shabala，2006）。式中，c 是离子浓度，$\mathrm{mol \cdot m^{-3}}$）；$u$ 是离子迁移率，$\mathrm{m \cdot s^{-1}}$ per Newton $\mathrm{mol^{-1}}$；z 是离子的化合价；F 是法拉第常数，96 500$\mathrm{C \cdot mol^{-1}}$；$g$ 是能斯特截距；dV 是电极在两个位置测得的电压差，V；dx 是两个位置之间的距离，m。

对于圆柱几何形状（如根表面）来说，应将圆柱的半径考虑在内，即上述公式中的 dx 用 $r\ln[(r+x+\mathrm{d}x)/(r+x)]$取代，即

$$dx=r\ln[(r+x+dx)/(r+x)] \qquad (9\text{-}2)$$

对于球形几何形状（如原生质体），将以上等式中的 dx 用 $r^2[1/(r+x)-1/(r+x+\mathrm{d}x)]$取代，即

$$\mathrm{d}x=r^2[1/(r+x)-1/(r+x+\mathrm{d}x)] \qquad (9\text{-}3)$$

三、MIFE 系统的硬件及配件组成

MIFE 实验系统主要由离子检测（硬件）和电极制备（配件）两部分组成。

（一）MIFE 系统的硬件

基本的 MIFE 系统硬件主要由以下几个组件构成（图 9-11）。

1）MIFE 信号放大器（图 9-11A）。

2）前置信号放大器，用于采集电压信号（图 9-11B）。

图 9-11　MIFE 测定系统的主要硬件

3）电极驱动马达控制器，用于控制马达运动步长与时间（图 9-11C）。

4）步进驱动马达，用于驱动电极往复运动（图 9-11D）。

5）显微镜和显微操作器，用于共聚焦工作电极尖端对准样品（图 9-11E）。

6）装有 MIFE 软件的计算机，用于记录、计算数据（图 9-11F）。

（二）MIFE 系统的配件

除了离子流的检测系统，微电极的制备、贮存及信号屏蔽所需的组件，也都是 MIFE 实验系统不可缺少的组成部分，主要包括以下配件（图 9-12）。

1）玻璃电极拉制仪，一般用垂直型（图 9-12A）。

2）工作电极灌制平台，包括显微镜、左手显微操作器、右手固定支架（图 9-12B）。

3）电极制备用硅硼酸玻璃毛细管，一般采用无玻璃纤维类型，直径=1.5mm（图 9-12C）。

4）玻璃电极硅烷化试剂，三丁基氯硅烷（图 9-12D）。

5）选择性离子载体，Sigma 公司产品（图 9-12E）。

6）银丝，纯度 99.99%（图 9-12F）。

7）烤箱（图 9-12G）。

8）法拉第笼和防震台（图 9-12H）。

9）空白电极烘烤金属板（图 9-12I）。

10）空白电极保存盒（图 9-12J）。

11）电极夹持器（图 9-12K）。

12）样品槽（图 9-12L）。

13）电极填充注射器（图 9-12M）。

14）对照电极、工作电极贮存槽（图 9-12N）。

15）对照电极氯化组件，用于对照电极银丝的氯化，制作 Ag/AgCl 电极（图 9-12O）。

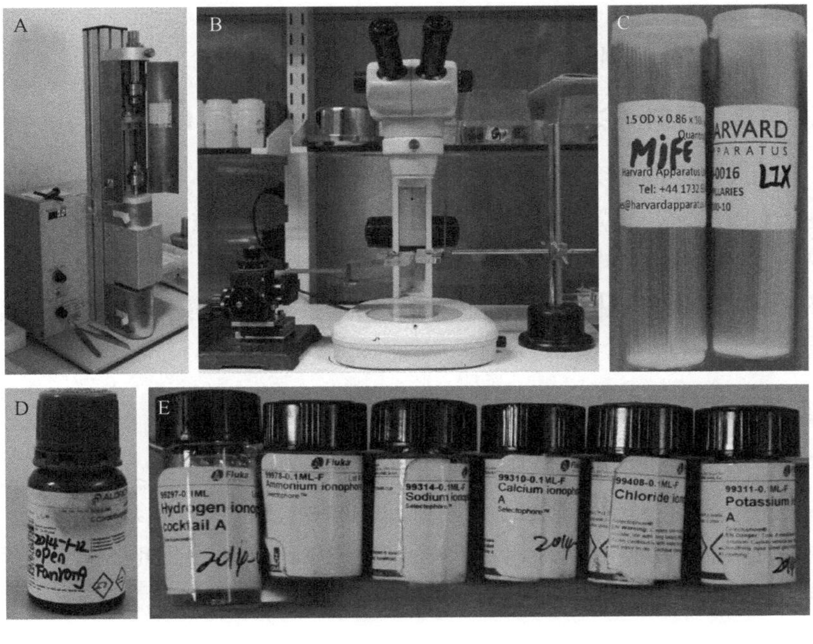

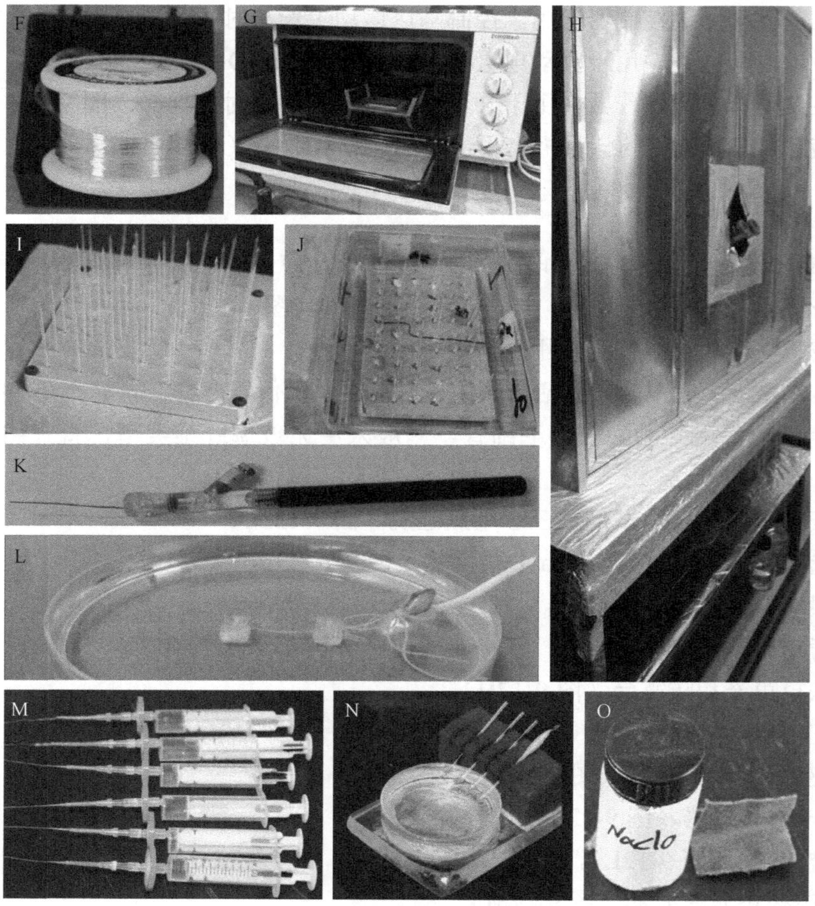

图 9-12 MIFE 实验操作所需其他配件

四、MIFE 操作流程

（一）空白电极的拉制与硅烷化处理

1. 空白电极的拉制（以 Narishigare PE-22 为例）（图 9-13）

1）将硅硼玻璃毛细管穿过电热丝，并插入电极拉制仪的上、下毛细管固定卡口中。

2）根据实验需求，设定电极拉制参数，如加热温度、磁性拉力等。

3）按下“Start”键，电极拉制开始。

4）将拉制好的空白电极以尖端朝上的方向垂直插入不锈钢或铝制支架中，以供后续处理。

2. 空白电极的硅烷化处理

1）将空白电极置于烤箱（置于通风橱中）中，220℃烘烤至少 6h（或过夜）。

2）将空白电极用不锈钢罩盖住，继续 220℃烘烤 10～15min。

3）打开通风橱，用移液枪滴加若干滴（50～100μL，因空白电极数量而定）三丁基氯硅烷于电极支架板上，盖上不锈钢罩，继续 220℃烘烤 15min。

图 9-13　空白电极拉制

4）移除不锈钢罩，继续 220℃烘烤空白电极 30min，关闭烤箱和通风橱电源，冷却。

5）将冷却的空白电极移入封闭式塑料电极支架盒中，保存待用。

（二）工作微电极的灌制

工作微电极的制备是日常 MIFE 操作流程的第一步，工作电极制备的质量好坏直接影响着电极校准、离子流信号检测等后续操作的成功与否。因此，本项操作需要实验人员有较长时间的训练基础和判断经验。

1. 微电极灌制溶液组成

MIFE 检测用工作微电极的灌制溶液一般包括两个组成部分：电极填充液和选择性离子载体。针对不同的检测离子，微电极的灌制溶液组成各有不同。表 9-7 列举了 MIFE 实验中部分常用工作电极灌制溶液组成。

2. 微电极灌制流程

工作电极的灌制主要包括电极尖端切除、灌制填充液、虹吸离子载体三个主要步骤。

具体操作流程细述如下。

表 9-7 离子流检测常用工作电极灌制溶液组成

离子种类	电极填充液 /（mmol/L）	离子载体（Ionophore，LIX）	
		试剂名称	产品货号*
H^+	15 NaCl + 40 KH_2PO_4	三月桂胺（$[CH_3(CH_2)11]3N$）	95292
K^+	200 KCl	缬氨霉素（$C_{54}H_{90}N_6O_{18}$）	60403
Na^+	500 NaCl	N,N',N''-三庚基-N,N',N''-三甲基-4,4',4''-次丙基三(3-氧杂丁酰胺)（$C_{36}H_{71}N_3O_6$）	71732
Ca^{2+}	500 $CaCl_2$	(-)-(R,R)-N,N'-二-[11-(乙氧羰基)十一烷基]-N,N',4,5-四甲基-3,6-二氧杂辛烷-二酰胺（$C_{38}H_{72}N_2O_8$）	21192
Mg^{2+}	500 $MgCl_2$	N,N'-二庚基-N,N'-二甲基-1,4-丁二酰胺（$C_{20}H_{40}N_2O_2$）	63082
Cl^-	500 NaCl	5,10,15,20-四苯基-21H,23H-卟吩氯化锰 （$C_{44}H_{28}ClMnN_4$）	24897
NH_4^-	500 NH_4Cl	无活菌素（$C_{40}H_{64}O_{12}$）	09877
NO_3^-	500 KNO_3	甲基三(十二烷基)硝酸铵（$[CH_3(CH_2)11]3N(NO_3)CH_3$）	91664

* 商业化离子载体目前均由 Sigma-Aldrich 试剂公司供应

1）将空白微电极水平固定在电极灌制平台一侧（以右侧为例），切割用毛细管固定在左侧显微操作器支架上；三维调整显微操作器，使电极灌制平台两侧共聚焦（图 9-14A）。

2）微动显微镜操作器，利用毛细管切面触碰空白微电极尖端，使其尖端直径为 2～3μm（图 9-14B）。

3）将装有离子载体（LIX）的毛细管固定于左侧显微操作器支架上，并与工作电极尖端保持 100～200μm 的距离；通过带有微量加样枪头的注射器将填充液从工作电极钝端注入工作电极中直至工作电极尖端，注意不能产生气泡（图 9-14C）。

4）缓慢调节左手显微操作器，使 LIX 毛细管与已灌入填充液的工作电极共聚焦（图 9-14D），随后两者快速触碰，LIX 溶液通过虹吸作用进入工作电极尖端（图 9-14E）。

5）针对不同检测离子，将工作电极做好不同颜色的标记（图 9-14F），随后将制备好的工作电极立刻插入溶液中保存待用（最多可保持 8～10h）（图 9-14G）。制备好的微电极大多数都可以立刻使用，然而某些离子，如 H^+和 Cl^-，需要一定时间（约 1h）来达到稳定状态。

（三）微电极的校准

电极使用前，必须进行校准检查，其主要目的在于：判断工作电极的制备质量及生成校准曲线文件，用以计算离子流。具体操作步骤可分为以下两部分。

1. 对照电极的制备

1）将拉制好的空白电极尖端切除，形成直径 100μm 左右的切口。

2）加热溶解 2%琼脂于 1mol/L KCl 溶液中，并将尖端切好的电极置于 KCl-琼脂溶液中，缓慢搅动，以使琼脂溶液快速进入电极中。待冷却后，保存于 4℃，待用。

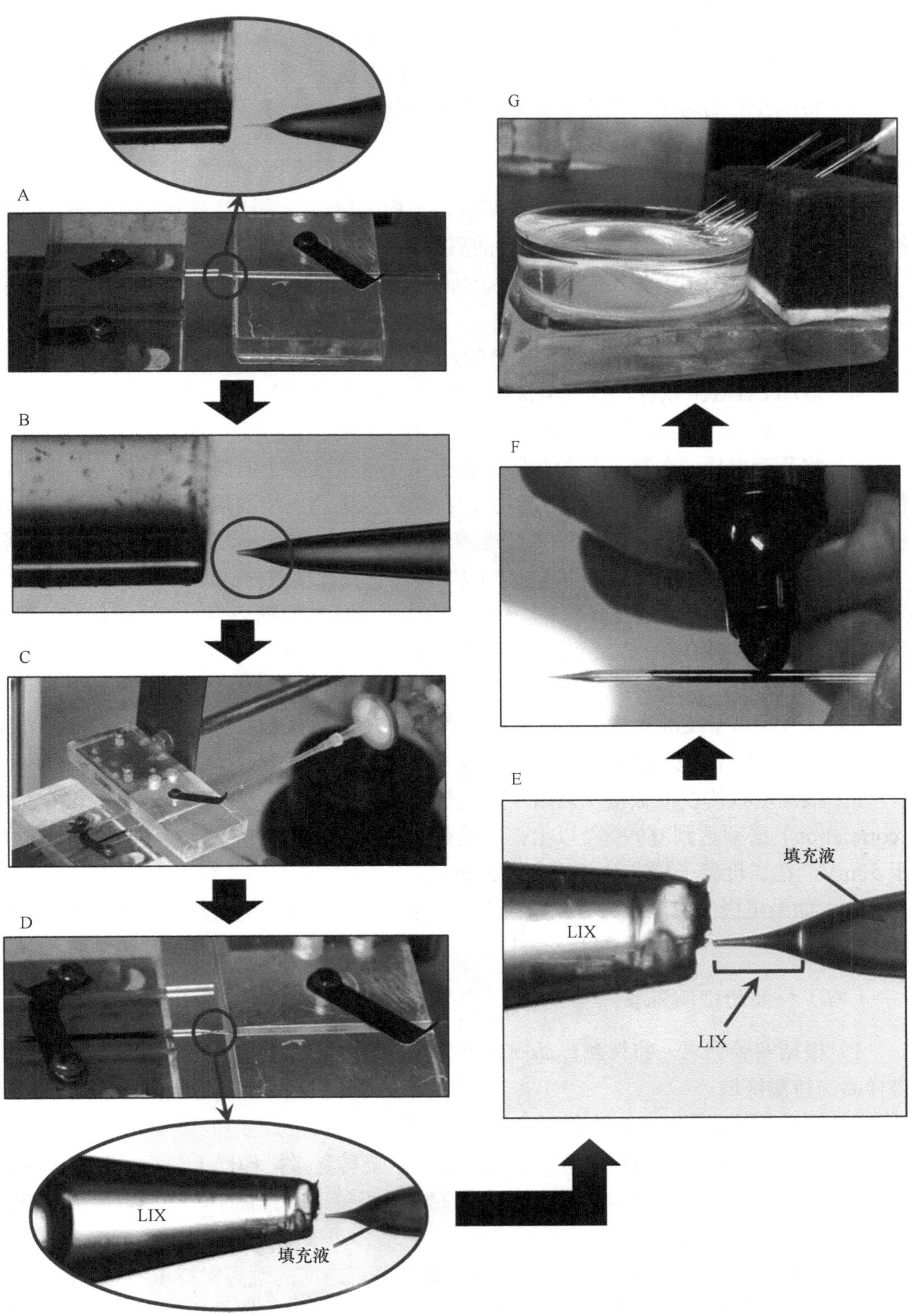

图 9-14　工作微电极灌制流程

3）用细砂纸清理银丝上的沉积盐，使银丝表面光洁，并将清洁好的银丝置于 NaClO 溶液中进行氯化处理 15min（或在 0.25mol/L HCl、1.5V 下通电 15min），注意：银丝必须留有部分不做氯化处理，以保证对照电极工作时的通电。

4）将氯化好的银丝插入含有 KCl-琼脂的空白电极中，并用封口膜将电极钝端封住。

5）将制作好的对照电极置于基本背景溶液中保存、待用。

2. 工作电极的校准流程

1）准备好待校准离子的相应校准溶液，一般采用三个等比浓度梯度的溶液用于校准，且浓度范围必须覆盖测定背景溶液的离子浓度。

2）将工作电极装于 MIFE 检测平台的显微操作器支架上，调整好电极之间的距离，以使所有电极均能接触溶液。

3）将对照电极装于 MIFE 检测平台的对照电极支架上，并将尖端插入溶液中。

4）启动 CHART 软件，进入电极校准模式。按“F7”键，调出离子校准参数窗口，设定离子名称，按“Enter”键结束设定。

5）将所有电极（包括工作和对照）置于第一个校准离子的第一个浓度校准液中，待此离子的电势值趋于稳定（一条直线），按“F7”键调出校准浓度设定窗口，按数字键选择需要校准的电极通道，并输入校准溶液的浓度，按“Enter”键开始记录校准数据。

6）数据记录 20～30s 后，再次按“F7”键，选择此次数据结果是否保存或放弃。

7）若选择放弃，则重复步骤 4）～6），完成该浓度的数据记录；若选择保存，则将所有电极移入校准溶液的第二个浓度溶液中，并重复步骤 4）～6），以此类推，完成所有待测离子各个浓度的数据记录。

8）待所有离子校准完成后，输入命令“ALT+H”，结束数据采集，电极校准工作完成，之后即可调出电极校准数据（见.avc 文件生成部分）。

9）根据电极的校准数据，判断工作电极是否合格。具体要求：一是曲线相关系数（correlation）必须达到 0.999 及以上；二是截距（slope）大小在单价离子校准时必须大于 50mV，在二价离子校准时必须大于 25mV。

10）如果电极的校准结果有未符合上述要求的情况，则需更换新的电极重新进行步骤 1）～9）。

（四）样品的检测流程

1）根据实验需求，将待测样品固定于含有背景溶液的检测槽内，注意尽量避免伤害样品的待测区域。

2）将样品槽置于 MIFE 检测平台上，显微镜下对待测细胞进行聚焦。

3）将工作电极和对照电极置于背景溶液中，旋转显微操作器上前后、上下、左右旋钮找到工作电极，并将各个工作电极的尖端在显微镜下共聚焦于一个点，各个电极之间的距离保持 1～2μm。

4）将工作电极与待测细胞进行共聚焦，并使两者之间的距离保持 10～40μm（具体距离依检测材料而定），记录此距离为工作电极在位置 1 时与样品的距离（x），用于检测完成后离子流的计算。

5）启动 CHART.exe 软件。

6）输入命令“ALT+E”调出 <E>lectrometer 菜单，点击“S”键，选择<S>et offsets

选项，检查电极相对于零点值的偏移量。

7）输入命令“ALT+S”启动MIFE检测模式，点击“S”键，调出样品信息记录窗口，输入样品名称、处理、处理时间等相关信息，点击“Enter”键调出测定时间、温度等参数设定窗口。

8）根据实验需求修改测定时间、温度等相应参数，以“Enter”键确认修改，点击“G”键开始测定，离子选择性微电极在样品表面进行远离和靠近的缓慢往复运动，单次采样时间一般为6s（可在CHART.ini文件中另行设定采样时间和频率）。

9）利用 CHART 软件窗口上的各类导航键，实时观察测定数据，检查测定过程是否正常。

10）待测定过程完成后，输入命令“ALT+H”，结束数据采集，进入测定数据文件生成过程（见.avm文件生成部分）。

（五）数据文件的生成

针对不同检测需求，MIFE 系统具有不同的原始数据格式。其中.avc 文件为电极校准数据，.avm文件为离子流检测原始电压变化数据，.flx文件为离子流数据。由于MIFE系统CHART和MIFEFLUX软件均为DOS版本，所有操作均由输入命令符号完成。下面简要介绍上述三种数据文件生成步骤。

1. 生成 .avc 文件

1）输入命令“ALT+E”调出 <E>lectrometer 菜单，输入命令“A”调出 <A>verage 选项列表。

2）输入命令“C”选择 <C>alibration average 选项，CHART 软件随即生成 .avc 文件，并显示出每个校准离子的校准参数。

2. 生成 .avm 文件

1）输入命令“ALT+E”调出 <E>lectrometer 菜单，输入命令“A”调出 <A>verage 选项列表。

2）输入命令“M”选择 <M>anipulator cycle average 选项，调出测定参数设定窗口。

3）输入测定材料的三维参数，以及电极在位置 1（M1）时到测定材料的距离；然后点击“Enter”键进入下一步。

4）分别设定工作电极在位置1（M1）和位置2（M2）来回运动时，各位置电压值测定的有效时间，点击“Enter”键生成 .avm 文件。

5）输入命令“ALT+Q”退出CHART软件。

3. 生成 .flx 文件

1）双击“MIFEFLUX.exe”启动MIFEFLUX软件。

2）根据软件提示，依次输入.avc文件名和.avm文件名，每次输入后，点击“Enter”键进入下一条目。

3）选择 MIFE 检测样本类型：[C]ylindrical（柱形）、[S]pherical（球形）、[P]lanar（平面），点击“Enter”键生成.flx文件。

4）依次输入同一.avc 文件下的其他.avm 文件名，并重复步骤 3）生成其相应.flx 文件。

5）同一批次的检测，存在不同的.avc 文件，则重复步骤 2）～4)，完成所有.flx 文件生成。

6）关闭 MIFEFLUX 软件。生成的.flx 文件可用 EXCEL 软件打开并进行统计分析。

五、MIFE 的应用方案举例

（一）离子流的“瞬时”响应

细胞膜内外离子流的瞬时变化，可以很好地反映细胞对不同环境的原初响应。因此，大量研究中的 MIFE 应用均用于监测细胞离子流的“瞬时”变化，这也是 MIFE 离子流检测的基本应用。以盐胁迫下植株根系 K^+、Ca^{2+}、H^+的瞬时响应为例，具体操作步骤如下。

1）培养供试植株至实验所需大小，以不超出样品槽大小为宜。

2）将植株根系固定在含有基本背景盐溶液（如 0.5mmol/L KCl+0.1mmol/L $CaCl_2$）的样品槽中，使根系细胞预先稳定 1h 左右。

3）微电极经校准后，将样品槽置于显微操作平台上，调节显微操作器、显微镜共聚焦微电极和待测细胞群。

4）启动 CHART 程序，在对照条件（基本背景盐溶液）下，记录 K^+、Ca^{2+}、H^+离子流变化 10min（或至稳态），具体时间可根据实验状态调整。

5）添加盐处理，检查电极与样品共聚焦情况，继续记录 K^+、Ca^{2+}、H^+离子流变化 1h，具体时间可根据实验要求调整（注意：添加实验处理时，动作尽量轻柔快速，以不扰动样品、1～2min 完成为宜）。

6）分析结果时，除去处理添加时所记录的数据。

（二）离子流的“稳态”响应

离子流的“稳态”响应方案，一般多用于检测经实验处理不同时间后细胞离子流的大小，以分析样品对处理的长时间响应。因其样品检测快捷，该方案亦可用于大样本库（如群体材料等）的筛选实验。以植株根系 K^+、Ca^{2+}、H^+离子流变化对盐胁迫的时间响应为例，具体操作步骤如下。

1）培养供试植株至实验所需大小，以不超出样品槽大小为宜。

2）添加盐处理，经过一定时间后，如 3h、6h、1d、3d、5d（处理时间根据实验需求调整），植株用于离子流检测。

3）将植株根系固定在含有处理盐浓度的基本背景盐溶液（如 0.5mmol/L KCl+0.1mmol/L $CaCl_2$ 溶液）的样品槽中，使根系细胞预先稳定 1h 左右。

4）微电极经校准后，将样品槽置于显微操作平台上，调节显微操作器、显微镜共聚焦微电极和待测细胞群。

5)启动 CHART 程序,在对照条件(基本背景盐溶液)下,记录离子流变化 5～10min，具体时间可根据实验状态调整。

（三）离子流的“恢复”响应

离子流检测时，如处理溶液过高，离子载体的选择特异性往往会受到严重的破坏，如 20mmol/L NaCl 对植物无显著影响而 Na^+离子载体活性则几近丧失，致使离子流检测结果有误甚至无法获得有效结果。此时，采用离子流的“恢复”响应方案，可有效避免以上问题的产生。以植物根系经盐处理后恢复到正常条件下时 Na^+外排能力的评估为例，具体操作步骤如下。

1）培养供试植株至实验所需大小，以不超出样品槽大小为宜。

2）添加盐处理（如 150mmol/L NaCl），经过一定时间后，如 1d（处理时间根据实验需求调整），植株用于离子流检测。

3）将植株根系固定在含有盐处理溶液（如 150mmol/L NaCl 溶液）的样品槽中，使根系细胞预先稳定 1h 左右。

4）检测前，将样品槽内的盐溶液倒掉，并快速用 10mmol/L $CaCl_2$ 溶液冲洗根系数次，以清除根系表面游离离子；而后，用对照溶液（如 1mmol/L NaCl 溶液，不含 K^+、Ca^{2+}）清洗植株根系和样品槽数次，以清除槽内 $CaCl_2$ 溶液。

5）样品槽内添加对照溶液，并将其置于显微操作平台上，调节显微操作器、显微镜共聚焦微电极和待测细胞群。

6）启动 CHART 程序，在对照条件（基本背景盐溶液）下，记录 Na^+离子流变化 5～10min，具体时间可根据实验状态调整。

主要参考文献

邓晓庆. 2006. FAAS、GFAAS、ICP-AES 和 ICP-MS 4 种分析仪器法的比较. 云南环境科学, 25(4): 56-57.
段金秀, 张向东, 慧文, 等. 2006. 盐酸浸提法和消煮法测定牧草中钾钙含量的比较研究. 甘肃农业大学学报, 41(2): 65-69.
黄建国. 2003. 植物营养学. 北京: 中国林业出版社: 12-16, 232-245.
霍晓婷, 杨建堂, 王文亮, 等. 2005. 植株样品钾萃取方法的研究. 土壤通报, 36(3): 460-462.
鲁如坤. 2000. 土壤农业化学分析方法. 北京: 中国农业科技出版社: 296-338, 526-531.
陆景陵. 2003. 植物营养学. 2 版. 北京: 中国农业大学出版社: 77-104.
毛美飞, 赵冰波, 岳薇. 1985. 稀盐酸提取植物中金属元素的效果研究. 浙江农业科学, (1): 29-35.
史瑞和. 1994. 土壤农化分析. 2 版. 北京: 农业出版社: 200-210, 213-222.
万耀星, 刘雄德, 李飞艳, 等. 1988. 土壤有效钼及植物全钼的示波极谱法测定. 土壤通报, (1): 43-46.
王允白, 申国明, 刘宝法. 1991. 热水浸提——火焰光度法测定烟叶中的钾. 中国烟草, (1): 34-35.
温永煌, 涂枕梅. 1981. 盐酸浸提法测定几种作物植株中八种元素的初步研究. 江西农业科技, (5): 27-29.
徐俊祥, 朱其清. 1983. 土壤中有效钼的极谱(催化波)测定方法. 土壤学报, 20(2): 197-203.
于天仁, 王振权. 1988. 土壤分析化学, 北京: 科学出版社: 321-323.
张道勇, 王鹤平. 1997. 中国实用肥料学. 上海: 上海科技出版社: 308-309, 316.
周焱, 罗安程, 徐素君, 等. 1997. 三种前处理法测定植株中铜锌铁锰钙镁的比较. 土壤肥料, (4): 41-42.
周焱, 徐素君, 钱肖余. 1994. 一种一次性完全提取植株中微量元素的新方法——HCl+Vc 浸提法. 江西医药, 29(增刊): 147-150.
朱端卫. 1995. 土壤和植物中硼测定方法概述. 土壤通报, 26(3): 142-143.

Arnon D I, Stout P R. 1939. The essentiality of certain elements in minute quantity for plant with special reference to copper. Plant Physiology, 14(2): 371-375.

Babourina O, Hawkins B, Lew R R, et al. 2001. K^+ transport by *Arabidopsis* root hairs at low pH. Australian Journal of Plant Physiology, 28: 635-641.

Bose J, Babourina O, Shabala S, et al. 2013. Low-pH and aluminum resistance in *Arabidopsis* correlates with high cytosolic magnesium content and increased magnesium uptake by plant roots. Plant Cell Physiology, 54: 1093-1104.

Chen Z, Newman I, Zhou M, et al. 2005. Screening plants for salt tolerance by measuring K^+ flux: a case study for barley. Plant, Cell & Environment, 28: 1230-1246.

Lucas W J, Kochian L V. 1986. Ion transport processes in corn roots: An approach utilizing microelectrode techniques//Gensler W G(ed). Advanced agricultural instrumentation: design and use. Nijhoff, Dordrecht: 402-425.

Miyaxawa M. 1984. Determination of Ca, Mg, K, Mn, Cu, Zn, Fe and P in coffee, Soybean, corn, sunflower and pasture grass leaf tissues by a HCl extraction method. Communication in Soil Science and Plant Analysis, 15(2): 141-147.

Newman I A. 2001. Ion transport in roots: measurement of fluxes using ion-selective micro-electrodes to characterize transporter function. Plant Cell & Environment, 24: 1-14.

Newman I A, Kochian L V, Grusak M A, et al. 1987. Fluxes of H^+ and K^+ in corn roots. Characterisation and stoichiometries using ion-selective microelectrodes. Plant Physiology, 84: 1177-1184.

Pang J Y, Newman I, Mendham N, et al. 2006. Microelectrode ion and O_2 fluxes measurements reveal differential sensitivity of barley root tissue to hypoxia. Plant, Cell & Environment, 29: 1107-1121.

Reuter D J, Robinson J B. 1997. Plant analysis: An interpretation manual. 2th ed. Australia: CSIRO: 59-66.

Ryan P R, Shaft J E, Kochian L V. 1992. Aluminum toxicity in roots. Correlation among ionic currents, ion fluxes, and root elongation in aluminum-sensitive and aluminum-tolerant wheat cultivars. Plant Physiology, 99: 1193-1200.

Shabala L, Ross T, Newman I, et al. 2001. Measurements of net fluxes and extracellular changes of H^+, Ca^{2+}, K^+, and NH_4^+ in *Escherichia coli* using ion-selective micro-electrodes. Journal of Microbiological Method, 46: 119-129.

Shabala S, Babourina O, Newman I. 2000. Ion-specific mechanisms of osmoregulation in bean mesophyll cells. Journal of Experimental Botany, 51: 1243-1253.

Shabala S N. 2006. Non-invasive microelectrode ion flux measurements in plant stress physiology, Plant Electrophysiology: Theory and Methods, Springer, A Volkov(ed), Berlin Heidelberg: 35-71.

Shabala S N, Lew R R. 2002. Turgor regulation in osmotically stressed *Arabidopsis* epidermal root cells: Direct support for the role of inorganic ion uptake as revealed by concurrent flux and cell turgor measurements. Plant Physiology, 129: 290-299.

Smith P J S. 1995. Non-invasive ion probes-tools for measuring transmembrane ion flux. Nature, 378: 645-646.

Soon Y K, Kalra Y P, Abboud S A. 1996. Comparison of some methods for the determination of total sulfur in plant tissues. Commun Soil Sci Plant Anal, 27(3&4): 809-818.

Tegg R S, Melian L, Wilson C R, et al. 2005. Plant cell growth and ion flux responses to the Streptomycete phytotoxin thaxtomin-A: calcium and hydrogen flux patterns revealed by the non-invasive MIFE technique. Plant Cell Physiology, 46: 638-648.

Tyerman S D, Beilby M, Whittington J, et al. 2001. Oscillations in proton transport revealed from simultaneous measurements of net current and net proton fluxes from isolated root protoplasts: MIFE meets patch-clamp. Australian Journal Plant Physiology, 28: 591-604.

第十章　种子相关性状检测方法

种子相关性状包括种子形态和重量、种子发芽、种子活力、种子净度和种子水分等。本章介绍这些性状的测定方法。

第一节　种子形态和重量测定

一、种子形态测定

种子形态测定可以分为种子外部形态和内部构造测定。

（一）种子外部形态观察测定

安装调整好放大镜或解剖镜，仔细观察干种子外部形态，注意其籽粒外面有无附属物，各类附属物的形状、颜色、位置，有无果皮，果皮、种皮上能看到哪些构造，各构造的位置、形状等。通过观察，掌握各种子外部形态的主要特性，并绘图记录或拍照，用文字标明各部分。

1. 种子形状

种子的外形以球形（豌豆、天门冬、麦冬等）、椭圆形（大豆、草木樨）、肾脏形（菜豆、甘草）、牙齿形（玉米）、纺锤形（大麦、沙枣）、扁椭圆形（蓖麻）、卵形（相思豆）、圆锥形（棉花）、扁卵形（瓜类）、扁圆形（兵豆）、楔形或不规则形（黄麻）等较为常见。其他比较稀少的有三棱形（荞麦）、螺旋形（黄花苜蓿的荚果）、近似方形（豆薯）、盾形（葱）、钱币形（榆树）、头颅形（椰子）、马蹄形（裂叶牵牛）、白絮状（杨树、柳树）、降落伞形（蒲公英）。此外还有细小如鱼卵（苋菜）、带坚刺如菱角（菠菜）、具薄翅如蝴蝶［墨西哥猴梳藤（*Pithecoctenium echinatum*）］、细小如尘埃（兰花）及其他种种奇异形状。种子的外形一般可用肉眼观察，但有些细小的种子则须借助于放大镜或显微镜等仪器，才能观察清楚。

2. 种子色泽

种子由于含有各种不同的色素，往往呈现各种不同的颜色及斑纹，有的鲜明，有的黯淡，有的富有光泽。在实践上可根据不同的色泽来鉴别作物的种和品种。例如，大多数玉米品种的子实呈橙黄色，有的品种则呈鲜黄色、浅黄色、玉白色，乃至乳白色。大豆亦因品种不同而呈多种多样的颜色，如浅黄、淡绿、青色、紫红、深褐及黑色等。小麦品种根据外表颜色可分红皮及白皮两大类型，每种类型又有深浅明暗的差别。种子色泽遗传相当稳定，可作为区分不同品种的依据。

种子所含色素存在于种子不同的部位，有的存在于果皮内，如紫稻的花青素，荞麦的黑色素；而红米稻的红褐色，高粱、苏丹草的棕褐色则存在于种皮内；又如大麦的青紫色存在于糊粉层内，黑豆的色素主要集中于种皮上，玉米的色素常存在于胚乳内；也有某些色素存在于子叶内，如青仁大豆的淡绿色等。

种子的色泽会随着种子成熟度不同而有所变化。如大豆未成熟时呈绿色，成熟后变成黄色或青色。种子色泽也会随着贮藏时间的延长而有所变化，如蚕豆种子会由青绿色逐渐变为暗褐色；紫花苜蓿种子刚收获时为浅黄色，贮藏两年后会变为紫红色。豆类种子的光泽往往会随着贮藏时间的延长而逐渐失去。

3. 种子长、宽、厚度的测定

种子的形状在遗传上是相当稳定的性状，在不同品种之间，往往存在着显著的差异，因此可作为鉴定作物品种的依据。种子大小也是品种特征之一，种子的长度和宽度一般比较稳定，但厚度及千粒重却受生长环境和栽培条件的影响较大，即使是同一品种，在不同地区和不同年份，由于土质和栽培条件等因素的变化，种子的充实饱满程度亦大相悬殊。

测定时，将干种子随机数取 10 粒，形状规则的种子（如禾本科种子）用种子测微尺测量，将 10 粒种子整齐地排列在尺子凹槽中读数；形状不规则的种子用游标卡尺测量，逐一测量每一粒种子的长度、宽度和厚度，对 10 粒种子取平均。两次重复，求其平均值，以 mm/粒表示。

（二）种子内部构造观察测定

取吸胀种子，用刀片将种子沿胚部纵切，将胚一分为二；对于双子叶植物种子（如大豆、油菜种子等），用解剖针剥开种皮使两片子叶分开，从外向内逐层仔细观察如下项目：果种皮的层次、质地，有无胚乳及胚乳的多少，胚的位置、形状和大小比例等。

自然界植物种子外表性状虽千差万别，形态各异，但从种子内部构造进行观察和研究，绝大多数种子的构造，基本上具有共同之点，即每颗种子都由种皮（seed coat）、胚（embryo）和胚乳（endosperm）三个主要部分所组成。

1. 果皮和种皮

有些果实在表面上和种子很相像，如颖果（caryopsis）、瘦果（achene）、坚果（nut），以及少数作物的荚果（legume）等，在农业生产实践上，通常不必脱去果皮，可以直接作为播种材料，尤其禾谷类的颖果是一种非常重要的农业种子，其种皮与果皮均很薄，密贴在一起，为了方便起见，往往称为果种皮。因此这里将果皮和种皮的构造一起加以叙述。

果皮和种皮是包围在胚乳外部的保护构造，其组织的层次与厚薄、结构的致密程度、胞壁的加厚状况及细胞所含的各种化学物质（如单宁、色素等）都会在不同程度上影响到种子与外界环境的关系，因而对种子的休眠、寿命、发芽、种子预措及干燥过程等均可产生直接或间接的作用。果皮和种皮的表面状况（光滑程度、茸毛有无等）可以作为种子清选和加工时选择操作方法和使用工具的依据，而种皮上的花纹（斑纹及网纹）、颜色、茸毛等特点，还可用来鉴别作物的不同种类和不同品种。

果皮（pericarp）由子房壁发育而成，一般分三层：外果皮、中果皮和内果皮，但在农作物中，水稻、小麦、玉米、荞麦等果皮分化均不明显。外果皮通常为一层或两层表皮细胞所组成，常有茸毛及气孔。根据果皮上茸毛的有无和多少，可作为鉴定某些作物种子的依据；如硬粒小麦籽粒，上端无茸毛或很不明显，而普通小麦茸毛很长。中果皮大多数只有一层，内果皮细胞一至数层不等。在果皮或稃壳上往往分布着非常明显的输导组织（维管束）。果皮的颜色有的是由于花青素产生的，有的是由于存在杂色体的缘故，未成熟的果实含有大量的叶绿素。

种皮由一层或两层珠被（integument）发育而成，外珠被发育成外种皮（testa），内珠被发育成内种皮（endopleura）。外种皮质厚而强韧，内种皮多呈薄膜状。禾谷类作物种皮到成熟时，只残留痕迹，而豆类作物种子的种皮一般都很发达。在种皮的细胞中，不含原生质，因此细胞是没有生命的。

在种皮外部通常可以看到胚珠的遗迹，有时种子太小，不易观察清楚，须经放大才明显。有些种子在发育过程中附近的细胞发生变化，某些遗迹就不存在。一般种子外部可看到以下几种胚珠遗迹。

（1）发芽口

发芽口（micropyle）就是受精前胚珠时期的珠孔，授粉后，花粉管伸长，经此孔进入胚囊。当胚珠受精后发育成为种子，就称为种孔或发芽口。它的位置正好位于种皮下面的胚根尖端。当种子发芽时，水分首先从发芽口进入种子内部，胚根细胞很快吸水膨胀，并从发芽口伸出。大粒豆类种子的发芽口比较明显，有时用肉眼就可观察清楚。有一些作物种子很难辨出，可观察其发芽时胚根在种皮上的突破口，即为发芽口部位。有的种子吸胀以后，用手挤压可看到水滴从种皮某部位一个小孔里冒出，这就是发芽口的所在处。

（2）种脐

种脐（hilum）是种子附着在胎座上的部分，是种子发育过程中营养物质从母体流入子体的通道。在种子成熟后从珠柄上脱落时留下的疤痕，也就是种脐，或简称为脐。种脐颜色往往和种皮不同，形状大小亦因植物种类不同而有差异。脐最显著的是豆科作物种子，如蚕豆的脐呈粗线状，黑色或青白色，位于种子较大的一端；刀豆的脐呈长椭圆形，褐色，位于种子的侧面中部，菜豆的脐呈卵形，白色或边缘有色；大豆的脐从黄白色到黑色都有，脐的形状有圆形、椭圆形、卵形、不规则形及其他形状。又按脐的高低可分突出（如豇豆）、相平（如大豆）、凹陷（如菜豆）三种情况。所以脐的性状是鉴定豆类作物类型和区别品种的重要依据。有些种子实际上是植物学上的干果，如禾谷类的子实，菊科和蓼科的瘦果，只能看到果脐。禾谷类子实的果脐很小，且不明显，需用放大镜进行观察。

有些植物的种子，从珠柄脱落时，珠柄的残片附着在脐上，这种附着物称为脐褥（callus funicularis）或脐冠，如蚕豆、扁豆等。

（3）脐条

脐条（raphe）又称种脊或种脉，是倒生或半倒生胚珠从珠柄通到合点的维管束遗迹。维管束从珠柄到合点时，不直接进入种子内部而先在种皮上通过一段距离，然后至珠心层供给养分。不同类型植物的种子，其脐条长短不同，豆类和棉花等种皮上可观察到明显的脐条。由直生胚珠发育而来的种子是没有脐条的。

（4）内脐

内脐（chalaza）是胚珠时期合点遗迹，位于脐条的终点部位（亦即维管束的末端）。通常稍呈突起状，在豆类和棉花的种子上可比较清楚地看到内脐。内脐是种子萌发时最先吸胀的部位，表明遗留在种皮内的维管束（脐条）是水分进入种子的主要通道。

有些种子种皮上还可观察到种阜，种阜（strophiole）是靠近种脐部位种皮上的瘤状突起，是外种皮细胞增殖或扩大而形成。蓖麻和西瓜种子的种阜最明显，有些豆类种子也有。有些裸子植物种子的种皮上还连着一片薄的种鳞组织，称为翅，便于风力传播，如松子。

2. 胚

胚是种子最主要的部分，通常是由受精卵发育而成的幼小植物体。各类种子的胚，因各部分的构造与发育程度不同，其形状各异，但所具备的基本器官完全相同，一般可分为胚芽（plumule）、胚轴（embryonal axis）、胚根（radicle）和子叶（cotyledon）四部分。

（1）胚芽

胚芽又称幼芽，它是叶、茎的原始体，位于胚轴的上端，它的顶部就是茎的生长点。在种子萌发前，胚芽的分化程度是不同的，有的在生长点基部已形成一片或数片初生叶，有的仅仅是一团分生细胞。禾本科植物的胚芽是由 3～5 片胚叶所组成，着生在最外部的一片，呈圆筒状，称为胚芽鞘（coleoptile）。

（2）胚轴

胚轴又称胚茎，是连接胚芽和胚根的过渡部分。双子叶植物子叶着生点和胚根之间部分，称为下胚轴（hypocotyl），而子叶着生点以上部分的，称为上胚轴（epicotyl）。在种子发芽前大都不十分明显，所以通常胚轴和胚根的界限从外部看不清楚，只有根据详细的解剖学观察才能确定。有些种子萌发时，随着幼根和幼芽的生长，其下胚轴也迅速地伸长，因而把子叶和幼芽顶出土面，如大豆、棉花等，有的在发芽时，胚芽显著生长，下胚轴仍很短时，则子叶遗留在土中，如蚕豆，豌豆等。禾谷类作物的子实的胚轴部不很明显，但在黑暗中萌发时，则延长而为第一节间，称为中胚轴（mesocotyl），亦称中茎。

（3）胚根

胚根又称幼根，在胚轴下面，为植物未发育的初生根，有一条或多条。在胚根中已经可以区分出根的初生组织与根冠部分；在根尖有分生细胞，当种子萌发时，这些分生细胞迅速生长和分化而产生根部的次生组织。

禾本科植物的胚根外包有一层薄壁组织，称为胚根鞘（coleorhiza）。当种子萌发时，胚根突破胚根鞘而伸入土中。

（4）子叶

子叶即种胚的幼叶，具一片（单子叶植物称内子叶、子叶盘或盾片）、两片（双子叶植物）或多片（裸子植物）。子叶和真叶是不同的，子叶常较真叶为厚，叶脉一般不明显，也有较明显的，如蓖麻。子叶在种子内的主要功能是贮藏营养物质，如大豆、花生的子叶含有丰富的蛋白质和脂肪；蚕豆、豌豆种子除蛋白质外，还含有相当多的淀粉。双子叶植物种子的胚芽着生于两片子叶之间，子叶起了保护作用。两片子叶通常大小相等，互相对称，但经仔细观察，有时也会发现两片子叶大小不同的类型，如棉花、油菜等。出土的绿色子叶又是幼苗最初的同化器官。禾本科植物种子的子叶（即盾片）具有特殊的生理功能，在发芽时能分泌酶，使胚乳中的养料迅速分解，成为简单的可溶性物质，并将其吸收以供胚利用，起了传递养料的桥梁作用。

3. 胚乳

胚乳按来源不同分为外胚乳（perisperm）和内胚乳（endosperm）两种。由珠心层细胞直接发育而成的，称为外胚乳；由胚囊中受精极核（polar nuclei）细胞发育而成的，称为内胚乳。有的胚乳在种子发育过程中被胚吸收而消耗殆尽，仅留下一层薄膜，因而成为无胚乳种子。在无胚乳种子中，营养物质主要贮藏在子叶内，如豆科、葫芦科、蔷薇科及菊科植物种子。在有胚乳种子中，一般内胚乳比较发达，如禾本科、茄科、伞形科等植物种子，仅有少数植物种子的外胚乳比较发达，如藜科及石竹科等植物种子。胚乳的营养对幼苗健壮程度有着重要的影响。胚乳花粉直感的色泽对玉米杂交种鉴定具有重要作用。

在裸子植物中，如银杏、松、柏之类，种子内部亦有相当发达的贮藏组织，含有丰富养料。从表面看，这种组织具有营养生理功能，亦应列为胚乳的一种；但从植物发生学的角度看，这一部分完全由母体组织直接发育而来，不经过受精过程，所以和被子植物的胚乳在本质上是截然不同的。

从植物形态学的角度看，不论是被子植物或裸子植物，只有从经受精过程的胚珠发育而成的繁殖器官，才是真种子。

禾谷类种子在粮食作物中占有首要地位，但它的籽实是颖果，不是真种子，其外表紧紧贴着一层果皮；有的类型，外面还包着一层稃壳，所以属于种子的部分只占整个籽实的 70%～90%，禾谷类的胚占整个籽实的比例比大多数植物的胚要小得多，平均只占 2.2%，但高粱例外，它的胚几乎占到 10%；玉米就胚中轴（embryo axis）来说，只占 1.1%～2.0%，但盾片却特别发达，占了 10%以上。

二、种子重量测定

种子的大小常用两种方法表示，一种是用子粒的平均长、宽、厚来表示，一种是用种子重量来表示。种子的长、宽、厚在种子清选上具有重要意义，而在农业生产上，则往往用其重量（千粒重或百粒重）作为衡量种子品质的主要指标之一。

不同植物间种子的大小差异很大，如椰子种子长 10～15cm，最长可达 40cm 以上；而烟草种子极小，长度一般为 0.6～0.8mm。种子的质量也因植物种类不同存在极大的差异，如油棕的果实，一个就 6～8kg；农作物种子中的大粒种子，如蚕豆、花生千粒重可达到 900g，而小粒种子如莴苣种子的千粒重仅为 0.8～1.5g，烟草种子更小，为 0.06～0.1g。一般农作物种子的千粒质量在 20～50g，主要常见的农作物种子的大小见表 10-1。

表 10-1　常见的 40 种作物种子的大小

作物	种子大小/（mm/粒）			千粒重/g	作物	种子大小/（mm/粒）			千粒重/g
	长	宽	厚			长	宽	厚	
玉米	6.0～17.0	5.0～11.0	2.7～5.8	50.0～700.0	黄瓜	10.0	4.3	1.4	16.0～30.0
小麦	4.0～8.0	1.8～4.0	1.6～3.6	15.0～88.0	胡萝卜	3.0～4.0	1.2～1.4	1.5～1.6	1.1～1.5
大麦	7.0～14.6	2.0～4.2	1.2～3.6	20.0～55.0	韭菜	3.1	2.1	1.3	2.5～4.5
燕麦	8.0～18.6	1.4～4.0	1.0～3.6	15.0～45.0	洋葱	3.1	2.1	1.5	3.0～4.0
黑麦	4.5～9.8	1.4～3.6	1.0～3.4	13.0～45.0	葱	3.1	1.9	1.3	2.0～3.6
水稻	5.0～11.0	2.5～3.5	1.5～2.5	15.0～43.0	甘蓝	2.1	2.0	2.0	3.0～4.5
荞麦	4.2～6.2	2.8～3.7	2.4～3.5	15.0～40.0	油菜	1.5～2.2	1.5～2.2	1.5～2.2	2.0～6.0
花生	10.0～20.1	7.5～13	—	500.0～900.0	白菜	1.9	1.9	1.6～1.9	2.5～4.0
大豆	6.0～9.0	4.0～8.0	3.0～6.5	130.0～220.0	芥菜	1.3	1.2	1.1	1.2～1.4
红豆	9.5	5.5	3.3	100.0～200.0	辣椒	3.9	3.3	0.8～1.1	3.7～6.8
菜豆	15.8	7.0	6.9	70.0～100.0	芹菜	1.6	0.8	0.7	0.3～0.6
棉花	8.0～11.0	4.0～6.0	—	90.0～110.0	茼蒿	2.9	1.5	0.8	1.3～2.0
蓖麻	9.0～12.0	6.0～7.0	4.5～5.6	100.0～700.0	苋菜	1.2	1.1	1.9	0.4～0.7
向日葵	10.0～20.0	6.0～10.0	3.5～4.1	50.0～65.0	烟草	0.6～0.8	0.4～0.6	0.3～0.5	0.06～0.1
西瓜	8.2～12.5	4.7～8.3	2.1～2.3	40.0～140.0	荠菜	1.1	0.9	0.5	0.08～0.2
南瓜	8.5～12.3	4.0～7.8	2.0～2.3	40.0～140.0	四季萝卜	2.9	2.6	2.1	7.7～9.9
番茄	4.0～5.0	3.0～4.0	0.8～1.1	2.5～4.0	苦苣	3.8	1.3	0.6	1.7
茄子	3.4	2.9	1.0	3.5～7.0	莴苣	3.8	1.3	0.6	0.8～1.5
马铃薯	1.7	1.3	0.3	0.4～0.6	菠菜	4.5	3.8	2.2	11.0～14.0
冬瓜	12.2	8.2	2.2	30.0～60.0	莲子	24.0	11.0	11.0	1300.0～1400.0

（一）种子千粒重的含义

千粒重（weight of 1000 seeds）是指国家标准规定水分的 1000 粒种子的重量，以克（g）为单位。

（二）种子重量测定的意义

1）千粒重是种子活力的重要指标之一。种子千粒重大，其内部贮藏的营养物质多，播种发芽迅速整齐，出苗率高，幼苗健壮，并能保证田间的成苗密度，从而增加作物产量。

2）千粒重是多项品质的综合指标，测定方便。种子千粒重与种子饱满、充实、均匀、粒大成正相关。如要分别测定这 4 项品质指标就较为麻烦。饱满度需用量筒测量其体积，充实度则需用相对密度计测量相对密度；均匀度需用一套筛子来测得；种子大小则需用长、宽测量器测量其长、宽、厚；而测定千粒重则简单得多。

3）根据千粒重可计算播种量，节约用种。确定作物播种量时，可根据种植密度、千粒重和发芽率计算播种量。

（三）千粒重测定方法

我国种子检验规程 GB/T 3543.7—1995 中规定，种子千粒重测定有百粒法、千粒法和全量法三种方法。可任选其中一种方法进行测定。

1. 百粒法

（1）数取试样和称重

用手工或数种仪从充分混合的净种子中随机数取 8 个重复，每个重复 100 粒，分别称重（g），小数位数与 GB/T 3543.3—1995《农作物种子检验规程 净度分析》的规定相同。

（2）检查重复间的容许变异系数，计算实测千粒重

按下列公式计算 8 个重复的标准差、平均重量及变异系数：

$$\text{标准差}(s)=\sqrt{\frac{n(\sum x^2)-(\sum x^2)}{n(n-1)}}$$

式中，x 为各重复重量，g；n 为重复次数。

$$\text{差异系数(CV)}=\frac{s}{\bar{x}}\times 100\%$$

式中，s 为标准差；$\bar{x}$ 为 100 粒种子的平均重量。

带有稃壳的禾本科种子变异系数不超过 6.0%，其他种类种子的变异系数不超过 4.0%。如变异系数未超过上述的容许变异系数，则可计算实测的千粒重。如果变异系数超过上述限度，则应再测定 8 个重复，并计算 16 个重复的标准差。凡与平均数之差超过两倍标准差的重复略去不计。

将 8 个或 8 个以上重复每个重复 100 粒种子的平均重量乘以 10，即为实测的千粒重。

2. 千粒法

用手工或数种仪从充分混合的净种子中随机数取两个重复，每个重复大粒种子数 500 粒，中小粒种子数 1000 粒，各重复称重（g），小数位数与净度分析的规定相同。两份重复的差数与平均数之比不应超过 5%，若超过应再分析第三份重复，直至达到要求，取差距小的两份计算测定结果。

3. 全量法

用数粒仪数取净度分析后的所有的净种子的总粒数，计数后称其总重量（g），小数位数与净度分析的规定相同。

将上述的净种子重量和粒数，按下列公式求得种子的实测千粒重：

$$\text{实测千粒重(g)}=\frac{W}{n}\times 1000$$

式中，W 为净种子总重量，g；n 为净种子总粒数。

（四）规定水分千粒重的换算

根据实测千粒重和实测水分，换算成国家种子质量标准规定的种子水分的千粒重。计算方法如下：

$$\text{千粒重（规定水分, g）}=\frac{\text{实测千粒重(g)}\times[1-\text{实测水分(\%)}]}{1-\text{规定水分(\%)}}$$

第二节　种子发芽测定

发芽试验的目的是测定种子样品的最大发芽潜力，从而估测种子批的田间播种价值，并比较不同种子批的种用质量。在实验室内进行发芽试验，可以很好地控制满足种子发芽的适宜条件，从而使种子样品整齐、迅速、完全地发芽，且试验结果准确可靠，重演性好。

种子发芽力（germinability）是指种子在适宜条件下发芽并长成正常植株的能力。通常用发芽势和发芽率表示。种子发芽势（germination energy）是指种子发芽初期（规定日期内）正常发芽种子数占供试种子数的百分率。种子发芽势高，则表示种子活力强，发芽整齐，出苗一致，增产潜力大。种子发芽率（germination percentage）是指在发芽试验终期（规定日期内）全部正常发芽种子数占供试种子数的百分率。种子发芽率高，则表示有生活力种子多，播种后出苗数多。

一、发芽试验设备和用品

（一）发芽设备

发芽设备是指为种子发芽提供适宜条件（温度、湿度和光照）的设备。对发芽设备的基本要求是，控温可靠、准确、稳定，保温、保湿良好，调温方便，不同部位温差小，通气良好，光照充足。

1. 光照变温发芽箱

光照变温发芽箱是目前国内普遍使用的发芽箱。箱体设有加热系统和制冷装置。根据种子发芽技术要求，可调节和控制温度上升、下降或变温。箱内中间配有数层盛放发芽样品的网架，箱内装有荧光灯，可根据需要调节光照强度，满足种子发芽对光的需要。变温发芽箱的特点是微电脑全自动控制，可自动调节和控制所需变温和光照条件，高温和低温可根据种子发芽要求预先设定。若不需要变温时，也可选择单路控制，以保持恒温。此类发芽箱的控制温度范围为5～50℃，是一类功能较完备的发芽箱。

2. 耶可勃逊发芽器

是目前欧美国家普遍使用的发芽设备，适用于小粒种子的发芽。箱身为一个恒温水浴槽，其上配有具有空隙的不锈钢或玻璃盖。在水浴槽中下部装有一套浸入式电加热器。恒温控制由水银导电表和继电器来完成。发芽时，卡在发芽盘的发芽纸条通过不锈钢间的空隙伸入水浴槽，通过毛细现象吸水，每个垫有发芽纸的发芽盘的上部盖上钟形罩，发芽过程不需加水，可避免在发芽试验期间因发芽床加水量不同而造成的试验误差，省时省力。

3. 人工气候箱

人工气候箱具有完善的加热、加湿、光照、灭菌、制冷和通风系统，可在24h内模拟自然界的光照情况，并任意设定不同时间的温度及湿度，可完全满足各类植物种子发芽所需的条件，是一类较先进的种子发芽设备。具有发芽试验程序任意设置，自动变时、变温、变光，自动精密测温、控温、均温，超声波自动测湿、加湿、控湿，自动光照跟踪，自动时差纠正，延迟启动保护，超欠温示警和多重网络保护等功能。操作简便、直观、安全可靠。现在还发展有冷光源发芽箱。

4. 发芽室（人工气候室）

发芽室是一种改进的大型发芽箱，墙壁和天花板需用保温隔热材料装修，室内装置加热、制冷、增湿、光照、通风和消毒设备，每间面积 12～15m^2，室内设有多层搁架，以供放置发芽容器，工作人员可进入内部。采用微电脑控制技术，具有自动控温、变温、控光、变光、变时、控湿等功能，可根据各种种子发芽的条件，任意设置试验程序和条件，同时进行大量种子样品的发芽试验。

（二）数种设备

常用于发芽试验的数种设备有数种板和真空数种器两种。

1. 数种板

数种板的面积和形状接近于放置种子的发芽床的大小。由两块开孔薄板和框架构成，上层为有 50 个或 100 个孔的固定板，孔的形状和孔径大小根据种子设计。下层为一块可活动的无孔薄板。使用时，先选择适用的数种板型号，然后将数种板放在发芽床上，把种子撒布在数种板上，稍加摇动，待种子落入种孔，并将板稍微倾斜，除去多余的种子。然后进行核对，当所有种孔装满了种子且每孔只有一粒种子时，抽去可以移动的底板，种子便落在发芽床的相应位置。

2. 真空数种器

真空数种器是世界各国种子检验室广泛用于种子发芽试验过程中的数种设备。由三个主要部分构成，包括真空系统、数种盘或数种头（有 50 或 100 个孔）、真空的排放阀门。该设备具有技术先进、适用范围广、噪声低、结构合理、操作方便等特点。可根据不同的种子类型选用适合的数种盘，调节合适的吸力，可适用于大多数农、林、牧和蔬菜种子，数粒方便、准确、快速，并能直接置床，可显著地提高工作效率。使用时先选择与种子相应的数种盘，然后接通真空，将种子均匀撒在数种盘上，倒去多余种子，确定数种盘上每个孔都各吸一粒种子，再将数种盘翻转放在发芽床上，解除真空，种子便按一定位置落在发芽床上。

（三）发芽容器

发芽容器是用来安放发芽床的容器。我国 1995 年颁布的 GB/T 3543.1～3543.7—1995《农作物种子检验规程》要求，培养幼苗应发育达到幼苗的主要构造能清楚鉴定的阶段，以便鉴定正常幼苗和不正常幼苗。因此，要求发芽容器应透明、保湿、无毒，并具有一定的种子发芽和发育空间，确保幼苗充分发育和充足的氧气供应。德国采用 21cm×21cm×7.5cm 的平盖发芽盒，国内采用正方形和长方形发芽盒，也可以用不同直径的玻璃培养皿。

（四）发芽床

发芽床是用来安放种子并供给种子水分和支撑幼苗生长的介质。种子检验规程规定的发芽床主要有纸床、砂床和土壤床等种类。各种发芽床应具有保水供水性能良好，通气性好，无毒质、无病菌，有一定强度等特点。湿润发芽床的水质应纯净，不含有机杂质和无机杂质，无毒无害。

1. 纸床

纸床是发芽试验中应用最多的一类发芽床。供作发芽床的纸类主要有专用发芽纸、滤纸、吸水纸等。

（1）发芽试验对纸床的要求

1）持水力强：吸水良好的纸，首先要吸水快（可将纸条下端浸入水中，在 2min 内上升 30mm 或以上者为好），并且持水力强，具有足够的保水能力，能不断为种子发芽供应水分。

2）无毒：用作发芽床的纸张必须无酸碱、染料、油墨及其他对种子发芽有害的化学物质。pH 为 6.0～7.5。检测纸张是否有毒质的方法是利用梯牧草、红顶草、弯叶画眉草、紫羊茅和独行菜等种子发芽时对纸中有毒物质敏感的特性，进行发芽试验，然后依据幼苗根的生长情况进行鉴定。若出现根生长受抑制，根缩短，根尖变色或根从纸上翘起，并且根毛成束或胚芽鞘扁平缩短等症状，则表示该纸含有有毒物质，不宜用作发芽床。

3）无病菌：所用纸张必须清洁干净，无病菌污染。否则，因纸上带有真菌或细菌会引起病菌滋长而影响种子发芽的结果。

4）纸质韧性好：用作发芽床的纸张既应具有多孔性和通气性，又要具有足够的强度，以免吸水时糊化和破碎，并且在操作时不会被撕破，幼根不致穿入纸内，以便于正确鉴定幼苗。

（2）发芽试验时纸床的用法

A. 纸上

纸上（TP）是指将种子放在一层或多层纸上发芽，具体操作如下。

1）在培养皿或发芽盒里垫上两层滤纸，发芽纸要充分吸湿，沥去多余水分。并盖上培养皿盖或发芽盒盖，然后放在发芽箱或发芽室内进行发芽试验。

2）直接放在发芽箱的盘上，发芽箱内的相对湿度接近饱和，以防干燥。

3）放在耶可勃逊发芽器的发芽盘上。

B. 纸间

纸间（BP）是指将种子放在两层纸中间发芽。可采用以下三种方法。

1）在培养皿里把种子均匀置放在湿润的发芽纸上，另外用一层滤纸松松地盖在种子上。

2）把种子放在折好的纸封里，可平放或竖放。

3）纸卷，把种子均匀置放在湿润的发芽纸上，再用另一张同样大小的发芽纸覆盖在种子上，然后卷成纸卷，两端用皮筋扣住，竖放。

纸间可直接放发芽箱内、带有盖子的盒子内，或用塑料包裹的盘子里，前提是容器内要保持发芽所需湿度。

C. 褶纸

褶纸（PP）是把种子放到打褶的纸条上，如有 50 个褶的手风琴一样的纸条，通常是在一个褶内两粒种子。褶纸条可以放到盒子里或者直接放到发芽箱里，并用平滑的纸条环绕包裹褶纸来保证湿度的均衡。

2. 砂床

砂床是种子发芽试验中较为常用的一类发芽床。一般加水量为其饱和含水量的 60%～80%。当由于纸床污染，对已有病菌的种子样品鉴定困难时，可用砂床替代纸床。砂床还可用于幼苗鉴定有困难时的重新试验。化学药品处理过的种子样品发芽所用的砂子，不再重复使用。

（1）对砂子的要求

1）应选用无任何化学药物污染的细砂或清水砂为材料，砂的 pH 为 6.0～7.5。

2）砂粒大小均匀，直径为 0.05～0.80mm，无毒、无菌、无种子，持水力强。

3）使用前必须进行洗涤和高温消毒。用清水洗涤砂粒，以除去污物和有毒物质，将洗过的湿砂放在铁盘内摊薄，在高温（约 130℃）下烘干 2h，以杀死病菌和砂内其他种子。

（2）砂床的使用方法

1）砂上（TS）或者有机生长介质上（OS）：种子压入砂或有机生长介质的表面。

2）砂中（S）或有机生长介质中（O）：种子播在一层平整的湿砂上或湿有机生长介质上，然后根据种子大小加盖 10～20mm 厚度的松散砂或有机生长介质。为保证通气良好，在播种前要用耙子耙松生长介质的底部。

3. 纸上砂床

2008 年国际种子检验协会（ISTA）种子检验规程新增纸上砂床也就是纸上盖沙（top of paper covered with sand，TPS）发芽方法，即把种子放在湿的植物纤维纸（一种多层纸板）上，然后在上面覆盖 2cm 厚的干砂。主要用于豌豆种子的发芽。

4. 土壤床

发芽试验用土壤的土质必须疏松良好、不结块，无大颗粒（如土质黏重应加入适量的砂），土壤中基本不含混入的种子、细菌、真菌、线虫或有毒物质，持水力强，pH 为 6.0～7.5。使用前，必须经过消毒，一般不重复使用。

除规程规定使用土壤床外，当纸床或砂床上的幼苗出现中毒症状时或对幼苗鉴定发生怀疑时，或为了比较或研究目的，可采用土壤作为发芽床。选用符合要求的土壤，经高温消毒后，加水调节到适宜水分，然后再播种，并覆上疏松土层。

二、发芽试验方法

（一）选用和准备发芽床

按表 10-2 农作物种子发芽技术规定，选用其中最适宜的发芽床。小、中粒种子可用纸上（TP）发芽床，中粒种子可用纸间（BP）发芽床；大粒种子或对水分敏感的小、

表 10-2　农作物种子的发芽技术规定

种（变种）名	学名	发芽床	温度/℃	初次计数天数/d	末次计数天数/d	附加说明，包括破除休眠的建议
1. 洋葱	*Allium cepa* L.	TP；BP；S	20；15	6	12	预先冷冻
2. 葱	*Allium fistulosum* L.	TP；BP；S	20；15	6	12	预先冷冻
3. 韭葱	*Allium porrum* L.	TP；BP；S	20；15	6	14	预先冷冻
4. 细香葱	*Allium schoenoprasum* L.	TP；BP；S	20；15	6	14	预先冷冻
5. 韭菜	*Allium tuberosum* Rottl. ex Spreng.	TP	20～30；20	6	14	预先冷冻
6. 苋菜	*Amaranthus tricolor* L.	TP	20～30；20	4～5	14	预先冷冻；KNO_3
7. 芹菜	*Apium graveolens* L.	TP	15～25；20；15	10	21	预先冷冻；KNO_3
8. 根芹菜	*Apium graveolens* L. var. *rapaceum* DC	TP	15～25；20；15	10	21	预先冷冻；KNO_3
9. 花生	*Arachis hypogaea* L.	BP；S	20～30；25	5	10	去壳；预先加温（40℃）
10. 牛蒡	*Arctium lappa* L.	TP；BP	20～30；20	14	35	预先冷冻；四唑染色
11. 石刁柏	*Asparagus officinalis* L.	TP；BP；S	20～30；25	10	28	
12. 紫云英	*Astragalus sinicus* L.	TP；BP	20	6	12	机械去皮
13. 裸燕麦（莜麦）	*Avena nuda* L.	BP；S	20	5	10	预先加温（30～35℃）
14. 普通燕麦	*Avena sativa* L.	BP；S	20	5	10	预先冷冻；GA_3
15. 落葵	*Basella* spp. L.	TP；BP	30	10	28	预先洗涤；机械去皮
16. 冬瓜	*Benincasa hispida*（Thub.）Cogn.	TP；BP	20～30；30	7	14	
17. 节瓜	*Benincasa hispida* Cogn. var. *Chich-qua* How.	TP；BP	20～30；30	7	14	
18. 甜菜	*Beta vulgaris* L.	TP；BP；S	20～30；15～25；20	4	14	
19. 叶甜菜	*Beta vulgaris* var. *cicla*	TP；BP；S	20～30；15～25；20	4	14	预先洗涤（复胚 2h，单胚 4h），再在 25℃下干燥后发芽
20. 根甜菜	*Beta vulgaris* var. *rapacea*	TP；BP；S	20～30；15～25；20	4	14	
21. 白菜型油菜	*Brassica campestris* L.	TP	15～25；20	5	7	预先冷冻

续表

种（变种）名	学名	发芽床	温度/℃	初次计数天数/d	末次计数天数/d	附加说明，包括破除休眠的建议
22. 不结球白菜（包括白菜、乌塌菜、紫菜薹、薹菜、菜薹）	*Brassica campestris* L. ssp. *chinensis*（L.）Makino.	TP	15～25；20	5	7	预先冷冻
23. 芥菜型油菜	*Brassica juncea* Czern. et Coss.	TP	15～25；20	5	7	预先冷冻；KNO_3
24. 根用芥菜	*Brassica juncea* Coss.var. *megarrhiza* Tsen et Lee	TP	15～25；20	5	7	预先冷冻；GA_3
25. 叶用芥菜	*Brassica juncea* Coss. var. *foliosa* Bailey	TP	15～25；20	5	7	预先冷冻；GA_3；KNO_3
26. 茎用芥菜	*Brassica juncea* Coss. var. *tsatai* Mao	TP	15～25；20	5	7	预先冷冻；GA_3；KNO_3
27. 甘蓝型油菜	*Brassica napus* L. ssp. *pekinensis*（Lour.）Olsson	TP	15～25；20	5	7	预先冷冻
28. 芥蓝	*Brassica oleracea* L. var. *alboglabra* Bailey	TP	15～25；20	5	10	预先冷冻；KNO_3
29. 结球甘蓝	*Brassica oleracea* L. var. *capitata* L.	TP	15～25；20	5	10	预先冷冻；KNO_3
30. 球茎甘蓝（苤蓝）	*Brassica oleracea* L. var. *caulorapa* DC.	TP	15～25；20	5	10	预先冷冻；KNO_3
31. 花椰菜	*Brassica oleracea* L. var. *botrytis* L.	TP	15～25；20	5	10	预先冷冻；KNO_3
32. 抱子甘蓝	*Brassica oleracea* L. var. *gemmifera* Zenk.	TP	15～25；20	5	10	预先冷冻；KNO_3
33. 青花菜	*Brassica oleracea* L. var. *italica* Plench	TP	15～25；20	5	10	预先冷冻；KNO_3
34. 结球白菜	*Brassica campestris* L. ssp. *pekinensis*（Lour）. Olsson	TP	15～25；20	5	7	预先冷冻；GA_3
35. 芜菁	*Brassica rapa* L.	TP	15～25；20	5	7	预先冷冻
36. 芜菁甘蓝	*Brassica napobrassica* Mill.	TP	15～25；20	5	14	预先冷冻；KNO_3
37. 木豆	*Cajanus cajan*（L.）Millsp.	BP；S	20～30；25	4	10	
38. 大刀豆	*Canavalia gladiata*（Jacq.）DC	BP；S	20	5	8	
39. 大麻	*Cannabis sativa* L.	TP；BP	20～30；20	3	7	
40. 辣椒	*Capsicum frutescens* L.	TP；BP；S	20～30；30	7	14	KNO_3
41. 甜椒	*Capsicum frutescens* var. *grossum*	TP；BP；S	20～30；30	7	14	KNO_3
42. 红花	*Carthamus tinctorius* L.	TP；BP；S	20～30；25	4	14	

续表

种（变种）名	学名	发芽床	温度/℃	初次计数天数/d	末次计数天数/d	附加说明，包括破除休眠的建议
43. 茼蒿	*Chrysanthemum coronarium* var. *spatisum*	TP；BP	20～30；15	4～7	21	预先加温（40℃，4～6h） 预先冷冻；光照
44. 西瓜	*Citrullus lanatus*（Thunb.）Matsum. et Nakai	BP；S	20～30；30；25	5	14	
45. 薏苡	*Coix lacryna-jobi* L.	BP	20～30	7～10	21	
46. 圆果黄麻	*Corchorus capsularis* L.	TP；BP	30	3	5	
47. 长果黄麻	*Corchorus olitorius* L.	TP；BP	30	3	5	
48. 芫荽	*Coriandrum sativum* L.	TP；BP	20～30；20	7	21	
49. 柽麻	*Crotalaria juncea* L.	BP；S	20～30	4	10	
50. 甜瓜	*Cucumis melo* L.	BP；S	20～30；25	4	8	
51. 越瓜	*Cucumis melo* L. var. *conomon* Makino	BP；S	20～30；25	4	8	
52. 菜瓜	*Cucumis melo* L. var. *flexuosus* Naud.	BP；S	20～30；25	4	8	
53. 黄瓜	*Cucumis sativus* L.	TP；BP；S	20～30；25	4	8	
54. 笋瓜（印度南瓜）	*Cucurbita maxima* Duch. ex Lam	BP；S	20～30；25	4	8	
55. 南瓜（中国南瓜）	*Cucurbita moschata*（Duchesne）Duchesne ex Poiret	BP；S	20～30；25	4	8	
56. 西葫芦（美洲南瓜）	*Cucurbita pepo* L.	BP；S	20～30；25	4	8	
57. 瓜尔豆	*Cyamopsis tetragonoloba*（L.）Taubert	BP	20～30	5	14	
58. 胡萝卜	*Daucus carota* L.	TP；BP	20～30；20	7	14	
59. 扁豆	*Dolichos lablab* L.	BP；S	20～30；20；25	4	10	
60. 龙爪稷	*Eleusine coracana*（L.）Gaertn.	TP	20～30	4	8	KNO_3
61. 甜荞	*Fagopyrum esculentum* Moench	TP；BP	20～30；20	4	7	
62. 苦荞	*Fagopyrum tataricum*（L.）Gaertn.	TP；BP	20～30；20	4	7	

续表

种（变种）名	学名	发芽床	温度/℃	初次计数天数/d	末次计数天数/d	附加说明，包括破除休眠的建议
63. 茴香	*Foeniculum vulgare* Miller	TP；BP；TS	20～30；20	7	14	
64. 大豆	*Glycine max*（L.）Merr.	BP；S	20～30；20	5	8	
65. 棉花	*Gossypium* spp.	BP；S	20～30；30；25	4	12	
66. 向日葵	*Helianthus annuus* L.	BP；S	20～30；25；20	4	10	预先冷冻；预先加温
67. 红麻	*Hibiscus cannabinus* L.	BP；S	20～30；25	4	8	
68. 黄秋葵	*Hibiscus esculentus* L.	TP；BP；S	20～30	4	21	
69. 大麦	*Hordeum vulgare* L.	BP；S	20	4	7	预先加温（30～35℃）；预先冷冻；GA_3
70. 蕹菜	*Ipomoea aquatica* Forsskal	BP；S	30	4	10	
71. 莴苣	*Lactuca sativa* L.	TP；BP	20	4	7	预先冷冻
72. 瓠瓜	*Lagenaria siceraria*（Molina）Standley	BP；S	20～30	4	14	
73. 兵豆（小扁豆）	*Lens culinars* Medikus	BP；S	20	5	10	预先冷冻
74. 亚麻	*Linum usitatissimum* L.	TP；BP	20～30；20	3	7	预先冷冻
75. 棱角丝瓜	*Luffa acutangula*（L.）Roxb.	BP；S	30	4	14	
76. 普通丝瓜	*Luffa cylindrica*（L.）Roem.	BP；S	20～30；30	4	14	
77. 番茄	*Lycopersicon esculentum* Mill.	TP；BP；S	20～30；25	5	14	KNO_3
78. 金花菜	*Medicago polymorpha* L.	TP；BP	20	4	14	
79. 紫花苜蓿	*Medicago sativa* L.	TP；BP	20	4	10	预先冷冻
80. 白香草木樨	*Melilotus albus* Desr.	TP；BP	20	4	7	预先冷冻
81. 黄香草木樨	*Melilotus officinalis*（L.）Pallas	TP；BP	20	4	7	预先冷冻
82. 苦瓜	*Momordica charantia* L.	BP；S	20～30；30	4	14	
83. 豆瓣菜	*Nasturtium officinale* R. Br.	TP；BP	20～30	4	14	
84. 烟草	*Nicotiana tabacum* L.	TP	20～30	7	16	KNO_3
85. 罗勒	*Ocimum basilicum* L.	TP；BP	20～30；20	4	14	KNO_3

续表

种（变种）名	学名	发芽床	温度/℃	初次计数天数/d	末次计数天数/d	附加说明，包括破除休眠的建议
86. 稻	*Oryza sativa* L.	TP；BP；S	20～30；30	5	14	预先加温（50℃）； 在水中或 HNO_3 中浸渍 24h
87. 豆薯	*Pachyrhizus erosus*（L.）Urban	BP；S	20～30；30	7	14	
88. 黍（糜子）	*Panicum muliaceum* L.	TP；BP	20～30；25	3	7	
89. 美洲防风	*Pastinaca sativa* L.	TP；BP	20～30	6	28	
90. 香芹	*Petroselinum crispum*（Miller）Nyman ex A.W.Hill	TP；BP	20～30	10	28	
91. 多花菜豆	*Phaseolus multiflorus* Willd.	BP；S	20～30；20	5	9	
92. 利马豆（菜豆）	*Phaseolus lunatus* L.	BP；S	20～30；25；20	5	9	
93. 菜豆	*Phaseolus vulgaris* L.	BP；S	20～30；25；20	5	9	
94. 酸浆	*Physalis pubescens* L.	TP	20～30	7	28	KNO_3
95. 茴芹	*Pimpinella anisum* L.	TP；BP	20～30	7	21	
96. 豌豆	*Pisum sativum* L.	BP；S	20	5	8	
97. 马齿苋	*Portulaca oleracea* L.	TP；BP	20～30	5	14	预先冷冻
98. 四棱豆	*Psophocarpus tetragonolobus*（L.）DC.	BP；S	20～30；30	4	14	
99. 萝卜	*Raphanus sativus* L.	TP；BP；S	20～30；20	4	10	预先冷冻
100. 食用大黄	*Rheum rhaponticum* L.	TP；	20～30	7	21	
101. 蓖麻	*Ricinus communis* L.	BP；S	20～30	7	14	
102. 鸦葱	*Scorzonera hispanica* L.	TP；BP；S	20～30；20	4	8	预先冷冻
103. 黑麦	*Secale cereale* L.	TP；BP；S	20	4	7	预先冷冻；GA_3
104. 佛手瓜	*Sechium edule*（Jacp.）Swartz	BP；S	20～30；20	5	10	
105. 芝麻	*Sesamum indicum* L.	TP	20～30	3	6	
106. 田菁	*Sesbania cannabina*（Retz.）Pers.	TP；BP	20～30；25	5	7	
107. 粟	*Setaria italica*（L.）Beauv.	TP；BP	20～30	4	10	
108. 茄子	*Solanum melongena* L.	TP；BP；S	20～30；30	7	14	
109. 高粱	*Sorghum bicolor*（L.）Moench	TP；BP	20～30；25	4	10	预先冷冻

续表

种（变种）名	学名	发芽床	温度/℃	初次计数天数/d	末次计数天数/d	附加说明，包括破除休眠的建议
110. 菠菜	*Spinacia oleracea* L.	TP；BP	15；10	7	21	预先冷冻
111. 黎豆	*Stizolobium* ssp.	BP；S	20～30；20	5	7	
112. 番杏	*Tetragonia tetragonioides*（Pallas）Kuntze	BP；S	20～30；20	7	35	除去果肉；预先洗涤
113. 婆罗门参	*Tragopogon porrifolius* L.	TP；BP	20	5	10	预先冷冻
114. 小黑麦	× *Triticosecale* Wittm.	TP；BP；S	20	4	8	预先冷冻；GA_3
115. 小麦	*Triticum aestivum* L.	TP；BP；S	20	4	8	预先加温（30～35℃）；预先冷冻；GA_3
116. 蚕豆	*Vicia faba* L.	BP；S	20	4	14	预先冷冻
117. 箭舌豌豆	*Vicia sativa* L.	BP；S	20	5	14	预先冷冻
118. 毛叶苕子	*Vicia villosa* Roth	BP；S	20	5	14	预先冷冻
119. 赤豆	*Vigna angularis*（Willd）Ohwi & Ohashi	BP；S	20～30	4	10	
120. 绿豆	*Vigna radiata*（L.）Wilczek	BP；S	20～30；25	5	7	
121. 饭豆	*Vigna umbellata*（Thunb.）Ohwi & Ohashi	BP；S	20～30；25	5	7	
122. 长豇豆	*Vigna unguiculata* W. ssp. *sesquipedalis*（L.）Verd.	BP；S	20～30；25	5	8	
123. 矮豇豆	*Vigna unguiculata* W. ssp. *unguiculata*（L.）Verd.	BP；S	20～30；25	5	8	
124. 玉米	*Zea mays* L.	BP；S	20～30；25；20	4	7	

资料来源：引自 GB/T 3543.4—1995

注：表中 TP 表示纸上，BP 表示纸间，S 表示砂，TS 表示砂上

中粒种子宜用砂床（S）发芽。活力较差的种子，也以砂床的效果为好。

在选好发芽床后，按不同作物种子和发芽床的特性，调节到适宜的湿度。

（二）数取试验样品

从充分混合的净种子中，用数种设备或手工随机数取400粒种子。通常小、中粒种子（如水稻、小麦、油菜、结球白菜等）以100粒为一个重复，试验为4个重复；对于大粒、特大粒的种子（如玉米、大豆、棉花等）或带有病菌的种子，如果发芽容器较小，可以50粒或25粒为一次重复。

复胚种子单位可视为单粒种子进行试验，不需弄破（分开），但芫荽例外。

（三）种子置床

置床时要求将种子试样均匀地分布在发芽床上，种子之间留有种子直径1～5倍的间距，以保持幼苗有足够的生长空间，减少幼苗的相互影响，并防止病菌的相互感染。每粒种子应良好接触水分，使发芽条件一致。

种子置床后，在发芽盒或培养皿等发芽容器底盘的侧面贴上标签，注明样品编号、品种名称、重复次数和置床日期等内容，并将容器盖子盖好。

（四）破除休眠处理

很多植物种类的种子，由于存在休眠，直接置床发芽通常难以整齐、快速、良好地发芽。因此，在移至规定的发芽条件下进行培养之前，须根据表10-2第7栏的“附加说明”，再移到规定的条件下发芽。

（五）发芽培养

按表10-2规定的发芽温度和附加说明中的光照条件进行发芽培养。表中列入的温度，虽然几种都有效，但一般而言，新收获的处于休眠状态的种子和陈种子，以选用其中的变温或较低恒温发芽为好。

一般来说，新收获的处于休眠状态的需光型种子如茼蒿种子发芽时，必须有光照促进发芽。除厌光型种子在发芽初期应放置于黑暗条件下培养外，对于大多数种子，只要条件允许，最好在光照下培养。因为光照有利于抑制发芽过程中霉菌的生长繁殖，有利于幼苗进行光合作用，以便区分黄化和白化的不正常幼苗，正确地进行幼苗鉴定。

（六）检查管理

在种子发芽期间，应进行适当的检查管理，以维持适宜的发芽条件。检查管理的主要内容如下。

1）水分的检查。发芽床应始终保持湿润，水分不能过多或过少，更不能断水。

2）温度的检查。温度应保持在所需温度的±1℃范围内，防止由于控温部件失灵、断电、电器损坏等意外事故导致温度失控。如采用变温发芽，则须按规定变换温度。

3）发霉情况的检查。如发现种子发霉，应及时取出洗涤去霉。当发霉种子超过5%时，应更换发芽床，以免霉菌传染。如发现腐烂死亡种子，则应将其除去并记载。

还应注意氧气的供应情况，避免因缺氧而影响正常发芽。

（七）试验持续时间和观察记载

1. 试验持续时间

表 10-2 对每个种的试验持续时间作出了具体规定，其中试验前或试验期间用于破除休眠处理所需时间不计入发芽试验的时间。

如果样品在试验规定时间内只有几粒种子开始发芽时，试验时间可延长 7d 或规定时间的一半。根据试验天数，可增加计数的次数。反之，如果在试验规定时间结束之前，可以确定能发芽种子均已发芽，即样品已达到最高发芽率，则可提早结束试验。

2. 鉴定幼苗和观察计数

幼苗鉴定应在其主要构造已发育到一定时期时进行。每株幼苗都必须按照规定的标准进行鉴定，根据种的不同，试验中绝大部分幼苗应达到：子叶从种皮中伸出（如莴苣属），初生叶展开（如菜豆属）、叶片从胚芽鞘中伸出（如小麦属）。尽管有一些种如胡萝卜属，在试验末期并非所有幼苗的子叶都从种皮中伸出，但至少在末次计数时，应可以清楚地看到子叶基部的“颈”。

在初次计数过程中，应将发育良好的正常幼苗从发芽床中拣出，对可疑的或损伤、畸形、生长不均衡的幼苗，通常留到末次计数时再计数。应及时从发芽床中除去严重腐烂的幼苗或发霉的种子，并随时计数。

末次计数时，应按正常幼苗、不正常幼苗、硬实、新鲜不发芽种子和死种子的定义，通过鉴定、分类，分别计数和记载。

复胚种子单位作为单粒种子计数，试验结果用至少产生一个正常幼苗的种子单位的百分率表示。当送验者提出要求时，也可测定 100 个种子单位所产生的正常幼苗数，或产生一株、两株及两株以上正常幼苗的种子单位数。

（八）重新试验

当试验出现下列情况时，应重新试验。

1）怀疑种子有休眠（即有较多的新鲜不发芽种子）时，可采用休眠种子的处理方法破除休眠后，进行重新试验，将得到的最佳结果填报，同时注明所用的方法。

2）由于真菌或细菌的蔓延而使试验结果不一定可靠时，可采用砂床或土壤床进行重新试验。如有必要，应加大种子之间的距离。

3）当正确鉴定幼苗困难时，可采用表 10-2 中规定的一种或几种方法用砂床或土壤床进行重新试验。

4）当发现试验条件、幼苗鉴定或计数有差错时，应采用同样方法进行重新试验。

5）当 100 粒种子重复间的差距超过表 10-3 规定的最大容许差距时，应采用同样的方法进行重新试验。如果第二次结果与第一次结果的差异不超过表 10-4 规定的容许差距，则将两次试验结果的平均数填报在结果单上。如果第二次结果与第一次结果的差异超过表 10-4 规定的容许差距，则采用同样的方法进行第三次试验，用第三次的试验结果分别与第一次和第二次的试验结果进行比较，填报符合要求的两次结果的平均数。

若第三次试验仍然得不到符合要求的试验结果，则应考虑是否在人员操作（如是否数种设备使用不当，造成试样误差太大等）、发芽设备或其他方面存在重大问题，无法得到令人满意的结果。

（九）结果计算和表示

发芽试验结果以正常幼苗数的百分率表示。计算时，以 100 粒种子为一个重复，如采用 50 粒或 25 粒的副重复，则应将相邻副重复合并成 100 粒的重复。

$$发芽势（\%）=\frac{初次计数正常幼苗数}{供检种子粒数}\times 100$$

$$发芽率（\%）=\frac{末次计数正常幼苗数}{供检种子粒数}\times 100$$

检查 4 次重复的发芽率是否在容许差距范围内。当一个试验 4 次重复的最高和最低发芽率之差在最大容许差距范围内（表 10-3），则取其平均数表示该批种子的发芽率。不正常幼苗、硬实、新鲜不发芽种子、死种子的百分率按 4 次重复平均数计算。正常幼苗、不正常幼苗、未发芽种子（硬实、新鲜不发芽种子和死种子）的百分率之和为 100%，平均百分率修约至最近似的整数，0.5 修约进入最大值。如果其总和不是 100%，则执行下列程序：在不正常幼苗、硬实、新鲜不发芽种子和死种子中，首先找出百分率中小数部分最大者，修约此数至最大整数，并作为最终结果，然后计算其余成分百分率的整数，获得其总和，如果总和为 100%，修约程序到此结束，如果不是 100%，重复此程序；如果小数部分相同，优先次序为不正常幼苗、硬实、新鲜不发芽种子和死种子。

表 10-3　同一发芽试验 4 次重复间的最大容许差距（2.5%显著水平的两尾测定）（%）

平均发芽率/%		最大容许差距
50%以上	50%以下	
99	2	5
98	3	6
97	4	7
96	5	8
95	6	9
93～94	7～8	10
91～92	9～10	11
89～90	11～12	12
87～88	13～14	13
84～86	15～17	14
81～83	18～20	15
78～80	21～23	16
73～77	24～28	17
67～72	29～34	18
56～66	35～45	19
51～55	46～50	20

资料来源：引自农作物种子检验规程 GB/T 3543.4—1995

表 10-4　同一或不同实验室来自相同或不同送验样品间发芽试验的容许差距
（2.5%显著水平的两尾测定）（%）

平均发芽率		最大容许差距
50%以上	50%以下	
98～99	2～3	2
95～97	4～6	3
91～94	7～10	4
85～90	11～16	5
77～84	17～24	6
60～76	25～41	7
51～59	42～50	8

资料来源：引自农作物种子检验规程 GB/T 3543.4—1995

（十）结果报告

填报发芽结果时，须填报正常幼苗、不正常幼苗、硬实、新鲜不发芽种子和死种子的百分率。假如其中任何一项结果为零，则将符号“－0－”填入该格中。

同时还须填报采用的发芽床、温度、试验持续时间，以及为破除休眠处理、促进发芽所采用的方法，以提供评价种子种用价值的全面信息。

第三节　种子活力测定

种子活力（seed vigor）是种子质量的重要指标之一，与种子田间出苗质量密切相关。活力测定经过几十年的研究，已取得了重大进展。在美国和欧洲，许多种子公司把活力测定作为常规的检验项目，我国种子检验规程也计划列入种子活力内容。

一、种子活力测定方法分类

种子活力测定方法达数十种，但主要分为直接法和间接法两类。

直接法是在实验室内模拟田间不良条件和其他条件下的发芽出苗情况的方法，如低温处理是模拟早春播种期的低温条件；砖砾试验是模拟田间板结土壤或黏土地区条件；加速老化是模拟种子在高温高湿条件下种子的快速劣变。间接法是在实验室内测定与田间出苗率（活力）相关的生理生化指标的方法，如浸泡液电导率、种子呼吸速率测定和各种与呼吸、代谢相关酶活性强度测定等。

国际种子检验协会（ISTA）（《活力测定方法手册》，1995 版）和美国官方种子分析家协会（AOSA）（《活力测定手册》，1983 年）都对种子活力测定方法进行了介绍，现简述如下。

（一）ISTA 活力测定方法

第一类是推荐的两种活力测定方法：电导率测定和加速老化试验；第二类是建议的 7 种活力测定方法：冷冻测定、低温发芽试验、控制劣变试验、复合逆境活力测定、砖砾试验、幼苗生长测定和四唑测定。

（二）AOSA 活力测定方法

第一类是普通种子活力测定方法：①幼苗生长和评价试验（幼苗活力分级、幼苗生长速率）；②逆境试验（包括加速老化试验、低温试验、冷发芽试验）；③生化试验（包括四唑法和电导率法）。

第二类是其他种子活力测定方法：①幼苗生长和评定试验；②逆境试验［包括砖砂试验、渗透逆境试验（即高渗试验）］；③生化测定［包括呼吸测定、谷氨酸脱羧酶（GADA）活性测定、ATP 含量测定］。

接下来，将常用的种子活力测定方法进行简要介绍。

二、常用种子活力测定方法

（一）发芽测定

这类测定方法是根据测量种子在发芽试验中一系列与发芽和出苗有关的参数和指标，来测量和描述种子的活力。幼苗生长快、幼苗健壮、生长正常、幼苗株大和重量较重等，则种子活力水平高，相反为低活力种子。

标准发芽试验法测定是一种最古老和最简单的方法，适用于各类作物种子的活力测定。

方法是：采用标准发芽试验，每日记载正常发芽种子数。发芽结束时，测定正常幼苗长度或重量。然后按公式计算各种活力指标。

（1）发芽势

$$\text{发芽势（\%）}=\frac{\text{初次计数正常幼苗数}}{\text{供检种子粒数}}\times 100$$

（2）发芽指数（GI）

$$\mathrm{GI}=\sum\frac{\mathrm{Gt}}{\mathrm{Dt}}$$

式中，Dt 为发芽日数，Gt 为与 Dt 相对应的每天发芽种子数。

（3）活力指数（VI）

$$\mathrm{VI}=\mathrm{GI}\cdot S$$

式中，S 为一定时期内正常幼苗长度（cm）或重量（g）。

（4）简化活力指数（SVI）

$$\mathrm{SVI}=G\cdot S$$

式中，G 为发芽率。

简化活力指数测定适用于油菜、红麻等发芽速度较快的种子。

（5）平均发芽日数（MGT）

$$\mathrm{MGT}=\frac{\sum(\mathrm{Gt}\cdot\mathrm{Dt})}{\sum\mathrm{Gt}}$$

式中，Gt 为不同时间的发芽数，Dt 为发芽日数。

平均发芽日数常用来表示发芽速率，平均发芽日数越少，发芽速度越快。

（二）幼苗评定试验

适用于大粒豆类种子。这些种子不能用幼苗长度表示活力。因其细弱苗可达相当的长度。此法是采用标准发芽方法，幼苗评定时分成不同等级。

例如，豌豆种子试验方法如下。

取 4 份试样，每份 50 粒。砂床发芽，于 20℃、相对湿度 95%～98%、光照 12h、光强度 12 000lx 培养 6d，取出幼苗洗净，进行幼苗评定，先将种子分成发芽和不发芽两类，再将幼苗分成三级。

1）健壮幼苗：胚芽强壮、深绿色。初生根强壮或初生根少，而有大量次生根。

2）细弱幼苗：胚芽短或细长。初生根少或较弱，但属正常幼苗。

3）不正常幼苗：根或芽残缺或根芽破裂、苗色褪绿等。

高活力种子发芽、出苗整齐、迅速，对不良环境抵抗力强。低活力种子，在适宜条件下虽能发芽，但发芽缓慢，在不良环境条件下出苗不整齐，甚至不出苗。

1. 逆境测定

根据种子在逆境条件下情况，抗逆能力强，经逆境处理仍能保持较高发芽力，幼苗生长正常的，为高活力种子。反之，为低活力种子。

（1）抗冷测定

抗冷测定（cold test）适用于春播喜温作物种子，如玉米、棉花、大豆等。而秋播作物种子（小麦、大白菜、油菜），发芽时具有忍耐低温的能力，故不宜应用此法。该法是将种子置于低温和潮湿的土壤中，处理一定时间后，移至适宜温度下生长，模拟早春田间逆境条件，观察种子发芽成苗的能力。抗冷测定通常采用土壤卷法和土壤盒法。其中土壤盒法较为简单。

1）土壤盒法：取种子 50 粒，重复 4 次，播于装有 3～4cm 深的潮湿土壤盒内，盖土 2cm，在 10℃的低温下处理 7d，移入适宜温度下培养。

玉米、水稻于 30℃条件下经 3d；大豆、豌豆于 25℃条件下经 4d；计算发芽率：凡正常幼苗作为高活力种子计算。

2）土壤卷法：取面积为 30cm×60cm 的发芽纸 3 张，各取种子 50 粒，4 次重复。每一重复的种子排放在双层的、经充分吸湿并在 10℃下预冷的纸巾上，种子在距纸巾顶边 6cm 和 12cm 处排成两行，每行 25 粒种子，然后覆盖土壤（从所需测定作物的地里取土），保证所有种子直接与土壤接触。再用一张吸湿的发芽纸覆盖在上面，并将播有种子和土壤的发芽纸松卷成筒状，竖放在内有金属线分隔器的塑料桶或其他容器内。保证纸巾卷互相不接触。在塑料桶或容器顶部套盖上塑料袋防止水分的散失，将容器置于 10℃（±0.5）的低温黑暗下处理 7d，再移至 25℃的黑暗条件下生长 5d，按照标准发芽试验的标准评价幼苗，也可以将幼苗按强壮、细弱等进行分类。

（2）低温发芽试验

低温发芽试验（cool germination test）主要适用于棉花，也可用于高粱、黄瓜、水稻等。棉花早春播种常遇低温，会引起胚根损伤，下胚轴生长速率降低。棉花发芽最低温度一般为 15℃，本法采用 18℃低温模拟田间低温条件。试验方法与标准发芽试验基本相同。种子置砂床后于 18℃、黑暗条件下发芽 6d（硫酸脱绒）或 7d（未脱绒），检查幼苗生长情况，凡苗高（根尖至叶着生点的距离）达 4cm 以上的即为高活力种子。

（3）加速老化试验

目前加速老化试验（accelerated ageing test，AA 测定）主要用于两方面：一是预测田间出苗率；二是预测种子的耐藏性。

1）测定原理：采用高温（40～50℃）、高湿（100%相对湿度）处理种子，可加速种子老化。高活力种子能忍受逆境条件处理，劣变较慢；而低活力种子劣变较快，长成较多的不正常幼苗或者完全死亡。

2）测定方法：以大豆种子为例。

在 AA 测定前将其水分调节至 10%～14%。准备老化外箱：推荐应用水套培养箱，能保持恒温。如果没有水套培养箱，其他有加水的加热培养箱也可以。准备老化内箱：系带盖的塑料盒，大小为 11.0cm×11.0cm×3.5cm，内有一个网架盘 10.0cm×10.0cm×0.3cm（网孔为 14mm×18mm）（图 10-1）。老化内箱可买，也可自制，注意盖不应密封。

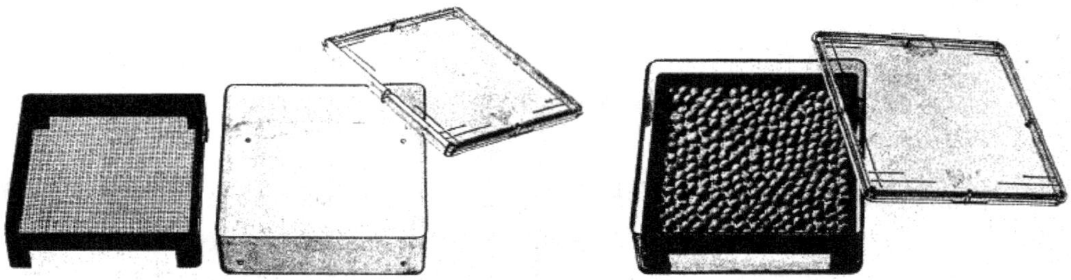

图 10-1　老化盒及网架盘（引自胡晋，2006）

把 40mL 去离子水或蒸馏水放入塑料老化盒，然后放入网架，确信水不渗到网架和后来置放的种子上。从净种子中称取（42±0.5）g 大豆种子（至少含有 200 粒种子）（表 10-5），放在网架上，摊成一层以保证种子的吸湿。每次外箱用于 AA 测定，应包括一个对照样品。每一老化盒盖上盖子，但不密封。

将内箱排成一排放在架上，同时放入外箱内。为了使温度均匀一致，外箱内的两个老化盒之间间隔大约为 2.5cm。记录内箱放入外箱的时间。准确监控老化外箱的温度在表 10-5 的范围和时间内，如大豆种子在（41±0.3）℃温度保持 72h。

在老化规定期间，不能打开外箱的门。如果这时已经打开门，应从箱中取出种子重新进行测定。

在老化结束时进行标准发芽前，从内箱中取出对照样品的一个小样品（10～20 粒），马上称重，用烘箱法测定种子水分（以鲜重为基础）。记录对照样品种子水分，如果种子水分低于或高于表 10-5 所规定的值（对于大豆，种子水分应在 27%～30%），则试验结果不准确，应重做试验。对于大豆种子可以应用称重法判断，老化后的种子低于 52g 或高于 55g，表明测定结果不精确，应重做试验。

经 72h 老化后，从外箱取出内箱，记录这时的时间。取出 1h 内，用 50 粒 4 次重复进行标准发芽试验。该结果与老化前同一种子批的发芽试验结果比较，如果 AA 结果类同于标准发芽试验结果，为高活力；低于标准发芽试验结果，为中至低活力。这样，可

表 10-5　不同作物种子加速老化试验条件

属或种名	内箱		外箱		老化后种子水分/%
	种子重量/g	箱数目	老化温度/℃	老化时间/h	
推荐：					
大豆	42	1	41	72	27～30
建议：					
苜蓿	3.5	1	41	72	40～44
菜豆（干）	42	1	41	72	28～30
菜豆（法国）	50	2	45	48	26～30
菜豆（菜园）	30	2	41	72	31～32
油菜	1	1	41	72	39～44
玉米（大田）	40	2	45	72	26～29
玉米（甜）	24	1	41	72	31～35
莴苣	0.5	1	41	72	38～41
绿豆	40	1	45	96	27～32
洋葱	1	1	41	72	40～45
辣椒属	2	1	41	72	40～45
红三叶	1	1	41	72	39～44
黑麦草	1	1	41	48	36～38
高粱	15	1	43	72	28～30
苇状羊茅	1	1	41	72	47～53
烟草	0.2	1	43	72	40～50
番茄	1	1	41	72	44～46
小麦	20	1	41	72	28～30

资料来源：引自 ISTA，1995

用该结果来排列种子批活力，来判定贮藏潜力或每一种子批的播种潜力。

（4）控制劣变测定

其原理和加速老化试验相似，但对种子水分及老化的温度要求更加严格。具体方法如下。

首先测定种子水分。取 400 多粒种子样品称重后置于湿润的培养皿内，让其吸湿至规定的水分（用称重法计算种子水分）：白菜、胡萝卜、糖用甜菜为 24%；甘蓝、花椰菜、莴苣、萝卜为 20%；洋葱为 19%；红三叶为 18%。用称重法检查种子水分。达到规定要求后将种子放入密封的容器中，于 10℃过夜，使种子水分均匀分布。

然后将种子放入铝箔袋内，加热密封，置于 45℃水浴槽中的金属网架上，24h±15min 后取出，置流动的冷水中 5min。进行标准发芽试验。种子胚根露出即视为发芽。发芽率高的种子活力亦高。此法试验结果与田间出苗率相关显著，且重演性好。但仅适用于小粒种子。

（5）希尔特纳试验

希尔特纳试验又称砖砾试验。

1）测定原理：主要适用于谷类作物种子。模拟黏土或板结土壤的机械压力，受损伤或带病及低活力种子，芽鞘顶出砖砾能力弱；高活力种子顶出砖砾的能力强。适用于黏土地区或雨后土壤板结情况，不适用于土壤疏松地区。

2）测定方法：小麦砖砾试验方法如下。

先将砖块压碎磨成颗粒为2～3mm的砖砾（或用2～3mm的粗砂代替），清洗、烘干消毒后，加水使砖砾湿润，每1100g砖砾加水250mL，搅匀放1h，然后放入10cm×10cm×8.5cm的方盒内，厚度3cm。取种子100粒（2～4次重复），均匀播在砖砾上，并盖3～4cm厚的湿砖砾，加盖，于20℃黑暗条件下培养10～14d，统计正常幼苗数，并计算活力百分率。

缺点：此法因砖砾供应困难、操作麻烦、重演性不太好等原因，应用有一定局限性。

2. 生理生化测定

（1）电导率测定

电导率测定是被列入ISTA种子检验规程的两种种子活力测定方法之一。

A. 测定原理

种子吸胀初期，细胞膜重建和修复能力影响电解质（如氨基酸、有机酸、糖及其他离子）渗出程度，重建膜完整性速度越快，渗出物越少。高活力种子能够更加快速地重建膜，且最大程度修复任何损伤，而低活力种子则差。因此，高活力种子浸泡液的电导率低于低活力种子。电导率与田间出苗率呈负相关。

《国际种子检验规程》所规范的电导率测定法适用于豌豆种子；ISTA活力手册指出该法也适用于许多其他种，如大粒豆科种子（特别是大豆、绿豆等）、棉花、玉米、番茄、洋葱等种子。AOSA和ISTA活力测定委员会认为，菜豆和大豆的电导率测定结果具有重演性，与田间出苗率有较大的相关性，该测定已被种子产业用来评定菜豆种子出售前的出苗率。

B. 测定程序

以《国际种子检验规程》测定豌豆种子为例。可用直流电或交流电直接读数的电导仪，电极常数必须达到1.0（电极常数是指电极板之间的有效距离与极板的面积之比）。最好使用去离子水，也可使用蒸馏水。使用前水应保持在（20±1）℃。为了保证有适宜的水浸没种子和电极，烧杯和容器的容量为500mL，基部宽80mm±5mm。容器使用前必须冲洗干净，并用去离子水或蒸馏水冲洗两次。

校正电极：电导仪开始使用之前或经常使用一定时期（每隔两周）时，应对电极进行校正：标定液用0.745g分析纯氯化钾（在150℃干燥1h，称重前在干燥剂中冷却）溶入1L去离子水，配成0.01mol/L的氯化钾溶液。该溶液在20℃下电导仪的读数应是1273μS·cm^{-1}。由于去离子水和蒸馏水本身存在着较低的电导率，溶液的测定值会略高（为1～5μS·cm^{-1}）。在记载本上记录电导仪读数。如果读数不准确，应调整或修理仪器，并在记载本上记录采取的整改措施。

核查对照种子批的电导率：对于豌豆种子的电导率测定，对照种子批的电导率应是25～29μS·cm^{-1}。在检测季节，至少每隔两周测定一次对照种子批的电导率。在记载本上记录对照种子批的电导率。

检查仪器清洁度：每一测定日，应随机从使用的每 10 个烧杯中选取两个，加入已知电导率的 250mL 去离子水或蒸馏水，在 20℃下测定并记录电导率。如果烧杯中测定的电导率超过了放入水的电导率，这表明烧杯可能存在杂质或其他化学物质的痕迹，或电极上次使用后未清洗干净。这一测定日应重新用去离子水或蒸馏水洗涤电极或烧杯，并从每 10 个烧杯中选取两个，加入 250mL 去离子水或蒸馏水进行重新测定，直至达到读数没有差异为止。

检查种子水分：对于水分低于 10%或高于 14%的种子批，应在浸种前将其水分调至 10%～14%。

准备烧杯：准确量取 250mL 去离子水或蒸馏水，放入 500mL 的烧杯中。每种子批测定 4 个烧杯。含水的所有烧杯应用铝箔或薄膜盖子盖好，以防止污染。在盛放种子前，先在 20℃下平衡 24h。为了控制水的质量，每次测定准备两个只含去离子水或蒸馏水的对照杯。

准备试样：随机数取净种子每个各为 50 粒的 4 个次级样品，称重至 0.01g。

浸种：已称重的试样放入已盛有 250mL 去离子水的 500mL、粘有标签的容器中。轻轻摇晃容器，确保所有种子完全浸没。所有容器用铝箔或薄膜盖盖好，在（20±1）℃放置 24h。在同一时间内测定的烧杯的数量不能太多，不能超过电导率评定的数目，通常为 10～12 个容器，一批测定一般不超过 15min。

准备电导仪：试验前先启动电导仪至少 15min。每次测定同时用去离子水或蒸馏水填满容器杯 400～600mL 冲洗电极，作为冲洗水，去离子水电导率不应超过 $2\mu S\cdot cm^{-1}$ 或蒸馏水不超过 $5\mu S\cdot cm^{-1}$。

测定溶液电导率：24h（±15min）的浸种结束后，应马上测定溶液的电导率。盛有种子的烧杯应轻微摇晃 10～15s，移去铝箱或薄膜盖，电极插入溶液，注意不要把电极放在种子上。测定几次直到获得一个稳定值。测定一个试样重复后，用去离子水或蒸馏水冲洗电极两次，用滤纸吸干，再测定下一个试样重复。如果在测定期间观察到硬实，测定电导率后应将其除去，记数，干燥表面，称量，并从 50 粒种子样品重量中减去其重量。

扣除试验用水的电导率：在（20±1）℃测定对照杯的去离子水或蒸馏水的电导率，比较该数与日常的水源记录（如果读数高于日常水源读数，表明电极清洁度有问题，应重新清洗电极，重新测定另一对照杯）。每一重复应从上述容器的测定值中减去对照杯中的测定值（烧杯的背景值）。

根据下式计算每一重复的种子的每克电导率：

$$\text{电导率}（\mu S\cdot cm^{-1}\cdot g^{-1}）=\frac{\text{每烧杯的电导率}（\mu S\cdot cm^{-1}）}{\text{种子样品的重量}（g）}$$

4 次重复间平均值为种子批的结果。4 次重复间容许差距为 $5\mu S\cdot cm^{-1}\cdot g^{-1}$（最低和最高的差），如超过，应重做 4 次重复。

根据电导率测定结果，即用活力水平对种子批进行排列。英国已将此法在豌豆上应用多年，总结出如表 10-6 所示的经验。

表 10-6 豌豆种子电导率值的解释

电导率/（$\mu S\cdot cm^{-1}\cdot g^{-1}$）	结果解释
＜25	在不利的条件下没有迹象表明种子不适合于早期播种或适时播种
25～29	种子可适用于早期播种，但在不利条件下可能有出苗率差的风险
30～43	不适用于早期播种，特别是在不利条件下
＞43	种子不适用于适时播种

（2）解剖图形四唑测定

解剖图形四唑测定（topographical tetrazolium test）原理是无色的四唑被种子胚部活细胞中脱氢酶还原成红色的三苯基甲臜，高活力种子胚部脱氢酶活性强，染色鲜红面积较大。小麦种子测定方法为：取试样 100 粒，4 次重复，室温下水浸预湿 18h。用解剖刀将种胚从胚乳上切下，除去淀粉、胚乳碎片及种皮，注意不能损伤胚。将胚浸入 1%四唑溶液，于 30℃黑暗条件下染色 5h，用水清洗后放在扩大镜下检查。以下三种为高活力种子：①种胚全部染色；②除胚根尖外种胚全部染色；③除一个种子根外种胚全部染色。若种子根上有大面积不染色斑点，表明种子有生活力，但活力较低。

（3）糊粉层四唑测定

糊粉层四唑测定（aleurone tetrazolium test）法适用于玉米种子。禾谷类作物种子胚乳外围的糊粉层在发芽代谢中能分泌淀粉水解酶，所以糊粉层细胞活力直接影响种子的活力。糊粉层细胞活力可用四唑测定。

测定方法是取玉米种子 50 粒，4 次重复，于 30℃水中浸 16～20h，使种皮及糊粉层软化，并使酶活化，然后用解剖刀沿胚平行方向中线纵切，种子基部相连，再在无胚的一面种子上进行浅切，使糊粉层细胞能吸收四唑溶液。将处理好的种子浸入 1%四唑溶液，于 30℃下保持 2～4d。染色期间为防止微生物作用使四唑及种子变红，可在四唑溶液中加入 0.005%的防腐剂。染色结束进行活力鉴定，糊粉层的染色部分和死坏部分透过种皮即可看清，根据染色面积将种子分成三组：①染色面积占全部糊粉层的 100%～75%；②染色面积占 75%～25%；③染色面积占 25%以下。其中第一组为高活力种子，第二、三组为低活力种子。该法对玉米种子耐藏性、冻害损伤、收获加工过程引起的机械损伤、灼热损伤及老化损伤等的检查有良好的效果。

（4）TTC 定量法测定

1）测定原理：TTC 定量法测定种子活力的原理与种子生活力的原理相同。种子经氯化三苯基四氮唑（TTC）染色后，用丙酮或乙醇将红色的三苯基甲臜（TTCH）提取出来，然后用分光光度计测定提取液的光密度值，或从标准曲线查出 TTCH 含量（$\mu g\cdot mL^{-1}$），以定量计算脱氢酶的活性，光密度值高或 TTCH 含量高，表明种子活力强。

2）标准曲线的制作：取 5mL 容量瓶 5 个，加入极少量 $Na_2S_2O_4$，再用微量注射器分别加入 0.1% TTC 溶液 25μL、50μL、75μL、100μL、150μL，并加水定容至 5mL，摇匀，配制成 $5\mu g\cdot mL^{-1}$、$10\mu g\cdot mL^{-1}$、$15\mu g\cdot mL^{-1}$、$20\mu g\cdot mL^{-1}$、$30\mu g\cdot mL^{-1}$ 的 TTCH 标准溶液，在分光光度计上于 490nm 处分别测定其光密度，并以光密度为横坐标，TTCH 浓度为纵坐标绘制标准曲线图。

3）TTCH 含量测定：将待测种子浸泡至充分吸胀，除去种皮，剥出种胚（大粒种子）或整粒种子（中、小粒种子），每个样品数取相同粒数（种子大小均匀的可称重），三次重复。将样品放进具塞试管中，加入 10mL 0.1% TTC 溶液，于 38℃左右的恒温水浴中黑暗下染色 1～3h（时间随种子种类而异），倾出 TTC 溶液，用水冲洗样品 2～3 次，用滤纸吸干浮水，观察样品染色部位及程度，并按图形法记录。然后将样品全部倒入研钵，加少许石英砂及丙酮，充分研磨，将研磨液全部倒入容量瓶中，用丙酮冲洗研钵 2～3 次，并倒入容量瓶，定容并摇匀。再将部分提取液倾入 10mL 离心管中，于 3000r/min 离心 5min，吸出一定量的红色上清液供比色用。若上清液混浊，可加入数滴 1% NaCl 溶液（以溶液达清亮为度）。最后用分光光度计于 490nm 处测定光密度值，再从标准曲线上查得相应的 TTCH 量。为了简化测定手续，也可不制作标准曲线，直接比较光密度值，对测定的同品种不同样品种子活力进行评价。

第四节 种子净度测定

一、种子净度测定

种子净度（seed purity）就是种子的清洁干净程度，是指种子批或样品中净种子、其他植物种子（other seed）和杂质（inert matter）组分的比例及特性。净度分析的目的是测定供检种子样品中不同组分的重量百分比和种子样品混杂物特性，并据此推测种子批的组成，为评价种子质量提供依据。

（一）净种子、其他植物种子和杂质区分总则

1. 净种子

净种子是指被检测样品中所指明的种（包括该种的全部植物学变种和栽培品种）符合国家或国际种子检验规程净种子定义要求的种子单位或构造。

下列构造凡能明确地鉴别出它们是属于所分析的种（已变成菌核、黑穗病孢子团或线虫瘿除外），即使是未成熟的、瘦小的、皱缩的、带病的或发过芽的种子单位都应作为净种子。

（1）完整的种子单位

种子单位即通常所见的传播单位，包括真种子、类似种子的果实、分果和小花。在禾本科中，种子单位如是小花须带有一个明显含有胚乳的颖果或裸粒颖果（缺乏内外稃）。

（2）大于原来大小一半的破损种子单位

上述原则在个别的属或种中有一些例外：豆科、十字花科，其种皮完全脱落的种子单位应列为杂质，即使有胚芽和胚根的胚中轴，并超过原来大小一半的附属种皮；豆科种子单位的分离子叶也列为杂质；甜菜属复胚种子超过一定大小的种子单位列为净种子；在燕麦属、高粱属中，附着的不育小花不须除去而列为净种子。

2. 其他植物种子

其他植物种子是指除净种子以外的任何植物种类的种子单位，包括其他植物种

子和杂草种子。其他植物种子的鉴定原则与净种子的鉴定原则基本相同，但有以下例外：甜菜属的种子单位作为其他种子时不必筛选，可用遗传单胚的净种子定义；鸭茅、草地早熟禾、粗茎早熟禾不必经过吹风程序；复粒种子单位应先分离，然后将单粒种子单位分为净种子和无生命杂质；菟丝子属种子易碎，呈灰白至乳白色，列入无生命杂质。

3. 杂质

杂质是指除净种子和其他植物种子外的种子单位和其他物质及构造，如下。

1）明显不含真种子的种子单位。

2）甜菜属复胚种子大小未达到净种子定义规定最低大小的种子单位。

3）破裂或受损种子单位的碎片为原来大小的一半或不及一半的。

4）按该种的净种子定义，不将这些附属物作为净种子部分或定义中尚未提及的附属物。

5）种皮完全脱落的豆科、十字花科的种子。

6）脆而易碎、呈灰白色、乳白色的菟丝子种子。

7）脱下的不育小花、空的颖片、内外稃、稃壳、茎叶、球果鳞片、果翅、树皮碎片、花、线虫瘿、真菌体（如麦角、菌核、黑穗病孢子团）、泥土、砂粒、石砾及所有其他非种子物质。

主要作物的净种子定义见表 10-7。

（二）种子净度测定方法

1. 重型混杂物的检查

凡颗粒大小或重量明显大于供检种子的混杂物称为重型混杂物。如土块、石块或小粒种子中混有的大粒种子等。净度分析中，要求预先对重型混杂物进行检测。这是由于在送验样品中，如果混有重型混杂物，因重型混杂物个数少，易造成分样不匀，严重影响种子净度分析结果。因此，送验样品中如有重型混杂物，要挑出并称重，再将其他植物种子和杂质分别称重，记录。

2. 试验样品的分取

（1）试验样品的重量

净度分析时试样重量太小会缺乏代表性，太大则分析费时。经研究认为大约 2500 粒种子（折成重量）即具代表性。每种作物都有规定的试样最低重量（表 10-8）。

（2）试验样品的分取

净度分析可从送验样品中，采用分样器、分样板或徒手分取规定重量的一份试样，或两份半试样（试样重量的一半）进行净度分析。

（3）试验样品的称重

分出的试验样品需称重，以 g 表示，精确至表 10-9 所规定的小数位数，以满足计算各种成分百分率达到一位小数的要求。

表 10-7　主要作物的净种子定义

作物名称	净种子标准（定义）
大麻属（*Cannabis*）、茼蒿属（*Chrysanthemum*）、菠菜属（*Spinacia*）	瘦果，但明显没有种子的除外 超过原来大小一半的破损瘦果，但明显没有种子的除外 果皮/种皮部分或全部脱落的种子 超过原来大小一半，果皮/种皮部分或全部脱落的破损种子
荞麦属（*Fagopyrum*）、大黄属（*Rheum*）	有或无种被的瘦果，但明显没有种子的除外 超过原来大小一半的破损瘦果，但明显没有种子的除外 果皮/种皮部分或全部脱落的种子 超过原来大小一半，果皮/种皮部分或全部脱落的破损种子
红花属（*Carthamus*）、向日葵属（*Helianthus*）、莴苣属（*Lactuca*）、雅葱属（*Scorzonera*）、婆罗门参属（*Tragopogon*）	有或无喙的瘦果，但明显没有种子的除外 超过原来大小一半的破损瘦果，但明显没有种子的除外 果皮/种皮部分或全部脱落的种子 超过原来大小一半，果皮/种皮部分或全部脱落的破损种子
葱属（*Allium*）、苋属（*Amaranthus*）、花生属（*Arachis*）、石刁柏属（*Asparagus*）、黄芪属（紫云英属）（*Astragalus*）、冬瓜属（*Benincasa*）、芸苔属（*Brassica*）、木豆属（*Cajanus*）、刀豆属（*Canavalia*）、辣椒属（*Capsicum*）、西瓜属（*Citrullus*）、黄麻属（*Corchorus*）、猪屎豆属（*Crotalaria*）、甜瓜属（*Cucumis*）、南瓜属（*Cucurbita*）、扁豆属（*Dolichos*）、大豆属（*Glycine*）、木槿属（*Hibiscus*）、甘薯属（*Ipomoea*）、葫芦属（*Lagenaria*）、亚麻属（*Linum*）、丝瓜属（*Luffa*）、番茄属（*Lycopersicon*）、苜蓿属（*Medicago*）、草木樨属（*Melilotus*）、苦瓜属（*Momordica*）、豆瓣菜属（*Nastartium*）、烟草属（*Nicotiana*）、菜豆属（*Phaseolus*）、酸浆属（*Physalis*）、豌豆属（*Pisum*）、马齿苋属（*Portulaca*）、萝卜属（*Raphanus*）、芝麻属（*Sesamum*）、田菁属（*Sesbania*）、茄属（*Solanum*）、野豌豆属（*Vicia*）、豇豆属（*Vigna*）	有或无种皮的种子 超过原来大小一半，有或无种皮的破损种子 豆科、十字花科，其种皮完全脱落的种子单位应列为杂质 即使有胚中轴、超过原来大小一半以上的附属种皮，豆科种子单位的分离子叶也列为杂质
棉属（*Gossypium*）	有或无种皮、有或无绒毛的种子 超过原来大小一半、有或无种皮的破损种子
蓖麻属（*Ricinus*）	有或无种皮、有或无种阜的种子 超过原来大小一半、有或无种皮的破损种子

续表

作物名称	净种子标准（定义）
芹属（*Apium*）、芫荽属（*Coriandrum*）、胡萝卜属（*Daucus*）、茴香属（*Foeniculum*）、欧防风属（*Pastinaca*）、欧芹属（*Petroselinum*）、茴芹属（*Pimpinella*）	有或无花梗的分果/分果爿，但明显没有种子的除外 超过原来大小一半的破损分果爿，但明显没有种子的除外 果皮部分或全部脱落的种子 超过原来大小一半，果皮部分或全部脱落的破损种子
大麦属（*Hordeum*）	有内外稃包着颖果的小花，当芒长超过小花长度时，须将芒除去 超过原来大小一半，含有颖果的破损小花 颖果 超过原来大小一半的破损颖果
黍属（*Panicum*）、狗尾草属（*Setaria*）	有颖片、内外稃包着颖果的小穗，并附有不孕外稃 有内外稃包着颖果的小花 颖果 超过原来大小一半的破损颖果
稻属（*Oryza*）	有颖片、内外稃包着颖果的小穗，当芒长超过小花长度时，须将芒除去 有或无不孕外稃，有内外稃包着颖果的小花，当芒长超过小花长度时，须将芒除去 有内外稃包着颖果的小花，当芒长超过小花长度时，须将芒除去 颖果 超过原来大小一半的破损颖果
黑麦属（*Secale*）、小麦属（*Triticum*）、小黑麦属（*Triticosecale*）、玉米属（*Zea*）	颖果 超过原来大小一半的破损颖果
燕麦属（*Avena*）	有内外稃包着颖果的小穗，有或无芒，可附有不育小花 有内外稃包着颖果的小花，有或无芒 颖果 超过原来大小一半的破损颖果 注：①由两个可育小花构成的小穗，要把它们分开 ②当外部不育小花的外稃部分地包着内部可育小花时，这样的单位不必分开 ③从着生点除去小柄 ④把仅含有子房的单个小花列为杂质

续表

作物名称	净种子标准（定义）
高粱属（*Sorghum*）	有颖片、透明状的外稃或内稃（内外稃也可缺乏）包着颖果的小穗，有穗轴节片、花梗、芒，附有不育或可育小花 有内外稃的小花，有或无芒 颖果 超过原来大小一半的破损颖果
甜菜属（*Beta*）	复胚种子：用筛孔为 1.5mm×20mm 的 200mm×300mm 的长方形筛子筛理 1min 后留在筛上的种球或破损种球（包括从种球突出程度不超过种球宽度的附着断柄），不管其中有无种子 遗传单胚：种球或破损种球（包括从种球突出程度不超过种球宽度的附着断柄），但明显没有种子的除外 果皮/种皮部分或全部脱落的种子 超过原来大小一半，果皮/种皮部分或全部脱落的破损种子 注：当断柄突出长度超过种球的宽度时，须将整个断柄除去
薏苡属（*Coix*）	包在珠状小总苞中的小穗（一个可育，两个不育） 颖果 超过原来大小一半的破损颖果 注：可育小穗由颖片、内外稃包着的颖果并附有不孕外稃所组成
罗勒属（*Ocimum*）	小坚果，但明显无种子的除外 超过原来大小一半的破损小坚果，但明显无种子的除外 果皮/种皮部分或完全脱落的种子 超过原来大小一半，果皮/种皮部分或完全脱落的破损种子
番杏属（*Tetragonia*）	包有花被的类似坚果的果实，但明显无种子的除外 超过原来大小一半的破损果实，但明显无种子的除外 果皮/种皮部分或完全脱落的种子 超过原来大小一半，果皮/种皮部分或完全脱落的破损种子

表 10-8 农作物种子批的最大重量和样品最小重量

种（变种）名	学名	种子批的最大重量/kg	样品最小重量/g		
			送验样品	净度分析试样	其他植物种子计数试样
1. 洋葱	*Allium cepa* L.	10 000	80	8	80
2. 葱	*Allium fistulosum* L.	10 000	50	5	50
3. 韭葱	*Allium porrum* L.	10 000	70	7	70
4. 细香葱	*Allium schoenoprasum* L.	10 000	30	3	30
5. 韭菜	*Allium tuberosum* Rottl. ex Spreng.	10 000	100	10	100
6. 苋菜	*Amaranthus tricolor* L.	5 000	10	2	10
7. 芹菜	*Apium graveolens* L.	10 000	25	1	10
8. 根芹菜	*Apium graveolens* L. var. *rapaceum* DC.	10 000	25	1	10
9. 花生	*Arachis hypogaea* L.	25 000	1 000	1 000	1 000
10. 牛蒡	*Arctium lappa* L.	10 000	50	5	50
11. 石刁柏	*Asparagus officinalis* L.	20 000	1 000	100	1 000
12. 紫云英	*Astragalus sinicus* L.	10 000	70	7	70
13. 裸燕麦（莜麦）	*Avena nuda* L.	25 000	1 000	120	1 000
14. 普通燕麦	*Avena sativa* L.	25 000	1 000	120	1 000
15. 落葵	*Basella* spp. L.	10 000	200	60	200
16. 冬瓜	*Benincasa hispida*（Thunb.）Cogn.	10 000	200	100	200
17. 节瓜	*Benincasa hispida* Cogn. var. *chieh-qua* How.	10 000	200	100	200
18. 甜菜	*Beta vulgaris* L.	20 000	500	50	500
19. 叶甜菜	*Beta vulgaris* var. *cicla*	20 000	500	50	500
20. 根甜菜	*Beta vulgaris* var. *rapacea*	20 000	500	50	500
21. 白菜型油菜	*Brassica campestris* L.	10 000	100	10	100
22. 不结球白菜（包括白菜、乌塌菜、紫菜薹、薹菜、菜薹）	*Brassica campestris* L. ssp. *chinensis*（L.）	10 000	100	10	100
23. 芥菜型油菜	*Brassica juncea* Czern. et Coss.	10 000	40	4	40
24. 根用芥菜	*Brassica juncea* Coss. var. *megarrhiza* Tsen et Lee	10 000	100	10	100
25. 叶用芥菜	*Brassica juncea* Coss. var. *foliosa* Bailey	10 000	40	4	40
26. 茎用芥菜	*Brassica juncea* Coss. var. *tsatsai* Mao	10 000	40	4	40
27. 甘蓝型油菜	*Brassica napus* L. Ssp. *pekinensis*（Lour.）Olsson	10 000	100	10	100
28. 芥蓝	*Brassica oleracea* L. var. *alboglabra* Bailey	10 000	100	10	100
29. 结球甘蓝	*Brassica oleracea* L. var. *capitata* L.	10 000	100	10	100
30. 球茎甘蓝（苤蓝）	*Brassica oleracea* L. var. *caulorapa* DC.	10 000	100	10	100
31. 花椰菜	*Brassica oleracea* L. var. *bortytis* L.	10 000	100	10	100
32. 抱子甘蓝	*Brassica oleracea* L. var. *gemmifera* Zenk.	10 000	100	10	100
33. 青花菜	*Brassica oleracea* L. var. *italica* Plench	10 000	100	10	100
34. 结球白菜	*Brassica campestris* L. ssp. *pekinensis*（Lour.）Olsson	10 000	100	4	40
35. 芜菁	*Brassica rapa* L.	10 000	70	7	70
36. 芜菁甘蓝	*Brassica napobrassica* Mill.	10 000	70	7	70
37. 木豆	*Cajanus cajan*（L.）Millsp.	20 000	1 000	300	1 000
38. 大刀豆	*Canavalia gladiata*（Jacq.）DC.	20 000	1 000	1 000	1 000
39. 大麻	*Cannabis sativa* L.	10 000	600	60	600
40. 辣椒	*Capsicum frutescens* L.	10 000	150	15	150
41. 甜椒	*Capsicum frutescens* var. *grossum* Bailey	10 000	150	15	150
42. 红花	*Carthamus tinctorius* L.	25 000	900	90	900

续表

种（变种）名	学名	种子批的最大重量/kg	样品最小重量/g		
			送验样品	净度分析试样	其他植物种子计数试样
43. 茼蒿	*Chrysanthemum coronarium* var. *spatisum*	5 000	30	8	30
44. 西瓜	*Citrullus lanatus*（Thunb.）Matsum. et Nakai	20 000	1 000	250	1 000
45. 薏苡	*Coix lacryna-jobi* L.	5 000	600	150	600
46. 圆果黄麻	*Corchorus capsularis* L.	10 000	150	15	150
47. 长果黄麻	*Corchorus olitorius* L.	10 000	150	15	150
48. 芫荽	*Coriandrum sativum* L.	10 000	400	40	400
49. 柽麻	*Crotalaria juncea* L.	10 000	700	70	700
50. 甜瓜	*Cucumis melo* L.	10 000	150	70	150
51. 越瓜	*Cucumis melo* L. var. *conomon* Makino	10 000	150	70	150
52. 菜瓜	*Cucumis melo* L. var. *flexuosus* Naud.	10 000	150	70	150
53. 黄瓜	*Cucumis sativus* L.	10 000	150	70	150
54. 笋瓜（印度南瓜）	*Cucurbita maxima.* Duch. ex Lam	20 000	1 000	700	1 000
55. 南瓜（中国南瓜）	*Cucurbita moschata*（Duchesne）Duchesne ex Poiret	10 000	350	180	350
56. 西葫芦（美洲南瓜）	*Cucurbita pepo* L.	20 000	1 000	700	1 000
57. 瓜尔豆	*Cyamopsis tetragonoloba*（L.）Taubert	20 000	1 000	100	1 000
58. 胡萝卜	*Daucus carota* L.	10 000	30	3	30
59. 扁豆	*Dolichos lablab* L.	20 000	1 000	600	1 000
60. 龙爪稷	*Eleusine coracana*（L.）Gaertn.	10 000	60	6	60
61. 甜荞	*Fagopyrum esculentum* Moench	10 000	600	60	600
62. 苦荞	*Fagopyrum tataricum*（L.）Gaertn.	10 000	500	50	500
63. 茴香	*Foeniculum vulgare* Miller	10 000	180	18	180
64. 大豆	*Glycine max*（L.）Merr.	25 000	1 000	500	1 000
65. 棉花	*Gossypium* spp.	25 000	1 000	350	1 000
66. 向日葵	*Helianthus annuus* L.	25 000	1 000	200	1 000
67. 红麻	*Hibiscus cannabinus* L.	10 000	700	70	700
68. 黄秋葵	*Hibiscus esculentus* L.	20 000	1 000	140	1 000
69. 大麦	*Hordeum vulgare* L.	25 000	1 000	120	1 000
70. 蕹菜	*Ipomoea aquatica* Forsskal	20 000	1 000	100	1 000
71. 莴苣	*Lactuca sativa* L.	10 000	30	3	30
72. 瓠瓜	*Lagenaria siceraria*（Molina）Standley	20 000	1 000	500	1 000
73. 兵豆（小扁豆）	*Lens culinaris* Medikus	10 000	600	60	600
74. 亚麻	*Linum usitatissimum* L.	10 000	150	15	150
75. 棱角丝瓜	*Luffa acutangula*（L）.Roxb.	20 000	1 000	400	1 000
76. 普通丝瓜	*Luffa cylindrica*（L.）Roem.	20 000	1 000	250	1 000
77. 番茄	*Lycopersicon esculentum* Mill.	10 000	15	7	15
78. 金花菜	*Medicago polymorpha* L.	10 000	70	7	70
79. 紫花苜蓿	*Medicago sativa* L.	10 000	50	5	50
80. 白香草木樨	*Melilotus albus* Desr.	10 000	50	5	50
81. 黄香草木樨	*Melilotus officinalis*（L.）Pallas	10 000	50	5	50
82. 苦瓜	*Momordica charantia* L.	20 000	1 000	450	1 000
83. 豆瓣菜	*Nasturtium officinale* R. Br.	10 000	25	0.5	5
84. 烟草	*Nicotiana tabacum* L.	10 000	25	0.5	5
85. 罗勒	*Ocimum basilicum* L.	10 000	40	4	40

续表

种（变种）名	学名	种子批的最大重量/kg	样品最小重量/g		
			送验样品	净度分析试样	其他植物种子计数试样
86. 稻	*Oryza sativa* L.	25 000	400	40	400
87. 豆薯	*Pachyrhizus erosus*（L.）Urban	20 000	1 000	250	1 000
88. 黍（糜子）	*Panicum miliaceum* L.	10 000	150	15	150
89. 美洲防风	*Pastinaca sativa* L.	10 000	100	10	100
90. 香芹	*Petroselinum crispum*（Miller）Nyman ex A.W.Hill	10 000	40	4	40
91. 多花菜豆	*Phaseolus multiflorus* Willd.	20 000	1 000	1 000	1 000
92. 利马豆（菜豆）	*Phaseolus lunatus* L.	20 000	1 000	1 000	1 000
93. 菜豆	*Phaseolus vulgaris* L.	25 000	1 000	700	1 000
94. 酸浆	*Physalis pubescens* L.	10 000	25	2	20
95. 茴芹	*Pimpinella anisum* L.	10 000	70	7	70
96. 豌豆	*Pisum sativum* L.	25 000	1 000	900	1 000
97. 马齿苋	*Portulaca oleracea* L.	10 000	25	0.5	5
98. 四棱豆	*Psophocarpus tetragonolobus*（L.）DC.	25 000	1 000	1 000	1 000
99. 萝卜	*Raphanus sativus* L.	10 000	300	30	300
100. 食用大黄	*Rheum rhaponticum* L.	10 000	450	45	450
101. 蓖麻	*Ricinus communis* L.	20 000	1 000	500	1 000
102. 鸦葱	*Scorzonera hispanica* L.	10 000	300	30	300
103. 黑麦	*Secale cereale* L.	25 000	1 000	120	1 000
104. 佛手瓜	*Sechium edule*（Jacp.）Swartz	20 000	1 000	1 000	1 000
105. 芝麻	*Sesamum indicum* L.	10 000	70	7	70
106. 田菁	*Sesbania cannabina*（Retz.）Pers.	10 000	90	9	90
107. 粟	*Setaria italica*（L.）Beauv.	10 000	90	9	90
108. 茄子	*Solanum melongena* L.	10 000	150	15	150
109. 高粱	*Sorghum bicolor*（L.）Moench	10 000	900	90	900
110. 菠菜	*Spinacia oleracea* L.	10 000	250	25	250
111. 黎豆	*Stizolobium* ssp.	20 000	1 000	250	1 000
112. 番杏	*Tetragonia tetragonioides*（Pallas）Kuntze	20 000	1 000	200	1 000
113. 婆罗门参	*Tragopogon porrifolius* L.	10 000	400	40	400
114. 小黑麦	× *Triticosecale* Wittm.	25 000	1 000	120	1 000
115. 小麦	*Triticum aestivum* L.	25 000	1 000	120	1 000
116. 蚕豆	*Vicia faba* L.	25 000	1 000	1 000	1 000
117. 箭舌豌豆	*Vicia sativa* L.	25 000	1 000	140	1 000
118. 毛叶苕子	*Vicia villosa* Roth	20 000	1 080	140	1 080
119. 赤豆	*Vigna angularis*（Willd）Ohwi & Ohashi	20 000	1 000	250	1 000
120. 绿豆	*Vigna radiata*（L.）Wilczek	20 000	1 000	120	1 000
121. 饭豆	*Vigna umbellata*（Thunb.）Ohwi & Ohashi	20 000	1 000	250	1 000
122. 长豇豆	*Vigna unguiculata* W. ssp. *sesquipedalis*（L.）Verd.	20 000	1 000	400	1 000
123. 矮豇豆	*Vigna unguiculata* W. ssp. *unguiculata*（L.）Verd.	20 000	1000	400	1 000
124. 玉米	*Zea mays* L.	40 000	1000	900	1 000

资料来源：引自 GB/T 3543.2—1995 农作物种子检验规程

表 10-9 称重与小数位数

试样或半试样及其成分重量/g	称重至下列小数位数
1.000 以下	4
1.000～9.999	3
10.00～99.99	2
100.0～999.9	1
1000 或 1000 以上	0

3. 试验样品的分离

1）为了更好地将净种子与其他成分分开，借助筛子筛理是必要的。一般选用筛孔适宜的两层筛子。上层为大孔筛，筛孔大于分析的种子，用于分离较大成分；下层筛为小孔筛，筛孔小于分析的种子，用于分离细小物质。筛理时在小孔筛下面套一筛底，上套大孔筛，将试样倒入其中，再加筛盖。最好置于电动筛选机上筛动 2min。落入筛底的有泥土、砂粒、碎屑及细小的其他植物种子等；留在上层筛内的有茎、叶、稃壳及较大的其他植物种子等；大部分试样则留在小孔筛中，它包括净种子和大小类似的其他成分。对于甜菜属（单胚品种除外），规定用筛孔为 1.5mm×20mm、大小为 200mm×300mm 的长方形筛子筛理 1min，留在筛上的种球归为净种子，通过筛孔的则属杂质。

2）筛理后，对各层筛上物分别进行分析。分析工作通常在玻璃面的净度分析桌上或桥式净度分析台上进行。最好配有放大镜，以便检查空壳及黑麦草等属的颖果长度。

3）分析时将样品倒在分析桌（或台）上，利用镊子按顺序逐粒观察鉴定。将净种子、其他植物种子、杂质分开，并分别放入相应的容器或小盘内。

4）当分析瘦果、分果、分果爿等果实和种子时（禾本科除外），只从表面加以检查。可用压力、放大、透视仪或其他特殊仪器。经过这样的检查发现其中明显无种子的，则把它列入杂质。

5）净种子定义中所提及的种子单位，如没有损伤到种皮或果皮，则不管其饱满度或充实度是多少均作为净种子（或其他植物种子）。如种皮或果皮有一裂口时，必须判断留下部分是否超过原来大小的一半。超过一半者可归为净种子（或其他植物种子）。如不能迅速作出这种判断，则将其列为净种子（或其他植物种子），没有必要将每粒种子翻过来观察其下面是否有洞或其他损伤。

草地早熟禾与鸭茅必须采用均匀吹风法进行分析。试样经吹风 3min 后分别鉴定其轻的部分和重的部分。

4. 结果计算

（1）称重计算

试样分析结束后将每试样（或半试样）的净种子、其他植物种子和杂质分别称重。称量的精确度与试样称重时相同。然后进行计算分析。

1）核查分析过程的重量增失：不管是一份试样还是两份半试样，应将分离后的各种成分重量之和与原始重量进行比较，核对分析期间物质有无增失。若增加或减少的重量超过原始重量的 5%，则必须重做。

2）计算各成分的重量百分率：各组分百分率的计算应以分析后各种组分的重量之和为分母，而不用试样原来的重量。若分析的是全试样，各组分重量百分率应计算到一位小数。若分析的是半试样，各组分的重量百分率应计算到两位小数。

（2）检查容许误差

1）半试样：如果分析的是两份半试样，分析后任一组分的百分率相差不得超过表 10-10 所示的重复间的容许差距。若所有组分的实际差距都在容许范围内，则计算各组分的平均值。如差距超过容许范围，则按下列程序进行：①再重新分析成对样品，直到一对数值在容许范围内为止，但全部分析不必超过 4 对；②凡一对间相差超过容许差距两倍时，均略去不计；③各种组分百分率的最后记录，应从全部保留的几对加权平均数计算。

表 10-10 同一实验室内同一送验样品净度分析的容许差距（5%显著水平的两尾测定）

两次分析结果平均		不同测定之间的容许差距			
50%以上	50%以下	半试样		试样	
		无稃壳种子	有稃壳种子	无稃壳种子	有稃壳种子
99.95～100.00	0.00～0.04	0.20	0.23	0.1	0.2
99.90～99.94	0.05～0.09	0.33	0.34	0.2	0.2
99.85～99.89	0.10～0.14	0.40	0.42	0.3	0.3
99.80～99.84	0.15～0.19	0.47	0.49	0.3	0.4
99.75～99.79	0.20～0.24	0.51	0.55	0.4	0.4
99.70～99.74	0.25～0.29	0.55	0.59	0.4	0.4
99.65～99.69	0.30～0.34	0.61	0.65	0.4	0.5
99.60～99.64	0.35～0.39	0.65	0.69	0.5	0.5
99.55～99.59	0.40～0.44	0.68	0.74	0.5	0.5
99.50～99.54	0.45～0.49	0.72	0.76	0.5	0.5
99.40～99.49	0.50～0.59	0.76	0.80	0.5	0.6
99.30～99.39	0.60～0.69	0.83	0.89	0.6	0.6
99.20～99.29	0.70～0.79	0.89	0.95	0.6	0.7
99.10～99.19	0.80～0.89	0.95	1.00	0.7	0.7
99.00～99.09	0.90～0.99	1.00	1.06	0.7	0.8
98.75～98.99	1.00～1.24	1.07	1.15	0.8	0.8
98.50～98.74	1.25～1.49	1.19	1.26	0.8	0.9
98.25～98.49	1.50～1.74	1.29	1.37	0.9	1.0
98.00～98.24	1.75～1.99	1.37	1.47	1.0	1.0
97.75～97.99	2.00～2.24	1.44	1.54	1.0	1.1
97.50～97.74	2.25～2.49	1.53	1.63	1.1	1.2
97.25～97.49	2.50～2.74	1.60	1.70	1.1	1.2
97.00～97.24	2.75～2.99	1.67	1.78	1.2	1.3
96.50～96.99	3.00～3.49	1.77	1.88	1.3	1.3
96.00～96.49	3.50～3.99	1.88	1.99	1.3	1.4
95.50～95.99	4.00～4.49	1.99	2.12	1.4	1.5
95.00～95.49	4.50～4.99	2.09	2.22	1.5	1.6

续表

两次分析结果平均		不同测定之间的容许差距			
		半试样		试样	
50%以上	50%以下	无稃壳种子	有稃壳种子	无稃壳种子	有稃壳种子
94.00～94.99	5.00～5.99	2.25	2.38	1.6	1.7
93.00～93.99	6.00～6.99	2.43	2.56	1.7	1.8
92.00～92.99	7.00～7.99	2.59	2.73	1.8	1.9
91.00～91.99	8.00～8.99	2.74	2.90	1.9	2.1
90.00～90.99	9.00～9.99	2.88	3.04	2.0	2.2
88.00～89.99	10.00～11.99	3.08	3.25	2.2	2.3
86.00～87.99	12.00～13.99	3.31	3.49	2.3	2.5
84.00～85.99	14.00～15.99	3.52	3.71	2.5	2.6
82.00～83.99	16.00～17.99	3.69	3.90	2.6	2.8
80.00～81.99	18.00～19.99	3.86	4.07	2.7	2.9
78.00～79.99	20.00～21.99	4.00	4.23	2.8	3.0
76.00～77.99	22.00～23.99	4.14	4.37	2.9	3.1
74.00～75.99	24.00～25.99	4.26	4.50	3.0	3.2
72.00～73.99	26.00～27.99	4.37	4.61	3.1	3.3
70.00～71.99	28.00～29.99	4.47	4.71	3.2	3.3
65.00～69.99	30.00～34.99	4.61	4.86	3.3	3.4
60.00～64.99	35.00～39.99	4.77	5.02	3.4	3.6
50.00～59.99	40.00～49.99	4.89	5.16	3.5	3.7

资料来源：引自 GB/T 3543.3—1995

2）试样：如果在某种情况下有必要分析第 2 份试样时，那么两份试样各成分的实际差距不得超过表 10-10 中第 5 或第 6 栏所示的容许差距。若所有组分都在容许范围内，则取其平均值。若超过，则再分析一份试样，若分析后的最高值和最低值差异没有大于容许误差 2 倍时，则填报三者的平均值。如果其中的一次或几次显然是由于差错造成的，那么该结果须去除。

（3）数字修约

各种成分的最后填报结果应保留一位小数。各种成分之和应为 100.0%，如果其和是 99.9%或 100.1%，那么从最大值（通常是净种子部分）增减 0.1%。如果修约值大于 0.1%，那么应检查计算有无差错。小于 0.05%的成分应将数字除去，填报“微量”。

（4）有重型混杂物的结果换算

净种子：
$$P_2(\%) = P_1 \times \frac{M-m}{M}$$

其他植物种子：
$$\text{OS}_2(\%) = \text{OS}_1 \times \frac{M-m}{M} + \frac{m_1}{M} \times 100$$

杂质：
$$I_2(\%) = I_1 \times \frac{M-m}{M} + \frac{m_2}{M} \times 100$$

式中，M 为送验样品的重量，g；m 为重型混杂物的重量，g；m_1 为重型混杂物中的其他植物种子重量，g；m_2 为重型混杂物中的杂质重量，g；P_1 为除去重型混杂物后的净种子重量百分率，%；I_1 为除去重型混杂物后的杂质重量百分率，%；OS_1 为除去重型混杂物后的其他植物种子重量百分率，%。

最后应检查：　　　　　　　$(P_2+I_2+OS_2)\%=100.0\%$

计算例子：

对某批水稻种子送验样品 402.0g 进行净度分析，测得重型其他植物种子玉米 0.5000g，重型混杂物石块 0.5000g。从送验样品分取两份半试样，第一份半试样为 20.15g，测得净种子 19.53g，其他植物种子 0.2118g，杂质 0.4082g；第二份半试样为 20.12g，测得净种子 19.51g，其他植物种子 0.2108g，杂质 0.4101g；求水稻种子的净度及其他各组分的百分率。

先求净种子、其他植物种子、杂质的百分率（P_1、OS_1、I_1），将结果列于表 10-11。

表 10-11　净度分析实例

		净种子	其他植物种子	杂质	重量合计	样品原重	样品增失
第一份半试样	重量/g	19.53	0.2118	0.4082	20.15	20.15	0
	百分率/%	96.92	1.05	2.03			0
第二份半试样	重量/g	19.51	0.2108	0.4101	20.13	20.12	0.01
	百分率/%	96.92	1.05	2.04			0.049
平均百分率/%		96.92	1.05	2.04			
百分率样品间差值		0	0	0.01			
查容许误差		1.88	1.15	1.54			

表 10-11 中的第一份和第二份半试样原重与分析后三组分之和相比增失百分率均在 5%以内；第一份和第二份半试样各成分重量百分率差值也在容许误差范围内。因此得出 P_1=96.92，OS_1=1.05，I_1=2.04。

根据已知条件 M=402.0g，m_1=0.5000g，m_2=0.5000g，求出 P_2、OS_2、I_2。

$$P_2 = P_1 \times \frac{M-m}{M} = 96.92 \times \frac{402.0-1.000}{402.0} \times 100\% = 96.7\%$$

$$OS_2 = OS_1 \times \frac{M-m}{M} + \frac{m_1}{M} \times 100 = 1.05 \times \frac{402.0-1.000}{402.0} + \frac{0.5000}{402.0} \times 100\% = 1.1\%$$

$$I_2 = I_1 \times \frac{M-m}{M} + \frac{m_2}{M} \times 100 = 2.04 \times \frac{402.0-1.000}{402.0} + \frac{0.5000}{402.0} \times 100\% = 2.1\%$$

以上三种组分相加值正好等于 99.9%，最后修约净种子（%）=96.7%+0.1%=96.8%。即该样品净度分析的最终结果为：净种子 96.8%，其他植物种子 1.1%，杂质 2.1%。

5. 结果报告

净度分析的结果应保留一位小数，三种组分的百分率总和必须为 100%，成分小于 0.05%的填报为“微量”，如果有一种成分的结果为零，须填“—0.0—”。

当测定某一类杂质或某一种其他植物种子的重量百分率达到或超过 1.0%时，该种类应在结果报告单上注明。当需要判断一个测定值是否显著低于标准规定值时，查

表 10-12。查表时，先根据两个测定结果计算出平均数，再按平均数从表中找出相应的容许差距。但在比较时，两个样品的重量须大致相当。

表 10-12　净度分析与标准规定值比较的容许差距（5%显著水平的一尾测定）

两次结果平均		容许差距	
50%以上	50%以下	无稃壳种子	有稃壳种子
99.95～100.00	0.00～0.04	0.10	0.11
99.90～99.94	0.05～0.09	0.14	0.16
99.85～99.89	0.10～0.14	0.18	0.21
99.80～99.84	0.15～0.19	0.21	0.24
99.75～99.79	0.20～0.24	0.23	0.27
99.70～99.74	0.25～0.29	0.25	0.30
99.65～99.69	0.30～0.34	0.27	0.32
99.60～99.64	0.35～0.39	0.29	0.34
99.55～99.59	0.40～0.44	0.30	0.35
99.50～99.54	0.45～0.49	0.32	0.38
99.40～99.49	0.50～0.59	0.34	0.41
99.30～99.39	0.60～0.69	0.37	0.44
99.20～99.29	0.70～0.79	0.40	0.47
99.10～99.19	0.80～0.89	0.42	0.50
99.00～99.09	0.90～0.99	0.44	0.52
98.75～98.99	1.00～1.24	0.48	0.57
98.50～98.74	1.25～1.49	0.52	0.62
98.25～98.49	1.50～1.74	0.57	0.67
98.00～98.24	1.75～1.99	0.61	0.72
97.75～97.99	2.00～2.24	0.63	0.75
97.50～97.74	2.25～2.49	0.67	0.79
97.25～97.49	2.50～2.74	0.70	0.83
97.00～97.24	2.75～2.99	0.73	0.86
96.50～96.99	3.00～3.49	0.77	0.91
96.00～94.49	3.50～3.99	0.82	0.97
95.50～95.99	4.00～4.49	0.87	1.02
95.00～95.49	4.50～4.99	0.90	1.07
94.00～94.99	5.00～5.99	0.97	1.15
93.00～93.99	6.00～6.99	1.05	1.23
92.00～92.99	7.00～7.99	1.12	1.31
91.00～91.99	8.00～8.99	1.18	1.39
90.00～90.99	9.00～9.99	1.24	1.46
88.00～89.99	10.00～11.99	1.33	1.56
86.00～87.99	12.00～13.99	1.43	1.67
84.00～85.99	14.00～15.99	1.51	1.78
82.00～83.99	16.00～17.99	1.59	1.87
80.00～81.99	18.00～19.99	1.66	1.95
78.00～79.99	20.00～21.99	1.73	2.03
76.00～77.99	22.00～23.99	1.78	2.10
74.00～75.99	24.00～25.99	1.84	2.16
72.00～73.99	26.00～27.99	1.83	2.21
70.00～71.99	28.00～29.99	1.92	2.26
65.00～69.99	30.00～34.99	1.99	2.33
60.00～64.99	35.00～39.99	2.05	2.41
50.00～59.99	40.00～49.99	2.11	2.48

资料来源：引自 GB/T 3543.3—1995

在净度分析过程中，注意有稃壳种子的构造和种类。有稃壳的种子具有下列构造特点或成分。

1）易于相互粘连或粘在其他物体上（如包装袋、扦样器和分样器）。

2）可被其他植物种子粘连，反过来也可粘连其他植物种子。

3）不易被清选、混合或扦样。

如果稃壳构造（包括稃壳杂质）占一个样品的1/3或更多，则认为是有稃壳的种子。

在我国《农作物种子检验规程》中，有稃壳种子的种类包括芹属（*Apium*）、花生属（*Arachis*）、燕麦属（*Avena*）、甜菜属（*Beta*）、茼蒿属（*Chrysanthemum*）、薏苡属（*Coix*）、胡萝卜属（*Daucus*）、荞麦属（*Fagopyrum*）、茴香属（*Foeniculum*）、棉属（*Gossypium*）、大麦属（*Hordeum*）、莴苣属（*Lactuca*）、番茄属（*Lycopersicon*）、稻属（*Oryza*）、黍属（*Panicum*）、欧防风属（*Pastinaca*）、欧芹属（*Petroselinum*）、茴芹属（*Pimpinella*）、大黄属（*Rheum*）、鸦葱属（*Scorzonera*）、狗尾草属（*Setaria*）、高粱属（*Sorghum*）、菠菜属（*Spinacia*）。

二、其他植物种子数目测定

（一）测定方法

其他植物种子数目的测定可采用完全检验、有限检验和简化检验。

1. 完全检验（complete test）

试验样品不得小于25 000个种子单位的重量或表10-1所规定的重量。

完全检验可借助于放大镜、筛子和吹风机等器具，按其他植物种子的标准逐粒进行分析鉴定，取出试样中所有的其他植物种子，并数出每个种的种子数。当发现有的种子不能准确确定所属种时，允许鉴定到属。

2. 有限检验（limited test）

有限检验只限于从整个试验样品中找出送验者指定的其他植物种的种子。如送验者只要求检验是否存在指定的某个植物种，则检验时发现一粒或数粒种子即可结束。

3. 简化检验（reduced test）

如果送验者所指定的种难以鉴定时，可采用简化检验。简化检验是仅用规定试验样品的一部分（最少量为试样的1/5）对该种进行鉴定。简化检验的检验方法同完全检验。

（二）结果计算

结果用实际测定样品中所发现的其他植物种子数表示，但通常折算成单位重量样品（每千克）所含的其他植物种子数。

当需要判断同一或不同实验室对同一批种子的两个测定值是否一致时，可查其他植物种子数目测定的容许差距表（表10-13）。比较时先将两个测定值求平均数，再按平均数找到相应的容许差距。比较时，两个样品的重量应大体一致。

（三）结果报告

进行其他植物种子数目测定时，将测定种子的实际重量、学名和该重量中找到的各个种的种子数填写在结果报告单上，并注明采用的是完全检验、有限检验或简化检验。

表 10-13　其他植物种子数目测定的容许差距（5%显著水平的两尾测定）

两次测定结果的平均值	容许差距	两次测定结果的平均值	容许差距
3	5	152～160	35
4	6	161～169	36
5～6	7	170～178	37
7～8	8	179～188	38
9～10	9	189～198	39
11～13	10	199～209	40
14～15	11	210～219	41
16～18	12	220～230	42
19～22	13	231～241	43
23～25	14	242～252	44
26～29	15	253～264	45
30～33	16	265～276	46
34～37	17	277～288	47
38～42	18	289～300	48
43～47	19	301～313	49
48～52	20	314～326	50
53～57	21	327～339	51
58～63	22	340～353	52
64～69	23	354～366	53
70～75	24	367～380	54
76～81	25	381～394	55
82～88	26	395～409	56
89～95	27	410～424	57
96～102	28	425～439	58
103～110	29	440～454	59
111～117	30	455～469	60
118～125	31	470～485	61
126～133	32	486～501	62
134～142	33	502～518	63
143～151	34	519～534	64

资料来源：引自 GB/T 3543.3—1995

第五节　种子水分测定

种子水分（seed moisture content）也称种子含水量，是指种子内自由水和束缚水的重量占种子原始重量的百分率，也就是按规定程序把种子样品烘干所失去的重量占供检样品原始重量的百分率。通常用湿重为基数的水分百分率来表示：

$$种子水分(\%)=\frac{试样烘前重(g)-试样烘后重(g)}{试样烘前重(g)}\times 100$$

通过种子水分的测定，可以确定种子的最佳收获时间，指导种子合理干燥、包装和运输，保证种子的安全贮藏，评价种子质量。

一、种子水分测定的影响因素

（一）种子水分

1. 自由水

自由水是生物化学的介质，存在于种子表面和细胞间隙内，具有一般水的特性，可作为溶剂，100℃为沸点，0℃结冰，故很容易受外界环境条件的影响，容易蒸发出去。因此在种子水分测定前，往往采取一些措施尽量防止这种水分的丧失。如送检样品必须装在防湿容器中，并尽可能排除其中空气；样品接收后立即测定（如果样品接收当天不能测定，应将样品贮藏在 4～5℃的冰箱中，不能在低于 0℃的冰箱中贮存）；测定过程中的取样、磨碎、称重须操作迅速；避免蒸发（磨碎转速不能过快，磨碎种子这一过程所费的时间不得超过 2min）；高水分种子的自由水含量更高，更易蒸发，需磨碎的高水分种子应用高水分预先烘干法。

2. 束缚水

束缚水与种子内的亲水胶体如淀粉、蛋白质等物质中的化学基因牢固结合，水分子与这些胶体物质中的化学基团，如羧基、氨基与肽基等以氢键或氧桥等相连接。不能在细胞间隙中自由流动，不易受外界环境条件影响。种子烘干时，水分开始蒸发较快，这是由于自由水蒸发容易，随着烘干的进程，蒸发速度逐渐缓慢，这是由于束缚水被种子内胶体牢固结合，烘干法设计水分测定程序时，应通过适当提高温度（如 130℃）或延长烘干时间才能把这种水分蒸发出来。

3. 分解水

种子中有些化合物如糖类中，含有一定比例的能形成水分的 H 和 O 元素。通常将种子有机物分解产生的水分称为化合水或分解水。如果失掉这种水分，糖类就会分解变质，如用较高温度（130℃）烘干时间过长，或温度过高（超过 130℃），有可能使样品烘成焦黄色，使水分测定百分率偏高。

（二）油分

含亚麻酸、亚油酸等不饱和脂肪酸较高的油料种子（如亚麻），如果种子磨碎或剪碎或烘干温度过高，不饱和脂肪酸易氧化，使不饱和键上结合氧分子，增加样品重量，使水分测定结果偏低，因此，应严格控制烘干温度，并且不应磨碎或剪碎。一些蔬菜种子和油料种子含有较高的油分，油分沸点较低，尤其是芳香油含量较高的种子，温度过高就易挥发，使样品减重增加，水分百分率偏高。

综上所述，测定种子水分必须保证使种子中自由水和束缚水全部除去，同时要尽最大可能减少氧化、分解或其他挥发性物质的损失。据此，须设计好水分测定程序，尤其要注意烘干温度、种子磨碎和种子原始水分等因素对水分测定的影响。

二、种子水分测定方法

（一）常用水分测定方法

目前常用的种子水分测定法是烘干减重法（包括烘干法、红外线烘干法）和电子水分仪速测法（包括电阻式、电容式和微波式水分测定仪）。一般正式报告需采用烘箱标准法进行种子水分测定，而在种子收购、调运、干燥加工等过程中可以采用电子水分速测仪测定种子水分。

（二）种子水分测定的标准方法

我国现行《农作物种子检验规程》规定种子水分测定的标准方法为烘干减重法。根据烘干时所采用的温度和程序，将测定的标准方法分为三种，即低恒温烘干法、高恒温烘干法和高水分种子二次烘干法。

1. 水分测定仪器设备

（1）恒温干燥箱

目前常用的是电热恒温干燥箱，它主要由箱体（保温部分）、加热部分和控温部分组成（图 10-2）。由温度计显示温度变为电子显示，温度的控制更加准确和方便。用于测水分的电烘箱，应是绝缘性能良好，箱内各部位温度均匀一致，能保持规定的温度，加温效果良好，即在预热至所需温度后，放入样品，可在 5～10min 内回升到所需温度。

图 10-2　恒温干燥箱

（2）电动粉碎机

电动粉碎机（图 10-3）用于磨碎样品，常用的有滚刀式和磨盘式两种。对电动粉碎机有如下要求：①需用不吸湿的材料制成；②要求粉碎机结构密闭，使需磨碎的种子和磨碎的材料在磨碎过程中尽可能避免室内空气的影响；③磨碎速度要均匀，不使磨碎材料发热；④磨粉机可调节到规程所规定的磨碎细度。需备有孔径为 0.5mm、1.0mm、4.0mm 的金属筛片。

图 10-3 电动粉碎机

图 10-4 干燥器和干燥剂

（3）样品盒

常用的是铝盒，盒与盖标有相同的号码。分为两种规格：一种是小型样品盒，直径为 5.5cm，可放试样 4～5g，对样品直接烘干时用；另一种是中型样品盒，直径等于或大于 8cm，一般用于高水分种子第一次烘干时使用。样品在盒内的分布不超过 0.3g/cm^2，这样可以保证在规定时间内样品中的水分能全部蒸发。

（4）干燥器和干燥剂

干燥器（图 10-4）主要是用于样品烘干后冷却，防止回潮，以免影响测定结果的准确性。目前广泛使用的干燥剂为变色硅胶，在未吸湿前呈蓝色，吸湿后呈粉红色，因此极易区分其是否仍有吸湿能力。吸湿后的变色硅胶可通过烘干将水分除去，以恢复吸湿性能。

（5）天平

天平的精确度应达到 0.001g，即千分之一感量的天平，现多用电子天平。

除以上主要仪器设备外，还有一些辅助用品，如手套、坩埚钳、刀片、玻璃瓶、样品勺、标签等。

2. 低恒温烘干法

（1）适用范围

葱属（*Allium* spp.）、花生（*Arachis hypogaea*）、芸薹属（*Brassica* spp.）、辣椒属（*Capsicum* spp.）、大豆（*Glycine max*）、棉属（*Gossypium* spp.）、向日葵（*Helianthus annuus*）、亚麻（*Linum usitatissimum*）、萝卜（*Raphanus sativus*）、蓖麻（*Ricinus communis*）、芝麻（*Sesamum indicum*）、茄子（*Solanum melongena*）等必须用此法烘干。

该法必须在相对湿度 70%以下的室内进行。

（2）样品处理

供水分测定的送验样品的重量：需要磨碎的种子不少于 100g，不需要磨碎的种子不少于 50g。将装在密封容器内的送验样品充分混合，其混合方法是用匙在样品罐内搅拌或将原样品罐的罐口对准另一个同样大小的空罐口，把种子在两个容器间往返颠倒不少于三次，从中分别取出两个独立的试验样品 15～25g，放入磨口瓶中。需磨碎的样品按表 10-14 要求进行处理后立即装入磨口瓶中备用，最好立即称样，以减少样品水分变化。

表 10-14　必须磨碎的作物种类及磨碎细度

作物种类	磨碎细度
燕麦属（*Avena* spp.） 水稻（*Oryza sativa*） 甜荞（*Fagopyrum esculentum*） 苦荞（*Fagopyrum tataricum*） 黑麦（*Secale cereale*） 高粱属（*Sorghum* spp.） 小麦属（*Triticum* spp.） 玉米（*Zea mays*）	至少有 50%的磨碎成分通过 0.5mm 筛孔的金属丝筛，而留在 1.0mm 筛孔的金属丝筛子上不超过 10%
大豆（*Glycine max*） 菜豆属（*Phaseolus* spp.） 豌豆（*Pisum sativum*） 西瓜（*Citrullus lanatus*） 巢菜属（*Vicia* spp.）	需要粗磨，至少有 50%的磨碎成分通过 4.0mm 筛孔磨碎或切成薄片
棉属（*Gossypium* spp.） 花生（*Arachis hypogaea*） 蓖麻（*Ricinus commums*）	磨碎或切成薄片

资料来源：引自 GB/T 3543.6—1995 农作物种子检验规程

（3）称取试验样品

先将样品盒预先烘干、冷却、称重，并记下盒号（两次重复）。将处理好的样品在瓶内混匀，在感量 0.001g 天平上称取试样 4.5～5.0g 两份，以试样在铝盒内的分布不超过 $0.3g/cm^2$ 为原则（注意取样时勿直接用手触摸样品，用样品勺取样），将试样放入预先烘干和称重过的铝盒内称重（精确至 0.001g）。

（4）样品烘干

使烘箱预热至 110～115℃，迅速将装有样品的样品盒放入烘箱中（打开盒盖）。一般将样品盒放在烘箱的上层，迅速关闭烘箱门，使箱温在 5～10min 内回升至 103℃±2℃时，开始计算时间，烘 8h。

（5）称重

打开烘箱，用坩埚钳或戴上手套盖好盒盖（在箱内加盖），取出样品盒后放入干燥器内冷却至室温（一般 20～30min）后称重。

（6）结果计算

根据烘干后失去的重量计算种子水分百分率，保留一位小数，计算公式如下：

$$种子含水量(\%)=\frac{M_2-M_3}{M_2-M_1}\times 100$$

式中，M_1 为样品盒和盖的重量，g；M_2 为样品盒和盖及样品的烘前重量，g；M_3 为样品盒和盖及样品的烘后重量，g。

按公式分别计算两次重复样品的水分含量，两次重复间的含水量结果之间不超过 0.2%时，可以用两次重复间结果的算数平均数作为该样品的含水量，否则，应按上述方法重新测定。

例：

现有一份供水分测定的送检样品，用低恒温法测定水分，第 1 份试样测定结果如下：样品盒重为 12.687g，样品盒及试样的烘前重量为 17.573g，样品盒及试样的烘后重为 16.881g。第二份试样测定结果如下：样品盒重为 11.522g，样品盒及试样的烘前重量为 16.433g，样品盒及试样的烘后重为 15.727g。试计算样品的种子水分。

（7）结果报告

结果填报在检验结果报告单的规定空格中，精确度为 0.1%。

3. 高温烘干法

（1）适合范围

高恒温烘干法适合下列种子：芹菜（*Apium graveolens*）、石刁柏（*Asparagus officinalis*）、燕麦属（*Arena* spp.）、甜菜（*Beta vulgare*）、西瓜（*Citrullus lanatus*）、甜瓜属（*Cucumis* spp.）、南瓜属（*Cucurbita* spp.）、胡萝卜（*Daucus carota*）、甜荞（*Fagopyrum esculentum*）、苦荞（*Fagopyrum tataricum*）、大麦（*Hordeum vulgare*）、莴苣（*Lactuca sativa*）、番茄（*Lycopersicon lycopersicum*）、苜蓿属（*Medicago* spp.）、草木樨属（*Melilotus* spp.）、烟草（*Nicotiana tabacum*）、水稻（*Oryza sativa*）、黍属（*Panicum* spp.）、菜豆属（*Phaseolus* spp.）、豌豆（*Pisum sativum*）、鸦葱（*Scorzonera hispanica*）、黑麦（*Secale cereale*）、狗尾草属（*Setaria* spp.）、高粱属（*Sorghum* spp.）、菠菜（*Spinacia oleracea*）、小麦属（*Triticum* spp.）、巢菜属（*Vicia* spp.）和玉米（*Zea mays*）。

（2）样品处理及样品称重

操作方法与低恒温烘干法相同。

（3）样品烘干

首先将烘箱预热至 140～145℃，打开箱门将试样迅速放入烘箱内，关好箱门，在 130～133℃下烘 1h。国际种子检验规程规定烘干时间，玉米需 4h，其他禾谷类需 2h，其他作物需 1h。

（4）计算方法与结果报告

同低恒温烘干法。

4. 高水分预先烘干法

（1）适合范围

此法适用于需磨碎或切片的高水分种子，当禾谷类种子水分超过 18%，豆类和油料种子水分超过 16%时，为高水分种子，必须采用高水分种子预先烘干法，因为高水分种子难以磨碎到规定的细度，而且在磨碎过程中容易丧失水分，所以需采用二次烘干。

（2）测定程序

A. 预烘

先从用于水分测定的送验样品中称取两份试样（整粒种子）各 25.00g±0.02g（0.01g 天平即可），置于直径大于 8cm 的样品盒内，在 103℃±2℃烘箱中预烘 30min（油料种子 70℃预烘 1h），取出放在室温冷却称重。

B. 二次烘干

将两份预烘过的种子按照要求的方法磨碎处理后，每份样品准确称取 4.5～5.0g 试样（精确到 0.001g），再用低恒温或高恒温烘干法烘干、称重，按公式计算种子水分。

C. 计算

计算公式有以下两种。

1）分别计算两次烘干各自的水分含量 S_1、S_2，再计算种子样品的水分。

$$种子水分(\%) = S_1 + S_2 - \frac{S_1 \times S_2}{100} \tag{10-1}$$

式中，S_1 为整粒预烘（或第一次）中失去的水分，%；S_2 为二次烘干（或第二次烘干）后失去的水分，%。

注意：计算时 S_1、S_2 不带百分号。

2）直接代入下列公式计算。

$$种子水分(\%) = \frac{m_1 \times m_3 - m_2 \times m_4}{m_1 \times m_3} \times 100 \tag{10-2}$$

式中，m_1 为整粒样品的重量，g；m_2 为整粒样品预烘后的重量，g；m_3 为磨碎试验样品的重量，g；m_4 为磨碎试验样品烘后的重量，g；两个重复间的允许误差为 0.2%，否则重做。

主要参考文献

国际种子检验协会(ISTA). 1999. 1996 国际种子检验规程.颜启传等译. 北京: 中国农业出版社.

胡晋, 李永平, 苏菊萍, 等. 2008. 种子水分测定的原理和方法. 北京: 中国农业出版社.

胡晋. 2006. 种子生物学. 北京: 高等教育出版社.

胡晋. 2010. 种子贮藏加工学. 2 版. 北京: 中国农业大学出版社.

胡晋. 2014. 种子学. 2 版. 北京: 中国农业出版社.

胡晋. 2015. 种子检验学. 北京: 科学出版社.

农业部全国农作物种子质量监督检验测试中心. 2006. 农作物种子检验员考核读本. 北京: 中国工商出版社.

支巨振. 2000. GB/T 3543.1～3543.7—1995 《农作物种子检验规程》实施指南. 北京: 中国标准出版社.

中华人民共和国国家标准. 1995. GB/T 3543.1～3543.7—1995 农作物种子检验规程. 北京: 中国标准出版社.

Association of Official Seed Analysts (AOSA). 1983. Seed vigor testing handbook. Contribution No. 32. Association of Official Seed Analysts, Las Crucas, NM.

Association of Official Seed Analysts (AOSA). 1992. Seedling evaluation handbook. Contribution No. 35. Seedling Evaluation Committee of the AOSA, USA.

Don R. 2009. ISTA handbook on seedling evaluation. 3rd ed. Zurich: The International Seed Testing Association.

Hampton J G, TeKrony D M. 1995. Handbook of vigour test methods. 3rd ed. Zurich: The International Seed Testing Association.

ISTA. 2004. International rules for seed testing-Annexe to Chapter 7 Seed Health Testing Methods. Zurich: International Seed Testing Association.

ISTA. 2012. International Rules for Seed Testing. Zurich: The International Seed Testing Association.

Leist N, Krämer S, Jonitz A. 2003. ISTA working sheets on tetrazolium testing. Zurich: The International Seed Testing Association.

第十一章　作物非生物逆境抗性鉴定方法

自然环境千变万化，植物在与所处环境进行物质、能量和信息交换的同时，也必然受到环境的影响。而植物的固着性决定了其应对复杂多变环境的特别性。我们把对植物生存和生长不利的各种环境因素统称为逆境（或胁迫），包括干旱，高、低温，盐胁迫和金属离子等非生物逆境，以及细菌、病毒和虫害等生物逆境。绝大多数植物本身具有抵抗逆境的潜能，植物对逆境的忍耐和抵抗能力统称为抗逆性。

逆境会造成植物的光合作用下降、呼吸作用发生改变、糖类和蛋白质大量水解及大量营养物质的消耗等不利影响，因此胁迫严重或时间较长会造成作物减产甚至死亡。对大多数农作物来说，非生物逆境导致其平均年生产总值降低50%以上。研究植物抵抗非生物逆境的机制和筛选对非生物逆境抗性强的作物资源，具有重要的理论和实践意义。

第一节　作物非生物逆境的类型

一、干旱胁迫

干旱胁迫是最严重的非生物逆境之一，其对作物产量的影响在非生物逆境中居于首位。在干旱环境下，植物会因根部对叶片水分供应减少而使叶片膨压下降，进而使植物遭受脱水胁迫。为最大限度地减轻干旱胁迫所造成的伤害，植物在形态、生理生化代谢和基因表达等方面都发生适应性变化，如株形变小、根系发达、高根冠比、气孔下陷和关闭、蒸腾面积减少等形态结构的改变，来维持正常的生长发育。植物也可以通过细胞内的生理生化变化来提高植物对干旱胁迫的抗性，如产生渗透调节物质，如脯氨酸和甜菜碱等。另外，当植物遭遇干旱时，许多干旱胁迫应答基因被诱导表达，在植物体内产生大量的特异蛋白，协同调节植物生理生化及代谢的变化，从而适应干旱逆境。

二、涝渍胁迫

在农业生产上，通常所说的涝渍包括两层含义。一种是指土壤含水量超过田间持水量，土壤水分处于饱和状态，称为渍害，又称湿害。另一种是指水分不仅充满土壤，而且田间地面积水，作物的局部或整株被淹没，通常称为“涝害”。涝害和渍害在多数地区是共存的，有时难以截然分开，故而统称为涝渍灾害。涝渍胁迫导致土壤供氧不足，使作物根系处于严重缺氧的状态，造成植物根系通气组织增加，根系活力下降，植物根系的呼吸减弱影响无机养分的吸收和运输，进而影响作物的生长和发育。

另外涝渍胁迫还会引起植物其他生理过程的变化，如生物量减少、叶片相对含水量减少、叶片气孔受阻、叶绿素合成能力下降、光合速率迅速下降和光合产物的运输减慢等。

三、高温胁迫

过高的环境温度对植物造成的生理性伤害，称为高温胁迫，又称热害。当植物受到高于植物正常生长温度 5～12℃的刺激后，会诱导细胞发生保护性的热激反应（heat shock response，HSR），细胞中正常的 mRNA 转录和蛋白质合成被抑制，而热激蛋白（heat shock protein，HSP）合成增加。HSP 的产生可以降低热害对细胞或机体的伤害，从而提高植物的抗热性。

温度过高时膜脂分子的成分和构象发生变化。高温还会导致膜蛋白变性，膜结构被破坏，并引起离子渗漏。膜的破坏也抑制光合和呼吸作用，两者都依赖于膜相关的电子载体和酶类。高温胁迫使水解酶类活性升高，导致蛋白质降解加快。同时呼吸氧化过程中的磷酸化解耦联，使 ATP 合成与供应减少。另外高温胁迫总是和干旱胁迫紧密相连，高温胁迫往往间接地造成植物叶片的过度蒸腾，导致细胞脱水，并引起代谢失调，影响植物正常的生长发育过程。

高温间接的伤害与饥饿威胁和氨毒害有关。通常情况下，光合作用的最适温度往往低于呼吸作用的最适温度。高温条件下，光合作用先于呼吸作用受到抑制。当环境温度高于温度补偿点时，呼吸大于光合，植物消耗大量的贮存物质，导致植物体内营养亏缺，呈现饥饿状态甚至死亡。高温条件下氮化物的合成受抑制，导致大量氨积累，从而毒害细胞。

四、低温胁迫

根据受害温度的高低可将低温胁迫分为冻害和冷害。冻害指发生于零下低温，植物细胞结冰受伤害的现象。细胞间隙水分结冰造成细胞质过度脱水，破坏蛋白质分子导致细胞质凝固变性，此外，冰晶体压迫细胞质导致机械损害。冷害指植物遇到零上低温受到损害的现象。

植物在遭受低温伤害后，植物细胞膜遭到损伤，细胞膜对物质的选择透性发生改变，使得一些盐类和有机物从细胞中渗出，细胞膜电导率的改变可反映细胞膜选择透性的改变，植物低温胁迫抗性与生物膜系统的完整性密切相关。低温还降低植物的吸水能力，抑制根对营养元素的吸收；影响多种酶类的活性从而影响多种生理过程，导致植物代谢紊乱，甚至死亡。

五、盐碱胁迫

所含无机盐以碳酸钠与碳酸氢钠为主的土壤称为碱土，以氯化钠与硫酸钠为主的土壤称为盐土，实际上难以绝对划分，一般把盐分过多的土壤称为盐碱土，简称盐土，相应的抗盐碱性称为抗盐性。盐碱土中的盐分主要为 Na^+、Ca^{2+}和 Mg^{2+} 3 种阳离子和 CO_3^{2-}、HCO_3^-、Cl^-和 SO_4^{2-} 4 种阴离子组成的 12 种盐，个别地方还分布着少量的硝酸盐盐土（Manchanda and Garg，2008）。过高的 Na^+和 Cl^-是造成盐胁迫的主要原因。盐胁迫对植物造成的伤害主要包括渗透胁迫、离子胁迫及氧化胁迫等。

渗透胁迫是盐胁迫造成的首要胁迫（Zhu，2001）。土壤中盐分过多使土壤溶液水势下降，导致植物吸水困难，形成生理干旱，同时阻碍植物对营养物质的吸收和运输。

离子胁迫主要是离子平衡被破坏，导致植物细胞内重要离子匮乏，引起酶的活性降低，进而影响各种代谢过程，使植物的生长受到抑制。

氧化胁迫主要指高盐下活性氧的产生能破坏植物的各种膜系统，改变膜透性，损害胞内的蛋白质，降低酶的活性，甚至诱发细胞死亡（Cuin and Shabala，2008；Hernandez et al.，2010）。

六、酸铝胁迫

铝元素在土壤溶液中非常活跃，对植物产生明显的毒害作用，在土壤 pH 低时毒害更大。引起土壤酸化的直接原因是酸雨，残余铝的大量存在则是引起土壤酸化的间接原因。酸性土壤中大量铝的积累是植物遭受矿质元素毒害最主要的因素，植物的铝毒害效应主要表现为抑制根的伸长及养分和水分的吸收。同时，铝与细胞膜作用，改变膜透性，引起细胞内物质向外渗漏加强、植株生长减缓和生物量下降（Ishikawa et al.，1996）。研究表明，铝毒害作用还表现在破坏 Ca^{2+}平衡，降低胞内钙浓度，胞内 Ca^{2+}浓度下降也间接降低了钙调素调节有丝分裂的功能，从而抑制细胞分裂。

七、重金属胁迫

重金属（heavy metal，HM）是指密度在 5.0 以上的元素。砷、硒是非金属，但它的毒性及某些性质与重金属相似，所以将其列入重金属污染物的范围内。环境污染方面所指的重金属主要指生物毒性显著的汞、镉、铅、铬及类金属砷，还包括具有毒性的重金属铜、钴、镍、锡、钒等污染物。

由于重金属在土壤中的累积效应及难降解性，以及重金属元素之间的协同、拮抗等效应，对重金属污染的治理、修复和评价工作变得尤为复杂。重金属蓄积在土壤中，影响作物的生长、发育和产量（Li et al.，2010；Wang et al.，2010），并通过食物链放大作用进一步对人体健康造成严重危害。

Cd、Pb 等重金属处理使植物细胞膜结构遭到严重破坏，造成质膜的选择透性降低，细胞内外的物质交换和信息传递受阻，进一步导致生理功能紊乱。当受到重金属胁迫时，植物体内产生大量活性氧自由基攻击植物细胞膜上的不饱和脂肪酸，另外植物的叶绿素含量显著降低，叶绿体膜结构受到损伤，叶绿体内的光合酶含量降低，叶片气孔关闭，光合作用强度降低。较高浓度的重金属会抑制植物体对钙、镁等矿物质元素的吸收和转运的能力，造成矿质元素的缺乏。

当植物受到重金属胁迫时会出现生长缓慢、植株矮小、产量降低和根系伸长受到抑制的现象，严重时甚至会死亡，根长和根系活力的变化是植物受重金属毒害的重要指示。

第二节　作物抗旱性鉴定

作物的抗旱性是指作物在土壤干旱或大气干旱条件下具有的适应性和抵抗力（胡荣

海，1986），不同的作物对干旱表现出不同的抗性。抗旱性鉴定就是按作物抗旱能力的大小进行的评价和筛选的过程。要鉴定作物的抗旱性，既要有合适的干旱胁迫处理的方法，也要有建立在此基础上合适的评价指标。本节简要介绍作物对干旱的适应方式和机理，以及干旱胁迫的处理方法和抗旱性评价指标，并简要讨论抗旱性的综合评价问题。

一、作物对干旱的适应方式

为最大限度地减轻干旱胁迫所造成的伤害，植物在细胞形态、生理生化代谢与基因表达等方面都发生了适应性变化。如植物通过株形变小、根系发达、根冠比高、气孔下陷、气孔关闭、蒸腾面积减少等形态结构的改变来降低脱水，以维持正常的生长发育。植物也可以通过细胞内的生理生化变化提高自身对干旱胁迫的抗性，如产生渗透调节物质脯氨酸、甜菜碱及增加抗氧化能力等。另外，当植物遭遇干旱时，许多干旱胁迫应答基因被诱导表达，在植物体内产生大量的特异蛋白，协同调节植物生理生化及代谢的变化，从而提高植物的抗旱性。

二、作物抗旱机理

（一）生理机理

1. 抗旱性与光合作用

研究表明，农作物受到干旱胁迫后，光合作用是受影响最显著的生理过程之一（Ashraf and Harris，2013）。一般认为，干旱胁迫时植株光合作用被抑制是气孔和非气孔因素共同作用的结果。轻度干旱胁迫下，气孔关闭所导致的 CO_2 亏缺是致使光合速率下降的主要原因；而严重干旱胁迫下，叶绿体结构变化、光合色素含量降低和膜脂过氧化加剧等非气孔因素是致使光合速率下降的主要原因（Zhou et al.，2013a）。目前普遍认为，抗旱性强的农作物品种在干旱情况下能保持相对较高的净光合速率。

2. 抗旱性与渗透平衡

植物在干旱胁迫条件下，会通过积累渗透调节物质来维持植物渗透平衡，维持蛋白质和生物膜系统的稳定性。渗透调节物质可分为有机和无机两大类。有机物质主要有脯氨酸、甜菜碱和可溶性糖等。研究表明，干旱胁迫使可溶性糖的含量大幅上升，可溶性糖含量与抗旱性正相关（Jharna et al.，2013）。无机物质主要包括 K^+和 Ca^{2+}等，其主要功能为维持细胞膨压，调节液泡渗透势。作为作物生长三大必需元素之一，K^+与农作物抗旱性密切相关，在干旱逆境条件下维持细胞渗透势起着关键作用（Anschütz et al.，2014）。此外，作为细胞信号转导的第二信使，Ca^{2+}在干旱胁迫条件下调节代谢和维持膜结构稳定性方面也发挥着非常重要的作用（Sarwat et al.，2013）。

3. 抗旱性与抗氧化系统

当作物受到干旱逆境胁迫时，会造成活性氧和自由基积累加剧，导致植物组织受到伤害，甚至引起植物死亡（Kose et al.，2011）。植物细胞经过长期的进化过程，形成了一套防御活性氧（reactive oxygen species，ROS）和自由基的保护酶系统。当植物受到胁迫后，保护酶系统启动，用以维持细胞内活性氧代谢平衡，从而使细胞免受伤害。这些保护酶主要包括超氧化物歧化酶（SOD）、过氧化物酶（POD）和过氧化氢酶（CAT）三种主要的抗氧化酶。研究表明，干旱胁迫下，SOD 能清除 $O_2^{\cdot -}$自由基，使 $O_2^{\cdot -}$转变成 H_2O_2，而后者又可以在 CAT 和 POD 的作用下转变成 H_2O 和 O_2（Gill and Tuteja，2010），减少自由基对细胞的伤害。此外还包括抗坏血酸过氧化物酶（APX）、谷胱甘肽还原酶（GR）和谷胱甘肽过氧化物酶（PX）等活性氧清除剂，它们都能抵御 ROS 对细胞的伤害。

（二）分子机理

1. 干旱胁迫信号感知

植物个体以细胞为单位感受并传递干旱胁迫信号，进而做出适当反应以维持生存。一般认为水分亏缺造成了植物细胞失水，导致跨膜渗透势改变（即干旱胁迫信号转化为渗透势变化），这种变化被“渗透感受器”所识别，从而触发植物应答干旱胁迫（刘慧，2012）。近年来，已相继在拟南芥（*Arabidopsis thaliana*）和水稻（*Oryza sativa* L.）等高等植物中克隆到编码“渗透感受器”的相关基因（Wohlbach et al.，2008；Karan et al.，2009）。

2. 干旱胁迫信号转导

研究表明，植物在干旱胁迫应答中主要依靠三条途径进行信号转导。一是完全依赖脱落酸（abscisic acid，ABA）的途径：干旱胁迫信号被细胞“渗透感受器”感知，诱导植物产生 ABA，继而启动以 Ca^{2+}和 IP_3 等第二信使为中心的胞内信号转换及蛋白质磷酸化（MAPK 磷酸化/去磷酸化）信号转导，从而诱导下游基因表达。二是完全不依赖 ABA 的途径：植物细胞“渗透感受器”不通过 ABA 介导直接影响第二信使，进行蛋白质的磷酸化/去磷酸化反应传递信号，进而诱导相关基因表达。三是部分依赖 ABA 的途径：一些基因既具有 ABA 应答组件，参与干旱胁迫应答反应，又可以不通过 ABA 直接影响下游基因的表达（Yoshida et al.，2014）。

3. 抗旱基因表达与调控

根据抗旱基因作用方式的不同，可以将其分为两大类。一类是直接起作用的功能基因，如保护性生物大分子和渗透物质合成及调节的相关基因。植物中的保护性生物大分子主要有胚胎晚期发育丰富蛋白和伴侣蛋白等。这些蛋白质具有极高的亲水性和热稳定性，当植株受到干旱胁迫时，它们可以部分替代水分子的功能，在细胞内形成一种水相环境，稳定细胞结构，减轻由干旱胁迫所造成的损伤（Amara et al.，2013）。另一类是在信号转导和基因表达过程中起调节功能的基因，如 DREB 和 MYB 等转录因子。转录因子通过识别和结合在功能基因启动子区的顺式作用元件上来启动和调控基因表达。植物的抗旱能力由复杂的基因网络来调控，目前植物中发现的与抗旱胁迫相关的转录因子还有 bZIP、WRKY 和 NAC 等（Dai et al.，2007；Wu et al.，2008；Rahaie et al.，2010；Tang et al.，2012；Zhou et al.，2012；Park et al.，2015）。

三、干旱胁迫试验的处理方法

干旱胁迫处理包括土壤干旱胁迫、大气干旱胁迫、模拟干旱胁迫和全自动抗旱植物种子筛选系统 4 种方法。

（一）土壤干旱胁迫

土壤干旱胁迫指通过控制土壤的含水量来实现干旱胁迫的方法，主要可分为田间鉴定法和人工气候模拟法。

1. 田间鉴定法

田间鉴定法是将待鉴定品种种于田间，在自然条件下控制灌水，造成不同水分的胁迫条件，使植株受到胁迫，以此来评价品种的抗旱性。田间鉴定法简便易行，无需特殊设备，能真实地反映作物在不同干旱地区的生长状况，在进行大规模鉴定时十分有效，所获结果在当地条件下比较可靠，是目前育种工作者选择抗旱品种的主要方式。但该方法受环境条件的影响很大，特别是降水，年际变幅较大，使得每年鉴定的结果难以重复，因此需要进行多年多点鉴定才能正确评价作物的抗旱性，且此法工作量大，速度慢。

2. 人工模拟气候法

作物在温度、光照和湿度可控的生长室或培养箱中生长，通过控制盆栽作物的土壤含水量而造成植物的水分胁迫来鉴别作物抗旱性。盆栽试验简便易行，结果可靠，但是一般用于苗期鉴定，且与大田的实际情况存在一定差异。

（二）大气干旱胁迫

大气干旱胁迫主要模拟自然界中的大气干旱环境，将作物种植在能控制湿度的干旱室中，通过干燥的空气给作物施加干旱胁迫以测定作物抗旱性的强弱；或给作物叶面施加化学干燥剂，通过作物对干旱的反应来测定作物的抗旱性。

（三）模拟干旱胁迫

甘露糖、葡聚糖、甘露醇、山梨糖醇和聚乙二醇（PEG）作为渗透调节剂常被用来模拟干旱胁迫。一般常用的方法是按试验设计要求，将一定比例的上述物质直接加入水、营养液或培养基中模拟干旱胁迫。但由于甘露糖、葡聚糖、甘露糖醇和山梨糖醇这些化合物能被植物细胞吸收，致使所测定的水势值与实际值不相符，加上它们对植物细胞还有毒害作用，所以这些物质用于模拟干旱胁迫并不理想。PEG 易溶于水，且对植物细胞的毒性小。研究表明，PEG6000 诱导干旱胁迫所得的效果与土壤逐步干旱是类似的（Kaufmann and Eckard，1971），因此，PEG 是一种较为理想的模拟干旱胁迫的渗透调节剂。

另外，在高渗透压溶液处理后，可测定胚根数目和胚根长短来鉴定作物的抗旱性，不但结果可靠，而且简单易行。具体做法为，在培养皿中加 17.6%（质量体积比）的蔗糖溶液，渗透压为 16 个大气压，置于适宜温度，每一培养皿放置 50 粒种子，以清水为对照，重复 3～4 次。5～6d 后，根据胚根数目的多少和长短，确定抗旱性。

（四）全自动抗旱植物种子筛选系统

随着科技的进步，科学家可以利用一些自动化检测系统，更高效、精确地预测植物的抗旱性。现以抗旱植物种子筛选系统 Plant Array 为例，对其组成、测定参数和优点进行介绍。

1. Plant Array 的组成

1）植物工作站：坚固塑料花盆，每花盆放一个植株或多个植株。
2）电子卡（控制器和数据采集）。
3）电子笼头/阀门，用于浇水和施肥。
4）土壤盐度计、水含量和温度高精度量表：测量环境变化，使用独特的设施和软件。
5）通信和网络：高速、高通量网络连接到主机，或笔记本、小平板和智能手机设备。
6）温室环境工作站：监控辐射、温度、相对湿度等环境条件。

2. Plant Array 的测定参数

Plant Array 系统可以连接几百种农业、土壤、环境相关的传感器，测定的基本参数包括：植物蒸腾率、生物量、水利用效率、根到枝水流量比率、整株植物相对水含量波动、气孔导度（gs）等。

3. Plant Array 的优点

1）全天候持续监控个体植株，可获得每个植株的全套历史数据，结果客观。
2）同时监控数百、数千植株，与手工检测方法不同，该系统对所有植物平行收集信息，提供的数据客观而精确。
3）精确灌溉控制：任何时间均可以按照系统预设的环境（土壤）条件浇水和施肥。
4）结果快速，显著节省时间、田地和能源等。能精确测量到其他系统通常无法检测到的变化。
5）系统可布置在常规的温室，无需特别设备。环境条件实际上更接近野外条件。采购成本低，最简单的温室内即可实现监控和操作。
6）系统可扩展，可帮助研究者在几天时间内处理和观察数百株试验植物，可以使用 4～40L 的植物花盆，每个花盆可以包含一个或多个植株，植株可以是在任何年龄、高度或生理期。试验灵活性大大提高。
7）可远程调节检测条件：通过个人计算机（PC）、笔记本、智能手机和平板操作，可改变温室内各项参数，使用手机改变设置或远程报警。
8）软件易于使用，备选可配数百种重要检测参数。具体可参考系统官方说明（http://www.bio-equip.com.cn/show1equip.asp?equipid=3491535）。

四、作物抗旱性鉴定指标

不同的作物对干旱表现出不同的抗性，抗旱鉴定就是对不同作物的干旱适应能力的大小进行筛选与评价的过程。近些年来，国内外学者做了大量的工作，提出了一些有关作物抗旱性鉴定的指标，概述如下。

（一）生长指标

生长指标包括种子萌发指数、株高胁迫系数和存活率指标。在干旱胁迫条件下，一般种子发芽势越好和发芽率越高，其抗旱性越强（许媛君等，2016）。另外，干旱胁迫下株高稳定性越好，抗旱性越强（武仙山等，2008）。干旱胁迫后植物的存活率与植物的抗旱性成正相关（贺晓岚等，2016）。

另外，在干旱胁迫下，植株的生长与恢复可用来评价作物的抗旱性。在干旱胁迫下，抗旱性强的柑橘种类，其株高和茎粗受抑制的程度明显小于抗旱性弱的种类。抗旱性强的种类叶片虽有萎蔫，但无落叶，且在恢复灌水后，所有叶片都能恢复正常。

（二）形态指标

形态指标主要包括根系发达程度、叶片形态结构和株型等几个方面。

根系与土壤直接密切接触，是植物吸收养分和水分的重要部位，与植物地上部分的生长及最终产量密切相关（Paez-Garcia et al.，2015）。缺水条件下，植株为了吸收水分，根系会变得发达，根系的繁茂程度、入土深度、生长速度和分支程度等几个方面是评价作物抗旱性的重要指标。如在选择抗旱的春小麦时，可以以次生根形成的速度为根据进行，次生根形成较快的为抗旱品种。另外作物的根粗、根长、根密度、根冠比、根内维管束数目和木质部导管宽度等指标也已经被用来鉴定作物的抗旱性（胡标林等，2005）。

叶片作为植株蒸腾和同化的主要器官，叶片表面积/叶片体积比值降低被认为是苗期植株响应干旱胁迫最重要的反应之一，植物以此能够较大程度地减少植株水分散失（Harrison et al.，2014）。除此之外，干旱条件下，植物还通过调节叶片的形态，如叶片茸毛、蜡质层、角质层厚度和叶肉细胞厚度等来减少植物水分散失，从而增强植物的抗旱能力。叶形、叶色与叶取向亦与抗旱性有关，淡绿和黄绿色叶可以反射更多的光，维持较低的叶温而减少水分散失。

株型紧凑的品种一般比株型松散的品种更为抗旱，所以株型紧凑也是抗旱性鉴定指标之一（刘兆晔等，2010）。如密集呈金字塔的苹果树的保水能力比疏松分散型的高20.2%。大豆中直立的小叶（与垂直线呈 10°～15°夹角）与水平伸展的小叶相比，其叶温和气孔阻力均比较低（龚明，1989）。

（三）生理生化指标

生理生化指标包括水分生理指标、质膜透性、渗透调节能力、活性氧清除能力、光合作用和呼吸作用强度等。

叶片相对含水量和水势能很好地反映植株的水分状况与蒸腾之间的平衡关系，在相同渗透胁迫条件下，抗旱性强的品种的水势、压力势和相对含水量下降速度慢，下降幅度小，能保持较好的水分平衡，而抗旱性弱的品种则相反（Soltys-Kalina et al.，2016）。另外束缚水含量（Va）也是一个重要的抗旱指标，通常认为 Va 比例越大的植物越抗旱。所以可以通过检测离体叶片的水势、束缚水含量等指标来评价植物的抗旱性。

干旱胁迫下，抗旱品种电解质外渗量少，膜透性增加小，这已在菜豆、豇豆、草莓、甘蔗、玉米、水稻、小麦等作物上得到证实（Vasquez-tello et al.，1990；陈少裕，1990；高吉寅等，1984）。

与作物抗旱性密切相关的渗透调节物质有三种：脯氨酸、甜菜碱和可溶性糖。很多研究证明，在干旱条件下抗旱品种比不抗旱品种渗透调节能力更大，这已在草莓、高粱、小麦、棉花、向日葵、大麦和玉米等作物上得到了证实（黎裕，1993；龚明，1989）。

一般来说，在干旱条件下，抗旱性强的品种中丙二醛的含量低于抗旱性弱的品种。许多保护酶也与作物的抗旱性密切相关。超氧化物歧化酶、过氧化氢酶和过氧化物酶的活性与作物的抗旱性成正相关，这已在苔藓、小麦、水稻、玉米、甘蔗和柑橘（蒋明义等，1991；陈少裕，1990；聂华堂等，1991）等作物上得到证实。

在干旱条件下，气孔关闭，空气中的 CO_2 通过气孔向叶内的扩散受阻是光合速率下降的主要原因。在干旱胁迫条件下，光合作用除受气孔限制外，还受非气孔因素限制。例如，在干旱条件下，抗旱性强的作物的叶绿素含量下降的速度比抗旱性弱的慢，已在柑橘（聂华堂等，1991）、草莓、甘蔗（陈少裕，1990）等作物上得到证实。冯福生和葛东侠（1990）发现，在干旱胁迫下，抗旱性强的冬小麦品种的磷酸烯醇式丙酮酸羧化酶（PEPCase）活性下降的幅度低于不抗旱的品种，且 1，5-二磷酸核酮糖羧化酶（Rubisco）活性的下降迟于不抗旱的品种。总的说来，抗旱品种在干旱条件下一般都能维持相对较高的光合速率，可以通过测定作物的光合作用速率来判断其抗旱性。

在干旱条件下，不抗旱品种的呼吸作用比抗旱品种呼吸强度下降更多（高吉寅等，1984）。

（四）产量指标

抗旱性鉴定的主要目的是培养干旱条件下能够高产、稳产的品种。因此，干旱下作物的产量和减产百分率常被用作抗旱性鉴定的一项重要指标，已被用于棉花、豇豆、玉米、大豆等作物的抗旱性鉴定（龚明，1989）。产量指标包括生长量（高生长、径生长）、生物量和经济产量（种子、果实、叶等）（王兰芬等，2015）。减产百分率计算方法为：减产百分率=胁迫产量/非胁迫产量。通过产量鉴定植物的抗旱性意义重大，但工作量大且费时。

五、作物抗旱性综合评价方法

由于植物的多样性、植物生理过程的复杂性、环境条件的易变性，形成了植物适应干旱方式的多样性。此外，同一物种的不同生态类型和不同发育阶段适应干旱的方式也会不同（袁照年，1993）。作物抗旱性的鉴定多年来基本上是针对 1～2 个指标进行，比较片面，造成鉴定的抗旱性与品种实际的抗旱性存在较大的出入。抗旱性的综合评价就是用多个指标评价作物的抗旱性，使单个指标评价造成的片面性得到其他指标的弥补和缓和，从而使评定出的结果与实际情况更为接近。近年来，国内外研究者提出了针对不同作物和不同育种需求的抗旱性评价方法。

（一）直接比较法

直接比较法是指鉴定作物品种时，对材料进行多项指标测定，如生长指标、形态指标、生理生化指标和产量指标，然后用人工挑选的方式对每个指标进行比较分析，确定抗旱能力强或弱的品种（Zhang et al.，2015）。

（二）数学分析法（隶属函数法）

目前用得较多的数学分析法有隶属函数法（李绍鹏，1993）、主成分分析法（袁照年，1993）和多属决策法等。为了弥补单一指标带来的偏差，近年来多采用隶属函数法（龙海涛等，2015；杨瑰丽等，2015）。$R(X_{ij})=(X_{ij}-X_{i\min})/(X_{i\max}-X_{i\min})$，式中，$R$ 指 i 品种 j 性状的隶属函数值，X_{ij} 指 i 品种 j 性状的抗旱系数（抗旱系数=干旱处理测定值/对照测定值），$X_{i\min}$ 指 j 性状中抗旱系数最小值，$X_{i\max}$ 指 j 性状中抗旱系数最大值。将各品种所有性状的隶属函数值进行累加，之后再求平均数，分别得到各品种的隶属函数值 $\bar{R}$，$\bar{R}$ 值越大表示抗旱性越强。该方法可以弥补和缓解单个指标对评定抗旱性的局限性，从而使评定结果与实际结果较为接近。

干旱是全球主要的非生物逆境之一，不仅严重影响作物的生长和产量，而且威胁农业生产的可持续发展和粮食安全。除了改进耕作栽培技术，全力推进节水灌溉外，充分挖掘作物自身的抗旱潜力，进而培育抗旱新品种也是减缓干旱胁迫的有效途径。探索科学的抗旱性鉴定指标和评价方法对培育具有高抗旱性的新品种及加快育种进程具有重要的意义。

第三节　作物涝渍胁迫抗性鉴定

在农业生产上，通常所说的涝渍胁迫包括两层含义。一种是指土壤水分过多，造成作物的局部或整株被淹没，通常称为“涝害”。另一种是指土壤含水量超过田间持水量，土壤水分处于饱和状态，称为渍害，又称湿害。涝和渍害在多数地区是共存的，有时难以截然分开，故而统称为涝渍灾害。土壤水分过多，一是气象原因造成的，指作物整个生育期或某段生育期雨量过多；二是非气象原因造成的，是由于作物布局不当（如水旱作物穿插种植）或者排水不良引起。鉴定对涝渍胁迫高度耐受的作物是我国南方及其他多雨、土壤排水不良地区的育种目标。

一、涝渍胁迫发生的生理机制

有研究表明，土壤淹水后的几个小时中，植物的光合和蒸腾作用受到了气孔关闭的限制（Jackson，2002），受涝植物叶片中叶绿素含量也明显下降（Huang et al.，1994）。植物根系往往形成通气组织来适应由土壤淹水引起的低氧环境，内源乙烯（ethylene，ET）的产生与通气组织的发生紧密相关。植物激素如 ABA、赤霉素（gibberellic acid，GA）、生长素（auxin，IAA）和细胞分裂素（cytokinin，CK）相互作用，使得植物能够更好地适应涝渍环境（Dat et al.，2004；Xu et al.，2006；Fukao and Bailey-Serres，2008；Shimamura et al.，2014）。

另外在淹水逆境下，活性氧和自由基大量积累，自由基的氧化作用造成膜脂过氧化，导致植物叶片内丙二醛含量上升，破坏细胞膜结构。

二、涝渍胁迫抗性的鉴定方法

涝渍胁迫抗性指植物耐受土壤水分过多造成的根部缺氧环境的能力。不同作物及同一作物的不同品种对涝渍胁迫的抗性差异很大。抗性高的品种往往具有以下形态生理特点：根部需氧量较少；通气组织形成而增大根的空隙度；根部皮层及根毛易于木质化；发根能力较强；根系对低氧条件下土壤生成的有毒物质具有一定的抗性，并在胁迫解除后有较强的恢复生长的能力等，其中有些性状表现可作为涝渍胁迫抗性鉴定的参考依据。

涝渍胁迫抗性的鉴定方法主要有 4 种：室内温室鉴定法、场圃鉴定法、盆钵鉴定法和人工模拟气候箱法。

（一）室内温室鉴定法

主要通过在室内控制温度、光照等环境条件模拟涝渍胁迫，进而对萌发期和幼苗期作物的抗性进行鉴定。Sayama 等（2009）发现种皮有颜色和重量较轻的大豆种子在淹水时有较显著的抗性。Githiri 等（2006）利用种子的千粒重作为早期营养生长阶段耐受涝渍的标志。在萌发期和幼苗期对作物进行涝渍胁迫抗性鉴定往往节省时间和空间，主要用于大量品种的初步筛选。但 Mano 等（2002）研究了不同时期的涝害对玉米的影响，发现种子萌发前期和幼苗期的涝渍胁迫抗性相对独立，所以对待萌发期和幼苗期的鉴定结果要谨慎。

（二）场圃鉴定法

将供试材料和对照品种分别种植于人为涝渍胁迫处理的试验区和土壤湿度正常的对照区（其他条件基本相同），以自然降水或灌水的方式控制土壤水分，以达到不同程度的涝渍胁迫，以此评价不同品种之间的涝渍胁迫抗性。但此方法易受季节和区域限制，所需时间过长且工作量过大，所得结果在当时当地条件下比较可靠。

（三）盆钵鉴定法

将各供试材料分成两份，一份在正常情况下盆栽，另一份在种子萌动时种植于底部钻孔的装土盆钵内，到关键生育期将盆钵浸于盛水的水箱内，根据试验设置使盆土上面保持不同深度的水层，人为造成涝渍胁迫，鉴定供试材料的反应。

为了避免由于供试材料的生育期存在明显差异而造成的试验偏差，可以通过选用生育期较接近的供试材料，或者通过栽培管理以调节供试材料的生育期，也可以减少这种偏差。不同生育期对涝渍胁迫的敏感性不同，应选择适宜的时期进行鉴定，如小麦对渍水的敏感程度为孕穗期＞拔节期＞分蘖期＞灌浆期，孕穗期最为敏感，是涝渍胁迫抗性鉴定的最佳时期（鲍晓鸣，1997）。

（四）人工模拟气候箱法

在环境条件可控的人工气候箱中种植供试品种，根据试验设置在土壤表层施加水分实现涝渍胁迫。试验条件可控，但是需要一定设备，且由于空间限制，多用于苗期鉴定。

三、涝渍胁迫抗性的鉴定指标

国内外普遍采用的涝渍胁迫抗性的鉴定指标主要包括：根、茎、叶等形态学指标，生理生化指标和产量构成因素综合指标，包括有效穗数、穗长、总粒数、实粒数和千粒重等。

（一）形态指标

叶片颜色、株高、根部和地上部分的生物量等形态指标的分析相对容易，常被用来筛选对涝渍胁迫耐受的作物。如 Mano 等（2005a，2005b，2006）利用不定根的形成、叶片受损程度和干物质作为涝渍胁迫抗性筛选指标。涝害后的叶片黄化程度也常被研究者用来作为主要的筛选指标之一，在小麦（Boru et al.，2001）、大豆（Reyna et al.，2003）和大麦（Hamachi et al.，1990）中均有运用。植株生存率及干物质积累情况，常在大麦耐湿性筛选中得到运用（Li et al.，2008）。

为了消除品种间各性状的固有差异，便于性状间的相互比较，一律用湿害指数来衡量耐湿性的强弱，涝害也可采用类似的方法分析。

$$湿害指数(\%)=(1-处理值/对照值)\times 100$$

按上述公式求得的每一性状的湿害指数，以单项湿害指数的累计值作相应的分级标准。

1 级　高耐　　综合湿害指数（%）＜1.0

2 级　耐　　　综合湿害指数（%）1.0～10.0

3 级　中耐　　综合湿害指数（%）10.1～20.0

4 级　弱耐　　综合湿害指数（%）20.1～40.0

5 级　极弱　　综合湿害指数（%）＞40

（二）生理指标

淹水条件下，涝渍胁迫抗性高的品种的叶绿素、脯氨酸、可溶性糖、亚铁离子含量和超氧化物歧化酶活性、乙醇脱氢酶活性及根系活力均高于不耐受品种，而丙二醛含量和质膜透性却相对较低。可以通过测定作物与涝渍胁迫抗性相关的多项生理指标来判断植物的涝渍胁迫抗性（与抗旱性鉴定的生理指标类似）。

（三）组织性状指标

涝渍胁迫造成作物根系缺氧，很多植物会形成大量通气组织，增加氧气的吸收。可以通过测定作物通气组织的多少来判断植物的涝渍胁迫抗性，横切面分析法较为常用。

用刀片切去 3～5cm 长的植物侧根或者不定根，将其浸入水中以去除气泡，此过程应在真空干燥器附近完成。利用显微镜和薄片切片机切取根部横切面，并在显微镜下拍照。在高分辨率的显微镜下测出气体空间表面积和根部横切面的总面积，计算出孔隙率，计算公式如下：

$$孔隙率=100\%\times 气体空间面积/植物根部横切面总面积$$

（四）产量指标

虽然用作物产量作为直接筛选的标准耗时长且效率较低（Collaku and Harrison.，2005），但是在淹水地区提高作物产量是涝渍胁迫耐受品种筛选的最终目的，可以通过分析籽粒经济产量和产量构成因素综合指标，如有效穗数、穗长、总粒数、实粒数、千粒重等来筛选对涝渍胁迫抗性高的作物品种。

第四节　作物的高温抗性鉴定

一、高温对作物的危害

随着全球温室效应的加剧，异常高温事件发生更趋频繁，严重影响作物的生长发育、产量与品质。下面着重以水稻和小麦为例，阐述高温胁迫对作物的危害。

水稻最适宜的生长温度是 25～30℃，当环境温度超过 38℃时，细胞器受损，生长受抑制。水稻孕穗期和开花期是水稻对环境温度最敏感的时期，高温胁迫抑制花粉正常发育、颖花开放及花药开裂，从而阻碍传粉和受精（Jagadish et al.，2010）。

高温也影响水稻籽粒灌浆，并恶化稻米品质。高温下，籽粒接受光合产物的能力降低，光合同化物减少，灌浆不畅，最终千粒重下降。高温还影响水稻籽粒中淀粉的积累，从而影响稻米蒸煮食味品质。

小麦受高温的影响表现为：在分蘖期分蘖数显著减少，进而影响单位面积的有效穗数；拔节至开花期穗的发育受到影响，导致穗粒数和每穗小穗数显著减少；开花期籽粒败育、畸形及籽粒变小；灌浆期缩短等。在我国，特别是北方麦区，生育后期的高温胁迫是小麦产量的主要限制因子之一。

二、作物对高温胁迫响应机理

高温抗性（或抗热性）在作物种间及同一作物不同品种间存在显著的差异。但是作物响应高温的机理是类似的。在高温胁迫下，植物细胞膜系统首先感受到胁迫信号，通过信号传递途径将胁迫信号传递到下游，进而引起植物体内一系列胁迫相关的生理生化反应及相应基因的表达。细胞膜的热稳定性反映了植物抗热能力的高低，因此可以通过测定叶片电导率衡量植物的抗热性（Chaitanya et al.，2002）。

同时，高温胁迫后，植物体中产生的过量活性氧类物质如超氧化物阴离子（$O_2^{\cdot -}$）、过氧化氢（H_2O_2）、羟自由基（$^{\cdot}OH$）、单线态氧（$^1O_2$）促使膜脂中不饱和脂肪酸过氧化为丙二醛，由此引发的膜脂过氧化是热害对细胞膜伤害的另一种表现。植物在响应高温胁迫时，为清除过量的活性氧，会诱导形成超氧化物歧化酶、过氧化物酶和过氧化氢酶等抗氧化酶和抗坏血酸等抗氧化物，抗氧化酶的活性与植物的抗热性成正相关。

渗透调节也是抵御高温逆境的重要生理机制之一。脯氨酸、可溶性糖和可溶性蛋白是最主要的渗透调节物质。热害胁迫下植物体内游离脯氨酸累积，使植物体维持较高的渗透势，防止细胞失水。蒸腾作用是植物体散失水分的主要形式，蒸腾作用可以降低叶片及细胞的温度，防止叶片被高温灼伤，作物抗热性与蒸腾速率呈正相关。但当热害胁迫进一步加重时，维持较高的蒸腾作用会使植物体水分丧失过快，导致干旱胁迫的发生。

另外，抗热性强的植物在高温胁迫下光合器官及相关酶类受损相对较轻，仍然保持相对稳定的光合速率，以保障植物体正常生长所需的能量，且解除高温后其净光合速率的回升相对也较快（Sinsawat et al.，2004）。因此，高温下能维持较高光合速率，或在热害解除后能较快地恢复正常光合效率的植物，具有较高的抗热性。

三、作物抗热性鉴定方法

目前，抗热性鉴定一般采用田间自然高温胁迫的方式进行，主要以结实率和一些生理性状作为抗热性的评价指标。该方法的优点是简便易行，试验条件更接近于生产实际，但试验条件控制难度大，往往难以获得所需的处理（高温）条件。随着试验设备与技术的改进，利用人工气候室鉴定作物高温抗性的研究日益增多，其最大优点是可以控制处理条件，鉴定结果相对比较精确，但由于受空间限制，不能同时鉴定大量材料。另外，人工环境下的生长条件与自然条件存在着一定的差异，鉴定结果并不能完全反映实际情况。

我国所采用的抗热性鉴定指标主要包括：外部形态或经济性状指标、微观结构指标和生理生化指标。

（一）外部形态或经济性状鉴定法

该方法因直观而为多数育种工作者所接受。高温胁迫下，植物的外部形态往往发生反常的变化。如高温胁迫下，萝卜的某些抗热品种的叶型为板叶，叶面积大、叶厚、叶色深绿且功能叶多（韩笑冰等，1997）。高温下番茄的坐果率等经济性状可作为评价作物抗热性的重要指标。

（二）微观结构鉴定法

研究表明，高温胁迫下，萝卜抗热品种和感热品种相比，叶表皮气孔密度大、体积小、开度小，叶肉细胞排列更紧密，而且叶柄维管束总面积大，具有发达的形成层及厚壁组织（韩笑冰等，1997），这些结构特点有助于降低热害对植物的损伤。苗琛等（1994）发现，甘蓝在38～39℃高温胁迫下，抗热品种叶肉细胞亚细胞结构能保持完整性，而感热品种的叶绿体膜断裂、解体，类囊体片层松散、排列紊乱且基质片层模糊不清。可以通过分析高温胁迫下，作物叶绿体的微观结构来判断其抗热性，微观结构鉴定虽然复杂，但比较准确和科学。

（三）生理生化指标鉴定法

在高温胁迫下，植物会产生应激性的生理反应。研究发现，抗热性不同的小麦品种在光合作用效率、叶绿素含量、细胞膜的热稳定性、冠层温度和活性氧清除相关酶类活性及热激蛋白含量等生理指标方面存在显著差异，这些可以作为评价植物抗热性的有效指标。

1. 叶绿素荧光技术

植物在高温胁迫下，光合速率严重受阻，同化产物合成和植物生长延缓，作物光合速率的下降程度可以反映作物抗热性的差异，因此，光合速率可以作为评价作物抗热性的生理指标。利用叶绿素荧光技术分析植物的光合速率的原理及操作可参考本书第七章“作物群体结构研究方法”第二节的相关内容。

植物光合色素吸收的光能有三个去向：一是由光反应中心通过光化学反应转换成化学能；二是热耗散；三是荧光发射。由于这三个过程是相互竞争的关系，当用于光合电子传递和热耗散的能量增加时，荧光的产生便会降低。因此，叶绿素荧光不仅可以反映光合电子传递的情况，还可反映光合器官的能量耗散情况，所以被认为是光合作用的探针。在正常生长情况下，荧光发射只占极小比例，但在胁迫发生时，如反应中心全部关闭后，吸收的光能将以热的形式耗散和以荧光的形式发散。

热害胁迫主要影响类囊体膜上的光系统 II，而 PSI 的活性相对比较稳定。叶绿素荧光参数 NPQ 用来表示热耗散；用 F_v/F_m 表示 PSII 的最大光化学效率，反映 PSII 反应中心的活性；ΦPSII 表示 PSII 的实际光化学效率（Kingston-smith et al.，1997）。最小荧光（F_0）与类囊体膜的结构和状态有关，一般用以上叶绿素荧光参数作为检测抗热性高低的生理指标。

以水稻为例，选取生长一致的植物进行高温处理（38℃），对照温度可设置为 25℃，处理时间设置为 3h、6h、9h、24h、48h、72h、96h 和 120h，其他生长条件按照水稻的正常生长需求进行设置。高温处理结束后，利用叶绿素荧光仪进行 F_v 和 F_m 等荧光指标的测定，进而探讨高温对植物体叶片光合器官的胁迫程度。通常情况下，高温处理后 F_v/F_m 显著降低，该值越稳定（下降幅度越小），植物的抗热性越低。

在高温胁迫下，不同作物叶绿素降解的速率不同，抗热性植物在高温胁迫下保持较高的叶绿素含量。利用叶绿素仪（SPAD）可以快速测量植物的叶绿素含量，为筛选抗热性品种提供一种快捷的选择指标。

2. 电导率

当植物细胞膜感受到高温胁迫后，细胞膜的磷脂过氧化程度增加，膜的稳定性下降，电解质渗透率增加。抗热性不同的小麦品种在高温胁迫下，细胞膜的稳定性不同。一般来说，抗热性强的作物在高温胁迫下仍可以维持较为稳定的膜结构，从而保持正常的生理代谢。因此，采用相对电导率测定膜的热稳定性能够较好地反映作物的抗热性，是目前广泛采用的抗热性鉴定的生理指标之一。

常用的测定方法为，将植物新鲜叶片剪成 2～3cm 长短，并用去离子水冲洗数次，吸干表面水分后称取近乎等量的叶片，再置于盛有 30mL 去离子水的大离心管中，用摇床轻微震荡 4h 或过夜，用电导率仪测定溶液的电导率，记为 M_1。之后将离心管置于沸水中煮沸 5min，冷却至室温后再在摇床上轻微震荡 4h 或过夜，再用电导率仪测定溶液的电导率，记为 M_2。计算公式如下：

$$相对电导率=M_1/M_2\times100\%。$$

需要注意的是，不同作物的高温处理温度和处理时间需要提前做一定的预备实验进行摸索。

经费充裕的情况下，可以购买自动分析植物抗热性的检测系统，如 PT100 植物抗热性测量仪（PlanTherm）。研究者通过同步测量升温过程中的植物离子析出（电导）与叶绿素荧光动态曲线，并通过专用软件 ProfileCon 可以设定实验、分析数据并将数据输出到电脑中。实验进行情况、原始测量数据和分析结果都可以实时显示到软件主界面上，能够简便、快速、全面地评估植物的抗热性，具体可参考其官方资料（http://www.eco-tech.com.cn/eco_tech/news/6d356f16-a852-4b62-adb5-4effc4941110.html）。

3. 冠层温度

由于蒸腾作用，作物叶片温度低于周围空气的温度。冠层温度即空气温度和叶片温度的差值，冠层温度可以间接反映植株的水分状况和呼吸速率。不同植物品种的冠层温度存在差异，抗热性品种的冠层温度显著低于高温敏感性植物的冠层温度，如抗热性小麦在灌浆结实期（开花到成熟）和标准品种相比，冠层温度持续偏低，具有良好的代谢功能、组织结构和较强的抗逆性，且在田间表现为高产、适应性强、适宜种植区域广，说明冠层温度和小麦产量的增加呈正相关。所以冠层温度是鉴定抗热性植物的优良指标之一。

4. 测定抗氧化酶类

高温胁迫下，植物的叶绿体和线粒体会产生大量的自由基，破坏细胞的膜系统，造成叶绿体和线粒体等亚细胞结构的损伤。自由基清除酶类如超氧化物歧化酶、过氧化氢酶和过氧化物酶等可以快速清除自由基对细胞的毒害，保护细胞膜系统。研究表明，高温胁迫可诱导活性氧清除酶系统活性下降，植株体内保护酶系统减弱或崩溃，而抗热性品种抗氧化保护酶类活性高于不抗热品种。因此，通过分析自由基清除酶活性可以间接鉴定植物的抗热性。

5. 测定渗透调节物质

与前文提到的其他非生物胁迫类似，高温下，植物通过合成大量小分子量的渗透调节物质来维持稳定性。常见的小分子渗透剂包含糖类、脯氨酸、甜菜碱、季铵盐和叔胺盐等。可以通过测定渗透调节物质的含量来评价植物的抗热性。

6. 检测热激蛋白含量

当高温胁迫发生时，生物体内会产生一系列的应激反应，迅速合成相当数量的新生蛋白以维持细胞内部生理状态的平衡，其中最主要的就是热激蛋白。热激蛋白作为分子伴侣可以帮助靶蛋白重新折叠、稳定、组装、运输和降解，缓解高温胁迫造成的破坏，使植物在逆境中得以生存。热激蛋白的积累是生物对于高温的基本响应，在正常生理状态下，热激蛋白主要存在于细胞质中；应激状态时，热激蛋白迅速进入细胞核和核仁行使功能。可以通过检测热激蛋白的活性来评价植物的抗热性。

综上所述，作物抗热性的鉴定目前有很多指标，利用单个指标评价作物的抗热性局限性很大，因此，对于作物抗热性的评价需要综合分析不同的鉴定指标。

第五节　作物的低温抗性鉴定

一、低温对作物的危害

低温是一种普遍发生的环境胁迫，是危害农业生产的重要气候因子。根据低温的程度，可将低温胁迫分为零上温度的冷害和零下温度的冻害。低温胁迫对植物体的伤害程度与低温的程度和持续时间有关。低温对作物伤害的主要表现为组织失水而呈现水渍状斑点，或叶片发生萎蔫。损伤症状一般在低温胁迫后的几小时到几天内出现，伤害程度因作物品种与生育期而异，另外，光照强度及作物体内的水分状况对作物的低温抗性也有显著影响。

植物遭遇低温时，细胞膜首先发生膜脂的物相变化，造成呼吸作用和 ATP 水平降低，代谢紊乱。光合作用是植物遭受低温影响最显著的过程之一，低温胁迫几乎影响光合作用的所有环节，直接影响主要表现为对叶绿体类囊体膜结构、叶绿素含量、PSI、PSII 及光化学反应和暗反应的酶系统的抑制，而间接影响一般是指通过影响器官建成、物质代谢及养分、水分的吸收与分配等过程而造成光合同化力的下降。

二、作物低温抗性的生理机制

在低温胁迫时，植物的形态结构及生理生化特性会发生相应变化。如抗氧化系统变化及可溶性糖、可溶性蛋白及游离氨基酸等渗透调节物质升高等，从而提高植物的低温防御能力。

（一）抗氧化系统

低温造成光合电子传递相关代谢反应降低，导致对 ATP 的需求下降，电子受体 $NADP^+$含量减少，因此在光合电子传递链的某些部位可能产生过剩电子并引发电子泄漏，它们与细胞中的氧发生反应产生各种活性氧。为降低活性氧类物质水平，植物已进化出一些酶类和非酶类抗氧化系统。植物对低温的抗性与抗氧化防御系统密切相关，抗低温的品种或基因型在低温胁迫下往往表现为抗氧化酶活性较强、抗氧化剂含量较高。

（二）渗透调节

细胞在低温胁迫或冷驯化过程中会积累可溶性物质，如脯氨酸、甜菜碱和可溶性碳水化合物等，这些物质在提高细胞耐脱水能力中起着重要的作用。可溶性糖积累是植物应对低温的反应之一，糖类在冷适应和冷害损伤恢复过程中可能还具有能量补偿的作用。甜菜碱积累也是许多植物对低温的一种反应。Xin 和 Browse（1998）分析拟南芥 *eskl* 抗冻突变体时发现，其甜菜碱含量要比野生型高出 10 倍以上，他们认为这是突变体低温抗性增强的主要原因之一。

三、低温抗性的鉴定方法

低温抗性鉴定可分为田间自然鉴定和实验室间接鉴定两种。田间自然鉴定是在低温发生期（晚秋及早春），在大田自然环境下对低温胁迫情况进行实地调查，最后评价作物的低温抗性。

实验室间接鉴定，主要通过温控培养箱实现。根据作物的形态和生理生化指标间接判断供试材料的低温抗性。根据作物不同生育阶段对低温胁迫的响应特点，采用的鉴定方法及评价指标也有所不同。发芽期的发芽势、芽期低温下的成苗率、幼苗期和分蘖期的叶片黄化程度、孕穗期和开花期的结实率等，是作物低温抗性鉴定中较常采用的指标。另外比较简便且可靠的生理鉴定方法主要有电导率法和叶绿素荧光法，前者主要关注膜系统损伤而导致的电解质渗漏，后者则主要分析叶片光合能力的受损程度。

（一）电导率法

低温胁迫造成膜脂受损伤，细胞膜透性加大，电导率大幅度增加，因此可以用电导法测定经低温处理后细胞膜的电解质渗漏率以判断细胞膜的损伤情况。此法迅速快捷，在作物出现明显的表型之前即可测定。具体原理和基本方法参见“作物的高温抗性鉴定”一节。需要指出的是，由于电导率法判断细胞膜损伤是非特异性的，因此在实际应用时必须控制好实验条件，排除其他环境因子可能对植物造成的胁迫。

（二）生理生化指标测定法

叶绿素荧光可以直接反映光合系统中众多的光物理和光化学反应特性，因此叶绿素荧光检测也可用于作物低温抗性的检测，具体原理和操作可参考第七章“作物群体结构研究方法”第二节。另外在实际应用中，需要特别注意低温处理前后，尤其是处理后测定时间点的选择，因为叶绿素荧光反应过程显著受光照的影响。

其他生理生化指标测定主要包括：超氧化物歧化酶、过氧化物酶及过氧化氢酶活性、丙二醛、可溶性糖、淀粉、脯氨酸含量及束缚水/自由水值等。

第六节　作物抗盐性鉴定

一、作物盐害胁迫简介

由于土壤中可溶性盐类过量对作物造成的伤害，称为盐害或盐胁迫，盐胁迫主要表现为渗透胁迫、离子胁迫和氧化胁迫。渗透胁迫是由于土壤中可溶性盐过多，土壤渗透势增高而水势降低造成作物吸水困难，即生理干旱。离子胁迫是由于离子的拮抗作用，吸收盐类过多而排斥一些营养元素的吸收，影响正常的代谢作用。氧化胁迫主要指高盐下活性氧的产生能破坏植物的各种膜系统，损害胞内的蛋白质，降低酶的活性，甚至诱发细胞死亡（Cuin and Shabala，2008；Hernandez et al.，2010）。

土地盐渍化是一个威胁全球农业生产可持续发展的日益严重的问题。现有的经济作物如小麦、水稻等对盐渍化土壤的敏感性是一个困扰农业生产的全球性问题。在人口持续激增，而可耕种土地受盐渍化影响反而呈减少趋势的严峻背景下，筛选抗盐性高的作物品种来提高作物生产总量以确保充足的粮食供给是相对可行的途径。在盐害条件下，根据作物的表型来评估判断其抗盐性是一个比较直观的方法。在实际的大田生产或温室实验中应用得较多的表型鉴定指标大多与植物叶片密切相关，如叶片面积变化、黄化症状、萎蔫症状及死亡症状等；此外，其他一些有效的鉴定指标：如叶绿素含量、光合作用效率、气孔导度及 CO_2 固定率等，也经常被用于抗盐性的评估中。

二、抗盐性鉴定方法

抗盐性的复杂性、土壤异质性及各种环境因子互作是筛选结果可重复性的主要障碍。在实际的研究中，科研人员经常需要对大范围作物品种的抗盐性进行快速评估以缩短研究周期。本部分将介绍几种常见的鉴定作物品种抗盐性的方法供读者借鉴和参考。

（一）鉴定方法

1. 原位大田筛选

大田筛选（field screening）是最能反映真实情况的鉴定抗盐性的方法。试验一般采取不完全区组设计，其中一组对照重复多次，这样可增加测试品种的潜在数量，同时可筛选大量基因型。也可将长的小区划分为几个部分设置重复，以获得不同的土壤逆境水平下品种的表现。

2. 微区（盐池）筛选

大田环境的土壤异质性和空间变异性会影响基因型应答盐害的真实性和独立性，从而有必要建立微区（盐池），形成一个微环境，人为设置不同水平的盐碱环境。利用砖、砂浆、混凝土等材料建成盐池，中间填上人工的或自然的盐碱土即可。

在这些微区中就有可能人为地建立与大田类似的理想水平的盐碱度，并减少土壤异质性，小区可小到 2～3 行。由于微区中各项条件得到了较好的控制，抗盐性鉴定结果比较准确。

3. 盆栽鉴定

为精确地研究单个植株在某个恒定逆境下的应答，可使用直径 20～30cm 的圆形盆进行盆栽试验。在底部开有小洞的盆中，可以通过往盆土中均匀拌盐或是浇盐水的方法施加一定浓度的盐来模拟盐碱环境。盆栽鉴定的优点是可以定期取样以开展特定的研究，节约空间和时间。

4. 水培筛选

水培法是在温室或人工气候室中，将供试材料进行水培，控制培养液的盐分和营养成分，给予植物合适的生长条件，根据其生长表现测定其抗盐性。

由于大田环境的复杂性，研究人员倾向在理想的可控的温室环境中鉴定作物的抗盐性。在此类环境下筛选抗盐基因型有助于理解基因型间抗盐性的不同机制，不过可控条件下基因型的差异及其研究结果可能并不能与实际的大田条件相对应。如 Tavakkoli 等（2010）比较了两个大麦品种在水培和土培环境中对盐分逆境的应答，发现水培、土培盐分对作物的影响存在差异，水培中大麦品种间的生长、组织含水量、离子组成的差异不明显，而在土培中则差异显著。因此，将受控环境下鉴定出的抗盐品种置于接近于真实情况的大田中鉴定就显得特别重要，该过程称为抗盐性的确认。

（二）抗盐性筛选指标

植物在响应盐胁迫中，其形态、生理或生化指标等方面表现出的可重现差异可作为抗盐性筛选的可靠指标。

1. 基于生长或产量的筛选指标

许多短期生长试验测定全苗生物量时，基因型对盐分应答差异很小，所以有必要进行长期试验以检测盐分对生长的影响，盐分处理一般需要 2 周至数月。长期试验需要大量人力和资源，因而也有必要兼顾使用其他技术，缩短筛选周期。基于生长或产量的抗盐性指标如下所述。

（1）相对根长

根与生长介质直接接触，并提供植物生长所需的水分和全部营养，因而根生长对盐害胁迫敏感。盐胁迫处理一段时间后和非逆境条件下的植株根长（root length）的比值为相对根长，植物的相对根长越长，植物的抗盐性越高。

（2）相对叶伸长率

特定叶片在单位时间的伸长量即叶伸长量（mm/d），在盐胁迫和非逆境下的比值为相对叶伸长率。

（3）相对叶面积

完全展开叶在逆境和非逆境条件下的叶面积的比值为相对叶面积。在小麦大田抗盐性的研究中发现叶面积是一个很好的抗盐性筛选指标。

（4）相对苗长

盐胁迫处理一段时间后，在逆境和非逆境条件下的植株苗长（shoot length）的比值为相对苗长，是鉴定抗盐性的可靠指标。

（5）相对生物量

盐胁迫与非逆境下作物生物量的比值为相对生物量。

（6）相对籽粒产量

盐胁迫下的产量是作物抗盐性的综合反映，高产和稳产也是培育和选择抗盐品种的最终目标。但测定产量需要的试验时间长，费时又费工，因此某些情况下在鉴定大量育种材料的抗盐性时，可根据盐胁迫下的幼苗存活率、根长、苗高、生物量及几项形态指标予以判别即可。在对育成或引进的新品种进行抗盐性鉴定时，才有必要检测其籽粒产量，盐胁迫处理后的产量与正常情况下的产量的比值为相对籽粒产量。

2. 基于生理机制的筛选指标

（1）无损微电极离子流技术快速量化作物叶片和根部成熟区保钾能力

细胞胞质中钾钠离子比例大小是作物抗盐性的一个重要衡量指标。但是细胞钾钠比不仅仅由植物细胞钠离子外排能力决定，植物细胞的钾离子滞留能力也是其中非常重要的一个环节。

研究人员已经发现叶肉细胞和根部成熟区细胞胞质保留钾离子的能力大小是与其自身的抗盐性正相关的（Chen et al.，2005；Wu et al.，2013，2014）。因此，可以通过测定盐胁迫下叶肉细胞胞质滞留钾离子能力的大小来对不同品种的抗盐性进行快速可靠的评价。

（2）作物叶片 Na^+测定

Na^+中毒是盐胁迫造成的主要危害。以小麦为例，前人的研究发现小麦地上部的 Na^+含量与其抗盐性大小之间存在显著负相关的关系（Cuin et al.，2009）。作物叶片 Na^+测定可用冰冻消融法来取样。获取的叶片汁液在离心之后以合适的比例稀释之后就可以用火焰分光光度计（flame photometer）测定叶片 Na^+含量。

（3）激光共聚焦快速测定根部成熟区液泡吸收钠离子能力

现有的研究结果表明，面包小麦（*Triticum aestivum* L.）通过根部成熟区细胞的液泡吸收钠离子，来应对盐胁迫造成的胞质中过量的钠离子，从而有助于提高植物自身的抗盐性。根尖分生区可能是介导盐胁迫信号的区域，而钠离子在根尖伸长区及可变区主要是被利用起来参与渗透调节及维持细胞膨压，以保证细胞伸长所需的驱动力（Wu et al.，2015）。通过激光共聚焦技术来研究根部的钠离子分布情况，可以量化评估液泡贮存钠离子的能力，并可以将该性状与其自身的抗盐能力之间关联起来，而应用于作物抗盐性的评估上。

第七节　作物酸铝抗性鉴定

一、酸性土壤的分类

土壤的 pH 是农业生产的重要参数之一。美国农业部将土壤按照酸度分成 5 个级别：极酸（pH<3.5），特酸（pH3.5～4.4），非常酸（pH4.5～5.0），酸（pH5.1～5.5），中酸（pH5.6～6.0）和微酸（pH6.1～6.5）。通常认为 pH≤5.5 的酸土会影响农作物的生长。

不同作物的抗酸性不同（Foy，1988；Mclean and Gibert，1927），根据作物的抗酸性，把作物分为三类：敏感作物包括生菜、甜菜、梯牧草和大麦；中抗作物有萝卜、高粱、白菜、燕麦和黑麦；高抗作物有玉米、甘蓝和小糠草。在粮食作物里面，水稻的抗酸性最好，其次是玉米、小麦和高粱，而大麦和硬质小麦的抗酸性最差（Famoso et al.，2010；Khatiwada.，1996）。

土壤 pH 的检测方法有多种。有的使用土壤的饱和泥浆提取液，而有的把土壤和水按照 1∶5 的比例进行混合，然后使用 pH 计对溶液进行测量。还可以按照 1∶5 的比例，使用 $CaCl_2$ 溶液，使用 $CaCl_2$ 溶液测定的 pH 要低，但结果更加稳定，当测量灰沙土壤的时候甚至比使用水溶液的测定结果低 2.0，所以在进行土壤 pH 比较的时候，要注意选择检测方法。

二、酸性土壤对植物生长的毒害

酸性土壤影响植物光合作用、呼吸作用和蒸腾作用，从而使植物的代谢失去平衡。铝元素在地壳中的平均含量为 7.7%。由于酸土的 pH 低，导致土壤中的铝化合物分解为有害的三价铝离子（Al^{3+}），Al^{3+}在很低的浓度下就会抑制作物根系的生长，如使根系变细，损伤根尖及表皮细胞，进而影响水分和营养的吸收，限制了整个植株的生长。同时，铝离子能改变质膜的负电势，从而影响膜的结构。

三、作物抗酸铝的机理

植物抗酸铝毒性有内部耐受（internal detoxification）和外部排斥（external exclusion）两种机制。

内部耐受主要是发生在共质体层次上，作物通过细胞中的有机酸对铝进行螯合、通过液泡区室进行分隔，以及诱导逆境蛋白将植物根系吸收的铝转化为无毒或毒性很小的结合形态，进而缓解或消除体内铝的毒害。

外部排斥主要是通过阻止铝离子进入植物根系细胞从而避免毒害。其主要途径包括：①提高根系环境的 pH 来降低铝的含量。②诱导有机酸的分泌，如麦类作物通过根部分泌有机酸来结合 Al^{3+}的方式把铝阻挡在植物体外。例如，经过 24h 50μmol/L Al^{3+}的处理发现，小麦感铝品种根尖中铝的浓度要比耐铝品种高出 10 倍（Rincon and Gonzales，1992）③诱导酚类化合物与铝离子发生螯合反应，降低铝的含量。

四、作物酸铝抗性的鉴定方法

作物酸铝胁迫抗性的鉴定方法主要有实验室鉴定法和田间鉴定法两种。

（一）实验室鉴定法

实验室鉴定法就是在人为可控的情况下模拟自然环境，用土壤或砂作基质（盆栽）或者营养液培养（水培）等方式，在培养基质中添加含铝化合物，再对作物幼苗进行酸铝抗性鉴定。实验室鉴定时，要注意控制铝的浓度和毒害时间，另外要注意的是，温度和营养液浓度也会影响酸铝胁迫程度。

1. 盆栽土培鉴定法

在室内可以采用土培法模拟大田的土壤环境。将洗净的石英砂（90.2%）、干燥的泥炭、草炭藓类物质（3.8%）和蒙脱石黏粒（6%）拌匀后，加入 0.128g/kg 的氢氧化铝混合。处理一段时间后，通过一系列指标衡量作物的酸铝抗性。

2. 营养液培养鉴定法

将植物幼苗培养在含合适铝离子浓度的营养液中，营养液 pH 控制在 4.0～5.0，每两天更换一次含铝营养液，处理一段时间后，通过一系列指标衡量作物的酸铝抗性。

（二）田间鉴定法

田间鉴定主要是自然环境条件下，在铝含量高的酸性土壤进行鉴定。酸铝胁迫处理一段时间后，通过一系列指标评价作物的酸铝抗性。优点是大田环境真实，且可以观察作物整个生育期对酸铝胁迫的反应，但是其他环境条件难以控制。

五、作物酸铝抗性的评价指标

根据试验需要，利用不同的方法进行酸铝胁迫处理后，可以分析以下指标评价作物的酸铝抗性。

（一）根系苏木精染色程度

营养液培养（含一定浓度铝）的幼苗初生根浸入苏木精溶液中，使根尖染色（铝为一种酶染剂而使根系染色），一般着色区域在根的伸长区，根的较老部分不能着色。以完全着色时外界铝浓度的大小可量化不同植物根系的酸铝抗性。

（二）柠檬酸和苹果酸的测定

前文提到麦类作物通过根部分泌有机酸结合 Al^{3+}的方式把铝阻挡在植物体外。酸铝胁迫中研究较多的有机酸主要是不含氨基的苹果酸、草酸、柠檬酸和水杨酸等低分子质量有机酸。以测定柠檬酸和苹果酸为例，一般通过分光光度法分析 340nm 的吸光度值，具体原理如下：烟酰胺腺嘌呤二核苷酸（NADH）在 340nm 下有吸光值，而 NAD^+在 340nm 下没有吸光值。在加入柠檬酸裂解酶后，柠檬酸被酶解为草乙酸盐和乙酸盐，草乙酸盐可以在苹果酸脱氢酶存在的情况下与特定缓冲液中的 NADH 反应，把 NADH 生成 NAD^+，从而可通过测定吸光值的变化来计算柠檬酸的量。苹果酸含量的测定则是利用 NAD^+反应生成 NADH 时在 340nm 处获得了吸光性。在苹果酸脱氢酶的作用下，苹果酸被转化为草乙酸盐，而 NAD^+被转化为 NADH，从而具有了吸光性，可间接地计算出苹果酸的含量（Pereira et al.，2010；Zhou et al.，2013b，2014）。

（三）植物根系指标的分析

酸铝胁迫的首要症状是植物根部的生长受到抑制（Munns，1965），如在营养液环境下，Al^{3+}在几分钟或者几小时的时间内就会抑制小麦的根系生长（Ryan et al.，1992）。因此，可以通过分析植物根系生长的状况来评价植物的酸铝抗性。

计算酸铝胁迫下的相对根生长（relative root growth，RRG）：

$$相对根生长(RRG)=[(L_2-L_1)/(L_1-L_0)]\times 100\%$$

L_0（length 0）为种子在滤纸上萌发 4d 后的长度，L_1 为滤纸上萌发 4d 后继续在 pH4.3 的营养液中通气培养 4d 后的长度；L_1-L_0 为植株在无铝的酸性营养液中的生长长度（对照组）。根据试验需要，加入一定浓度的 $AlCl_3$，再次培养 4d 后，测量根的长度为 L_2，L_2-L_1 的值为植株在酸铝胁迫下的生长长度（实验组）。

总根长、根体积、根系投影面积和根尖数等根系指标可以通过 WinRHIZOTM 根系扫描仪分析。

（四）酸土 pH 测定

植物往往通过提高根系环境的 pH 来降低铝的含量，阻止铝离子进入植物根系细胞从而避免毒害，所以可以通过对酸土 pH 的测定来判断植物的酸铝抗性。

具体做法如下：把土壤风干，称 10g 的干土放进烧杯，然后按照 1∶5 的土水比例在烧杯中加入 50mL 的去离子水混匀(可选步骤:加入 2.5mL 的 0.21mol/L $CaCl_2$ 到 50mL 的土壤悬浮液中，使 $CaCl_2$ 的终浓度为 0.01mol/L)。以 15r/min 的速度混匀 1h，静止放置半小时，校准 pH 计，直接测量。

或者直接用 0.01mol/L 的 $CaCl_2$ 溶液代替去离子水与土壤按照 1∶5 的比例混合。然后按照上述方法进行测量。

（五）生理生化鉴定法

自由基清除系统包括细胞的酶促清除系统和非酶清除系统。这些保护性物质的含量就代表酸铝抗性的强弱，可用于辅助酸铝抗性的鉴定。前文已提及，在此不再赘述。

第九章提到选择性微电极离子流技术已广泛地应用于植物对盐害、渗透胁迫、气温变化、缺氧、酸铝、重金属、氧化胁迫等各环境逆境响应的研究，并取得了大量突破性成果（Shabala，2006）。同时，Bose 等（2013）利用微电极技术观察酸铝胁迫下拟南芥根系离子流变化时，发现 Mg^{2+}的大量内流与酸铝抗性具有显著的相关性，如果实验条件具备，可以通过选择性微电极离子流技术分析离子的转运来鉴定作物的酸铝抗性。

第八节　作物重金属抗性鉴定

一、重金属对作物生长的毒害

重金属对作物的危害主要表现在扰乱光合作用、呼吸作用，影响能量传递和氧化还原平衡等代谢过程，以及干扰离子间动态平衡，进而抑制植物的生长发育。

在细胞水平上则表现为重金属与细胞内物质发生相互作用，如与蛋白质的巯基结合，改变蛋白质的结构从而抑制其活性（Hall，2002）。重金属会造成活性氧积累，引起植物的氧化损伤，破坏细胞膜系统、蛋白质和 DNA 的正常功能，最终导致细胞死亡（Cao et al.，2013），

二、作物抗重金属的机理

重金属对作物造成的伤害是多方面的，同样作物对重金属胁迫也有多方面的防御机制。植物抗重金属主要有两条基本途径（Baker，1987）：一是对金属的排斥性，即植物“拒绝吸收”金属离子，或金属离子被吸收后又被排出体外，或其在植物体内的运输受阻；二是在重金属胁迫环境中，耐受基因型作物可通过调节其生理生化过程，降低重金属的有效性，减轻或消除其毒害。目前，许多研究者认为细胞壁阻隔、液泡区室化及螯合作用是作物应对重金属的主要解毒机制。

（一）细胞壁阻隔

细胞壁是植物抵抗重金属胁迫的第一道屏障，纤维素、半纤维素和果胶中富含能够与重金属结合的羧基、羟基和醛基等。Wu 等（2005）报道，细胞壁中镉的积累占大麦根镉总量的 36%。Cao 等（2014）通过基因芯片技术发现重金属胁迫后与细胞壁合成的相关基因在耐受大麦品种中高表达。

（二）液泡区室化

液泡是植物细胞内最大的细胞器，液泡是细胞内过量重金属（离子状态或结合态）的最终目的地，因此液泡区室化作用被认为是植物体内重金属解毒不可或缺的途径。Cao等（2014）通过液泡镉特异荧光染料发现，耐性大麦品种根液泡中镉含量显著高于敏感品种。液泡含有两个质子泵 V-ATPase 和 V-PPase，由此产生的质子势能驱动 ABC 转运蛋白将重金属转运至液泡中。

除了重金属转运蛋白外，Leitenmaier 和 Küpper（2011）在细胞质中发现了富含镉的囊泡结构，虽然这些囊泡的起源和最终目的地还不是很清楚，但它们在镉液泡区室化作用中可能也发挥着非常重要的作用。除此之外，液泡膜上还含有许多其他重金属转运蛋白，如 MTP、NRAMP 家族蛋白等。

（三）螯合作用

螯合作用是植物抵抗重金属毒害最普遍的解毒方式，目前已知的主要重金属螯合剂是植物螯合剂（phytochelatins，PC）和金属硫蛋白（metallothionein，MT）。

PC 是一类富含半胱氨酸（Cys）及重金属结合肽段的蛋白，是以谷胱甘肽（GSH）为底物在 PC 合成酶（PCS）的催化下合成的（Cobbett and Goldsbrough，2002）。PC 在重金属胁迫下能够快速合成，并与重金属离子结合形成 PC-HM 复合体，最终转运至液泡中，从而降低重金属对细胞的损伤（Cobbett，2000）。耐性水稻品种在镉处理 5d 后，PC3、PC4、总 PC 和 GSH 含量均显著高于敏感品种。

MT 也是一类富含 Cys、具有重金属结合能力的小分子蛋白（2～16kDa），最早在动物中被鉴定为镉结合蛋白（Cobbett et al.，2000）。MT 在植物体内主要参与金属离子运输、维持氧化还原平衡和调控基因表达等。MT 能够通过结合重金属离子而间接调控细胞内 ROS 水平。MT 对铜具有较高的亲和性，其次是镉和锌（Krystofova et al.，2012）。Krystofova 等（2012）研究了携带有酵母 MT 基因的转基因烟草植株对镉的积累情况，发现与非转基因植株相比，转基因烟草植株表现出较高的镉耐性，且酵母 MT 能够促使较多的镉积累在根部并限制镉向地上部分的转运。Lv 等（2013）从油菜中分离了两个 MT 基因 *BcMT1* 和 *BcMT2*，并将这两个基因在拟南芥中表达，发现两者均能显著提高拟南芥对镉的耐性。

三、作物重金属抗性的鉴定方法及指标

（一）作物重金属胁迫的鉴定方法

1. 种子萌发筛选实验

筛选实验采取水培法。挑选种子时应尽量保证颗粒饱满，大小一致。种子先用 1%的 H_2O_2 消毒约 15min，蒸馏水仔细清洗，滤纸吸干，然后在每个培养皿中放入 10 粒种子，在培养皿中加入合适浓度的重金属溶液。处理好后放入人工气候室内，于合适温度、光照和湿度条件下培养，一天补水两次，以保证重金属浓度一致。每天观察种子长势，统计萌发率，筛选出萌发率较高的品种后，再进行后续砂培或水培耐性实验。

2. 幼苗生长耐性实验

为了避免土壤基质的复杂性，一般选用营养液水培或是砂培。营养液水培是在每个培养盒中加入用 Hoagland 营养液配制的含合适浓度重金属的培养液，每个培养盒先用 1% H_2O_2 消毒，再向其中转移合适大小、生长一致的幼苗，进行重金属胁迫，两天更换一次培养液。

砂培则是以稀 HCl 浸泡并清洗过的砂子作为培养介质，其中均匀拌入合适浓度的重金属，再向其中转移合适大小、生长一致的幼苗，进行重金属胁迫。

（二）作物重金属胁迫抗性的鉴定指标

1. 生长指标

重金属胁迫引起作物叶片发黄，显著降低作物株高、根长和产量。例如，Cao 等（2013）发现在复合镉和铬毒害条件下，水稻幼苗叶绿素含量、株高、根长、鲜重和干重均显著下降。但敏感品种受到的抑制作用比耐性品种严重得多（Cai et al.，2011）。此外还发现，重金属胁迫造成 PSII 最大光化学速率和有效 PSII 量子产量显著降低，且敏感品种受到的影响更加明显。在相同重金属胁迫条件下，由于抗性品种的株高、产量、光合作用受到的影响相对较小，因此可以通过分析地上部分受重金属胁迫的影响程度来评价作物的重金属抗性。

重金属与植物作用时，首先是根接触重金属，对重金属进行吸收或排斥，同时根细胞壁中存在大量的交换位点，能将重金属离子交换吸收或固定，从而促进或阻止重金属离子进一步向地上部分运输。根系耐性指数（root tolerance index），是指处理后的植物根系长度与对照植物的根系长度的比值，可以很好地反映植物对重金属的抗性。

2. 生理生化

Chen 等（2010）发现大麦镉敏感品种中超氧阴离子、H_2O_2 和丙二醛含量均显著高于抗性品种。重金属胁迫下，植物通过抗氧化酶活性升高来清除重金属胁迫引起的 ROS 积累，增强作物对重金属的抗性。研究中可以通过检测抗氧化酶的活性来评价作物的金属抗性，两者一般呈正相关。

Lin 等（2012）利用二乙酰荧光素（fluorescein diacetate，FDA）-碘化丙啶（propidiumiodide，PI）双染色剂来检测镉胁迫下水稻根尖细胞活力，发现镉处理引起根尖死细胞数量大量增加，而且抗性作物品种在重金属胁迫下，根尖内活细胞数量要显著多于死细胞。因此，可利用 FDA-PI 双染色来检测作物的重金属抗性。

3. 重金属吸收转运关键基因的表达

为抵御重金属毒害，作物进化出复杂的防御机制，与重金属吸收和转运密切相关的一系列基因表达影响植物的重金属抗性。

跨膜 ATPase 参与金属离子的运输，植物体内 ATPase 主要分为 P 型、V 型和 F 型三种。目前，有关 P1B-ATPase（P 型 ATPase 亚家族）在植物重金属积累和抗性方面的作用已有诸多报道。P1B-ATPase 能够通过 ATP 水解提供的能量逆浓度梯度转运金属离子。

Miyadate 等（2011）发现水稻中由于缺乏 OsHMA3 介导的镉向液泡中转运，导致过多的镉向木质部装载，而引起地上部镉过多积累。另外，*HMA2*、*HMA4* 和 *HMA5* 在植物重金属转运和抗性中也发挥重要作用（Deng et al.，2013）。

自然抗性相关巨噬细胞蛋白家族（Nramp）是进化保守的二价金属转运蛋白，调控液泡中的铁和锰向细胞质中转运，Nramp 家族基因在植物的重金属积累和抗性中表现出负调节作用。Ishikawa 等（2012）研究发现，*OsNramp5* 水稻突变体根对镉的吸收显著降低，从而降低镉在茎秆和籽粒中的积累。在拟南芥中，*AtNramp3* 和 *AtNramp4* 超表达能够将进入到液泡中的镉重新活化，使得拟南芥植株对镉的敏感性增加，*AtNramp6* 过表达也显著提高拟南芥对镉的敏感性，而相应的突变体对镉的耐性却显著高于野生型（Cailliatte et al.，2009；Uraguchi et al.，2012）。

ATP 结合盒转运体（ATP-binding cassette transporter，ABC 转运体）超家族能够利用 ATP 水解产生的能量跨膜转运各种生物分子和离子，在植物抵抗非生物胁迫中也发挥重要的作用（Moons，2003）。在水稻中，Song 等（2014）同样发现 OsABCC1 定位于液泡中，参与砷的解毒并降低砷在籽粒中的积累。除此之外，在植物体内已发现了多个与重金属抗性相关的蛋白质，如 ABCG36、ABCG40、ABCB25、OsSTAR1 和 OsSTAR2 等。Uraguchi 等（2011）发现的一种低亲和性阳离子转运蛋白（OsLCT1）能够调控镉向水稻籽粒中的转运，RNAi 介导的 *OsLCT1* 敲除显著降低韧皮部参与的镉转运，从而使籽粒中镉含量仅是对照的 50%。

根据试验材料和重金属种类，可以选择性地检测与重金属吸收和转运有关的基因的表达来分析植物对重金属的抗性。

主要参考文献

鲍晓鸣. 1997. 小麦耐湿性的鉴定时期及鉴定指标. 上海农业学报, (2): 32-38.
陈少裕. 1990. 甘蔗水分胁迫的自由基机制研究. 福建农学院博士学位论文.
冯福生, 葛东侠. 1990. 水分胁迫对不同冬小麦品种 PEPCase 活性的影响. 华北农学报, 5(增刊): 76-82.
高吉寅, 胡荣海, 路漳, 等. 1984. 水稻等品种苗期抗旱生理指标的探讨. 中国农业科学, 17(4): 41-46.
龚明. 1989. 作物抗旱性鉴定方法与指标及其综合评价. 云南农业大学, 4(1): 73-81.
韩笑冰, 利容千, 王建波. 1997. 热胁迫下萝卜不同耐热性品种组织结构比较. 武汉植物学研究, 15(2): 173-178.
贺晓岚, 王建伟, 李文旭, 等. 2016. 大赖草 6-SFT 基因的克隆及其转基因烟草抗旱和抗寒性分析. 作物学报. 42(3): 389-398.
胡标林, 李名迪, 万勇, 等. 2005. 我国水稻抗旱性鉴定方法与指标研究进展. 江西农业学报, 17(2): 56-60.
胡荣海. 1986. 农作物抗旱鉴定方法和指标. 作物品种资源, 4: 36-39.
蒋明义, 荆家海, 王韶唐. 1991. 水分胁迫与植物膜脂过氧化. 西北农业大学学报, 19(2): 88-89.
兰巨生. 1990. 作物抗旱指数的概念和统计方法. 华北农学报, 5(2): 20-25.
黎裕. 1993. 作物抗旱鉴定方法与指标. 干旱地区农业研究, 11(1): 91-99.
李绍鹏. 1993. 芒果叶片抗旱性鉴定的初步研究.热带作物研究, 4: 56-59.
刘慧. 2012. ATHK1 对 PEG 诱导的拟南芥抗氧化系统的影响研究. 扬州大学硕士学位论文.
刘兆晔, 于经川, 姜鸿明, 等. 2010. 小麦理想株型的探讨. 中国农学通报, 26(8): 137-141.
龙海涛, 李丽梅, 谢泽虹, 等. 2015. 综合隶属函数法评价花生品种抗旱性与 AhNCED1 基因表达的关系. 植物学报, 50(6): 706-712.
苗琛, 利容千, 王建波. 1994. 甘蓝热胁迫叶片细胞的超微结构研究.植物学报, 36(9): 730-732.
聂华堂, 陈竹生, 计玉. 1991. 水分胁迫下柑桔的生理变化与抗旱性关系. 中国农业科学, 24(4): 14-18.
王兰芬, 武晶, 景蕊莲, 等. 2015. 绿豆种质资源成株期抗旱性鉴定. 作物学报, 41(8): 1287-1294.
吴国胜, 王永健, 曹宛虹. 1995. 大白菜热害发生规律及耐热性筛选方法的研究.华北农学报, 10(1): 111-115.
武仙山, 王正航, 昌小平, 等. 2008. 用株高旱胁迫系数分析小麦发育中的抗旱性动态. 作物学报, 34(11): 2010-2018.
许媛君, 张生萍, 马晓岗, 等. 2016. 白菜型油菜种质资源抗旱鉴定. 青海大学学报, 34(1): 1-8.
杨瑰丽, 杨美娜, 黄翠红, 等. 2015. 水稻幼穗分化期的抗旱性研究与综合评价. 华北农学报, 30(6): 140-145.
袁照年. 1993. 玉米不同生长发育时期的抗旱性鉴定及遗传研究. 西北农业大学硕士学位论文.
Amara I, Capellades M, Ludevid M D, et al. 2013. Enhanced water stress tolerance of transgenic maize plants over-expressing LEA Rab28 gene. Journal of Plant Physiology, 170(9): 864-873.
Anschütz U, Becker D, Shabala S. 2014. Going beyond nutrition: Regulation of potassium homoeostasis as a common denominator of plant adaptive responses to environment. Journal of Plant Physiology, 171(9): 670-687.
Archbold D D. 1968. Water relations of a fragaria-chiloensis and a f-virginiana selection during and after water deficit stress. Arkhiv Anatomii Gistologii I Émbriologii, 54(3), 96-100.
Ashraf M, Harris P J C. 2013, Photosynthesis under stressful environments: An overview. Photosynthetica, 51(2): 163-190.
Baker A J M. 1987. Metal tolerance. New Phytologist, 106(S1): 93-111.
Boru G, van Ginkel M, Kronstad W E, et al. 2001. Expression and inheritance of tolerance to waterlogging stress in wheat. Euphytica, 117(117): 91-98.
Bose J, Babourina O, Shabala S, et al. 2013. Low-pH and aluminum resistance in arabidopsis correlates with high cytosolic magnesium content and increased magnesium uptake by plant roots. Plant Cell Physiology, 54(7): 1093-1104.
Cai Y, Cao F B, Wei K, et al. 2011. Genotypic dependent effect of exogenous glutathione on Cd-induced changes in proteins, ultrastructure and antioxidant defense enzymes in rice seedlings. J Hazard Mater, 192(3): 1056-1066.
Cailliatte R, Lapeyre B, Briat J F, et al. 2009. The NRAMP6 metal transporter contributes to cadmium toxicity. Biochemical Journal, 422(2): 217-228.
Cao F B, Chen F, Sun H Y, et al. 2014. Genome-wide transcriptome and functional analysis of two contrasting genotypes reveals key genes for cadmium tolerance in barley. BMC Genomics, 15(1): 611.
Cao F B, Wang N B, Zhang M, et al. 2013. Comparative study of alleviating effects of GSH, Se and Zn under combined contamination of cadmium and chromium in rice(*Oryza sativa*). Biometals, 26(2): 297-308.
Chaitanya K V, Sundar D, Masilamani S, et al. 2002. Variation in heat stress-induced antioxidant enzyme activities among three mulberry cultivars. Plant Growth Regulation, 36(2): 175-180.
Chen F, Wang F, Sun H, et al. 2010. Genotype-dependent effect of exogenous nitric oxide on Cd-induced changes in antioxidative metabolism, ultrastructure, and photosynthetic performance in barley seedlings(*Hordeum vulgare*). Journal of Plant Growth Regulation, 29(4): 394-408.
Chen Z, Newman I, Zhou M, et al. 2005. Screening plants for salt tolerance by measuring K^+ flux: a case study for barley. Plant Cell and Environment, 28(10): 1230-1246.
Cobbett C, Goldsbrough P. 2002. Phytochelatins and metallothioneins: roles in heavy metal detoxification and homeostasis. Annual Review of Plant Biology, 53(1): 159-182.
Cobbett C. 2000. Phytochelatin biosynthesis and function in heavy-metal detoxification. Current Opinion of Plant Biology, 3(3): 211-216.
Collaku A, Harrison S A. 2005. Heritability of waterlogging tolerance in wheat. Crop Science, 45(2): 722-727.
Cuin T A, Shabala S. 2008. Compatible solutes mitigate damaging effects of salt stress by reducing the

impact of stress-induced reactive oxygen species. Plant Signaling & Behavior, 3(3): 207-208.

Cuin T A, Tian Y, Betts S A, et al. 2009. Ionic relations and osmotic adjustment in durum and bread wheat under saline conditions. Functional Plant Biology, 36(12): 1110-1119.

Dai X Y, Xu Y Y, Ma Q B, et al. 2007. Overexpression of an R1R2R3 MYB gene, OsMYB3R-2, increases tolerance to freezing, drought, and salt stress in transgenic *Arabidopsis*. Plant Physiology, 143(4): 1739-1751.

Dat J F, Cpelli N, Folzer H, et al. 2004. Sensing and signalling during plant flooding. Plant Physiology and Biochemistry, 42(4): 273-282.

Deng F, Yamaji N, Xia J, et al. 2013. A member of the heavy metal P-Type ATPase OsHMA5 is involved in xylem loading of copper in rice. Plant Physiology, 163(3): 1353-1362.

Famoso A N, Clark R T, Shaff J E, et al. 2010. Development of a novel aluminum tolerance phenotyping platform used for comparisons of cereal aluminum tolerance and investigations into rice aluminum tolerance mechanisms. Plant Physiology, 153(4): 1678-1691.

Foy C D. 1988. Plant adaptation to acid, aluminum-toxic soils. Commun Soil Science and Plant analysis, 19(7): 959-987.

Fukao, T, Bailey-Serres J. 2008. Ethylene-A key regulator of submergence responses in rice. Plant Science, 175(s1-2): 43-51.

Gill S S, Tuteja N. 2010. Reactive oxygen species and antioxidant machinery in abiotic stress tolerance in crop plants. Plant Physiology & Biochemistry, 48(12): 909-930.

Githiri S M, Watanabe S, Harada K, et al. 2006. QTL analysis of flooding tolerance in soybean at an early vegetative growth stage. Plant Breeding, 125(6): 613-618.

Hall J L. 2002. Cellular mechanisms for heavy metal detoxification and tolerance. Journal of Experimental Botany, 53(366): 1-11.

Hamachi Y, Yoshino M, Furusho M, et al. 1990. Index of screening for wet endurance in malting barley. Japanese Journal of Breeding, 40(3): 361-366.

Harrison M T, Tardieu F, Dong Z S, et al. 2014. Characterizing drought stress and trait influence on maize yield under current and future conditions. Global Change Biology, 20(3): 867-878.

Hernandez M, Fernandez-Garcia N, Diaz-Vivancos P, et al. 2010. A different role for hydrogen peroxide and the antioxidative system under short and long salt stress in Brassica oleracea roots. Journal of Experimental Botany, 61(2): 521-535.

Huang B, Johnson J, Nesmith S, et al. 1994. Growth, physiological and anatomical responses of two wheat genotypes to waterlogging and nutrient supply. Journal of Experimental Botany, 45(2): 193-202.

Ishikawa S, Ishimaru Y, Igura M, et al. 2012. Ion-beam irradiation, gene identification, and marker-assisted breeding in the development of low-cadmium rice. Proceedings of the National Academy of Sciences of the United States of America, 109(47): 19166-19171.

Ishikawa S, Wagatsuma T, Ikarashi T. 1996. Comparative toxicity of Al^{3+}, Yb^{3+}, and La^{3+} to root-tip cells differing in tolerance to high Al^{3+} in terms of ionic potentials of dehydrated trivalent cations. Soil Science and Plant Nutrition, 42(3): 613-625.

Jackson M. 2002. Long-distance signaling from roots to shoots assessed: the flooding story. Journal of Experimental Botany, 53(367), 175-181.

Jagadish S V K, Muthurajan R, Oane R, et al. 2010. Physiological and proteomic approaches to address heat tolerance during anthesis in rice(*Oryza sativa* L.). Journal of Experimental Botany, 61(1): 143-156.

Jharna D E, Chowdhury B L D, Rana M A A M, et al. 2013. Selection of drought tolerant groundnut genotypes(*Arachis hypogaea* L.)based on total sugar and free amino acid content. Journal of Environmental Science & Natural Resources, 6(2): 1-5.

Karan R, Singla-Pareek S L, Pareek A. 2009. Histidine kinase and response regulator genes as they relate to salinity tolerance in rice. Functional Integrative Genomics, 9(3): 411-417.

Kaufmann M R, Eckard A N. 1971. Evaluation of water stress control with polyethylene glycols by analysis of guttation. Plant Physiology, 47(4): 453-456.

Khatiwada S P, Senadhira D, Carpena A L, et al. 1996. Variability and genetics of tolerance for aluminum toxicity in rice *Oryza sativa* L. Theoretical & Applied Genetics, 93(5-6): 738-744.

Kingston-Smith A H, Thomas H, Foyer C H. 1997. Chlorophyll a fluorescence, enzyme and antioxidant analyses provide evidence for the operation of alternative electron sinks during leaf senescence in a stay-green mutant of Festuca pratensis. Plant Cell and Environment, 20(11): 1323-1337.

Kose C, Erdal S, Kaya O, et al. 2011. Comparative evaluation of oxidative enzyme activities during adventitious rooting in the cuttings of grapevine root stocks. Journal of the Science of Food & Agriculture, 91(4): 738-741.

Krystofova O, Zitka O, Krizkova S, et al. 2012. Accumulation of cadmium by transgenic tobacco plants (*Nicotiana tabacum* L.) carrying yeast metallothionein gene revealed by electrochemistry. International Journal of Electrochemical Science , 7(2): 886-907.

Leitenmaier B, Küpper H. 2011. Cadmium uptake and sequestration kinetics in individual leaf cell protoplasts of the Cd/Zn hyperaccumulator Thlaspi caerulescens. Plant Cell & Environment, 34(2): 208-219.

Li H B, Vaillancourt R, Mendham N J, et al. 2008. Comparative mapping of quantitative trait loci associated with waterlogging tolerance in barley. *Hordeum vulgare* L. BMC Genomics, 9(37): 91-101.

Li L, Zhou W, Dai H, et al. 2012. Selenium reduces cadmium uptake and mitigates cadmium toxicity in rice. Journal of Hazardous Materials, 235-236(2): 343-351.

Li Y, Li Y S, Sun L, et al. 2010. Effects of cadmium stress on physiological and biochemical indexes in different maize cultivars. Agricultural Science & Technology, 11(11/12): 59-61.

Lv Y, Deng X P, Quan L T, et al. 2013. Metallothioneins BcMT1 and BcMT2 from *Brassica campestris* enhance tolerance to cadmium and copper and decrease production of reactive oxygen species in *Arabidopsis thaliana*. Plant Soil, 367(1-2): 507-519.

Manchanda G, Garg N. 2008. Salinity and its effects on the functional biology of legumes. Acta Physiologica Plantarum, 30(5): 595-618.

Mano Y, Muraki M, Fujimori M, et al. 2005a. Identification of QTL controlling adventitious root formation during flooding conditions in teosinte (*Zea mays* ssp. *huehuetenangensis*). seedlings. Euphytica, 142(142): 33-42.

Mano Y, Muraki M, Fujimori M, et al. 2005b. Varietal difference and genetic analysis of adventitious root formation at the soil suface during flooding in maize and teosinte seedlings. Japanese Journal of Crop Science, 74(1): 41-46.

Mano Y, Muraki M, Komatsu T, et al. 2002. Varietal difference in pre-germination flooding tolerance and waterlogging tolerance at the seedling stage in maize inbred lines. Japanese Journal of Crop Science, 71(3): 361-367.

Mano Y, Muraki M, Takamizo T. 2006. Identification of QTL controlling flooding tolerance in reducing soil conditions in maize (*Zea mays* L.) seedlings. Plant Production Science, 9(2): 176-181.

McLean F T, Gilbert B E. 1927. The relative aluminum tolerance of crop plants. Soil Science, 24(3): 163-175.

Miyadate H, Adachi S, Hiraizumi A, et al. 2011. OsHMA3, a P 1B -type of ATPase affects root-to-shoot cadmium translocation in rice by mediating efflux into vacuoles. New Phytologist, 189(1): 190-199.

Moons A. 2003. Ospdr9, which encodes a PDR-type ABC transporter, is induced by heavy metals, hypoxic stress and redox perturbations in rice roots. FEBS Letters, 553(3): 370-376.

Morgan J M. 1984. Osmoregulation and water stress in higher plants. Annual Review of Plant Physiology, 35(1): 299-319.

Munns D N. 1965. Soil acidity and growth of a legume. 2. Reactions of aluminium and phosphate in solution and effects of aluminium phosphate calcium and PH on *Medicago sativa* L. and *Trifolium subterraneum* L. in solution culture. Australian Journal of Agricultural Research, 16(5): 733-741.

Paez-Garcia A, Motes C M, Scheible W R, et al. 2015. Root traits and phenotyping strategies for plant improvement. Plants, 4(2): 334-355.

Park S H, Jeong J S, Lee K H, et al. 2015. OsbZIP23 and OsbZIP45, members of the rice basic leucine zipper transcription factor family, are involved in drought tolerance. Plant Biotechnology Reports, 9(2): 89-96.

Pereira J F, Zhou G F, Delhaize E, et al. 2010. Engineering greater aluminium resistance in wheat by over-expressing TaALMT1. Annals of Botany, 106(1): 205-214.

Rahaie M, Xue G P, Naghavi M R, et al. 2010. A MYB gene from wheat (*Triticum aestivum* L.) is up-regulated during salt and drought stresses and differentially regulated between salt-tolerant and sensitive genotypes. Plant Cell Reports, 29(8): 835-844.

Reyna N, Cornelious B, Shannon J G, et al. 2003. Evaluation of a QTL for waterlogging tolerance in Southern soybean germplasm. Crop Science, 43(6): 2077-2082.

Rincon M, Gonzales R A. 1992. Aluminum Partitioning in intact roots of aluminum-tolerant and aluminum-sensitive wheat *Triticum aestivum* L. Cultivars. Plant Physiology, 99(3): 1021-1028.

Ryan P R, Ditomaso J M, Kochian L V. 1993. Aluminum toxicity in roots - an investigation of spatial sensitivity and the role of the root cap. Journal of Experiment Botany, 44(259): 437-446.

Ryan P R, Shaff J E, Kochian L V. 1992. Aluminum toxicity in roots-correlation among ionic currents, ion fluxes, and root elongation in aluminum-sensitive and aluminum-tolerant wheat cultivars. Plant Physiology, 99(3): 1193-1200.

Sarwat M, Ahmad P, Nabi G, et al. 2013. Ca^{2+} signals: the versatile decoders of environmental use. Critical Reviews in Biotechnology, 54(4): 97-109.

Sayama T, Nakazaki T, Ishikawa G, et al. 2009. QTL analysis of seed-flooding tolerance in soybean(*Glycine max* [L.] Merr.). Plant Science, 176(4): 514-521.

Shabala S N. 2006. Non-invasive microelectrode ion flux measurements in plant stress physiology//Volkov A(ed). Plant Electrophysiology: Theory and Methods. Berlin Heidelberg: Springer: 35-71.

Shimamura S, Yoshioka T, Yamamoto R, et al. 2014. Role of abscisic acid in flood-induced secondary aerenchyma formation in soybean. (*Glycine max*) hypocotyls. Plant Production Science, 17(2): 131-137.

Sinsawat V, Leipner J, Stamp P, et al. 2004. Effect of heat stress on the photosynthetic apparatus in maize(*Zea mays* L.)grown at control or high temperature. Environmental and Experimental Botany, 52(2): 123-129.

Soltys-Kalina D, Plich J, Strzelczyk-Zyta D, et al. 2016. The effect of drought stress on the leaf relative water content and tuber yield of a half-sib family of 'Katahdin'-derived potato cultivars. Breeding Science, 66(2): 328-331.

Song W Y, Yamaki T, Yamaji N, et al. 2014. A rice ABC transporter, OsABCC1, reduces arsenic accumulation in the grain. Proceedings of the National Academy of Sciences of the United States of America, 111(44): 15699-15704.

Tang Y M, Liu M Y, Gao S Q, et al. 2012. Molecular characterization of novel TaNAC genes in wheat and overexpression of TaNAC2a confers drought tolerance in tobacco. Physiologia Plantarum, 114(3): 210-224.

Tavakkoli E, Rengasamy P, Mcdonald G K. 2010. High concentrations of Na^+ and Cl^- ions in soil solution have simultaneous detrimental effects on growth of faba bean under salinity stress. Journal of Experimental Botany, 61(15): 4449-4459(11).

Uraguchi S, Fujiwara T. 2012. Cadmium transport and tolerance in rice: Perspectives for reducing grain cadmium accumulation. Rice, 5(17): 1-8.

Uraguchi S, Kamiya T, Sakamoto T, et al. 2011. Low-affinity cation transporter(OsLCT1)regulates cadmium transport into rice grains. Proceedings of the National Academy of Sciences of the United States of America, 108(52): 20959-20964.

Vasquez-tello A, Zuily -fodil Y, Pham Thi A T, et al. 1990. Electrolyte and Pi leakages as physiological tests for screening resistance to water stress in *Phaseolus* and *Vigna* species. Journal of Experimental Botany, 41(7): 827-832.

Wang Y Q, Xiao L Z, Li S Y, et al. 2010. Effects of combined pollution of Pb and Cd on growth and yield of rice. Agricultural Science & Technology, 11(5): 168-170.

Wohlbach D J, Quirino B F, Sussman M R. 2008. Analysis of the *Arabidopsis* histidine kinase athk1 reveals a connection between vegetative osmotic stress sensing and seed maturation. The Plant Cell, 20(4): 1101-1117.

Wu F B, Dong J, Qian Q Q, et al. 2005. Subcellular distribution and chemical form of Cd and Cd-Zn interaction in different barley genotypes. Chemosphere, 60(10): 1437-1446.

Wu H L, Ni Z F, Yao Y Y, et al. 2008. Cloning and expression profiles of 15 genes encoding WRKY transcription factor in wheat (*Triticum aestivem* L.). Progress in Natural Science, 18(6): 697-705.

Wu H, Shabala L, Barry K, et al. 2013. Ability of leaf mesophyll to retain potassium correlates with salinity tolerance in wheat and barley. Physiologia Plantarum, 149(4): 515-527.

Wu H, Shabala L, Liu X, et al. 2015. Linking salinity tolerance with tissue-specific Na^+ sequestration in wheat roots. Frontiers in Plant Science, 6(71): 71.

Wu H, Shabala L, Zhou M, et al. 2014. Durum and bread wheat differ in their ability to retain potassium in leaf mesophyll: implications for salinity stress tolerance. Plant Cell & Physiology, 55(10): 1749-1762.

Xin Z, Browse J. 1998. Eskimol mutants of *Arabidopsis* are constitutively freezing tolerant. Proceedings of the National Academy of Sciences of the USA, 95(13): 7799-7804.

Xu K, Xu X, Fukao T, et al. 2006. Sub1A is an ethylene-response-factor-like gene that confers submergence tolerance in rice. Nature, 442(7103): 705-708.

Yoshida T, Mogami J, Yamaguchi-Shinozaki K. 2014. ABA-dependent and ABA-independent signaling in response to osmotic stress in plants. Current Opinion in Plant Biology, 21C: 133-139.

Zhang M, Jin Z Q, Zhao J, et al. 2015. Physiological and biochemical responses to drought stress in cultivated and Tibetan wild barley. Plant Growth Regulation, 75(2): 567-574.

Zhao J, Sun H Y, Dai H X, et al. 2010. Difference in response to drought stress among Tibet wild barley genotypes. Euphytica, 172(3): 395-403.

Zhou G F, Delhaize E, Zhou M X, et al. 2013b. The barley MATE gene, HvAACT1, increases citrate efflux and Al^{3-} tolerance when expressed in wheat and barley. Annals of Botany, 112(3): 603-612.

Zhou G F, Pereira J F, Delhaize E, et al. 2014. Enhancing the aluminium tolerance of barley by expressing the citrate transporter genes SbMATE and FRD3. Journal of Experimental Botany, 65(9): 2381-2390.

Zhou M L, Ma J T, Zhao Y M, et al. 2012. Improvement of drought and salt tolerance in *Arabidopsis* and *Lotus corniculatus* by overexpression of a novel DREB transcription factor from Populus euphratica. Gene, 506(1): 10-17.

Zhou S X, Duursmab R A, Medlyna B E, et al. 2013a. How should we model plant responses to drought? An analysis of stomatal and non-stomatal responses to water stress. Agricultural & Forest Meteorology, 182-183(22): 204-214.

Zhu J K. 2001. Plant salt tolerance. Trends in Plant Science, 6(2): 66-71.

第十二章 作物病虫害抗性鉴定方法

作物抗病虫性表现是作物抗病虫遗传特性、病原物和害虫致病为害遗传特性、接种方法、环境条件等诸多因素相互作用的结果，动态性很强。不同病虫害和作物，其抗病虫鉴定技术和方法有所差异，本章主要就一些共性的常见方法做简要介绍。

第一节 作物抗病性鉴定

抗病性鉴定是抗病育种及抗病机理研究的重要环节，其主要目的是鉴别作物的抗病类型和评价其抗病程度。抗病鉴定主要用于抗源筛选，杂交后代选择和高代品系、品种比较评定。抗病性鉴定应该有明确的目标，确定研究对象病害和病原菌小种，有针对性地选用合适的鉴定方法。作物抗病性鉴定，依据抗病性在群体、个体、组织、细胞和分子水平不同的表达形式而采用不同的鉴定方法。

一、作物抗病性鉴定方法

作物抗病性鉴定，依据抗病性在群体、个体、组织、细胞和分子水平不同的表达形式而采用不同的鉴定方法。依据鉴定场所、材料的生育阶段、鉴定指标的不同，可分为田间鉴定、室内鉴定、离体鉴定、生理生化鉴定。

（一）田间鉴定

田间鉴定在自然条件下进行，是抗病性鉴定的最基本的方法。其优点首先表现在能在群体和个体水平上识别抗病性，尤适于成株抗病性、慢发抗病性、耐病性、避病性的鉴定；其次可系统观察植株不同生育阶段的抗病性变化，全面揭示其抗病性类型和水平；最后是该鉴定结果反映了品种在生产中的实际表现。其缺点是受生长季节限制，难于在短期内鉴定大量材料，不能对危险性新病原物和新小种进行鉴定，田间条件不易控制，年际发病程度有所波动。

田间抗病性鉴定多在病圃中进行，按初侵染菌源不同，有天然病圃和人工病圃两类。天然病圃不接种病菌，一般设置在病害常发区或老病区重病田块，依靠自然菌源侵染，并通过调节播期、施肥、灌水等措施促使发病。人工病圃依赖接种造成病害流行。人工病圃应设置于不受或少受自然菌源干扰的地区，以免外来菌源干扰，使鉴定结果难以分析。根据鉴定的目的，人工病圃可接种混合菌种以鉴定材料或品种的综合抗病性。

对作物抗病性的衡量指标一般有反应型、发病率、病害严重度、病情指数。

反应型划分根据叶片上侵染点坏死反应的强弱、病斑大小等特征。如条锈病调查反应型按 Line 和 Qayoum（1992）0～9 级的方法记录（表 12-1，图 12-1）。

表 12-1 鉴定小麦条锈病的 0～9 级标准

反应型	症状特点
0	叶片上没有明显的症状
1	叶片上有零星的坏死或褪绿，但不产生孢子
2	叶片有大块的坏死或褪绿，但不产生孢子
3	叶片上坏死或褪绿连片，有零星的很小的孢子
4	叶片上坏死或褪绿连片，产生少量的孢子
5	叶片上坏死或褪绿连片，孢子堆中等大小、较多
6	叶片有褪绿，孢子堆中等到大量
7	叶片有轻微褪绿没有坏死，孢子堆中等大小
8	叶片有轻微褪绿没有坏死，有大量孢子
9	叶片没有褪绿，有大量孢子

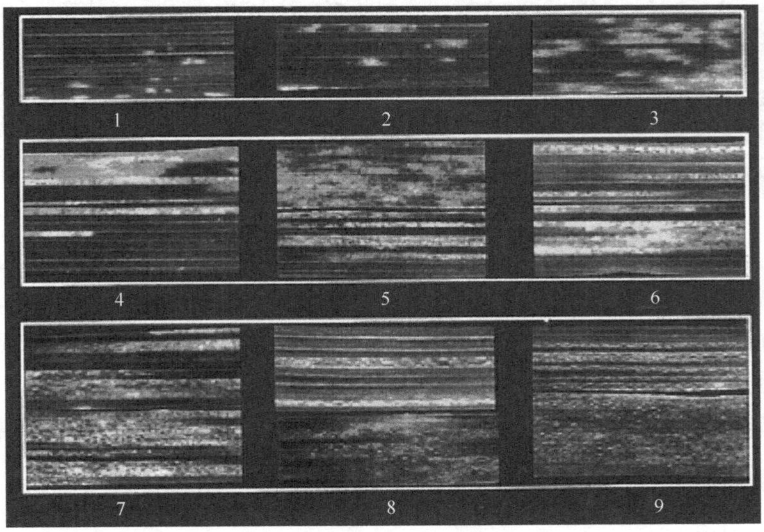

图 12-1 鉴定小麦条锈病的 1～9 级标准

发病率指发病个体数占调查个体总数的百分比，如病株率、病茎率和病果率等，表示发病的普遍程度。

病害严重度指作物发病的严重程度，分级表示。叶部病害的严重度可按照叶斑面积占叶片总面积的百分率划分。病害严重度取每行所有单株的平均严重度进行记录。严重度（%）分级为 0，2，5，10，20，30，40，50，60，70，80，90，100（图 12-2）。

病情指数为发病率和严重度的综合值，以植株为调查单位时，其计算公式为

$$病情指数=\sum(各级病株数\times严重度)\div(调查总株数\times最高严重度)\times100\%$$

（二）室内鉴定

室内鉴定在温室、人工气候室、植物生长箱等可以进行人工控制的设施内进行。此种鉴定方式不受自然条件和生长季节的影响，可连续进行抗病性鉴定，尤其是苗期抗病性鉴定，可在短期内鉴定大量的材料。在控制条件下，可对多种病原物或小种进行抗病性测定，同时可研究单个环境因子对植物抗病性的影响。

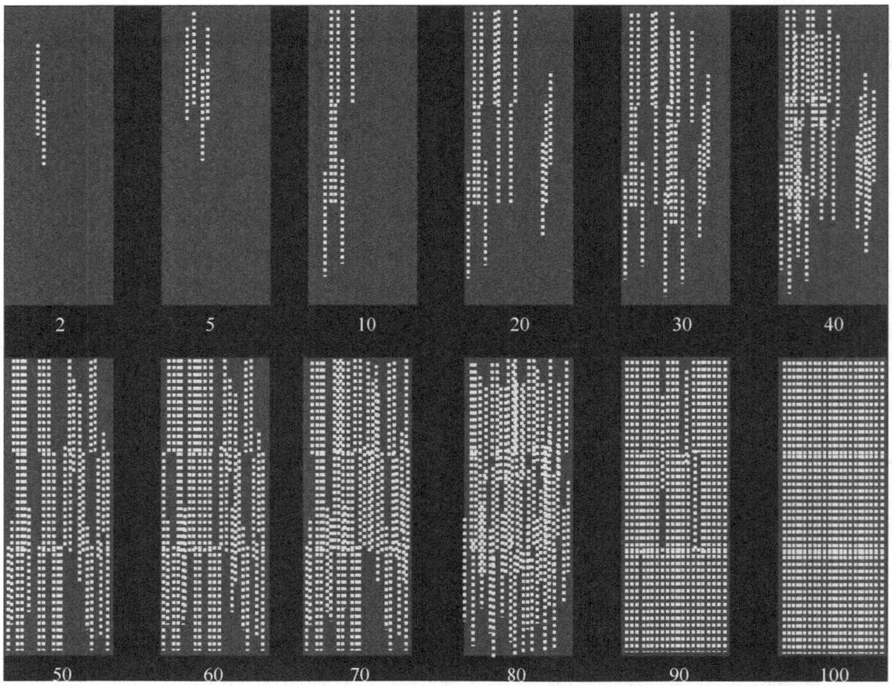

图 12-2 叶片病害严重度标准

室内鉴定尤其适于大量材料的初步筛选与比较，目前已广泛用于麦类锈病、白粉病，稻瘟病、稻白叶枯病，玉米大斑病、小斑病，棉花枯萎病、黄萎病，烟草黑胫病，大白菜和黄瓜霜霉病等多种重要病害的抗病性鉴定。

室内鉴定一般鉴定反应型、潜伏期、寄主适合度、产孢持续期和产孢量等。

（三）离体鉴定

鉴于某些植物的抗病性可在器官、组织、细胞水平上表达，因此就可利用这些材料进行抗病性鉴定。离体鉴定方法简易快速，可在短期内大量筛选材料，同一植株可用其器官、组织或细胞测定对不同病菌或不同小种的抗病性，增加了可比性。同时所鉴定的单株仍可结实，适于从分离群体中选择抗病单株，加速育种进程。

离体鉴定时多用离体叶片、分蘖、枝条、茎、穗等材料。用这些材料进行抗病性鉴定时，离体材料需置于培养液中，其中添加一定量的植物激素，以保持其正常的生理功能和抗病性表达能力。现离体鉴定方法已广泛用于麦类秆锈病和白粉病、玉米大斑病和小斑病、马铃薯晚疫病、马铃薯 X 病毒、烟草黑胫病等多种病害的抗病性鉴定。此外，还可利用病菌产生的毒素处理植物原生质体，筛选抗病突变细胞。

（四）生理生化鉴定

植物的某些生理的、生化的、血清学的指标与病原菌的侵染过程和抗病性表达有一定的相关性，因而也可以作为鉴定植物品种抗病性的指标。应用这种方法进行抗病性鉴定多数是针对接菌的或毒素处理的材料，测定条件易于标准化，可用于大量材料的快速筛选。植物组织的电生理学参数、苯丙氨酸解氨酶、多酚氧化酶、过氧化物酶等可作为指标进行抗病性鉴定（李振岐和商鸿生，2005）。

二、植物抗病性的主要类型

按照抗病性指标不同，可把植物抗病性分为两大类，即定性抗病性与定量抗病性。植物定性抗病性主要指低反应型抗病性，定性抗病性是由主效基因控制的，具有明显的小种专化性。定量抗病性又称数量抗病性，是一类用定量抗病性状作指标来评估的抗病性。定量抗病性性状在杂交子代的分离不符合简单的孟德尔分离比例，需要用数量遗传学方法进行研究。

（一）定性抗病性的基本分析方法

用抗病品种与感病品种进行有性杂交，杂交后代用病原菌适宜的小种接种，测定抗病和感病表型的分离情况，依据孟德尔分离和独立分配定律进行分析，以了解控制品种抗病性的基因数目、显隐性、基因互作及其他性质（表 12-2）。

表 12-2　作物抗病性遗传特点

抗病基因数目	显隐性	基因互作	F_2代抗感分离比例
1	显性	独立控制	3∶1
1	隐性	独立控制	1∶3
2	显性	独立控制	15∶1
2	显性	共同控制	9∶7
2	隐性	独立控制	1∶15
2	隐性	共同控制	7∶9
1 显性+1 隐性		独立控制	13∶3
1 显性+1 隐性		共同控制	3∶13

根据双亲、F_1、F_2 和 F_3 家系反应型及各级反应型数目确定抗感类型的比例，用 χ^2 适合性测验（$P \leqslant 0.05$）确定最合适的分离比例，应用 Microsoft Office Excel 2007 中的“cheitest”程序计算遗传分离比例的 χ^2 值和 P 值。明确抗病亲本对特定病害生理小种的抗病基因数目、类型及抗病特点。

（二）定量抗病性的基本分析方法

经典数量抗病性分析，采用表型对立的亲本杂交，建立适宜的子代实验群体，观测群体性状的表型分布、个体或品系间表型的相关，利用统计分析方法，将所得的观测结果配合群体均值、方差、协方差的理论模型，估算基因数目，描述与数量表型相关基因的特征，如加性效应、显性效应、上位效应、基因型与环境互作效应等，计算遗传率。

用于分析定量抗病性的指标很多，诸如病害潜伏期、病斑长度、病斑数量、病原菌繁殖量、发病率、发病曲线下面积（area under the disease progress cure，AUDPC）等。这些指标都具有数量性状的一般特点，其变异是连续的。

最常用的调查抗病性指标就是发病曲线下面积，计算公式如下：

$$\text{AUDPC}=\sum [(x_i+ x_{i+1})/2](t_{i+1}-t_i)$$

式中，x_i 代表第 i 次调查的病害严重度，x_{i+1} 代表第 i+1 次调查的病害严重度，($t_{i+1}-t_i$) 代表第 i 次至第 i+1 次调查的时间间隔天数。

三、作物抗病性鉴定的接种技术

（一）接种方法

植物抗病性只有在病原物存在、环境条件适宜时才得以表达。因此，在鉴定植物抗病性时，多采用人工接种并保证适宜的发病条件。为保证接种成功，接种体必须是高质量的，要明确病原物的致病力和保持其纯度，避免杂菌污染。接种时要使每个植物接种量均匀一致，接受相同的侵染压力。应控制发病条件，以保证顺利发病。鉴定植株应处于适于发病的生育时期，鉴定期间应无其他病害感染。

根据植物病害发生的规律不同，采取适宜接种技术，常用的接种技术主要有下列几种。

1. 喷雾接种法

真菌孢子或菌丝片段，细菌培养物等用天然水、蒸馏水或无离子水配置成悬液，用各种类型的喷雾器喷布植株，该方法主要用于叶部病害的田间和室内接种。某些病菌的孢子在水中具有团聚性，悬液中常加入吐温 20 或吐温 80，以增强孢子的分散性。悬液中病菌的浓度一般控制在 10^4～10^6 个孢子/mL，接种后需保温 24h，以利于病菌侵入。

2. 喷粉接种法

该法适于植物地上部特别是叶部接种。接种时将病菌孢子与滑石粉按 1∶300 比例配置成孢子粉，用喷粉器喷粉，或以指形管用纱布封口后将孢子粉抖落于植株，最好在晨间结露时或是喷细雾后接种，以保证发病。

3. 直接接种法

用某种方式直接将病菌固定于植株特定部位，如将琼脂培养基块直接贴附于植株特定部位，使琼脂上的病菌直接侵入植物组织。或是将蘸有病菌的湿棉球装入微湿室，用弹簧夹固定于叶片上，此法可同时接种数个小种于同一叶片。用滤纸片蘸孢子或用小米粒直接培养赤霉菌插入小麦穗部颖壳，鉴定小麦品种对赤霉病的抗扩展性。麦类锈病常用涂抹法接种，此法是用水湿手指轻轻脱去叶片蜡质后，用手指或接种针、毛笔蘸取夏孢子悬浮涂抹叶片，然后喷细雾保湿 24h 后取出培养。

4. 病植物体接种法

将盆栽发病植株或病残体置于待鉴定的材料中间，病部所产生的孢子经气流传播，侵染植株。此法常用于气流传播的叶部病害如锈病、白粉病、霜霉病的接种。田间接种时，将发病幼苗置于待鉴定材料中，也可在待测材料周围种上诱发品种，用诱发行产生的孢子诱发病害。室内接种时，用产孢的幼苗在待鉴定材料上来回扫抹抖动，孢子飘落在幼苗上。有时将病残体均匀撒布在植株行间，待其产生孢子诱发病害。

5. 伤口接种法

对于一些由伤口入侵的病害，常用刺伤造成伤口的方式接种。接种方法有针刺法、剪叶法、牙签穿刺法、注射器注射法。这些方法是用细针、剪刀或牙签蘸取细菌液或真菌培养物后，再对植株造成伤口，使病菌顺利从伤口侵入引致发病，或用注射器向植株内注射病菌。有些病毒接种则是利用金刚砂造成微小伤口以使病毒侵入，

6. 传媒介体接种法

对传媒传播的病毒需用介体进行接种。对虫传病毒，应将传毒昆虫在毒源植物上饲养规定的时间后，将规定数目的带毒昆虫转移至待鉴定植株上，使之取食传毒。对由土壤微生物传播的病毒，可直接接种土壤微生物进行传毒。

7. 土壤接种法

对一些土壤传播的病害，需用土壤接种，进行植物抗病性鉴定。土壤接种法有接种培养的病菌和直接混入病残体等方法。土壤传播病源物用麦粒或玉米沙培养基培养，或用液体培养基培养，然后取培养物按规定的比例混入土壤接种。病残体可在捣碎后撒入田间或翻埋入土壤内，此法常用于棉花枯萎病的鉴定。

以上所述接种方法有的是模拟自然传播方式，应用喷雾、喷粉、田间诱发等方式接种，有的是采用破坏植物某些抗病因素，提高接种效率，如伤口接种法。在进行抗病性鉴定时，应根据病害发生规律和鉴定目的灵活运用有关接种方法（商鸿生，2010）。

第二节　作物抗虫性鉴定

农作物害虫是造成农业减产的重要因素之一，其造成的损失往往超过病害和草害。据不完全统计，全世界每年因农作物害虫引起的作物减产占总产量的10%～20%，成为影响粮食产量的重要因子。我国常见农业害虫约有838种，具有种类多、分布广、暴发性强、成灾频率高的特点。长期以来，由于农业害虫防治过分依赖化学农药，致使许多害虫对化学农药的抗药性迅速增强。同时，化学农药常常对环境、食物链和水资源造成严重污染，严重影响到人们的身体健康。目前，人们已经充分认识到上述问题，积极提倡推广农业害虫绿色防控技术，其中利用作物抗虫品种防治农作物害虫被认为是一种最为安全、经济、有效的环境友好型措施，已经成为农作物害虫绿色综合防控技术中不可缺少的一环。

一、作物抗虫性原理

植物抗虫性是植物能够避免或者与遭到较严重虫害的同种植物相比有较强的自我恢复能力，对植食性昆虫的取食、消化、产卵等行为形成干扰的遗传特性（Maxwell et al., 1982）。由于植物抗虫性研究的主要对象是栽培植物，因此植物抗虫性与作物抗虫性含义实际上应是一致的。作物抗虫性是作物在同害虫长期斗争、进化过程中逐步形成具有抵御害虫侵袭及寄生危害的形态学、生理学、生物化学及组织结构的特征和特性。抗虫

性原理主要表现在三个方面：①作物本身具有某些形态或生理等特征，从而使某些昆虫拒绝取食作物或不在作物上栖息等，如茎、叶多毛的棉花品种对棉蚜、蓟马、盲蝽蟓等吸汁类害虫具有明显的抗性。②作物体内含有某些有毒物质，或缺乏昆虫生长发育所需的一些特定营养物质（如维生素、糖类和氨基酸），害虫在取食后生长发育不正常，繁殖受到影响，甚至导致害虫死亡，如棉株中的棉酚是一种天然杀虫剂，棉酚含量高的品种对棉铃虫、红铃虫等棉花害虫具有明显的抗性。③作物品种遭遇害虫危害后，作物生长发育正常，在个体水平或群体水平上均表现出一定的再生或补偿能力，不致大幅减产。此外，作物抗虫因素多种多样，同一作物不同抗虫因素不是互相排斥的，而是共同存在于同一品种中，它们常以各种组合方式决定着作物品种的总体抗性，总体抗性中的某一两个作用最大的因素，决定着作物品种抗性特征。

二、作物抗虫性的主要类型

作物抗虫性是害虫与寄主作物间在一定条件下相互作用的表现，故其产生的原因和表现形式多种多样。依据抗虫机制可分为不选择性（nonpreference）、抗生性（antibiosis）和耐害性（tolerance）；根据抗性遗传基础可分为单基因抗性（monogenic resistance）、寡基因抗性（oligogenic resistance）与多基因抗性（polygenic resistance）；根据抗性的有效范围或稳定性可将抗虫性分为水平抗性（horizontal resistance）和垂直抗性（vertical resistance）等（周明牂，1991）。近年来，从植物防御的角度将植物的抗虫性分为组成型防御和诱导型防御，并已成为研究植物与植食性昆虫之间精妙互作关系的热点之一（Howe and Jander，2008）。

（一）组成型防御

组成型防御（constitutive defense）是植物固有的特性，具有全株性，贯穿植物一生并对植食性昆虫始终具有抗性作用。组成型防御主要包括植物的形态结构及固有的、有毒害作用的次生代谢物对植食性昆虫的防御机制（Mithöfer et al.，2005）。植物形态构造对昆虫的防御作用目前报道得比较多且作用显著的主要有表面蜡质、毛、刺、腺体与某些组织的骨化或硅化程度等，常见的形态抗虫指标有表面蜡质的厚度、蜡质含量、茸毛的多少、叶片的形状及叶色、细胞壁加厚、胼胝质的含量等。依据植物形态构造可将植物的组成型防御分为：①影响植食性昆虫对寄主的选择；②阻碍植食性昆虫在植物表面的行动；③干扰或抑制植食性昆虫的取食（谢晖等，2012）。次生代谢物是指植物以初生代谢产物为原料，在一系列酶的催化作用下，形成一些非自身发育所必需的化学物质。目前已报道的有芥子油苷、黄酮类、木质素、酚类、萜类、甾类、香豆素、皂苷、有机酸等。次生代谢在植物的整个代谢活动中具有重要作用，与植物的抗虫、抗病等抗逆性密切相关，有的可增强植物的抗虫性，有的则作为植物逆境传递信号的物质（王景顺等，2015）。长期以来人们认为合成防御化学物质对植物来讲是一种浪费，因为它们的合成势必会消耗有限的植物能源。而且，防御化学物质的毒性对植物本身来说是有毒的，或会造成毒性积累的生态学结果。植物如何减少这种消耗呢？其方式之一是植物在受到植食性昆虫或病害危害时才合成这些化学防御物质。但这种策略看起来又是危险的，因为植食性昆虫或病害的攻击也许太快或太剧烈以致防御响应无法有效展开，因而，那些经常遭受危害的植物可能更喜欢利用组成型防御响应（Wittstock and Gershenzon，2002）。

（二）诱导型防御

诱导型防御（induced defense）是植物在受到害虫危害时，植物体内可产生一系列的化学物质对害虫的危害产生抵制作用。诱导型防御只有在植物受到植食性昆虫的危害时才得以表现，具有开-关效应，是一种类似于免疫反应的抗性现象。根据其作用机制，又可分为直接性诱导防御（direct induced defense）和间接性诱导防御（indirect induced defense）。

1. 直接性诱导防御

直接性诱导防御在植物的诱导型防御中占据十分重要的地位，可对植食性害虫的危害产生有效的抑制作用。通常植物的直接性诱导防御根据对害虫的作用可以分为两类：营养限制和毒害作用。营养限制既可以发生在害虫取食前限制食物供给，又可以发生在取食后降低食物的营养价值。在害虫取食前，寄主植物可通过一系列机制限制对害虫的食物供给。其主要包括：①细胞壁的加固（cell wall thickening），植物通过自身细胞壁的加固来增加害虫刺探和取食时的机械阻碍从而限制害虫的取食。此外，细胞壁加固也会增加咀嚼式口器害虫消化食物的难度（Goussain et al.，2005；Vilaine et al.，2007）。②过敏反应（hypersensitive response），过敏反应是植株被侵害部位的细胞迅速死亡，从而阻止植株进一步受到危害，最终使害虫饥饿而死亡，特别是对于那些具有固定取食位点的昆虫（Sauge et al.，1998）。③反操控（anti-manipulation），虫瘿由于营养丰富及植物防御减弱而有利于昆虫的生存。但是，抗性植物可通过阻止虫瘿的形成来减弱昆虫的危害（Zhu et al.，2008）。④驱避作用（repellent effect），一些植物受到害虫危害时会合成并释放出一些由挥发性有机化合物组成的复杂混合物，这些混合物在植物的间接防御中可以作为害虫天敌的引诱剂。但也有一些挥发性有机化合物可以用作直接防御中的驱避物质（De Moraes et al.，2001）。在害虫取食后，植物还可通过降低营养价值的方式对害虫进行防御，主要包括：①除去必需营养物质：通过除去必需营养物质或抑制吸收来降低食物的营养价值。如精氨酸脱氨酶和苏氨酸脱氨酶在昆虫取食时强烈诱导，而且在昆虫的消化道中仍具有活性，通过降解精氨酸和苏氨酸两种必需的氨基酸来限制营养（Chen et al.，2007）。②抑制昆虫对食物的消化：抑制植食性昆虫的消化酶可降低昆虫对食物的消化吸收。例如，当植食性昆虫取食植物时，植物通过产生各种蛋白（如蛋白酶和淀粉酶）抑制剂抑制昆虫的消化酶活性，从而降低其对所摄取食物的营养吸收（Koiwa et al.，1997）。

毒害作用是指通过特殊的植物特性对取食昆虫造成物理伤害和化学干扰。主要包括：①破坏昆虫的组织结构：植物通过产生对昆虫造成机械伤害的化学物质来保护自己。如玉米中分子质量为33kDa的半胱氨酸蛋白酶可在昆虫的取食位点迅速积累，当这种蛋白酶进入昆虫消化道后，它能消化昆虫的肠蛋白，损害围食膜细胞，使昆虫的生长发育受到抑制（Pechan et al.，2000）。②阻断昆虫的化学反应途径：昆虫的生长发育受多种化学反应途径的调节，包括激酶、磷酸酶和调节蛋白酶。一些植物化学物质可抑制这些调节酶，而调节酶的抑制会导致化学反应途径的中断，从而抑制昆虫的生长发育甚至引起昆虫死亡（Hertiani，2007）。

2. 间接性诱导防御

植物的间接防御是指植物在受到害虫危害时释放挥发性植物信号吸引昆虫天敌从而实现对害虫的控制的防御策略。1990 年首次在玉米中发现，当玉米受到甜菜夜蛾（*Spodoptera exigua*）幼虫危害后，会释放出萜类、吲哚和脂氧合途径的产物，吸引小茧蜂（*Cotesia marginiventris*）在甜菜夜蛾幼虫体内产卵，导致被寄生的幼虫取食能力显著降低。此后，相继在 15 种不同的植物中报道了植物的间接防御，其中包括单子叶植物和双子叶植物（Degenhardt，2009）。挥发性有机混合物的种类已有 1000 多种，主要由 6-碳醛（6-carbon aldehyde）、醇类（alcohol）、酯类（ester）和各种萜类组成，可由植物的花、茎、叶和根部释放，其作用主要是吸引天敌昆虫或驱除害虫（Furstenberg-Hagg et al.，2013）。植食性昆虫取食植物诱导的挥发性化合物按合成途径分为三类：①绿叶挥发物，主要为 C_6 的醇或醛，来源于脂氧合途径，由亚麻酸和亚油酸氧化生成；②来源于甲羟戊酸途径和脱氧-5-磷酸木酮糖途径，如单萜和倍半萜化合物；③来源于莽草酸途径，如水杨酸甲酯。虫害诱导植物释放的挥发性有机混合物还可以影响相邻的健康植株。例如，利马豆被二斑叶螨侵染后，其相邻植株对捕食性螨的吸引力增加，对二斑叶螨的敏感性降低。用雌二斑叶螨侵染利马豆叶片 1～3d，可诱导相邻未被侵染叶片中编码病程相关蛋白、脂氧合酶、苯丙氨酸解氨酶和法尼基焦磷酸合成酶（异戊二烯类化合物合成途径中的酶）基因的表达（Arimura et al.，2000）。

总之，植物和植食性昆虫协同进化已有数百万年。植物除了依靠自身茎和叶片上的毛、刺等组成的第一道物理屏障外，更主要依赖于一系列信号转导，基因调控的化学防御，通过释放挥发物和分泌蛋白来防御植食性昆虫的取食危害。而植食性昆虫，也会主动适应植物建立起来的防御系统，如对植物防御蛋白酶抑制剂（proteinase inhibitor，PI）的适应。这种植物-植食性昆虫之间的化学“军备竞赛”使植物获得了防御昆虫的能力，产生了一系列防御植食性昆虫的基因（Schoonhoven et al.，2005）。同时植物在适应昆虫危害过程中，也激活了昆虫自身的遗传变异，导致昆虫分化出不同类型的口器，取食不同类别的植物从而求得生存，因而了解植食性昆虫的危害方式对于植物抗虫性的鉴定是十分必要的（刘勇等，2011）。

三、影响作物抗虫性的因素

作物品种的抗虫性是作物与害虫在一定的环境条件下相互作用的反应，故作物品种的抗虫性主要受到生物和非生物因素的影响。

生物因素包括作物品种和害虫两方面具有的生物学特性及其相互作用。其中农作物品种通过本身在形态结构上的某些特征，如内含的化学物质、生理特性、物候学等生物学特性对害虫取食、产卵、栖息等行为产生防护、驱避、抑制、抗生等作用，以及生理学保护作用。由于不同作物品种所表现的生物学特性不同，对害虫危害的抗性水平常存在差异，常表现为免疫性、抵抗性和耐害性的差异。而害虫则通过本身的生物学特性，在选择寄主、取食、栖居和产卵场所的过程中对作物品种造成危害（苟桂珍，1992）；或通过自己独有的某种方式降低植物对昆虫的抗性，如蚜虫唾液中的一种巨噬细胞迁移抑制因子可以降低植物对蚜虫的免疫响应从而帮助蚜虫取食（Naessens et al.，2015）。

非生物因素对作物品种抗虫性的影响主要通过作物与害虫对气候因子的不同反应能力来表现。作物品种和害虫的生长发育都对气候因子（光照、温度、降雨等）有很大的依赖性，气候条件的改变会引起作物品种的生长发育进度和害虫种群数量、分布状态等生物学特性的改变，因而作物品种对害虫为害的反应也在改变，地域间环境条件的差异及其因素的影响，可导致害虫的不同生物类群的产生，分布区系变化可使作物品种对害虫的抗性减弱或丧失。此外，不同地区作物的栽培管理措施、土壤的理化特性等也会对作物品种的抗虫性产生一定的影响（吴碧球等，2015）。

四、作物抗虫性鉴定和筛选的方法

抗虫性鉴定的主要任务是在自然或人工接种条件下，鉴别作物遗传资源对害虫的抗性类型和评定抗性程度，进而筛选出抗性强或有特色的优良抗性材料。各种作物的抗虫性均具有其自身的特点，不同昆虫的危害方式存在一定差异，因此，作物对不同害虫的抗虫性的鉴定方法和评价标准存在差异。Smith 等（1994）将植物抗虫性评价归纳为三种类型：①根据植株的受害程度予以评价，即依据植株生长发育所受影响、植株死亡与否等，是目前最常用的鉴定方法；②根据害虫对寄主植物的适应性反应进行评价，包括害虫的定位与定居、取食状况、新陈代谢、生长发育、成虫寿命和生殖力、产卵、孵化率、害虫种群数量的增长等指标；③依据作物抗性因子进行评价，建立于品种抗虫机制的基础上，包括形态结构、生长特性及生理生化物质等指标。常见的农作物害虫口器主要有两大类型：刺吸式口器和咀嚼式口器。本部分将针对昆虫的口器类型对作物品种的抗虫性展开阐述。

（一）作物对咀嚼式口器昆虫抗性的鉴定

具有咀嚼式口器的昆虫常常对农业生产造成严重的危害，许多是农业生产中的重要害虫。例如，棉花上的棉铃虫幼虫钻蛀棉铃，直接造成僵铃或棉铃脱落；水稻螟虫钻蛀稻茎，造成枯心苗和白穗；蝼蛄危害作物根系和嫩茎，严重时导致地上部分死亡；东亚飞蝗大发生时，所到之处农作物叶片几乎全部吃光。如上所述，咀嚼式口器昆虫以植物组织材料（根、茎、叶、蕾、花和果实）作为食物（固体食物），危害后症状十分明显，故在鉴定作物对咀嚼式口器昆虫的抗性时，以作物受到害虫危害后的严重程度作为作物抗虫性的分级标准是最常用的方法之一。

在鉴定棉花对棉铃虫的抗性时，常将各代棉铃虫危害棉花的危害情况作为抗虫性的分级标准。二代棉铃虫的危害主要调查棉株生长点的受害情况，三代和四代棉铃虫的危害主要调查棉花的蕾、花和铃的被害率。在进行数据分析时首先根据调查资料计算棉株受害率，然后计算各鉴定品种受棉铃虫危害率比感虫对照受害的减退百分率，最后根据历次调查的平均结果对棉花品种的抗虫性进行分级：I（免疫），HR（高抗），R（抗）、MR（中抗）、S（感）和 HS（高感）共 6 级。调查时棉花生长点具有明显的取食痕迹，棉花的蕾、花、铃具有明显的钻蛀虫道，症状明显，调查十分方便（吴征彬，2005）。

在鉴定水稻品种对水稻螟虫的抗虫性时，常以枯心率和白穗率作为水稻对稻蛀螟抗性的分级标准，调查时操作简单，方便。如枯心率为1%～20%为1级，枯心率为21%～40%为3级，枯心率为41%～60%为5级，枯心率为61%～80%为7级，枯心率为81%～100%为 9 级。对许多以叶片为食的咀嚼式害虫，常以受害叶面积作为作物抗性的分级标准，如1级为叶片受害面积少于5%，受害极度轻微，2级为叶片受害面积为5%～25%，受害程度较轻（平均为15%），3级叶片受害面积为25%～50%（平均为30%），为中度受害（平均为50%），4级为叶片受害面积为50%～75%（平均为50%），受害严重，5级为叶片受害面积为75%～100%（平均为75%），受害极度严重。当然这种分级标准在具体操作时具有一定的难度（周明牂，1991）。

（二）作物对刺吸式口器昆虫抗性的鉴定

农业上常见的刺吸式口器害虫多为半翅目昆虫，包括重要经济性害虫蚜虫、稻飞虱、烟粉虱、叶蝉、棉盲蝽等，它们常将细小的针状口器插入植物韧皮部吸取植物汁液，对植物组织造成的机械伤害相对较轻。在危害植物后，植物表现出来的危害症状主要有叶片失绿、卷曲、穿孔，茎秆危害严重时则导致茎秆变黑，整体植株长势衰弱。当然，它们除直接吸汁危害之外，许多还会分泌某些化学物质到植物表面，引起煤污病，其中最为典型的是蚜虫。一些还可通过其刺吸式口器传播植物病害，引起植物病害的发生，如褐飞虱、棉蚜等。当然，一些种类还可通过其针状或锯状的产卵器在产卵时对植物组织造成机械伤害，如褐飞虱、叶蝉等（刘勇等，2011）。刺吸式口器昆虫造成的危害症状相对于咀嚼式口器害虫来说症状不够明显，在与病害同时发生时，危害症状经常很难区分，以危害症状作为分级标准操作难度较大。因而除了利用植物危害症状鉴定外，还常有一些其他方法。

多数刺吸式口器害虫在取食后会分泌蜜露，其量的多少可基本反映刺吸式口器害虫的取食量。因此，可以用检测分泌的蜜露量的方法来间接反映植物的抗虫性。如测定褐飞虱的取食量时常采用如下方法：采用移栽后45～50d的健壮苗，去掉次生分蘖，保留主茎。在一个特殊的取食室内收集稻飞虱分泌的蜜露。这种取食室由两只同样大小的塑料杯（7.0cm×7.5cm）相向叠加组成。将一健壮洗净的稻株主分蘖（带少量土）置于一塑料钵中，盖上正中有一小孔的塑料盖子，稻株从此小孔穿过。塑料盖子上放上直径为7cm的定性滤纸，上面倒放一个底部正中有通气孔的塑料杯。将三只新近羽化的稻飞虱雌虫（经饥饿但饲水 2.5～3h）放入一个取食室。一个取食室为一个重复，每个品种设10个重复。稻飞虱取食后分泌的蜜露滴落在滤纸上，24h后收集取食室中滤纸，用0.1%茚三酮丙酮溶液处理，呈现出大小不同的紫红色蜜露斑，用1mm^{2}网格的透明纸测量蜜露斑面积。蜜露斑面积与抗性级别的关系初步拟定为：蜜露斑面积[mm^2/（雌·24h）]小于等于50为1级，50.1～100为3级，100.1～150为5级，150.1～200为7级，大于等于200为9级（刘光杰等，2002）。

刺吸行为电图（electrical penetration graph，EPG）技术是一种用于研究植食性刺吸式口器昆虫在寄主植物上刺探和取食行为的电生理技术，在植食性刺吸式昆虫研究中的应用日益深入，尤其是对蚜虫和粉虱的研究，已涉及寄主专化性、植物的抗虫机制及病毒传播等领域，其原理为：昆虫与植物分别连入生物电流放大器的昆虫电极和植物电极，昆虫电极是一段长 2～3cm 金（银或铂）丝，末端用水溶性导电银胶粘在昆虫的前胸背板上。植物电极是长 10～20μm 金（银或铂）丝，插在植物生长的土壤中。当昆虫口针刺入植物组织时，回路接通，回路电流经放大器放大后输出一系列电流波谱。由电阻变化引起的电势波动称为电阻（R）成分，生物电生理变化引起的电势波动称为电动势（emf）成分。调节放大器的输入电压可区分这两种成分：极性及幅度随输入电压变化的是 R 成分，否则是 emf 成分。基于交流电路设计的系统称为 AC-EPG，其 R 成分和 emf 成分的变换都可引起输出电压的变化。基于直流电路设计的称为 DC-EPG，DC-EPG 的 R 成分固定，输出电压的变化仅为 emf 成分，目前应用较多。目前，绝大多数的 EPG 研究主要集中在波形基础上的刺吸式口器昆虫对寄主植物的选择性、昆虫传播植物病毒的机制和植物的抗虫机制，以及内吸性农药的测定等行为生态学领域。研究对象也已由过去的以蚜虫为主扩展到包括粉虱、叶蝉等在内的绝大多数刺吸式昆虫。EPG 技术的应用之一就是通过比较昆虫在不同抗性品种上的刺探和取食行为，从而确定抗性因子存在的部位，继而运用其他化学分析手段，则可能确定抗性因子的化学成分；此外，EPG 技术也可作为快速筛选抗性植物的一种生测手段（雷宏和徐汝梅，1996）。如 E2 波和 np 波是抗蚜的重要标志，如果出现较多短暂的不连续口针刺探、长时间的路径刺探及长时间的非取食活动，可推断抗性因子存在于植物表面/表皮层和叶肉层；如果出现很长时间的唾液分泌，较短时间甚至没有韧皮部取食可推断抗性因子存在于韧皮部（罗晨等，2005）。

（三）其他口器类型昆虫抗虫性的鉴定

危害农作物昆虫的其他口器类型最常见的是锉吸式口器和刮吸式。锉吸式口器为缨翅目昆虫蓟马所特有，取食方式是先用口器锉破植物表皮，然后再吸取植物汁液，常见农作物种类有水稻上的稻蓟马（*Chloethrips oryzae*）和稻管蓟马（*Haplothrips aculeatus*），棉花、烟草上的烟蓟马（*Thrips tabaci*）等，农作物对蓟马的抗性鉴定与刺吸式口器昆虫的抗性鉴定差异不大。农作物常见的刮吸式口器害虫主要为小麦吸浆虫，主要是麦红吸浆虫（*Sitodiplosis mosellana*）和麦黄吸浆虫（*Contarinia tritici*），以幼虫潜伏在颖壳内吸食正在灌浆的汁液，造成麦粒干瘪、空壳或霉烂，一般减产 10%～20%，重者减产 30%～50%，甚至颗粒无收。

农作物对吸浆虫的抗性鉴定较为繁琐。一般方法为：在小麦抽穗后 15～20d 剥查麦穗，每小区随机取 10 穗。剥查每粒虫数，查虫时分 5 级，即 0 级为无虫；1 级为 1 头/粒；2 级为 2 头/粒；3 级为 3 头/粒；4 级为≥4 头/粒。按下列公式计算损失率：

$$\text{估计损失率}（L）\frac{\text{各级值}\times\text{相应级粒数}}{\text{总粒数}\times\text{最高级值}}\times 100\%$$

品种抗性级别划分采用相对定级标准鉴定小麦品种对吸浆虫的抗性。以各品种三个重复中最重一次的估计损失率代表该品种的估计损失率（*L*），再求出平均估计损失率（*T*），依据各品种最重一次估计损失率与平均估计损失率的比值的大小，确定各参试品种的抗虫性级别，如表 12-3 所示。

表 12-3　抗吸浆虫（鉴定）分级标准

抗级	相对比值（L/T）	抗性评价
0	0	免疫
1	0.01～0.2	高抗
2	0.21～0.5	中抗
3	0.51～1.0	抵抗
4	1.1～1.5	感虫
5	>1.5	高感

资料来源：李素娟等，2006

但是以相对损失率作为抗性分级标准时，需要检查剥开每穗的所有颖壳记载每个籽粒的受害状和幼虫数，工作量巨大。为了简化小麦品种对麦红吸浆虫抗性的鉴定方法，武予清等（2013）采用虫穗率（ISP）作为小麦对麦红吸浆虫的抗性分级标准，结果表明，虫穗率和损失率存在显著的相关性。在田间吸浆虫密度高的情况下，ISP 定级方法比相对损失率定级方法更能表现品种的抗性和敏感程度，方法简便高效，可以取代相对损失率定级法用于小麦抗红吸浆虫的鉴定。各抗级的指标依次为 0（免疫）、0<ISP<20（高抗）、20≤ISP<40（中抗）、40≤ISP<60（中级）、60≤ISP<80（感）和 ISP≥80（高感）。

主要参考文献

彩万志. 2001.普通昆虫学. 北京：中国农业大学出版社.

段灿星，王晓鸣，朱振东. 2003. 作物抗虫种质资源的研究与应用. 植物遗传资源学报, 4(4): 360-364.

苟桂珍.1992. 浅谈作物品种的抗虫性鉴定. 甘肃农业科技, 1: 31-35.

洪晓月，丁锦华. 2002. 农业昆虫学(南方本). 北京：中国农业出版社.

雷宏，徐汝梅. 1996. EPG——一种研究植食性刺吸式昆虫刺探行为的有效方法. 昆虫知识, 33(2): 116-120.

李晨，刘博林. 2015. 转 Bt 基因抗虫作物培育现状及 Bt 蛋白的改造和聚合策略的利用. 生物工程学报, 31(1): 53-64.

李素娟，刘爱芝，韩松，等. 2006. 小麦品种(系)对吸浆虫的抗性鉴定及评价. 河南农业科学, 2: 70-71.

李振岐，商鸿生. 2005. 中国农作物抗病性及其利用. 北京：中国农业出版社.

刘光杰，付志红，沈君辉，等. 2002. 水稻品种对稻飞虱抗性鉴定方法的比较研究. 中国水稻科学, 16(1): 52-56.

刘浩，周闲容，于晓娜，等. 2014. 作物种质资源品质性状鉴定评价现状与展望. 植物遗传资源学报, 15(1): 226.

刘旭明，金达生. 1995. 作物抗虫鉴定中对照品种的作用与设置. 植物保护, 21(3): 36-37.

刘勇，孙玉诚，王国红. 2011. 植物和刺吸式口器昆虫的诱导防御与反防御研究进展. 应用昆虫学报, 48(4): 1052-1059.

罗晨，岳梅，徐洪富，等. 2005. EPG 技术在昆虫学研究中的应用及进展. 昆虫学报, 48(3): 437-443.

商鸿生. 2010. 植物免疫学. 2 版. 北京：中国农业出版社.

王景顺，吴秋芳，路志芳. 2015. 植物次生代谢物与林木抗虫性研究进展. 江苏农业科学, 43(8): 4-7.

王忠华，舒庆尧，崔海瑞，等. 2000. Bt转基因水稻“克螟稻”杂交后代二化螟抗性研究初报. 作物学报, 26(3): 310-314.

吴碧球，黄所生，黄凤宽. 2015. 环境因素对水稻品种抗褐飞虱的影响研究概况. 植物保护, 41(1): 1-6.

吴征彬. 2005. 棉花品种的抗虫性和抗虫鉴定技术研究. 中国农学通报, 21(1): 32-36.

武予清，段爱菊，张自启，等.2013. 小麦品种的麦红吸浆虫抗性分级方法及抗性评价. 作物学报, 9(12): 2171-2176.

谢辉，王燕，刘银泉，等.2012. 植物组成型防御对植食性昆虫的影响. 植物保护, 38(1): 1-5.

钟代彬, 罗利军, 郭龙彪, 等.1997. 栽野杂交转移药用野生稻抗褐飞虱基因. 西南农业学报, 10(2): 5-9.
周明牂. 1991.作物抗虫原理.北京: 北京农业大学出版社.
朱生伟, 黄国存, 孙敬三. 2000. 外源 DNA 直接导入受体植物的研究进展.植物学通报, 17(1): 11-16.
Arimura G, Ozawa R, Shimoda T, et al. 2000. Herbivory induced volatiles elicit defence genes in lima beanleaves. Nature, 406: 512- 515.
Autrique J E, Nelson J C, Van Deynze A. 1995. RFLP mapping of genes associated with different agronomic traits and disease resistance in wheat. Abstract of International Plant Genome III, P8, San Diego.
Chen H, Gonzales-Vigil E, Wilkerson C G. 2007. Stability of plant defense proteins in the gut of insect herbivores. Plant Physiology, 143(4): 1954-1967.
De Moraes C M, Mescher M C, Tumlinson J H. 2001.Caterpillar-induced nocturnal plant volatiles repel conspecific females. Nature, 410: 577-580.
Degenhardt J. 2009. Indirect defense responses to herbivory in grasses. Plant Physiology, 149(1): 96-102.
Flor H H. 1971.Current status of the gene-for-gene concept. Annual Review of Phytopathology, 9: 275-296.
Furstenberg-Hagg J, Zagrobelny M, Bak S. 2013. Plant defense against insect herbivores. International Journal of Molecular Sciences, 14(5): 10242-10297.
Gatehouse J A.2002.Plant resistance towards insect herbivores: a dynamic interaction. New Phytologist, 156(2): 145-169.
Goussain M M, Prado E, Moraes J C. 2005. Effect of silicon applied to wheat plants on the biology and probing behaviour of the greenbug *Schizaphis graminum*. Neotropical Entomology, 34(5): 807-813.
Hertiani T. 2007. Isolation and Structure Elucidation of Bioactive Secondary Metabolites from Indonesian Marine Sponges. Dusseldorf: Cuvillier Verlag: 344.
Howe G A, Jander G. 2008. Plant immunity to insect herbivores. Annu Rev Plant Biol, 59: 41-66.
Koiwa H, Bressan R A, Hasegawa P M. 1997. Regulation of protease inhibitors and plant defense. Trends in Plant Science, 2(10): 379-384.
Line R F, Qayoum A. 1992. Virulence, aggressiveness, evolution, and distribution of races (of the causes of stripe rust of wheat) in North America, 1968～1987. Tech Bull US Dept Agric No.1788.
Maxwell F G. 1982. 植物抗虫育种. 翟凤林, 袁士畴, 张发成, 等译. 北京: 农业出版社: 14-20.
Naessens E, Dubreuil G, Giordanengo P, et al. 2015. A secreted MIF cytokine enables aphid feeding and represses plant immune responses. Current Biology, 25(14): 1898-1903.
Pandey A, Mann M. 2000. Proteomics to study genes and genomes. Nature, 405: 837-846.
Pechan T, Ye L, Chang Y M, et al. 2000. A unique 33-kD cysteine proteinase accumulates in response to larval feeding in maize genotypes resistant to fall armyworm and other lepidoptera. Plant Cell, 12: 1031-1040.
Sauge M H, Kervella J, Pascal T. 1998. Settling behaviour and reproductive potential of the green peach aphid *Myzus persicae* on peach varieties and a related wild Prunus. Entomologia Experimentalis Et Applicata, 89(3): 233-242.
Schoonhoven L M, Van Loon J J A, Dicke M. 2005. Insect Plant Biology. Oxford: Oxford University Press: 278-300.
Smith C M, Khan Z R, Pathak M D. 1994. Techniques for evaluating insect resistance in crop plants. Boca Raton: CRC Press.
Vilaine D F, Thibivilliers S, Kusiak C. 2007. Involvement of the xyloglucan endotransglycosylase phydrolases encoded by celery XTH1 and Arabidopsis XTH33 in the phloem response to aphids. Plant, Cell & Environment, 30(2): 187-201.
Wasinger V C, Cordwell S J, Cerpa-Poljak A, et al. 1995. Progress with gene-product mapping of the mollicutes: *Mycoplasma genitalium*. Electrophoresis, 16: 1090-1094.
Wilkins M R, Sanchez J C, Gooley A A, et al. 1996. Progress with proteome projects: why all proteins expressed by a genome should be identified and how to do it. Biotechnology & genetic Engineering Reviews, 13:19 -50.
Wittstock U, Gershenzon J. 2002. Constitutive plant toxins and their role in defense against herbivores and pathogens. Current Opinion in Plant Biology, 5(4): 300-307.

第十三章　作物表型研究中的影像技术

过去 20 年，植物基因组学和分子标记技术取得飞速发展，但是作为植物研究的重要环节——表型性状采集，却成为制约作物机理研究、分子育种发展的一大瓶颈。传统的表型指标采集，每种仪器、用具只能测量一种或少数几种指标，检测速度慢，耗时耗力，受人工操作、环境条件制约，不少检测是有损伤操作。数字图像技术的发展和应用为作物表型数据无损失、自动化、高通量采集提供了良好的解决途径。

第一节　数 字 图 像

一、图像与数字图像的概念

图像（image）是对客观对象的一种相似性的描述或写真，它包含了被描述或写真对象的信息，是人们最主要的信息源。从人眼的视觉特点上可将图像分为可见图像和不可见图像。可见图像有图片、照片，用线条画的图和画，用透镜、光栅和全息技术产生的各种光图像。不可见图像包括不可见光成像（如紫外线、红外线、微波成像）和不可见量（如温度、压力、人口密度等）分布图。

根据波段的多少，图像可以分为单波段、多波段和超波段图像。单波段图像在每个点只有一个亮度值；多波段（也称多光谱）图像上每一个点有不止一个特性，如在彩色图像上，每个点具有红（R）、绿（G）、蓝（B）三个亮度值，这三个值表示在 RGB 波段上的强度，人眼看来就是不同的颜色；超波段图像上每个点具有几十甚至几百个特性，它已超出人眼的分辨能力。

按图像的明暗程度和空间坐标的连续性划分，图像可分为数字图像和模拟图像。数字图像是指被计算机存储、处理和使用的图像，即以数字形式表述的影像，是一种空间坐标和灰度均不连续的、用离散数学表示的图像。模拟图像（又称光学图像）是指空间坐标和明暗程度都连续变化的、计算机无法直接处理的图像。随着计算机技术的发展，模拟图像与数字图像可以实施转换，把模拟图像变成数字图像称为模/数转换，记作 A/D 转换。

一个单波段数字图像是由一个数字阵列来表示，一个数字代表一个像素（pixel），像素是计算机图像处理的最小单元。每个像素具有其空间位置特征和属性特征。位置特征用行列来表示，属性特征由其亮度表示，如图 13-1 所示。

二、数字图像的基本特点及其在表型研究中的作用

数字图像的基本特点包括以下几个方面。

1）数字图像便于计算机处理与分析。计算机是以二进制方式处理各种数据的，而数字图像的行数 M、列数 N 和灰度级取值 G 都采用了 2 的整数幂，因此，与光学图像

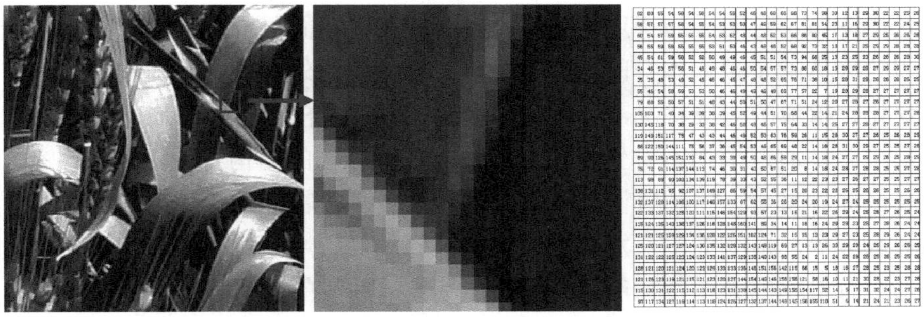

A　　B　　C

图 13-1　数字图像的结构

A. 原始图像；B. 红框内放大 16 倍的图像；C. 每个像素代表数据

处理方式相比，遥感数字图像是一种适用于计算机处理的图像表示方法。

2）图像信息损失低。由于遥感图像是用二进制表示的，因此，在获取、传输和分发过程中，不会因长期储存而损失信息，也不会因多次传输和复制而产生图像失真。

3）图像抽象性强。尽管不同类别的遥感数字图像有不同的视觉效果，对应不同的物理背景，但由于它们都采用了数字形式表示，便于建立分析模型、进行计算机解译和运用遥感图像专家处理系统。

4）图像保存方便。遥感数字图像一般存储在计算机上，也可用磁带、磁盘、光盘存储。存储形式多样，保存、携带方便。还可利用网络技术发送各地，供有关单位使用。

植物表型（plant phenotype）是由基因型（genotype）和所处环境决定的形状、结构、大小、颜色等全部可测的生物体外在表现，数字图像技术在植物表型研究中有着重要作用，主要表现在以下两方面。

1）数字图像技术是分析基因-环境相互作用和表型反应的最佳工具

植物表型研究通常包括实验设计、量化观测和结果解释，实验设计必须考虑不同生长环境、作物生长形态、基板处理、安全装置；量化观测中数字图像处理技术尤为重要，同时数字图像获取时必须遵循相关规定，以方便图像几何校正和辐射校正；结果解释中数字图像会直观地反映作物表型、外部环境条件，为结果解释提供直观表达工具。

2）数字图像分析算法是作物表型量化的主要方法

数字图像分析算法集遥感、地理信息系统、统计技术于一身的数字提取方法，是获取描述作物表型特征值（如叶片面积、叶片方向值、反映叶片形状的面积周长比、归一化叶面积指数、热红外指数、作物水分胁迫指数等）的主要方法，目前有 92 种图像处理软件专门用于分析作物根、茎、叶、种子和花卉相关表型特征。

三、数字图像的类型

按数字图像处理技术的差异，将数字图像类型分为光谱图像、热红外图像、荧光图像、激光雷达图像、核磁共振图像和 CT 图像。

1. 光谱图像（spectral image）

光谱图像是由几个或者几百个波段对同一目标进行反复拍摄而得到的多光谱图像

或者高光谱图像，它明显的特点是谱像合一，能获取地面每个点的光谱特征曲线，影响植物光谱的因素除了植物本身的结构特征，同时也受到外界的影响。外界影响主要包括季节的变化，植被的健康状况，植物的含水量的变化，植株营养物质的缺乏与否等。但外界的影响总是通过植物本身生长发育的特点在有机体的结构特征中反映出来。从植物的典型波谱曲线来看，控制植物反射率的主要因素有植物叶片的颜色、叶片的细胞构造和植物的水分等。植物的生长发育、植物的不同种类、灌溉、施肥、气候、土壤、地形等因素都对有机物的光谱特征产生影响，使其光谱曲线的形态发生变化。植物叶片中含有多种色素，如叶青素、叶红素、叫黄素、叶绿素等，在可见光范围内，其反射峰值落在相应的波长范围内。

在作物表型研究中主要应用有：在单株尺度方面，主要运用于地上部生物量分析、产量性状分析、穗部性状分析、作物吸水率和发芽率分析、叶片形态分析、幼苗活力分析、胚芽鞘长度分析、开花期生物量分析、种子形态和根系结构分析等方面。如不同角度反演的地上生物量与株型有明显的相关性，由于光谱图像仪造价不是很高，也是目前作物表型研究的标配仪器。在叶片尺度方面，主要运用于研究各种环境逆境下叶片的胁迫机理，如长时间的干旱或涝渍导致气孔关闭，作物生长受阻，作物长时间受胁迫，叶片出现黄叶，光谱图像由于其对生物快速、无损、准确的检测，因此成为作物表型研究中生物逆境研究的最佳方式；在农田尺度方面，可运用光谱图像结合遥感学（监督分类、非监督分类）和数学（向量机法、神经网络法、模糊数学法）相关算法反演作物类型、生长期、品种类型、生长形态、根系等一系列表面特征，同时也运用运叶面积系数动态反演及预报产量图 13-2。

A

B

图 13-2　数字图像获取

A. 田间尺度；B. 植株尺度

2. 热红外图像（thermal infrared image）

热红外遥感即通过热红外探测器收集（主要记录 3～5μm，7～14μm 波长）、记录地物辐射出来的人眼看不到的热红外辐射信息，并利用这种热红外信息来识别地物和反演地表参数（如温度、发射率、湿度、热惯量等）。近来，随着技术进步，热红外仪温度分辨率和空间分辨率达到很高的水平，如 VarioCAM®Rhr research（VCr）780 科研专家型红外热像仪的光谱响应范围为 7.5～14μm，热灵敏度为 0.03℃（在 30℃时），测量精度为±1.0℃（0～100℃）；1024×800 的图像大小能广泛应用于作物表型研究中，如图 13-3 所示。

图 13-3　小麦田晴天热成像图

热红外仪在叶片和单株尺度上主要用于叶温的观测，通过叶温的高低来研究植株的水分、气孔导率、蒸散变化，不管是生物胁迫还是非生物胁迫都会导致光合速率和蒸腾速率下降；分析不同品种抗干旱和抗涝渍指数，在农田尺度，通过冠层温度的观测反演干旱和涝渍指数，评价不同品种田间尺度下的抗逆能力。

3. 荧光图像（fluorescence image）

荧光是指一种光致发光的冷发光现象。当某种常温物质经某种波长的入射光（通常是紫外线或 X 射线）照射，吸收光能后进入激发态，并且立即退激发并发出比入射光的波长长的出射光（通常波长在可见光波段）；而且一旦停止入射光，发光现象也随之立即消失。具有这种性质的出射光就被称之为荧光。细胞内的叶绿素分子通过直接吸收光量子或间接通过捕光色素吸收光量子得到能量后，从基态（低能态）跃迁到激发态（高能态）。由于波长越短能量越高，故叶绿素分子吸收红光后，电子跃迁到最低激发态；吸收蓝光后，电子跃迁到比吸收红光更高的能级（较高激发态）。处于较高激发态的叶绿素分子很不稳定，在几百飞秒内，通过振动弛豫向周围环境辐射热量，回到最低激发态。最低激发态的叶绿素分子可以稳定存在几纳秒。如果说叶绿素荧光参数可以反映植物在生物、非生物胁迫等情况下的功能表现，包括污染胁迫状态与抗性、光合生理生态状况等，那么 RGB 彩色成像分析则主要反映植物的形态结构等表观性状；叶绿素荧光成像分析与 RGB 彩色成像分析相结合，可以全面反映植物的功能表现与表观形态，从而成为植物表型的全面分析平台（图 13-4）。

荧光成像技术在作物表型研究中主要应用在病虫害检测。病虫害入侵后，光合作用、呼吸作用和营养过程中的代谢都会受到影响；其次荧光成像可以估计光合作用，监测植物病原菌的影响，并诊断早期的应激反应。例如，利用叶绿素荧光定量成像技术研究感染白粉病的大麦的叶片响应等。

4. 激光雷达图像（LiDAR image）

激光雷达是“光探测和测距”（light detection and ranging）的简称，其使作物三维成像成为可能。当然三维成像的原理很多，有立体视觉成像、飞行多角度成像，但由于激光雷达图像采用激光测量，并有一定的穿透率，即使叶片相互重叠，也能很准确捕获，因此是目前所有三维成像中最准确、最快速的一种成像方式。如图 13-5 是运用三个激光雷达进行立体成像原理的示意图。

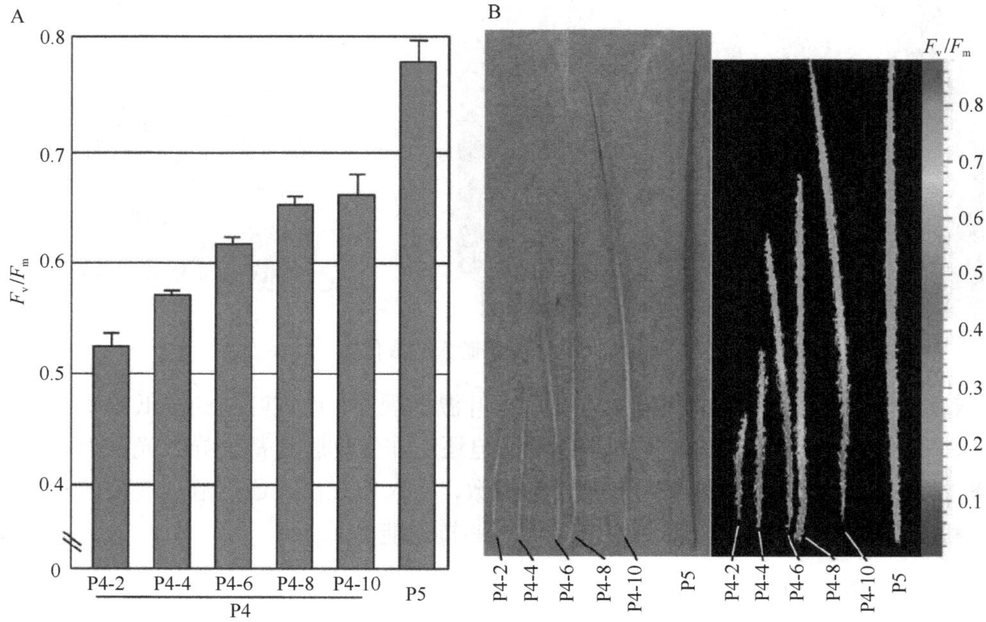

图 13-4 叶绿素荧光成像图

A 为不同处理叶片光能转化效率（F_v/F_m）均值分布图；B 为不同处理叶片光能转化效率（F_v/F_m）伪颜色图。

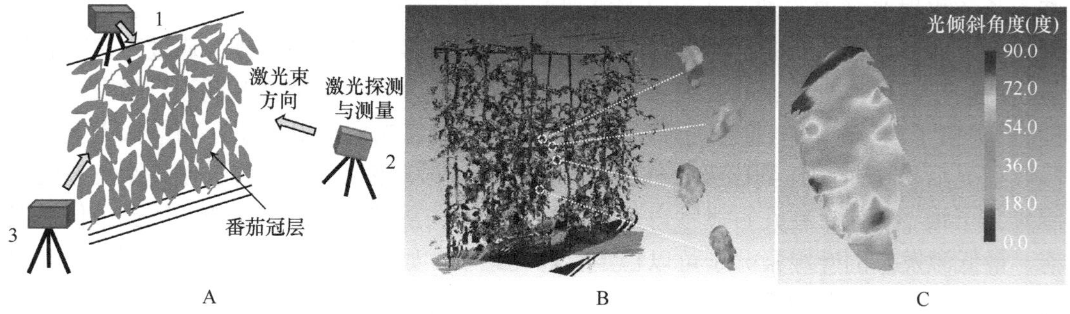

图 13-5 运用三个激光雷达进行立体成像原理

运用三维成像图，很容易获取如植株高度、叶片的方向角和倾角、叶形态（大小和面积）、茎大小等在作物表型研究中经常使用的特征值，是研究基因与外部形态关系、不同环境对作物种群的影响、干物质累积与叶片分布特征的关系等作物表型组学研究必不可少的手段。

5. 核磁共振图像（nuclear magnetic resonance image）

核磁共振成像也称磁共振成像，是利用核磁共振原理，通过外加梯度磁场检测所发射出的电磁波，据此可以绘制成物体内部的结构图像，经常为人们所利用的原子核有 ^1H、

^{11}B、^{13}C、^{17}O、^{19}F、^{31}P。

质子核磁共振成像在作物表型研究中，主要利用静磁场和射频场来获取作物体内可动水的分布图，具有快速无损、对比度高、分辨率高等特点。由于根系中水分含量丰富，核磁共振成像提供一种独具潜力的方法来获取根系结构、生长及其水分动力学信息。传统的核磁共振及其成像技术被用于种子、自然生长的作物根系、整棵植株三维结构的监测，此外还运用于植株体内细胞水分的输送监测和进行分子标记等方面的研究。

6. CT 图像（X-ray computed tomography）

CT 即电子计算机断层扫描，它是利用精确准直的 X 线束，与灵敏度极高的探测器一同围绕探测对象作一个接一个的断面扫描，具有扫描时间快、图像清晰等特点，在作物表型研究中主要运用于根系的研究，即把三维的根系用沿某一方向的若干二维图像来表示。

第二节　数字图像预处理

数字图像在应用到作物表型研究之前一定要事先进行相关处理，如对图像中物体进行精确测量之前一定要进行几何校正；如果对多次获取图像进行比较时要进行辐射校正；同时为了消除图像中的噪声，一定要进行滤波处理；为减少信息处理量，一定要进行二值化处理；图 13-6 是 Green（2012）计算油菜叶片面积的处理过程，其中图像辐射定标、几何校正和品种分离是预处理过程。下面就常用预处理方法作相应介绍。

一、数字图像的几何校正

不管数字图像是何种类型，一般都是画幅式成像，即都是将信息通过信号收集器集于一点而成像，也就是选用中心投影的方式。中心投影方式成像摄影是按小孔成像原理，在小孔处安装一个摄影物镜，在成像处放置感光材料，定时定位启闭快门，快门开启瞬间，被摄物体经摄影物镜成像于感光材料上，感光材料受投影光线的光化作用后，经摄影处理取得景物的光学影像。成像的各条光线汇聚于物镜中心，形成成像的几何特点，物镜中心称为摄影中心。由中心投影构像原理可以看出成像相片有以下特点。

1）地物通过摄影中心与其成像点共一条直线。

2）投影中心到像平面的距离为物镜主距。

3）地物由于成像平面倾斜其成像会发生形变。

4）具有高差的物体成像在相片上有投影差。

中心投影因地物间比例尺的差异是不可以用来测量的，而正射投影则相反，正射投影就是摄影光线平行且垂直投影面，所有地物间比例尺一样，可以用来进行测量，因此所谓数字图像的几何校正就是将数字图像由中心投影转成正射投影，如下列公式

$$\begin{aligned} x' &= f(x,y) \\ y' &= g(x,y) \end{aligned} \tag{13-1}$$

式中，x'，y'为正射投影坐标系统；x，y 为中心投影坐标系统。

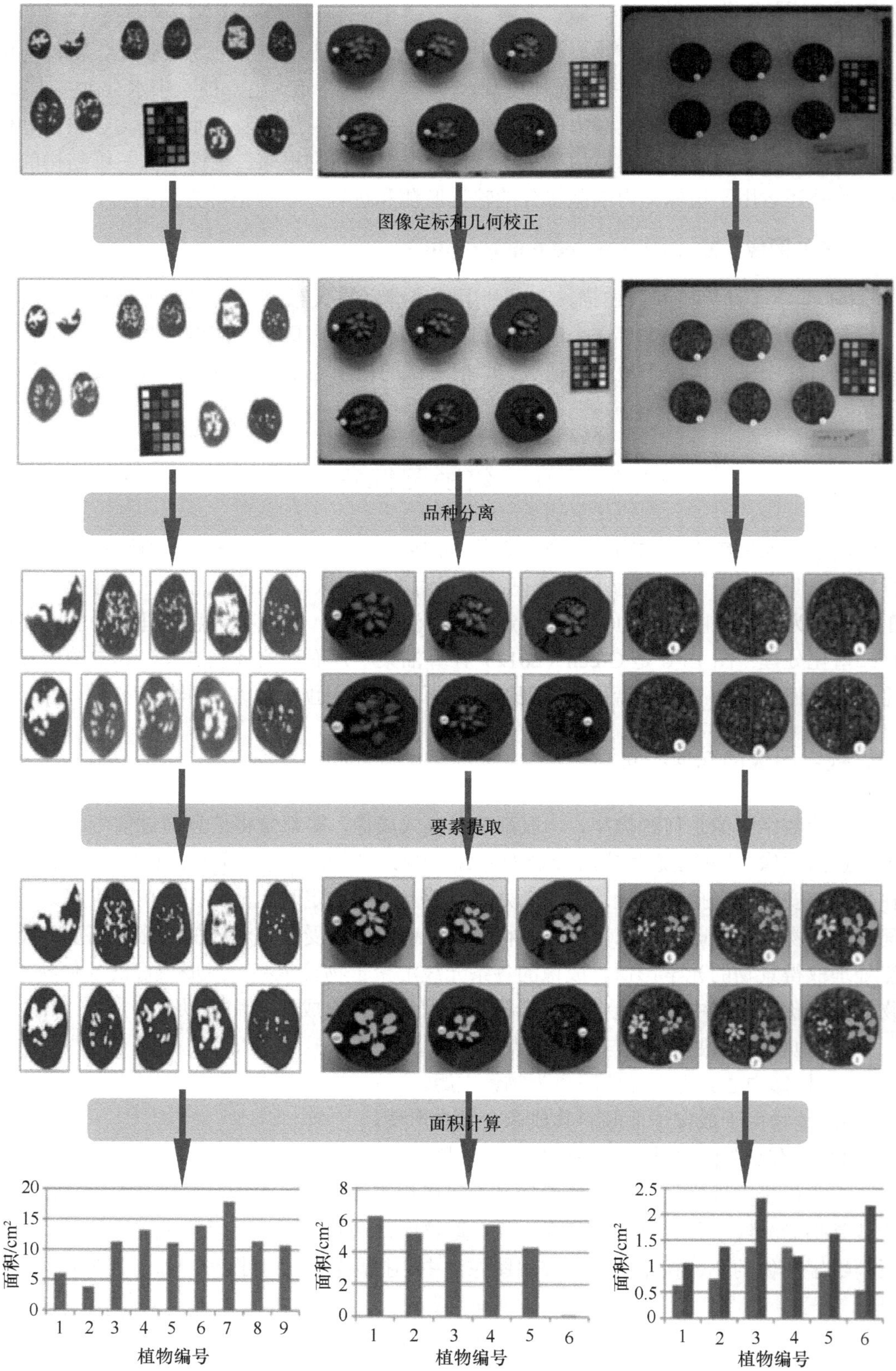

图 13-6　不同品种油菜叶片面积计算流程

中心投影转成正射投影方法很多，多数基于成像原理，而图像多项式纠正法的基本思想是回避成像的空间几何过程，而直接对影像变形的本身进行数学模拟，认为图像变形规律可以看作平移、缩放、旋转、仿射、偏扭和弯曲及更高次的基本变形的综合作用结果。该方法对各种类型传感器的纠正都是普遍适用的，尽管它存在着不同程度的近似性；同时该方法不仅用于影像对地面（或地图）系统的纠正，还常用于不同类型影像之间的几何配准，以满足不同处理的需要。这种变形一般可以用多项式纠正法。

按照阶次，多项式纠正法可分为一次多项式、二次多项式和三次多项式。一次多项式公式为

$$\begin{aligned} x' &= ax + by + c \\ y' &= dx + ey + f \end{aligned} \tag{13-2}$$

一次多项式纠正法适用于平移、旋转的坐标系统转换，不适合比例尺不同的中心投影与正投影之间的转换，而二次多项式公式为

$$\begin{aligned} x' &= a_1x + a_2y + a_{11}x^2 + a_{22}y^2 + a_{12}xy + a \\ y' &= b_1x + b_2y + b_{11}x^2 + b_{22}y^2 + b_{12}xy + b \end{aligned} \tag{13-3}$$

二次多项式纠正法有平移、旋转、规律性变形，需要的地面控制点（GCP）少，适合于简单情况下的中心投影与正射投影之间的转换。

三次多项式纠正法要求的参数更多，有平移、旋转和任意变形，需要的地面控制点多，适用于复杂情况下的中心投影与正射投影之间的转换。

多项式纠正法参数一般采用最小二乘法，因此地面控制点越多，其误差会越小。同时采用多项式纠正法应注意以下两点。

1）多项式纠正法的精度与地面控制点的精度、分布和数量及纠正的范围有关。地面控制点的精度越高、分布均匀、数量越多，则几何纠正的精度就越高。

2）采用多项式纠正时，在确定系数处的控制点拟合较好，但在其他点的内插值可能有明显的偏离，而且与相邻的控制点协调性较差，容易使拟合产生震荡。

在获取作物影像时不可能有地面控制点，因此要求在图像获取时，放置标准米尺，在图像中通过米尺寻找地面控制点，并记录拍摄时相机的相关信息。

二、辐射校正

画幅式摄影主要是接受地物的反射率成像的，因此受外界光源影响很大，如果要进行多时相数字图像分析时，要消除外界光源影响，必须进行辐射校正，所谓辐射校正，就是消除外界光源的变化对数字图像反映值（digital number，DN）的影响，校正方法就是在图像中放色卡（有各种颜色的斑块），然后分别对数字图像（彩色 RGB 三个波段）中的每个波段依据不同颜色斑块上的 DN 值对其进行校正，校正公式为

$$DN_{new} = (DN_{old} - DN_{black})/(DN_{color} - DN_{black}) \times 256 \tag{13-4}$$

式中，DN_{old} 是原波段中的 DN 值，DN_{black} 是黑色斑块 DN 值，DN_{color} 是三个波段中的 RGB 斑块 DN 值。计算流程如图 13-7 所示。

图 13-8 为辐射校正前后比较。

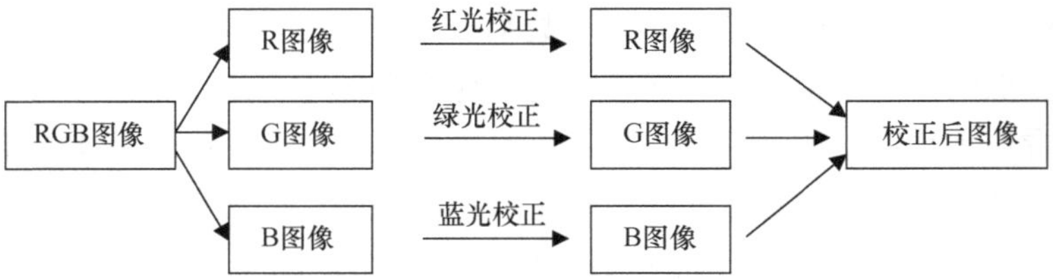

图 13-7　辐射校正流程

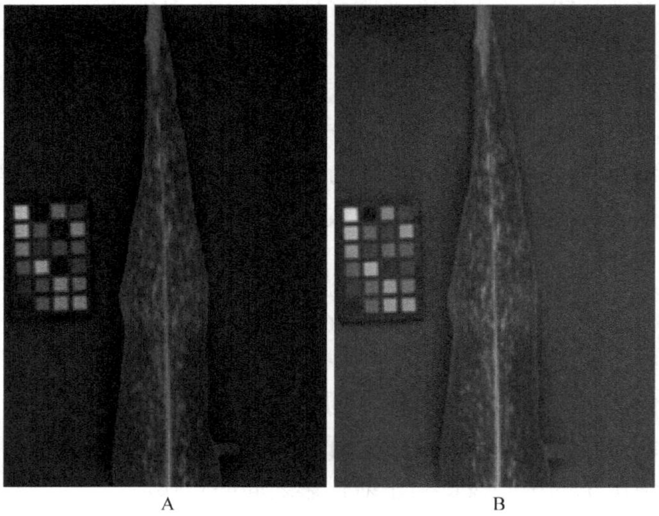

图 13-8　辐射校正前后比较

A. 校正前；B. 校正后

三、二值化处理

为简化信息量，在数字图像分析前一般把感兴趣部分（或称为目标或前景）找出来。如果感兴趣部分的灰度值较其余部分（称之为背景或本底）高，则可以用求阈值的办法把灰度大于一定值的像素标识出来构成感兴趣区而其余部分则视为背景。决定取舍的灰度值称阈值（或门限）。可以把像素灰度大于阈值的点归于目标，标为 1；而其余点为背景，标为 0。这一过程称二值化处理。

如图 13-9A 为大麦细胞灰度图像，由图 13-9B 灰度图像的直方图可以看出，大麦细胞图像的灰度大致分布在两个区。灰度较高（发白）部分代表细胞质，较低部分（发黑）代表细胞壁和其余部分。如果阈值取在两个峰值的中间部分就可以把细胞质分离出来。

二值化处理中阀门值取值的差异会导致分析结果的差异，二值化处理中阈值选取的方法主要有如下几种。

1）求谷底法：这种方法适于直方图呈现两个峰的情况，选择两峰中间的最小值处为 T。当直方图没有两个明显的峰或很不光滑时则可以先对直方图进行平滑化。用平滑值来代替原来的值。重复使用平滑公式直至直方图平滑为止，然后再搜索峰之间的最小值为阈值。

2）平均法：选两峰位置的平均值为阈值。

3）中值法：选背景和目标像素各占一半的值为阈值。

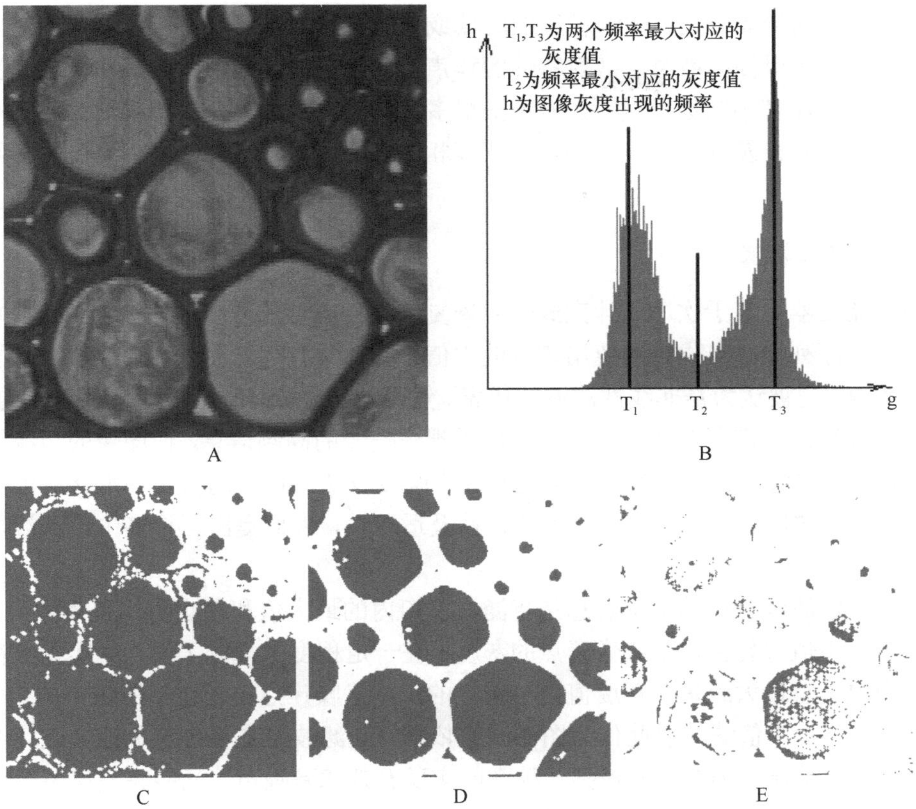

图 13-9　大麦细胞图像简单二值化处理结果
A. 原始灰度图；B. 直方图；C～E 三种阈值二值化后结果图

4）动量矩不变法：选取一个阈值使得原图的各阶动量矩和阈处理后的二值图的相应动量矩相等。

5）最小方差：选取目标和背景的方差和最小的阈值为最佳阈值。

四、图像滤波

图像在进行使用之前，一般都要经过严格的预处理如去噪、量化、压缩编码等。噪声的污染直接影响着对图像边缘检测、特征提取、图像分割、模式识别等处理，因此我们不得不从各种角度进行探索以提高图像的质量。采用适当的方法尽量消除噪声是图像处理中一个非常重要的预处理步骤。数字图像处理技术在作物表型采集时，图像信息会受到各种各样噪声的影响，严重时会影响图像中的有用信息，所以对图像的噪声处理就显得十分重要。为了改善图像质量，从图像中提取有效信息，必须对图像进行去噪声预处理。根据噪声的频谱分布的规律和统计特征及图像的特点，出现了多种多样的去噪声方法。经典去噪声法有：空间域合成法、频域合成法和最优线性合成法等。与之相适应地出现了许多应用方法，如均值滤波器、中值滤波器、低通滤波器、维纳滤波器、最小失真法等。这些方法广泛应用，促进了数字信号处理的极大发展，显著提高了图像质量。近年来，小波变换去除噪声的方法得到广泛的应用。与传统的去噪声法相比。它利用的是非线性阈值，在时间域和频率域同时具有良好的局部化性质，而且时窗和频窗的宽度可以调节。对高频成分采用逐渐精细的时域或空域取样步长，从而可以聚焦到对象的任意细节。因此可以提高散斑高散射特性的噪声对比度，很好地消除散斑噪声。小波变换去除噪声的方法在不断地发展，去噪声法很多，如非线性小波变换阈值法去噪、小波变换模极大值去噪声及基于小波变换域的尺度相关性去噪声法等。这里主要讲几种常用图像滤波方法。

（一）中值滤波

中值滤波器是基于次序统计完成信号恢复的一种典型的非线性滤波器，其基本原理是把图像或序列中心点位置的值用该域的中值替代，具有运算简单、速度快、除噪声效果好等优点，曾被认为是非线性滤波的代表。然而，一方面中值滤波因不具有平均作用，在滤除诸如高斯噪声之非冲激噪声时会严重损失信号的高频信息，使图像的边缘等细节模糊；另一方中值滤波的滤波效果常受到噪声强度及滤波窗口的大小和形状等因素的制约，使中值滤波器具有更好的细节保护特性及适应性，人们提出了许多中值滤波器的改进算法。

标准中值滤波算法的基本思想是将滤波窗口内的最大值和最小值均视为噪声，用滤波窗口内的中值代替窗口中心像素点的灰度，在一定程度上抑制了噪声。实际上在一定邻域范围内具有最大或最小灰度值这一特性的，除了噪声点，还包括图像中的边缘点、线性特征点等。中值滤波以此作为图像滤波依据，其滤波结果不可避免地会破坏图像的线段、锐角等信息。因此，要找到一种既能实现有效滤除噪声，又能完整保留图像细节的滤波机制，仅考虑噪声的灰度特性是难以实现的。

（二）均值滤波

均值滤波也称为线性滤波，其采用的主要方法为领域平均法（还有加权平均法）。线性滤波的基本原理是用均值代替原图像中的各个像素值，即对待处理的当前像素点，选择一个模板，该模板由其近邻的若干像素组成，求模板中所有像素的均值，再把该均值赋予当前像素点，作为处理后图像在该点上的灰度值。

（三）高斯滤波

高斯滤波是一种线性平滑滤波，适用于消除高斯噪声，广泛应用于图像处理的减噪过程。高斯滤波就是对整幅图像进行加权平均的过程，每一个像素点的值，都由其本身和邻域内的其他像素值经过加权平均后得到。

从视觉上看，高斯滤波在线条和边缘上相差不大，而中值滤波的边缘和细节部分保留得较好。

第三节　常用的数字图像分析方法

一、基于作物光谱特征的图像分析方法

植物的光谱特征可使其在遥感影像上有效地与其他地物区分。同时，不同的作物各有其自身的波谱特征，从而成为区分植被类型、长势及估算生物量的依据。

（一）健康作物的反射光谱特征

健康作物的波谱曲线有明显的特点（图 13-10），在可见光的 0.55μm 附近有一个反射率为 10%～20%的小反射峰。在 0.45μm 和 0.65μm 附近有两个明显的吸收谷。在 0.7～0.8μm 是一个陡坡，反射率急剧增高。在近红外波段 0.8～1.3μm 形成一个高的，反射率可达 40%或更大的反射峰。在 1.45μm，1.95μm 和 2.6～2.7μm 处有三个吸收谷。

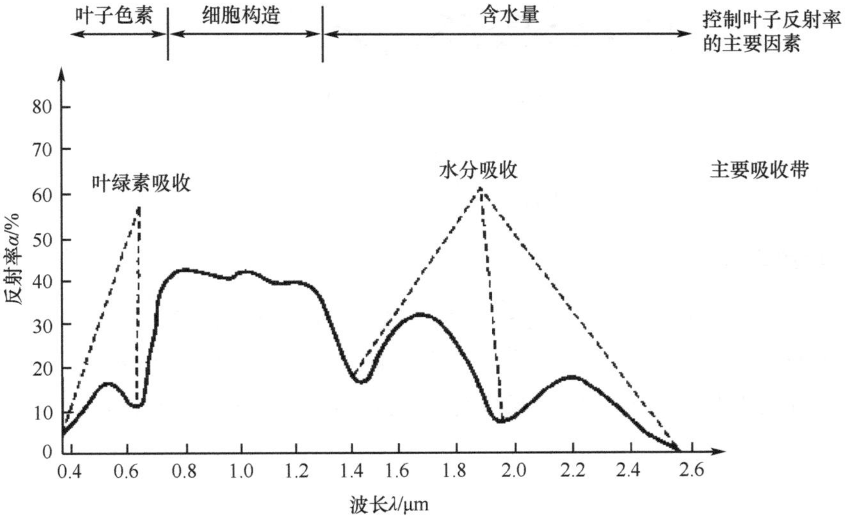

图 13-10　绿色作物有效光谱响应特征

（二）影响作物光谱的因素

作物光谱除了受作物本身的结构特征影响，同时也受到外界的影响。外界影响主要包括季节的变化、植被的健康状况、作物的含水量的变化及植株营养物质的缺乏与否等。但外界的影响总是通过作物本身生长发育的特点在有机体的结构特征反映出来的。

从作物的典型波谱曲线来看，控制作物反射率的主要因素有作物叶片的颜色、叶片的细胞构造和作物的水分等。作物的生长发育、作物的不向种类、灌溉、施肥、气候、土壤、地形等因素都对有机物的光谱特征发生影响，使其光谱曲线的形态发生变化。

1. 叶片的颜色

作物叶片中含有多种色素，如叶青素、叶红素、叶黄素、叶绿素等，在可见光范围内，其反射峰值落在相应的波长范围内（图 13-11）。

2. 叶片的组织构造

绿色植物的叶片是由上表皮、叶绿素颗粒组成的栅栏组织和多孔薄壁细胞组织（海绵组织）构成。叶绿素对紫外线和紫色光的吸收率极高，对蓝色光和红色光也强烈吸收，以进行光合作用。对绿色光部分则部分吸收，部分反射，所以叶片呈绿色，并形成在 0.55μm 附近的一个小反射峰值，而在 0.33～0.45μm 及 0.65μm 附近有两个吸收谷。叶片的多孔薄壁细胞组织（海绵组织）对 0.8～1.3μm 的近红外光强烈地反射，形成光谱曲线上的最高峰区。其反射率可达 40%，甚至高达 60%，吸收率不到 15%。

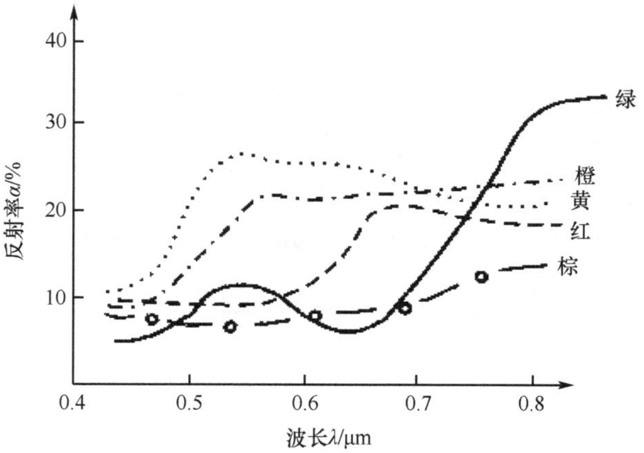

图 13-11 不同颜色叶片的反射光谱

3. 叶片的含水量

叶片光谱在 1.45～1.95μm 和 2.6～2.7μm 处各有一个吸收谷，这主要由叶片的细胞液、细胞膜及吸收水分所形成。植物叶片含水量的增加，将使整个光谱反射率降低（图 13-12），反射光谱曲线的波状形态变得更为明显，特别是在近红外波段，几个吸收谷更为突出。

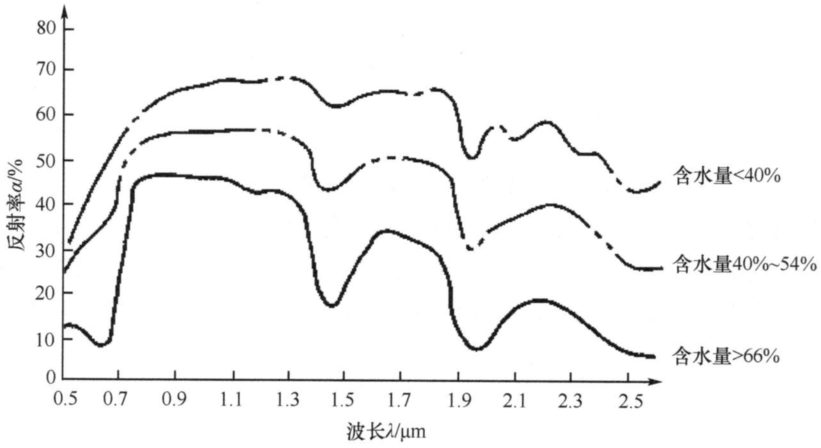

图 13-12 水分含量对玉米叶片反射率的影响

近年来，随着高光谱遥感的兴起而发展起来的光谱数据分析技术中，植被“红边”位移现象是研究最多、成效显著的成果之一。“红边”定义为反射光谱的一阶微分最大值所对应的光谱位置，通常位于 0.68～0.75μm。当绿色植物叶绿素含量高，生长旺盛时，“红边”会向波长增加的方向偏移，称“红移”。当作物由于受金属元素“毒害”、感染病虫害、污染受害或者缺水缺肥等原因而“失绿”时，则“红边”会向波长短的方向移动，称“蓝移”。因此，根据“红边”位移量可以精确地估计叶绿素含量或探测叶片的生化组分。其实早在二三十年前，研究者就发现生长在富含 Cu、Mo 等重金属元素土壤上的植物，受金属元素“毒害”影响，其光谱反射特性会发生一些变化，主要表现就是红边和绿峰会向短波区偏移 10～20nm 不等（图 13-13）。这种矿化带植物光谱异常是植物遥感探矿的有用指标。

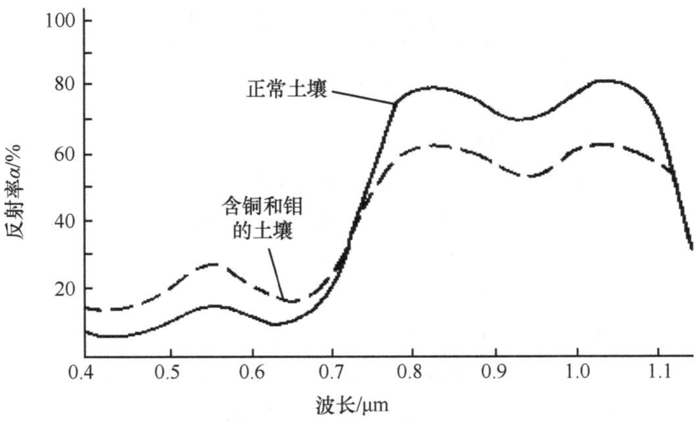

图 13-13　矿区红杉林反射曲线的蓝移现象

还应指出，不同的植物种类虽然都有共同的光谱反射特性，形成很有特色的光谱反射曲线，但并不都是“千树一面”。实际上，不同的种属，处于不同的生长环境，其光谱反射曲线就会有许多差异，如泡桐、杨等阔叶树，枝叶繁茂，太阳辐射经过上下多层的叶面反射，上述绿色植被的光谱反射特性表现得尤为突出；杉松等针叶树，叶面积指数低，相当比例的太阳辐射穿过枝叶空隙直接投射到地面，因此植被反射总体降低，绿光区的小反射峰值也趋于平缓；草类则基本上介于两者之间。此外，不同植被类型在可见光区的反射率彼此差异小，曲线几乎重叠在一起，进入红外区，反射率的差异就扩大了，彼此容易区分，如 0.8μm、1.7μm 和 2.3μm 都是识别不同植被类型的最佳波段。

（三）植被参数的估算

遥感图像上的植被信息，主要通过绿色植物叶片和植被冠层的光谱特性及其差异、变化而反映的，不同光谱通道所获得的植被信息可与植被的不同要素或某种特征状态有各种不同的相关性，如叶片光谱特性中，可见光谱段受叶片叶绿素含量的控制，近红外谱段受叶肉细胞结构的控制，中红外谱段受叶细胞内水分含量的控制。

再如，可见光中绿光波段 0.52～0.59μm 对区分植物类别敏感；红光波段 0.63～0.69μm 对植被覆盖度、植物生长状况敏感等。但是，对于复杂的植被遥感，仅用个别波段或多个单波段数据分析对比来提取植被信息是相当局限的。因而往往选用多光谱遥感数据经分析运算（加、减、乘、除等线性或非线性组合方式），产生某些对植被长势、生物量等有一定指示意义的数值——即所谓的“植被指数”。它用一种简单有效的形式来实现对植物状态信息的表达，定性和定量地评价植被覆盖、生长活力及生物量等。

在植被指数中，通常选用被绿色植物（叶绿素引起的）强吸收的可见光红波段和被绿色植物（叶内组织引起的）高反射的近红外波段。这两个波段不仅是植物光谱中最典型的波段，而且它们对同一生物物理现象的光谱响应截然相反，故它们的多种组合对增强或揭示隐含信息将是有利的。

由于植被光谱受到植被本身、土壤背景、环境条件、大气状况、仪器定标等内外因素的影响，因此植被指数往往具有明显的地域性和时效性。20 多年来，国内外学者已研究发展了几十种不同的植被指数模型，见表 13-1，其大致可归纳为以下几类。

表 13-1 主要植被指数表达式一览表

名称	缩写	公式	参考文献
比值植被指数	RVI	R/NIR	Pearson 等（1972）
转换型植被指数	TVI	$\sqrt{\mathrm{NDVI}+0.5}$	Rouse 等（1974）
绿度植被指数	GVI	$-0.283\mathrm{MSS4}-0.66\mathrm{MSS5}+0.577\mathrm{MSS6}+0.388\mathrm{MSS7}$	Kauth 等（1976）
土壤亮度指数	SBI	$-0.283\mathrm{MSS4}-0.66\mathrm{MSS5}+0.577\mathrm{MSS6}+0.388\mathrm{MSS7}$	Kauth 等（1976）
黄度植被指数	YVI	$-0.283\mathrm{MSS4}-0.66\mathrm{MSS5}+0.577\mathrm{MSS6}+0.388\mathrm{MSS7}$	Kauth 等（1976）
土壤背景线指数	SBL	MSS7–2.4MSS5	Richardson 等（1977）
差值植被指数	DVI	$2.4\mathrm{MSS7}-\mathrm{MSS5}$	Richardson 等（1977）
Misra 土壤亮度指数	MSBI	$0.406\mathrm{MSS4}+0.60\mathrm{MSS5}+0.645\mathrm{MSS6}+0.243\mathrm{MSS7}$	Misra 等（1977）
Misra 绿度植被指数	MGVI	$-0.386\mathrm{MSS4}-0.53\mathrm{MSS5}+0.535\mathrm{MSS6}+0.532\mathrm{MSS7}$	Misra 等（1977）
Misra 黄度植被指数	MYVI	$0.723\mathrm{MSS4}-0.597\mathrm{MSS5}+0.206\mathrm{MSS6}-0.278\mathrm{MSS7}$	Misra 等（1977）
Misra 典范植被指数	MNSI	$0.404\mathrm{MSS4}-0.039\mathrm{MSS5}-0.505\mathrm{MSS6}+0.762\mathrm{MSS7}$	Misra 等（1977）
垂直植被指数	PVI	$\sqrt{(\rho_{xxl}-\rho_{wcg})R^2+(\rho_{xxl}-\rho_{wcg})\mathrm{NIR}^2}$	Richardson 等（1977）
农业植被指数	AVI	$2.0\mathrm{MSS7}-\mathrm{MSS5}$	Asbburn（1978）
裸土植被指数	GRABS	$\mathrm{GVI}-0.09178\mathrm{SBI}+5.58959$	Hay 等（1979）
多时相植被指数	MTVI	$\mathrm{NDVI(date2)}-\mathrm{NDVI(date1)}$	Yazdani 等（1981）
绿度土壤植被指数	GVSB	GVI/SBI	Badhwar 等（1981）
调整土壤亮度植被指数	ASBI	2.0YVI	Jackson 等（1983）
调整绿度植被指数	AGVI	$\mathrm{GVI}-(1+0.018\mathrm{GVI})\mathrm{YVI}-\mathrm{NSI}/2$	Jackson 等（1983）
归一化差异绿度指数	NDGI	$(G-R)/(G+R)$	Chamard 等（1991）
红色植被指数	RI	$(R-G)/(R+G)$	Escadafal 等（1991）
归一化差异指数	NDI	$(\mathrm{NIR}-\mathrm{MIR})/(\mathrm{NIR}+\mathrm{MIR})$	McNairn 等（1993）
归一化差异植被指数	NDVI	$(\mathrm{NIR}-R)/(\mathrm{NIR}+\mathrm{MIR})$	Rouse 等（1974）
垂直植被指数	PVI	$(\mathrm{NIR}-aR-b)/\sqrt{a^2+1}$	Jackson 等（1980）
土壤调整植被指数	SAVI	$\dfrac{(\mathrm{NIR}-R)}{(\mathrm{NIR}+R+L)}(1+L)$	Huete 等（1988）
转换型土壤调整指数	TSAVI	$[a(\mathrm{NIR}-aR-B)]/(R+a\mathrm{NIR}-ab)$	Baret 等（1989）
改进转换型土壤调整植被指数	TSAVI	$[a(\mathrm{NIR}-aR-B)]/[(R+a\mathrm{NIR}-ab+X(1+\alpha^2)]$	Baret 等（1989）
大气阻抗植被指数	ARVI	$(\mathrm{NIR}-RB)/(\mathrm{NIR}+RB)$	Kanfman 等（1992）
全球环境监测指数	GRMI	$\eta(1-0.25\eta)-(R-0.125)/(1-R)$； $\eta=[2(\mathrm{NIR}^2-R^2)+1.5\mathrm{NIR}+0.5R]/(\mathrm{NIR}+R+0.5)$	Pinty 等（1992）
转换型土壤大气阻抗植被指数	TSARVI	$[a_{rb}(\mathrm{NIR}-a_{rb}\mathrm{RB}-b_{rb})]/(\mathrm{RB}+a_{rb}\mathrm{NIR}-a_{rb}b_{rb}+X(1+a_{rb}{}^2)]$	Bannari 等（1994）
修改型土壤调整植被指数	MSAVI	$(2\mathrm{NIR}+1-\sqrt{(2\mathrm{NIR}+1)^2-8(\mathrm{NIR}-R)})/2$	Qi 等（1994）
角度植被指数	AnVI	$\tan^{-1}\{[(\lambda_3-\lambda_2)/\lambda_2](\mathrm{NIR}-R)^{-1}\}+\tan^{-1}\{[(\lambda_2-\lambda_1)/\lambda_2](G-R)^{-1}\}$	Plumme 等（1994）
导数植被指数	DVeI	$\int_{\lambda 1}^{\lambda 2}\dfrac{\mathrm{d}0}{\mathrm{d}\lambda}\mathrm{d}\lambda$	Demetriades 等（1990）
生理反射植被指数	PRI	$(R_{\mathrm{ref}}-R_{531})/(R_{\mathrm{ref}}+R_{531})$	Gamon 等（1992）

比值植被指数（RVI）是由于可见光红波段（R）与近红外波段（NIR）对绿色植物的光谱响应十分不同，且具倒转关系，两者简单的数值比能充分表达两反射率之间的差异。比值植被指数可表达为

$$RVI=DN_{NIR}/DN_R \text{ 或 } RVI=\rho_{NIR}/\rho_R \quad (13\text{-}5)$$

式中，DN 为近红外、红外段的计数值（灰度值），ρ 为地表反照率。

对于绿色植物叶绿素引起的红光吸收和叶肉组织引起的近红外强反射，使其 R 与 NIR 值有较大的差异，RVI 值高。而对于无植被的地面包括裸土、人工特征物、水体及枯死或受胁迫植被，因不显示这种特殊的光谱响应，则 RVI 值低。因此，比值植被指数能增强植被与土壤背景之间的辐射差异。

因此，比值植被指数能增强植被与土壤背景之间的辐射差异。土壤一般有近于 1 的比值，而植被则会表现出高于 2 的比值。可见，比值植被指数可提供植被反射的重要信息，是植被长势和丰度的度量方法之一。同理，可见光绿波段（叶绿素引起的反射）与红波段之比 G/R，也是有效的。比值植被指数可从多种遥感系统中得到。但主要用于 Landsat 的多光谱扫描仪（Multi Spectral Scaner，MSS）、专题制图仪（Thematc mapper，TM）和气象卫星的高级甚高分辨率辐射仪（Advanced Very High Resolution Radiometer，AVHRR）等数据分析。

RVI 是绿色植物的一个灵敏的指示参数。研究表明，它与叶面积指数（LAI）、叶干生物量（DM）、叶绿素含量相关性高，被广泛用于估算和监测绿色植物生物量。在植被高密度覆盖情况下，它对植被十分敏感，与生物量的相关性好。但当植被覆盖度小于 50% 时，它的分辨能力显著下降。此外，RVI 对大气状况很敏感，大气效应大大地降低了它对植被检测的灵敏度，尤其是当 RVI 值高时。因此，最好运用经大气纠正的数据，或将两波段的灰度值（DN）转换成反射率（ρ）后再计算 RVI，以消除大气对两波段不同非线性衰减的影响。

归一化植被指数（NDVI）归一化指数（NDVI）被定义为近红外波段与可见光红波段数值之差和这两个波段数值之和的比值。即

$$NDVI=(DN_{NIR}-DN_R)/(DN_{NIR}-DN_R) \quad (13\text{-}6)$$

或者

$$NDVI=(\rho_{NIR}-\rho_R)/(\rho_{NIR}-\rho_R)\ 7\text{–}2) \quad (13\text{-}7)$$

实际上，NDVI 是简单比值 RVI 经非线性的归一化处理所得。在植被遥感中，NDVI 的应用最为广泛。它是植被生长状态及植被覆盖度的最佳指示因子，与植被分布密度呈线性相关。因此又被认为是反映生物量和植被监测的指标。

NDVI 的一个缺陷在于，对土壤背景的变化较为敏感。实验证明，当植被覆盖度小于 15%时，植被的 NDVI 值高于裸土的 NDVI 值，植被可以被检测出来，但植被覆盖度很低的干旱、半干旱地区，其 NDVI 很难指示区域的植物生物量，而对观测与照明却反应敏感；当植被覆盖度由 25%～80%增加时，其 NDVI 值随植物量的增加呈线性迅速增加；当植被覆盖度大于 80%时，其 NDVI 值增加延缓而呈现饱和状态，对植被检测灵敏度下降。

实验表明，作物生长初期 NDVI 将过高估计植被覆盖度，而在作物生长的结束季节，NDVI 值偏低。因此，NDVI 更适用于植被发育中期或中等覆盖度的植被检测。

Huete 等（1988）为了修正 NDVI 对土壤背景的敏感提出了可适当描述土壤——植被系统的简单模型，即土壤调整后的植被指数（soil-adjusted vegetation index），其表达式为

$$\mathrm{SAVI}=\left[\frac{\mathrm{DN_{NIR}}-\mathrm{DN}_R}{\mathrm{DN_{NIR}}-\mathrm{DN}_R+L}\right](1+L) \tag{13-8}$$

或者：

$$\mathrm{SAVI}=\left[\frac{\rho_{\mathrm{NIR}}-\rho_R}{\rho_{\mathrm{NIR}}-\rho_R+L}\right](1+L) \tag{13-9}$$

式中，L 是一个土壤调节系数，它是由实际区域条件所决定的常量，用来减小植被指数对不同土壤反射变化的敏感性。当 L 为 0 时，SAVI 就是 NDVI。对于中等植被盖度区，L 一般接近于 0.5。因子（$1+L$）主要是用来保证最后的 SAVI 值与 NDVI 值一样介于–1 和+1 之间。

在 SAVI 的基础上，人们又进一步发展了转换型土壤调整指数：

$$\mathrm{TSAVI}=\left[a(\mathrm{NIR}-aR)-b\right]/(R+a\mathrm{NIR}-ab) \tag{13-10}$$

将土壤背景值的有关参数（a，b）直接参与指数运算。

为了减少 SAVI 中裸土影响，发展了修改型土壤调整植被指数：

$$\mathrm{MSAVI}=(2\,\mathrm{NIR}+1)-\sqrt{(2\,\mathrm{NIR}+1)^2-8(\mathrm{NIR}-R)/2} \tag{13-11}$$

Major 等又依据土壤干湿强度及太阳入射角的变化等，给出 SAVI 的三种新的形式（SAVI2，SAVI3，SAVI4）等。

实验证明，SAVI 和 TSAVI 在描述植被覆盖和土壤背景方面有着较大的优势。由于考虑了（裸土）土壤背景的有关参数，TSAVI 比 NDVI 对低植被覆盖有更好的指示意义，适用于半干旱地区的土地利用制图。

此外，针对不同的区域特点和不同的植被类型，人们又发展了不同的归一化植被指数。如，用于检验植被不同生长活力的归一化差异绿度指数：

$$\mathrm{NDGI}=(G-R)/(G+R) \tag{13-12}$$

用于建立光谱反射率与棉花作物残余物的表面覆盖率关系的归一化差异指数：

$$\mathrm{NDI}=(\mathrm{NIR}-\mathrm{MIR})/(\mathrm{NIR}+\mathrm{MIR}) \tag{13-13}$$

差值植被指数（DVI）又称环境植被指数（EVI），被定义为近红外波段与可见光红波段数值之差，即

$$\mathrm{NDI}=\mathrm{DN_{NIR}}-\mathrm{DN}_R \tag{13-14}$$

差值植被指数的应用远不如 RVI、NDVI。它对土壤背景的变化极为敏感，有利于对植被生态环境的监测。另外，当植被覆盖浓密（≥80%）时，它对植被的灵敏度下降，适用于植被发育早-中期，或低-中覆盖度的植被检测。

上述的 NDVI、DVI 等植被指数均受土壤背景的影响大，且这种影响是相当复杂的，它随波长、土壤特征（含水量、有机质含量、表面粗糙度等）及植被覆盖度、作物排列方向等的变化而变化。

对于植被指数的主要组成波段红光和近红外光而言，叶片对红光的作用主要是吸收，而透射、反射均很小，作为背景的土壤则红光的反射较强，因此在植被非完全覆盖的情况下，冠层的红光反射辐射中，土壤背景的影响较大，且随着覆盖度的变化而变化；但近红外波段情况完全不同，叶片对近红外光的反射、透射均较高（约各占 50%），吸

收极少，而土壤对近红外光的反射明显小于叶的反射。因此在植被非完全覆盖的情况下，冠层的近红外反射辐射中，叶层的多次反射及与土壤的相互作用是复杂的，土壤背景的影响仍较大。

缨帽变换中的绿度植被指数（GVI）为了排除或减弱土壤背景值对植物光谱或植被指数的影响，除了前述出现一些调整、修正土壤亮度的植被指数（如 SAVI、TSAVI、MSAVI 等）外，还广泛采用了光谱数值的缨帽变换技术（tasseled cap，即 TC 变换）。该技术是由 K. J. Kauth 和 G. S. Thomas 首先提出，故又称之为 K-T 变换。

缨帽变换（TC）是指在多维光谱空间中，通过线性变换、多维空间的旋转，将植物、土壤信息投影到多维空间的一个平面上，在这个平面上使植被生长状况的时间轨迹（光谱图形）和土壤亮度轴相互垂直。也就是，通过坐标变换使植被与土壤特征分离。植被生长过程的光谱图形呈所谓的“缨帽”图形；而土壤光谱则构成一条土壤亮度线，有关土壤特征（含水量、有机质含量、粒度大小、土壤矿物成分、土壤表面粗糙度等）和光谱变化都沿土壤亮度线方向产生。

缨帽变换是一种通用的植被指数，可以被用于 Landsat MMS 或 Landsat TM 数据。对于 Landsat MMS 数据，缨帽变换将原始数据进行正交变换，变成四维空间（包括土壤亮度指数 SBI、绿色植被指数 GVI、黄色成分（stuff）指数 YVI，以及与大气影响密切相关的 non-such 指数 NSI）。对于 Landsat TM 数据，缨帽植被指数由三个因子组成——“亮度”、“绿度”与“第三”（Third）。其中的亮度和绿度相当于 MSS 缨帽的 SBI 和 GVI，第三种分量与土壤特征有关，包括水分状况。

K. J. Kauth 和 G. S. Thomas 所提出的缨帽变换（TC 变换）是以陆地卫星 MSS 各波段的幅度亮度值作为变量。经线性变换后，组成 4 个新变量：

$$TC1=+0.433MSS4+0.632MSS5+0.586MSS6+0.264MSS7$$

$$TC2=-0.290MSS4-0.562MSS5-0.600MSS6+0.491MSS7$$

$$TC3=-0.829MSS4+0.522MSS5+0.039MSS6+0.194MSS7$$

$$TC4=+0.233MSS4+0.021MSS5-0.543MSS6+0.810MSS7$$

对于不同传感器和地区，系数是变化的。尽管这 4 个新波段没有直接的物理意义，但此信息与地面景物是有关联的。其中第二分量 TC2 表征“绿度”，它与绿色植被长势、覆盖度等信息直接相关；第一分量 TC1 表征“土壤亮度”，它反映土壤亮度信息；第三分量为“黄度”，无确定意义，位于 TC1、TC2 的右侧；第四分量无景观意义，主要为噪声（包含系统噪声和大气信息）。第一、二分量往往集中了 95%或更多的信息。因此，植被、土壤信息主要集中在由 TC1、TC2 组成的二维图形中。

而对于 TM 而言，可见光-红外 6 个波段数据经缨帽变换的前三个分量主要反映土壤亮度、绿度、湿度特征，第四分量主要为噪声。其中绿度指数可表示为

$$GVI=-0.2848TM1-0.2435TM2-0.5436TM3+0.7243TM4+0.084TM5-0.18TM7$$

TC 变换既然是以各波段的辐射亮度值作为变量的，这些亮度值中包含了太阳辐射、大气辐射、环境辐射等多要素的综合信息，因而 TC 变换所得的图形和数值，受大气沌度、光照角度等外界条件的变化而波动。

在作物研究中，为了突出作物本身的光谱特征的动态信息，尽量排除大气环境等因素的影响，在 TC 变换中选用反射率来替代亮度值，将典型的缨帽变换图形进一步发展

为 G-转换图形，即绿度转换图形。图形中的一维是作物在红波段（R）与近红外波段（NIR）组合的绿度模型（绿度变量 G），另一维是作物在 0.4～1.1 的平均反射率，每一种作物在由这两个变量组成的象限里均有各自独特的变化图形和不同的空间位置。

在绿度转换图形上，土壤与植被光谱特征互不相干，植被的绿度测量可排除土壤背景的干扰，一个通过植被光谱图形反映植被的生长状况，另一个通过土壤亮度线反映植被的生长条件，绿度转换图形可以直接形象地反映 G、P 两维变量的变化规律和植被发育过程中空间结构的变化，且信息量得到压缩。但是它缺乏时间变量。

尽管图形反映了作物生长过程，而作物生长过程本身是时间的函数，作物光谱是随时间的变化而变化的，但由于它缺乏具体的时间变量、不能描述作物生长期的长短，特别是当两种作物在图形和空间位置相近，需用时间参数加以鉴别时，该图形反映出一定的局限性。为了弥补这一不足，往往运用多时相动态资料，绘制绿度时间剖面曲线，以显示作物不同生长期中的显著差异。

张仁华等在山东禹城试验站，对黄淮海地区小麦、玉米、大豆、棉花 4 种主要作物进行整个生长期较频繁的观测，这些作物在可见光-近红外波段的反射率差异较小，难以区分。但是若绘制各作物的反射光谱特征的绿度转换图形和绿度时间剖面曲线，则各具特色，易于区分。

在绿度转换图形上，作物在土壤平面上开始生长，随生长阶段的发展，逐渐离开土壤平面以曲线的轨迹向绿要素区域接近，然后聚集在黄要素区，最后又以各种不同路径返回到初始的土壤平面上。原来不易区分的作物在这二维的绿度转换图形上差异明显，再配以绿度时间剖面曲线分析，则易于识别。可见，运用动态遥感信息和相应的动态植被指数是进行作物识别与监测的有效方法。

垂直植被指数（PVI）是在 R、NIR 二维数据中对 GVI 的模拟，两者物理意义相似。在 R、NIR 的二维坐标系内，土壤的光谱响应表现为一条斜线——即土壤亮度线。土壤在 R 与 NIR 波段均显示较高的光谱响应，随着土壤特性的变化，其亮度值沿土壤线上下移动。而植被一般在红波段响应低，而在近红外波段光谱响应高。因此在这二维坐标系内植被多位于土壤线的左上方。

不同植被与土壤亮度线的距离不同。于是 Richardson（1977）把植物象元到土壤亮度线的垂直距离定义为垂直植被指数（perpendicular vegetation index）。

PVI 是一种简单的欧几米得（Eμclidean）距离。表示为

$$\mathrm{PVI}=\sqrt{(S_R-V_R)^2-(S_{\mathrm{VIR}}-S_{VR})^2} \tag{13-15}$$

式中，S 为土壤反射率，V 为植被反射率，R 为红波段。

PVI 表征着在土壤背景上存在的植被的生物量，距离越大，生物量越大，也可将 PVI 定量表达为

$$\mathrm{PVI}=(\mathrm{DN}_{\mathrm{NIR}}-b)\cos\theta-\mathrm{DN}_R\cdot\sin\theta \tag{13-16}$$

式中，DNNIR、DNR 分别为 NIR、R 两波段的反射辐射亮度值；b 为土壤基线与 NIR 反射率纵轴的截距；θ为土壤基线与 R 光反射率横轴的夹角。

PVI 的显著特点是较好地滤除了土壤背景的影响，且对大气效应的敏感程度也小于其他植被指数。正因为它减弱和消除了大气、土壤的干扰，所以被广泛应用于作物估产。

（四）植被指数与叶面积指数的关系

叶面积指数是指每单位土壤表面积的叶面面积比例。它对植物光合作用和能量传输是十分有意义的。

绿色植物的叶片是进行光合作用的基本器官，叶片的叶绿素在光照条件下发生光合作用，产生植物干物质积累，并使叶面积增大。叶面积越大则光合作用越强，而光合作用越强，又使植物群体的叶面积越大，植物干物质积累越多，生物量越大。同时，植物群体的叶面积越大，植物群体的反射辐射增强。

实验证明：当作物群体 LAI 大于 3 时，其反射率可达太阳总辐射的 20%；当正常稻田 LAI 为 4 时的能量透过率为太阳总辐射的 23%或低于 20%；对草本植物而言，叶片倾角较大，光很容易透过冠层直达底部直至土壤，当 LAI 高达 7.5 时，有 5%的入射光可到达土壤表面。

可见，叶面积指数，是利用遥感技术监测植被长势和估算产量的关键参数。然而，叶面积指数往往难以直接从遥感仪器获得，但是它与遥感参数——植被指数间有密切的关系，它是联系植被指数与植物光合作用的一个主要的植冠形态参数。叶面指数一般大于 1，小于 10，在光谱曲线中，近红外波段的反射率随叶面指数增加而增加。

外表上的和表面覆盖面积随时间发生变化，是植物和地面其他大多数地物（特别是那些与气候无关的）相区别的标志。张仁华等（1996）在 15m 塔上准垂直向下测量小麦全生育期的 NDVI 和 RVI 值，并同地面所测得的叶面积指数进行全过程对比。实验证明，NDVI 与 RVI 表达 LAI 的效果基本一致，特别是用全过程最大值相除后所得到的相对比值更为一致。其中，当覆盖度较小时，均显示出相对值偏小的现象。这是受土壤背景光谱影响的结果。

另外根据高塔遥感实验场的大量观测资料表明，植被指数 NDVI 或 RVI 与 LAI 的相关系数很高，且与 LAI 呈非线性函数关系。它们之间的关系可表示为

$$\begin{aligned}\mathrm{NDVI} &= A\left[1 - B\exp(-C \cdot \mathrm{LAI})\right] \\ \mathrm{RVI} &= A'\left[1 - B'\exp(-C' \cdot \mathrm{LAI})\right]\end{aligned} \tag{13-17}$$

两者形式相似，数值对应，从这点看，两者基本等价。式中，A、B、C 及 A'、B'、C'均为经验系数，可通过模拟试验获得。其中，A、A'值是由植物本身的光谱反射确定的，不同叶形，叶倾角及散射系数造成不同的 A 值及 A'值；B、B'值与叶倾角、观测角有关，当叶呈水平状，则线性关系明显；当叶呈非水平状，随着 LAI 的增大，植被指数增大速率较慢，两者呈余弦关系，基本是线性的。C、C'值取决于叶片对辐射的衰减，这种衰减是呈非线性的指数函数变化。

$$\mathrm{LAI} = K^{-1} \cdot \ln(1 - C)^{-1} \tag{13-18}$$

式中，K 为作物群体消光系数，如冬小麦拔节前 $K \approx 0.28$；拔节后 $K \approx 0.35$。C 为作物覆盖度。

RVI 与 LAI 的关系，除了随不同物候期植物生理状况的变化而变化以外，还依赖于太阳高度角和方位角变化对植冠反射的影响，以及依赖于生态系统的类型如冠层密度、下垫面类型等。

（五）植被指数与叶绿素含量的关系

叶片生长初期，叶绿素含量与辐射能吸收间几乎直线相关，即叶绿素含量增多，蓝、红波段吸收增强，绿被段反射率降低，近红外反射率增强，植被指数增大；但当叶绿素含量增加到一定程度后，吸收率近于饱和，反射率变化小，植被指数的差异不明显，因而植物在生长旺季较难区分。

不同作物由于植土比的差异，其表达叶绿素含量的光谱模型是不同的。图 13-14 显示了小麦几种植被指数模型与叶绿素含量的时间剖面曲线的关系。

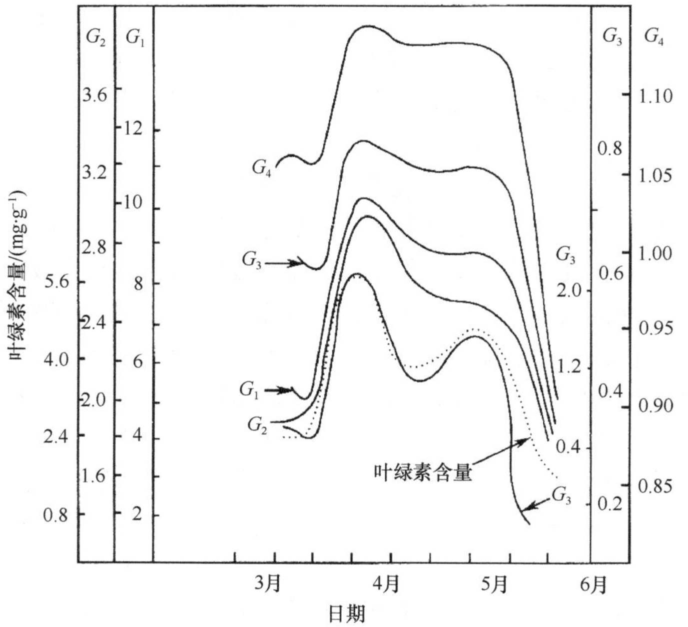

图 13-14　小麦光谱组合模型和叶绿素含量的时间剖面曲线

从图中可见，G_5 曲线与叶绿素含量相当吻合。实验证明，对小麦而言，G_5=NIR/R^2 的光谱模型表达叶绿素含量最佳。其余 4 个绿度模型分别为

$$G_1=\text{RVI}=\text{NIR}/R \tag{13-19}$$

$$G_2=\sqrt{(\text{NIR}/R)} \tag{13-20}$$

$$G_3=\sqrt{(\text{NIR}-R)/(\text{NIR}+R)} \tag{13-21}$$

$$G_4=\sqrt{\frac{\text{NIR}-R}{\text{NIR}+R}+0.5} \tag{13-22}$$

对大豆而言，因叶片较早封垄，土壤影响较小，则 G_3 光谱模型反映叶绿素含量最佳。

研究还表明，可以根据红边拐点对应的反射光谱值，来估计冠层叶绿素含量（Chlf），叶绿素含量增加，拐点值相应增加。V. Demarez 等（2000）指出：林冠层叶绿素含量 Chlf 除了以红边拐点对应的波长 λ_i 来确定外，还受 LAI、观测方向、下垫面反射和冠层结构等因素的影响。若不考虑冠层结构（如成熟林型或杆状林型等），林冠层叶绿素含量 Chlf 的估计误差可达 23μg/cm^2。因此，需要充分考虑 LAI、视角、下垫面反射、冠层结构等因素，通过 BRDF 模型求解冠层反射，进行森林叶绿素含量的估计。

（六）植被指数与植被覆盖度的关系

植被覆盖度指植被冠层的垂直投影面积与土壤总面积之比。即植土比。传感器所测得的反射辐射 R 可表示为

$$R = \mathrm{RV} \cdot C + \mathrm{RS}(1 - C) \tag{13-23}$$

式中，RV 为植被的总反射辐射，RS 为土壤的总反射辐射，C 为植被覆盖度，则

$$C_1 = (R - \mathrm{RS})/(\mathrm{RV} - \mathrm{RS}) \tag{13-24}$$

$$C_2 = (\rho - \rho_{\mathrm{S}})/(\rho_{\mathrm{V}} - \rho_{\mathrm{S}}) \tag{13-25}$$

式中，ρ为植被与土壤混合光谱反射率；ρ_{V}、ρ_{S}分别为纯植被和纯土壤宽波段反射率。

据理论推导，RVI、NDVI 与植土比分别呈指数和幂函数关系，当 LAI 较小时，它们与植土比的变化反应不敏感。PVI 与植土比呈直线相关，其对植土比的感应能力也随 LAI 减小而降低。就估测作物而言，PVI 较为优越，但应选 LAI 较大的时期。

实际上，植土比和叶面积指数同时随空间而变化，因此，需综合考虑植被指数与两者的关系。

对同一地区来说，作物品种特性差异较小，作物长势越好，叶面积指数越大，作物产量就越高。也就是说，作物（主要指冬小麦）的理论产量与抽穗期叶面积指数呈很好的直线相关关系。因此，可以将一个地区的平均叶面积指数（LAI）与该地区植土比（KW）的乘积（LK）作为该地区作物总产的线性相关因子。

（七）植被指数与生物量的关系

以上讨论了植被指数与叶面积指数、植被覆盖度的相关性。尽管不同的植被指数与 LAI、植被覆盖度的相关性大小不同，但总体看来，这种相关性是明显的。

生物量指的是植物组织的重量。它是由植物光合作用的干物质积累所致。显然，LAI 与植被覆盖度均是生物量的重要指标，它们都与植被指数相关。关于植被指数与生物量的定量关系，将在下面的“作物估产”部分进行详细论述。这里仅讨论植被条件指数与植被覆盖度、生物量的关系。

由 NOAA/AVHRR 数据获得的植被条件指数 VCI 被定义为

$$\mathrm{VCI} = (\mathrm{NDVI} - \mathrm{NDVI}_{\mathrm{med}})/(\mathrm{NDVI}_{\mathrm{max}} - \mathrm{NDVI}_{\mathrm{min}}) \tag{13-26}$$

式中，NDVI、$\mathrm{NDVI}_{\mathrm{max}}$、$\mathrm{NDVI}_{\mathrm{med}}$、$\mathrm{NDVI}_{\mathrm{min}}$ 分别为平滑化后每周（7d）的 NDVI 及它的多年最大值、中值、最小值（以象元为计算单元）。

Gitelson 等（1996）曾对干湿两种气候条件和不同生态区（高程与 NDVI 值不同），运用 NOAA/AVHRR 数据获得的植被条件指数 VCI 来估算植被覆盖度及草场与作物生产力，并通过大量地面实测数据来验证遥感估算的结果。

研究结果表明，用植被条件指数 VCI 对植被覆盖度的估算误差＜16%，低覆盖区误差更小；且 VCI 与实测的植被覆盖度相关性较高（相关系数约 0.76）。因此，用遥感卫星数据所获得的植被条件指数 VCI 方法，来定量估算大面积植被覆盖度和生物量是有效的。

（八）植被指数与植物蒸发量、土壤水分的关系

一般说来，NDVI 能反映植被状况，而植被状况与植被蒸发量、土壤水分有关的。

对某一站点的绿色植被连续测定表明，累计的蒸发量与累计的植被指数间高度相关。

Smith 等（1990）对半干旱地区的研究表明，图像上测得的植被覆盖与实际地面测得的蒸发量有密切关系；Desjardins（1989）的研究发现，草本植被冠层测得的 CO_2 和 H_2O 通量高度相关；Cihlar 等（1991）通过作物生长季节每 15d 的 NDVI、气象站点的气象数据，由土壤水分模型（VSMB、SWOM）反演计算了根系不同深度水含量及生态、土壤等信息。在 GIS 支持下研究 NOAA/AVHRR 的 NDVI 与生态变量的关系及用 NDVI 来估算蒸发量的可能性。

研究发现，不同的植被/土壤组合显示不同的 NDVI 变化轨迹，它与潜在的蒸发量（PE）曲线的趋势密切相关。实际蒸发量（AE）与相应的 NDVI 间相关系数为 0.77；NDVI 与前 15d 的潜在蒸发量间相关系数为 0.86；整个生长季节的累计 NDVI 与累计蒸发量高度相关，相关系数达 0.96。

研究表明，用 NDVI 和潜在蒸发量可以估算 15d 为周期的实际蒸发量，估算误差为 10%～15%。这个结果说明 NDVI 的变化轨迹可提供植物季相变化的重要信息，并能较好地估算实际蒸发量。

不少学者研究了不同的干旱-半干旱地区植被指数与土壤水分的关系，发现植被指数与各种测量所得的土壤水分有效性（availability）之间有密切的经验关系。Singh 等（1988）的研究发现，植被指数与土壤水分受胁迫（stress）的关系，依赖于植被的类型，许多研究表明，NDVI 可以作为一种有用的土壤含水量指标。

Choudhury 和 Golus（1988）运用 Nimbμs-7 的多通道微波辐射仪（SMMR）和 NOAA/AVHRR 数据，由 SMMR 的微波数据得亮度温度和由 AVHRR 得植被指数 NDVI，再通过降水指数（API）模型与土壤湿度进行相关分析。同时用 SMMR 和 AVHRR 的可见光-近红外数据建立土壤湿度模型（线性回归方程）得到 4 级土壤湿度，与不考虑植被的 3 级土壤湿度相比较。

Di（1991）提出用 NOAA/AVHRR 所得的 NDVI 和表面温度，以及气候数据计算区域尺度土壤水分的方法。研究结果表明，此法所得的区域土壤水分与作物水分指数（CMI）和 Palmer 干旱指数（PDSI）高度相关。

二、基于数学形态学的作物形态指标提取的数字图像技术

作物形态指标提取是数字图像技术在作物表型研究中主要应用之一，如全自动高通量植物 3D 成像系统——Scanalyzer 3D 是一套可以全自动、高通量对大量植株（从幼苗到成熟植株即可）进行成像的系统，可以选择配置可见光（VIS）成像、近红外（NIR）成像、红外（IR）成像、荧光成像或根系近红外成像中的一种或多种，每个成像模块包括顶部和侧面两个摄像头，结合样品旋转装置，就可以对植株进行 3D 形态学分析。如果是小植株（15 cm 以下），也可选配激光扫描 3D 成像。每一种成像模块都有单独的成像区域（“暗房”），依次进行成像分析，该系统通过可见光成像可以测量植物的结构、宽度、密度、对称性、叶长、叶宽、叶面积、叶角度、叶颜色、叶病斑、种子颜色、种子颜色面积等参数；通过近红外成像可以分析植物的水分分布状态、水力学研究、胁迫生理学研究等；通过根系近红外成像分析植物根系和土柱中的水分分布情况；通过红外

成像可以进行植物干旱胁迫研究、蒸腾研究等；通过荧光成像可以分析植物的生理状态。由于所有植物都通过条形码或射频标记，其整个生活史的不同阶段所有的表型数据都可定期进行测量；群体表型成像的部分参数为作物生长标准（criteria of plant growth）、高度、紧密性（compactness）、叶朝向弯曲指数、密度、对称性、单位高度的平均植物宽度；基于复杂的形态学指标的表型分析包括：结构朝向、转动惯量（momentum of inertia）、高度、宽度、圆度（roundness）、紧密性。作物形态指标提取主要通过数学形态学来完成的。

数学形态学是以形态结构元素为基础对图像进行分析的数学工具。它的基本思想是用具有一定形态的结构元素去度量和提取图像中的对应形状以达到对图像分析和识别的目的。数学形态学的应用可以简化图像数据，保持它们基本的形状特征，并除去不相干的结构。数学形态学的基本运算有 4 个：膨胀、腐蚀、开启和闭合。它们在二值图像中和灰度图像中各有特点。基于这些基本运算还可以推导和组合成各种数学形态学实用算法。

图像处理中的主要应用有边缘检测、图像分割、图像细化及噪声滤除等方面的应用，具体如下所述。

（一）边缘检测

当利用结构元素作膨胀会使图像扩大，作腐蚀会使图像缩小。这两种运算都可以用来检测二值图像的边界。对于图像 A 和结构元素 B，给出了以下三种运算。

1）$(A \oplus B)-B$ 得到图像的外边界。

2）$A-(A \Theta B)$ 得到图像的内边界。

3）$(A \oplus B)-(A \Theta B)$ 得到图像的形态学梯度边界。

图 13-15 所示为利用 3×3 正方形结构元素抽取汉字内外边界及形态学梯度边界的例子。

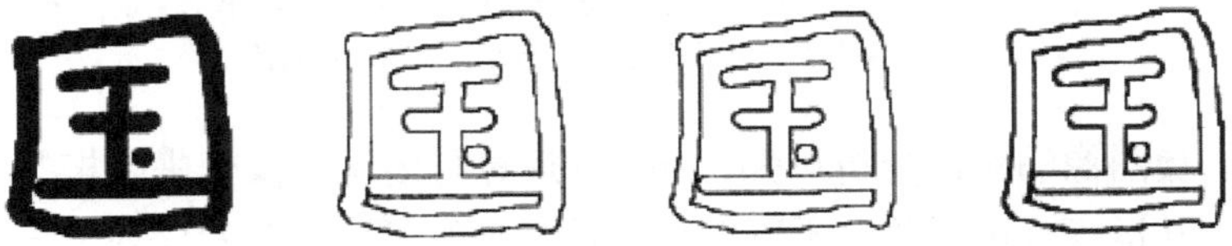

A　　B　　C　　D

图 13-15　利用 3×3 正方形结构元素检测汉字内外边界与形态学梯度边界

A. 原始图像；B. 外边界；C. 内边界；D. 形态学梯度

（二）噪声滤除

对图像的噪声进行滤除是图像预处理中不可缺少的操作，去噪的质量将直接影响后期的处理工作。

对于二值图像，噪声表现为目标周围的噪声块和目标内部的噪声孔。用结构元素 B 对图像 A 进行开运算，就可以将目标周围的噪声块消除掉；用结构元素 B 对图像 A 进行闭运算，则可以将目标内部的噪声孔消除掉。

对于灰度图像，滤除噪声就是进行形态学平滑。实际中开运算消除与结构元素相比较小的亮细节，而保持图像的整体灰度值和大的亮区域基本不变；用闭运算消除与结构元素相比尺寸较小的暗细节，而保持图像的整体灰度值和大的暗区域基本不变。将这两种操作综合起来可达到滤除亮区域和暗区域中各类噪声的效果。

使用数学形态学方法对图像进行噪声滤除的效果如图 13-16 所示。

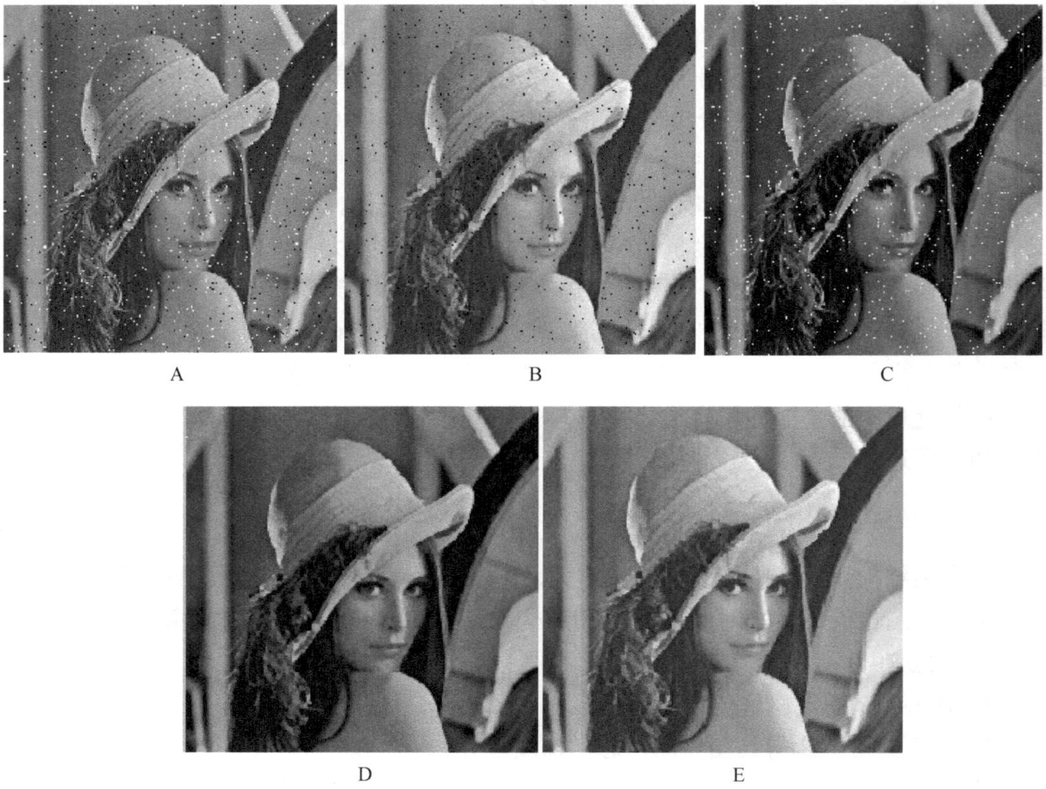

图 13-16　噪声滤除的效果图

A. 加入椒盐噪声后的图像；B.开运算操作后的图像；C. 闭运算操作后的图像；D. 闭运算后开运算图像；E. 开运算后闭运算图像

由以上去噪图像的对比分析可知，组合开运算与闭运算操作去除椒盐噪声的效果要好于单独使用开运算或闭运算。所以在设计数学形态学的去噪算法时，一般都要把基本的形态学运算组合起来使用，来增强最终图像去噪的实验效果。

（三）图像分割

在对图像的研究和应用过程中，人们往往仅对图像的某一部分感兴趣。图像分割就是指把图像分成各具特性的区域并提取出感兴趣目标的技术和过程。基于数学形态学的图像分割算法是利用数学形态学变换，把复杂目标 X 分割成一系列互不相交的简单子集 X_1，X_2，X_n，即

$$X=\sum_{i=1}^{n} X_i$$

对目标 X 的分割过程可按下面的方法完成：首先求出 X 的最大内接圆 X_1，然后将 X_1 从 X 中减去，再求 $X–X_1$ 的最大内接圆 X_2，依此类推，直到最后得到的集合为空集为止。

目前已有一些学者利用数学形态学提出了一些有效的图像分割算法，并将其成功应

用于工程应用。采用形态模板过滤彩色图像进行分割的方法，可有效用于贮粮害虫的彩色图像分割中。利用数学形态学中的孔填充、膨胀、腐蚀、开和闭运算来提取蝴蝶兰苗期叶片的整个病变区域，亦取得了很好的效果。

（四）形态骨架提取

寻找二值图像的骨架，是图像处理的一个基本问题。在图像识别或数据压缩时，经常要用到这样的骨架结构。例如，在识别字符之前，往往要对字符进行骨架抽取处理，求出字符的骨架结构。它是目标重要的拓扑描述，具有非常广泛的应用。

图像的骨架化是基于二值图像对图像面积进行缩减，通过线条结构对图像的整体结构进行描述的过程，骨架化又称中轴变换。对于一个区域 R，若边界为 B，对区域中每一点 P，在 B 上搜索与它最近的点，若能找到多于一个同样距离的最近点，则 P 属于 R 的中轴，或称骨架。在 R 内作与边界有两个以上切点的内切圆，则所有这些圆的圆心的集合就是中轴。

对原始图像进行形态学骨架提取操作后图像的效果如图 13-17 所示。

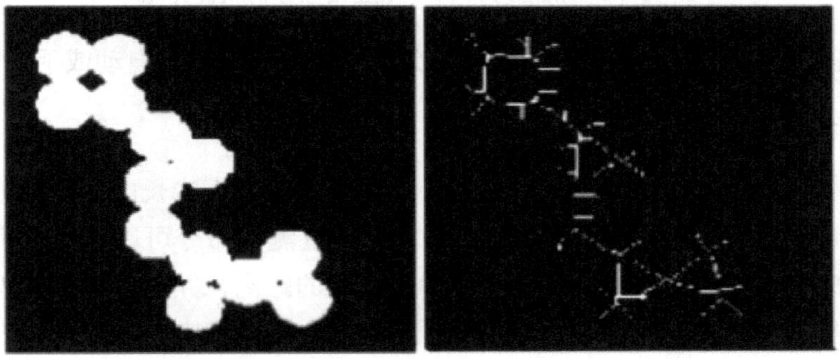

A　　　　B

图 13-17　形态骨架提取效果图像

A. 原始图像；B. 形态骨架提取图像

数学形态学是对图像的一种非线性描述系统。它具有坚实的理论体系，在图像处理、模式识别和机器人视觉等领域具有非常广泛的应用。数学形态学对数字图像处理的认知是通过图像的结构特征进行的。该方法对图像的处理也是基于结构元素对像素点逐点探查所进行的集合运算。这种对图像的几何结构的描述方法在图像处理中非常简单、直接。这也为数学形态学在图像处理中提供了广阔的发展前景。

第四节　作物表型研究图形软件 Image-Pro Plus 介绍

Image-Pro Plus，是世界上图像分析软件领域一流公司——Media Cybernetics 的著名图像处理分析软件，支持图像采集、增强、标定、彩色图像处理、计数、测量、分析、图像标注、图像数据库、报表生成器、宏记录、VBA 宏编程进行功能扩展和全面的 Internet 支持，同时，支持用 C++、VB 等扩展专对自己应用的特定功能；支持各种输入源，各种图像格式，特别支持大尺寸图像；特有荧光，材料分析模块，以及显微镜控制模块（用于自动显微镜控制），适用于各种图像分析处理的应用，包括生物医学、生命科学、工业应用及各种科研应用（图 13-18）。

图 13-18　Image-Pro Plus 专业图像分析软件介绍

Image-Pro Plus 最强大的功能之一是可以通过它来对图像进行自动或手动空间测量。

（一）手动测量单个对象

通过测量菜单中的测量命令，可以测量定义的直线或折线长度，可以测量定义的多边形面积，也可以测量定义的弧线弧度。同时，通过测量命令可以自动跟踪和测量图像中对象或特性的边缘。可以测量任意两个特性之间的距离，并且可进行容差测试。手动计算和测量多个对象通过手动标记选项，可以获得一幅图像中多个对象的测量数据。可以选择在一幅图像中类别的个数（最多为 16 个），以及在一个类别中对象的个数（最多为 256 个），还可以为每个类别指定其相应的颜色、符号及名称。在测量过程中，Image-Pro Plus 将会高亮显示测量的轮廓并会为它们指定一个参考数字。

（二）自动计算和测量多个对象

通过测量菜单中的此工具，可以获得一幅图像中多个对象的测量数据。如果您的目的是测量一个样本中细胞的个数、细胞的面积、圆度或周长，都可以使用此命令。一旦对这些对象进行了计算和测量操作，就可以根据测量的特征将对象自动进行排列和分类。也可以通过将数据绘制到点状图中使数据的分类直观化，或根据分类对计数对象进行伪彩色处理。

进行自动测量时，测量值将被记录到一张数据表上。双击图像中的测量对象，就可以很方便地查看测量信息。通过测量数据命令，就可以查看到所有当前的测量值，并将测量数据以 ASCII 形式保存到文件中。

（三）自动或手动空间测量的具体步骤

1. 测量前先校准图像

测量操作是根据图像像素的位置进行的。例如，长度的测量定义为在该直线上像素的个数，对象轮廓所包围的区域定义为轮廓内像素点的个数，等等。当 Image-Pro Plus 执行测量操作时，轮廓上的像素也被包括在测量值中。例如，当测量一个选定对象的区域时，组成对象轮廓的像素也被包含在区域的计算中。Image-Pro Plus 的像素等级测量可以经过调整其比例使之适合于所有的坐标系。这样一来所获得的测量值将会非常实用。例如，测量的比例可以为一个像素等于 1ft①，或 5 个像素等于 1ft（或 1in②，1mi③，1μm），可以使用小数。Image-Pro Plus 将会以所选的单位来表示测量值。此外，如果图像中包含了一个单位长度的可测量对象，则可以直接使用该对象进行比例标定。

校准图像时注意纵横比：就空间校准来说，纵横比反映了图像中垂直和水平的长度间的关系，它表示为 *X*/*Y*。纵横比同样使用校准命令进行校准。如果照相机的纵横比与视频卡的纵横比不相等，那么一个正方形物体的图像将不会显示为一个正方形。要校正这种不兼容的情况，可以在图像中使用参考正方形来校准纵横比。

2. 进行手动测量

可以使用测量菜单中的测量命令来获取手动测量工具。手动工具在进行单个测量时非常有用，并且它们是获得直线长度和厚度测量的唯一途径。可以为各特性定义它们自己的测量操作（如线的长度），也可以定义两个现有特性之间的测量（如距离、角度或厚度）。

下列工具用来创建主要特性。

选择：此按钮用于选择已有特性和/或测量，以便移动或删除它们。在用鼠标单击某个特性的同时按下<Ctrl>键，就可以选择多个特性。

删除：此按钮用于从图像中删除当前所选的特性或测量。在测量选项卡中所有相关测量及特性选项卡中的对应行都将被删除。

点：此按钮用于在当前图像上创建一个点。

直线：此按钮用于在当前图像上创建一条直线。（此工具相当于 Image-Pro Plus 早期版本中的长度工具。）

最佳适配线：此按钮用于在当前图像上创建一条最佳适配多个点的直线。在图像上点击可添加至 1000 个点，然后双击添加的最后一个点。选项页上的设置决定了用户自定义对这些点数量的限制，以及当达到此上限时将被添加的特性。

圆：此按钮用于在当前图像上创建一个圆。

最佳适配圆：此按钮用于在当前图像上创建一条最佳适配多个点的圆。在图像上点击可添加至多 20 个点，然后双击添加的最后一个点以创建最佳适配圆。选项页上的设置决定了用户自定义的对这些点数量的限制，以及当达到此上限时将被添加的特性。

最佳适配弧：此按钮用于在当前图像上创建一条最佳适配多个点的圆弧。在图像上点击可添加至多 20 个点，然后双击添加的最后一个点。用于创建弧的点应有序，即应从开始点到终止点依次点击。选项页上的设置决定了用户自定义的对这些点数量的限制，以及当达到此上限时将被添加的特性。

---

① $1ft=3.048\times10^{-1}m$
② 1in=2.54cm
③ 1mi=1.609 344km

矩形：此按钮用于在当前图像上创建一个矩形。

多边形：此按钮用于在当前图像上创建一个多边形。多边形是通过当前轨迹/棒工具创建的，并且总是生成封闭图形（此工具相当于 Image-Pro Plus 早期版本中的区域工具）。

轨迹：此按钮用于在当前图像上创建一个轨迹。多边形是通过当前轨迹工具创建的，并且总是生成开放图形。

距离测量：此按钮用于创建两个用户所选特性间距离的测量。

角度测量：此按钮用于创建两条直线，然后测量这两条线间的夹角。注意，这个工具不同于其他 5 种测量工具，因为它不是选择两种特性，而是创建两个新特性，然后通过这两个新特性再创建测量。

角度测量：此按钮用于创建两个用户所选直线特性间角度的测量。

水平厚度：此按钮用于创建两个用户所选轨迹间最小或最大水平距离的测量。

垂直厚度：此按钮用于创建两个用户所选轨迹间最小或最大垂直距离的测量。

曲线厚度：此按钮用于添加用户所选轨迹任意方向间的最大、最小距离的测量。

3. 自动计算和尺寸测量

使用测量菜单中的计算/尺寸命令，可以自动进行多个对象的计算和测量。一旦对这些对象进行了计算和测量操作，就可以使用测量菜单选项来根据测量的特征将对象自动进行分类。也可以通过使用视图菜单选项将数据绘制下来使数据直观化，或使用测量菜单中的自动分类命令，根据分类对计算对象进行着色。主要过程如下。

（1）标识要计算的对象

为了进行计算，对象应该根据它们的亮度（单色图像）或颜色（真彩色图像）来加以标识。因此，最好是对图像中的对象与背景有明显区别，同时与图像中其他元素的亮度范围和颜色有一定差别的这类图像着手处理。

（2）选择测量

一旦定义了对象，就必须选择所要进行的测量类型。要选择测量类型，请使用测量菜单中的选择测量命令。可以根据需要进行多项选择。所有的空间测量都将在当前的空间单位下报告；所有的强度测量值都将根据当前的强度校准来报告。

角度：报告与对象等效的椭圆（也就是说，一个有着相同面积、相同一阶矩和二阶矩的椭圆）的长轴与竖轴间的夹角，0°≤角度（°）≤180°。除非在校准命令中设置了偏移量，否则垂直角度为 0°。

区域：报告每个对象的面积（要减掉所有孔的面积）。除非激活了填充孔选项，否则面积将仅由强度值在指定范围内的像素组成。如果激活了填充孔，那么在对象周界范围内的所有像素都将被包括在面积测量中。

面积/框：报告各对象的面积与其虚边界框的面积之间的比值，该值定义为对象面积/框面积。

面积（多边形）：报告定义对象轮廓的多边形面积。

平面形状：报告与对象等效的椭圆（也就是说，一个有着相同面积、相同一阶矩和二阶矩的椭圆）的长轴和短轴的比例，定义为长轴/短轴。平面形状总是≥1。

平均直径：报告以各对象形心为中心，每旋转 5°所测得的直径的平均长度。

框高：报告沿长轴方向的边框的高度（即边框是能够完全包围整个对象的最小的矩形）。

框长：报告沿长轴方向的边框的长度（即边框是能够完全包围整个对象的最小的矩形）。

框宽：报告沿长轴方向的边框的宽度（即边框是能够完全包围整个对象的最小的矩形）。

框 *X*/*Y*：报告各对象的虚边框的宽度（*X*）和高度（*Y*）间的比值，定义为框宽/框高。

X 向形心：报告对象的形心在 *X* 坐标轴上的位置（以图像的左边为起点）。

Y 向形心：报告对象的形心像素在 *Y* 坐标轴上的位置（以图像的顶部为起点）。

X 向质心：根据测量的强度值报告对象的质心在 *X* 坐标轴上的位置。

Y 向质心：根据测量的强度值报告对象的质心像素在 *Y* 坐标轴上的位置。

类别：报告对象所属类别的编号。该值只有当对象预先通过单变量类别命令被分类后才会被报告。如果没有进行分类，那么类别测量值将不会出现在测量数据表单中。

簇：一个簇就是由 AOI 定义的一组对象。簇用来报告在轮廓内单个对象的个数。

块：由不均匀性测量产生；在经过了侵蚀处理后小部分的不均匀像素仍保留在对象中，它反映了对象的材质。

计算（已调整）：报告尺寸加权的对象计算。只在“清理边界”标志开启时有效。

蓝色密度：报告在一幅真彩色图像中测量对象的蓝色平均值。

绿色密度：报告在一幅真彩色图像中测量对象的绿色平均值。

红色密度：报告在一幅真彩色图像中测量对象的红色平均值。

密度和：报告在已计算对象中所有像素的强度值之和。

直径（最大）：报告连接轮廓上两点并穿过形心的最长直线的长度。

直径（平均）：报告测量对象的直径（连接轮廓上两点并通过形心）的平均长度（每隔两度测量一次）。

直径（最小）：报告连接轮廓上两点并穿过形心的最短直线的长度。

Feret（最长）：报告测径器（feret）测量的最长长度。

Feret（平均）：报告测径器（feret）测量的平均长度。

Feret（最短）：报告测径器（feret）测量的最短长度。

分形维数：报告对象轮廓的分形维数。

非均一性：报告强度超过所选对象的平均强度 10%的像素部分。

孔：报告对象中孔的数目。一个“孔”定义为在一个对象内任何相邻的一系列像素，这些像素的强度值超出对象的选择范围。如果选择了填充孔选项，那么它们的值为 0。

孔面积：报告对象中孔的面积。

孔率：报告对象刨除孔后的面积与对象总面积之间的比率，定义为面积/（面积+孔面积）。请记住，当选择了测量孔时，上式中的面积代表刨除孔后的面积。如果选择了填充孔选项，那么它们的值为 1。

综合光密度（IOD）：报告各对象的平均强度/密度。该值将根据当前的强度/密度的模式和校准来给出。

长轴：报告与对象等效的椭圆的主轴长度（也就是说，一个有着相同面积、相同一阶矩和二阶矩的椭圆）。

短轴：报告与对象等效的椭圆的短轴长度（也就是说，一个有着相同面积、相同一阶矩和二阶矩的椭圆）。

最大直径：报告连接对象周界上两点并穿过形心的最长直线的长度。

最小直径：报告连接对象周界上两点并穿过形心的最短直线的长度。

最大半径：报告对象周界上一点与形心的最大距离。

最小半径：报告对象周界上一点与形心的最小距离。

最大强度：报告对象内的最大强度或密度。

最小强度：报告对象内的最小强度或密度。

边缘：报告对象中心和对象边缘之间的强度分布。

周长：一种新的测量，用来报告每个对象轮廓的长度。如果孔的轮廓也被画出来，则孔的周长也将被加到对象的周长中。

周长 2：在 3.0 版本中使用的一种老的测量方法。与现在的周长测量相比，这种测量方法的测量速度要快些，但不够准确。它也是用来报告每个对象的长度。如果孔的轮廓也被画出来，则孔的周长也将被加到对象的周长中。

周长 3：Image-Pro Plus 6.0 中新的测量参数，用来报告对象的矫正链长，不包括孔。比周长 2.5 具有更小的偏差。

周长（外周长）：报告每个对象的外轮廓周长。

（3）选择范围

一旦确认了所要进行的测量操作，请设置测量标准，来决定 Image-Pro Plus 在计算中应包含哪些对象。例如，可以要求 Image-Pro Plus 只包含比指定的大小要大的对象。要进行该操作，需要使用测量菜单中的设置范围命令来为每个测量确定一个有效的范围（也就是说，要指定一个最大值和一个最小值）。如果对象的测量在此范围之内（包括最大值和最小值），那么该对象将被计算在内。取值在该范围之外的对象将被忽略。

（4）选择其他测量选项

Image-Pro Plus 提供了几个附加的选项，您可以根据需要来设置您的操作，包括怎样处理部分对象，以及怎样标记对象。这些各式各样的选项可以从计算/尺寸窗口中进行选取，如下。

平滑：该按钮允许通过设置一个因子来确定是否对计算的对象的周界进行平滑处理。因子 0 表示不进行平滑处理。因子大于 0 将启用平滑处理，同时该值用来表示平滑处理的程度。如果周界和圆度的测量对您的分析非常重要，那么请使用该选项。请牢记，平滑操作将会使计算的时间变长。因此，如果不是非常必要，请不要使用该选项。

清除边界：该选项用来决定位于图像边界上的这部分对象是否应该包含在计算中（这部分对象将会使结果出现偏差）。如果选择了清除边界选项，则这部分对象将被忽略。

轮廓：该选项用来决定是否显示计算对象的轮廓。如果要显示对象的轮廓，可以选择几种轮廓的形式：周界、椭圆、填充或类别。当选择了轮廓时，将绘制对象的周界。如果选择的是椭圆，则将显示与对象等效的一个椭圆（也就是说，一个与对象有着相同面积、相同一阶矩和二阶矩的椭圆）。椭圆选项对颗粒计算试验非常有意义，因为它可以非常好的标识出对象的范围，在该范围内可以找到结合点。填充选项是使用单色来显示已计算的对象，而类别选项对对象进行分类着色（请参阅下面的可视化测量数据）。该选项同样也允许选择轮廓的显示颜色。点选项将小交叉线放置在对象边界框的中心，从而标记每个计算的对象。

标签：该选项用来确定是否在计算过程中显示对象各自唯一的数字标签，以及使用何种颜色来显示它们。通过显示的标签，可以直观的将对象与结果匹配起来，一般情况下请不要关闭该选项。除非想要消除屏幕上混乱的显示，或需要查看轮廓中某一位置上的详细信息。

对象限制：在一次计算操作中最多可包含 16 000 个对象。如果图像中包含的对象超过了 16 000，请考虑使用 AOI 来进行小的一系列的分批计算。Image-Pro Plus 还有一个内部限制，对象“分割”不能超过 250 000 个。计数对象是由片段所组成的，它们是对象的横向单像素“切片”。每个片段在内部用它们的起点和终点坐标来表示。

计算/尺寸：选项对话框中的轮廓选项可以用多达 4096 个顶点将对象的周界勾画出来。如果对象的周界非常非常大，而且不规则，那么它可能会超过此限制，同时它的轮廓也无法正确显示（不过，对象的所有测量可以正确的报告）。要想显示一个非常非常大的对象的轮廓，请选择填充或带孔的轮廓类型。

（5）进行计算

一旦标识了对象，选择了测量，并根据需要对计算的选项进行了设置，那么就可以准备开始计算了。要进行计算，请点击计算按钮。Image-Pro Plus 将会对图像进行分析，画出找到的能够符合所选标准的对象的轮廓，并对该对象进行测量。测量结束后将会显示对象的轮廓，同时所有要求的测量值都会被写到测量数据表中。通过双击图像中的对象，便可以查看该对象的相关测量值。此时将会有一个弹出窗口，其中包含了选定对象的测量值。测量数据表中是一个表格，其中包含了所有的测量值，通过视图菜单中的测量数据命令便可以查看该数据表。

（6）编辑计算

在对数据表进行操作前，请先花费一点时间来检查一下屏幕显示以确认是否对选取的对象满意——或许想要删除一些无关的对象，将计为一个对象的簇分开或将分开的几个对象的轮廓整合为一个轮廓。在编辑菜单中，Image-Pro Plus 提供了许多工具来进行编辑并最终决定计算的对象。

（7）查看测量数据

当计算操作完成后，所要求的已计算对象的测量（这些测量通过计算/尺寸：测量菜单中的选择测量命令来选取）数据将被写到测量数据表中。通过选择计算/尺寸：视图菜单中的测量数据命令，可以查看该数据表。

（8）可视化测量数据

要想可视化测量数据，可以选择使用两种绘图工具（点状图和直方图）将数据以图表的形式显示出来。也可以通过为对象进行着色来表示它们的测量值。

第五节 植物表型平台

数字图像技术改进了传统的单一表型采集技术，在植物表型采集方面的应用已取得显著成效。表型组学（phenomics）的迅猛发展，对快速、无损、综合、高通量采集植物表型信息提出了新的挑战。高通量表型分析平台的广泛使用是未来作物表型研究的一个必然趋势。

1998 年，比利时 CropDesign 公司率先研发高通量植物表型采集平台，并在 2005 年由 Reuzeau 等介绍了可用于大规模自动分析植物全生育期表型的性状工厂（TraitMill）。2008 年，澳洲植物表型组学设施（Australian Plant Phenomics Facility）在澳大利亚阿德雷德大学威特校区建立。2009 年 4 月，第一届国际植物表型组大会在澳大利亚堪培拉成功举办。根据系统规格及所使用的空间范围，可将目前研制出的植物表型平台分为台式表型成像系统、便携式表型平台、实验室型高通量表型平台、温室型高通量表型平台、田间固定式高通量表型平台、移动式表型平台等几种。通常用到的成像技术包括可见光成像、近红外成像、荧光成像、红外成像、高光谱成像等。

一、台式表型成像系统

台式植物表型成像系统是相对简单的一种表型采集系统，只能选择可见光（VIS）、近红外（NIR）、红外（IR）或荧光成像摄像头中的一种，摄像头固定，没有传送装置，必须手工更换样品，因此不能对植物进行高通量成像，且只能测量较小的样品。下面以台式植物成像系统 Scanalyzer PL（图 13-19）为例，介绍其主要功能、应用领域。

图 13-19　台式植物成像系统 Scanalyzer PL

（一）主要功能

对小型植物样品进行可见光成像、近红外成像、红外成像或荧光成像（包括整株 GFP 成像，每套系统只能选择一种）。通过可见光成像可以测量植物的结构、宽度、密度、对称性、叶长、叶宽、叶面积、叶角度、叶颜色、叶病斑、种子颜色、种子颜色面积等参数。通过近红外成像可以分析植物的水分分布状态、水力学研究、胁迫生理学研究等。通过红外成像可以进行植物干旱胁迫研究、蒸腾研究等。通过荧光成像可以分析植物的生理状态。

（二）应用领域

可用于表型采集中涉及植物生理、植物病理、植物形态、植物水力、植物毒理、突变株筛选等方面。

二、便携式表型平台

便携式植物表型平台，是一种微型化的方便运输和携带的植物表型平台。在欧洲植物表型平台 PhenoFab 前期大量应用经验和数据分析基础上，荷兰 KeyGene 公司研发出一款便携式植物表型平台 KeyBox（图 13-20）。

图 13-20　便携式植物表型平台 KeyBox

（一）主要功能和特点

1）对植物体进行整株或器官（果实、种子、根系、叶片、幼苗等）的表型成像。
2）便携可折叠式设计，体积小，方便带到温室或野外使用。
3）标准光照环境，数据可重复。
4）软件操作简单。
5）内置颜色校正和读取电子标签的程序。
6）可选一系列的功能程序模块，并逐步升级。

（二）应用领域

可用于表型采集中果实品质分析、植物病理分析、生物量分析、种子萌发分析、抗逆性分析等方面。

三、实验室型高通量表型平台

实验室高通量植物成像系统是可以全自动、高通量对大量小植株进行成像的系统，可以选择配置可见光（VIS）成像、近红外（NIR）成像、红外（IR）成像、荧光成像或激光扫描 3D 成像（只适合高度 15cm 以下的小植株）中的一种或多种。成像系统带程控移动装置，可以在 X 轴和 Y 轴上进行移动，并配有射频或条形码读取器。实验室高通量植物成像系统 Scanalyzer HTS（图 13-21）通过软件控制摄像头移动到样品上方（多孔板或小盆）进行拍照，照片数据与该样品的电子标记（射频或条形码）一起存储。

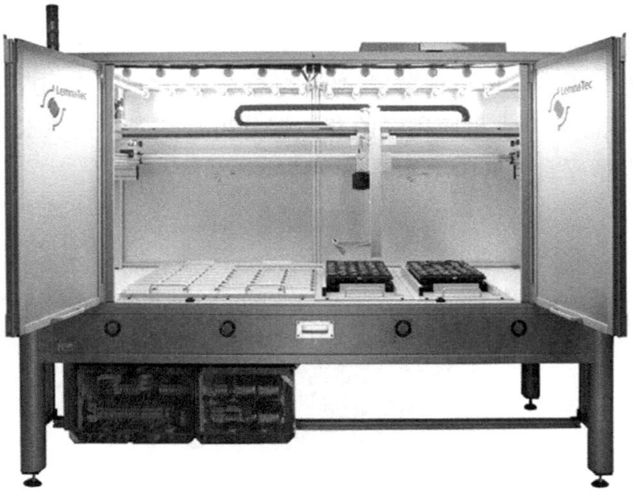

图 13-21　实验室高通量植物成像系统 Scanalyzer HTS

软件也可控制摄像头对多孔板上的每个孔进行单独成像，每个孔的数据分别存储（告诉软件多孔板类型，然后自动编码，如 A01，A02…）。软件可以控制系统每天自动对样品进行成像，获得样品成像的时间动力学变化。只要点击样品的编码，就可以获得样品的图像及分析数据的时间动力学变化，并可进行复杂的统计学分析和图表分析。

系统提供顶部光源和底部光源，并可通过软件控制光强变化。根据测量样品数目的多少，可以选择配置 4、21、42、63 或 84 个多孔板的版本，不同版本的外观尺寸差别很大。如有特殊需要，可以定制更大版本。

由于全自动、高通量测量获得的数据非常庞大，该系统必须配置服务器来存储数据。选购远程数据库软件，还可以对系统进行远程控制和分析。

（一）主要功能

1）全自动、高通量对植物等小型样品进行可见光成像、近红外成像、红外成像、荧光成像（包括整株 GFP 成像）和/或激光扫描 3D 成像（每套系统可选择一种或多种）。

2）通过可见光成像可以采集植物的结构、宽度、密度、对称性、叶长、叶宽、叶面积、叶角度、叶颜色、叶病斑、种子颜色、种子颜色面积等 50 多个参数。

3）通过近红外成像可以分析植物的水分分布状态、水力学、胁迫生理等。

4）通过红外成像可以开展植物干旱胁迫、蒸腾等研究。

5）通过荧光成像可以分析植物的生理状态。

6）样品可以是培养在多孔板中（如 12、24、48、96、384 孔板），也可以是长在小花盆中。

7）高通量测量大量样品，标准配置可选择装 4、24、48 或 72 个多孔板。

8）花盆大小范围：直径 3.64～20.51cm，高 2.79～15.44cm。

9）可选择成像分辨率，特别适用于 96 孔板高精度测量。

（二）应用领域

可应用表型采集中涉及植物生理、植物病理、植物形态建模、种子生理、种子病理、植物水力学等方面。

四、温室型高通量表型平台

全自动高通量植物 3D 成像系统是一套可以全自动、高通量对大量植株（从幼苗到成熟植株即可）进行成像的系统，可以选择配置可见光（VIS）成像、近红外（NIR）成像、红外（IR）成像、荧光成像或根系近红外成像中的一种或多种，每个成像模块包括顶部和侧面两个摄像头，结合样品旋转装置，就可以对植株进行 3D 形态学分析。如果做小植株（15cm 以下），也可选配激光扫描 3D 成像。每一种成像模块都有单独的成像区域（“暗房”），依次进行成像分析。下面以全自动高通量植物 3D 成像系统 Scanalyzer 3D（图 13-22）为例予以介绍。

A　　　　B

图 13-22　全自动高通量植物 3D 成像系统 Scanalyzer 3D

A. 植物生长系统；B. 传输样品至成像室

（一）主要装置

1. 3D 成像装置

可选 VIS、NIR、IR、根系 NIR 成像、荧光成像中的一种或多种，每种成像有独立的摄像区域（“暗房”），每个“暗房”的顶部和侧面各安装一个摄像头（拍摄顶部和侧面成像）。花盆底座有旋转装置，可以 360° 旋转，这样可以获得植株 4 个侧面的成像信息。结合顶部成像，可以获得完整的植株 3D 成像信息。针对 15cm 以下的小植株，可以选择配置激光扫描 3D 成像，获得详细的三维形态学信息。

2. 自动传送

系统带自动传送装置，所有花盆上都有电子标签，所有拍摄数据根据电子标签归档。

可选传送 10、105、300、456、1200 盘或更多盆的传送装置，花盆和植株的重量可以为 5kg 或 10kg，更重需要定制。

3. 自动浇水和称重装置

软件控制对不同编号的花盆采用不同的浇水量，并每日对花盆进行称重。

4. 自动加营养盐装置

与自动浇水装置结合，可以在浇水的同时补充营养盐。

5. 自动喷淋装置

根据电子标签由软件控制是否喷洒农药，可用于检测农作物对农药的敏感性。

6. 自动分选

在传送装置上增加多级 T-Junction（丁字路口），就可根据成像结果对大批量的植株进行分选，分选用的阈值参数可以由用户设定，分选级数取决于 T-Junction 的数目。

7. 服务器存储

由于数据量非常大，系统配有服务器存储数据。

8. 软件分析

软件分析功能非常强大，可以通过植株的编号（电子标签）调出整个生活史的数据，进行时间动力学分析，对拍摄的照片进行动画演示，对同一植株的时间动力学数据进行图表统计分析，对不同植株的数据进行复杂的统计学分析和图表分析。

9. 远程管理

通过专用远程服务器管理软件，可以在异地对本系统的运转状况进行监测、改变测量程序或分析测量数据。

10. 系统大小选择

最简单的只能传送 10 盆植物的系统可以安装在室内，高度（*Y* 轴）是 4m，宽度（*Z* 轴）是 2m。如果只配置一个成像模块，则系统长度（*X* 轴）是 4.5m，每增加一个成像模块，系统长度（*X* 轴）增加 1.5m。

传送上百甚至上千盆植物的系统，多安装在温室内，实际大小可根据现场情况进行定制。

（二）主要功能

1）全自动、高通量对植物等小型样品进行可见光成像、近红外成像、根系近红外成像、红外成像、荧光成像（包括整株 GFP 成像）和/或激光扫描 3D 成像（每套系统可选择一种或多种）。

2）通过可见光成像可以测量植物的结构、宽度、密度、对称性、叶长、叶宽、叶面积、叶角度、叶颜色、叶病斑、种子颜色、种子颜色面积等 50 多个参数。

3）通过近红外成像可以分析植物的水分分布状态、水力学、胁迫生理等。

4）通过根系近红外成像分析植物根系和土柱中的水分分布情况。

5）通过红外成像可以进行植物干旱胁迫、蒸腾等研究。

6）通过荧光成像可以分析植物的生理状态。

五、田间固定式高通量表型平台

在作物研究中，田间试验是不可缺少的环节。近年来，田间高通量表型平台应运而生。野外表型平台包括在固定区域采集表型的系统和移动式两种。德国植物表型设备供应商 LemnaTec 研制出全自动野外高通量植物 3D 成像系统 Scanalyzer Field（图 13-23），该系统能够在野外独立运行，开展全自动、高通量植物表型成像系统，可以选择配置可见光（VIS）成像、近红外（NIR）成像、红外（IR）成像、PSII 荧光成像、高光谱成像和/或激光 3D 成像中的一种或多种。此外，该系统还可以加载系列环境传感器，如温度、光强、CO_2、湿度、风速风向等传感器，以便获取野外环境参数。

图 13-23　全自动野外高通量植物 3D 成像系统 Scanalyzer Field

Scanalyzer Field 系统安装在相对固定的区域（试验小区）开展数据采集。该系统利用门式起重系统和三轴运动设计，定位精度达到毫米级。*X* 轴方向的运动依靠地面的轨道系统，可以无障碍运行；*Y* 轴垂直于轨道，承担摄像机设置的升降装置；*Z* 轴描述的是升降单元上下移动的方向。该设计使得成像单元能够捕获测量区域内植株全天 24h 的表型数据，这些数据将被传输到数据库中，用于进一步的处理和分析。

六、移动式表型平台

野外表型采集有时需要大范围、流动性作业。移动式表型平台可以满足这一需求。它可以安装于可移动的支撑结构上，如移动式灌溉系统、步行车、耕作机械、无人飞机等。与静止、轨道式表型平台相比，移动式表型系统需要克服扫描系统的运动不稳定性造成的问题。荷兰 PhenoSpex 研制的植物激光三维扫描测量仪 PlantEye，是一款移动式表型采集系统，可自动计算植株高度、三维（总）叶面积、（总）叶片投影面积、盖度、叶片角度分布等参数。

主要参考文献

陈云浩, 李晓兵, 史培军, 等. 2003. 中国北方草地与农牧交错带植被的 NDVI-Ts 空间的年内变化特征. 植物学报, 45(10): 1139-1145.

方伟, 冯慧, 杨万能, 等. 2015. 基于可见光成像的单株水稻植株地上部分生物量无损预测方法研究. 中国农业科技导报, 17(3): 63-69.

高云, 何志龙, 李小昱, 等. 2014. 高通量下水稻育种网络信息管理系统. 农业工程学报, 30(7): 155-162.

顾东祥, 汤亮, 曹卫星, 等. 2010. 基于图像分析方法的水稻根系形态特征指标的定量分析. 作物学报, 36(5): 810-817.

江东, 王乃斌, 杨小唤, 等. 2001. 植被指数—地面温度特征空间的生态学内涵及其应用. 地理科学进展, 20(2): 146-152.

刘睿, 刘婷, 董润茹. 2014. 基于地基激光雷达数据的单株玉米三维建模. 中国农业大学学报, 19(3): 196-201.

吕世奇, 寇一翾, 杨彬, 等. 2014. 半干旱地区菊芋品系植株表型与光合特性分析. 作物学报, 40(10): 1857-1864.

潘映红. 2015. 论植物表型组和植物表型组学的概念与范畴. 作物学报, 41(2): 175-186.

唐世浩, 朱启疆, 王锦地. 2003. 三波段梯度差植被指数的理论基础及其应用. 中国科学(D 辑), 33(11): 1094-1102.

汪文祥, 胡琼, 梅德圣, 等. 2015. 基于图像处理的油菜分枝及角果着生角度测量方法. 中国油料作物学报, 37(4): 566-570.

王鹏新, 龚健雅, 李小文. 2001. 条件植被温度指数及其在干旱监测中的应用. 武汉大学学报信息科学版, 26(5): 412-417.

杨吉龙, 李家存, 杨德明. 2001. 高光谱分辨率遥感在植被监测中的应用综述. 世界地质, 20(3): 307-312.

玉光惠, 方宣钧. 2009. 表型组学的概念及植物表型组学的发展. 分子植物育种, 7(4): 639-645.

张仁华, 饶农新, 廖国男. 1996. 植被指数的抗大气影响探讨. 植物学报, 38(1): 53-62

宗泽, 张雪, 郭彩玲, 等. 2015. 基于骨架提取算法的作物表型参数提取方法. 农业工程学报, 31(增刊 2): 180-185.

Achim W, Frank L, Andreas H. 2015. Plant phenotyping: from bean weighing to image analysis. Plant Methods, 11: 14. doi: 10.1186/s13007-015-0056-8.

Anja H, Tobias C, Roberto H, et al. 2011. HTPheno: an image analysis pipeline for high-throughput plant phenotyping. BMC Bioinformatics, 148, doi: 10.1186/1471-2105-12-148.

Aris H, Bettina B, Mark T, et al. 2014. Image-based phenotyping for non-destructive screening of different salinity tolerance traits in rice. Rice, 7: 16.

Ashburn P. 1978. The vegetative Index Number and crop identification, The LACIE Symposium, Proceedings of the Technical Session: 843-856.

Audrey D, Jack H, Esther K, et al. 2008. Tomato Analyzer-color Test: a new tool for efficient digital phenotyping. Journal of the American Society for Horticultural Science, 133(4): 579-586.

Badhwar G D. 1981. The Use of Parameters to Separate and Identify Spring Small Grains. Quarterly Technical Interchange Meeting, NASA-JSC, Houston, TX, USA.

Bannari A, Morin D, He D C. 1994. High spatial and spectral resolution remote sensing for the management of the urban environment. First International Airborne Remote Sensing Conference and Exhibition, Strasbourg, France, III: 247-260.

Baret F, Guyot G, Major D J. 1989. TSAVI: A vegetation index which minimize soil brightness effects on

LAI and APAR estimation. Proceedings of the 12th Canadian Symposium on Remote sensing and IGARSS'89, Vancouver, Canada, 3: 1355-1358.

Baret F. 1986. Contribution au suivi radiometrique de cultures de cereals. These de Doctorat, UniversiteParis-SudOrsay, France: 182.

Chamard P, Courel M F, Ducousso M, et al. 1991. Utilisation des bandes spectrales du vert et du rouge pour une meilleure évaluation des formations végétales actives. Télédétection et Cartographie, Éd. AUPELF-UREF, 203-209.

Choudhury B J, Golus R E. 1988. Estimating soil wetness using satellite data. International Journal of Remote Sensing, 9: 1251-1257.

Christian K, Di J C, Pape J M. 2014. Integrated Analysis Platform: an open-source information system for high-throughput plant phenotyping. Plant Physiology, 165: 506-518.

David D, Jose J B, Hamlyn J, et al. 2014. Proximal remote sensing buggies and potential applications for field-based phenotyping. Agronomy, 5: 349-379.

Deering D W, Rouse J W, Haas R H, et al. 1975. Measuring forage production of grazing units from Landsat MSS data. Proceedings of Tenth International Symposium on Remote Sensing of Environment, Ann Arbor, ERIM, 2: 1169-1178.

Demarez V, Gastellu-Etchegorry J P. 2000. A modeling approach for studying forest chlorophyll content.Remote Sensing of Environment, 71: 226-238.

Demetriades-Shah T H., Steven M D, Clark J A. 1990. High resolution derivative spectra in remote sensing. Remote Sensing of Environment, 33: 55-64.

Desjardins R L, MacPherson J I, Schuepp P H, et al.1989. An evaluation of aircraft flux measurements of CO_2, water vapor and sensible heat. Boundary-Layer Meteorology, 47(1): 55-69.

Elvidge C D, Chen Z. 1995. Comparison of broad-band and narrow-band red and near-infrared vegetation indices. Remote Sensing of Environment, 54: 38-48.

Escadafal R, Huete A.1991. Improvement in remote sensing of low vegetation cover in arid regions by correcting vegetation indices for soil "noise". Comptes Rendus - Academie des Sciences, Serie II, 11: 1385-1391.

Escadafal R. 1989. Remote sensing of arid soil surface color with Landsat Thematic Mapper. Advances in Space Research, 9(1): 1159-1163.

Frank L, Norbert K, David S, et al. 2015. Remote, aerial phenotyping of maize traits with amobile multi-sensor approach. Plant Methods, 11: 9, doi: 10.1186/s13007-015-0048-8.

Gamon J A, Peñuelas J, Field C B. 1992. A narrow-wa- veband spectral index that tracks diurnal changes in photo- synthetic efficiency. Remote Sens. Environ, 41: 35-44.

Gamon J A. 1992. A narrow-waveband spectral index that tracks diurnal changes in photosynthetic efficiency. Remote Sensing of Envrionment, 41: 35-44.

George Alan Blackburn. 1998. Auantifying chlorophylls and caroteniods at leaf and capopy scales: an evaluation of some hyperspevtral approaches. Remote Sensing of Environment, 66: 273-285.

Gitelson A, Kaufman Y J, Merzlyak M N. 1996. Use of a green channel in remote sensing of global vegetation from EOS-MODIS. Remote Sensing of Environment , 58(3): 289-298.

Gitelson A, Kogan F, Spivak L, et al. 1996. Estimation of seasonal dynamics of pasture and crop productivity in Kazakhstan using NOAA/AVHRR data. IGARSS '96. 1996 International Geoscience and Remote Sensing Symposium: 209-211.

Green J M, Appel H, Rehrig E M. 2012. PhenoPhyte: a flexible affordable method to quantify 2D phenotypes from imagery Green et al. Plant Methods, 8: 45

Guillaume L, Xavier D, Claire P. 2013. An online database for plant image analysis software tools. Plant Methods, 9(1): 38. doi: 10.1186/1746-4811-9-38.

Gustavo A P, Emmanuel D, Laura S J, et al.2012. GlyPh: a low-cost platform for phenotyping plant growth and water use. Functional Plant Biology, 39, 905-913.

Hay C M, Kuretz C A, Odenweller J B, et al.1979. Development of AI procedures for dealing with the effects of episodal events on crop temporal spectral response, AgRISTARS SR-Bg-00434, Contract NAS 9-14565.

Herzog K, Roscher R, Wieland M, et al. 2014. Initial steps for high-throughput phenotyping in vineyards. Vitis, 53(1): 1-8.

Huete A R. 1988. A soil adjusted vegetation index(SAVI). Remote Sensing of Environment, 25: 295～309.

J Vollmanna J, Waltera H, Satoa T, et al. 2011. Digital image analysis and chlorophyll metering for phenotyping the effects of nodulation in soybean. Computers and Electronics in Agriculture, 75: 190-195.

Jackson R D, Idso S B, Reginato R J, et al. 1980. Remotely sensed crop temperatures and reflectances as inputs to irrigation scheduling//Eggleston J. Irrigation and Drainage: Today's Challenges. New York: American Society of Civil Engineering(ASCE): 390-397.

Jackson R D. 1983. Spectral indices in space. Remote Sensing of Environment, 13: 409-421.

Jackson R D. 1986. Spectral response of architecturally different wheat canopies. Remote Sensing of Environment, 20: 43-56.

Jackson, R D, Slater P N, Pinter P J. 1983. Discrimination of growth and water stress in wheat by various vegetation indices through clear and turbid atmospheres. Remote Sensing of Environment, 13: 187-208.

Jan B, Mahlein A K, Stefan P, et al. 2015.Calibration of hyperspectral close-range pushbroom cameras for plant phenotyping . ISPRS Journal of Photogrammetry and Remote Sensing, 106: 172-182.

Jason M G, Heidi A, Erin M R. 2012. Phenophyte: a flexible affordable method to quantify 2D phenotypes from imagery. Plant Methods, 8-45.

Jeffrey W W, Pedro A S, Michael A G, et al. 2012. Field-based phenomics for plant genetics research. Field Crops Research, 133: 101-112.

Jordan C F. 1969. Derivation of leaf area index from quality of light on the foresr floor. Ecology, 50: 663-666

Kaufman Y J, Tanré D. 1992. Atmospherically resistant vegetation index(ARVI)for EOS-MODIS. IEEE Trans on Geosci and Remote Sensin, 30(2): 261-270.

Kaufman Y J, Tanre D. 1992. Atmospherically resistant vegetation index(ARVI)for EOS-MODIS. IEEE Transactions on Geoscience and Remote Sensing, 30: 261-270.

Kauth R J, Thomas G S. 1976. The tasseled cap a graphic description of the spectra-temporal development of agriculture crops as seen by Landsat. Pros Symposiumon Machine Processing of Remotely Sensed Data. Purdue University, WestLafayette, Indiana, 41-51.

Kim M S , Daughtry C S T , Chappelle E W, et al. 1994. The use of High Spectral Resolution Bands for Estimating Absorbed Photosynthetically Active Radiation(APAR). 6th Symp. On Physical Measurements and Signatures in Remote sensing, Val D'Isere, France: 299-306.

Li L, Zhang Q, Huang D F. 2014. A review of imaging techniques for plant phenotyping. Sensors, 14: 20078-20111.

Liu H Q, Huete A R. 1995. A feedback based modification of the NDVI to minimize canopy background and atmosphere noise. IEEE Trans Geosci Remote Sensing, 33: 457-465.

Major D J, Baret F, Guyot G. 1990. A ratio vegetation index adjusted for soil brightness. International Journal of Remote Sensing, 11: 727-740.

Maria K, Katja H, Reinhard T, et al. 2015. Field phenotyping of grapevine growth using dense stereo reconstruction BMC Bioinformatics, 16: 143.doi: 10.1186/s12859-015-0560-x.

McNairn H, Protz R.1993. Mapping corn residues cover on agricultural fields in Oxford country, Ontario, using thematic mapper. Canadian Journal of Remote Sensing, 19, 152-159.

Miller J R. 1990. Quantitative characterizition of the vegetation red edge reflectance: An inverted-Gaussian reflectance model. International Journal of Remote Sensing, 11(10): 1755-1733.

Misra P N, Wheeler S G. 1977. Landsat data from agricultural sites—Crop signature analysis, Proceedings of the 11th International Symposium on Remote Sensing of the Environment, ERIM.

Pearson R L, Miller L D. 1972. Remote mapping of standing crop biomass for estimation of the productivity of the short-grass Prairie, Pawnee National Grassland, Colorado: 8th international symposium on remote sensing of environment: 1357-1381.

Peñuelas J, Filella I, Gamon J A. 1995. Assessment of photosynthetic radiation-use efficiency with spectral reflectance. New Phytologist, 131: 291-296.

Pinty B, Verstraete M M. 1992. GEMI: A Non-Linear Index to Monitor Global Vegetation from Satellites.

Vegetation, 101: 15-20.

Plummer S E, North P R, Briggs S A. 1994.The angular vegetation index: an atmospherically resistance index for the second along track scanning radiometer(ATSR-2). Proceedings of the Sixth International Symposium of Physical Measurements and Signatures in Remote Sensing. ValdIsere, France.

Qi J A. 1994. Modified soil adjusted vegetation index. Remote Sensing of Environment, 48: 119-126.

Qi J, Huete A R. 1993. Interpretaion of vegetation indices derived from multi-temporal SPOT images.Remote Sensing of Environment, 44: 89-101.

Qi J, Moran M S, Huete A R, et al.1991. View-atmosphere soil effect on vegetation indices derived from SPOT images. Proceedings of the 5th International Symposium Physical Measurements and Signatures in Remote Sensing, Courchevel, France 2, 785-790.

Reuzeau C, Pen J, Frankard V, et al. 2005. TraitMill: a discovery engine for identifying yield-enhancement genes in cereals. Molecular Plant Breeding, 3: 753-759.

Ribana R, Katja H, Annemarie K, et al. 2014. Automated image analysis framework for high-throughput determination of grapevine berry sizes using conditional random fields. Computers and Electronics in Agriculture, 100: 148-158.

Richardson A J, Wiegand C L. 1977. Distinguishing vegetation from soil background information. Photogrammetric Engineering & Remote Sensing, 43(12): 1541-1552.

Roujean J L, Breon F M. 1995. Estimating PAR absorbed by vegetation from bidirectional reflectance measurements. Remote Sensing of Environment, 51: 375-384.

Rouse J W, Haas R H, Schell J A, et al. 1974. Monitoring vegetation systems in the Great Plains withERTS. Proceedings of Third Earth Resources Technology Satellite-1 Symposium, Greenbelt: NASA. SP-351: 310-317.

Scott C C, Torsten M, Amry C, et al. 2014. Pheno-Copter: a low-altitude, autonomous remote-sensing robotic helicopter for high-throughput field-based phenotyping. Agronomy, 4: 279-301.

Singh S M, Saull R J. 1988. The effect of atmospheric correction on interpretation of multitemporal AVHRR-derived vegetation index dynamics. Remote Sensing and Environment, 25: 37-51.

Smith M O, Ustin S L.1990.Vegetation in deserts: I. A regional measure of abundance from multispectral images. Remote Sensing of Environment, 31: 1- 26.

Tucker C J. 1979. Red photographic infrared linear combinations for monitoring vegetation. Remote Sensing of the Environment, 8: 127-150.

V Demarez, S Duthoit, F Baret. 2008. Estimation of leaf area and clumping indexes of crops with hemispherical photographs. Agricultural & Forest Meteorology, 148(4): 644-655.

Vogelmann, J E, Rock B N, Moss D M. 1979. Red edge spectral measurements from sugar maple leaves. International Journal of Remote Sensing, 14: 1563-1575.

Wheeler S G, Misra P N. 1976. Linear dimensionality of landsat agricultural data with implications for classifications. Pros Symposium on Machine Processing of Remotely Sensed Data. West Lafayette, Indiana. Laboratory for the Applications of Remote Sensing.

Yazdani R, Ryerson A R, Derenyi E.1981. Vegetation change detection in an area—a simple approach for use with geo-data base. Proceedings of the 7th Canadian Symposium on Remote Sensing, Winnipeg, Manitoba, Canada: 88-92.